개정판

핵심이 보이는

제어공학

한빛아카데미
Hanbit Academy, Inc.

지은이 김성중 sjkim@jbnu.ac.kr

전북대학교, 전남대학교, University of Missouri–Rolla에서 제어공학을 전공하고, 전북대학교에서 37년간 교수로 재직하다가 현재는 전북대학교 전자공학부의 명예교수로 있다. 주요 활동으로는 과학기술부지정 메카트로닉스연구센터(RRC) 소장, 전라북도 과학기술 자문단장, IEEE Korea 호남지부장, ICCAS2002 Local Co–Chairman, 제어자동화시스템공학회 부회장을 역임하였으며, 학술 활동으로는 제어공학과 관련하여 100여 편의 논문을 게재 및 발표하였다. 저서로는 『처음 만나는 자동제어공학』(한빛아카데미, 2016)이 있다.

핵심이 보이는 제어공학 개정판

초판발행 2018년 2월 28일
4쇄발행 2020년 8월 10일

지은이 김성중 / **펴낸이** 전태호
펴낸곳 한빛아카데미(주) / **주소** 서울시 서대문구 연희로2길 62 한빛아카데미(주) 2층
전화 02-336-7112 / **팩스** 02-336-7199
등록 2013년 1월 14일 제2017-000063호 / **ISBN** 979-11-5664-384-5 93560

책임편집 박현진 / **기획** 김평화 / **편집** 김평화 / **진행** 김평화
디자인 박정화 / **전산편집** 백지선 / **제작** 박성우, 김정우
영업 이윤형, 길진철, 김태진, 김성삼, 이성훈, 이정훈, 임현기, 김주성 / **영업기획** 김호철, 주희

이 책에 대한 의견이나 오탈자 및 잘못된 내용에 대한 수정 정보는 아래 이메일로 알려주십시오.
잘못된 책은 구입하신 서점에서 교환해 드립니다. 책값은 뒤표지에 표시되어 있습니다.
홈페이지 www.hanbit.co.kr / 이메일 question@hanbit.co.kr

제어공학은 특성방정식의 근이다

미국에서 공부할 때 무슨 과에 다니느냐는 질문에 'double E(Electrical Engineering)'라고 대답하면 대부분 깜짝 놀란다. 그중에서도 'Control(제어)'을 전공한다고 하면, 세상에 그렇게 어려운 과목을 공부하느냐고 또 한번 놀란다. 이러한 모습은 우리나라에서도 마찬가지이다. 산업 현장에서 가장 많이, 가장 긴요하게 필요한 기술 분야가 자동제어, 제어공학이다. 그렇기에 전기전자 분야에서 고등학생들의 선호도가 제일 높은 학과가 제어·로봇·계측공학과이다. 그러나 전기전자공학부 학생들이 전공을 정할 때 제일 꺼리는 학과 역시 제어·로봇·계측공학과이다. 왜 그럴까? 이유는 딱 하나다. 제어공학은 공부하기가 어렵다는 것이다. 그리하여 필자는 '간단명료하며 쉬운 책, 학생들이 제어공학을 어렵지 않게 공부할 수 있는 책을 만들자'는 일념으로 이 책을 집필하였다.

이 책은 핵심 내용을 중심으로 개념을 명확하게 짚어주면서, 자세한 설명이나 중요한 식의 유도 과정은 〈Tip & Note〉에 별도로 기술하였다. 또한 식의 이해를 돕기 위해 식을 전개하는 곳곳에 〈메모〉를 달아놓았다. '식이 왜 이렇게 전개되지?' 혹은 '결과가 왜 이렇게 나오지?'라는 의문이 생긴다 싶으면 추가 내용을 보기 바란다. 그리고 설명을 직관적으로 이해할 수 있도록 그림을 최대한 많이 활용하였다. 제어공학에서 자주 접하는 블록선도, 근궤적, 시스템 등의 다양한 그림을 충분히 활용하여 이론을 좀 더 쉽게 이해할 수 있게 하였다. 연습문제는 학습한 내용을 제대로 이해했는지 확인할 수 있도록 반드시 풀어봐야 하는 중요한 문제로 엄선하였다. 또한 기사시험을 준비하는 사람들을 위하여 객관식 핵심 문제들을 수록하였다.

제어공학을 한 마디로 표현하면 특성방정식의 근이다. 시스템의 특성방정식의 근을 구하여 해석하고, 시스템이 원하는 위치에 근을 갖도록 제어기를 설계하는 것이다. 이 책의 모든 내용은 이 과정에 초점을 맞추었다. 이렇게 이해하고, 공부하고, 가르치면 제어공학이 참으로 쉽고 재미있는 과목이 될 것이라고 확신한다.

수학이 좋아 전기공학과에 들어와서, 수학이 좋아 제어공학을 전공으로 40여 년간 공부하고 학생들을 가르쳐 온 사람으로서 마지막 정열을 이 한 권의 책에 다 쏟아 부었다. 제어공학을 배우고, 가르치는 사람들을 위해 쉬운 책을 꼭 한 권 만들어 내야겠다는 오랜 생각 끝에 집필을 시작했으나, 책을 쓰면서 나의 지식의 천박함을 자주 느꼈다. 부끄럽지만, 제어를 사랑하는 분들의 넓은 이해를 바란다. 글을 쓴다고 몇 년간 이야기도 제대로 나누지 못하고, 여행도 같이 가지 못한 사랑하는 아내에게 미안하고 고맙다. 건강을 주신 하나님께 감사의 기도를 드린다.

지은이 **김성중**

>>

미리 보기

Preview

학습목표

- 시간응답을 과도응답과 정상상태응답으로 구분할 수 있다.
- 전달함수나 상태방정식으로 모델링된 제어시스템의 시간응답을 구할 수 있다.
- 부족제동 2차제어시스템의 감쇠비, 고유주파수를 구할 수 있다.
- 제어시스템을 과제동, 부족제동, 임계제동 시스템으로 구분할 수 있다.
- 부족제동 2차제어시스템의 단위계단응답의 사양들을 구할 수 있다.
- 제어시스템의 특성방정식의 근으로 제어시스템의 단위계단응답의 특성을 알 수 있다.
- 상태방정식으로 표시된 제어시스템의 시간응답을 구할 수 있다.
- 컴퓨터 시뮬레이션으로 상태방정식으로 표시된 제어시스템의 시간응답을 구할 수 있다.

학습목표
해당 장에서 학습해야 할 내용을 소개한다.

Section IT COOKBOOK 핵심이 보이는 제어공학

5.1 과도응답과 정상상태응답

폐루프 제어시스템에서는 목표값 또는 기준입력에 제어대상의 출력이 얼마나 잘 따라가는지가 중요하다. 이때 시간에 따른 출력의 모양을 **시간응답**time response이라고 하며, 시간응답의 특성은 과도특성과 정상상태특성으로 구분한다. 대부분의 시스템은 입력을 가했을 때, 출력이 바로 안정되는 것이 아니라 [그림 5-1]과 같이 처음에는 과도기적으로 변화하다가 일정한 시간이 지난 후에 안정된 출력값을 얻는다.

주요 용어와 개념
핵심이 되는 용어와 개념을 한눈에 파악할 수 있게 보여준다.

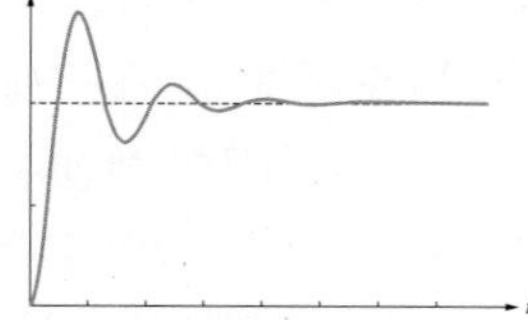

[그림 5-1] **제어시스템의 시간응답**

Q **주파수와 각주파수는 어떻게 다른가?**

A 주파수 f[1/sec]에 2π[rad]을 곱한 것을 각주파수라고 하며, 보통 ω로 표시한다. 즉 $\omega = 2\pi f$[rad/sec]가 된다. 우리가 자주 사용하는 각 주파수 377은 $377 \fallingdotseq 2\pi \times 60$, 즉 상용주파수 60[Hz]이다. 제어공학에서는 특별한 언급이 없으면 일반적으로 각주파수를 그냥 주파수라고 부른다.

Q & A
본문과 연계되는 내용을 [질문]과 [대답] 형식으로 설명한다.

예제/풀이
본문에서 다룬 개념을 적용한 문제와 그에 대한 상세한 풀이를 제시한다.

예제 5-1 물리시스템의 시간응답

[그림 5-4]와 같은 물리시스템에 10[N]의 힘을 가했을 때, 시간응답 $x(t)$를 구하라.

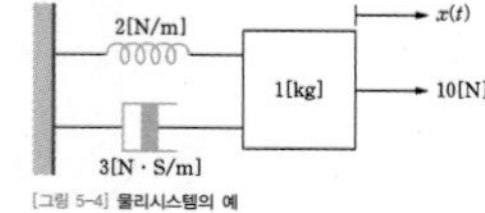

[그림 5-4] **물리시스템의 예**

풀이

$f(t)$를 입력, $x(t)$를 출력이라 하자. 이 시스템을 미분방정식으로 나타내면

$$\frac{d^2}{dt^2}x(t) + 3\frac{d}{dt}x(t) + 2x(t) = f(t) \quad \cdots ①$$

$$x(t) = 100\sin 5t \quad (9.1)$$

$$y(t) = 38.46e^{-t} - 34.48e^{-2t} + 7.29\sin(5t - 146.75^\circ) \quad (9.2)$$

메모
식의 이해를 돕기 위해 식의 전개과정을 보여준다.

메모

$$Y(s) = \frac{2}{s^2+3s+2}\,\frac{100\times 5}{s^2+25}$$
$$= \frac{38.46}{s+1} - \frac{34.48}{s+2} - \frac{4s+30.5}{s^2+25}$$
$$y(t) = 38.46e^{-t} - 34.48e^{-2t} - 4\cos 5t - 6.1\sin 5t$$
$$= 38.46e^{-t} - 34.48e^{-2t} + 7.29\sin(5t - 146.75^\circ)$$

Tip & Note

✔ 식 (5.30)의 유도과정

$$\frac{d}{dt}c(t) = \frac{d}{dt}\left[1 - \frac{1}{\sqrt{1-\zeta^2}}e^{-\zeta\omega_n t}\left\{\cos\left(\omega_n\sqrt{1-\zeta^2}\,t-\phi\right)\right\}\right]$$
$$= -\frac{1}{\sqrt{1-\zeta^2}}\left\{-\zeta\omega_n e^{-\zeta\omega_n t}\cos\left(\omega_n\sqrt{1-\zeta^2}\,t-\phi\right) - e^{-\zeta\omega_n t}\omega_n\sqrt{1-\zeta^2}\sin\left(\omega_n\sqrt{1-\zeta^2}\,t-\phi\right)\right\}$$
$$= \frac{\omega_n}{\sqrt{1-\zeta^2}}e^{-\zeta\omega_n t}\left\{\zeta\cos\left(\omega_n\sqrt{1-\zeta^2}\,t-\phi\right) + \sqrt{1-\zeta^2}\sin\left(\omega_n\sqrt{1-\zeta^2}\,t-\phi\right)\right\}$$
$$= \frac{\omega_n}{\sqrt{1-\zeta^2}}e^{-\zeta\omega_n t}\sin\left(\omega_n\sqrt{1-\zeta^2}\,t-\phi+\phi\right) \qquad \because\ \phi = \tan^{-1}\frac{\zeta}{\sqrt{1-\zeta^2}}$$

Tip & Note
본문을 이해하는 데 도움이 되는 참고 내용과 심화 내용을 설명한다.

핵심요약
해당 장이 끝날 때마다 본문에서 다룬 주요 내용을 다시 한 번 정리한다.

Chapter 05 핵심요약

■ **시간응답**
시간에 따른 출력을 시간응답이이라고 하며, 시간응답은 과도응답과 정상상태응답으로 구분된다.
(시간응답 = 과도응답 + 정상상태응답)

■ **감쇠비와 고유주파수**
부족제동 2차제어시스템의 전달함수가 다음과 같을 때, ζ를 감쇠비, ω_n을 고유주파수라고한다.

$$M(s) = \frac{\omega_n^2}{s^2 + 2\zeta\omega_n s + \omega_n^2}$$

연습문제
해당 장에서 학습한 내용을 객관식/주관식/MATLAB 문제를 통해 확인한다.

Chapter 05 연습문제

5.1 자동제어시스템의 시간응답 특성을 알고자 할 때, 일반적으로 사용하는 입력이 아닌 것은?
㉮ 계단함수 ㉯ 램프함수
㉰ 정현파함수 ㉱ 포물선함수

5.40 다음 동태방정식으로 표시되는 제어시스템에 대해 다음 물음에 각각 답하라.

$$\begin{bmatrix}\dot{x}_1\\ \dot{x}_2\\ \dot{x}_3\end{bmatrix} = \begin{bmatrix}-2 & 1 & 0\\ 0 & -2 & 0\\ 0 & 0 & -3\end{bmatrix}\begin{bmatrix}x_1\\ x_2\\ x_3\end{bmatrix} + \begin{bmatrix}0\\ 1\\ 1\end{bmatrix}r$$

$$y = \begin{bmatrix}3 & 2 & 1\end{bmatrix}\begin{bmatrix}x_1\\ x_2\\ x_3\end{bmatrix}$$

(a) 특성방정식을 구하고, 그 근을 구하라.
(b) 상태천이행렬을 구하라.
(c) 라플라스 변환을 이용하여 단위계단응답을 구하라.
(d) 컴퓨터 시뮬레이션을 이용하여 $t = 2$까지의 출력을 구하라. 단, 모든 초기 조건은 0이다.

5.44 MATLAB [연습문제 5.38]의 각 문제를 MATLAB을 이용하여 그래프로 나타내라. 또한 세 개의 응답곡선을 한 그래프에 그리고, 극점과 영점을 추가했을 때 시간응답에 미치는 영향을 비교하여 설명하라.

참고
```
{sys = tf(num,den);
 step(sys)
 hold on}
```

본 도서는 대학 강의용 교재로 개발되었으므로 연습문제 풀이는 제공하지 않습니다.
단, 정답은 아래의 경로에서 내려받을 수 있습니다.

한빛아카데미 홈페이지 접속 → [도서명] 검색 → 도서 상세 페이지의 [부록/예제소스]

>>

학습 로드맵

Learning Roadmap

이 책에서 다루는 내용이 무엇이고, 각 주제가 어떻게 연계되어 있는지를 보여준다. 일부 독립적인 장도 있지만, 대부분 선수 내용이 필요하므로 순서대로 학습하기를 권한다.

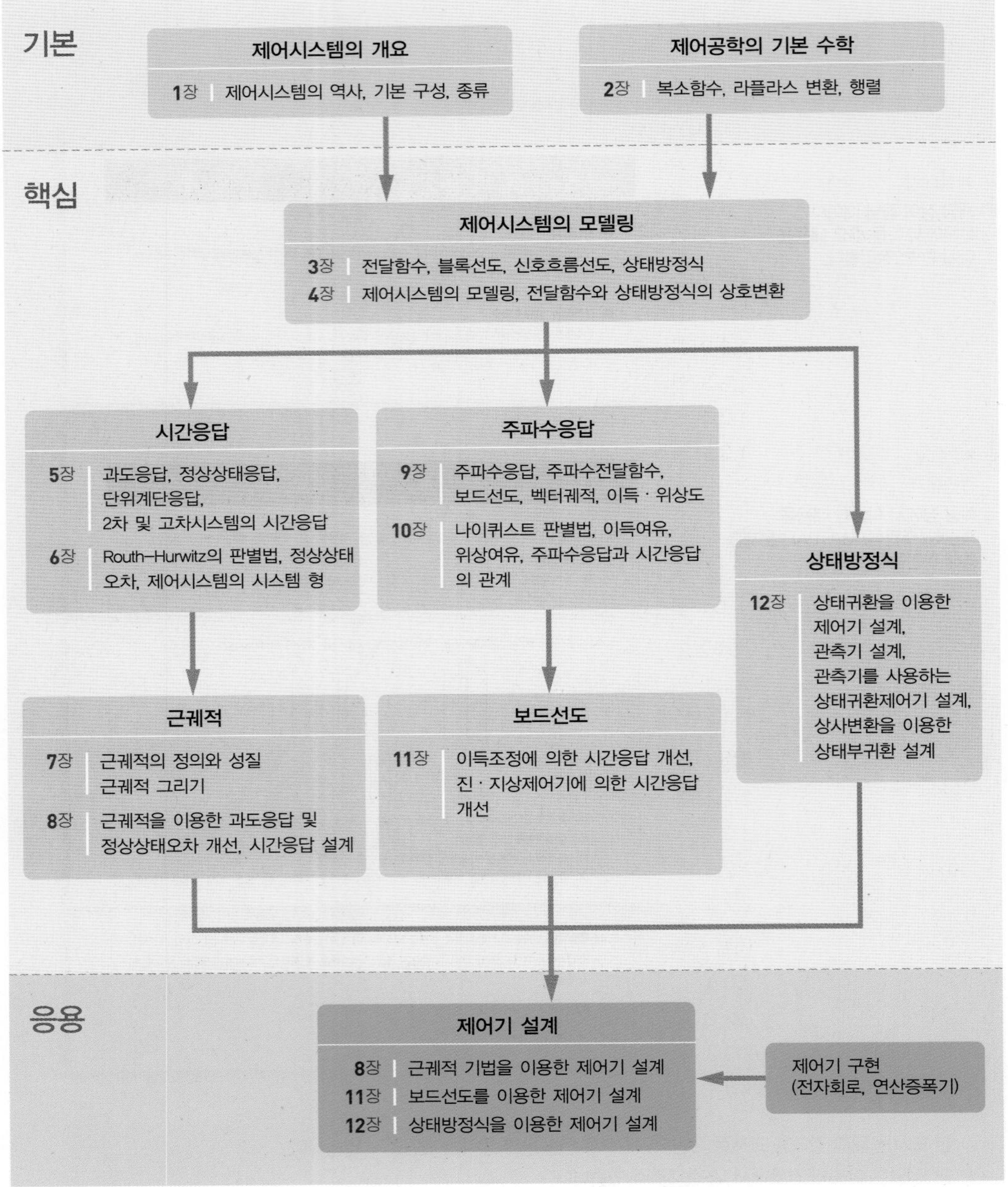

목차

Contents

Chapter 03 | 전달함수와 상태방정식

Chapter 04 | 제어시스템의 모델링

Chapter 05 | 시간응답

Chapter 10 주파수응답과 시간응답

Chapter 11 보드선도를 이용한 제어기 설계

Chapter 12 상태방정식을 이용한 제어기 설계

Chapter

01

제어시스템

Control Systems

학습목표

- 제어공학의 역사적 발전 과정을 이해할 수 있다.
- 자동제어의 개념을 파악할 수 있다.
- 제어시스템에 대한 전반적인 개념을 파악할 수 있다.
- 제어시스템을 개루프 제어시스템과 폐루프 제어시스템으로 분류할 수 있다.
- 폐루프 제어시스템의 기본 블록선도를 그릴 수 있다.
- 선형·비선형 제어시스템과 시변·시불변 제어시스템을 구분할 수 있다.
- 제어시스템을 서보기구, 프로세스제어, 자동조정으로 분류할 수 있다.

인류 문명이 발달하면서 인간은 더욱 편리하고 효율적으로 일을 처리하는 방법을 찾아 발전해 왔다. 이 과정에서 인간은 스스로 일을 처리하는 대신, 시스템이 스스로 작동하여 요구한 일을 처리하는 자동제어시스템을 개발하였다. 최근 자동제어시스템은 우주과학, 인공지능 등 다양한 분야의 학문에 널리 사용되고 있다. 이 장에서는 자동제어의 개념을 파악하고, 제어시스템의 역사적 발전 과정을 살펴본다. 또한 제어시스템의 기본 구성과 제어시스템의 종류를 살펴봄으로써 제어시스템에 대해 전반적으로 살펴보자.

Section

1.1 제어시스템의 역사

옛날에는 일하는 데 필요한 에너지를 인간이나 동물의 힘을 이용할 수밖에 없었다. 거대한 피라미드도 바퀴와 지렛대 같은 아주 간단한 기구를 이용하여 인간의 힘으로 건설하였다. 그러다 바람을 이용하여 풍차를 돌리고, 시냇물을 이용하여 물레방아를 돌리는 등 자연의 힘을 이용하였다. 그러나 자연의 힘은 인간이 마음대로 조절할 수 없어서 바람이 약할 때는 배가 앞으로 나갈 수가 없고, 바람이 너무 강할 때는 배가 침몰하는 등 여러 가지 불편을 겪어야 했다. 그리하여 인간은 **증기기관**steam engine을 발명하게 되었다. 증기기관은 인간이 필요에 따라 마음대로 조절할 수 있는 최초의 힘으로, 인류역사의 발전에 획기적인 공헌을 하였다.

인류는 이처럼 항상 더 강력하고 편리한 에너지를 얻기 위해 여러 가지 방법을 생각해냈다. 특히 많은 엔지니어는 이러한 힘을 만들고, 이 힘을 이용하는 기계와 장치를 발명하기 위해 끊임없이 노력했다. 초기의 기계나 장치는 수동으로 조절했는데, 수동 장치는 원하는 결과를 얻거나 목표를 이루려면 재조정을 자주 해야 했다. 따라서 좀 더 유용하고 능률적인 기계를 만들기 위해서는 조절장치, 즉 제어장치가 중요하게 되었다. 여기에서 **제어**control란 어떤 시스템이 목표한 동작을 제대로 수행하도록 시스템을 조절하는 것이다. 이때 제어에 인간이 직접 관여하지 않고, 시스템이 자동으로 목표한 동작을 하는 것을 **자동제어**automatic control라고 한다.

자동제어는 인간 능력 이상의 정밀한 작업이나 인간의 힘으로 할 수 없는 작업 등을 기계가 할 수 있게 하였다. 또한 산업혁명에서 좀 더 우수한 제품을 많이 공급하는 데 큰 역할을 했다. 따라서 자동제어에 관한 연구는 날로 발전했고, 제어공학의 이론이 더욱 중요해졌다. 오늘날에는 원자력 발전, 우주여행, 로봇산업, 전쟁 무기, 공장 자동화, 건물 자동화, 교통시스템, 자율주행 등 많은 과학문명의 발전과 개발에 있어서 제어공학이 매우 중요하게 작용한다.

이제 제어시스템의 역사를 살펴보자. 기원전 300년부터 [그림 1-1(a)]와 같이 물시계에서 물의 높이를 일정하게 유지하거나 기름등잔에서 기름의 높이를 일정하게 유지하기 위해 부표float를 사용한 기록을 볼 수 있다. 또한 1769년 영국에서 개발된 와트James Watt의 [그림 1-1(b)]와 같은 플라이볼 속도조정기flyball governor는 현대 제어시스템의 효시로 볼 수 있다.

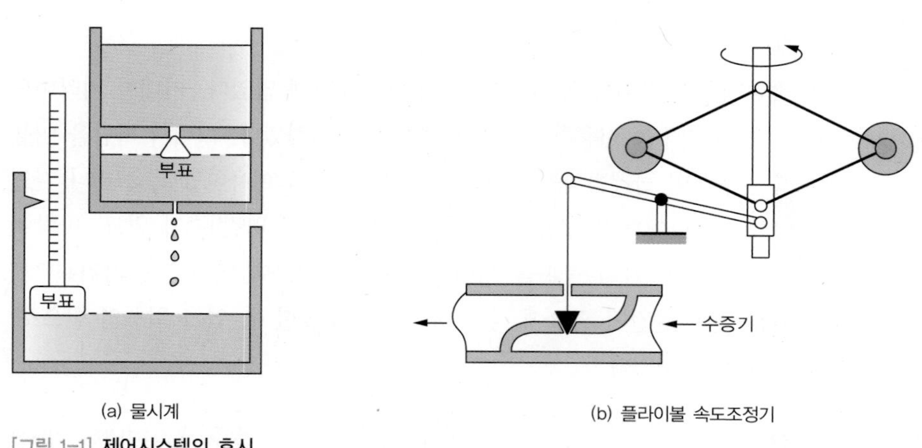

(a) 물시계 (b) 플라이볼 속도조정기

[그림 1-1] 제어시스템의 효시

1868년 맥스웰J. C. Maxwell이 증기엔진 속도조정기의 수학적 모델을 만들기 전까지 제어시스템은 학문적인 이론 없이 직관적인 발견으로 발전하였다. 그 후, 1927년에 보드H. W. Bode가 귀환증폭기를 개발했고, 1932년에 나이퀴스트H. Nyquist가 시스템의 안정성을 해석하는 방법을 개발하였다. 이들은 귀환증폭기의 동작을 해석하거나 안정성을 판단하는 데 주파수영역 해석법을 주로 사용하였다.

제2차 세계대전 동안에 제어공학의 이론과 응용은 군사적인 요구로 대단히 활발하게 연구되었다. 그 후, 1948년에 에반스W. R. Evans가 근궤적 기법을 소개하면서 1940년대와 1950년대 초까지는 전달함수를 이용한 주파수영역 해석법과 근궤적 기법을 사용하여 제어시스템을 해석하고 설계하였다. 이렇게 전달함수를 이용하는 방법을 **고전적 제어이론**classical control theory이라고 한다. 고전적 제어이론은 **선형시불변시스템**linear time invariant system에서 입력이 하나이고 출력이 하나인 경우를 해석하고 설계하는 데에는 어려움이 없었다. 그러나 비선형이거나 시변시스템의 경우, 또는 입출력이 여러 개인 경우나 **최적제어**optimal control를 설계하는 경우에는 고전적 제어이론을 적용하기가 어려웠다.

그리하여 1950년대에 미국의 벨만R. Bellman과 칼만R. E. Kalman, 소련의 폰트리야긴L. S. Pontryagin은 전달함수 대신 상태방정식(일종의 1차 연립미분방정식)을 사용하는 시간영역 해석법을 소개하였다. 이 시간영역 해석법은 1960년대 인공위성을 비롯한 우주과학의 발달로 최적제어가 중요해지면서 더욱 활발하게 연구되었다. 1980년대에 디지털 컴퓨터가 산업현장의 제어장치로 중추적인 역할을 하게 되면서 시간영역 해석법이 **현대 제어이론**modern control theory으로 인정받게 되었다.

최근에는 계산 속도가 빠른 디지털컴퓨터가 값싸게 널리 보급되면서 제어공학의 이론도 크게 바뀌었다. 1943년 매컬록W. McCulloch과 피츠W. Pitts가 소개한 인공지능을 기반으로 발전한 **지능제어**intelligent control와 지능제어 중에서 1982년 하필드J. J. Hopfield와 1986년 루멜하트D. E. Rumelhart, 맥클랜드McCelland 등이 획기적으로 발전시킨 **신경망제어**neural control가 있다. 또한 1965년 자데L. A. Zadeh가 제안한 수학적 이론에 근거하여 만다니E. H. Mandani가 확립한 **퍼지제어**fuzzy control가 다시 활발히 연구되고 있으며, 1975년 홀랜드J. Holland가 개발한 **유전자 알고리즘**genetic algorithm 등이 앞으로 제어공학 분야에서 중요한 역할을 할 것으로 기대된다.

Q **주파수영역 해석법과 시간영역 해석법의 차이는 무엇인가?**

A 전달함수를 이용하여 자동제어시스템을 해석하고 설계하는 것을 주파수영역 해석법이라고 하고, 상태방정식을 이용하여 자동제어시스템을 해석하고 설계하는 것을 시간영역 해석법이라고 한다.

Tip & Note

✔ 현대 제어이론

- **지능제어** : 지능제어는 인간의 지능을 모방한 제어 방식을 말한다. 인간의 지능은 크게 학습 능력learning capability과 의사결정 능력decision-making capability으로 나눌 수 있는데, 어떠한 도구tool를 사용하는가, 어떠한 알고리즘을 적용하는가에 따라 그 범위가 매우 넓다.

- **신경망제어** : 학습 능력을 구현할 수 있는 도구로, 신경회로망 구조를 이용하는 제어다. 수식으로 표현하기 어려운 복잡한 시스템을 제어할 때 유용하다. 패턴인식, 시스템 모델링, 공장 자동화, 주식 전망, 일기예보 등 비선형 통계 처리 등에 많이 사용된다. 최근 하드웨어 기술의 발달로 실시간 처리가 가능해지면서 신경망제어는 제2의 전성기를 누리고 있다.

- **퍼지제어** : 인간의 의사결정 능력을 모방할 수 있는 도구로, 퍼지이론을 이용하여 제어기에 숙련자의 지식과 의사결정 능력을 부여한다. 따라서 제어기가 숙련자의 행위를 흉내 내도록 하는 제어다. 퍼지제어는 제어대상에 대한 수학적 모델링이 필요하지 않으므로 시스템제어, 정수장제어, 로봇제어 등 공학 분야뿐만 아니라 의학(진단), 사회과학(판결, 의사결정) 분야 등에서도 널리 이용되고 있다.

- **유전자 알고리즘** : 생물의 진화 과정을 모방하여 주어진 문제에 대한 최적의 해를 찾아내는 탐색 방법이다. 과거 이론에서는 해결할 수 없었던 문제에 자연의 적자생존의 법칙을 도입하여 해답을 신속하게 찾아낼 수 있다. 목적 함수의 미분 과정이나 특별한 수학적 연산이 필요 없는 장점이 있다.

Section

1.2 제어시스템의 구성

1.1절에서는 제어가 무엇이고, 제어시스템이 어떻게 발전하였는지를 살펴보았다. 이 절에서는 제어시스템에 대해 좀 더 구체적으로 살펴보고자 한다. 제어시스템의 구성 요소와 그들의 입출력 관계, 그리고 제어시스템의 종류에 대해 살펴보자.

1.2.1 제어시스템의 기본 구성

제어시스템은 [그림 1-2]와 같이 입력과 출력으로 구성된다. 이때 [그림 1-2]처럼 각 요소를 블록으로 나타내어 입출력 사이의 관계를 나타내는 선도를 **블록선도**block diagram라고 한다. 제어시스템은 목표값을 입력으로 가하면 실제 출력값이 목표값과 같아지도록 조절한다. 여기에서 목표값을 입력으로 가한다는 것은 목표값을 시스템에 전달한다는 뜻이다. 예를 들어, 엘리베이터에 타서 15층 버튼을 누를 때 이 버튼을 누르는 행동이 엘리베이터의 제어시스템에 입력을 가하는 것이다.

[그림 1-2] **제어시스템의 기본 구성**

제어시스템에는 [그림 1-3]과 같이 **제어대상**controlled system이 필요하다. 이 제어대상에 가하는 입력을 **조작량**manipulated variable이라고 하고, 출력을 **제어량**controlled variable이라고 한다. 예를 들어, 어떤 방 안의 온도를 전열기로 제어하는 경우를 생각해보자. 이때 제어대상은 제어를 받는 방이다. 조작량은 전열기에서 나오는 열이고, 제어량은 방 안의 온도가 된다. 여기에서 더 생각할 수 있는 요소는 방 밖의 공기 온도다. 방 안의 온도는 외부의 공기 온도에 영향을 받게 되는데, 이때 바라지 않는 외부의 온도 변화를 **외란**disturbance이라고 한다. 외란은 우리가 인위적으로 제어할 수 없다.

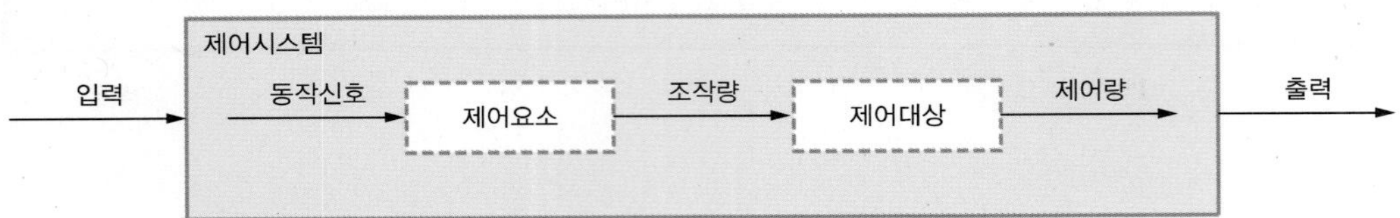

[그림 1-3] **제어요소와 제어대상**

[그림 1-3]과 같이 제어대상에 조작량을 제공하는 요소를 **제어요소**control element라고 하고, 제어요소에 가하는 입력 신호를 **동작신호**actuating signal라고 한다. 일반적으로 동작신호는 제어대상의 출력값과 목표값의 차이를 나타내는 경우가 많아 **제어편차**controlled deviation라고도 한다. 동작신호가 제어요소에 가해지면 제어요소에서 조작량을 만들어서 제어대상을 제어한다.

제어요소는 [그림 1-4]와 같이 보통 **조절부**controlling means와 **조작부**final control element로 구성된다. 조작부는 **액추에이터**actuator라고도 하는데, 전압증폭기나 전력증폭기[1] 혹은 제어 밸브와 같이 조절부에서 나온 신호를 증폭하여 제어대상을 제어한다. 또는 조절부에서 나온 신호로 제어대상을 직접 작동한다. 조절부는 **제어기**controller라고도 하는데, 동작신호를 받아 적당한 **제어입력**control input을 만들어낸다.

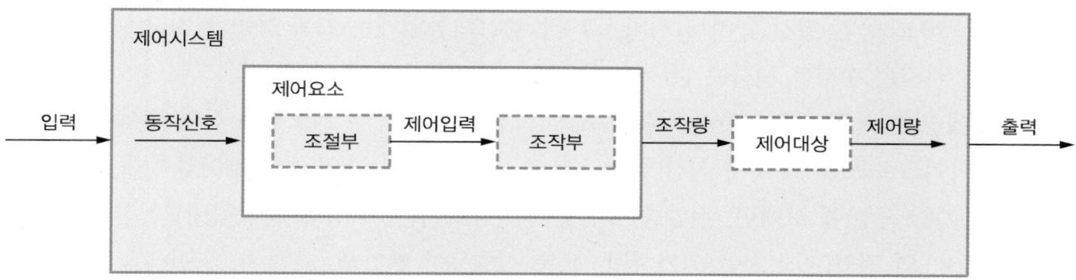

[그림 1-4] **조절부와 조작부**

일반적으로 동작신호는 크기가 너무 작아서 조절부에서 증폭하여 조작부에 가해진다. 동작신호가 전압이면 전압증폭기를 통해 큰 전압으로 증폭된다. 만일 큰 전압으로 증폭되었으나 증폭기의 출력 저항이 커서 조작부에 큰 전류를 공급할 수 없다면 추가로 전력을 증폭해야 한다. 제어요소에 조작부는 없고 조절부만 있는 경우도 있는데, 이때는 제어입력이 조작량이 된다.

지금까지는 제어대상을 중심으로 제어시스템의 구성 요소에 대해 간단히 살펴보았다. 이제 제어시스템의 실제 출력된 값이 원하는 값과 같은지, 또는 얼마나 틀린지를 비교하는 장치를 중심으로 제어시스템을 살펴보자. 이런 관점에서 제어시스템을 분류하면 개루프 제어시스템과 폐루프 제어시스템으로 나눌 수 있다.

1.2.2 개루프 제어시스템

개루프 제어시스템open-loop control system은 실제 출력값을 점검하여 목표값과 일치하는지 비교하는 과정이 없는 제어시스템이다. 이러한 개루프 제어시스템은 [그림 1-5]와 같이 구성되는데, 제어시스템에 목표값을 가하면, 그 목표값이 입력변환요소를 거쳐 곧바로 동작신호로 작용한다.

1 전력증폭기power amplifier는 연산증폭기의 버퍼buffer와 같이 전압의 크기는 그대로 두고, 출력 저항만 0으로 만드는 증폭기이다.

우리는 주변에서 자동세탁기나 자동판매기와 같은 다양한 자동기계를 볼 수 있다. 그러나 이러한 기계들은 엄밀한 의미에서 **자동제어장치**automatic control apparatus라고 할 수 없다. 왜냐하면 이러한 자동기계는 [그림 1-5]에서 보는 바와 같이 어떤 정해진 작업을 사람 대신에 시행할 뿐, 그 결과를 점검하는 장치가 없기 때문이다.

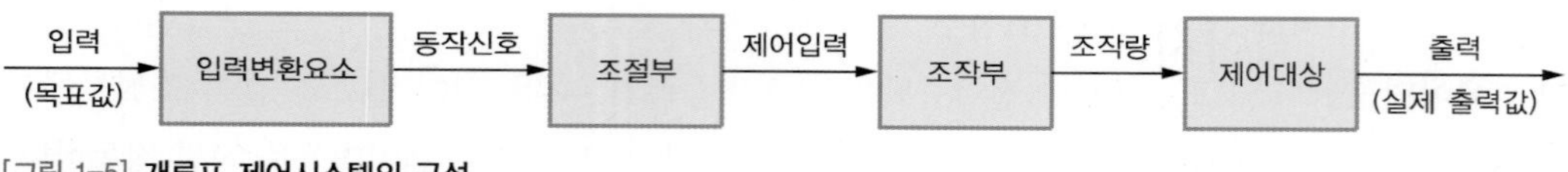

[그림 1-5] **개루프 제어시스템의 구성**

개루프 제어시스템의 예를 몇 가지 살펴보자. 대표적인 개루프 제어시스템의 예로는 교통신호 제어시스템이 있다. 10초 동안 빨간 등이 켜지며, 그다음 20초 동안에는 초록 등이 켜지고, 그 후 5초 동안 노란 등이 켜지는 순서를 원하는 값(목표값)으로 입력변환요소에 입력한다. 그러면 입력변환요소에서는 입력에 맞는 동작신호를 마이크로프로세서(조절부)에 보내어 메모리에 작업 순서를 데이터로 저장한다. 마이크로프로세서에서 시간에 맞추어 순서적으로 5[V]의 전압(제어입력)을 전압증폭기 및 전력증폭기(조작부)에 보내면, 전압증폭기 및 전력증폭기는 5[V]를 증폭하여 각 전등회로(제어대상)에 200[V]의 전압(조작량)을 인가하여, 교통 신호등이 빨간색, 초록색, 노란색을 순서대로 출력하게 한다. 따라서 이러한 제어를 **순서제어**sequential control라고도 한다.

또 다른 예로 자동세탁기를 생각해보자. 자동세탁기는 사람 대신에 의류를 세탁하는 자동기계로, 작동시간을 사용자가 정하면 그 주어진 시간 동안 세탁통이 회전하여 의류를 세척하고 탈수를 한다. 정한 시간이 되면 자동세탁기는 세탁물의 세척 상태와는 전혀 관계없이 그 동작을 멈춘다. 만약 자동세탁기가 진정한 자동제어장치가 되려면 세탁물의 세척 상태를 점검하여 목표한 청결 상태가 될 때까지 작동하고, 목표한 바가 달성되었을 때 멈춰야 한다. 또한 커피 자동판매기는 사용자가 돈을 넣고 버튼을 누르면 미리 정해진 순서에 따라 컵이 내려오고 커피가 나온다. 커피 자동판매기는 컵이 내려오지 않거나 커피의 양과 관계없이 미리 정해 놓은 순서에 따라서 작동한다. 따라서 이 커피 자동판매기는 자동제어장치라고 말할 수 없다. 만일 이 커피 자동판매기에 컵이 내려왔는지, 커피가 정해진 양만큼 채워졌는지를 판별하는 장치가 추가된다면, 그때 이 커피 자동판매기를 자동제어장치라고 할 수 있다.

앞에서 살펴본 전열기를 사용하여 방 안의 온도를 제어하는 경우를 다시 생각해보자. 방 안의 온도를 18℃로 유지하기 위해 1[kW]의 전열기를 30분 동안은 ON, 10분 동안은 OFF되도록 조절했다면, 이 전열기는 밖의 온도와 관계없이 항상 정해진 시간에 맞춰 ON-OFF 동작을 반복할 것이다. 이때 밖의 온도가 일정하면 방 안의 온도를 18℃로 유지하기가 수월하지만, 밖의 온도가 매우 높아지거나 낮아지면 방 안의 온도를 18℃로 유지하기 어려울 것이다. 이 난방 제어시스템이 진정한 자동제어장치가 되려면, 방 안의 온도를 항상 점검(측정)하여 18℃보다 높으면 전열기를 OFF시키고 18℃보다 낮으면 전열기를 ON시키는, 즉 실제 출력된 값을 원하는 값과 비교하는 장치가 있어야 한다.

개루프 제어시스템은 일반적으로 주어진 주변 조건에 변화가 없을 때, 즉 외란이 없으면 목표값을 얻을 수 있지만, 외란이 있으면 목표값을 얻을 수 없는 단점이 있다. 그러나 제어장치가 간단하고 고장이 적으며, 가격이 저렴하고 시스템이 안정하다는 장점이 있다.

1.2.3 폐루프 제어시스템

개루프 제어시스템은 정확성이 부족하고 외란에 의해 발생하는 오차를 수정하는 기능이 없어서 고도의 정확성을 요구하는 제어시스템에서는 거의 사용하지 않는다. 좀 더 정확하고 신뢰성 있는 제어를 하기 위해서는 제어시스템의 출력값이 목표값과 일치하는지를 항상 비교하고, 일치하지 않을 때에는 그 오차에 비례하는 동작신호를 제어시스템에 다시 보내 오차를 수정해야 한다. 이러한 **귀환경로**feedback path가 있는 제어시스템을 **폐루프 제어시스템**closed-loop control system 또는 **귀환제어시스템**feedback control system이라고 한다 일반적으로 **자동제어시스템**automatic control system이라고 하면 폐루프 제어시스템을 말한다.

폐루프 제어시스템의 구성 요소를 블록선도로 나타내면 [그림 1-6]과 같다. 이 폐루프 제어시스템을 이용하여 제어시스템에서 사용하는 용어를 정리해보자.

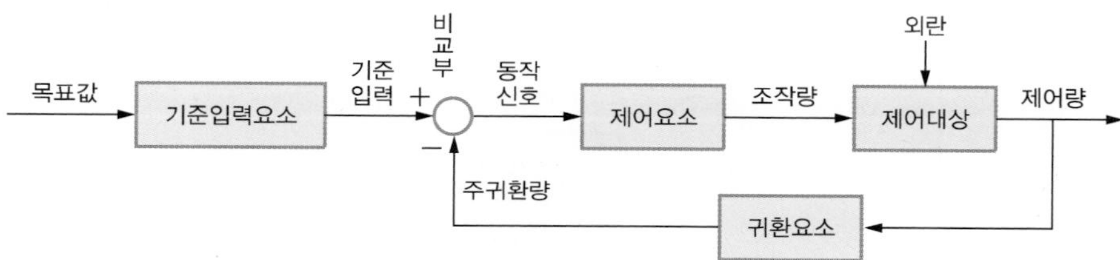

[그림 1-6] **폐루프 제어시스템의 구성**

- **목표값**desired value : 제어시스템에 사용자가 목표로 설정하는 값이다. 목표값이 시간에 따라 변하지 않고 항상 일정하면 설정값set point이라고도 한다.
- **기준입력요소**reference input element : 목표값에 비례하는 기준입력신호를 발생하는 장치로, 설정부라고도 한다.
- **기준입력**reference input : 실제로 제어시스템을 동작시키는 기준 신호로, 목표값에 비례하는 전압이나 길이, 높이 등이다.
- **비교부**summing junction : 기준입력과 주귀환량을 비교하여 오차를 알아내는 장치다.
- **주귀환량**primary feedback signal : 제어량을 귀환요소에서 변화시켜 얻는 신호로, 기준입력과 같은 종류의 물리량이어야 한다.
- **동작신호**actuating signal : 기준입력과 주귀환량의 차로, 제어동작을 일으키는 가장 기본적인 신호다.
- **제어요소**control element : 동작신호에 따라 제어대상을 제어하는 조작량을 만들어내는 장치로, 조절부와 조작부로 나눈다. 제어요소의 설계가 제어공학에서 가장 중요한 부분이다.

- **조작량**manipulated variable : 제어대상의 제어량을 적당히 제어하기 위해 제어요소에서 만들어내는 회전력, 열, 수증기, 빛과 같은 물리량이다.
- **제어대상**controlled system : 전체 제어시스템에서 직접 제어를 받는 대상이다.
- **외란**disturbance : 제어량을 변화시키는 외부의 바람직하지 않은 신호다.
- **제어량**controlled variable : 제어대상의 출력으로, 전체 제어시스템이 추구하는 목적은 제어량이 목표값과 같아지도록 하는 것이다.
- **귀환요소**feedback element : 제어량이 목표값과 일치하는지를 알기 위해 제어량을 귀환시키는 장치다. 귀환요소로는 센서sensor 또는 측정장치measurement가 많이 쓰이며, 센서의 출력전압이 작을 때는 전압증폭기가 필요하기도 한다.

자동 온도제어시스템

앞에서 폐루프 제어시스템의 기본 구성 요소에 대해 설명하였다. 이때 제어대상을 뺀 나머지 요소들을 통틀어 **제어장치**control device라고 한다. 방 안의 온도를 조절하는 자동 온도제어시스템을 통해 폐루프 제어시스템의 요소들을 좀 더 살펴보자.

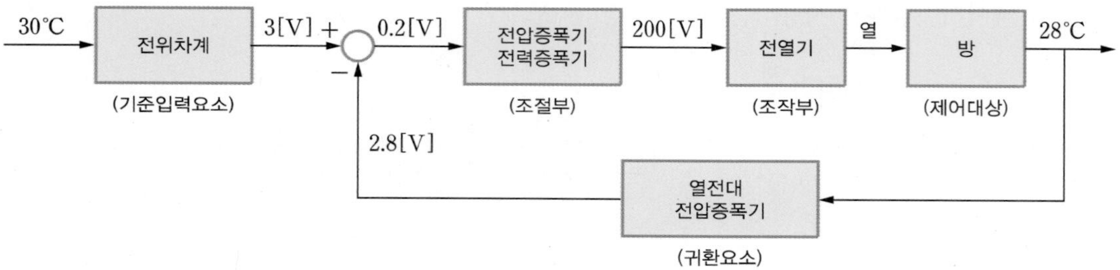

[그림 1-7] **자동 온도제어시스템**

전열기로 방 안의 온도를 자동조절하는 폐루프 제어시스템은 [그림 1-7]과 같다. 이 제어시스템의 제어대상은 방이고, 제어량은 방 안의 온도이며, 제어시스템의 목표값은 30℃이다. 이 목표값을 기준입력요소인 전위차계potentiometer를 통해 기준입력을 3[V]의 전압으로 바꾼다. 또한 현재 방 안의 온도, 즉 제어량 28℃를 귀환요소에 해당하는 열전대thermocouple로 측정하여 비교부에서 기준입력과 비교한다. 이때 얻는 기준입력과 제어량의 차인 제어편차, 즉 동작신호 0.2[V]를 전압증폭기로 증폭하여 200[V]로 만든다. 이 값을 다시 전력증폭시켜 전열기에 인가하면 전열기는 인가된 전압의 제곱에 비례하는 열을 발생시켜 방 안의 온도를 높인다. 이 동작은 방 안의 온도가 목표값 30℃에 도달할 때까지 반복한다. 만약 제어량, 즉 방 안의 온도가 목표값에 도달하면 제어편차가 0이 되므로 전열기는 더 이상 열을 발생하지 않는다. 여기에서 전압증폭기와 전력증폭기는 제어요소의 조절부에 해당되고 전열기는 제어요소의 조작부에 해당된다. 또한 전열기에서 발생하는 열은 조작량이 된다. 전압증폭기는 큰 전압 증폭도를 갖기 위해 대단히 큰 출력 저항을 사용한다. 따라서 출력 전압이 높아도 내부저항이 대단히 크므로 부하load에 연결했을 때 전류가 거의 흐르지 않는다. 따라서 전력증폭기,

즉 입력 저항은 무한대이고 출력 저항은 0이며 증폭도가 1인 버퍼buffer를 사용하여 전력을 증폭시킨 후에 부하에 인가해야 한다. 다시 말해, 증폭된 출력 전압을 내부저항이 0인 전원으로 만든 다음에 부하에 인가해야 한다.[2]

일반적으로 제어대상이 제어장치에서 멀리 떨어져 있는 경우에는 조절부와 조작부 사이에 **신호전송 시스템**transmission system이 필요하다. 또한 제어량을 센서로 측정하여 주귀환량을 비교부로 전송하는 **귀환신호전송시스템**feedback transmission system이 필요하다. 이때 전송된 주귀환량은 **기록계**recorder로 기록해 두는 경우가 많다. 제어대상이 멀리 떨어져 있는 폐루프 제어시스템을 블록선도로 나타내면 [그림 1-8]과 같다.

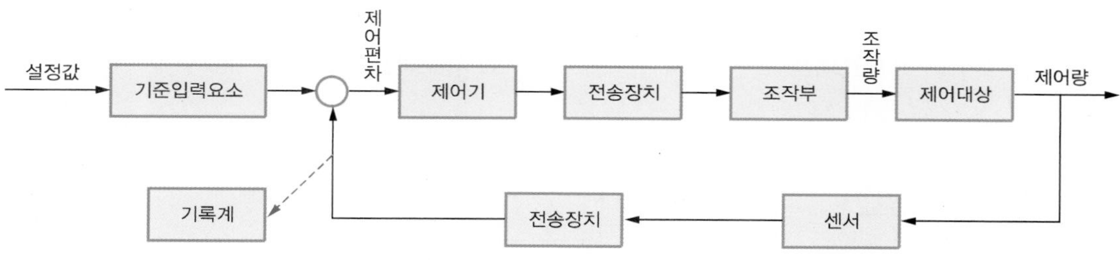

[그림 1-8] **제어대상이 멀리 떨어져 있는 폐루프 제어시스템**

폐루프 제어시스템의 장점과 단점

개루프 제어시스템과 비교하여 폐루프 제어시스템의 장단점을 간단히 나열하면 다음과 같다.

■ 장점

- 제어시스템의 내부 파라미터 변화에 대한 제어시스템의 감도sensitivity[3]를 줄일 수 있다.
- 제어시스템의 과도응답transient response을 조절할 수 있다.
- 외란의 영향을 줄일 수 있다.
- 정상상태오차steady-state error를 줄일 수 있다.

■ 단점

- 제어시스템의 구성이 복잡하고 비싸진다.
- 입력에 대한 출력의 이득gain이 감소한다.
- 제어시스템이 불안정해질 수 있다.

---

2 버퍼 이외의 트랜지스터의 이미터 폴로어emitter-follower 회로를 이용한 전력증폭 방법에 대해서는 전자회로를 참고하기 바란다.

3 k의 변화에 대한 M의 감도는 $S_K^M = \frac{[\%]\ M\text{의 변화}}{[\%]\ K\text{의 변화}}$로 구한다.

폐루프 제어시스템의 감도

폐루프 제어시스템의 감도에 대해 살펴보자. 보통 불안정하다는 것은 작은 입력을 가해도 시간이 지나면 출력이 점점 커져 결국 출력이 무한대가 되는 것을 말한다. 일반적으로 출력을 입력 측에 귀환시키면 시스템이 불안정하게 되고 이득이 감소하는 결점이 있다. 그럼에도 고급 정밀 제어시스템에서 귀환을 사용하는 이유는 무엇일까? 이를 이해하기 위해 다음의 간단한 계측시스템을 생각해보자.

[그림 1-9]와 같이 증폭도가 1인 시스템에 100[V]의 입력을 가하면 출력이 정확하게 100[V]가 나온다. 입력이 정확하게 출력으로 나타나므로 언뜻 보기에는 바람직한 계측시스템인 것 같지만, 주변 온도 변화에 증폭도가 20%가 증가하면 출력이 100[V]가 아닌 120[V]가 되어 이러한 계측기는 전혀 쓸모가 없다. 이제 출력을 입력 측에 귀환시키는 다음 귀환시스템을 생각해보자. [그림 1-10]과 같이 (−) 피드백을 걸면 전체 증폭도는 $\frac{1}{2}$로 감소하므로 출력은 50[V]가 된다.

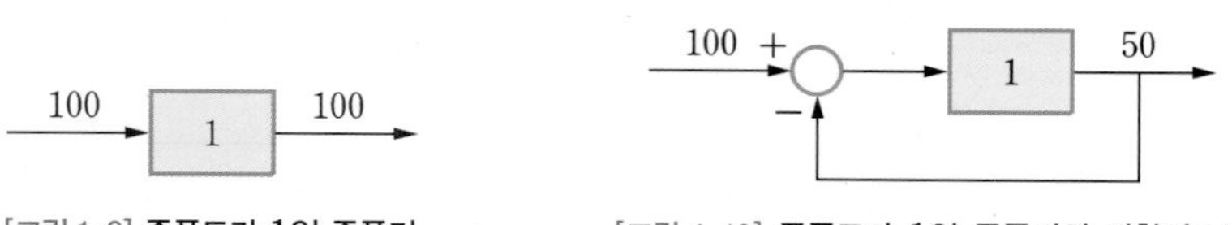

[그림 1-9] **증폭도가 1인 증폭기**　　[그림 1-10] **증폭도가 1인 증폭기의 귀환시스템**

이 귀환시스템에 [그림 1-11]과 같이 증폭기의 증폭도를 1000으로 증가시키면 전체 증폭도[4]는 $\frac{1000}{1+1000} \fallingdotseq 0.99900$가 되므로, 출력은 99.900[V]가 된다.

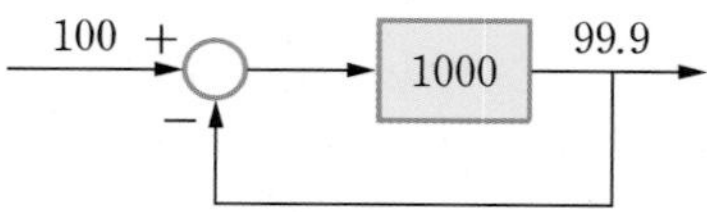

[그림 1-11] **증폭도가 1000인 증폭기의 귀환시스템**

이때 오차가 0.1%만큼 발생하므로 만족스럽지 못한 것 같지만, 만일 주변 온도가 상승하여 증폭기의 증폭도가 20% 증가하여 1200이 되더라도 전체 증폭도는 $\frac{1200}{1+1200} \fallingdotseq 0.99917$이 되므로, 출력은 99.917[V]가 된다. 따라서 증폭도가 20% 증가해도 출력이 거의 변화하지 않는 것을 알 수 있다. 특히 증폭도가 50,000~200,000인 연산증폭기를 사용하면 주변 온도 변화에 영향을 받지 않으면서 전체 증폭도가 1인 계측기를 만들 수 있다.

지금까지 귀환요소의 유무에 따른 폐루프 제어시스템과 개루프 제어시스템의 분류와 제어대상을 중심으로 하는 신호의 흐름, 입력과 출력을 비교하기 위한 신호 변환 등을 공부하였다. 물의 온도 조절을 친구가 대신해주는 샤워shower를 한번 시도해보기를 권하면서, 이제 제어시스템의 종류를 살펴보자.

4 전체 증폭도는 증폭도 K에 대해 $\frac{K}{1+K}$로 구한다.

Section

1.3 제어시스템의 종류

제어시스템은 그 시스템의 성격이나 용도, 구성 요소, 동작신호 등으로 분류할 수 있다. 이 절에서는 선형성, 매개변수, 제어량, 목표값, 신호의 연속성에 대해 살펴보자.

1.3.1 선형제어시스템 · 비선형제어시스템

선형시스템linear system은 간단히 말해서 **비례성**proportionality과 **중첩의 원리**principle of superposition가 성립하는 시스템이다.

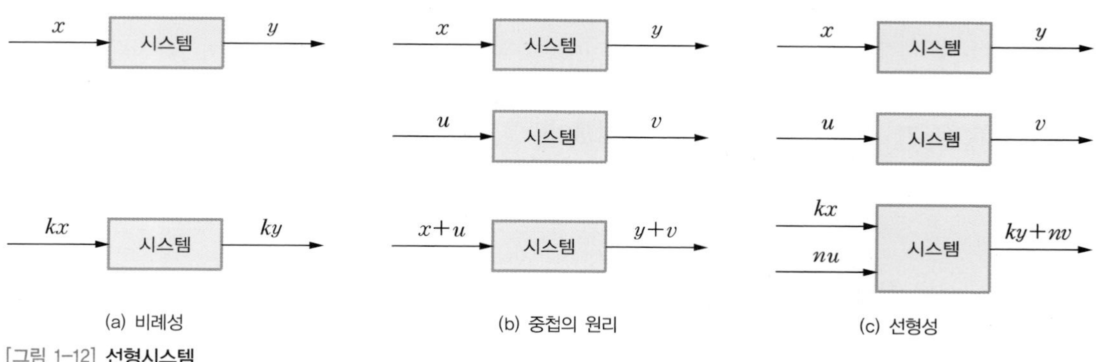

[그림 1-12] **선형시스템**

[그림 1-12(a)]와 같이 x라는 입력을 가했을 때 y라는 출력이 나오는 시스템에, x의 k배인 kx를 입력으로 가했을 때 출력도 y의 k 배인 ky가 나오면 이 시스템은 비례성이 성립한다. 그리고 [그림 1-12(b)]와 같이 입력이 x일 때는 출력 y이고, 입력이 u일 때는 출력이 v인 시스템에, $x+u$의 입력을 가했을 때 $y+v$의 출력이 나오면 이 시스템은 중첩의 원리가 성립한다. 이제 [그림 1-12(c)]와 같이 입력이 x일 때는 출력이 y이고, 입력이 u일 때는 출력이 v인 시스템에, $kx+nu$의 입력을 가했을 때 $ky+nv$의 출력이 나오는, 즉 비례성과 중첩의 원리가 동시에 성립하는 제어시스템을 **선형제어시스템**linear control system이라고 한다. 반면에 비례성이나 중첩의 원리가 성립하지 않는 제어시스템을 **비선형제어시스템**nonlinear control system이라고 한다. 실제로 중첩의 원리가 성립하는 시스템은 비례성이 성립하므로 선형제어시스템은 '중첩의 원리가 성립하는 제어시스템'으로 정의할 수도 있다. 비례성을 강조하는 이유는 선형제어시스템은 입력을 2배, 3배, 4배로 점점 크게 해도 출력이 포화현상을 일으키지 않고 정확하게 비례하여 나타나는 것을 강조하기 위함이다.

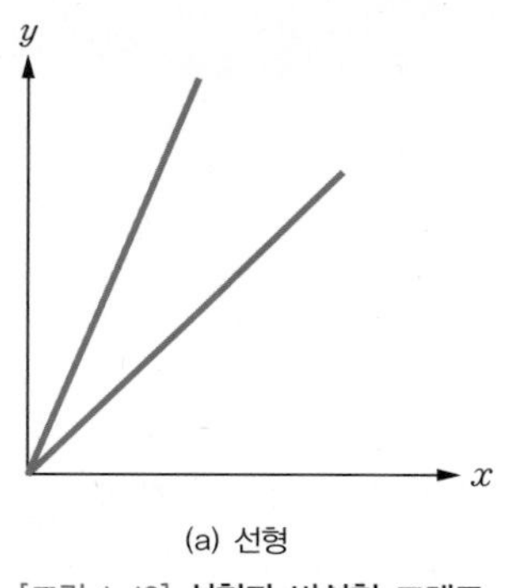

(a) 선형

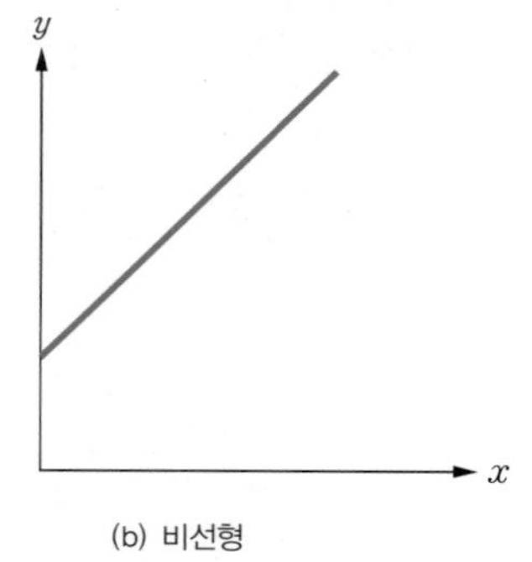

(b) 비선형

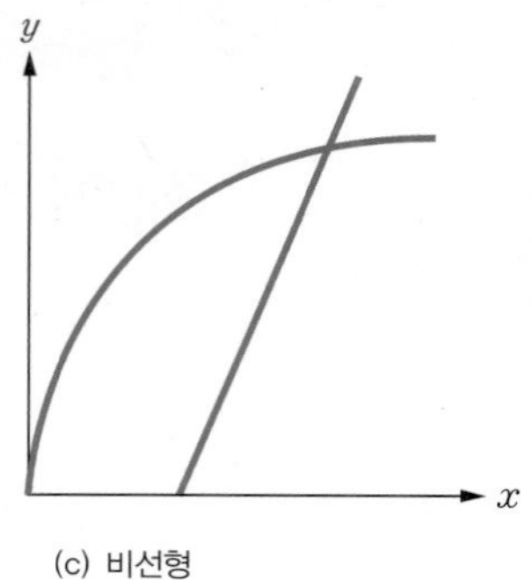

(c) 비선형

[그림 1-13] **선형과 비선형 그래프**

비례성을 그래프로 나타내면 [그림 1-13(a)]와 같이 입력이 2배, 3배가 되면 출력도 2배, 3배가 된다. 그러나 [그림 1-13(b)]와 [그림 1-13(c)]와 같이 입력이 2배, 3배가 되어도 출력이 2배, 3배가 되지 않으면 비례성이 성립하지 않는다.

선형시스템에서 입력 $x(t)$와 출력 $y(t)$는 다음과 같이 간단한 수식으로 표시된다.

$$y(t) = Kx(t) \tag{1.1}$$

식 (1.1)에서 K가 $x(t)$의 함수이면, 즉 $x(t)$의 값에 따라 K 값의 크기가 달라지면 이 시스템은 비선형이고, K가 $x(t)$의 함수가 아니면 선형이라고 할 수 있다.

선형화

엄밀하게 말하면 실제 물리계에서 선형시스템은 거의 존재하지 않는다. 그러나 비선형시스템은 수학적으로 다루기 어렵고, 모델링한 미분방정식의 해를 구하는 일반화된 방법이 없으므로 비선형시스템을 선형으로 근사화한다. 이를 비선형시스템의 **선형화**linearization라고 한다.

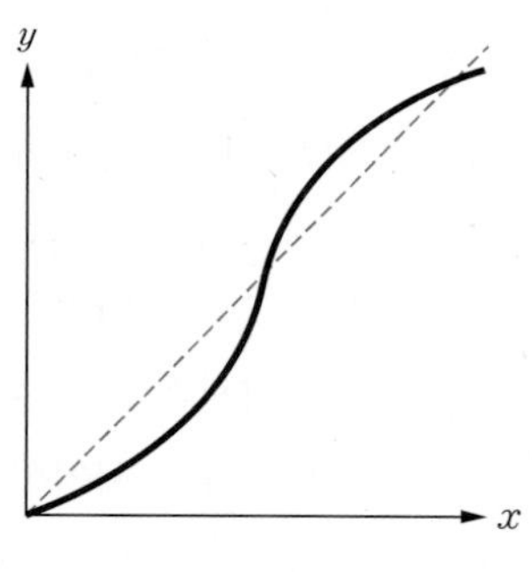

(a) $y = Kx$로 선형화

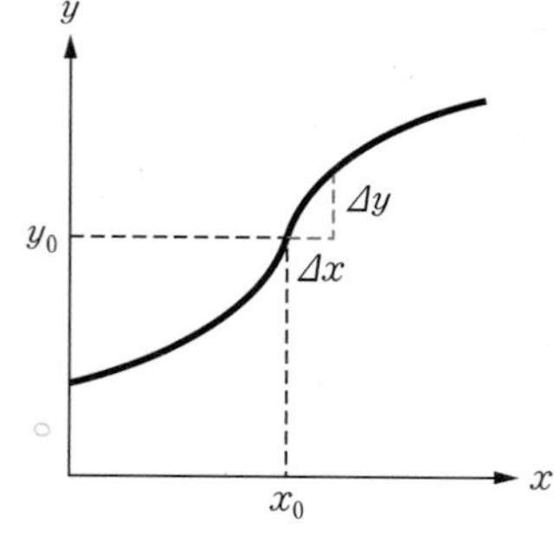

(b) $\Delta y = K\Delta x$로 선형화

[그림 1-14] **비선형시스템의 선형화**

비선형시스템의 선형화는 [그림 1-14(a)]와 같이 전체 비선형시스템을 선형시스템으로 근사화시켜 취급하거나 [그림 1-14(b)]와 같이 어떤 **동작점**operating point을 중심으로 그 주변에서의 작은 변화량에 대해서만 선형으로 근사화시켜 취급한다. [그림 1-14(b)]의 동작점 근처에서는 다음 식이 성립한다.

$$\Delta y(t) \fallingdotseq K \Delta x(t) \tag{1.2}$$

$$y(t) \fallingdotseq K \Delta x(t) + y_0 \tag{1.3}$$

1.3.2 시변제어시스템 · 시불변제어시스템

시스템의 파라미터parameter가 시간에 따라 수시로 변하는 제어시스템을 **시변제어시스템**time-varying control system이라고 한다. 또한 시간에 따라 변하지 않고 항상 일정한 제어시스템을 **시불변제어시스템**time-invariant control system이라고 한다. 대부분의 시스템은 시불변시스템으로 생각할 수 있다. 그러나 연료를 많이 싣고 가야하는 장거리 비행기, 또는 유도미사일, 인공위성 추진체와 같이 공중으로 발사된 후 시간이 지나면 그 질량이 점점 감소하는 경우나, 전동기와 같이 가동 후에 온도가 상승하여 권선저항이 변하는 경우 등은 시변시스템이라고 할 수 있다. 시변시스템을 간단하게 수식으로 표현하면 다음과 같다.

$$y(t) = K(t)\,x(t) \tag{1.4}$$

이때 매개변수 K값이 시간에 따라 변하면, 즉 시간함수면 시변시스템이라 하고, 시간에 따라 변하지 않으면 시불변시스템이라고 한다.

앞에서 살펴본 선형, 비선형과 연관지어 비선형 시변시스템의 입출력 관계를 식으로 표현하면

$$y(t) = K[t,\ x(t)]\,x(t) \tag{1.5}$$

또는 간단히

$$y(t) = K(t,\ x)\,x(t) \tag{1.6}$$

로 나타낼 수 있다. K값이 시간에 따라 변하고 입력 x값에 따라서는 변하지 않으면, 이 시스템을 **선형시변시스템**linear time-varying system, 그리고 K값이 시간에 따라 변할 뿐만 아니라 입력 x값에 따라서도 변하면, 즉 t와 x의 함수면 이 시스템은 **비선형시변시스템**nonlinear time-varying system이라고 한다. 또한 K값이 x만의 함수면 **비선형시불변시스템**nonlinear time-invariant system, K값이 시간함수도 아니고 입력 x의 함수도 아니면 **선형시불변시스템**linear time-invariant system이라고 한다.

선형시변시스템의 미분방정식은

$$A_0(t)\frac{d^n y}{dt^n}+A_1(t)\frac{d^{n-1}y}{dt^{n-1}}+A_2(t)\frac{d^{n-2}y}{dt^{n-2}}+\cdots+A_{n-1}(t)\frac{dy}{dt}+A_n(t)y=x(t) \quad (1.7)$$

으로 표시되며, 계수 A_0, A_1, A_2 등이 시간함수가 아니면 **상계수선형미분방정식**linear differential equation with constant coefficients이라고 하고, 이를 제어시스템에서는 선형시불변시스템이라고 한다.

[그림 1-15(a)]와 같은 저항회로에서 저항에 흐르는 전류는

$$i=\frac{1}{R}E \quad (1.8)$$

이다. 일반적으로 저항 값은 시간에 따라 변하지 않으므로 시불변시스템이다. 만일 저항 R값이 [그림 1-15(b)]와 같이 시간에 따라 변한다면, 인가된 직류 전압이 50[V]일 때의 전류는 [그림 1-15(c)]의 ❶과 같다. 만일 직류 전압을 2배로 증가시키면 전류도 비례하여 2배 증가하므로 [그림 1-15(c)]의 ❷와 같이 될 것이다. 따라서 이 시스템이 선형시변시스템임을 알 수 있다.

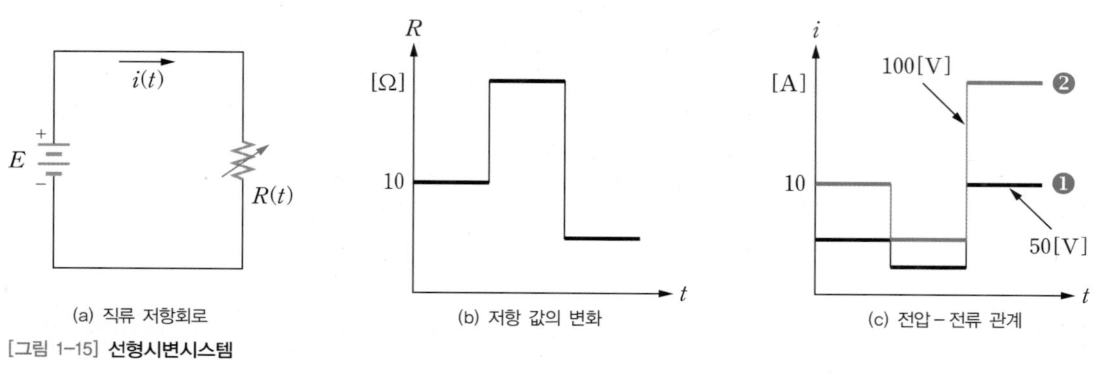

(a) 직류 저항회로 (b) 저항 값의 변화 (c) 전압-전류 관계

[그림 1-15] **선형시변시스템**

1.3.3 연속값제어시스템 · 이산값제어시스템

제어시스템에서는 신호를 **연속신호**continuous signal와 **이산신호**discrete signal로 구분한다. 연속신호는 일반적으로 사용하는 신호로, [그림 1-16(a)]처럼 시간상으로 연속인 신호다. 이산신호는 시간상으로 불연속인 신호라기보다는 펄스열pulse train이나 디지털 부호digital code와 같이 어떤 특정한 시간에서만 의미가 있고 다른 시간에서는 의미가 없는 신호를 말한다. 예를 들어, 이산신호는 [그림 1-16(b)]와 같이 0, 3, 6, 9, ⋯ 시간에서만 의미가 있고 다른 시간에서는 어떤 값을 갖든 의미가 없다. 이러한 이산신호를 사용하는 제어시스템을 **이산값제어시스템**discrete-data control system이라고 한다. 이산값제어시스템은 다시 **샘플값제어시스템**sampled-data control system과 **디지털제어시스템**digital control system으로 분류한다.

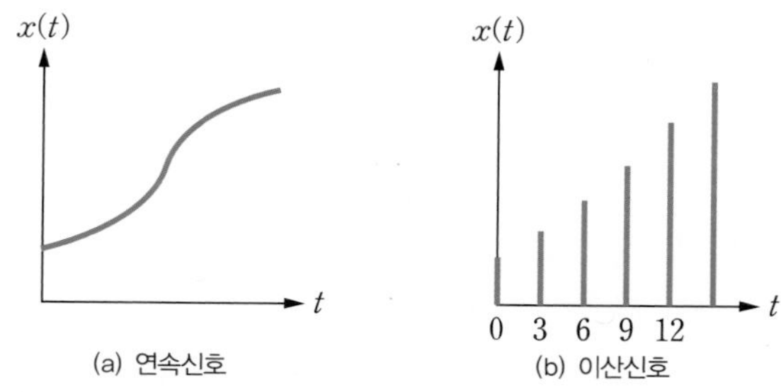

[그림 1-16] **제어시스템에 쓰이는 신호**

샘플값제어시스템에서 제어대상의 제어량이나 조작량, 목표값 등은 연속신호다. 다만 동작신호를 얻을 때 제어편차를 주기적으로 샘플링sampling하여 동작신호를 취한다. 따라서 샘플값제어시스템은 연속신호와 이산신호를 동시에 사용하는 제어시스템이라고 할 수 있다. [그림 1-17]은 기본적인 샘플값제어시스템의 블록선도다.

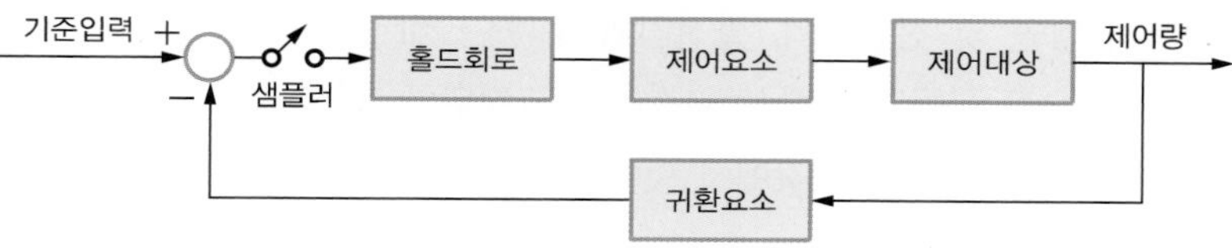

[그림 1-17] **샘플값제어시스템**

여기서 홀드회로hold circuit란 순간적으로 샘플링한 값(=전압)을 다음 샘플링 시간까지(한 샘플링 주기 동안) 유지하는 회로를 말한다.

디지털제어시스템은 제어요소로 컴퓨터를 사용하는 제어시스템이다. 아날로그제어시스템보다 다양한 제어 조건에 유연하게 대처할 수 있으며, 비용이 절감되고 잡음에 강하다. [그림 1-18]은 기본적인 디지털제어시스템의 블록선도를 나타낸다. 여기에서 A/D 변환기는 아날로그 신호를 디지털 신호로 바꾸는 장치이고, D/A 변환기는 디지털 신호를 아날로그 신호로 바꾸는 장치다.

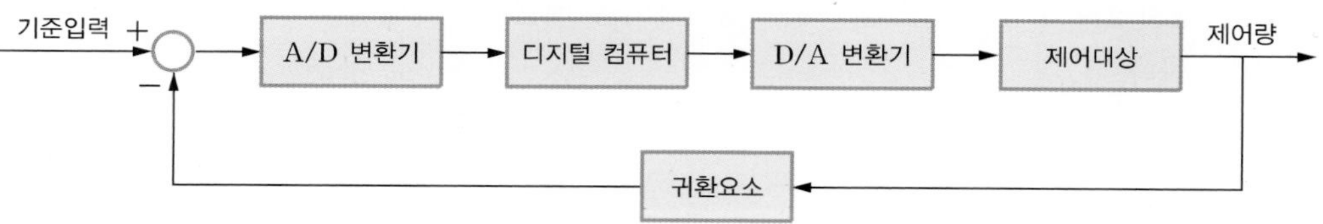

[그림 1-18] **디지털제어시스템**

1.3.4 서보기구 · 프로세스제어 · 자동조정

제어시스템은 제어량의 종류에 따라 서보기구, 프로세스제어, 자동조정으로 분류한다.

서보기구servomechanism는 기계적 위치, 속도, 가속도, 방향, 자세 등을 제어량으로 하는 제어시스템으로, 대부분 수시로 변하는 목표값의 변화에 항상 추종하는 것을 목적으로 한다. 예를 들어, 선박이나 비행기의 자동조타장치auto pilot, 로켓의 자세 제어, 공작기계의 제어, 공업용 로봇의 제어, 자동 평형 기록계 등에서 사용한다. 때로는 직접 위치제어 또는 속도, 가속도제어라고도 한다.

프로세스제어process control는 온도, 유량, 압력, 레벨level, 농도, 습도, 비중, pH 등을 제어량으로 하는 제어시스템이다. 주로 일용품 등을 제조하는 가공공업과 화학공업, 석유공업, 식품공업에서 사용한다. 보통 프로세스제어는 목표값이 일정하게 정해져 있으므로 자주 변하지 않는다.

자동조정automatic regulation은 속도, 회전력, 전압, 주파수, 역률 등 기계적 또는 전기적량을 제어량으로 하는 제어시스템이다. 전력 계통의 역률 및 전압제어, 발전기의 주파수 제어, 원동기의 속도 제어 등에서 사용한다. 자동조정은 일반적으로 목표값이 항상 일정하게 고정된다. 따라서 제어량이 목표값을 항상 유지하도록 제어하고, 만일 제어량이 목표값에서 벗어나면 신속히 목표값으로 되돌아오게 하는 것이 주목적이다.

1.3.5 정치제어 · 추종제어

목표값이 시간적으로 변화하지 않고 일정한 제어를 **정치제어**constant value control라고 한다. 일반적으로 자동조정이나 프로세스제어는 주로 정치제어다. 반면에, 서보기구와 같이 목표값이 시간에 따라 변하고, 제어량을 목표값에 맞춰 변하도록 하는 제어를 **추종제어**follow-up control 또는 추치제어라고 한다. 특히 목표값이 무질서하게 시간적으로 변하는 경우만 추종제어라고 하고, 그렇지 않은 경우는 일반적으로 추치제어라고 하기도 하나, 크게 구분하여 사용하지는 않는다. 또 제어량의 종류는 전혀 상관하지 않고, 정치성과 추종성만을 강조하여 정치제어를 **레귤레이터제어**regulator control, 추치제어를 서보제어라고도 한다.

Q **서보모터란?**

A 목표값이 수시로 변하는 추종제어에 적합하도록, 같은 질량을 갖는 아머추어armature(=회전 전기자)라도 관성모멘트inertia moment가 작도록 특별히 설계한 모터(전동기)를 말한다.

Chapter 01 핵심요약

제어

제어란 어떤 시스템이 목표한 동작을 제대로 수행하도록 시스템을 조절하는 것이다.

자동제어

자동제어란 인간이 직접 관여하지 않고, 시스템이 스스로 목표한 동작을 하도록 하는 것이다.

제어시스템

제어시스템은 출력값이 목표값과 일치하는지를 비교하는 장치의 유무에 따라 개루프 제어시스템과 폐루프 제어시스템으로 나눈다.

개루프 제어시스템의 기본 블록선도

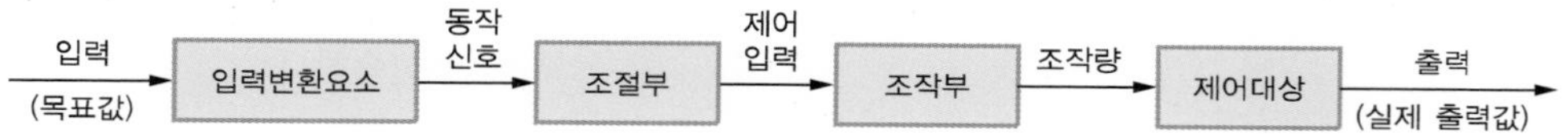

폐루프 제어시스템의 기본 블록선도

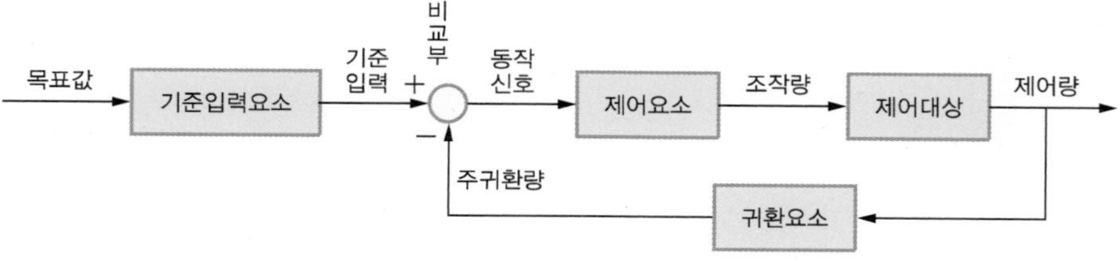

폐루프 제어시스템의 장점

- 제어시스템의 내부 파라미터 변화에 대한 제어시스템의 감도를 줄일 수 있다.
- 제어시스템의 과도응답을 조절할 수 있다.
- 외란의 영향을 줄일 수 있다.
- 정상상태오차를 줄일 수 있다.

폐루프 제어시스템의 단점

- 제어시스템의 구성이 복잡하고 비싸진다.
- 입력에 대한 출력의 이득이 감소한다.
- 제어시스템이 불안정해질 수 있다.

제어시스템 분류

분류 방법	명칭	내용
선형성	선형제어시스템 비선형제어시스템	중첩의 원리 성립 중첩의 원리 불성립
매개변수	시변시스템 시불변시스템	매개변수가 시간함수 매개변수가 상수
신호	연속값제어시스템 이산값제어시스템	연속신호 이산신호
제어량	서보기구 프로세스제어 자동조정	기계적량 화학적량 기계·전기적량
목표값	정치제어 추종제어	목표값 일정 목표값 변함

Chapter 01 연습문제

1.1 폐루프 제어시스템에는 있으나 개루프 제어시스템에는 없는 것은?

㉮ 제어요소 ㉯ 귀환요소 ㉰ 제어대상 ㉱ 입력변환요소

1.2 제어시스템에서 제어요소에 속하는 것은?

㉮ 조작부 ㉯ 설정부 ㉰ 제어대상 ㉱ 귀환요소

1.3 폐루프 제어시스템에서 동작신호를 조작량으로 변화시키는 것은?

㉮ 기준입력요소 ㉯ 귀환요소 ㉰ 제어요소 ㉱ 센서

1.4 제어시스템에서 외란이 있는 경우에 권장할 수 없는 시스템은?

㉮ 개루프 제어시스템 ㉯ 추종제어시스템
㉰ 폐루프 제어시스템 ㉱ 자동조정

1.5 다음 중에서 정치제어가 아닌 것은?

㉮ 프로세스제어 ㉯ 레귤레이터제어 ㉰ 자동조정 ㉱ 서보기구

1.6 제어시스템에서 조절부와 조작부로 이루어진 요소는?

㉮ 제어요소 ㉯ 액추에이터 ㉰ 기준입력요소 ㉱ 귀환요소

1.7 보일러의 온도를 85℃로 유지하는 폐루프 제어시스템에서 보일러의 온도를 측정하는 열전대는 제어시스템의 어디에 해당되는가?

㉮ 기준입력요소 ㉯ 귀환요소 ㉰ 제어요소 ㉱ 제어대상

1.8 모터 제어시스템에서는 인가전압을 조정하여 모터의 회전속도를 제어한다. 이때 회전속도는 다음 중 어디에 해당되는가?

㉮ 기준입력요소 ㉯ 귀환요소 ㉰ 제어량 ㉱ 제어대상

1.9 3상 전력의 주파수를 일정하게 유지하는 제어는 다음 중 어디에 속하는가?

㉮ 서보기구 ㉯ 프로세스제어 ㉰ 프로그램제어 ㉱ 자동조정

1.10 어떤 화학공장에서 액체의 pH를 일정하게 유지하기 위한 폐루프 제어시스템을 사용하고 있다. 실제 액체의 pH는 다음 중 어디에 해당되는가?

㉮ 기준입력 ㉯ 동작신호 ㉰ 측정값 ㉱ 제어량

1.11 개루프 제어시스템과 비교하여 폐루프 제어시스템에 반드시 필요한 장치는?

㉮ 입력과 출력의 비교장치 ㉯ 동작신호의 증폭장치
㉰ 기준입력변환장치 ㉱ 출력표시 및 기록장치

1.12 프로세스제어의 제어량은?

㉮ 압력, 액위, 온도, 농도 ㉯ 힘, 에너지, 토크
㉰ 속도, 위치, 방향 ㉱ 전압, 전류, 주파수

1.13 개루프 제어시스템과 비교하여 폐루프 제어시스템의 장점이 아닌 것은?

㉮ 외란의 영향을 줄일 수 있다. ㉯ 정상상태오차를 줄일 수 있다.
㉰ 시스템이 안정해진다. ㉱ 과도응답을 개선할 수 있다.

1.14 다음 그림과 같은 폐루프 제어시스템에서 ❶, ❷, ❸번 요소를 차례로 알맞게 표시한 것은?

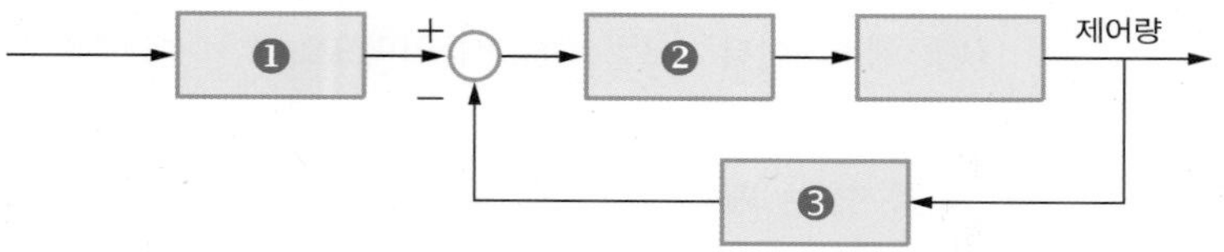

㉮ 증폭요소, 출력요소, 측정요소 ㉯ 기준입력요소, 제어요소, 귀환요소
㉰ 기준입력요소, 출력요소, 기록요소 ㉱ 전위차계, 증폭요소, 기록전송요소

1.15 다음 그림에서 ❶, ❷번 신호의 이름을 알맞게 표시한 것은?

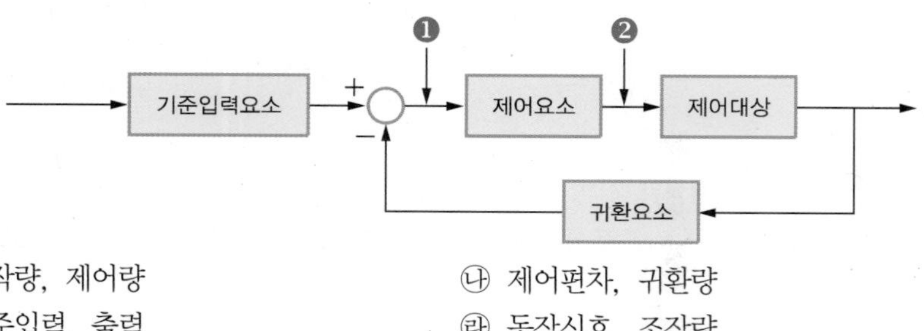

㉮ 조작량, 제어량 ㉯ 제어편차, 귀환량
㉰ 기준입력, 출력 ㉱ 동작신호, 조작량

1.16 제어량에 따라 자동제어시스템을 분류한 것이 아닌 것은?

㉮ 서보기구 ㉯ 비선형제어시스템
㉰ 자동조정 ㉱ 프로세스제어

1.17 시변제어시스템은 시간에 따라 무엇이 변하는 시스템인가?

㉮ 시스템의 목표값 ㉯ 시스템의 동작신호
㉰ 시스템의 파라미터 ㉱ 시스템의 제어량

1.18 목표값이 자주 바뀌는 추종제어에 사용하기 좋은 전동기는?

㉮ 서보모터 ㉯ 3상유도전동기 ㉰ 직류직권모터 ㉱ 직류분권전동기

1.19 선형시스템과 비선형시스템을 구분하는 요소는?

㉮ 시변성 ㉯ 제어량 종류 ㉰ 비례성 ㉱ 안전성

1.20 시스템의 매개변수가 입력의 함수이면 어떤 시스템인가?

㉮ 시변시스템 ㉯ 선형시스템 ㉰ 선형시변시스템 ㉱ 비선형시스템

1.21 중첩의 원리가 성립하지 않는 시스템은?

㉮ 시변제어시스템 ㉯ 시불변제어시스템
㉰ 비선형시스템 ㉱ 정치제어시스템

1.22 다음 보기 중 선형시스템을 모두 고르면?

〈보기〉

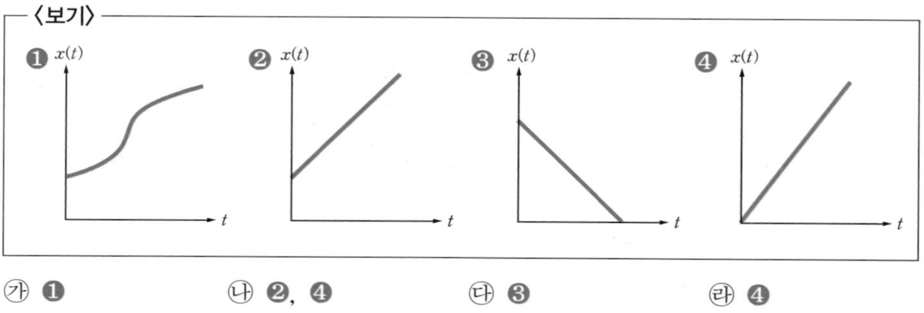

㉮ ❶ ㉯ ❷, ❹ ㉰ ❸ ㉱ ❹

1.23 비선형시스템의 예를 3개만 제시하라.

1.24 선형화에 대해 설명하라.

1.25 샤워를 할 때 온수 밸브와 냉수 밸브를 누군가 다른 사람이 조절한다면 어떤 문제가 생기는지 설명하라.

1.26 시변시스템의 예를 3개만 제시하라.

1.27 우리 주변에서 볼 수 있는 개루프 제어시스템의 예를 5개만 나열하라.

1.28 개루프 제어시스템과 폐루프 제어시스템의 기본 블록선도를 각각 그려라.

1.29 다음 그림은 보일러의 수위가 항상 일정하도록 자동 조절하는 장치의 개념도이다. 수위가 목표값보다 낮으면 급수관의 밸브를 더 많이 열어 물의 유입량을 증가시키고, 수위가 목표값보다 높으면 밸브를 더 적게 열어 물의 유입량을 줄인다. 밸브의 개폐는 직류 모터를 이용한다. 직류 모터에 (+) 전압을 가하면 모터가 왼쪽으로 회전하여 전자밸브가 더 많이 열리고, (−) 전압을 가하면 모터가 오른쪽으로 회전하여 전자밸브를 닫는다. 이때 직류모터의 회전속도는 인가되는 전압의 크기에 비례한다. 이 자동제어시스템에 대한 블록선도를 그려라.

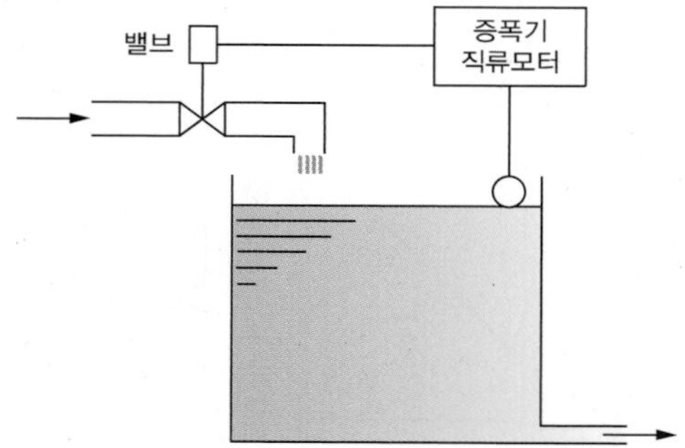

Chapter

02

제어공학의 기본 수학

Basic Mathematics for Control Engineering

학습목표

- 복소수를 직각좌표식, 극좌표식, 지수식으로 표현할 수 있다.
- 복소수의 크기와 위상을 구할 수 있다.
- 복소수의 사칙연산을 계산할 수 있다.
- 복소함수의 극점과 영점을 찾을 수 있다.
- 기본 함수의 라플라스 변환과 라플라스 역변환을 구할 수 있다.
- 라플라스 변환의 초깃값 정리와 최종값 정리를 이해할 수 있다.
- 단위계단함수와 단위임펄스함수의 개념을 이해할 수 있다.
- 행렬의 종류를 이해하고, 역행렬을 구할 수 있다.
- 행렬의 고윳값과 고유벡터를 구할 수 있다.

제어공학을 올바로 이해하고, 제어시스템을 잘 해석하고 설계하려면 제어공학에서 다루는 기본적인 수학 지식이 필요하다. 특히 복소함수와 미분방정식, 라플라스 변환과 선형대수학은 제어공학에서 자주 쓰이므로 반드시 알아 둬야 한다.

이 장에서는 제어공학을 이해하는 데 꼭 필요한 기초 수학을 살펴본다. 미분방정식은 이 과목을 공부하기 전에 선행되었다고 가정하고, 이 장에서는 복소함수와 라플라스 변환, 행렬을 학습해보자.

Section

2.1 복소함수

시스템의 입출력 관계를 나타내는 전달함수를 사용하거나 제어시스템의 주파수응답을 구하기 위해서는 복소수와 복소함수에 대한 지식이 필요하다.

2.1.1 복소수

복소수complex number는 실수와 허수의 합으로 구성되는 수를 말한다. α, β가 실수이고 $j=\sqrt{-1}$가 허수 단위일 때, 복소수 P는 다음과 같이 나타낸다.

$$P=\alpha+j\beta \tag{2.1}$$

이때 α를 실수부, β를 허수부라고 한다. 복소수를 표현하는 방법에는 식 (2.1)과 같은 **직교좌표식**rectangular form 이외에도 **극좌표식**polar form과 **지수식**exponential form 등이 있다.

직교좌표식, 극좌표식, 지수식

복소수는 [그림 2-1]과 같이 좌표계에서 하나의 벡터로 나타낼 수 있다. 이때 x축을 **실수축**real axis, y축을 **허수축**imaginary axis이라 하고, 이 직교좌표계를 **복소평면**complex plane이라고 한다.

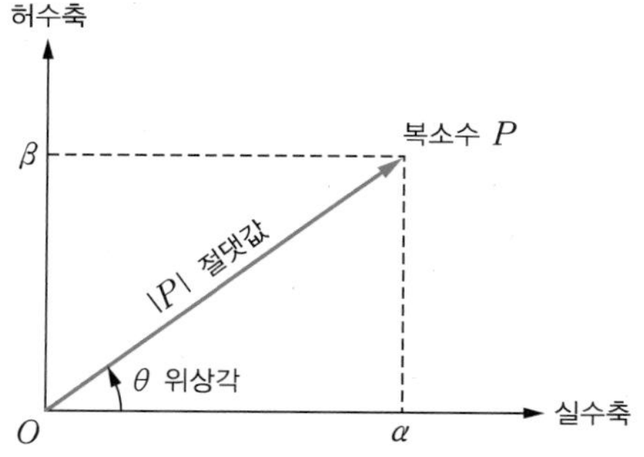

[그림 2-1] **복소수의 벡터 표기**

[그림 2-1]에서 벡터 $\overrightarrow{OP}$의 길이를 복소수 P의 **절댓값**absolute value이라 하고, 실수축과 벡터 $\overrightarrow{OP}$가 이루는 각 θ를 복소수 P의 **위상각**phase angle 또는 **편각**argument이라고 한다. 이들 사이에는 다음과

같은 관계식이 성립한다.

$$|P| = \sqrt{\alpha^2 + \beta^2} \tag{2.2}$$

$$\theta = \tan^{-1}(\frac{\beta}{\alpha}) \tag{2.3}$$

$$\alpha = |P| \cos\theta \tag{2.4}$$

$$\beta = |P| \sin\theta \tag{2.5}$$

따라서 복소평면에서 복소수 P의 좌표는 $P(\alpha, \beta)$가 된다. 이로부터 복소수 P는 다음과 같이 나타낼 수 있다.

$$P = \alpha + j\beta \tag{2.6}$$

$$= |P| \angle\theta \tag{2.7}$$

$$= |P| e^{j\theta} \text{[1]} \tag{2.8}$$

이때 식 (2.6)을 직교좌표식, 식 (2.7)을 극좌표식, 식 (2.8)을 지수식이라 한다.

예제 2-1 복소수 표현법

[그림 2-2]와 같이 벡터로 나타낸 복소수 P를 직교좌표식, 극좌표식, 지수식으로 표현하라.

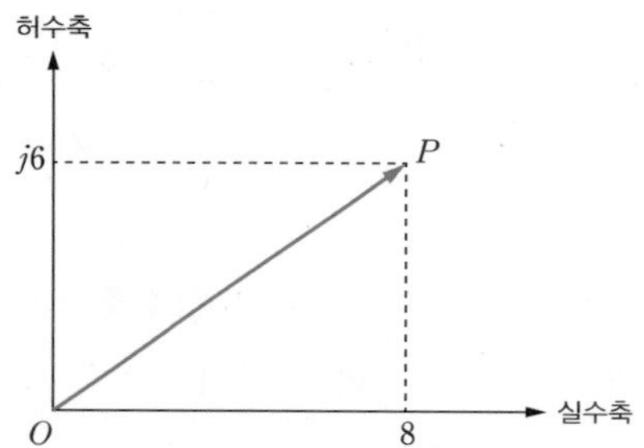

[그림 2-2] **벡터로 나타낸 복소수 P**

풀이

복소수 P를 직교좌표식으로 나타내면

$$P = 8 + j6$$

이다. 이때 $\theta = \tan^{-1}(\frac{6}{8}) \fallingdotseq 36.87^\circ$ 이므로, 극좌표식과 지수식은 다음과 같다.

$$P = 10\angle 36.87^\circ$$
$$= 10e^{j36.87^\circ}$$

1 오일러 공식 $e^{j\theta} = \cos\theta + j\sin\theta$를 이용하여 나타낸 것이다.

복소수의 사칙연산

복소수의 사칙연산(덧셈, 뺄셈, 곱셈, 나눗셈)은 실수의 사칙연산과는 다르게 실수부와 허수부를 구분한다. 복소수의 덧셈과 뺄셈은 실수부는 실수부끼리, 허수부는 허수부끼리 더하고 빼면 되므로 간단하다. 여기에서는 복소수의 곱셈과 나눗셈에 대해 좀 더 자세히 살펴보자.

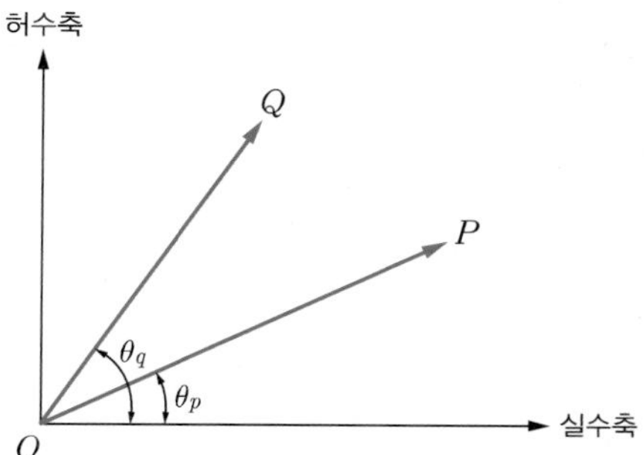

[그림 2-3] **복소수 P와 Q**

[그림 2-3]과 같은 복소수 P와 Q의 곱셈과 나눗셈을 생각해보자. 복소수의 덧셈과 뺄셈은 직교좌표식으로 연산하는 것이 더 편리하지만, 복소수의 곱셈과 나눗셈은 극좌표식이나 지수식으로 연산하는 것이 더 편리하다. 그러나 $j^2 = -1$인 것만 유념하면 복소수의 곱셈과 나눗셈을 직교좌표식으로 연산하는 데 큰 어려움은 없다. [그림 2-3]의 복소수 P와 Q를 지수식으로 나타내면

$$P = |P|e^{j\theta_p}, \quad Q = |Q|e^{j\theta_q}$$

이다. 복소수 P와 Q의 곱셈 과정은 식 (2.9)와 같다.

$$\begin{aligned} P \times Q &= |P|\, e^{j\theta_p} \times |Q|\, e^{j\theta_q} \\ &= |P||Q|\, e^{j\theta_p} \times e^{j\theta_q} \\ &= |P||Q|\, e^{j(\theta_p + \theta_q)} \end{aligned} \tag{2.9}$$

또한 복소수 P와 Q의 나눗셈 과정은 식 (2.10)과 같다.

$$\begin{aligned} P \div Q &= |P|\, e^{j\theta_p} \div |Q|\, e^{j\theta_q} \\ &= \frac{|P|\, e^{j\theta_p}}{|Q|\, e^{j\theta_q}} \\ &= \frac{|P|}{|Q|}\, e^{j(\theta_p - \theta_q)} \end{aligned} \tag{2.10}$$

예제 2-2 복소수의 연산

복소수 $P=2-j3$, $Q=5+j2$에 대해 다음을 구하라.

(a) $P+Q$ (b) $P-Q$ (c) $P\times Q$ (d) $P\div Q$

풀이

(a) $P+Q=(2-j3)+(5+j2)=(2+5)+j(-3+2)=7-j$

(b) $P-Q=(2-j3)-(5+j2)=(2-5)+j(-3-2)=-3-j5$

(c) $P\times Q=(2-j3)\times(5+j2)=2\times5+2\times j2-j3\times5-j3\times j2=10+j4-j15+6=16-j11$

(d) $P\div Q=(2-j3)\div(5+j2)=\dfrac{2-j3}{5+j2}=\dfrac{(2-j3)(5-j2)}{(5+j2)(5-j2)}$

$$=\frac{4-j19}{5^2+2^2}=\frac{4}{29}-j\frac{19}{29}\fallingdotseq 0.138-j0.655$$

[예제 2-2]의 복소수 P와 Q에 대한 곱셈과 나눗셈은 극좌표식으로도 구할 수 있다. 먼저 복소수 P와 Q를 극좌표식으로 나타내면 다음과 같다.

$$P=2-j3=\sqrt{2^2+(-3)^2}\angle\tan^{-1}\frac{-3}{2}\fallingdotseq 3.6\angle-56.3^\circ$$

$$Q=5+j2=\sqrt{5^2+2^2}\angle\tan^{-1}\frac{2}{5}\fallingdotseq 5.4\angle 21.8^\circ$$

따라서 두 복소수의 곱셈을 구하면 다음과 같다.

$$\begin{aligned}P\times Q&=3.6\angle-56.3^\circ\times5.4\angle21.8^\circ=3.6\times5.4\angle(-56.3^\circ+21.8^\circ)\\&=19.44\angle-34.5^\circ=19.44\cos(-34.5^\circ)+j19.44\sin(-34.5^\circ)\\&\fallingdotseq 16.02-j11.01\end{aligned}$$

또한 두 복소수의 나눗셈을 구하면 다음과 같다.

$$\begin{aligned}P\div Q&=\frac{3.6\angle-56.3^\circ}{5.4\angle21.8^\circ}=\frac{3.6}{5.4}\angle(-56.3^\circ-21.8^\circ)\\&=0.667\angle-78.1^\circ=0.667\cos(-78.1^\circ)+j0.667\sin(-78.1^\circ)\\&\fallingdotseq 0.138-j0.653\end{aligned}$$

2.1.2 복소함수

임의의 복소수 s에 대한 식을 $G(s)$라 하자. 이때 어떤 영역에서 $G(s)$가 모든 s에 대해 하나의 값을 갖는다면, $G(s)$를 복소수 s의 함수로 정의하고 **복소함수**complex function라고 한다. 이때 하나의 복소수가 여러 개의 값을 가지면 **다가함수**multi-valued function라고 하는데, 이 책에서는 다가함수인 경우는 제외한다. 여기에서 복소수를 P 대신 s로 표시하는 이유는 P가 어떤 값으로 고정된 복소수를 나타내는 데 반해 s는 값이 고정되지 않은 **복소변수**complex variable를 나타내기 때문이다.

변수 s는 복소수이므로 복소함수 $G(s)$도 복소수가 된다. 따라서 다음과 같이 실수부와 허수부로 나눌 수 있다.

$$G(s) = \text{실수부} + j\,\text{허수부} \tag{2.11}$$

일반적으로 다음과 같이 실수부를 $\mathrm{Re}\,G$, 허수부를 $\mathrm{Im}\,G$로 표시한다.

$$G(s) = \mathrm{Re}\,G + j\,\mathrm{Im}\,G \tag{2.12}$$

복소평면에서 복소변수 s의 값을 나타내는 평면을 **s 평면**, $G(s)$의 값을 나타내는 평면을 **$G(s)$ 평면**이라고 한다. 어떤 s 값에 대한 $G(s)$의 값을 $G(s)$ 평면에 나타내는 것을 s 평면에서 $G(s)$ 평면으로의 **사상**mapping이라고 한다. 예를 들어 다음과 같은 복소함수를 생각해보자.

$$G(s) = s^2 + 1 \tag{2.13}$$

임의의 s 값에 대한 복소함수 $G(s)$ 값은 [표 2-1]과 같다. 이때 s 값들은 [그림 2-4(a)]와 같은 궤적을 그리며, 이에 대한 $G(s)$ 값들은 [그림 2-4(b)]와 같은 궤적을 그린다. 이 궤적을 s 평면의 궤적에 대한 $G(s)$ 평면으로의 사상이라고 한다.

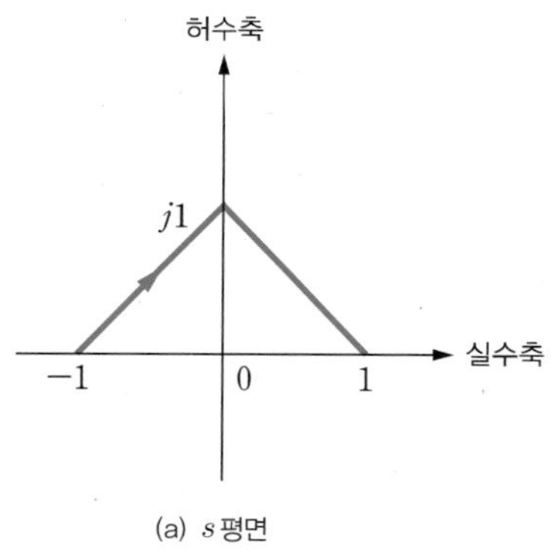

(a) s 평면

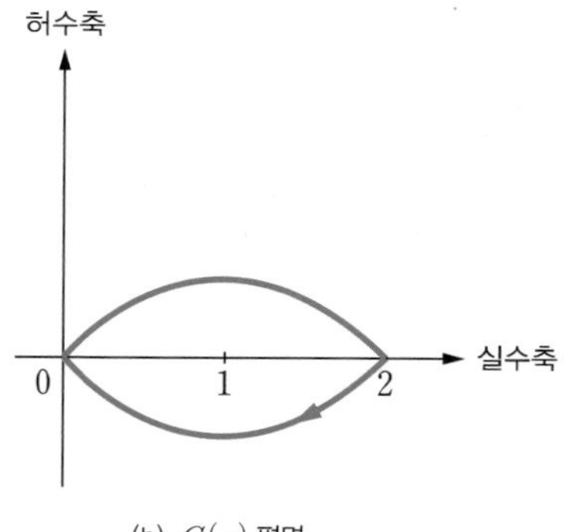

(b) $G(s)$ 평면

[그림 2-4] s의 궤적에 대한 $G(s)=s^2+1$의 사상

[표 2-1] s값에 대한 복소함수 $G(s)=s^2+1$

s	$G(s)$
$-1.0+j0.0$	$2.0+j0.0$
$-0.75+j0.25$	$1.5-j0.375$
$-0.5+j0.5$	$1.0-j0.5$
$-0.25+j0.75$	$0.5-j0.375$
$0.0+j1.0$	$0.0+j0.0$
$0.25+j0.75$	$0.5+j0.375$
$0.5+j0.5$	$1.0+j0.5$
$0.75+j0.25$	$1.5+j0.375$
$1.0+j0.0$	$2.0+j0.0$

복소함수에서 특이점과 극점, 영점에 대한 개념은 제어공학을 공부할 때 매우 중요하다. 왜냐하면 제어시스템의 시간응답이 극점과 영점의 값에 따라 달라지기 때문이다. 이제 특이점과 극점, 영점을 살펴보자.

특이점과 극점

어떤 복소함수가 s평면의 어떤 특정한 점에서 무한대 값을 가질 때, 그 점을 **특이점**singular point이라 한다. 특이점 중에서 식 (2.14)와 같이 복소함수 $G(s)$에 $(s-s_1)^r$을 곱한 후, s가 s_1에 접근하는 극한값을 구할 때, 그 극한값이 0이 아닌 유한한 값이면 s_1을 **극점**pole이라고 한다.

$$\lim_{s\to s_1}(s-s_1)^r G(s) \neq \infty \\ \neq 0 \tag{2.14}$$

또한 이 함수가 $s=s_1$에서 ***r*차**r-th order의 극점을 갖는다고 말한다. 극점은 특이점 중에서 우리가 흔히 접할 수 있는 점이다. 다음 함수들을 예로 살펴보자.

$$G_1(s)=\frac{5}{s(s+4)^3}+\frac{s+3}{(s+1)(s+2)} \tag{2.15}$$

$$G_2(s)=\cot s=\frac{1}{s}-\frac{1}{3}s-\frac{1}{45}s^3-\frac{2}{945}s^5-\cdots \tag{2.16}$$

$$G_3(s)=\sin\frac{1}{s}=\frac{1}{s}-\frac{1}{3!\,s^3}+\frac{1}{5!\,s^5}+\cdots \tag{2.17}$$

$$G_4(s)=e^{\frac{1}{s}}=1+\frac{1}{s}+\frac{1}{2!\,s^2}+\frac{1}{3!\,s^3}+\cdots \tag{2.18}$$

식 (2.15)의 $G_1(s)$는 $s=0,\ -1,\ -2,\ -4$의 극점들을 가지며, 식 (2.16)의 $G_2(s)$는 $s=0$의 극점을 갖는다. 그러나 식 (2.17)과 식 (2.18)의 $G_3(s)$와 $G_4(s)$는 $s=0$에서 특이점을 가지나 극점은 존재하지 않는다.

영점

어떤 복소함수가 s평면의 어떤 특정한 점에서 값이 0이 될 때, 그 점을 **영점**zero이라고 한다. 예를 들어, 다음과 같은 함수

$$G(s)=\frac{4(s+1)(s-4)^2}{s(s+5)(s-3)^3} \tag{2.19}$$

은 $s=-1$에서 **단순 영점**simple zero, $s=4$에서 **2차 영점**second oder zeros, $s=\infty$에서 2차 영점을 갖는다. 그리고 다음과 같은 함수

$$G(s)=\frac{2}{s+1}+\frac{1}{s-2}=\frac{3(s-1)}{(s+1)(s-2)} \tag{2.20}$$

은 $s=1,\ s=\infty$에서 영점을 갖는다.

식 (2.19)와 같이 어떤 복소함수가 복소수 s의 유리식으로 표시되면 그 함수의 영점의 총수와 극점의 총수는 항상 일치한다. 식 (2.19)에서 영점들은 $s=-1,\ 4,\ 4,\ \infty,\ \infty$이며, 극점들은 $s=0,\ -5,\ 3,\ 3,\ 3$이다. 그러나 종종 $s=\infty$인 영점은 계산에 넣지 않으며, 생략하는 경우가 많다.

제어공학에서는 시스템을 해석하고 설계할 때 전달함수를 많이 사용한다. 이때 전달함수가 복소함수면 전달함수의 극점의 값이 시간함수의 파형을 결정하고, 영점의 값이 그 파형의 크기를 결정한다. 따라서 복소함수의 극점과 영점을 구하는 것은 제어공학에서 매우 중요하다.

예제 2-3 극점과 영점

다음 복소함수의 극점과 영점을 각각 구하라.

(a) $F_1(s)=\dfrac{2s^2+10s+12}{s^4+10s^3+29s^2+20s}$

(b) $F_2(s)=\dfrac{2s^2-6s-8}{s^3+5s^2+6s}$

(c) $F_3(s)=\dfrac{5}{s+2}+\dfrac{1}{s-4}$

(d) $F_4(s)=\dfrac{\dfrac{2s+6}{s^2+5s+4}}{1+\dfrac{2s+6}{s^2+5s+4}}$

(e) $F_5(s)=\dfrac{s^2+4s+13}{s^3+5s^2+s+5}$

풀이

(a) $F_1(s)$의 분자와 분모를 인수분해하면 다음과 같다.

$$F_1(s)=\frac{2s^2+10s+12}{s^4+10s^3+29s^2+20s}=\frac{2(s+2)(s+3)}{s(s+1)(s+4)(s+5)}$$

따라서 영점은 $s=-2,\ -3,\ \infty,\ \infty$이고 극점은 $s=0,\ -1,\ -4,\ -5$이다.

(b) $F_2(s)$의 분자와 분모를 인수분해하면 다음과 같다.

$$F_2(s)=\frac{2s^2-6s-8}{s^3+5s^2+6s}=\frac{2(s+1)(s-4)}{s(s+2)(s+3)}$$

따라서 영점은 $s=-1,\ 4,\ \infty$이고 극점은 $s=0,\ -2,\ -3$이다.

(c) $F_3(s)$를 정리하면 다음과 같다.

$$F_3(s)=\frac{5}{s+2}+\frac{1}{s-4}=\frac{6(s-3)}{(s+2)(s-4)}$$

따라서 영점은 $s=3,\ \infty$이고 극점은 $s=-2,\ 4$이다.

(d) $F_4(s)$를 정리하면 다음과 같다.

$$F_4(s)=\frac{\dfrac{2s+6}{s^2+5s+4}}{1+\dfrac{2s+6}{s^2+5s+4}}=\frac{2s+6}{s^2+7s+10}=\frac{2(s+3)}{(s+2)(s+5)}$$

따라서 영점은 $s=-3,\ \infty$이고 극점은 $s=-2,\ -5$이다.

(e) $F_5(s)$의 분자와 분모를 인수분해하면 다음과 같다.

$$F_5(s)=\frac{s^2+4s+13}{s^3+5s^2+s+5}=\frac{(s+2-j3)(s+2+j3)}{(s+5)(s-j)(s+j)}$$

따라서 영점은 $s=-2+j3,\ -2-j3,\ \infty$이고 극점은 $s=-5,\ j,\ -j$이다.

Q 복소함수의 극점과 영점 중에 어떤 것이 더 중요할까?

A 둘 다 중요하지만, 굳이 비교하면 극점이 더 중요하다고 할 수 있다. 극점은 시스템 출력의 파형을 결정하므로 시스템의 시간응답과 안정도에 직접적으로 영향을 크게 미치기 때문이다.

Section

2.2 라플라스 변환

어떤 제어시스템이 간단한 단일 시스템이면 입출력 관계를 미분방정식으로 표시해도 시스템을 해석하고 설계하는 데 불편하지 않다. 그러나 여러 제어요소가 종속적으로 연결되어 있는 복잡한 제어시스템에서는 입출력 관계를 미분방정식으로 표시하면 매우 불편하다. 따라서 편리하게 사용할 수 있도록 각 제어요소의 입출력 관계를 라플라스 변환을 이용하여 대수식으로 표현한다. 라플라스 변환은 상계수선형미분방정식의 해를 쉽게 구할 수 있는 방법으로, **비제차선형미분방정식**nonhomogeneous liear differential equation을 풀 때 다음과 같은 장점이 있다.

- 보함수complementary function와 특수적분particular integral을 한 번에 구할 수 있다.
- 특수해particular solution를 구하기 위한 초기 조건을 나중에 별도로 대입하지 않고 처음부터 대입할 수 있다.
- 미분방정식을 대수방정식을 푸는 것처럼 쉽게 풀 수 있다.

Tip & Note

✔ **상계수선형미분방정식의 해**

$$\frac{d^2}{dt^2}y(t)+3\frac{d}{dt}y(t)+2y(t)=10,\ \ y(0)=3,\ \ y'(0)=6$$

- 보함수 : $y_c=c_1e^{-t}+c_2e^{-2t}$
- 특수적분 : $y_p=5$
- 일반해 : $y=c_1e^{-t}+c_2e^{-2t}+5$
- 특수해 : $y=2e^{-t}-4e^{-2t}+5$

2.2.1 라플라스 변환의 정의

어떤 시간함수 $f(t)$에 e^{-st}을 곱한 후, 시간에 대해 0부터 ∞까지 적분한 것을 함수 $f(t)$의 **라플라스 변환**Laplace transform이라고 하며, 다음과 같이 $\mathcal{L}[f(t)]$ 또는 $F(s)$로 표시한다.

$$F(s)=\mathcal{L}[f(t)]=\int_0^{\infty}f(t)e^{-st}\,dt \tag{2.21}$$

이때 시간함수 $f(t)$의 라플라스 변환이 존재하려면

$$\lim_{t \to \infty} f(t)\, e^{-st} = 0 \tag{2.22}$$

이 성립해야 한다. 다행스럽게도 대부분의 함수는 이 조건을 만족한다. 그러므로 여기에서 취급하는 모든 시간함수 $f(t)$는 식 (2.22)를 만족하는 것으로 가정한다.

Q $\lim_{t \to \infty} f(t)\, e^{-st} = 0$**이 성립하지 않는 경우는?**

A 예를 들어 $f(t) = e^{t^2}$ 또는 $f(t) = e^{at}\,(a \geq s)$인 경우에는 성립하지 않는다.

기본 함수의 라플라스 변환

제어공학에서 자주 접하는 기본 함수의 라플라스 변환을 다음 예제들을 통해 살펴보자.

예제 2-4 상수의 라플라스 변환

$f(t) = 4$의 라플라스 변환을 구하라.

풀이

$$F(s) = \int_0^{\infty} 4\, e^{-st}\, dt = \left[\frac{4}{-s}\, e^{-st}\right]_0^{\infty} = \frac{4}{s}$$ 2

예제 2-5 밑이 e인 지수함수의 라플라스 변환

$f(t) = e^{-3t}$의 라플라스 변환을 구하라.

풀이

$$F(s) = \int_0^{\infty} e^{-3t} e^{-st}\, dt = \int_0^{\infty} e^{-(s+3)t}\, dt = \left[\frac{1}{-(s+3)}\, e^{-(s+3)t}\right]_0^{\infty} = \frac{1}{s+3}$$

예제 2-6 일차식의 라플라스 변환

$f(t) = t$의 라플라스 변환을 구하라.

---

2 $\frac{d}{dt} e^{at} = a e^{at}$, $\int e^{at}\, dt = \frac{1}{a} e^{at}$, $e^{-\infty} = \frac{1}{e^{\infty}} = 0$, $e^0 = 1$

풀이

부분적분법[3]을 이용하여 라플라스 변환을 구하면 다음과 같다.

$$F(s)=\int_0^\infty te^{-st}\,dt=\left[t\frac{1}{-s}e^{-st}\right]_0^\infty-\int_0^\infty 1\times\frac{1}{-s}e^{-st}\,dt$$
$$=0-\int_0^\infty 1\times\frac{1}{-s}e^{-st}\,dt$$
$$=\frac{1}{s}\left[\frac{1}{-s}e^{-st}\right]_0^\infty=\frac{1}{s^2}$$

예제 2-7 이차식의 라플라스 변환

$f(t)=t^2$의 라플라스 변환을 구하라.

풀이

$$F(s)=\int_0^\infty t^2e^{-st}\,dt=\left[t^2\frac{1}{-s}e^{-st}\right]_0^\infty-\int_0^\infty 2t\times\frac{1}{-s}e^{-st}\,dt=0+\frac{2}{s}\int_0^\infty te^{-st}\,dt=\frac{2}{s^3}$$

상수의 라플라스 변환은 분모가 s인 분수이고, 일차식과 이차식의 라플라스 변환을 일반화하면 $f(t)=t^n$일 때 $F(s)=\dfrac{n!}{s^{n+1}}$이다. 이제 밑이 e인 지수함수와 삼각함수의 라플라스 변환을 구해보자.

예제 2-8 삼각함수의 라플라스 변환

$f(t)=\sin\omega t$의 라플라스 변환을 구하라.

풀이

$$F(s)=\int_0^\infty \sin\omega t\,e^{-st}\,dt=\left[\sin\omega t\times\frac{1}{-s}e^{-st}\right]_0^\infty-\int_0^\infty\left[\omega\cos\omega t\times\frac{1}{-s}e^{-st}\right]dt$$
$$=0-\int_0^\infty\left[\omega\cos\omega t\times\frac{1}{-s}e^{-st}\right]dt$$
$$=\frac{\omega}{s}\int_0^\infty\left[\cos\omega t\times e^{-st}\right]dt$$
$$=\frac{\omega}{s}\left\{\left[\cos\omega t\,\frac{1}{-s}e^{-st}\right]_0^\infty-\int_0^\infty\left(-\omega\sin\omega t\,\frac{1}{-s}e^{-st}\right)dt\right\}$$
$$=\frac{\omega}{s^2}-\frac{\omega^2}{s^2}\int_0^\infty\sin\omega t\,e^{-st}\,dt$$

3 $\int_a^b f(t)\,g(t)\,dt=\left[f(t)\int g(t)\,dt\right]_a^b-\int_a^b\left[f'(t)\int g(t)\,dt\right]dt$

그리고 식을 정리하면 다음과 같다.

$$\left(1+\frac{\omega^2}{s^2}\right)\int_0^\infty \sin\omega t\, e^{-st}\, dt = \frac{\omega}{s^2}$$

$$\int_0^\infty \sin\omega t\, e^{-st}\, dt = \frac{\frac{\omega}{s^2}}{1+\frac{\omega^2}{s^2}} = \frac{\omega}{s^2+\omega^2}$$

앞의 예제들에서 구한 기본 함수의 라플라스 변환을 정리하면 [표 2-2]와 같다. 자세한 유도 과정은 생략하고, 여기에서는 제어공학을 공부하는 데 꼭 필요한 기본 함수의 라플라스 변환만 알아두자.

[표 2-2] **기본 함수의 라플라스 변환**

$f(t)$	$F(s)$	$f(t)$	$F(s)$
c	$\frac{c}{s}$	e^{-at}	$\frac{1}{s+a}$
t	$\frac{1}{s^2}$	$\sin\omega t$	$\frac{\omega}{s^2+\omega^2}$
t^2	$\frac{2}{s^3}$	$\cos\omega t$	$\frac{s}{s^2+\omega^2}$
t^n	$\frac{n!}{s^{n+1}}$		

예제 2-9 기본 함수의 라플라스 변환

[표 2-2]를 이용하여 다음 함수의 라플라스 변환을 구하라.

(a) $f(t)=1$ (b) $f(t)=2e^{3t}$ (c) $f(t)=5t^3$

(d) $f(t)=10\sin 5t$ (e) $f(t)=100\cos 3t$

풀이

(a) $F(s)=\frac{1}{s}$

(b) $F(s)=\frac{2}{s-3}$

(c) $F(s)=5\times\frac{3!}{s^4}=\frac{30}{s^4}$

(d) $F(s)=10\times\frac{5}{s^2+5^2}=\frac{50}{s^2+25}$

(e) $F(s)=100\times\frac{s}{s^2+3^2}=\frac{100s}{s^2+9}$

2.2.2 라플라스 역변환

복소수 s의 함수 $F(s)$는 시간 t의 함수 $f(t)$의 라플라스 변환으로, 앞에서 몇 가지 기본 함수의 라플라스 변환에 대해 살펴보았다. 이 절에서는 라플라스 변환을 실행한 함수 $F(s)$로부터 원래의 함수 $f(t)$을 찾는 방법을 다루고자 한다. $F(s)$로부터 $f(t)$를 구하는 것을 $F(s)$의 **라플라스 역변환** inverse Laplace transform이라고 하며, 다음과 같이 나타낸다.

$$\mathcal{L}^{-1}[F(s)] = f(t) \tag{2.23}$$

예를 들어 함수 $f(t) = e^{-5t}$을 생각해보자. 이 함수의 라플라스 변환은

$$F(s) = \mathcal{L}\left[e^{-5t}\right] = \frac{1}{s+5} \tag{2.24}$$

이므로, $F(s) = \dfrac{1}{s+5}$의 라플라스 역변환은

$$f(t) = \mathcal{L}^{-1}\left[\frac{1}{s+5}\right] = e^{-5t} \tag{2.25}$$

이 된다. 또 다른 예로 $f(t) = t^2$을 생각해보자. 이 함수의 라플라스 변환은

$$F(s) = \mathcal{L}\left[t^2\right] = \frac{2}{s^3} \tag{2.26}$$

이므로, $F(s) = \dfrac{10}{s^3}$의 라플라스 역변환은

$$f(t) = \mathcal{L}^{-1}\left[\frac{10}{s^3}\right] = \mathcal{L}^{-1}\left[5 \times \frac{2}{s^3}\right] = 5t^2 \tag{2.27}$$

이 된다. 이외의 여러 기본 함수들의 라플라스 역변환은 [표 2-2]를 이용하면 간단히 구할 수 있다.

예제 2-10 기본 함수의 라플라스 역변환

[표 2-2]를 이용하여 다음 함수의 라플라스 역변환을 구하라.

(a) $\dfrac{5}{s+4}$　　(b) $\dfrac{2}{s-5}$　　(c) $\dfrac{1}{s^3}$

풀이

(a) $5e^{-4t}$　　(b) $2e^{5t}$　　(c) $\dfrac{1}{2}t^2$

예제 2-11 라플라스 역변환

다음 함수의 라플라스 역변환을 구하라.

(a) $\dfrac{1}{2s-6}$ (b) $\dfrac{1}{s^5}$ (c) $\dfrac{10}{5-2s}$ (d) $\dfrac{10s}{s^2+25}$

풀이

(a) $\mathcal{L}^{-1}\left[\dfrac{1}{2s-6}\right]=\mathcal{L}^{-1}\left[\dfrac{1}{2}\times\dfrac{1}{s-3}\right]=\dfrac{1}{2}\mathcal{L}^{-1}\left[\dfrac{1}{s-3}\right]=\dfrac{1}{2}e^{3t}$

(b) $\mathcal{L}^{-1}\left[\dfrac{1}{s^5}\right]=\mathcal{L}^{-1}\left[\dfrac{1}{4!}\times\dfrac{4!}{s^5}\right]=\dfrac{1}{24}\mathcal{L}^{-1}\left[\dfrac{4!}{s^5}\right]=\dfrac{1}{24}t^4$

(c) $\mathcal{L}^{-1}\left[\dfrac{10}{5-2s}\right]=\mathcal{L}^{-1}\left[\dfrac{10}{-2(s-\frac{5}{2})}\right]=\mathcal{L}^{-1}\left[-5\times\dfrac{1}{(s-\frac{5}{2})}\right]=-5e^{\frac{5}{2}t}$

(d) $\mathcal{L}^{-1}\left[\dfrac{10s}{s^2+25}\right]=\mathcal{L}^{-1}\left[10\times\dfrac{s}{s^2+5^2}\right]=10\,\mathcal{L}^{-1}\left[\dfrac{s}{s^2+5^2}\right]=10\cos 5t$

부분분수 전개법

라플라스 변환이 주어졌을 때, 그 역변환을 구하기 위해서는 [표 2-2]의 기본 함수의 라플라스 변환을 참조하면 된다. 그러나 주어진 라플라스 변환의 분모 차수가 높거나 식이 길면 [표 2-2]에서 비슷한 식을 찾기가 어렵다. 따라서 주어진 라플라스 변환을 부분분수로 전개하여 기본 함수의 형태를 얻는다. 이때 이 방법을 **부분분수 전개법**partial fraction expansion이라고 한다. 부분분수 전개는 분자나 분모의 차수가 높은 분수식을 차수가 낮은 여러 분수식의 합으로 표시하는 것이다.

예제 2-12 부분분수 전개법

다음 함수를 부분분수로 전개하라.

$$\frac{9s^2+46s+107}{s^3+7s^2+25s+39}$$

풀이

먼저 주어진 분수의 분모를 인수분해하면

$$\frac{9s^2+46s+107}{s^3+7s^2+25s+39}=\frac{9s^2+46s+107}{(s+3)(s^2+4s+13)}$$

이고, 부분분수로 나타내면 다음과 같다. 이때 분자의 차수는 분모의 차수보다 크지 않아야 한다.

$$\frac{9s^2+46s+107}{(s+3)(s^2+4s+13)}=\frac{A}{s+3}+\frac{Bs+C}{s^2+4s+13}$$

양변에 $(s+3)(s^2+4s+13)$을 곱하면

$$\begin{aligned}9s^2+46s+107&=A(s^2+4s+13)+(Bs+C)(s+3)\\&=(A+B)s^2+(4A+3B+C)s+(13A+3C)\end{aligned}$$

가 된다. 이때 s 값에 관계없이 등식이 항상 성립하기 위해서는

$$\begin{aligned}A+B&=9\\4A+3B+C&=46\\13A+3C&=107\end{aligned}$$

이어야 한다. 이 연립방정식을 풀면 $A=5$, $B=4$, $C=14$이므로, 주어진 분수식은 다음과 같은 부분분수로 전개된다.

$$\frac{9s^2+46s+107}{s^3+7s^2+25s+39)}=\frac{5}{s+3}+\frac{4s+14}{s^2+4s+13}$$

예제 2-13 부분분수 전개를 이용한 라플라스 역변환

다음 함수를 부분분수로 전개하여 라플라스 역변환을 구하라.

(a) $\dfrac{s-1}{s(s+2)}$ (b) $\dfrac{3s+7}{s^2-2s-3}$ (c) $\dfrac{s+2}{(s+1)^2(s+3)}$

풀이

(a) 주어진 함수를 부분분수로 나타내면 다음과 같다.

$$\frac{s-1}{s(s+2)}=\frac{A}{s}+\frac{B}{s+2}$$

양변에 $s(s+2)$을 곱하면

$$\begin{aligned}s-1&=A(s+2)+Bs\\s-1&=(A+B)s+2A\end{aligned}$$

이다. 이때 s 값에 관계없이 등식이 항상 성립하기 위해서는

$$\begin{aligned}A+B&=1\\2A&=-1\end{aligned}$$

이어야 한다. 이 연립방정식을 풀면 $A=-\dfrac{1}{2}$, $B=\dfrac{3}{2}$이므로, 라플라스 역변환은 다음과 같다.

$$\mathcal{L}^{-1}\left[\frac{s-1}{s(s+2)}\right]=\mathcal{L}^{-1}\left[-\frac{\frac{1}{2}}{s}+\frac{\frac{3}{2}}{s+2}\right]=-\frac{1}{2}+\frac{3}{2}e^{-2t}$$

(b) 주어진 함수를 부분분수로 나타내면 다음과 같다.

$$\frac{3s+7}{s^2-2s-3}=\frac{A}{s+1}+\frac{B}{s-3}$$

양변에 $(s+1)(s-3)$을 곱하면

$$3s+7=A(s-3)+B(s+1)$$
$$3s+7=(A+B)s+(-3A+B)$$

이다. 이때 s 값에 관계없이 등식이 항상 성립하기 위해서는

$$A+B=3$$
$$-3A+B=7$$

이어야 한다. 이 연립방정식을 풀면 $A=-1$, $B=4$ 이므로, 라플라스 역변환은 다음과 같다.

$$\mathcal{L}^{-1}\left[\frac{3s+7}{s^2-2s-3}\right]=\mathcal{L}^{-1}\left[-\frac{1}{s+1}+\frac{4}{s-3}\right]=-e^{-t}+4e^{3t}$$

(c) 주어진 함수를 부분분수로 나타내면 다음과 같다.

$$\frac{s+2}{(s+1)^2(s+3)}=\frac{A}{s+1}+\frac{B}{(s+1)^2}+\frac{C}{s+3}$$

양변에 $(s+1)^2(s+3)$을 양변에 곱하면

$$s+2=A(s+1)(s+3)+B(s+3)+C(s+1)^2$$
$$s+2=(A+C)s^2+(4A+B+2C)s+(3A+3B+C)$$

이다. 이때 s 값에 관계없이 항상 성립하기 위해서는

$$A+C=0$$
$$4A+B+2C=1$$
$$3A+3B+C=2$$

이어야 한다. 이 연립방정식을 풀면 $A=\frac{1}{4}$, $B=\frac{1}{2}$, $C=-\frac{1}{4}$ 이므로, 라플라스 역변환은 다음과 같다.

$$\mathcal{L}^{-1}\left[\frac{s+2}{(s+1)^2(s+3)}\right]=\mathcal{L}^{-1}\left[\frac{1}{4}\frac{1}{s+1}+\frac{1}{2}\frac{1}{(s+1)^2}-\frac{1}{4}\frac{1}{\mathrm{s}+3}\right]$$
$$=\frac{1}{4}e^{-t}+\frac{1}{2}te^{-t}-\frac{1}{4}e^{-3t}$$

Q 부분분수의 상수를 쉽게 구하는 방법은?

A [예제 2-13(b)]의 $\frac{3s+7}{s^2-2s-3}=\frac{3s+7}{(s+1)(s-3)}=\frac{A}{s+1}+\frac{B}{s-3}$에 대해 다음과 같은 과정으로 구하면 연립방정식을 풀지 않아도 되므로 좀 더 쉽게 부분분수의 계수를 구할 수 있다.

❶ 양변에 $(s+1)$을 곱한 후 s에 (-1)을 대입하여 A값을 구한다.

$$\frac{3s+7}{(s+1)(s-3)}=\frac{A}{s+1}+\frac{B}{s-3}$$
$$\lim_{s\to-1}\left\{\frac{3s+7}{(s+1)(s-3)}(s+1)\right\}=\lim_{s\to-1}\left\{A+\frac{B}{s-3}(s+1)\right\}$$
$$\frac{4}{-4}=A \quad\rightarrow\quad A=-1$$

❷ 다시 양변에 $(s-3)$을 곱하고, s에 3을 대입하여 B값을 구한다.

$$\frac{3s+7}{(s+1)(s-3)}=\frac{A}{s+1}+\frac{B}{s-3}$$
$$\lim_{s\to3}\left\{\frac{3s+7}{(s+1)(s-3)}(s-3)\right\}=\lim_{s\to3}\left\{\frac{A}{s+1}(s-3)+\frac{B}{s-3}(s-3)\right\}$$
$$\frac{16}{4}=B \quad\rightarrow\quad B=4$$

다만, 이 방법을 항상 사용할 수 있는 것은 아니다. 예를 들어 분모에 $(s+1)^2$ 항이 있는 경우에는 사용할 수 없다.

2.2.3 라플라스 변환의 중요한 정리

함수 $f(t)$의 라플라스 변환을 구할 때마다 라플라스 변환의 정의를 이용하는 것은 매우 불편하다. 따라서 이 절에서는 함수의 형태에 따라 라플라스 변환을 쉽게 구할 수 있는 라플라스 변환의 중요한 정리들을 살펴본다.

정리 2-1 제1이동정리

$\mathcal{L}[f(t)]=F(s)$일 때 $\mathcal{L}\left[e^{at}f(t)\right]=F(s-a) \quad\leftrightarrow\quad \mathcal{L}^{-1}[F(s-a)]=e^{at}f(t)$이다.

증명

라플라스 변환의 정의를 이용하여 $e^{at}f(t)$의 라플라스 변환을 구하면 다음과 같다.

$$\begin{aligned}\mathcal{L}\left[e^{at}f(t)\right] &= \int_0^{\infty} e^{at}f(t)e^{-st}\,dt \\ &= \int_0^{\infty} f(t)e^{-(s-a)t}\,dt \\ &= F(s-a)\end{aligned}$$

■

제1 이동정리first translation theorem는 복소이동정리라고도 하는데, 이는 어떤 시간함수에 e^{at}을 곱하면 라플라스 변환을 복소평면에서 a만큼 이동시키는 것을 의미하기 때문이다. 제1이동정리를 이용하면 함수 $f(t)$의 라플라스 변환뿐만 아니라 라플라스 역변환도 간단하게 구할 수 있다.

예제 2-14 제1이동정리를 이용한 라플라스 변환

[정리 2-1]을 이용하여 다음 함수의 라플라스 변환을 구하라.

(a) $e^{3t}t$ (b) $e^{-t}\cos 5t$ (c) $e^{3t}\sin 100t$ (d) $e^{at}t^n$

풀이

(a) $\mathcal{L}[t] = \dfrac{1}{s^2}$ 이므로 $\mathcal{L}\left[e^{3t}t\right] = \dfrac{1}{(s-3)^2}$ 이다.

(b) $\mathcal{L}[\cos 5t] = \dfrac{s}{s^2+5^2}$ 이므로 $\mathcal{L}\left[e^{-t}\cos 5t\right] = \dfrac{(s+1)}{(s+1)^2+5^2} = \dfrac{s+1}{s^2+2s+26}$ 이다.

(c) $\mathcal{L}[\sin 100t] = \dfrac{100}{s^2+100^2}$ 이므로 $\mathcal{L}\left[e^{3t}\sin 100t\right] = \dfrac{100}{(s-3)^2+100^2} = \dfrac{100}{s^2-6s+10009}$ 이다.

(d) $\mathcal{L}[t^n] = \dfrac{n!}{s^{n+1}}$ 이므로 $\mathcal{L}\left[e^{at}t^n\right] = \dfrac{n!}{(s-a)^{n+1}}$ 이다.

예제 2-15 제1이동정리를 이용한 라플라스 역변환

[정리 2-1]을 이용하여 다음 함수의 라플라스 역변환을 구하라.

(a) $\dfrac{10}{(s+5)^2}$ (b) $\dfrac{2s+26}{s^2+6s+25}$

풀이

(a) $\mathcal{L}^{-1}\left[\dfrac{1}{s^2}\right] = t$ 이므로 라플라스 역변환은 다음과 같다.

$$\mathcal{L}^{-1}\left[\frac{10}{(s+5)^2}\right] = 10\,\mathcal{L}^{-1}\left[\frac{1}{(s+5)^2}\right] = 10\,e^{-5t}t$$

(b) 주어진 함수를 정리하면

$$\frac{2s+26}{s^2+6s+25}=\frac{2s+26}{(s+3)^2+16}=\frac{2(s+3)+20}{(s+3)^2+4^2}$$
$$=\frac{2\times(s+3)}{(s+3)^2+4^2}+\frac{5\times4}{(s+3)^2+4^2}$$

이다. 기본 라플라스 역변환과 제1이동정리를 이용하여 라플라스 역변환을 구하면 다음과 같다.

$$\mathcal{L}^{-1}\left[\frac{2\times(s+3)}{(s+3)^2+4^2}+\frac{5\times4}{(s+3)^2+4^2}\right]=\mathcal{L}^{-1}\left[\frac{2\times(s+3)}{(s+3)^2+4^2}\right]+\mathcal{L}^{-1}\left[\frac{5\times4}{(s+3)^2+4^2}\right]$$
$$=2\mathcal{L}^{-1}\left[\frac{(s+3)}{(s+3)^2+4^2}\right]+5\mathcal{L}^{-1}\left[\frac{4}{(s+3)^2+4^2}\right]$$
$$=2e^{-3t}\cos 4t+5e^{-3t}\sin 4t$$

Q **제1이동정리는 주로 어떤 경우에 사용할까?**

A 라플라스 변환보다는 라플라스 역변환에 더 유용하게 사용된다. 왜냐하면 라플라스 변환에서는 지수함수가 첨가되어 있어도 직접 적분 계산을 하는 것이 별로 어렵지 않아 제1이동정리를 사용하지 않아도 되지만, 역변환에서는 제1이동정리를 사용하지 않으면 역변환이 불가능하기 때문이다.

정리 2-2 도함수의 변환

$\mathcal{L}[f(t)]=F(s)$, $\lim_{t\to0}f(t)=f(0)$, $\lim_{t\to0}f'(t)=f'(0)$일 때 다음이 성립한다.

(1) $\mathcal{L}\left[\frac{d}{dt}f(t)\right]=sF(s)-f(0)$

(2) $\mathcal{L}\left[\frac{d^2}{dt^2}f(t)\right]=s^2F(s)-sf(0)-f'(0)$

증명

(1) 라플라스 변환의 정의에 의해

$$\mathcal{L}\left[\frac{d}{dt}f(t)\right]=\int_0^\infty f'(t)e^{-st}\,dt$$

이다. 부분적분법을 이용하여 정리하면

$$\int_0^\infty f'(t)e^{-st}\,dt=\left[f(t)e^{-st}\right]_0^\infty-\int_0^\infty f(t)(-s)e^{-st}\,dt \tag{2.28}$$

$$= 0 - f(0) + s\int_0^\infty f(t)e^{-st}\,dt$$
$$= -f(0) + sF(s)$$

이므로, $\mathcal{L}\left[\frac{d}{dt}f(t)\right] = sF(s) - f(0)$이다.

(2) 라플라스 변환의 정의에 의해

$$\mathcal{L}\left[\frac{d^2}{dt^2}f(t)\right] = \int_0^\infty f''(t)e^{-st}\,dt$$

이다. 부분적분법을 이용하여 정리하면

$$\int_0^\infty f''(t)e^{-st}\,dt = \left[f'(t)e^{-st}\right]_0^\infty - \int_0^\infty f'(t)(-s)e^{-st}\,dt \tag{2.29}$$
$$= 0 - f'(0) + s\int_0^\infty f'(t)e^{-st}\,dt$$
$$= -f'(0) + s\{sF(s) - f(0)\}$$
$$= s^2F(s) - sf(0) - f'(0)$$

이므로, $\mathcal{L}\left[\frac{d^2}{dt^2}f(t)\right] = s^2F(s) - sf(0) - f'(0)$이다. ■

미분방정식을 미분연산자법이나 미정계수법으로 풀 때는 보함수, 특수적분을 이용하여 일반해를 구하고, 그 후에 초깃값을 대입하여 특별해를 구해야 한다. 그러나 라플라스 변환을 이용하여 미분방정식의 해를 구하면 [정리 2-2]에서 보는 바와 같이 처음부터 초깃값을 대입하여 한 번에 풀 수 있으므로 미분방정식을 좀 더 간편하게 풀 수 있다.

정리 2-3 적분의 변환

$\mathcal{L}[f(t)] = F(s)$일 때 $\mathcal{L}\left[\int_0^t f(t)\,dt\right] = \frac{F(s)}{s}$이다.

증명

라플라스 변환의 정의에 의해

$$\mathcal{L}\left[\int_0^t f(t)\,dt\right] = \int_0^\infty \left\{\int_0^t f(t)\,dt\right\}e^{-st}\,dt$$

이다. 부분적분법을 이용하여 정리하면

$$\int_0^\infty \left\{\int_0^t f(t)\,dt\right\} e^{-st}\,dt = \left[\left\{\int_0^t f(t)\right\} dt \frac{1}{-s} e^{-st}\right]_0^\infty - \int_0^\infty f(t)\frac{1}{-s} e^{-st}\,dt \quad (2.30)$$

$$= 0 + \frac{1}{s}\int_0^\infty f(t) e^{-st}\,dt$$

$$= \frac{1}{s} F(s)$$

이므로, $\mathcal{L}\left[\int_0^t f(t)\,dt\right] = \frac{F(s)}{s}$ 이다. ■

예제 2-16 도함수의 변환과 적분의 변환

다음 식의 라플라스 변환을 구하라.

$$Ri(t) + L\frac{d}{dt}i(t) + \frac{1}{C}\int_0^t i(t)\,dt = e(t)$$

풀이

양변을 라플라스 변환하면 다음과 같다.

$$\mathcal{L}\left[Ri(t) + L\frac{d}{dt}i(t) + \frac{1}{C}\int_0^t i(t)\,dt\right] = \mathcal{L}\left[e(t)\right]$$

$$RI(s) + L\{sI(s) - i(0)\} + \frac{1}{C}\frac{I(s)}{s} = E(s)$$

$$\left\{R + Ls + \frac{1}{Cs}\right\} I(s) = E(s) + Li(0)$$

정리 2-4 제2이동정리

$\mathcal{L}\left[f(t)\right] = F(s)$, $t < T$일 때 $f(t-T) = 0$이면 다음이 성립한다.

$$\mathcal{L}\left[f(t-T)\right] = e^{-Ts}F(s) \quad \leftrightarrow \quad \mathcal{L}^{-1}\left[e^{-Ts}F(s)\right] = f(t-T)$$

증명

라플라스 변환의 정의에 의해

$$\mathcal{L}\left[f(t-T)\right] = \int_0^\infty f(t-T)e^{-st}\,dt \quad (2.31)$$

$$= \int_0^T f(t-T)e^{-st}\,dt + \int_T^\infty f(t-T)e^{-st}\,dt$$

$$= 0 + \int_{T}^{\infty} f(t-T)\, e^{-st}\, dt \tag{2.32}$$

이다. 이때 $t - T = u$로 치환하면 $t = u + T$, $dt = du$이고, t의 범위 $[T, \infty]$를 u의 범위로 나타내면 $[0, \infty]$가 된다. 따라서 주어진 적분을 구하면 다음과 같다.

$$\begin{aligned} \int_{T}^{\infty} f(t-T)\, e^{-st}\, dt &= \int_{0}^{\infty} f(u)\, e^{-s(u+T)}\, du \\ &= e^{-Ts} \int_{0}^{\infty} f(u)\, e^{-su}\, du \\ &= e^{-Ts} F(s) \end{aligned} \tag{2.33}$$

■

제2이동정리second translation theorem에서 주의할 점은 함수 $f(t-T)$가 함수 $f(t)$를 시간축의 방향으로 T만큼 이동한 것이 아니라, T만큼 이동한 후에 $t < T$ 인 부분은 없앴다는 것이다. [그림 2-5(a)]의 함수 $f(t)$를 시간축의 방향으로 T만큼 이동시키면 [그림 2-5(b)]가 된다. 이 함수에서 $t < T$ 인 부분의 값을 0으로 나타내면 [그림 2-5(c)]와 같이 된다.

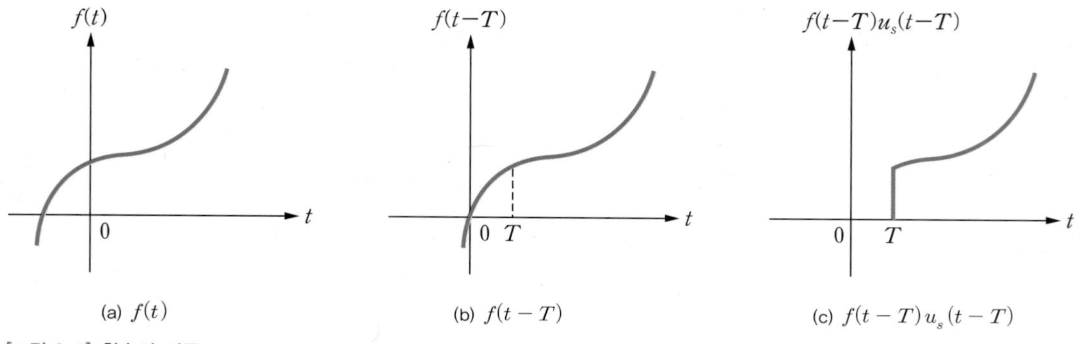

(a) $f(t)$ (b) $f(t-T)$ (c) $f(t-T)u_s(t-T)$

[그림 2-5] **함수의 이동**

제2이동정리는 바로 [그림 2-5(c)]와 같은 함수의 라플라스 변환을 의미한다. 이 설명은 뒤에서 언급할 **단위계단함수**unit step function를 이용하여 표현하면 다음과 같이 간단하게 표시된다.

$$f(t-T)\, u_s(t-T) \tag{2.34}$$

그러므로 [정리 2-4]의 제2이동정리를 정확하게 표현하면 다음과 같다.

$$\mathcal{L}\left[f(t-T)\, u_s(t-T)\right] = e^{-Ts} F(s) \tag{2.35}$$

예제 2-17 제2이동정리를 이용한 라플라스 변환

다음 함수의 라플라스 변환을 구하라.

(a) $f(t) = 5(t-2)^3$ 단, $t < 2$ 일 때 $f(t) = 0$

(b) $f(t) = e^{-10(t-4)}$ 단, $t < 4$ 일 때 $f(t) = 0$

풀이

(a) $\mathcal{L}[5t^3] = 5 \times \dfrac{3!}{s^4} = \dfrac{30}{s^4}$ 이므로 $\mathcal{L}[5(t-2)^3] = \dfrac{30}{s^4} e^{-2s}$ 이다.

(b) $\mathcal{L}[e^{-10t}] = \dfrac{1}{s+10}$ 이므로 $\mathcal{L}[e^{-10(t-4)}] = \dfrac{1}{s+10} e^{-4s}$ 이다.

정리 2-5 초깃값 정리와 최종값 정리

$\mathcal{L}[f(t)] = F(s)$ 이면 다음이 성립한다. 단, $t \to \infty$ 일 때 $f(t)$의 극한값이 존재해야 한다.

(1) 초깃값 정리 : $\lim_{t \to 0} f(t) = \lim_{s \to \infty} sF(s)$

(2) 최종값 정리 : $\lim_{t \to \infty} f(t) = \lim_{s \to 0} sF(s)$

증명

(1) 라플라스 변환의 정의와 [정리 2-2]에 의해

$$\mathcal{L}[\frac{d}{dt} f(t)] = \int_0^\infty f'(t) e^{-st} dt = sF(s) - f(0) \tag{2.36}$$

이므로

$$\begin{aligned} \lim_{s \to \infty} \left\{ \int_0^\infty f'(t) e^{-st} dt \right\} &= \lim_{s \to \infty} \{sF(s) - f(0)\} \\ &= \lim_{s \to \infty} sF(s) - f(0) \end{aligned} \tag{2.37}$$

가 된다. 그런데 $s \to \infty$ 의 극한을 취하면

$$\lim_{s \to \infty} f'(t) e^{-st} = 0$$

이므로

$$\lim_{s \to \infty} \left\{ \int_0^\infty f'(t) e^{-st} dt \right\} = \int_0^\infty \left\{ \lim_{s \to \infty} f'(t) e^{-st} \right\} dt = 0 \tag{2.38}$$

이다.

따라서 식 (2.37)과 식 (2.38)을 정리하면 다음과 같다.

$$\lim_{s \to \infty} sF(s) - f(0) = 0$$

$$\lim_{t \to 0} f(t) = f(0) = \lim_{s \to \infty} sF(s) \tag{2.39}$$

(2) 라플라스 변환의 정의와 [정리 2-2]에 의해

$$\mathcal{L}\left[\frac{d}{dt}f(t)\right] = \int_0^\infty f'(t)e^{-st}\,dt = sF(s) - f(0) \tag{2.40}$$

이므로

$$\begin{aligned}\lim_{s \to 0}\left\{\int_0^\infty f'(t)e^{-st}\,dt\right\} &= \lim_{s \to 0}\{sF(s) - f(0)\}\\ &= \lim_{s \to 0} sF(s) - f(0)\end{aligned} \tag{2.41}$$

이다. 그런데 $s \to 0$의 극한을 취하면

$$\lim_{s \to 0} e^{-st} = e^0 = 1$$

이므로

$$\begin{aligned}\lim_{s \to 0}\left\{\int_0^\infty f'(t)e^{-st}\,dt\right\} &= \int_0^\infty \left\{\lim_{s \to 0} f'(t)e^{-st}\right\}dt\\ &= \int_0^\infty f'(t)\,dt = [f(t)]_0^\infty\\ &= \lim_{t \to \infty} f(t) - f(0)\end{aligned} \tag{2.42}$$

이다. 따라서 식 (2.41)과 식 (2.42)를 정리하면 다음과 같다.

$$\lim_{s \to 0} sF(s) - f(0) = \lim_{t \to \infty} f(t) - f(0)$$

$$\lim_{t \to \infty} f(t) = \lim_{s \to 0} sF(s)$$

■

예제 2-18 초깃값 정리

어떤 함수 $f(t)$의 라플라스 변환이 각각 다음과 같을 때, 이 함수의 초깃값 $f(0)$을 구하라.

(a) $F(s) = \dfrac{3s^2 - 2s + 3}{s(s^2+1)}$　　　(b) $F(s) = \dfrac{2}{s} + \dfrac{2s}{s^2+16}$

풀이

(a) $\lim_{t\to0} f(t)=\lim_{s\to\infty} s\times\dfrac{3s^2-2s+3}{s(s^2+1)}=\lim_{s\to\infty}\dfrac{3s^2-2s+3}{(s^2+1)}=3$

(b) $\lim_{t\to0} f(t)=\lim_{s\to\infty} s\times\left\{\dfrac{2}{s}+\dfrac{2s}{s^2+16}\right\}=\lim_{s\to\infty}\left\{2+\dfrac{2s^2}{s^2+16}\right\}=4$ [4]

예제 2-19 최종값 정리

어떤 함수 $f(t)$의 라플라스 변환이 각각 다음과 같을 때, 이 함수의 최종값 $f(\infty)$를 구하라.

(a) $F(s)=\dfrac{2s^2+4s+2}{s(s^2+2s+2)}$

(b) $F(s)=\dfrac{6}{(s+2)^4}$

풀이

(a) $\lim_{t\to\infty} f(t)=\lim_{s\to0} s\times\dfrac{2s^2+4s+2}{s(s^2+2s+2)}=\lim_{s\to0}\dfrac{2s^2+4s+2}{s^2+2s+2}=1$

(b) $\lim_{t\to\infty} f(t)=\lim_{s\to0} s\times\dfrac{6}{(s+2)^4}=0$ [5]

초깃값 정리initial value theorem와 최종값 정리final value theorem는 복잡한 라플라스 역변환을 구하지 않고 어떤 시간함수의 초깃값과 최종값을 쉽게 구할 수 있는 편리한 방법이다. 그러나 이 최종값 정리는 라플라스 변환 $F(s)$가 원점에 두 개 이상의 극점을 가지고 있는 경우나, 허수축 또는 복소평면의 우반면에 극점이 있는 경우에는 사용할 수 없다.

정리 2-6 합성곱 정리

$\mathcal{L}[f(t)]=F(s)$, $\mathcal{L}[g(t)]=G(s)$일 때, 다음이 성립한다.

(1) $F(s)G(s)=\mathcal{L}[f(t)]\,\mathcal{L}[g(t)]=\mathcal{L}\left[\int_0^t f(t-\tau)g(\tau)\,d\tau\right]=\mathcal{L}\left[\int_0^t f(\tau)g(t-\tau)\,d\tau\right]$

(2) $\mathcal{L}^{-1}\{F(s)G(s)\}=\int_0^t f(t-\tau)g(\tau)\,d\tau=\int_0^t f(\tau)g(t-\tau)\,d\tau$

합성곱 정리convolution theorem는 라플라스 변환을 구할 때 사용하기보다는 라플라스 역변환을 구할 때 더 많이 사용한다. 어떤 라플라스 변환이 두 개의 라플라스 변환의 곱으로 이루어졌을 때, 그 라플라

4 (a)의 원함수 $f(t)=3-2\sin t$, (b)의 원함수 $f(t)=4\cos^2 2t$

5 (a)의 원함수 $f(t)=1+e^{-t}(\sin t+\cos t)$, (b)의 원함수 $f(t)=t^3e^{-2t}$

스 변환의 역변환은 각각의 역변환의 곱이 아님에 주의해야 한다. 다만 이 유도 과정은 조금 복잡하여 여기에서는 생략한다.

$$F(s)\,G(s) \neq \mathcal{L}\,[f(t)\,g(t)]$$
$$\mathcal{L}^{-1}F(s)\,G(s) \neq f(t)\,g(t)$$

예제 2-20 합성곱 정리

합성곱 정리를 이용하여 다음 식의 라플라스 역변환을 구하라.

(a) $\dfrac{10}{s(s^2+25)}$ (b) $\dfrac{1}{s^2(s+4)}$

풀이

(a) $\dfrac{10}{s(s^2+25)} = \dfrac{2}{s} \times \dfrac{5}{s^2+5^2}$ 이고

$$f(t) = \mathcal{L}^{-1}\left[\frac{2}{s}\right] = 2,\ \ g(t) = \mathcal{L}^{-1}\left[\frac{5}{s^2+5^2}\right] = \sin 5t$$

이다. 따라서 라플라스 역변환을 구하면 다음과 같다.

$$\mathcal{L}^{-1}\left[\frac{10}{s(s^2+25)}\right] = \mathcal{L}^{-1}\left[\frac{2}{s} \times \frac{5}{s^2+5^2}\right] = \int_0^t f(t-\tau)\,g(\tau)\,d\tau = \int_0^t 2 \times \sin 5\tau\,d\tau$$
$$= \left[-\frac{2}{5}\cos 5\tau\right]_0^t = -\frac{2}{5}\cos 5t + \frac{2}{5} = \frac{2}{5}(1-\cos 5t)$$

(b) $\dfrac{1}{s^2(s+4)} = \dfrac{1}{s^2} \times \dfrac{1}{s+4}$ 이고

$$f(t) = \mathcal{L}^{-1}\left[\frac{1}{s^2}\right] = t,\ \ g(t) = \mathcal{L}^{-1}\left[\frac{1}{s+4}\right] = e^{-4t}$$

이다. 따라서 라플라스 역변환을 구하면 다음과 같다.

$$\mathcal{L}^{-1}\left[\frac{1}{s^2(s+4)}\right] = \mathcal{L}^{-1}\left[\frac{1}{s^2} \times \frac{1}{s+4}\right] = \int_0^t f(t-\tau)\,g(\tau)\,d\tau$$
$$= \int_0^t (t-\tau) \times e^{-4\tau}d\tau$$
$$= \left[(t-\tau)\frac{e^{-4\tau}}{-4}\right]_0^t - \int_0^t (-1)\frac{e^{-4\tau}}{-4}\,d\tau$$
$$= \frac{1}{4}t - \frac{1}{4}\left[\frac{e^{-4\tau}}{-4}\right]_0^t = \frac{1}{4}t + \frac{1}{16}e^{-4t} - \frac{1}{16}$$

2.2.4 단위계단함수와 단위임펄스함수

몇 개의 불연속함수를 알고 있으면 복잡한 함수의 라플라스 변환을 쉽게 구할 수 있는 경우가 많다. 이렇게 이용되는 불연속함수[6]들 중에서 가장 많이 쓰이는 것이 단위계단함수와 단위임펄스함수이다.

단위계단함수

[그림 2-6]과 같은 함수를 **단위계단함수**unit step function라고 하며, 다음과 같이 정의한다.

$$u_s(t-a)=\begin{cases}0\ , & t<a\\ 1\ , & t>a\end{cases} \tag{2.43}$$

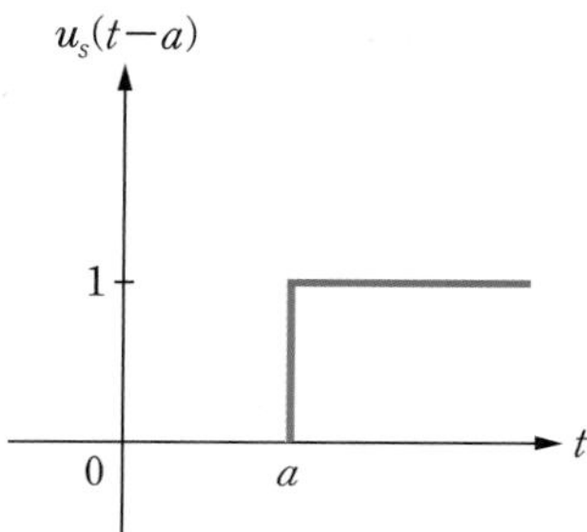

[그림 2-6] **단위계단함수**

단위계단함수의 특징은 [그림 2-7(a)]와 같은 함수 $f(t)$에 단위계단함수를 곱하면 [그림 2-7(b)]와 같이 $t<a$인 구간에서 그 함수가 잘려 없어진다는 것이다. 이를 식으로 나타내면 다음과 같다.

$$f(t)\,u_s(t-a)=\begin{cases}0 & ,\ t<a\\ f(t) & ,\ t>a\end{cases} \tag{2.44}$$

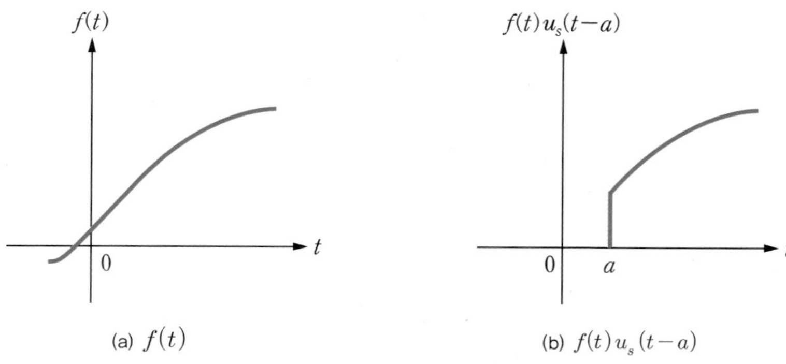

[그림 2-7] **함수 $f(t)$의 그래프를 자른 $f(t)u_s(t-a)$의 그래프**

6 어떤 구간이나 그 구간의 특정한 시간에 값이 ∞이거나 여러 개의 값을 갖는 함수를 불연속함수라고 한다.

또한 앞의 [그림 2-5]에서 설명한 바와 같이 어떤 함수 $f(t)$에 대해

$$f(t-a)u_s(t-a) \tag{2.45}$$

는 함수 $f(t)$의 $t<0$의 값을 0으로 하는

$$f(t)u_s(t) = \begin{cases} 0 \ , & t<0 \\ f(t) \ , & t>0 \end{cases} \tag{2.46}$$

를 a만큼 평행이동시킨 함수를 의미한다. 또한 단위계단함수의 라플라스 변환을 구하면

$$\begin{aligned} \mathcal{L}\left[u_s(t-a)\right] &= \int_0^\infty u_s(t-a)e^{-st}\,dt \\ &= \int_0^a u_s(t-a)e^{-st}\,dt + \int_a^\infty u_s(t-a)e^{-st}\,dt \qquad (2.47) \\ &= 0 + \int_a^\infty e^{-st}\,dt \\ &= \left[\frac{1}{-s}e^{-st}\right]_a^\infty \qquad (2.48) \\ &= \frac{e^{-as}}{s} \end{aligned}$$

이다. 즉 단위계단함수의 라플라스 변환은 다음과 같다.

$$\mathcal{L}\left[u_s(t-a)\right] = \frac{e^{-as}}{s} \tag{2.49}$$

이때 $a=0$이면

$$\mathcal{L}\left[u_s(t)\right] = \frac{1}{s} \tag{2.50}$$

가 된다. 단위계단함수는 **함수 컷터**function cutter라고도 하는데, 불연속함수를 표현할 때 대단히 유용하게 사용되며, 제어시스템의 대표적인 입력으로 사용되는 매우 중요한 함수이다.

단위임펄스함수

때때로 크기는 무한대에 가깝지만, 작용하는 시간이 매우 짧아 전체 작용시간에 대한 적분 값이 무한대가 되지 않고 유한한 값이 되는 물리량이 있다. 이제 이러한 성질을 가진 함수를 살펴보자.

[그림 2-8]과 같은 함수는 시간 $a<t<a+\varepsilon$에서 $\frac{1}{\varepsilon}$의 크기를 가지고 그 이외의 시간에는 크기가 0이 된다. 이때 ε이 0으로 수렴하면 이 함숫값은 ∞가 되는데, 이러한 함수를 **단위임펄스함수**unit

impulse function라고 한다. 단위임펄스함수는 **단위충격함수**라고도 하며 다음과 같은 특성이 있다.

$$\delta(t-a)=0,\ t \neq a \tag{2.51}$$

$$\int_0^{\infty} \delta(t-a)\,dt=1 \tag{2.52}$$

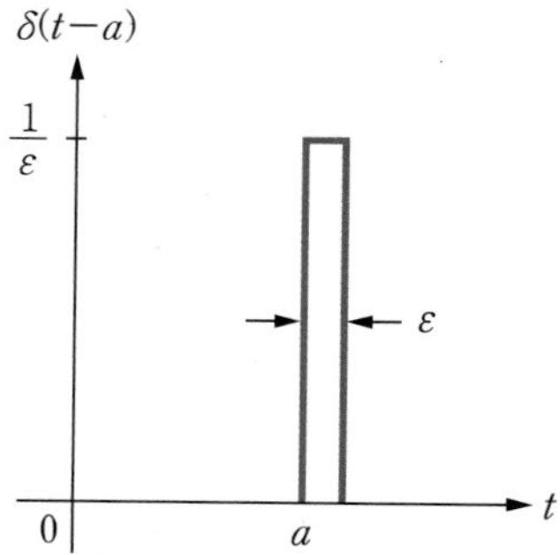

[그림 2-8] **단위임펄스함수**

또한 어떤 임의의 시간함수 $f(t)$에 단위임펄스함수를 곱하여 0에서부터 ∞까지 적분하면 다음과 같이 된다.

$$\int_0^{\infty} f(t)\,\delta(t-a)\,dt=f(a) \tag{2.53}$$

메모

$$\int_0^{\infty} f(t)\,\delta(t-a)\,dt=\int_0^{a}+\int_a^{a+\epsilon}+\int_{a+\epsilon}^{\infty}$$

$$=0+f(a)\int_a^{a+\epsilon}\delta(t-a)\,dt+0$$

$$=f(a)$$

$$\because f(t) \fallingdotseq f(a),\ a \le t < a+\epsilon$$

이제 단위임펄스함수에 대한 라플라스 변환을 구해보자. 라플라스 변환의 정의와 식 (2.53)을 이용하여 단위임펄스함수의 라플라스 변환을 구하면

$$\mathcal{L}\,[\delta(t-a)]=\int_0^{\infty}\delta(t-a)\,e^{-st}\,dt=\int_0^{\infty}e^{-st}\,\delta(t-a)\ dt=e^{-as} \tag{2.54}$$

이고, 이때 $a=0$이면 라플라스 변환은 다음과 같이 된다.

$$\mathcal{L}\,[\delta(t)]=1 \tag{2.55}$$

Section

2.3 행렬

행렬matrix은 수를 행과 열로 배열한 것으로, 여러 요소 사이의 복잡한 관계를 간단히 취급하기 위해 $m \times n$ 개의 수를 다음과 같이 m 행과 n 열에 배치한 것을 말한다.

$$\begin{bmatrix} a_{11} & a_{12} & a_{13} & \cdots & a_{1n} \\ a_{21} & a_{22} & a_{23} & \cdots & a_{2n} \\ & \vdots & & \vdots & \vdots \\ a_{m1} & a_{m2} & a_{m3} & \cdots & a_{mn} \end{bmatrix} \tag{2.56}$$

행렬을 구성하고 있는 a_{11}, a_{12}, a_{23}, $\cdots$, a_{ij}를 행렬의 **요소**element라고 하며, 가로의 줄을 **행**row, 세로의 줄을 **열**column이라고 한다. m개의 행과 n개의 열인 행렬을 $(m \times n)$ **행렬**이라 하고, $(m$ by $n)$ 행렬이라고 읽는다. 이때 $m \times n$을 이 행렬의 차수라고 한다.

2.3.1 행렬의 종류

먼저 배열의 형태와 요소의 값에 따라 분류되는 행렬의 종류에 대해 살펴보자.

■ 정방행렬

정방행렬square matrix은 행의 수와 열의 수가 같은, 즉 $m = n$ 인 행렬이다.

$$\begin{bmatrix} 1 & 5 & -4 \\ 7 & -2 & 3 \\ 6 & 1 & 4 \end{bmatrix} \qquad \begin{bmatrix} -4 & 2 \\ 3 & 0 \end{bmatrix}$$

■ 대각행렬

대각행렬diagonal matrix은 정방행렬 중에서 대각요소 이외의 모든 요소가 0인 행렬이다.

$$\begin{bmatrix} 5 & 0 & 0 \\ 0 & 2 & 0 \\ 0 & 0 & 4 \end{bmatrix} \qquad \begin{bmatrix} 3 & 0 \\ 0 & -7 \end{bmatrix}$$

■ 단위행렬

단위행렬unit matrix은 대각행렬 중에서 대각요소가 모두 1인 행렬이다.

$$\begin{bmatrix} 1 & 0 & 0 \\ 0 & 1 & 0 \\ 0 & 0 & 1 \end{bmatrix} \qquad \begin{bmatrix} 1 & 0 \\ & \\ 0 & 1 \end{bmatrix}$$

단위행렬은 숫자 1과 똑같은 역할을 하며, $\mathbf{I}$라는 기호로 표시한다. (2×2) 단위행렬이나 (4×4) 단위행렬은 똑같지만, 굳이 구분하고자 할 때는 $\mathbf{I}_2$, $\mathbf{I}_4$와 같이 표현한다.

■ 영행렬

영행렬zero matrix은 모든 요소의 값이 0인 행렬이다. 영행렬은 숫자 0과 똑같은 역할을 하고, 영문자 O로 표시한다.

$$\begin{bmatrix} 0 & 0 & 0 \\ 0 & 0 & 0 \\ 0 & 0 & 0 \end{bmatrix} \qquad \begin{bmatrix} 0 & 0 & 0 \\ & & \\ 0 & 0 & 0 \end{bmatrix}$$

■ 전치행렬

전치행렬transposed matrix은 어떤 행렬 $\mathbf{A}$에서 행과 열을 교환하여 만든 행렬로, $\mathbf{A}^{\mathrm{T}}$ 또는 $\mathbf{A}'$으로 표시한다.

$$\mathbf{A} = \begin{bmatrix} 1 & 5 & -4 \\ 7 & -2 & 3 \\ 6 & 1 & 4 \end{bmatrix} \rightarrow \mathbf{A}^{\mathrm{T}} = \begin{bmatrix} 1 & 7 & 6 \\ 5 & -2 & 1 \\ -4 & 3 & 4 \end{bmatrix}$$

$$\mathbf{B} = \begin{bmatrix} -4 & 2 \\ & \\ 3 & 0 \end{bmatrix} \rightarrow \mathbf{B}^{\mathrm{T}} = \begin{bmatrix} -4 & 3 \\ & \\ 2 & 0 \end{bmatrix}$$

■ 대칭행렬

대칭행렬symmetric matrix은 어떤 행렬과 그 행렬의 전치행렬이 같은 행렬이다.

$$\mathbf{A} = \mathbf{A}^{\mathrm{T}}$$

■ 부행렬

부행렬submatrix은 어떤 행렬의 행이나 열의 일부를 제거하여 만든 행렬이다. 이때 행렬 자체도 그 행렬의 부행렬에 속한다. 예를 들어 행렬 $\begin{bmatrix} 1 & 2 & 3 \\ 4 & 5 & 6 \end{bmatrix}$의 부행렬은 다음과 같다.

- (2×3) 부행렬은 $\begin{bmatrix}1 & 2 & 3\\4 & 5 & 6\end{bmatrix}$이다.
- (2×2) 부행렬은 $\begin{bmatrix}1 & 2\\4 & 5\end{bmatrix}$, $\begin{bmatrix}2 & 3\\5 & 6\end{bmatrix}$, $\begin{bmatrix}1 & 3\\4 & 6\end{bmatrix}$이다.
- (2×1) 부행렬은 $\begin{bmatrix}1\\4\end{bmatrix}$, $\begin{bmatrix}2\\5\end{bmatrix}$, $\begin{bmatrix}3\\6\end{bmatrix}$이다.

행렬의 행렬식

행렬의 행렬식determinant of a matrix은 정방행렬에 대해 그 행렬의 요소를 요소로 하는 행렬식으로 $\det\mathbf{A}$ 또는 $|\mathbf{A}|$로 표시한다.

$$\mathbf{A}=\begin{bmatrix}1 & 5 & -4\\7 & -2 & 3\\6 & 1 & 4\end{bmatrix} \;\rightarrow\; \det\mathbf{A}=\begin{vmatrix}1 & 5 & -4\\7 & -2 & 3\\6 & 1 & 4\end{vmatrix}$$

$$\mathbf{B}=\begin{bmatrix}-4 & 2\\3 & 0\end{bmatrix} \;\rightarrow\; \det\mathbf{B}=\begin{vmatrix}-4 & 2\\3 & 0\end{vmatrix}$$

행렬식은 복잡해 보여도 하나의 수, 즉 하나의 **스칼라**scalar 값에 지나지 않는다. (2×2) 행렬식은 다음과 같이 계산한다.

$$\begin{vmatrix}a_{11} & a_{12}\\a_{21} & a_{22}\end{vmatrix}=a_{11}\times a_{22}-a_{12}\times a_{21} \tag{2.57}$$

예를 들어 $\begin{vmatrix}2 & 3\\4 & 5\end{vmatrix}=2\times5-3\times4=-2$이다. 또한 (3×3) 행렬식은 다음과 같이 계산한다.

$$\begin{vmatrix}a_{11} & a_{12} & a_{13}\\a_{21} & a_{22} & a_{23}\\a_{31} & a_{32} & a_{33}\end{vmatrix}=a_{11}\begin{vmatrix}a_{22} & a_{23}\\a_{32} & a_{33}\end{vmatrix}-a_{12}\begin{vmatrix}a_{21} & a_{23}\\a_{31} & a_{33}\end{vmatrix}+a_{13}\begin{vmatrix}a_{21} & a_{22}\\a_{31} & a_{32}\end{vmatrix} \tag{2.58}$$

(3×3) 행렬식의 예로 다음을 구하면

$$\begin{aligned}\begin{vmatrix}2 & 3 & 0\\1 & -5 & 4\\6 & 0 & -2\end{vmatrix}&=2\begin{vmatrix}-5 & 4\\0 & -2\end{vmatrix}-3\begin{vmatrix}1 & 4\\6 & -2\end{vmatrix}+0\begin{vmatrix}1 & -5\\6 & 0\end{vmatrix}\\&=2\times10-3\times(-26)+0\times30\\&=98\end{aligned}$$

이다.

어떤 행렬이나 행렬식의 i행과 j열을 제거한 나머지 요소로 이루어진 행렬식을 요소 a_{ij}의 **소행렬식**minor determinant이라고 하며, Δ_{ij} 또는 M_{ij}로 표시한다. 또한 요소 a_{ij}의 소행렬식에 $(-1)^{i+j}$을 곱한 것을 요소 a_{ij}의 **여인수**cofactor라고 하며, $\mathbf{C}_{ij}$로 표현한다.

다음 행렬 $\mathbf{A}$의 소행렬식과 여인수를 구해보자.

$$\mathbf{A} = \begin{bmatrix} 1 & 5 & -4 \\ 7 & -2 & 3 \\ 6 & 1 & 4 \end{bmatrix}$$

먼저 몇 개의 소행렬식들을 구하면

$$\Delta_{11} = \begin{vmatrix} -2 & 3 \\ 1 & 4 \end{vmatrix}, \ \Delta_{12} = \begin{vmatrix} 7 & 3 \\ 6 & 4 \end{vmatrix}, \ \Delta_{22} = \begin{vmatrix} 1 & -4 \\ 6 & 4 \end{vmatrix}$$

이고, 여인수들은

$$\mathbf{C_{11}} = \begin{vmatrix} -2 & 3 \\ 1 & 4 \end{vmatrix}, \ \mathbf{C}_{12} = -\begin{vmatrix} 7 & 3 \\ 6 & 4 \end{vmatrix}, \ \mathbf{C}_{22} = \begin{vmatrix} 1 & -4 \\ 6 & 4 \end{vmatrix}$$

이다. 행렬 $\mathbf{A}$의 행렬식은 소행렬식 또는 여인수로 다음과 같이 계산할 수 있다.

$$\begin{aligned} |\mathbf{A}| &= a_{11} \times \Delta_{11} - a_{12} \times \Delta_{12} + a_{13} \times \Delta_{13} \\ &= a_{11} \times \mathbf{C_{11}} + a_{12} \times \mathbf{C_{12}} + a_{13} \times \mathbf{C_{13}} \end{aligned}$$

행벡터와 열벡터

행렬 중에서 행이 하나뿐인 행렬, 즉 $(1 \times n)$ 행렬을 **행벡터**row vector, 열이 하나뿐인 $(m \times 1)$ 행렬을 **열벡터**column vector라고 한다. 다음 행렬 $\mathbf{A}$와 $\mathbf{B}$는 행벡터이고, 행렬 C와 D는 열벡터다.

$$\mathbf{A} = [2 \quad 5] \qquad \mathbf{B} = [3 \quad 0 \quad -8]$$

$$\mathbf{C} = \begin{bmatrix} -4 \\ 6 \\ 15 \end{bmatrix} \qquad \mathbf{D} = \begin{bmatrix} 7 \\ \\ -3 \end{bmatrix}$$

2.3.2 역행렬

어떤 행렬에 곱해져 단위행렬을 만드는 행렬을 그 행렬의 역행렬이라고 한다. 역행렬은 상태방정식으로 표시된 시스템의 출력을 구할 때나 전달함수를 구할 때 자주 사용하므로 계산 과정이 좀 복잡해도 반드시 알아두어야 한다.

수반행렬

수반행렬adjoint matrix은 어떤 정방행렬의 각 요소를 그들의 여인수로 바꾼 후 다시 전치행렬을 구한 행렬로, $adj\,\mathbf{A}$로 표시한다.

$$\mathbf{A} = \begin{bmatrix} a_{11} & a_{12} & a_{13} & \cdots & a_{1n} \\ a_{21} & a_{22} & a_{23} & \cdots & a_{2n} \\ & \vdots & & \vdots & \vdots \\ a_{n1} & a_{n2} & a_{n3} & \cdots & a_{nn} \end{bmatrix} \rightarrow adj\,\mathbf{A} = \begin{bmatrix} \mathrm{C}_{11} & \mathrm{C}_{12} & \mathrm{C}_{13} & \cdots & \mathrm{C}_{1n} \\ \mathrm{C}_{21} & \mathrm{C}_{22} & \mathrm{C}_{23} & \cdots & \mathrm{C}_{2n} \\ & \vdots & & \vdots & \vdots \\ \mathrm{C}_{n1} & \mathrm{C}_{n2} & \mathrm{C}_{n3} & \cdots & \mathrm{C}_{nn} \end{bmatrix}^T \quad (2.59)$$

다음 행렬 $\mathbf{A}$의 수반행렬을 구해보자.

$$\mathbf{A} = \begin{bmatrix} 2 & 3 & -4 \\ 0 & -4 & 2 \\ 1 & -1 & 5 \end{bmatrix}$$

먼저 여인수를 구하면

$$\mathbf{C}_{11} = \begin{vmatrix} -4 & 2 \\ -1 & 5 \end{vmatrix} = -18, \quad \mathbf{C}_{12} = -\begin{vmatrix} 0 & 2 \\ 1 & 5 \end{vmatrix} = 2, \quad \mathbf{C}_{13} = \begin{vmatrix} 0 & -4 \\ 1 & -1 \end{vmatrix} = 4$$

$$\mathbf{C}_{21} = -\begin{vmatrix} 3 & -4 \\ -1 & 5 \end{vmatrix} = -11, \quad \mathbf{C}_{22} = \begin{vmatrix} 2 & -4 \\ 1 & 5 \end{vmatrix} = 14, \quad \mathbf{C}_{23} = -\begin{vmatrix} 2 & 3 \\ 1 & -1 \end{vmatrix} = 5$$

$$\mathbf{C}_{31} = \begin{vmatrix} 3 & -4 \\ -4 & 2 \end{vmatrix} = -10, \quad \mathbf{C}_{32} = -\begin{vmatrix} 2 & -4 \\ 0 & 2 \end{vmatrix} = -4, \quad \mathbf{C}_{33} = \begin{vmatrix} 2 & 3 \\ 0 & -4 \end{vmatrix} = -8$$

이므로, 행렬 $\mathbf{A}$의 수반행렬은 다음과 같다.

$$adj\,\mathbf{A} = \begin{bmatrix} -18 & 2 & 4 \\ -11 & 14 & 5 \\ -10 & -4 & -8 \end{bmatrix}^T = \begin{bmatrix} -18 & -11 & -10 \\ 2 & 14 & -4 \\ 4 & 5 & -8 \end{bmatrix}$$

역행렬

행렬 $\mathbf{A}$의 **역행렬**inverse matrix은 $\mathbf{A}^{-1}$으로 표시하고, 행렬과 역행렬 사이의 관계는 다음과 같다.

$$\mathbf{A}^{-1}\mathbf{A} = \mathbf{A}\mathbf{A}^{-1} = \mathbf{I} \quad (2.60)$$

이때 역행렬은 다음과 같이 구한다.

$$\mathbf{A}^{-1} = \frac{adj\,\mathbf{A}}{|\mathbf{A}|} \quad (2.61)$$

따라서 $|\mathbf{A}| = 0$인 행렬 $\mathbf{A}$는 역행렬을 구할 수 없으며, 이러한 행렬을 **특이행렬**singular matix이라고 한다.

예제 2-21 역행렬

다음 행렬 **A**의 역행렬을 구하라.

$$\mathbf{A}=\begin{bmatrix}-1 & 2 & -3\\ 2 & 1 & 0\\ 4 & -2 & 5\end{bmatrix}$$

풀이

여인수를 구하면

$$\mathbf{C}_{11}=\begin{vmatrix}1 & 0\\ -2 & 5\end{vmatrix}=5,\qquad \mathbf{C}_{12}=-\begin{vmatrix}2 & 0\\ 4 & 5\end{vmatrix}=-10,\qquad \mathbf{C}_{13}=\begin{vmatrix}2 & 1\\ 4 & -2\end{vmatrix}=-8$$

$$\mathbf{C}_{21}=-\begin{vmatrix}2 & -3\\ -2 & 5\end{vmatrix}=-4,\quad \mathbf{C}_{22}=\begin{vmatrix}-1 & -3\\ 4 & 5\end{vmatrix}=7,\qquad \mathbf{C}_{23}=-\begin{vmatrix}-1 & 2\\ 4 & -2\end{vmatrix}=6$$

$$\mathbf{C}_{31}=\begin{vmatrix}2 & -3\\ 1 & 0\end{vmatrix}=3,\qquad \mathbf{C}_{32}=-\begin{vmatrix}-1 & -3\\ 2 & 0\end{vmatrix}=-6,\quad \mathbf{C}_{33}=\begin{vmatrix}-1 & 2\\ 2 & 1\end{vmatrix}=-5$$

이므로, 수반행렬은 다음과 같다.

$$adj\,\mathbf{A}=\begin{bmatrix}5 & -10 & -8\\ -4 & 7 & 6\\ 3 & -6 & -5\end{bmatrix}^T=\begin{bmatrix}5 & -4 & 3\\ -10 & 7 & -6\\ -8 & 6 & -5\end{bmatrix}$$

또한 행렬 **A**의 행렬식은

$$\begin{aligned}|\mathbf{A}| &= a_{11}\mathbf{C}_{11}+a_{12}\mathbf{C}_{12}+a_{13}\mathbf{C}_{13}\\ &=(-1)\times\begin{bmatrix}1 & 0\\ -2 & 5\end{bmatrix}+2\times(-1)\times\begin{bmatrix}2 & 0\\ 4 & 5\end{bmatrix}+(-3)\times\begin{bmatrix}2 & 1\\ 4 & -2\end{bmatrix}\\ &=(-1)\times 5+2\times(-10)+(-3)\times(-8)\\ &=-5-20+24=-1\end{aligned}$$

이므로, 행렬 **A**의 역행렬은 다음과 같다.

$$\begin{aligned}\mathbf{A}^{-1} &= \frac{adj\,\mathbf{A}}{|\mathbf{A}|}\\ &=\frac{\begin{bmatrix}5 & -4 & 3\\ -10 & 7 & -6\\ -8 & 6 & -5\end{bmatrix}}{-1}\\ &=\begin{bmatrix}-5 & 4 & -3\\ 10 & -7 & 6\\ 8 & -6 & 5\end{bmatrix}\end{aligned}$$

2.3.3 행렬의 연산

행렬도 대수식처럼 더하거나 뺄 수 있고 상수와 같은 스칼라 값을 행렬에 곱하거나 나눌 수 있다. 또한 역을 취하기도 하고, 전치[transpose]시키기도 한다. 그러나 대수식과는 달리 행렬의 연산은 조금 복잡하니 주의할 필요가 있다.

■ 등식 관계

$\mathbf{A} = [a_{ij}]$, $\mathbf{B} = [b_{ij}]$에서 모든 i, j에 대해 다음을 만족하면 $\mathbf{A} = \mathbf{B}$이다.

$$a_{ij} = b_{ij} \tag{2.62}$$

■ 덧셈과 뺄셈

행렬 $\mathbf{A}$, $\mathbf{B}$, $\mathbf{C}$에 대해 $\mathbf{A} \pm \mathbf{B} = \mathbf{C}$이면 모든 원소에 대해 다음을 만족한다.

$$c_{ij} = a_{ij} \pm b_{ij} \tag{2.63}$$

■ 곱셈

행렬 $\mathbf{A}$와 행렬 $\mathbf{B}$의 곱셈 $\mathbf{AB} = \mathbf{C}$는 A의 열의 수와 $\mathbf{B}$의 행의 수가 같아야만 연산이 가능하다. 그 결과인 행렬 $\mathbf{C}$의 요소 c_{ij}는 $\mathbf{A}$의 i행 요소들과 $\mathbf{B}$의 j행 요소들을 차례로 곱하여 합한 것이다. 다음의 예를 살펴보자.

$$\begin{bmatrix} 1 & 0 & 4 \\ 2 & 3 & 5 \end{bmatrix} \begin{bmatrix} 6 & 4 \\ 2 & 5 \\ 1 & 0 \end{bmatrix} = \begin{bmatrix} 1\times6+0\times2+4\times1 & 1\times4+0\times5+4\times0 \\ 2\times6+3\times2+5\times1 & 2\times4+3\times5+5\times0 \end{bmatrix} = \begin{bmatrix} 10 & 4 \\ 23 & 23 \end{bmatrix} \tag{2.64}$$

즉 (2×3) 행렬과 (3×2) 행렬을 곱하면 다음과 같이 (2×2) 행렬이 된다.

$$(2 \times 3) \times (3 \times 2) = (2 \times 2) \tag{2.65}$$

■ 결합법칙과 교환법칙

행렬의 덧셈과 뺄셈은 결합법칙과 교환법칙이 성립하지만, 행렬의 곱셈은 결합법칙만 성립하고 교환법칙은 성립하지 않는다.

- 결합법칙 $(\mathbf{A} + \mathbf{B}) + \mathbf{C} = \mathbf{A} + (\mathbf{B} + \mathbf{C})$
  $(\mathbf{A} \times \mathbf{B}) \times \mathbf{C} = \mathbf{A} \times (\mathbf{B} \times \mathbf{C})$
- 교환법칙 $\mathbf{A} + \mathbf{B} = \mathbf{B} + \mathbf{A}$
  $\mathbf{A} \times \mathbf{B} \neq \mathbf{B} \times \mathbf{A}$

■ 스칼라 값의 곱셈

어떤 행렬에 숫자를 곱하는 것은 모든 요소에 그 숫자를 곱한 것과 같다. 그러나 행렬식은 한 열이나 한 행에만 곱한다.

$$3\times\begin{bmatrix}1 & 2\\4 & 10\end{bmatrix}=\begin{bmatrix}1\times3 & 2\times3\\4\times3 & 10\times3\end{bmatrix}=\begin{bmatrix}3 & 6\\12 & 30\end{bmatrix}$$

$$3\times\begin{vmatrix}1 & 2\\4 & 10\end{vmatrix}=\begin{vmatrix}1\times3 & 2\times3\\4 & 10\end{vmatrix}=\begin{vmatrix}1\times3 & 2\\4\times3 & 10\end{vmatrix}=6$$

■ 기타 행렬의 법칙

$$\mathbf{AI}=\mathbf{IA}=\mathbf{A}$$
$$(\mathbf{A}^{\mathrm{T}})^{\mathrm{T}}=\mathbf{A}$$
$$(\mathbf{A}+\mathbf{B})^{\mathrm{T}}=\mathbf{A}^{\mathrm{T}}+\mathbf{B}^{\mathrm{T}}$$
$$(\mathbf{AB})^{\mathrm{T}}=\mathbf{B}^{\mathrm{T}}\mathbf{A}^{\mathrm{T}}$$
$$(\mathbf{A}^{-1})^{-1}=\mathbf{A}$$
$$(\mathbf{AB})^{-1}=\mathbf{B}^{-1}\mathbf{A}^{-1}$$

고윳값과 고유벡터

어떤 $(n\times n)$ 정방행렬 $\mathbf{A}$가 주어졌을 때

$$\mathbf{AX}=\lambda\mathbf{X} \tag{2.66}$$

의 방정식을 만족시키는 어떤 수 λ와 $(n\times1)$ 열벡터 $\mathbf{X}$를 각각 행렬 $\mathbf{A}$의 **고윳값**eigenvalue 및 고윳값 λ에 대한 **고유벡터**eigenvector라고 한다. 예로 들어 다음 (3×3) 행렬 $\mathbf{A}$를 살펴보자.

$$\mathbf{A}=\begin{bmatrix}a_{11} & a_{12} & a_{13}\\a_{21} & a_{22} & a_{23}\\a_{31} & a_{32} & a_{33}\end{bmatrix},\quad \mathbf{X}=\begin{bmatrix}x_1\\x_2\\x_3\end{bmatrix} \tag{2.67}$$

$\mathbf{AX}=\lambda\mathbf{X}$를 구하면

$$\begin{bmatrix}a_{11} & a_{12} & a_{13}\\a_{21} & a_{22} & a_{23}\\a_{31} & a_{32} & a_{33}\end{bmatrix}\begin{bmatrix}x_1\\x_2\\x_3\end{bmatrix}=\lambda\begin{bmatrix}x_1\\x_2\\x_3\end{bmatrix} \tag{2.68}$$

이고, 좌변을 정리하면

$$\begin{bmatrix} a_{11}x_1 + a_{12}x_2 + a_{13}x_3 \\ a_{21}x_1 + a_{22}x_2 + a_{23}x_3 \\ a_{31}x_1 + a_{32}x_2 + a_{33}x_3 \end{bmatrix} = \begin{bmatrix} \lambda x_1 \\ \lambda x_2 \\ \lambda x_3 \end{bmatrix}$$

이다. 그러므로 다음과 같은 연립방정식을 얻는다.

$$\begin{aligned} a_{11}x_1 + a_{12}x_2 + a_{13}x_3 &= \lambda x_1 \\ a_{21}x_1 + a_{22}x_2 + a_{23}x_3 &= \lambda x_2 \\ a_{31}x_1 + a_{32}x_2 + a_{33}x_3 &= \lambda x_3 \end{aligned} \tag{2.69}$$

식 (2.69)를 동류항으로 정리하면

$$\begin{aligned} (a_{11}-\lambda)x_1 + a_{12}x_2 + a_{13}x_3 &= 0 \\ a_{21}x_1 + (a_{22}-\lambda)x_2 + a_{23}x_3 &= 0 \\ a_{31}x_1 + a_{32}x_2 + (a_{33}-\lambda)x_3 &= 0 \end{aligned} \tag{2.70}$$

이고, 연립방정식 (2.70)의 해를 **크래머 공식**cramer's formula을 이용하여 구하면 다음과 같다.

$$x_1 = \frac{\begin{vmatrix} 0 & a_{12} & a_{13} \\ 0 & a_{22}-\lambda & a_{23} \\ 0 & a_{32} & a_{33}-\lambda \end{vmatrix}}{\begin{vmatrix} a_{11}-\lambda & a_{12} & a_{13} \\ a_{21} & a_{22}-\lambda & a_{23} \\ a_{31} & a_{32} & a_{33}-\lambda \end{vmatrix}} = \frac{0}{\begin{vmatrix} a_{11}-\lambda & a_{12} & a_{13} \\ a_{21} & a_{22}-\lambda & a_{23} \\ a_{31} & a_{32} & a_{33}-\lambda \end{vmatrix}}$$

$$x_2 = \frac{\begin{vmatrix} a_{11}-\lambda & 0 & a_{13} \\ a_{21} & 0 & a_{23} \\ a_{31} & 0 & a_{33}-\lambda \end{vmatrix}}{\begin{vmatrix} a_{11}-\lambda & a_{12} & a_{13} \\ a_{21} & a_{22}-\lambda & a_{23} \\ a_{31} & a_{32} & a_{33}-\lambda \end{vmatrix}} = \frac{0}{\begin{vmatrix} a_{11}-\lambda & a_{12} & a_{13} \\ a_{21} & a_{22}-\lambda & a_{23} \\ a_{31} & a_{32} & a_{33}-\lambda \end{vmatrix}}$$

$$x_3 = \frac{\begin{vmatrix} a_{11}-\lambda & a_{12} & 0 \\ a_{21} & a_{22}-\lambda & 0 \\ a_{31} & a_{32} & 0 \end{vmatrix}}{\begin{vmatrix} a_{11}-\lambda & a_{12} & a_{13} \\ a_{21} & a_{22}-\lambda & a_{23} \\ a_{31} & a_{32} & a_{33}-\lambda \end{vmatrix}} = \frac{0}{\begin{vmatrix} a_{11}-\lambda & a_{12} & a_{13} \\ a_{21} & a_{22}-\lambda & a_{23} \\ a_{31} & a_{32} & a_{33}-\lambda \end{vmatrix}}$$

여기에서 모든 해는 $x_1 = x_2 = x_3 = 0$이 될 수밖에 없는데, 만일 앞의 식에서 분모도 0이라면, 즉

$$\begin{vmatrix} a_{11}-\lambda & a_{12} & a_{13} \\ a_{21} & a_{22}-\lambda & a_{23} \\ a_{31} & a_{32} & a_{33}-\lambda \end{vmatrix} = |\mathbf{A}-\lambda\mathbf{I}| = 0 \tag{2.71}$$

이라면 x_1, x_2, x_3가 0이 아닌 해를 가질 수 있다. 식 (2.71)의 방정식을 행렬 **A**에 대한 **특성방정식** characteristic equation이라고 하며, 이 특성방정식을 만족하는 λ값을 행렬 **A**의 고윳값이라고 한다. 따라서 행렬 **A**가 주어지면 다음 순서로 고윳값과 고유벡터를 구한다.

❶ 식 (2.71)을 이용하여 고윳값 λ_1, λ_2, λ_3을 구한다.

❷ 그 각각의 고윳값을 식 (2.66)에 대입하여 x_1, x_2, x_3값을 구한다.

❸ 각각의 고윳값 λ_1, λ_2, λ_3에 대한 고유벡터 $\mathbf{X}_1$, $\mathbf{X}_2$, $\mathbf{X}_3$을 구한다.

Tip & Note

✔ 크래머 공식

크래머 공식 cramer's formula은 연립방정식을 쉽게 풀 수 있는 공식이다. 다음의 연립방정식에 대해 크래머 공식을 이용하여 해 x, y, z값을 나타내면 다음과 같다.

$$a_{11}x + a_{12}y + a_{13}z = b_1$$
$$a_{21}x + a_{22}y + a_{23}z = b_2$$
$$a_{31}x + a_{32}y + a_{33}z = b_3$$

$$x = \frac{\begin{vmatrix} b_1 & a_{12} & a_{13} \\ b_2 & a_{22} & a_{23} \\ b_3 & a_{32} & a_{33} \end{vmatrix}}{\begin{vmatrix} a_{11} & a_{12} & a_{13} \\ a_{21} & a_{22} & a_{23} \\ a_{31} & a_{32} & a_{33} \end{vmatrix}}, \quad y = \frac{\begin{vmatrix} a_{11} & b_1 & a_{13} \\ a_{21} & b_2 & a_{23} \\ a_{31} & b_3 & a_{33} \end{vmatrix}}{\begin{vmatrix} a_{11} & a_{12} & a_{13} \\ a_{21} & a_{22} & a_{23} \\ a_{31} & a_{32} & a_{33} \end{vmatrix}}, \quad z = \frac{\begin{vmatrix} a_{11} & a_{12} & b_1 \\ a_{21} & a_{22} & b_2 \\ a_{31} & a_{32} & b_3 \end{vmatrix}}{\begin{vmatrix} a_{11} & a_{12} & a_{13} \\ a_{21} & a_{22} & a_{23} \\ a_{31} & a_{32} & a_{33} \end{vmatrix}}$$

예를 들어, 다음 연립방정식의 해를 구해보자.

$$\begin{aligned} 2x - 3y + 4z &= 11 \\ x + y + 2z &= 8 \\ -3x + 4y + z &= -3 \end{aligned}$$

크래머 공식을 이용하여 해 x, y, z값을 나타내면 다음과 같다.

$$x = \frac{\begin{vmatrix} 11 & -3 & 4 \\ 8 & 1 & 2 \\ -3 & 4 & 1 \end{vmatrix}}{\begin{vmatrix} 2 & -3 & 4 \\ 1 & 1 & 2 \\ -3 & 4 & 1 \end{vmatrix}} = 3, \quad y = \frac{\begin{vmatrix} 2 & 11 & 4 \\ 1 & 8 & 2 \\ -3 & -3 & 1 \end{vmatrix}}{\begin{vmatrix} 2 & -3 & 4 \\ 1 & 1 & 2 \\ -3 & 4 & 1 \end{vmatrix}} = 1, \quad z = \frac{\begin{vmatrix} 2 & -3 & 11 \\ 1 & 1 & 8 \\ -3 & 4 & -3 \end{vmatrix}}{\begin{vmatrix} 2 & -3 & 4 \\ 1 & 1 & 2 \\ -3 & 4 & 1 \end{vmatrix}} = 2$$

예제 2-22 고윳값과 고유벡터

다음 행렬의 고윳값과 고유벡터를 구하라.

(a) $\mathbf{A}=\begin{bmatrix}1 & 2\\ 5 & 4\end{bmatrix}$ (b) $\mathbf{B}=\begin{bmatrix}-2 & 2 & -3\\ 2 & 1 & -6\\ -1 & -2 & 0\end{bmatrix}$

풀이

(a) 식 (2.71)을 구하면

$$\begin{aligned}|\mathbf{A}-\lambda\mathbf{I}| &= \left|\begin{bmatrix}1 & 2\\ 5 & 4\end{bmatrix}-\lambda\begin{bmatrix}1 & 0\\ 0 & 1\end{bmatrix}\right| \\ &= \left|\begin{bmatrix}1 & 2\\ 5 & 4\end{bmatrix}-\begin{bmatrix}\lambda & 0\\ 0 & \lambda\end{bmatrix}\right| \\ &= \begin{vmatrix}1-\lambda & 2\\ 5 & 4-\lambda\end{vmatrix}=0 \qquad \cdots ①\end{aligned}$$

이므로, 이를 계산하면

$$\begin{aligned}(1-\lambda)(4-\lambda)-10=0 \\ \lambda^2-5\lambda-6=0\end{aligned} \qquad \cdots ②$$

이다. 따라서 고윳값은 $\lambda_1=6$, $\lambda_2=-1$이다. 고윳값 $\lambda_1=6$에 대한 고유벡터 $\mathbf{X}_1$을 구하면

$$\begin{aligned}\mathbf{A}\mathrm{X}_1=\lambda_1\mathbf{X}_1 \\ \begin{bmatrix}1 & 2\\ 5 & 4\end{bmatrix}\begin{bmatrix}x_{11}\\ x_{12}\end{bmatrix}=6\begin{bmatrix}x_{11}\\ x_{12}\end{bmatrix}\end{aligned} \qquad \cdots ③$$

이므로, 정리하면 다음과 같다.

$$\begin{aligned}x_{11}+2x_{12}=6x_{11} \\ 5x_{11}+4x_{12}=6x_{12}\end{aligned} \qquad \cdots ④$$

따라서 $5x_{11}=2x_{12}$이므로 $x_{11}=2$이면 $x_{12}=5$이고, $x_{11}=4$이면 $x_{12}=10$, $x_{11}=1$이면 $x_{12}=\dfrac{5}{2}$가 되어 고윳값 $\lambda_1=6$에 대한 고유벡터 $\mathbf{X}_1$은 다음과 같다.

$$\begin{bmatrix}2\\ 5\end{bmatrix},\quad \begin{bmatrix}4\\ 10\end{bmatrix},\quad \begin{bmatrix}1\\ \frac{5}{2}\end{bmatrix} \qquad \cdots ⑤$$

그러나 이들은 서로 독립이 아니므로 그 중에 표시하기 간단한 하나만을 취하여 고유벡터로 사용한다. 여기에서는 처음 벡터를 사용하자. 따라서 고윳값 $\lambda_1=6$ 에 대한 고유벡터 $\mathbf{X}_1$은 다음과 같다.

$$\mathbf{X_1}=\begin{bmatrix}2\\ 5\end{bmatrix} \qquad \cdots ⑥$$

이와 똑같은 방법으로 고윳값 $\lambda_2=-1$ 에 대한 고유벡터 $\mathbf{X}_2$를 구하면 다음과 같다.

$$\mathbf{X_2}=\begin{bmatrix}1\\ -1\end{bmatrix} \qquad \cdots ⑦$$

(b) 식 (2.71)을 구하면

$$|\mathbf{B}-\lambda\mathbf{I}| = \left|\begin{bmatrix}-2 & 2 & -3\\ 2 & 1 & -6\\ -1 & -2 & 0\end{bmatrix} - \lambda\begin{bmatrix}1 & 0 & 0\\ 0 & 1 & 0\\ 0 & 0 & 1\end{bmatrix}\right|$$

$$= \left|\begin{bmatrix}-2 & 2 & -3\\ 2 & 1 & -6\\ -1 & -2 & 0\end{bmatrix} - \begin{bmatrix}\lambda & 0 & 0\\ 0 & \lambda & 0\\ 0 & 0 & \lambda\end{bmatrix}\right|$$

$$= \begin{vmatrix}-2-\lambda & 2 & -3\\ 2 & 1-\lambda & -6\\ -1 & -2 & -\lambda\end{vmatrix} = 0 \qquad \cdots ⑧$$

이므로, 이를 계산하면

$$(-2-\lambda)(1-\lambda)(-\lambda)+12+12-3(1-\lambda)+4\lambda-12(-2-\lambda)=0$$

이고, 정리하면 다음과 같다.

$$-\lambda^3-\lambda^2+21\lambda+45=0$$
$$-(\lambda-5)(\lambda+3)^2=0 \qquad \cdots ⑨$$

따라서 고윳값은 $\lambda_1=5$, $\lambda_2=-3$, $\lambda_3=-3$이다. 고윳값 $\lambda_1=5$에 대한 고유벡터 $\mathbf{X}_1$을 구하면

$$\mathbf{B}\mathbf{X}_1 = \lambda_1\mathbf{X}_1$$

$$\begin{bmatrix}-2 & 2 & -3\\ 2 & 1 & -6\\ -1 & -2 & 0\end{bmatrix}\begin{bmatrix}x_{11}\\ x_{12}\\ x_{13}\end{bmatrix} = 5\begin{bmatrix}x_{11}\\ x_{12}\\ x_{13}\end{bmatrix} \qquad \cdots ⑩$$

$$\begin{bmatrix}-2x_{11}+2x_{12}-3x_{13}\\ 2x_{11}+x_{12}-6x_{13}\\ -x_{11}-2x_{12} \quad 0\end{bmatrix} = \begin{bmatrix}5x_{11}\\ 5x_{12}\\ 5x_{13}\end{bmatrix}$$

이므로, 정리하면 다음과 같다.

$$-2x_{11}+2x_{12}-3x_{13}=5x_{11}$$
$$2x_{11}+x_{12}-6x_{13}=5x_{12}$$
$$-x_{11}-2x_{12}=5x_{13}$$

이 연립방정식을 풀면

$$x_{11}=\frac{1}{2}x_{12},\ x_{11}=-x_{13} \qquad \cdots ⑪$$

이므로, $x_{11}=1$로 하면 $x_{12}=2$, $x_{13}=-1$이 된다. 즉 고윳값 $\lambda_1=5$에 대한 고유벡터 $\mathbf{X}_1$는 다음과 같다.

$$\mathbf{X}_1 = \begin{bmatrix}1\\ 2\\ -1\end{bmatrix}$$

고윳값 $\lambda_2 = -3$에 대한 고유벡터 $\mathbf{X}_2$을 구하면

$$\mathbf{B}\mathbf{X}_2 = \lambda_2 \mathbf{X}_2$$

$$(\mathbf{B} - \lambda_2 \mathbf{I})\mathbf{X}_2 = 0$$

$$\begin{bmatrix} -2+3 & 2 & -3 \\ 2 & 1+3 & -6 \\ -1 & -2 & 3 \end{bmatrix} \begin{bmatrix} x_{21} \\ x_{22} \\ x_{23} \end{bmatrix} = 0 \qquad \cdots ⑫$$

이므로, 정리하면 다음과 같다.

$$\begin{aligned} x_{21} + 2x_{22} - 3x_{23} &= 0 \\ 2x_{21} + 4x_{22} - 6x_{23} &= 0 \\ -x_{21} - 2x_{23} + 3x_{23} &= 0 \end{aligned} \qquad \cdots ⑬$$

이 연립방정식은

$$x_{21} + 2x_{22} - 3x_{23} = 0 \qquad \cdots ⑭$$

이므로, $x_{21} = 2$, $x_{22} = -1$, $x_{23} = 0$과 $x_{21} = 3$, $x_{22} = 0$, $x_{23} = 1$이 식 ⑭의 해가 된다. 그러므로 고윳값 $\lambda_2 = -3$에 대한 고유벡터는

$$\mathbf{X}_2 = \begin{bmatrix} -2 \\ 1 \\ 0 \end{bmatrix} \qquad \cdots ⑮$$

이고, 고윳값 $\lambda_3 = -3$에 대한 또 다른 고유벡터는 다음과 같다.

$$\mathbf{X}_3 = \begin{bmatrix} 3 \\ 0 \\ 1 \end{bmatrix} \qquad \cdots ⑯$$

예제 2-23 고유벡터와 대각행렬

[예제 2-22(a)]의 행렬 **A**와 그 고유벡터들을 이용하여 다음 식을 구하라.

$$\mathbf{D}=\mathbf{P}^{-1}\mathbf{A}\mathbf{P} \qquad \text{단, } \mathbf{A}=\begin{bmatrix}1 & 2\\ 5 & 4\end{bmatrix},\quad \mathbf{P}=\begin{bmatrix}2 & 1\\ 5 & -1\end{bmatrix}$$

이때 행렬 P는 행렬 A의 고유벡터 $\mathbf{X_1}=\begin{bmatrix}2\\5\end{bmatrix}$, $\mathbf{X_2}=\begin{bmatrix}1\\-1\end{bmatrix}$을 열벡터로 구성된 행렬이다.

풀이

$$\mathbf{P}^{-1}=\begin{bmatrix}2 & 1\\ 5 & -1\end{bmatrix}^{-1}=\frac{\begin{bmatrix}-1 & -1\\ -5 & 2\end{bmatrix}}{-7} \qquad \cdots ①$$

$$\begin{aligned}\mathbf{D}=\mathbf{P}^{-1}\mathbf{A}\,\mathbf{P}&=\frac{\begin{bmatrix}-1 & -1\\ -5 & 2\end{bmatrix}}{-7}\begin{bmatrix}1 & 2\\ 5 & 4\end{bmatrix}\begin{bmatrix}2 & 1\\ 5 & -1\end{bmatrix} \qquad \cdots ②\\ &=\frac{1}{-7}\begin{bmatrix}-6 & -6\\ 5 & -2\end{bmatrix}\begin{bmatrix}2 & 1\\ 5 & -1\end{bmatrix}\\ &=\frac{1}{-7}\begin{bmatrix}-42 & 0\\ 0 & 7\end{bmatrix}\\ &=\begin{bmatrix}6 & 0\\ 0 & -1\end{bmatrix}\end{aligned}$$

고윳값과 고유벡터는 수학에서 연립미분방정식을 풀 때 대단히 중요한 역할을 하며, 제어공학에서는 상태방정식으로 표현된 시스템의 해를 구하는 데 유용하게 사용된다.

Chapter 02 핵심요약

복소수 P의 표현 방법

복소수 P에 대해 $|P| = \sqrt{\alpha^2 + \beta^2}$, $\theta = \tan^{-1}\dfrac{\beta}{\alpha}$ 일 때, 다음과 같이 나타낸다.

- 직교좌표식 $P = \alpha + j\beta$
- 극좌표식 $P = |P| \angle \theta$
- 지수식 $P = |P| e^{j\theta}$

극점과 영점

복소함수의 값을 ∞ 로 만드는 복소수 값을 극점이라 하고, 0으로 만드는 복소수 값을 영점이라고 한다.

라플라스 변환의 정의

함수 $f(t)$의 라플라스 변환 $F(s)$는 다음과 같이 정의한다.

$$F(s) = \int_0^\infty f(t) e^{-st}\, dt$$

기본 함수의 라플라스 변환

$f(t)$	$F(s)$	$f(t)$	$F(s)$
c	$\dfrac{c}{s}$	e^{-at}	$\dfrac{1}{s+a}$
t	$\dfrac{1}{s^2}$	$\sin\omega t$	$\dfrac{\omega}{s^2+\omega^2}$
t^2	$\dfrac{2}{s^3}$	$\cos\omega t$	$\dfrac{s}{s^2+\omega^2}$
t^n	$\dfrac{n!}{s^{n+1}}$		

라플라스 변환의 중요한 정리

- 제1이동정리

  $\mathcal{L}\left[e^{at} f(t)\right] = F(s-a)$

- 제2이동정리

  $\mathcal{L}\left[f(t-T)\right] = e^{-Ts} F(s)$

- 도함수의 변환

$$\mathcal{L}\left[\frac{d}{dt}f(t)\right] = sF(s) - f(0)$$

$$\mathcal{L}\left[\frac{d^2}{dt^2}f(t)\right] = s^2F(s) - sf(0) - f'(0)$$

- 적분의 변환

$$\mathcal{L}\left[\int_0^t f(t)\,dt\right] = \frac{1}{s}F(s)$$

- 초깃값 정리

$$\lim_{t \to 0} f(t) = f(0) = \lim_{s \to \infty} sF(s)$$

- 최종값 정리

$$\lim_{t \to \infty} f(t) = \lim_{s \to 0} sF(s)$$

■ 단위계단함수

- $u_s(t-a) = \begin{cases} 0 \ , & t < a \\ 1 \ , & t > a \end{cases}$
- 라플라스 변환 : $\mathcal{L}\,u_s(t-a) = \dfrac{e^{-as}}{s}$

■ 단위임펄스함수

- $\delta(t-a) = 0$(단, $t \neq a$), $\displaystyle\int_0^\infty \delta(t-a)\,dt = 1$
- 라플라스 변환 : $\mathcal{L}\,\delta(t-a) = e^{-as}$

■ 행렬의 종류

- 정방행렬 : 행의 수와 열의 수가 같은 행렬이다.
- 대각행렬 : 정방행렬 중에서 대각요소 이외의 모든 요소가 0인 행렬이다.
- 단위행렬 : 대각행렬 중에서 대각요소가 모두 1인 행렬이다.
- 영행렬 : 모든 요소의 값이 0인 행렬이다.
- 전치행렬 : 어떤 행렬 $\mathbf{A}$에서 행과 열을 교환하여 만든 행렬로, $\mathbf{A}^{\mathrm{T}}$ 또는 $\mathbf{A}'$로 표시한다.
- 대칭행렬 : 어떤 행렬과 그 행렬의 전치행렬이 같은 행렬이다.

■ **행렬의 행렬식**

정방행렬에서 그 행렬의 요소를 요소로 하는 행렬식으로 $\det \mathbf{A}$ 또는 $|\mathbf{A}|$ 로 표시한다.

■ **역행렬**

- 수반행렬 : 어떤 정방행렬의 각 요소를 그들의 여인수로 대치한 후, 행렬의 전치행렬을 구한 행렬로, $adj\,\mathbf{A}$로 표시한다.
- 역행렬 : 행렬 $\mathbf{A}$의 역행렬은 $\mathbf{A}^{-1}$로 표시하고, 행렬과 역행렬 사이의 관계는 다음과 같다.

$$\mathbf{A}\mathbf{A}^{-1} = \mathbf{A}^{-1}\mathbf{A} = \mathbf{I}$$

이때 역행렬은 다음과 같이 구한다.

$$\mathbf{A}^{-1} = \frac{\text{adj}\,\mathbf{A}}{|\mathbf{A}|}$$

■ **행렬의 기본 연산**

- 등식 관계 : $\mathbf{A} = \mathbf{B}$ 이면 모든 요소에 대해 $a_{ij} = b_{ij}$ 이다.
- 덧셈과 뺄셈 : $\mathbf{A} \pm \mathbf{B} = \mathbf{C}$ 이면 모든 요소에 대해 $c_{ij} = a_{ij} \pm b_{ij}$ 이다.
- 곱셈 : 행렬 $\mathbf{A}$와 행렬 $\mathbf{B}$의 곱셈 $\mathbf{AB} = \mathbf{C}$ 에서 행렬 $\mathbf{C}$의 요소 c_{ij}는 $\mathbf{A}$의 i행 요소들과 $\mathbf{B}$의 j행 요소를 차례로 곱하여 합한 것이다.
- 결합법칙 : $(\mathbf{A} + \mathbf{B}) + \mathbf{C} = \mathbf{A} + (\mathbf{B} + \mathbf{C})$
  $(\mathbf{A} \times \mathbf{B}) \times \mathbf{C} = \mathbf{A} \times (\mathbf{B} \times \mathbf{C})$
- 교환법칙 : $\mathbf{A} + \mathbf{B} = \mathbf{B} + \mathbf{A}$
  $\mathbf{A} \times \mathbf{B} \neq \mathbf{B} \times \mathbf{A}$
- 행렬의 역과 전치 : $(\mathbf{AB})^{\mathrm{T}} = \mathbf{B}^{\mathrm{T}}\mathbf{A}^{\mathrm{T}}$
  $(\mathbf{AB})^{-1} = \mathbf{B}^{-1}\mathbf{A}^{-1}$

■ **고윳값과 고유벡터**

어떤 $(n \times n)$ 정방행렬 $\mathbf{A}$가 주어졌을 때 $\mathbf{AX} = \lambda\mathbf{X}$의 방정식을 만족시키는 어떤 수 λ와 $(n \times 1)$ 열벡터 $\mathbf{X}$를 각각 행렬 $\mathbf{A}$의 고윳값 및 고윳값 λ에 대한 고유벡터라고 한다.

■ **특성방정식**

방정식 $|\mathbf{A} - \lambda\mathbf{I}| = 0$을 행렬 $\mathbf{A}$에 대한 특성방정식이라고 하며, 이 방정식을 만족하는 λ값을 행렬 $\mathbf{A}$의 고윳값이라고 한다.

Chapter 02 연습문제

2.1 복소수 $P=3-j4$를 지수식으로 나타내면?

㉮ $-7e^{-j31^\circ}$ ㉯ $5e^{-j53.13^\circ}$ ㉰ $7e^{-j31^\circ}$ ㉱ $5e^{j126.87^\circ}$

2.2 복소수 $P=-5+j12$를 지수식으로 나타내면?

㉮ $17e^{-j45^\circ}$ ㉯ $13e^{j112.6^\circ}$ ㉰ $\sqrt{119}\,e^{-j87.4^\circ}$ ㉱ $\sqrt{17}\,e^{j31.5^\circ}$

2.3 복소수 $P=\dfrac{10\angle 60^\circ \times 8\angle 30^\circ \times 2\angle -45^\circ}{5\angle 120^\circ \times 4\angle -30^\circ}$를 계산하면?

㉮ $11\angle 22.5^\circ$ ㉯ $8\angle 30^\circ$ ㉰ $8\angle -45^\circ$ ㉱ $-8\angle 45^\circ$

2.4 복소수 $P=\dfrac{5\angle 30^\circ \times 6\angle -40^\circ \times 10\angle 45^\circ}{2\angle 20^\circ \times 3\angle -50^\circ}$ 를 계산하면?

㉮ $50\angle 65^\circ$ ㉯ $11\angle 22.5^\circ$ ㉰ $25\angle -40^\circ$ ㉱ $-8\angle 45^\circ$

2.5 $(3-i2)+(2+i5)(4-i)+\dfrac{1}{4+i3}$을 간단히 나타내면?

㉮ $20.5+i12.4$ ㉯ $4-i3$
㉰ $16.16+i15.88$ ㉱ $-12.12-i30.59$

2.6 복소함수 $G(s)=\dfrac{s+3}{(s+5)(s+7)}$에서 $s=-5+j2$ 일 때, 이 복소함수의 값은?

㉮ 0.5 ㉯ $-3.5+j16$ ㉰ $\dfrac{3}{35}\angle -45^\circ$ ㉱ $25-j16$

2.7 복소함수 $G(s)=\dfrac{s+2}{(s+1)(s+3)}$에서 $s=j2$일 때, 이 복소함수의 값은?

㉮ $\dfrac{25-j16}{9}$ ㉯ $-3.5+j16$ ㉰ 3.7 ㉱ $\dfrac{14-j18}{65}$

2.8 $s=1+i2$일 때, 복소함수 $F(s)=s^2-4s+2-i10$의 값은?

㉮ $30-i26$ ㉯ $-3+i45$
㉰ $-5-i14$ ㉱ $-10-i10$

2.9 복소함수 $F(s) = \dfrac{2s^2 + 10s + 8}{s^3 + 5s^2 + 6s}$ 의 영점이나 극점이 아닌 것은?

㉮ 1　　㉯ 0　　㉰ −2　　㉱ −4

2.10 함수 $f(t) = 10e^{-5t}$ 의 라플라스 변환은?

㉮ $50e^{-5s}$　　㉯ $\dfrac{10}{s+5}$　　㉰ $\dfrac{2}{s-5}$　　㉱ $10(s-5)$

2.11 단위임펄스함수 $\delta(t-5)$의 라플라스 변환은?

㉮ 1　　㉯ 5　　㉰ e^{-5s}　　㉱ $\dfrac{1}{s-5}$

2.12 단위계단함수 $u_s(t-3)$의 라플라스 변환은?

㉮ $\dfrac{1}{s+3}$　　㉯ 1　　㉰ 3　　㉱ $\dfrac{e^{-3s}}{s}$

2.13 포물선함수 $f(t) = 5t^2$ 의 라플라스 변환은?

㉮ $5s$　　㉯ $\dfrac{10}{s^3}$　　㉰ $\dfrac{5}{s^2}$　　㉱ $5s^3$

2.14 다음 그림과 같은 단위계단함수의 라플라스 변환은?

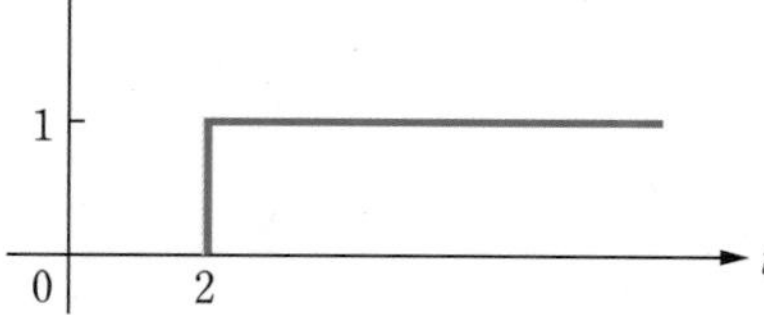

㉮ $\dfrac{e^{-2s}}{s}$　　㉯ $\dfrac{1}{s-2}$

㉰ $\dfrac{1}{s+2}$　　㉱ $U(s-2)$

2.15 함수 $f(t) = \dfrac{1}{2}te^{-5t}$ 의 라플라스 변환은?

㉮ $\dfrac{5}{2(s+5)}$　　㉯ $\dfrac{5}{(s+5)^2}$　　㉰ $\dfrac{1}{2(s+5)^2}$　　㉱ $\dfrac{2}{s(s+5)}$

2.16 $e^{-10t}\sin 100t$의 라플라스 변환은?

㉮ $\dfrac{100}{s^2-10s+100}$ ㉯ $\dfrac{100}{s^2+20s+10100}$

㉰ $\dfrac{s}{s^2-20s+10000}$ ㉱ $\dfrac{10\,s}{(s+10)^2+10^2}$

2.17 $10\,e^{-2t}\cos 5t$의 라플라스 변환은?

㉮ $\dfrac{20\,s}{(s+5)^2+2^2}$ ㉯ $\dfrac{50\,s}{(s+2)^2+5^2}$

㉰ $\dfrac{10\,s}{(s-2)^2+5^2}$ ㉱ $\dfrac{10\,s+20}{(s+2)^2+5^2}$

2.18 다음 그림과 같은 함수의 라플라스 변환은?

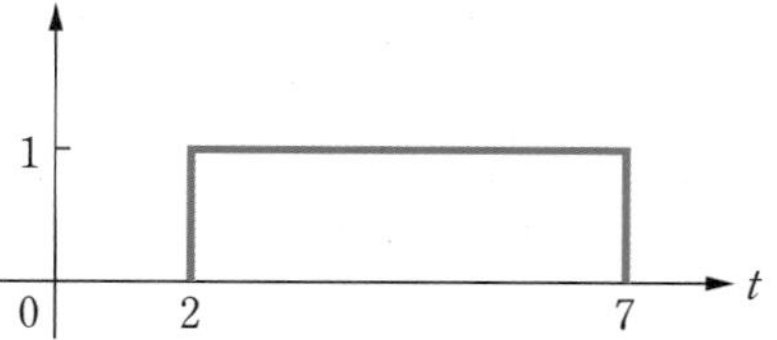

㉮ $\dfrac{e^{-2s}-e^{-7s}}{s}$ ㉯ $\dfrac{e^{-2s}-e^{-7s}}{(s+2)(s+7)}$

㉰ $\dfrac{1}{(s+2)(s+7)}$ ㉱ $\dfrac{e^{-5s}}{s-5}$

2.19 함수 $f(t)$의 라플라스 변환이 $F(s)=\dfrac{4s^2-2s+5}{s^3+s+5}$ 일 때, 이 함수의 초깃값 $f(0)$은?

㉮ 0 ㉯ 1 ㉰ 4 ㉱ ∞

2.20 함수 $f(t)$의 라플라스 변환이 $F(s)=\dfrac{10s+20}{2s^2-5s+20}$ 일 때, $\lim_{t\to 0} f(t)$는?

㉮ -10 ㉯ 1 ㉰ -1 ㉱ 5

2.21 함수 $f(t)$의 라플라스 변환이 $F(s)=\dfrac{s+10}{s(2s^2+4s+5)}$ 일 때, 이 함수의 최종값 $f(\infty)$는?

㉮ 0 ㉯ 2 ㉰ 5 ㉱ 0.5

2.22 $F(s)=\dfrac{1}{s^3}$ 라플라스 역변환은?

㉮ $\dfrac{1}{2}t^2$ ㉯ $e^{-2t}u_s(t)$ ㉰ $e^{-3}u(t+3)$ ㉱ t^3

2.23 $F(s) = \dfrac{10}{s(s^2+25)}$ 의 라플라스 역변환 $f(t)$는?

㉮ $10te^{-5t}$　㉯ $\dfrac{2}{5}(1-\cos 5t)$　㉰ $2\sin 5t$　㉱ $10\cos 5t$

2.24 $F(s) = \dfrac{1}{s^2(s+4)}$ 의 라플라스 역변환 $f(t)$는?

㉮ $\dfrac{1}{4}+\dfrac{1}{20}t+e^{4t}$　㉯ $\dfrac{1}{4}-\dfrac{1}{20}t-e^{-4t}$

㉰ $t^2+\dfrac{1}{4}t-\dfrac{1}{4}e^{-t}$　㉱ $\dfrac{1}{4}t+\dfrac{1}{16}e^{-4t}-\dfrac{1}{16}$

2.25 $F(s) = \dfrac{2s+26}{s^2+6s+25}$ 의 라플라스 역변환 $f(t)$는?

㉮ $5e^{-2t}-2e^{-3t}$　㉯ $-3e^{-2t}+5e^{-3t}$

㉰ $2e^{-3t}\cos 4t+5e^{-3t}\sin 4t$　㉱ $3te^{-6t}$

2.26 라플라스 변환이 틀린 것은?

㉮ $\mathcal{L}[e^{-5t}\cos 10t] = \dfrac{s+5}{(s+5)^2+100}$　㉯ $\mathcal{L}[\delta(t)] = 1$

㉰ $\mathcal{L}[u_s(t-5)] = e^{-5s}$　㉱ $\mathcal{L}[e^{-10t}] = \dfrac{1}{s+10}$

2.27 $10 \times \begin{bmatrix} 4 & 2 \\ 3 & 6 \end{bmatrix}$ 을 계산하면?

㉮ $\begin{bmatrix} 40 & 20 \\ 30 & 60 \end{bmatrix}$　㉯ $\begin{bmatrix} 40 & 2 \\ 3 & 60 \end{bmatrix}$　㉰ $\begin{bmatrix} 4 & 20 \\ 30 & 6 \end{bmatrix}$　㉱ $\begin{bmatrix} 40 & 20 \\ 3 & 6 \end{bmatrix}$

2.28 다음 두 행렬 **A**, **B**의 곱으로 만들어지는 행렬의 3행 3열의 요소는?

$$\mathbf{A} = \begin{bmatrix} 1 & 4 \\ 5 & 0 \\ 2 & 1 \end{bmatrix},\ \mathbf{B} = \begin{bmatrix} -4 & -15 & 3 \\ 2 & 0 & 5 \end{bmatrix}$$

㉮ 0　㉯ -1　㉰ -15　㉱ 11

2.29 다음 행렬 중 특이행렬은?

㉮ $\begin{bmatrix} 0 & 2 \\ 2 & 0 \end{bmatrix}$　㉯ $\begin{bmatrix} -1 & -2 \\ 2 & 4 \end{bmatrix}$　㉰ $\begin{bmatrix} 1 & 0 \\ 0 & 1 \end{bmatrix}$　㉱ $\begin{bmatrix} 1 & 1 \\ -1 & 1 \end{bmatrix}$

2.30 행렬 $\mathbf{A} = \begin{bmatrix} 5 & 4 \\ 1 & 2 \end{bmatrix}$ 의 고윳값이이나 고유벡터가 아닌 것은?

㉮ 2　㉯ 6　㉰ $\begin{bmatrix} 4 \\ 1 \end{bmatrix}$　㉱ $\begin{bmatrix} -1 \\ 1 \end{bmatrix}$

2.31 행렬 $\mathbf{A} = \begin{bmatrix} 1 & 2 \\ 3 & 5 \end{bmatrix}$ 의 역행렬은?

㉮ $\begin{bmatrix} -5 & 2 \\ 3 & -1 \end{bmatrix}$　㉯ $\begin{bmatrix} -1 & -2 \\ -3 & -5 \end{bmatrix}$　㉰ $\begin{bmatrix} 1 & -2 \\ -3 & 5 \end{bmatrix}$　㉱ $\begin{bmatrix} 5 & -3 \\ -2 & 1 \end{bmatrix}$

2.32 $\dfrac{1}{4+i3} - \dfrac{1}{4-i3}$ 를 계산하라.

2.33 $s = 1 + i2$ 일 때, 복소함수 $F(s) = s^2 + s + 1 - i2$ 의 값을 구하라.

2.34 복소함수 $F(s) = \dfrac{s^3 + 5s^2 - 4s - 20}{s^4 + 8s^3 + 19s^2 + 12s}$ 의 영점과 극점을 모두 구하라.

※ 다음 함수의 라플라스 변환을 구하라.

2.35 $f(t) = e^{-2t+5}$

2.36 $f(t) = 3t^2 - e^{-2t} + 10\sin 5t + e^{-3t}\cos 10t$

2.37 $f(t) = (t-2)u_s(t-2)$

2.38 $f(t) = 100\sin 5\left(t - \dfrac{\pi}{3}\right)$

※ 다음 함수의 라플라스 역변환을 구하라.

2.39 $F(s) = \dfrac{1}{s^4}$

2.40 $F(s) = \dfrac{8}{5s+8}$

2.41 $F(s) = \dfrac{2s+25}{s^2+4s+20}$

2.42 $F(s) = \dfrac{4s^2+13s+13}{s^3+6s^2+11s+6}$

2.43 함수 $f_1(t)$와 $f_2(t)$의 라플라스 변환이 각각 $F_1(s)=\dfrac{20s+50}{s(s+5)}$, $F_2(s)=\dfrac{10s-15}{s(s-3)}$ 일 때, $t=\infty$ 에서의 함숫값 $f_1(\infty)$, $f_2(\infty)$를 구하고자 한다.

(a) 최종값 정리를 이용하여 구하라.

(b) 라플라스 역변환을 이용하여 시간함수 $f_1(t)$, $f_2(t)$를 구한 후, $t\to\infty$ 의 극한을 취하여 구하라.

(c) 그 결과에 대해 논하라.

2.44 함수 $f(t)$의 라플라스 변환이 $F(s)=\dfrac{100}{s^2+25}$ 일 때, $t=\infty$ 에서의 함숫값 $f(\infty)$를 최종값 정리를 이용하여 구하라. 이 함수는 $f(t)=20\sin 5t$로 진동하는 함수이다. 이때 문제가 생긴다면 어떤 문제가 생기는가? 또한 왜 이런 문제가 생기는지 설명하라.

2.45 다음 두 행렬 $\mathbf{A}$, $\mathbf{B}$에 대해 다음을 구하라.

$$\mathbf{A}=\begin{bmatrix}5 & -1 & 2\\ 4 & -2 & 0\\ 0 & -1 & 0\end{bmatrix},\quad \mathbf{B}=\begin{bmatrix}0 & 1 & 0\\ -2 & 0 & 5\\ 4 & 6 & -3\end{bmatrix}$$

(a) $\mathbf{A}+\mathbf{B}$ 와 $\mathbf{A}-\mathbf{B}$

(b) $\mathbf{A}\times\mathbf{B}$ 와 $\mathbf{B}\times\mathbf{A}$

(c) $(\mathbf{AB})^{\mathrm{T}}$과 $\mathbf{B}^{\mathrm{T}}\mathbf{A}^{\mathrm{T}}$

(d) $(\mathbf{AB})^{-1}$과 $\mathbf{B}^{-1}\mathbf{A}^{-1}$

(e) $\mathbf{A}$의 고윳값과 고유벡터

(f) $\mathbf{P}^{-1}\mathbf{AP}$ 단, $\mathbf{P}$는 $\mathbf{A}$의 고유벡터로 각 열벡터를 구성하는 (3×3) 행렬이다.

2.46 MATLAB 다음 함수의 라플라스 역변환을 MATLAB을 이용하여 구하라.

$$F(s)=\frac{s+2}{s^3+3s^2+4s+2}$$

참고 {ilaplace(F)}

2.47 MATLAB [연습문제 2.45]의 (f)번 문제를 MATLAB을 이용하여 풀어라.

참고 {[P, D] = eig(A), inv(P)}

Chapter

03

전달함수와 상태방정식

Transfer Functions and State Equations

학습목표

- 모델링의 개념을 이해할 수 있다.
- 전달함수의 정의를 이해하고, 간단한 물리시스템의 전달함수를 구할 수 있다.
- 블록선도를 그리는 방법을 이해하고, 블록선도의 등가변환을 구할 수 있다.
- 신호흐름선도를 그리는 방법을 이해할 수 있다.
- 메이슨의 이득공식을 이용하여 전체 전달함수를 구할 수 있다.
- 상태변수와 상태방정식의 개념을 알 수 있다.
- 미분방정식으로 나타낸 제어시스템의 상태방정식을 구할 수 있다.

1장에서 설명한 바와 같이, 제어란 어떤 시스템이 목표한 동작을 제대로 수행하도록 시스템을 조절하는 것이다. 이때 시스템에 어떤 입력을 가하면 어떤 출력이 나오는지를 알아야 한다. 따라서 제어시스템을 해석하고 설계할 때, 각 요소의 입출력 관계를 수식적으로 표현하는 일은 매우 중요하다. 이를 제어시스템의 모델링modeling이라고 하고, 모델링을 통해 얻은 수식적 표현을 제어시스템의 모델model이라고 한다.

모델링에서 가장 기본이 되는 것은 물리적인 법칙이다. 예를 들어, 기계시스템의 모델링에서는 기본적으로 뉴턴의 법칙이 적용되며, 전기회로망의 모델링에서는 옴의 법칙과 키르히호프의 법칙이 적용된다. 이들 법칙은 미분방정식으로 표현되는데, 미분방정식은 차수order가 커지면 그 해를 구하기가 어려우므로 입출력 관계를 직관적으로 파악하기 어렵다. 따라서 제어시스템에서는 사용하기 편리하도록 입출력 관계를 라플라스 변환으로 나타내는 전달함수법과 고차 미분방정식을 상태방정식이라고 하는 1차 연립 미분방정식으로 표현하는 상태공간기법을 사용한다. 이 장에서는 전달함수법과 상태공간기법으로 제어시스템을 모델링하는 데 필요한 전달함수와 상태방정식에 대해 살펴보고자 한다.

Section

3.1 전달함수

어떤 제어요소에 단위임펄스함수를 입력으로 인가할 때 얻는 출력을 **임펄스응답**impulse response이라고 한다. 일반적으로 [그림 3-1]과 같이 단위임펄스함수는 $\delta(t)$, 임펄스응답은 $g(t)$로 표시한다. 이때 임펄스응답의 라플라스 변환을 그 요소의 **전달함수**transfer function라고 한다. 따라서 이 제어요소의 전달함수는 [그림 3-2]와 같이 임펄스응답을 라플라스 변환한 $G(s)$가 된다.

$$\mathcal{L}\,[g(t)] = G(s)$$

[그림 3-1] **임펄스응답** 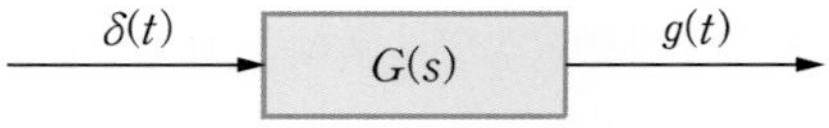　　[그림 3-2] **제어요소의 전달함수 $G(s)$ 표시**

예를 들어, [그림 3-3]과 같이 전달함수가 $G(s)$인 제어요소에 식 (3.1)과 같은 입력 $x(t)$를 가하면 출력 $y(t)$는 식 (3.2)가 된다.

$$x(t) = 4\delta(t) + 2\delta(t-5) + 0.3\delta(t-10) \tag{3.1}$$

$$y(t) = 4g(t)u_s(t) + 2g(t-5)u_s(t-5) + 0.3g(t-10)u_s(t-10) \tag{3.2}$$

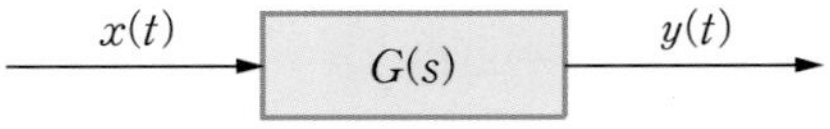

[그림 3-3] **전달함수가 $G(s)$인 제어요소**

단위임펄스함수는 크기는 대단히 크지만 시간 폭은 대단히 작은 [그림 3-4]와 같은 함수이므로, 식 (3.1)의 $4\delta(t)$는 크기가 단위임펄스함수의 4배가 되는 함수를 의미한다. 이제 [그림 3-5]와 같이 크기가 5인 **펄스함수**pulse function를 생각해보자. 펄스함수는 시간 폭은 단위임펄스함수처럼 대단히 작지만, 함수의 크기가 무한히 크지 않다. 그러나 펄스함수도 시간 폭이 대단히 작다는 점에서 단위임펄스함수와 유사하므로 입력 $x(t)$를 다음과 같은 임펄스함수로 나타낼 수 있다.

$$x(t) = 5\Delta t\,\delta(t-a) \tag{3.3}$$

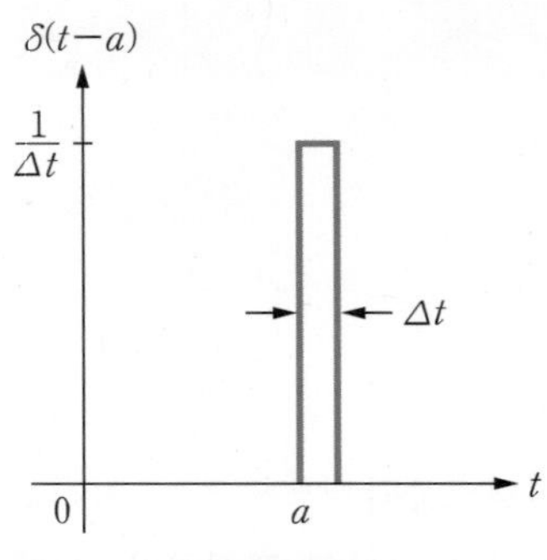

[그림 3-4] **단위임펄스함수**

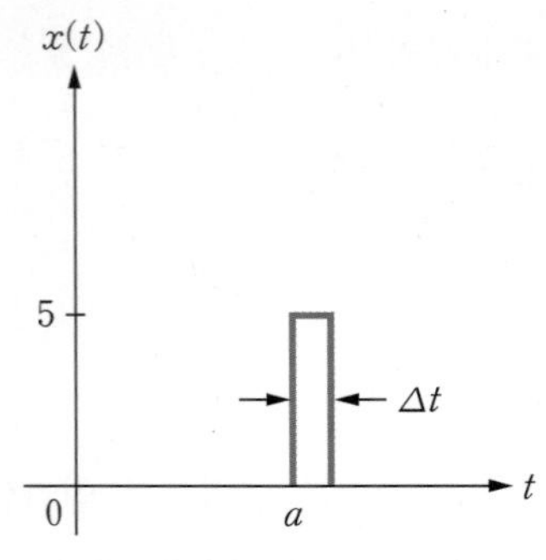

[그림 3-5] **펄스함수**

따라서 [그림 3-3]의 제어요소에 [그림 3-5]의 펄스함수를 입력으로 가하면 출력 $y(t)$는 다음과 같다.

$$y(t) = 5\Delta t\, g(t-a)\, u_s(t-a) \tag{3.4}$$

이제 [그림 3-3]의 제어요소에 [그림 3-6(a)]와 같은 입력 $x(t)$를 인가할 때 출력 $y(t)$를 구해보자. 이때 입력 $x(t)$는 [그림 3-6(b)]와 같이 펄스의 합으로 바꾸어 생각할 수 있다. 이러한 펄스들은 [그림 3-6(c)]와 같이 크기가 다음과 같은 임펄스들로 나타낼 수 있다.

$$x(0)\Delta t,\ x(\Delta t)\Delta t,\ x(2\Delta t)\Delta t,\ x(3\Delta t)\Delta t,\ \cdots$$

이때 제어요소가 $G(s)$이므로 입력이 $x(0)\Delta t\, \delta(t)$이면 출력은 $x(0)\Delta t\, g(t)\, u_s(t)$이다. 그리고 입력이 $x(\Delta t)\Delta t\, \delta(t-\Delta t)$이면 출력이 $x(\Delta t)\Delta t\, g(t-\Delta t)\, u_s(t-\Delta t)$이다. 또한 입력으로 $x(2\Delta t)\Delta t\, \delta(t-2\Delta t)$를 인가하면 출력이 $x(2\Delta t)\Delta t\, g(t-2\Delta t)\, u_s(t-2\Delta t)$가 된다. 이러한 출력을 합하면 출력 $y(t)$는 다음과 같다.

$$\begin{aligned} y(t) \fallingdotseq\ & x(0)\Delta t\, g(t)\, u_s(t) + x(\Delta t)\Delta t\, g(t-\Delta t)\, u_s(t-\Delta t) \\ & + x(2\Delta t)\Delta t\, g(t-2\Delta t)\, u_s(t-2\Delta t) \cdots \end{aligned}$$

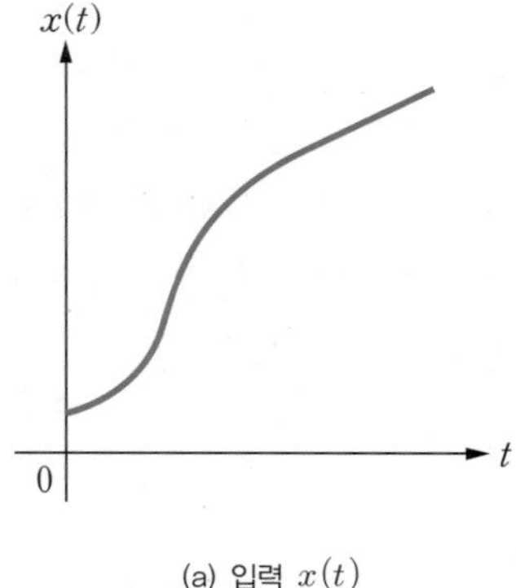

(a) 입력 $x(t)$

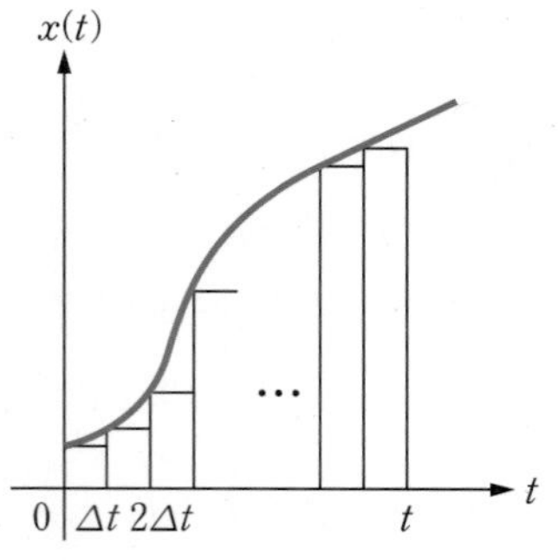

(b) 입력 $x(t)$를 펄스의 합으로 분해

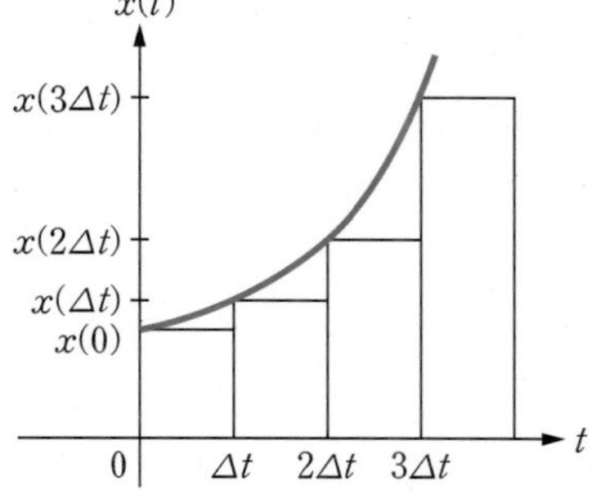

(c) 확대한 펄스 표시

[그림 3-6] **입력 $x(t)$를 펄스로 분해**

$t < 0$일 때 $g(t) = 0$이므로 출력을 다음과 같이 나타낸다.

$$\begin{aligned} y(t) &\fallingdotseq x(0)\Delta t\, g(t) + x(\Delta t)\Delta t\, g(t-\Delta t) + x(2\Delta t)\Delta t\, g(t-2\Delta t) + \cdots \\ &\qquad + x(t-\Delta t)\Delta t\, g\{t-(t-\Delta t)\} \\ &= x(0)g(t)\Delta t + x(\Delta t)g(t-\Delta t)\Delta t + x(2\Delta t)g(t-2\Delta t)\Delta t + \cdots \\ &\qquad + x(t-\Delta t)g\{t-(t-\Delta t)\}\Delta t \\ &= \sum_{\tau=0}^{\tau=(t-\Delta\tau)} x(\tau)g(t-\tau)\Delta\tau \end{aligned} \tag{3.5}$$

식 (3.5)는 $\lim \Delta\tau \to 0$일수록 더욱 정확하므로 출력 $y(t)$는 다음과 같다.

$$y(t) = \int_0^t x(\tau)g(t-\tau)\,d\tau = \int_0^t g(t-\tau)\,x(\tau)\,d\tau \tag{3.6}$$

식 (3.6)의 양변을 라플라스 변환하면 식 (3.7)을 얻을 수 있다([정리 2-6]의 합성곱 정리). 앞의 유도 과정은 조금 복잡하므로 생략해도 좋지만, 이 결과 식은 대단히 중요하므로 잘 기억하고 있기를 권한다.

$$Y(s) = G(s)\,X(s) \tag{3.7}$$

전달함수를 구하는 방법

지금까지 논의한 이야기를 정리하면, 전달함수가 $G(s)$인 제어요소에 입력 $x(t)$를 가했을 때 출력 $y(t)$를 구하는 순서는 다음과 같다.

❶ 입력 $x(t)$의 라플라스 변환 $X(s)$를 구해 전달함수 $G(s)$에 곱하여 식 (3.7)과 같이 출력 $y(t)$의 라플라스 변환 $Y(s)$를 구한다.

$$Y(s) = G(s)\,X(s)$$

❷ 구한 $Y(s)$를 다음과 같이 역변환하여 출력 $y(t)$를 얻는다.

$$y(t) = \mathcal{L}^{-1}[Y(s)] = \mathcal{L}^{-1}[G(s)\,X(s)] \tag{3.8}$$

앞서 임펄스응답의 라플라스 변환으로 **전달함수를 정의하였던 것과 달리**, 식 (3.7)을 이용하여 **출력의 라플라스 변환을 입력의 라플라스 변환으로 나눈 값으로 전달함수를 정의하기도 한다. 이때 모든 초기 조건은 0이라고 가정한다.** 여기에서 모든 초기 조건을 0으로 한다는 것은 그 제어요소에 입력을 가하기 전, 즉 $t < 0$ 에서는 그 요소가 **쉬고 있는 상태**initially at rest였다는 것을 의미한다. 일반적으로 어떤 제어요소의 전달함수를 구할 때, 임펄스응답을 이용하는 것보다 다음 식 (3.9)와 같이 입력의 라플라스 변환으로 출력의 라플라스 변환을 나누어 구한다.

$$G(s) = \frac{Y(s)}{X(s)} \tag{3.9}$$

이제 선형시스템의 간단한 제어요소에 대한 전달함수를 구해보자.

예제 3-1 *RC* 직렬회로망의 전달함수

[그림 3-7]과 같은 RC 직렬회로망에서 $v_i(t)$를 입력 전압으로, $v_o(t)$를 출력 전압으로 하는 전달함수 $G(s)$를 구하라.

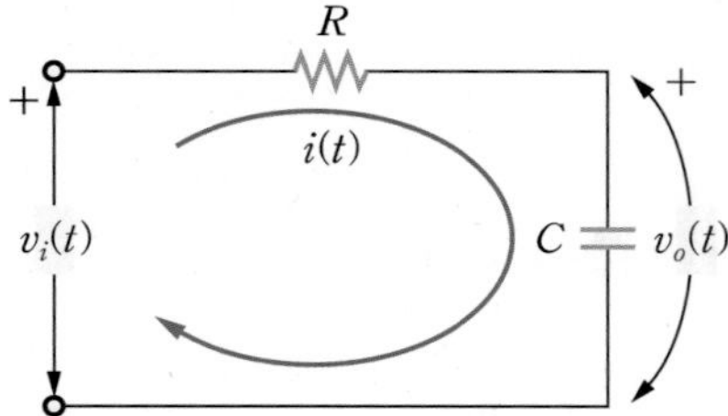

[그림 3-7] *RC* 직렬회로망

풀이

이 회로망의 입력 전압과 출력 전압의 미분방정식은 다음과 같다.

$$v_i(t) = Ri(t) + \frac{1}{C}\int_0^t i(t)\,dt \quad \cdots ①$$

$$v_o(t) = \frac{1}{C}\int_0^t i(t)\,dt \quad \cdots ②$$

식 ①과 식 ②의 라플라스 변환을 구하면

$$V_i(s) = RI(s) + \frac{1}{C}\frac{I(s)}{s} \quad \cdots ③$$

$$V_o(s) = \frac{1}{C}\frac{I(s)}{s} \quad \cdots ④$$

이다. 따라서 전달함수는 다음과 같다.

$$G(s) = \frac{V_o(s)}{V_i(s)} = \frac{\frac{1}{Cs}}{R + \frac{1}{Cs}} = \frac{1}{RCs + 1} \quad \cdots ⑤$$

예제 3-2 기계시스템의 전달함수

[그림 3-8]과 같은 기계시스템에서 입력 $f(t)$에 대한 변위 $y(t)$를 출력으로 할 때, 이 시스템의 전달함수 $G(s)$를 구하라.

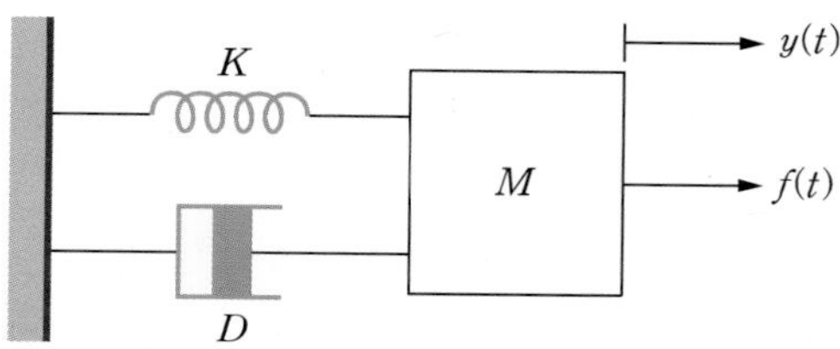

[그림 3-8] **기계시스템의 구성**

풀이

이 시스템의 힘의 방정식을 나타내면 다음과 같다.

$$M\frac{d^2}{dt^2}y(t)+D\frac{d}{dt}y(t)+Ky(t)=f(t) \qquad \cdots ①$$

식 ①의 라플라스 변환을 구하면

$$M\{s^2Y(s)-sy(0)-y'(0)\}+D\{sY(s)-y(0)\}+KY(s)=F(s)$$

이고, 이때 모든 초기 조건을 0으로 가정하면

$$\begin{aligned} Ms^2Y(s)+DsY(s)+KY(s)&=F(s) \\ \{Ms^2+Ds+K\}Y(s)&=F(s) \end{aligned} \qquad \cdots ②$$

가 된다. 따라서 전달함수는 다음과 같다.

$$G(s)=\frac{Y(s)}{F(s)}=\frac{1}{Ms^2+Ds+K} \qquad \cdots ③$$

만일 어떤 시스템의 미분방정식이 다음과 같을 때

$$5\frac{d^3}{dt^3}c(t)+3\frac{d^2}{dt^2}c(t)-4\frac{d}{dt}c(t)+2c(t)=10\frac{d}{dt}r(t)+7r(t) \qquad (3.10)$$

라플라스 변환을 구하고, 모든 초기 조건을 0으로 가정하면

$$(5s^3+3s^2-4s+2)C(s)=(10s+7)R(s)$$

이므로, 전달함수는 다음과 같다.

$$G(s) = \frac{C(s)}{R(s)} = \frac{10s+7}{5s^3+3s^2-4s+2}$$

지금까지 제어공학을 공부하는 데 가장 중요한 전달함수에 대해 설명하였다. 지금까지는 하나의 제어요소에 대한 전달함수를 다루었지만, 제어시스템을 모델링할 때는 전체 시스템을 몇 개의 작은 시스템으로 분해하여 각각의 전달함수를 구한 후 결합한다. 이때 각각의 작은 시스템을 하나의 블록으로 나타낸다. 따라서 전체 제어시스템의 전달함수를 구하기 위해서는 블록선도를 알아야 한다.

Tip & Note

✔ 전압분배 법칙을 이용해 전달함수 구하기

[그림 3-9(a)]의 회로망에서 출력 전압 E_o는 전압분배 법칙에 의해

$$E_o = E_i \times \frac{R_2}{R_1+R_2}$$

이므로, 전달함수 $G(s)$를 구하면 다음과 같다.

$$G(s) = \frac{E_o}{E_i} = \frac{R_2}{R_1+R_2}$$

마찬가지로 [그림 3-9(b)]의 회로망에서 출력 전압 V_o는 전압분배 법칙에 의해

$$V_o = V_i \times \frac{Z_2}{Z_1+Z_2}$$

이므로, [예제 3-1]에서 전달함수 $G(s)$를 구하면 다음과 같다.

$$G(s) = \frac{V_o}{V_i} = \frac{Z_2}{Z_1+Z_2} = \frac{\frac{1}{Cs}}{R+\frac{1}{Cs}} = \frac{1}{RCs+1}$$

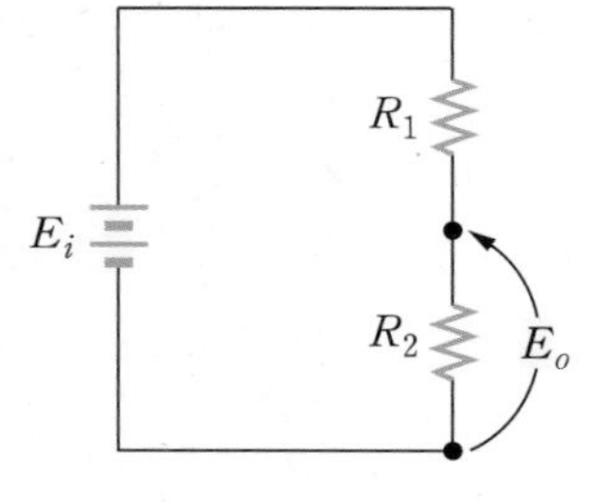

(a) 직류 저항회로

V_i Z_1 Z_2 V_o

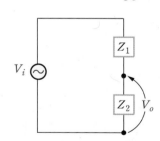

(b) 교류 임피던스회로

[그림 3-9] **전압분배**

Section

3.2 블록선도

제어시스템은 여러 가지 요소의 결합으로 구성되며, 제어시스템 내의 각 요소 사이의 신호 전달 모양은 **블록선도**block diagram를 사용하여 표시한다. 다시 말해, 블록선도란 제어시스템에서 신호가 전달되는 모양을 나타내는 방법이다. 제어시스템을 블록선도로 표시하는 이유는 각 요소의 역할에 대한 물리적인 개념이나 전체 제어시스템에서 그들의 상호 관계를 파악할 때 미분방정식보다 훨씬 효과적이기 때문이다.

3.2.1 블록선도 표기법

제어시스템의 블록선도는 **단방향성**unidirectional의 블록들로 구성된다. 블록들은 선도의 경로를 따라 입력과 출력 사이의 관계를 알 수 있도록 각 요소의 동작 특성 및 신호의 흐름을 나타낸다. 이때 블록선도를 간단히 나타내기 위해 블록 간 신호의 흐름을 나타낼 때는 선을 하나만 긋는다. 또한 제어시스템의 에너지원이 무엇이든 표시하는 방법은 [표 3-1]과 같이 네 개의 구성 단위만 사용한다.

[표 3-1] **블록선도의 구성 단위**

종류	기호	연산
신호	 →	화살표 방향으로만 전달
전달요소	 $R(s)$ → [$G(s)$] → $C(s)$	$C(s)=G(s)R(s)$
가산점	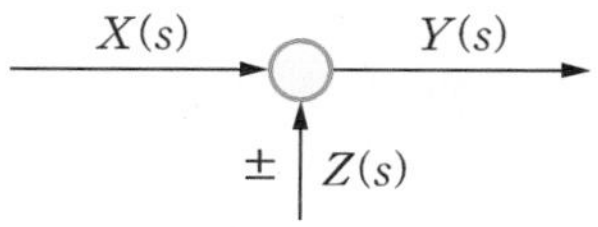 $X(s)$ → ○ → $Y(s)$, $\pm$ $Z(s)$ ↑	$Y(s)=X(s)\pm Z(s)$
인출점	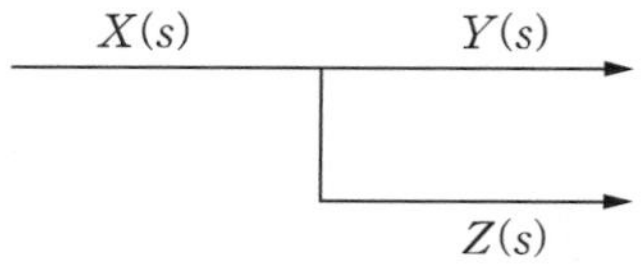 $X(s)$ → $Y(s)$, 분기 → $Z(s)$	$X(s)=Y(s)=Z(s)$

예제 3-3 **블록선도**

[그림 3-10]과 같은 전기회로망에서 $v_i(t)$를 입력 전압으로, $v_o(t)$를 출력 전압으로 하는 블록선도를 그려라.

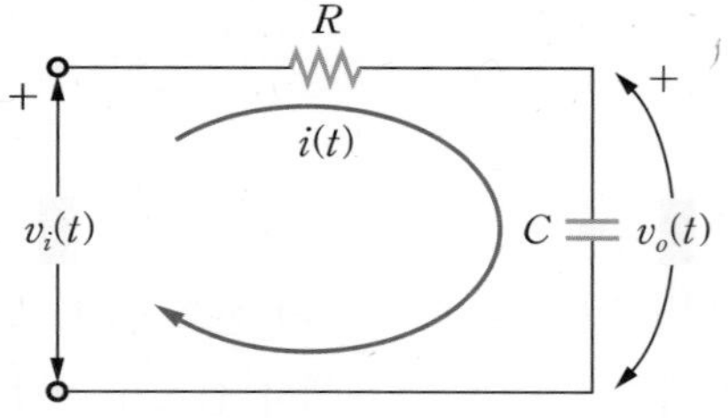

[그림 3-10] **전기회로망**

풀이

저항 R에 흐르는 전류와 콘덴서에 걸리는 전압을 구하면 각각 다음과 같다.

$$i(t) = \frac{1}{R}\{v_i(t) - v_o(t)\} \rightarrow I(s) = \frac{1}{R}\{V_i(s) - V_o(s)\} \quad \cdots ①$$

$$v_o(t) = \frac{1}{C}\int_0^t i(t)\,dt \rightarrow V_o(s) = \frac{1}{Cs}I(s) \quad \cdots ②$$

식 ①에서 블록선도에 가산점이 필요함을 알 수 있다. 이들 식을 이용하여 블록선도를 그리면 [그림 3-11]과 같다.

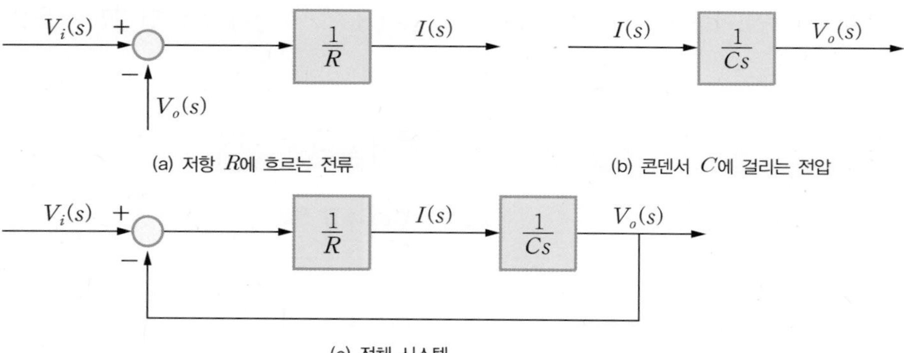

[그림 3-11] **$v_o(t)$를 출력으로 하는 블록선도**

[그림 3-11]에서는 $v_o(t)$를 출력으로 했으나, 만일 $i(t)$를 출력으로 한다면 블록선도는 [그림 3-12]와 같다.

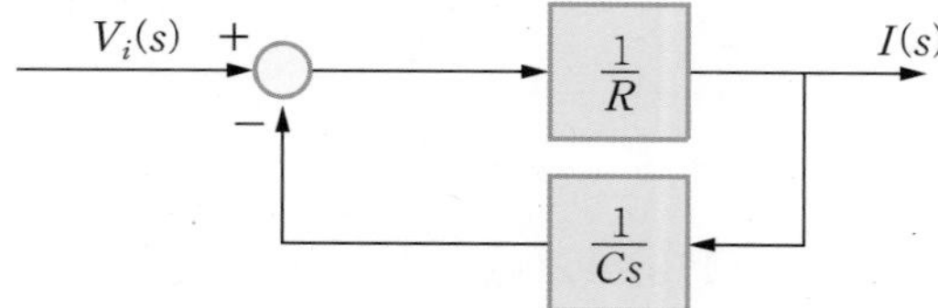

[그림 3-12] **$i(t)$를 출력으로 하는 블록선도**

3.2.2 블록선도의 등가변환

제어시스템을 해석하고 전체 전달함수를 구하기 위해서는, 먼저 제어시스템의 신호전달 경로를 블록선도로 표시하고, 그 다음에 해석하기 편하도록 블록선도를 정리해야 한다. 이때 사용하는 몇 가지 중요한 블록선도의 등가변환 법칙을 정리하면 [표 3-2]와 같다.

[표 3-2] **블록선도의 등가변환**

번호	블록연산	블록선도	등가블록선도
1	교환	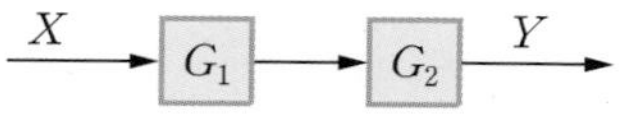 X G_1 G_2 Y	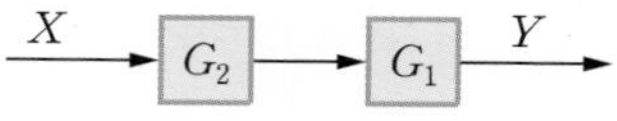 X G_2 G_1 Y
2	직렬결합	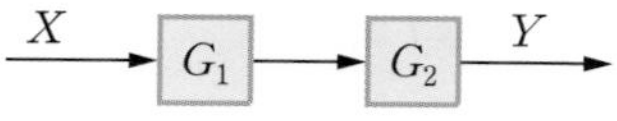 X G_1 G_2 Y	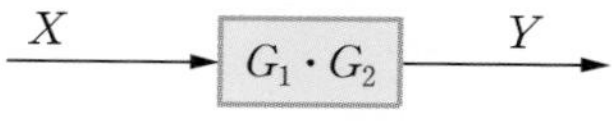 X $G_1 \cdot G_2$ Y
3	병렬결합	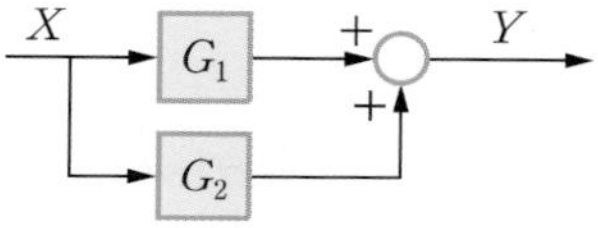 X G_1 $+$ Y $+$ G_2	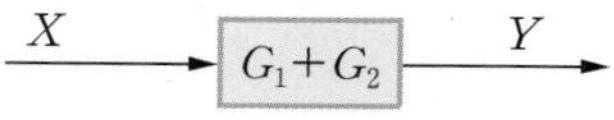 X G_1+G_2 Y
4	가산점을 앞으로 이동	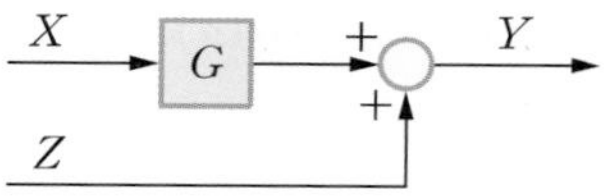 X G $+$ Y $+$ Z	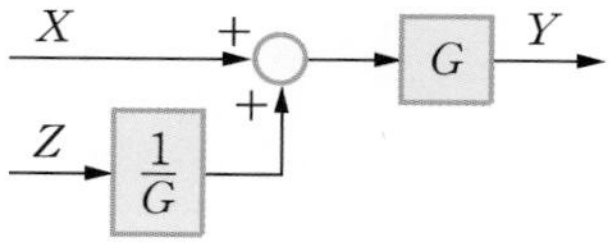 X $+$ G Y Z $\frac{1}{G}$ $+$
5	가산점을 뒤로 이동	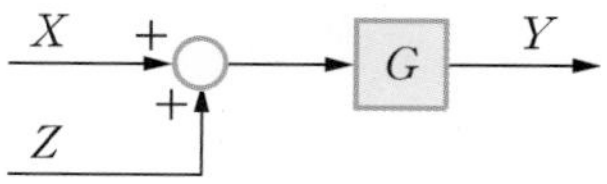 X $+$ G Y Z $+$	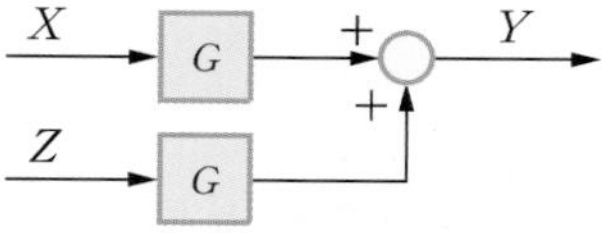 X G $+$ Y Z G $+$
6	인출점을 앞으로 이동	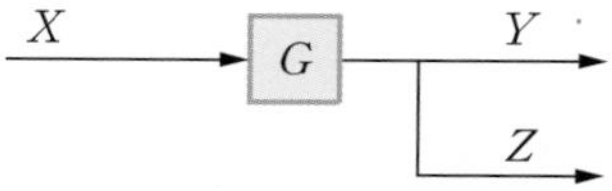 X G Y Z	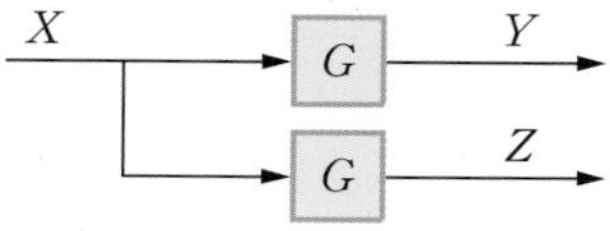 X G Y G Z
7	인출점을 뒤로 이동	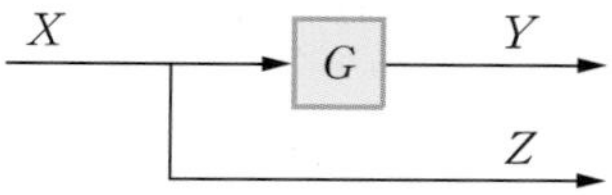 X G Y Z	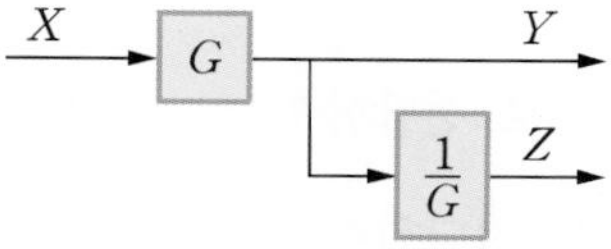 X G Y $\frac{1}{G}$ Z

[표 3-2]에 없으나 대단히 중요한 귀환결합 블록선도의 등가변환에 대해 알아보자.

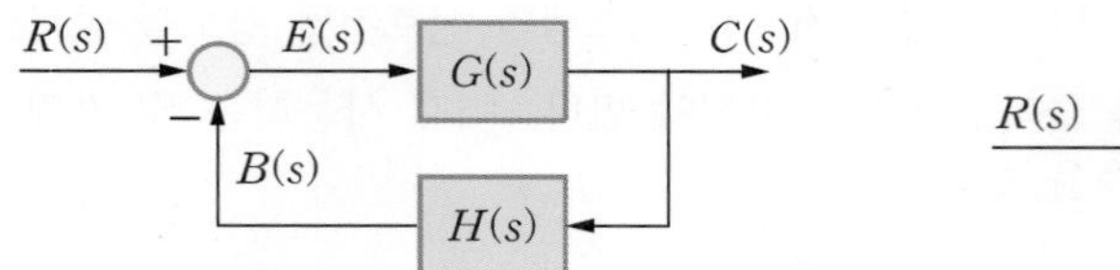

R(s) → $\frac{G(s)}{1+G(s)H(s)}$ → C(s)

(a) 귀환결합 블록선도 (b) 등가변환 블록선도

[그림 3-13] **귀환결합 블록선도의 등가변환**

[그림 3-13(a)]의 블록선도를 살펴보면

$$\begin{aligned} E(s) &= R(s) - B(s) \\ C(s) &= G(s)\,E(s) \end{aligned} \tag{3.11}$$

이다. 이때 $B(s) = H(s)\,C(s)$ 이므로

$$\begin{aligned} E(s) &= R(s) - H(s)\,C(s) \\ C(s) &= G(s)\,E(s) = G(s)\,\{R(s) - H(s)\,C(s)\} \end{aligned}$$

가 된다. 이를 정리하면

$$\begin{aligned} C(s) + G(s)\,H(s)\,C(s) &= G(s)\,R(s) \\ \{1 + G(s)\,H(s)\}\,C(s) &= G(s)\,R(s) \end{aligned}$$

이므로, $C(s)$는 다음과 같다.

$$C(s) = \frac{G(s)}{1 + G(s)\,H(s)}\,R(s) \tag{3.12}$$

따라서 식 (3.12)에 의해 블록선도를 다시 그리면 [그림 3-13(b)]와 같다. [그림 3-13(a)]는 귀환 제어시스템의 기본 블록선도를 나타낸다. 여기에서 전달함수를 구하면

$$M(s) = \frac{C(s)}{R(s)} = \frac{G(s)}{1 + G(s)\,H(s)}$$

이다. 전달함수를 정리하면 다음과 같다.

- **전향경로 전달함수** feed forward transfer function : $G(s)$
- **개루프 전달함수** open-loop transfer function : $G(s)\,H(s)$
- **폐루프 전달함수** closed-loop transfer function : $M(s) = \dfrac{C(s)}{R(s)} = \dfrac{G(s)}{1 + G(s)\,H(s)}$

[그림 3-13(a)]와 같이 어떤 제어시스템을 하나의 귀환 요소에 의한 귀환제어시스템으로 표시한 것을 **표준형**canonical form이라고 하고, [그림 3-14]와 같이 귀환 요소의 전달함수 $H(s)=1$ 인 제어시스템을 특별히 **단위귀환제어시스템**unity feedback control system 또는 **직결귀환제어시스템**direct feedback control system이라고 한다.

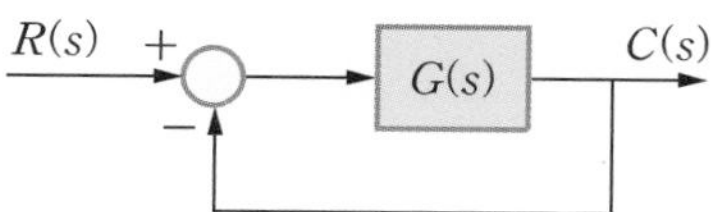

[그림 3-14] 단위귀환제어시스템

예제 3-4 블록선도의 등가변환

[그림 3-15]와 같이 복잡한 귀환제어시스템의 전체 폐루프 전달함수를 구하라.

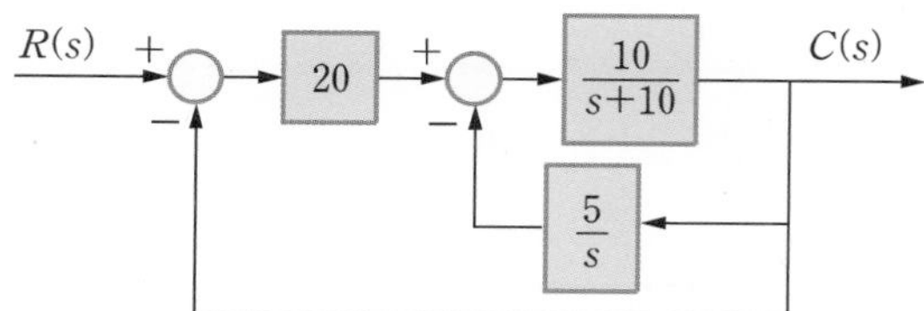

[그림 3-15] 2중 귀환루프를 가지고 있는 귀환제어시스템

풀이

다음과 같은 순서로 폐루프 전달함수 $M(s)$를 구한다.

❶ 블록선도를 간단히 하기 위해 먼저 안쪽에 있는 귀환루프의 전달함수를 구하면 다음과 같다.

$$\frac{\dfrac{10}{s+10}}{1+\dfrac{10}{s+10}\times\dfrac{5}{s}}=\frac{10s}{s^2+10s+50}$$

그러면 [그림 3-16]과 같이 블록선도가 간략화된다.

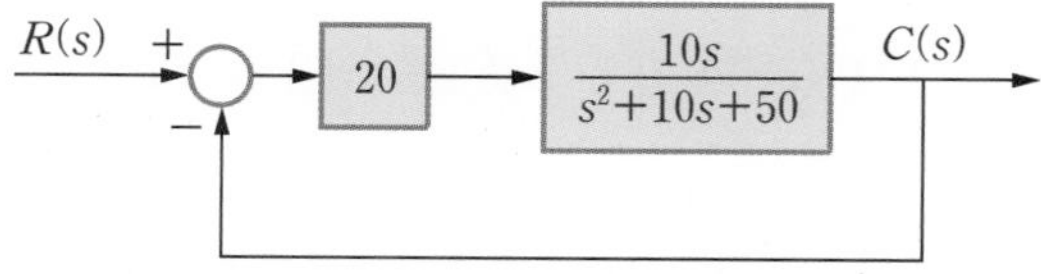

[그림 3-16] 간략화된 [그림 3-15]의 귀환제어시스템

❷ 전향경로에 있는 직렬결합을 간략화하여 블록선도를 나타내면 [그림 3-17]과 같다.

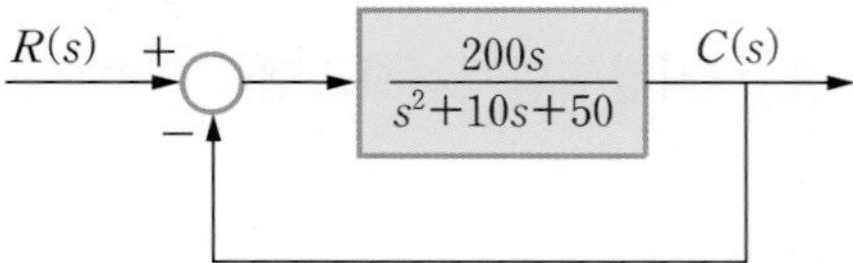

[그림 3-17] **직렬결합을 간략화한 [그림 3-16]의 귀환제어시스템**

❸ 전체 폐루프 전달함수를 구하면 다음과 같다.

$$M(s)=\frac{\dfrac{200s}{s^2+10s+50}}{1+\dfrac{200s}{s^2+10s+50}}=\frac{200\,s}{s^2+210\,s+50}$$

예제 3-5 블록선도의 등가변환

[그림 3-18]과 같이 복잡한 귀환제어시스템의 전체 폐루프 전달함수를 구하라.

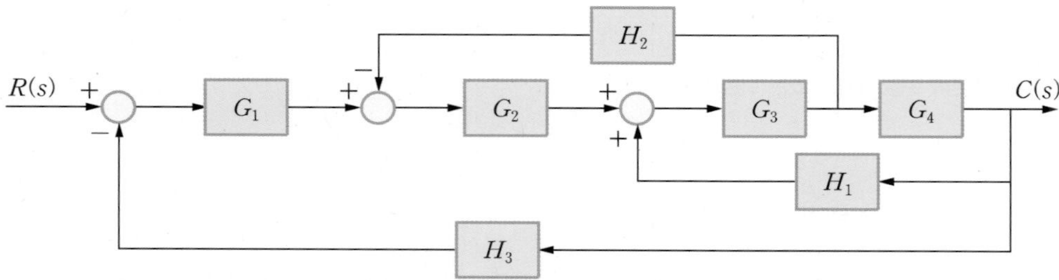

[그림 3-18] **복잡한 귀환제어시스템**

풀이

다음과 같은 순서로 폐루프 전달함수 $M(s)$를 구한다.

❶ 블록선도를 간단히 하기 위해 G_3와 G_4 사이의 인출점을 G_4의 뒤로 이동시키면 [그림 3-19(a)]와 같다.

❷ 폐루프 $G_3G_4H_1$을 간단히 하면 [그림 3-19(b)]와 같다.

❸ 귀환요소 $\dfrac{H_2}{G_4}$를 포함시켜 다시 간략화하면 [그림 3-19(c)]와 같은 표준형을 얻을 수 있다.

❹ 전체 폐루프 전달함수를 구하면

$$M(s)=\frac{\dfrac{G_1G_2G_3G_4}{1-G_3G_4H_1+G_2G_3H_2}}{1+\dfrac{G_1G_2G_3G_4}{1-G_3G_4H_1+G_2G_3H_2}\times H_3}=\frac{G_1G_2G_3G_4}{1-G_3G_4H_1+G_2G_3H_2+G_1G_2G_3G_4H_3}$$

이고, 블록선도로 나타내면 [그림 3-19(d)]와 같다.

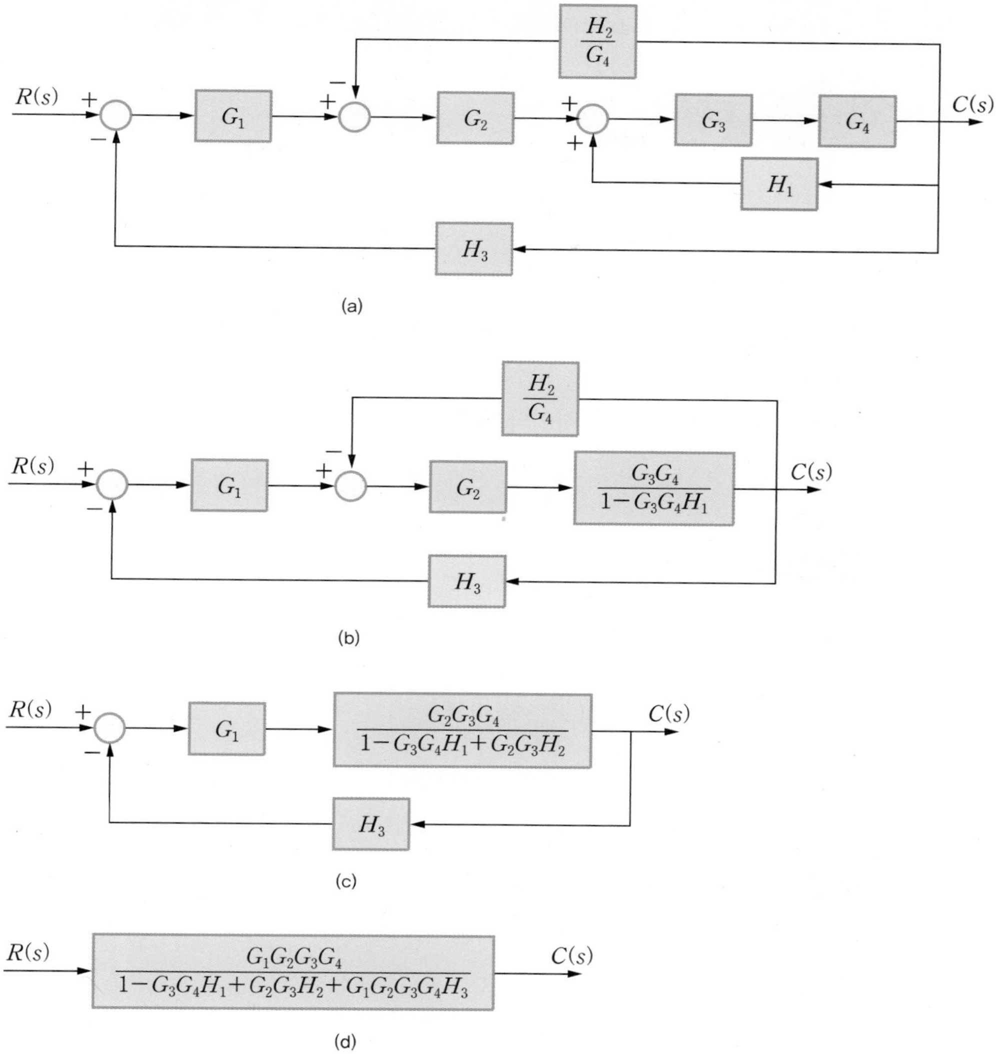

(a)

(b)

(c)

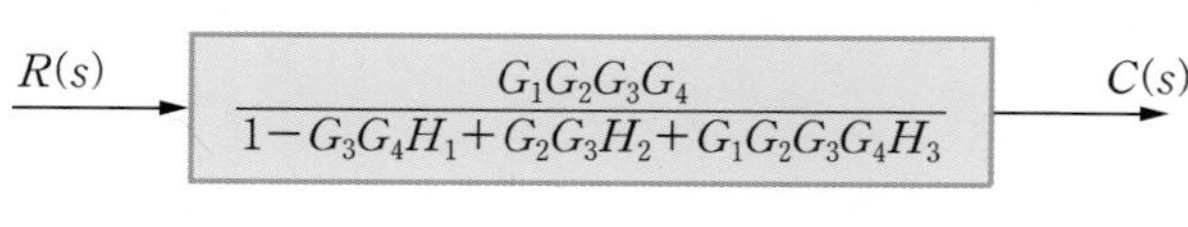

(d)

[그림 3-19] **[예제 3-5]의 블록선도 등가변환**

Section

3.3 신호흐름선도

귀환제어시스템의 도식적 표현 방법으로 가장 널리 사용되는 것은 블록선도이다. 그러나 블록선도는 제어시스템을 구성하고 있는 요소의 상호 관계를 이해하는 데에는 편리하나 수식적으로 취급할 때는 불편하다. 따라서 경우에 따라서는 수식적으로 취급하기 편한 메이슨S. J. Mason의 신호흐름선도를 사용한다. 신호흐름선도는 선형 대수방정식의 변수 사이의 입출력 관계를 나타내는 일종의 도식적 방법이다.

3.3.1 신호흐름선도의 정의

두 변수 $x_1(t)$와 $x_2(t)$가 다음과 같이 표현되는 경우를 생각해보자.

$$x_2(t) = a_{21}x_1(t) \tag{3.13}$$

식 (3.13)은 두 변수(또는 신호) 사이의 인과 관계를 나타낸다. 이 식에서 a_{21}은 [그림 3-20(a)]와 같이 $x_1(t)$를 $x_2(t)$로 사상시키는 **수학적 연산자**mathematical operator로서, $x_1(t)$를 입력하면 $x_2(t)$가 출력되는 입출력 관계를 나타내고, 이득 또는 **전송함수**transmission function라고 한다. 식 (3.13)의 관계를 신호흐름선도로 표시하면 [그림 3-20(a)]와 같다.

[그림 3-20] 간단한 신호흐름선도

이때 주의할 점은 $x_1(t)$가 입력되면 $x_2(t)$의 신호가 발생하지만, [그림 3-20(b)]처럼 $x_2(t)$에 의하여 $x_1(t)$가 생기지는 않는다는 사실이다. 그러나 수학적으로는 다음과 같이 나타낼 수 있다.

$$x_1 = \frac{1}{a_{21}}x_2 \tag{3.14}$$

식 (3.14)는 입력 $x_1(t)$와 출력 $x_2(t)$의 양적인 관계를 나타내는 표현으로 받아들일 수 있으나, 식 (3.14)에 의해 [그림 3-20(a)]를 [그림 3-20(b)]와 같이 변형하여 그릴 수는 없다.

[그림 3-20(a)]에서 원으로 표시한 점을 **마디**node라고 하고, 화살표로 마디를 이은 선을 **가지**branch라고 한다. 즉 **신호흐름선도**signal-flow graph는 제어량이나 신호를 원(마디)으로, 전달함수를 화살표(가지)로 변형하여 표시하는 방법이다. 모든 가지는 단방향성이며 화살표의 방향으로만 신호가 전달된다. 일반적으로 변수나 이득은 라플라스 변환으로 표시되는 경우가 많다. 그러나 반드시 그렇게 표시할 필요는 없으며 시간함수로 표시하기도 한다. 예를 들어 다음 식들을 생각해보자.

$$x_2(t) = 5\,x_1(t) \tag{3.15}$$

$$x_2(t) = \frac{d}{dt}x_1(t) \tag{3.16}$$

$$x_2(t) = \int_0^t x_1(t)\,dt \tag{3.17}$$

위의 세 식에 대한 신호흐름선도를 그리기 위해 각각의 라플라스 변환을 구해보자. 단, 모든 초기조건은 0으로 가정한다.

$$X_2(s) = 5\,X_1(s) \tag{3.18}$$

$$X_2(s) = s\,X_1(s) \tag{3.19}$$

$$X_2(s) = \frac{1}{s}X_1(s) \tag{3.20}$$

각각의 신호흐름선도는 [그림 3-21], [그림 3-22], [그림 3-23]과 같다. 각각의 그림마다 (a), (b), (c)와 같은 세 종류의 신호흐름선도가 있으나, 보통 (c)처럼 사용하는 경우가 많다.

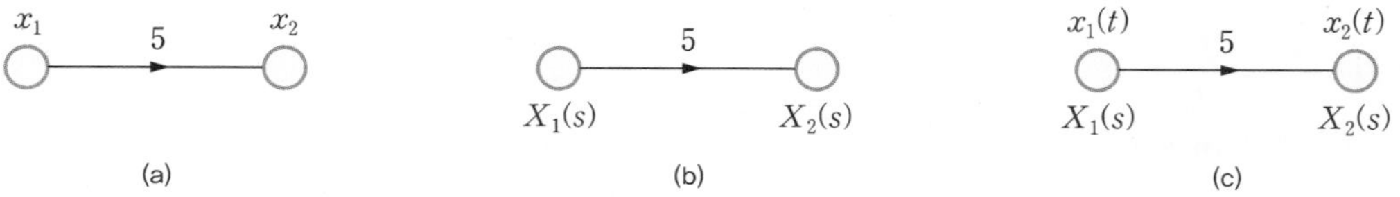

[그림 3-21] $x_2(t) = 5x_1(t)$의 신호흐름선도

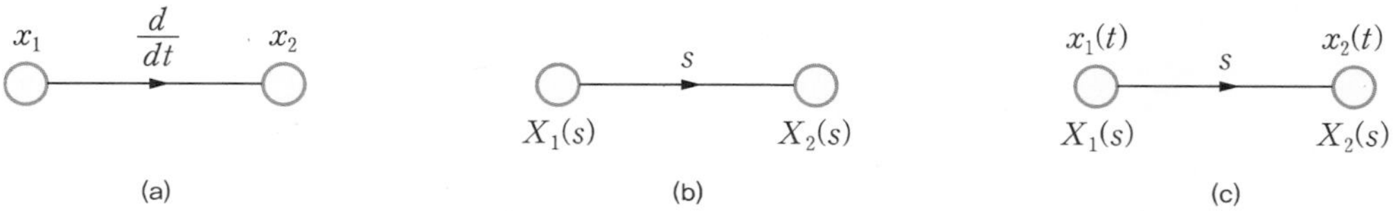

[그림 3-22] $x_2(t) = \frac{d}{dt}x_1(t)$의 신호흐름선도

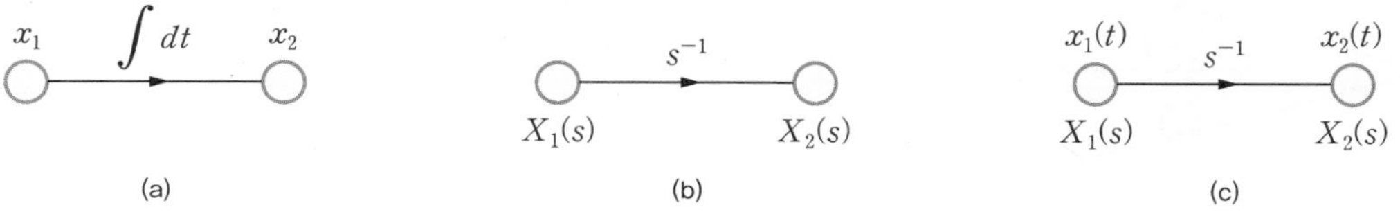

[그림 3-23] $x_2(t) = \int_0^t x_1(t)\,dt$ 의 신호흐름선도

또한 [그림 3-23(c)]에서 변수 $x_2(t)$는 변수 $x_1(t)$를 적분한 것으로, 다시 말해서 변수 $x_1(t)$는 변수 $x_2(t)$를 미분한 값과 같다는 사실을 알 수 있다.

3.3.2 신호흐름선도의 기본 법칙

신호흐름선도를 그리거나 해석하는 데 필요한 몇 가지 기본 법칙에 대해 살펴보자.

더하기 법칙

신호흐름선도에서 마디로 표시되는 변수의 값은 그 마디로 들어가는 모든 신호의 합과 같다. 따라서 [그림 3-24]를 식으로 나타내면 다음과 같다.

$$x_4 = 3x_1 - 4x_2 + x_3 \tag{3.21}$$

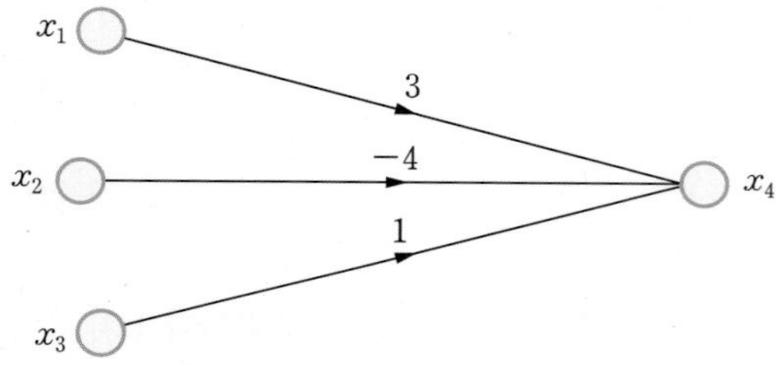

[그림 3-24] **신호흐름선도의 더하기 법칙**

전송 법칙

어떤 한 마디에서 여러 마디로 신호가 전달될 때, 신호 크기는 한 마디에서 다른 한 마디로 각각 전송될 때와 똑같다. 따라서 [그림 3-25]를 식으로 나타내면 다음과 같다.

$$x_2 = 3x_1 \tag{3.22}$$

$$x_3 = -4x_1 \tag{3.23}$$

$$x_4 = 5x_1 \tag{3.24}$$

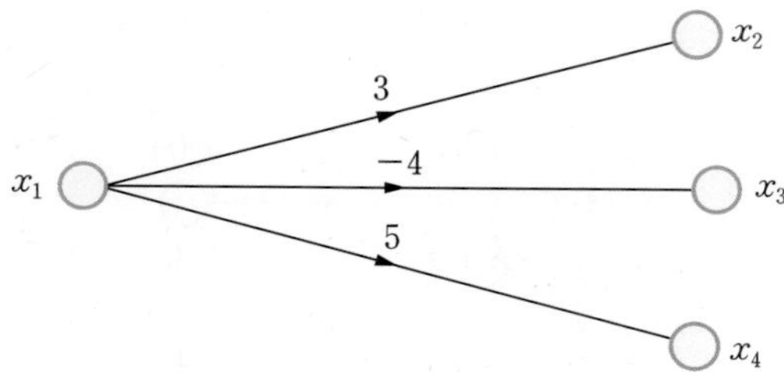

[그림 3-25] **신호흐름선도의 전송 법칙**

곱하기 법칙

여러 개의 가지가 **종속접속**cascade connection되어 있을 때 가지의 이득을 각각 구하여 곱하면 하나의 이득을 갖는 가지로 나타낼 수 있다. 예를 들어, [그림 3-26(a)]와 같이 여러 가지가 종속접속된 경우는 [그림 3-26(b)]와 같이 하나의 가지로 그릴 수 있다.

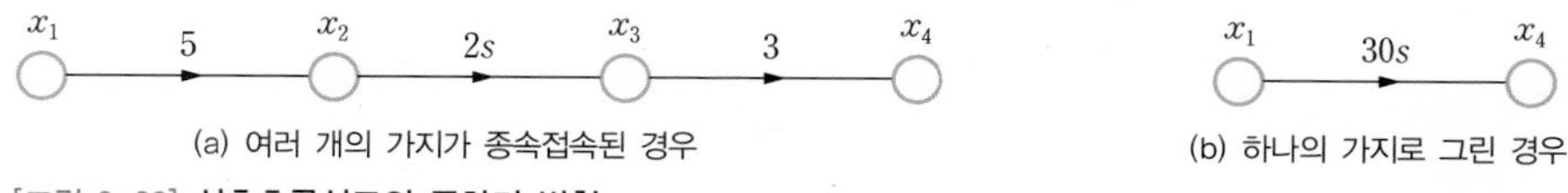

[그림 3-26] **신호흐름선도의 곱하기 법칙**

3.3.3 신호흐름선도의 용어 정리

신호흐름선도에서는 몇 가지 용어가 자주 쓰이므로 다음에 소개하는 용어는 숙지해두길 바란다.

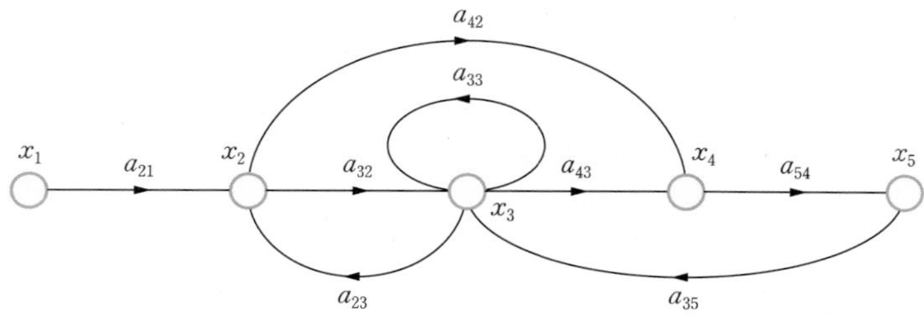

[그림 3-27] **신호흐름선도의 예**

■ 경로

경로path는 같은 마디를 두 번 이상 지나가지 않으면서 화살표 방향을 따라 연속으로 이어지는 가지이다. [그림 3-27]을 살펴보면 신호 x_1에서 가지 a_{21}을 거쳐 신호 x_2로 가는 경로가 있고, 신호 x_2에서 가지 a_{32}를 거쳐 신호 x_3로 가는 경로가 있다. 또한 가지 a_{43}을 거쳐 신호 x_4를 지나 x_5까지 가는 경로가 있으며, 신호 x_2에서 가지 a_{32}를 거쳐 신호 x_3을 지나서 가지 a_{23}를 거쳐 다시 신호 x_2로 돌아오는 경로도 있다.

■ 입력마디

입력마디input node는 다른 마디에서 신호를 받지 않고 신호를 다른 마디로 보내기만 하는 마디로, [그림 3-27]에서는 x_1이 입력마디가 된다.

■ 출력마디

출력마디output node는 다른 마디에서 신호를 받기만 하고 보내지는 않는 마디로, [그림 3-27]에서는 출력마디가 없다. 그러나 만약 신호 x_5를 출력하고 싶을 때는 같은 신호 이름을 갖는 마디를 하나 더 만들어 이득 1로 이으면 된다. 예를 들어 [그림 3-28(a)]의 블록선도는 출력 마디가 없다. 그러나 신호 x_3를 출력으로 나타내고 싶다면 [그림 3-28(b)]와 같이 수정하면 된다.

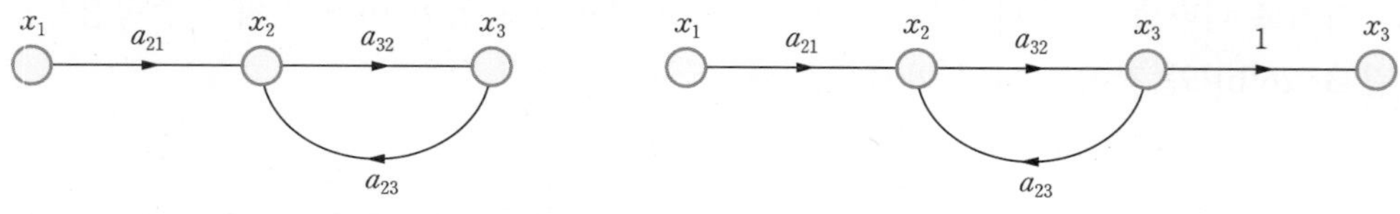

[그림 3-28] **출력마디 표시 방법**

다만, 다른 설명이나 수식에서 x_3이 출력이라는 것이 명백히 드러나 있는 경우에는 수정하지 않고 [그림 3-28(a)]를 그대로 사용한다. [그림 3-28(a)]의 신호흐름선도에서 변수 x_3을 출력 신호로 하고 싶을 때, 다시 말해 x_3을 출력마디로 하고 싶을 때는 [그림 3-28(b)]와 같이 변경시키는 것이 좀 더 확실한 표현 방법이다.

■ 전향경로

전향경로forward path는 입력마디에서 시작하여 출력마디에서 끝나는 경로다. [그림 3-27]에서는 경로 $x_1 - x_2 - x_3 - x_4 - x_5$ 와 경로 $x_1 - x_2 - x_4 - x_5$ 로 두 개의 전향경로가 있다.

■ 귀환루프

귀환루프feedback loop는 어떤 마디에서 시작하여 그 마디에서 끝나는 경로로, 단순하게 **루프**loop라고도 한다. [그림 3-27]의 귀환루프들을 나타내면 [그림 3-29]와 같다. 이들 귀환루프 중 가지가 하나뿐인 루프, 즉 [그림 3-29(c)]처럼 마디 x_3와 가지 a_{33}로만 만들어지는 루프를 **자기루프**self loop라고 한다.

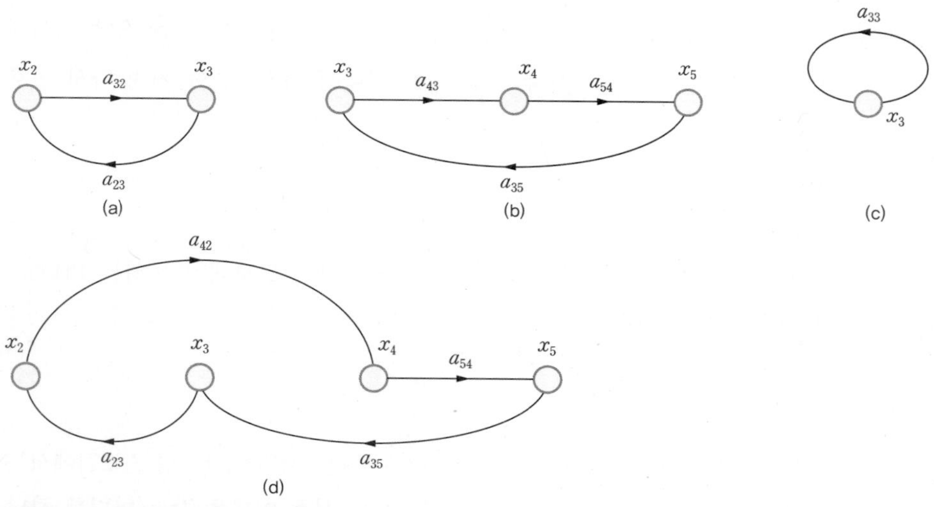

[그림 3-29] **[그림 3-27]의 귀환루프들**

■ 경로이득과 루프이득

전향경로이득, 루프이득 등 경로를 이루는 가지의 모든 이득을 곱한 것을 **경로이득**path gain이라 한다. 전향경로 또는 루프의 이득을 곱하여 얻은 것을 각각 전향경로이득, 루프이득이라고 한다. [그림 3-27]에서 전향경로이득은 $a_{21}a_{32}a_{43}a_{54}$와 $a_{21}a_{42}a_{54}$이며, $a_{32}a_{23}$, $a_{43}a_{54}a_{35}$, a_{33}, $a_{42}a_{54}a_{35}a_{23}$ 등은 루프이득이다.

3.3.4 신호흐름선도의 구성

선형귀환 제어시스템의 신호흐름선도는 그 제어시스템의 블록선도가 있다면 블록선도를 이용하여 간단히 구할 수 있다. 즉, 블록선도의 각 신호들을 마디로 하고 요소의 블록을 가지로 그리면 된다. [그림 3-30(a)]와 같은 블록선도는 [그림 3-30(b)]와 같이 신호흐름선도로 쉽게 변형된다. 그러나 블록선도는 전달함수에 기초하므로 초기 조건이 0이어야 하지만, 신호흐름선도는 초기 조건이 반드시 0일 필요는 없다.

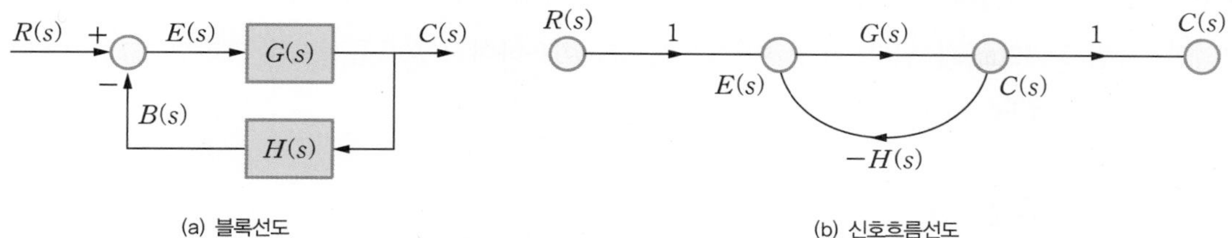

[그림 3-30] **블록선도를 이용하여 신호흐름선도 그리기**

[그림 3-31]과 같은 RLC 직렬회로망을 생각해보자.

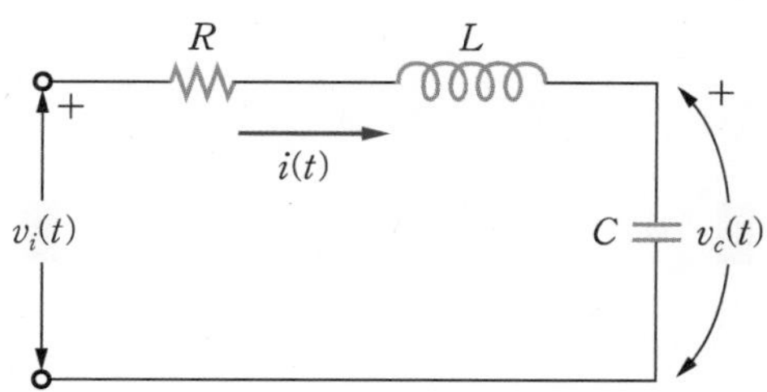

[그림 3-31] ***RLC* 직렬회로망**

이 회로망에 대한 미분방정식을 세우면 다음과 같다.

$$L\frac{d}{dt}i(t)+Ri(t)=v_i(t)-v_c(t) \tag{3.25}$$

$$C\frac{d}{dt}v_c(t)=i(t) \tag{3.26}$$

위 두 식의 라플라스 변환을 구하여 정리하면

$$L\{sI(s) - i(0)\} + RI(s) = V_i(s) - V_c(s) \tag{3.27}$$

$$C\{sV_c(s) - v_c(0)\} = I(s) \tag{3.28}$$

$$sI(s) = i(0) + \frac{1}{L}V_i(s) - \frac{R}{L}I(s) - \frac{1}{L}V_c(s) \tag{3.29}$$

$$sV_c(s) = v_c(0) + \frac{1}{C}I(s) \tag{3.30}$$

이고, 식을 다시 정리하면 다음과 같다.

$$I(s) = \frac{1}{s+\frac{R}{L}}i(0) + \frac{1}{L(s+\frac{R}{L})}V_i(s) - \frac{1}{L(s+\frac{R}{L})}V_c(s) \tag{3.31}$$

$$V_c(s) = \frac{1}{s}v_c(0) + \frac{1}{Cs}I(s) \tag{3.32}$$

식 (3.31)과 식 (3.32)에서 초기 조건을 0으로 하면, 즉 $i(0) = 0$, $v_c(0) = 0$ 으로 하여 블록선도를 그리면 [그림 3-32(a)]가 된다. 또한 이 블록선도를 이용하여 신호흐름선도를 그리면 [그림 3-32 (b)]를 얻을 수 있다.

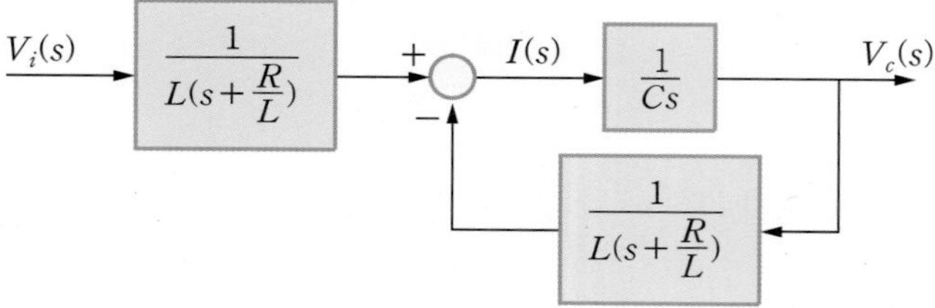

(a) 블록선도

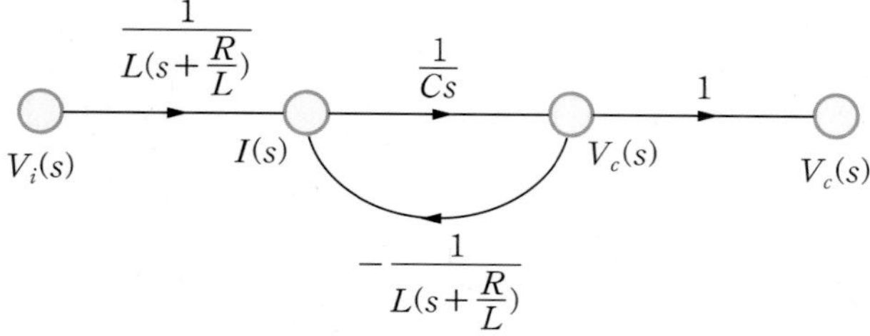

(b) 신호흐름선도

[그림 3-32] **[그림 3-31] *RLC* 직렬회로망의 블록선도와 신호흐름선도**

여기에 초기 조건을 포함하여 신호흐름선도를 다시 그리면 [그림 3-33]이 된다.

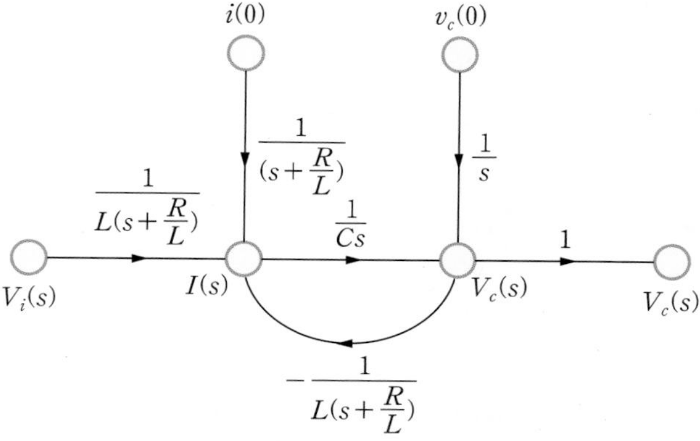

[그림 3-33] **[그림 3-31] *RLC* 직렬회로망의 초기 조건을 포함한 신호흐름선도**

사실 신호흐름선도를 그릴 때 반드시 블록선도를 먼저 그릴 필요는 없다. [그림 3-31]의 RLC 직렬 회로망의 경우에도 식 (3.29)와 식 (3.30)만 있으면 신호흐름선도를 그릴 수 있다. 먼저 [그림 3-34 (a)]를 그린다. 여기에서 $s^{-1}\left(=\frac{1}{s}\right)$은 적분을 의미한다. 그 다음 식 (3.29)와 식 (3.30)을 이용하여 [그림 3-34(b)]를 완성한다.

(a) 적분 가지들

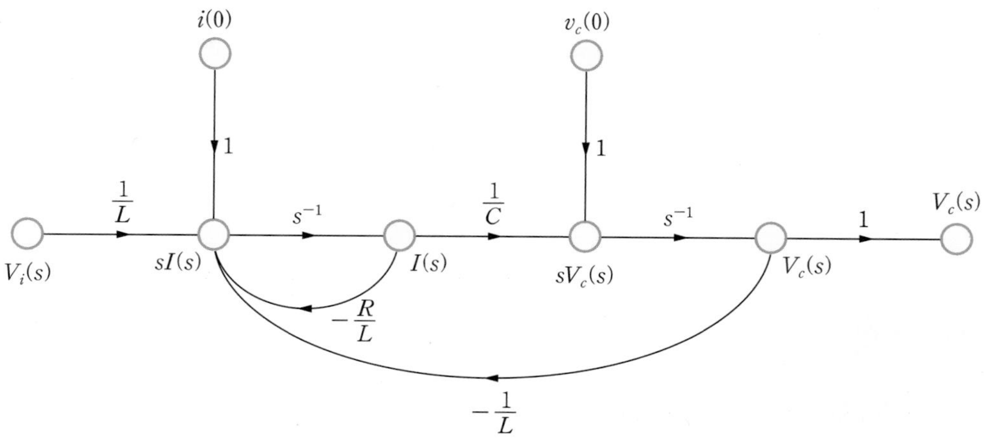

(b) 전체 신호흐름선도

[그림 3-34] **블록선도 없이 [그림 3-31] *RLC* 직렬회로망의 신호흐름선도 그리기**

또한 신호흐름선도는 반드시 한 가지 모습으로 그려지는 것은 아니다. 같은 시스템일지라도 어떤 신호를 선택하느냐에 따라 다양한 형태의 신호흐름선도를 그릴 수 있다. 앞의 예에서도 알 수 있듯이, 동일한 RLC 직렬회로망에 대한 신호흐름선도는 [그림 3-33]과 같이 그릴 수도 있고, [그림 3-34(b)]와 같이 그릴 수도 있다. 식 (3.29)와 식 (3.30)을 변형하여 신호흐름선도를 또 다른 모양으로 그려보자. 먼저 각각의 식을 변형하면 다음과 같다.

$$I(s) = s^{-1} i(0) + \frac{1}{L} s^{-1} V_i(s) - \frac{R}{L} s^{-1} I(s) - \frac{1}{L} s^{-1} V_c(s) \tag{3.33}$$

$$V_c(s) = s^{-1} v_c(0) + s^{-1} \frac{1}{C} I(s) \tag{3.34}$$

식 (3.33)과 식 (3.34)에 의해 신호흐름선도를 그리면 같은 RLC 직렬회로망에 대해 [그림 3-33]이나 [그림 3-34(b)]와는 조금 다른 [그림 3-35]의 신호흐름선도를 얻을 수 있다.

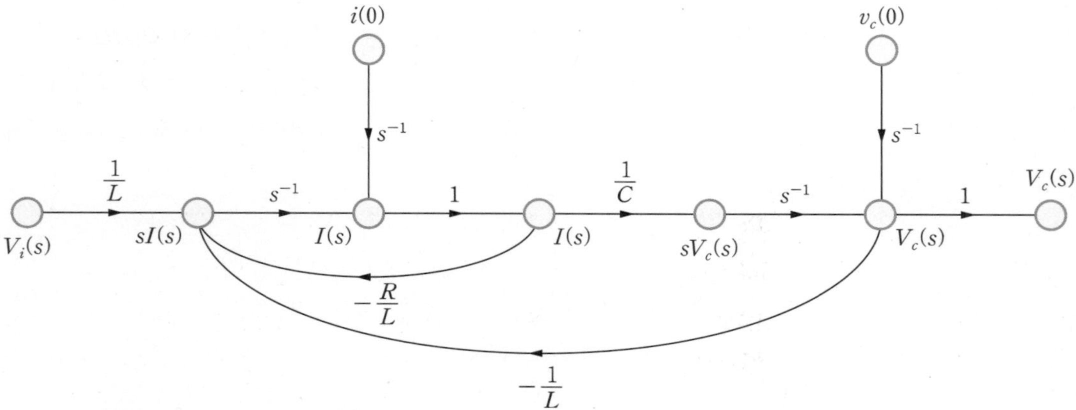

[그림 3-35] [그림 3-31] ***RLC*** **직렬회로망의 또 다른 신호흐름선도**

[그림 3-34(b)]나 [그림 3-35]에서는 가지나 경로의 이득에 미분을 나타내는 라플라스 변환의 변수 s는 없고 적분을 나타내는 s^{-1}만 나타남을 알 수 있다. 이렇게 표시된 신호흐름선도는 제어시스템을 **아날로그 컴퓨터**analog computer[1] 또는 디지털 컴퓨터를 이용하여 시뮬레이션할 때 대단히 유용하게 사용된다. 따라서 이러한 신호흐름선도를 특별히 **상태선도**state diagram라고 한다.

3.3.5 메이슨의 이득공식

어떤 시스템에서 변수들의 관계를 신호흐름선도로 나타낼 때, 그 시스템의 전달함수를 쉽게 구하기 위해 **메이슨의 이득공식**Mason's gain formula을 사용한다. 신호흐름선도의 어떤 x_{in} 마디를 입력으로 x_{out} 마디를 출력으로 할 때의 전달함수 $M(s)$는 다음 공식으로 구할 수 있다.

1 아날로그 컴퓨터는 OP Amp로 만들어진 적분기, 가산기, 증폭기, 증폭도가 1보다 작은 전위차계로만 구성된 전자장치로, 디지털 컴퓨터가 나오기 전에 제어시스템의 시뮬레이션에 많이 사용되었다.

$$M(s) = \frac{X_{out}(s)}{X_{in}(s)} = \sum_{k=1}^{N} \frac{M_k \Delta_k}{\Delta} \tag{3.35}$$

이때 식 (3.35)의 각 요소를 정리하면 다음과 같다.

- Δ : 1－(모든 개별 루프 이득의 합)
  ＋(공동 마디가 없는 떨어져 있는 루프 중 두 개씩 조합하여 이득을 곱한 값의 합)
  －(공동 마디가 없이 떨어져 있는 루프 중 세 개씩 조합하여 이득을 곱한 값의 합)
  ＋(……)
- Δ_k : k번째 전향경로의 마디를 포함하고 있지 않은 루프의 Δ 값
- N : x_{in}마디에서 x_{out}마디로 가는 전향경로의 총 수
- M_k : k번째 전향경로의 이득

메이슨의 이득공식을 이해하기 위해 [그림 3-36]에 있는 몇 개의 경우에 대한 예를 풀어보자.

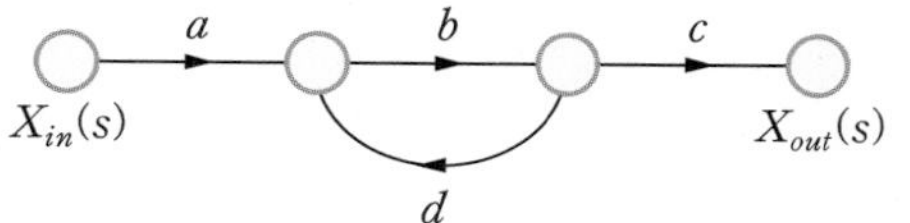

$N=1$
$M_1 = abc$
$\Delta_1 = 1$
$\Delta = 1-bd$
$\therefore M(s) = \frac{abc}{1-bd}$

(a) 전향경로 1개, 귀환루프 1개인 경우

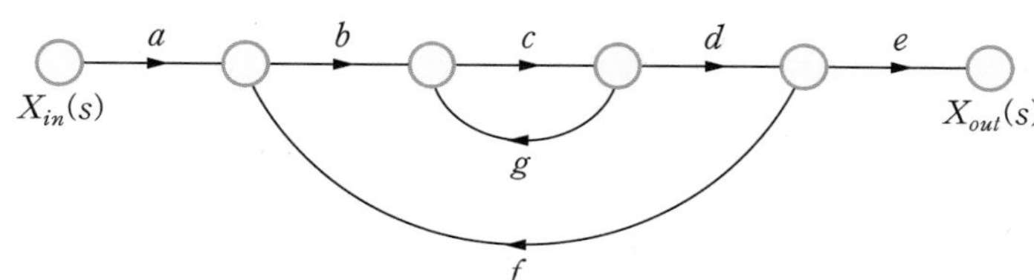

$N=1$
$M_1 = abcde$
$\Delta_1 = 1$
$\Delta = 1-(cg+bcdf)$
$\therefore M(s) = \frac{abcde}{1-cg-bcdf}$

(b) 전향경로 1개, 귀환루프가 2개인 경우

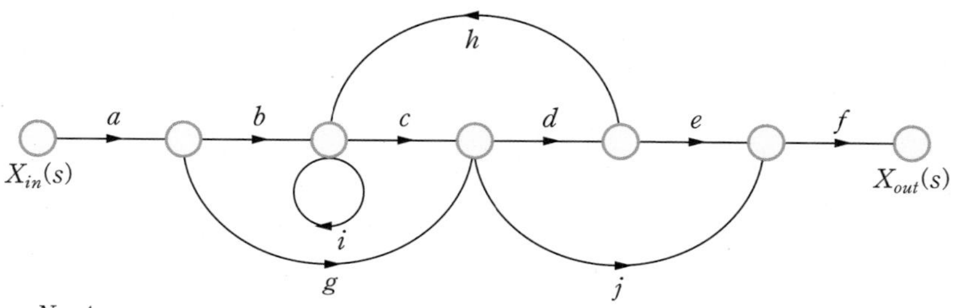

$N=4$

$M_1 = abcdef$	$\Delta_1 = 1$	$M_2 = agdef$	$\Delta_2 = 1-i$
$M_3 = agjf$	$\Delta_3 = 1-i$	$M_4 = abcjf$	$\Delta_4 = 1$

$\Delta = 1-(i+cdh)$

$$\therefore M(s) = \frac{abcdef + agdef(1-i) + agjf(1-i) + abcjf}{1-i-cdh}$$

(c) 전향경로 4개, 귀환루프가 2개인 경우

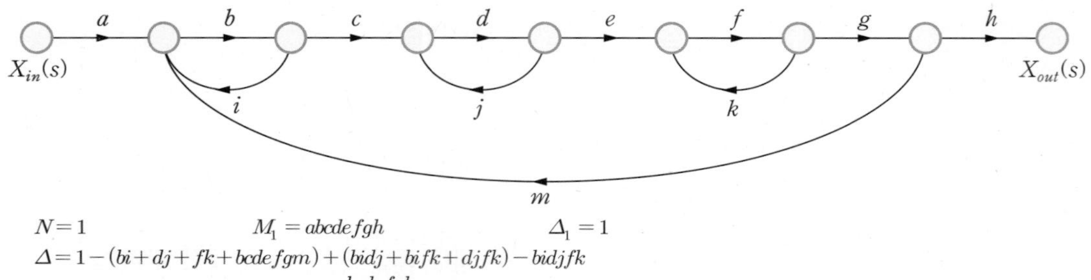

$N=1$ $M_1 = abcdefgh$ $\Delta_1 = 1$

$\Delta = 1-(bi+dj+fk+bcdefgm)+(bidj+bifk+djfk)-bidjfk$

$$\therefore M(s) = \frac{abcdefgh}{1-bi-dj-fk-bcdefgm+bidj+bifk+djfk-bidjfk}$$

(d) 전향경로 1개, 귀환루프가 4개인 경우

[그림 3-36] **메이슨의 이득공식의 예**

앞에서 언급했던 [그림 3-31]의 RLC 직렬회로망을 다시 생각해보자. [그림 3-35]의 신호흐름선도에서 입력을 각각 ❶ 전압 $v_i(t)$, ❷ 초기 전류 $i(0)$, ❸ 초기 콘덴서 전압 $v_c(0)$라고 했을 때, 전류 $i(t)$를 출력으로 하는 경우에 대해 전달함수를 구해보자. 각 입력에 대한 전향경로는 [그림 3-37]의 (a), (b), (c)와 같다.

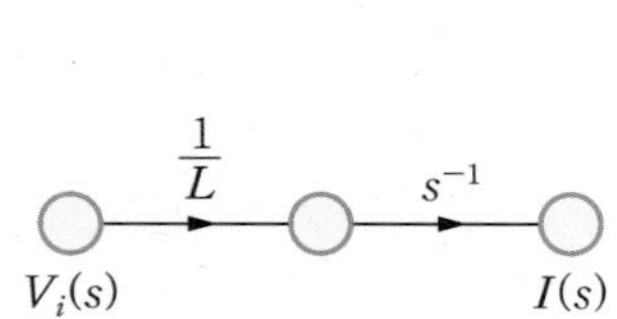

(a) 전압 $V_i(t)$에서 전류 $i(t)$로의 전향경로

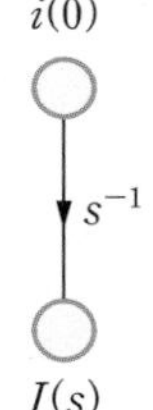

(b) 초기전류 $i(0)$에서 전류 $i(t)$로의 전향경로

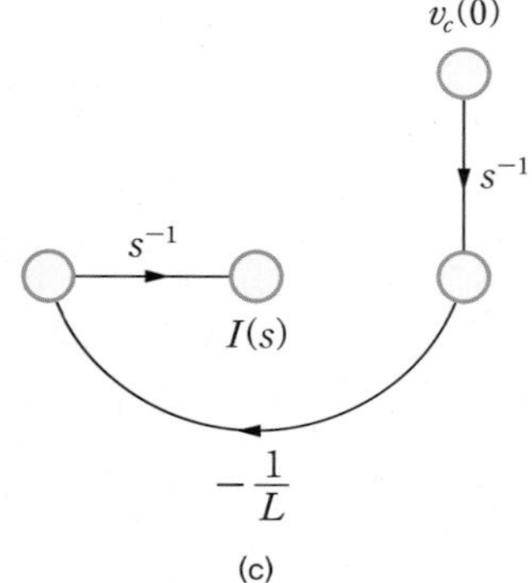

(c)

(c) 초기 콘덴서 전압 $V_c(0)$에서 전류 $i(t)$로의 전향경로

[그림 3-37] ***RLC* 직렬회로망의 신호흐름선도와 전향경로**

❶ 입력이 $v_i(t)$이고 출력이 $i(t)$인 경우의 전달함수

$N=1$, $M_1=\dfrac{1}{Ls}$, $\Delta_1=1$, $\Delta=1-\left(-\dfrac{R}{Ls}-\dfrac{1}{LCs^2}\right)$이므로 전달함수는 다음과 같다.

$$M(s)=\frac{I(s)}{V_i(s)}=\frac{\dfrac{1}{Ls}}{1+\dfrac{R}{Ls}+\dfrac{1}{LCs^2}}$$

$$=\frac{Cs}{LCs^2+RCs+1} \tag{3.36}$$

❷ 입력이 초기 전류 $i(0)$이고 출력이 $i(t)$인 경우의 전달함수

$N=1$, $M_1=\dfrac{1}{s}$, $\Delta_1=1$, $\Delta=1-\left(-\dfrac{R}{Ls}-\dfrac{1}{LCs^2}\right)$이므로 전달함수는 다음과 같다.

$$M(s)=\frac{I(s)}{i(0)}=\frac{\dfrac{1}{s}}{1+\dfrac{R}{Ls}+\dfrac{1}{LCs^2}}$$

$$=\frac{LCs}{LCs^2+RCs+1} \tag{3.37}$$

❸ 입력이 초기 콘덴서 전압 $v_c(0)$이고 출력이 $i(t)$인 경우의 전달함수

$N=1$, $M_1=-\dfrac{1}{Ls^2}$, $\Delta_1=1$, $\Delta=1-\left(-\dfrac{R}{Ls}-\dfrac{1}{LCs^2}\right)$이므로 전달함수는 다음과 같다.

$$M(s)=\frac{I(s)}{v_c(0)}=\frac{-\dfrac{1}{Ls^2}}{1+\dfrac{R}{Ls}+\dfrac{1}{LCs^2}}$$

$$=\frac{-C}{LCs^2+RCs+1} \tag{3.38}$$

각각의 입력에 대한 전달함수를 구했다면, 이번에는 세 입력이 동시에 존재할 때의 전류 $i(t)$에 대한 라플라스 변환을 구해보자.

$$I(s)=\frac{1}{1+\dfrac{R}{Ls}+\dfrac{1}{LCs^2}}\left\{\frac{1}{Ls}V_i(s)+\frac{1}{s}i(0)-\frac{1}{Ls^2}v_c(0)\right\} \tag{3.39}$$

만일 $i(t)$ 대신 $v_c(t)$를 출력으로 하면 출력식은 다음과 같다.

$$V_c(s)=\frac{1}{1+\dfrac{R}{Ls}+\dfrac{1}{LCs^2}}\left\{\frac{1}{LCs^2}V_i(s)+\frac{1}{Cs^2}i(0)+\frac{1}{s}\left(1+\frac{R}{Ls}\right)v_c(0)\right\} \tag{3.40}$$

예제 3-6 메이슨의 이득공식

[그림 3-38]과 같은 블록선도로 표시되는 제어시스템의 폐루프 전달함수 $\dfrac{C(s)}{R(s)}$ 를 구하라.

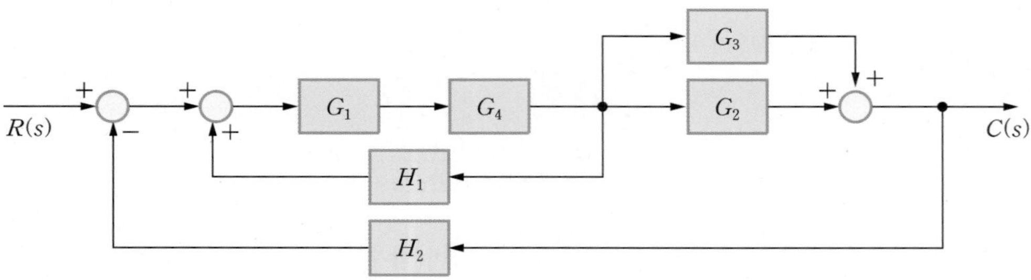

[그림 3-38] **폐루프 제어시스템의 블록선도**

풀이

이 예제는 블록선도의 등가변환으로 풀 수도 있지만, 신호흐름선도로 바꾼 후에 메이슨의 이득공식을 이용하여 푸는 것이 쉽다. 먼저 신호흐름선도로 변환시키면 [그림 3-39]와 같다. 여기에 이득공식을 적용하여 전달함수를 구하면 다음과 같다.

$$N = 2$$

$$M_1 = G_1 G_4 G_2,\ \ \Delta_1 = 1$$

$$M_2 = G_1 G_4 G_3,\ \ \Delta_2 = 1$$

$$\Delta = 1 - (G_1 G_4 H_1 - G_1 G_4 G_2 H_2 - G_1 G_4 G_3 H_2)$$

$$\therefore\ M(s) = \frac{C(s)}{R(s)} = \frac{G_1 G_4 G_2 + G_1 G_4 G_3}{1 - G_1 G_4 H_1 + G_1 G_4 G_2 H_2 + G_1 G_4 G_3 H_2}$$

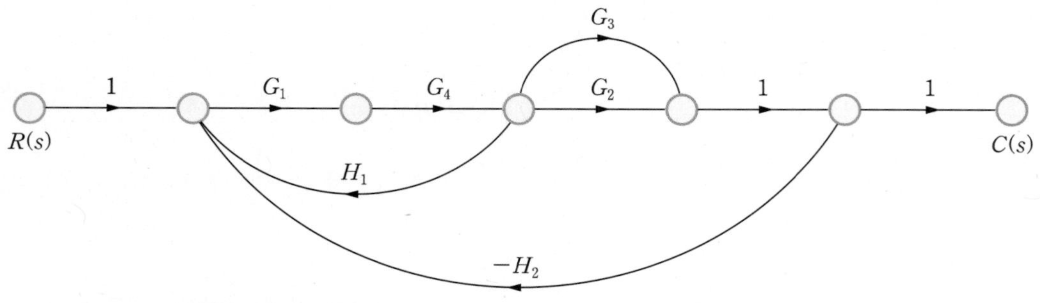

[그림 3-39] **[그림 3-38]에 대한 신호흐름선도**

Section

3.4 상태방정식

3.3절에서는 전달함수를 이용하여 어떤 시스템을 모델링하는 것에 대해 공부했다. 전달함수를 이용하여 시스템을 모델링하는 방법은 제어시스템을 해석하거나 설계할 때 유용한 장점이 많지만, 다음과 같은 결점이 있다.

- 선형시불변시스템linear time-invariant systems에만 적용할 수 있으며, 시변시스템time-varying systems이나 비선형시스템nonlinear system에는 사용할 수 없다.
- 단일입력-단일출력 시스템single-input-single-output systems에만 사용하기 편하고, 다중입력-다중출력 시스템multiple-input-multiple-output systems에는 사용하기 불편하다.
- 시스템의 입력과 출력신호의 관계만을 취급하므로 입출력 이외의 다른 신호에 대한 정보를 얻을 수 없다.

현대 제어에서는 전달함수를 이용한 시스템 모델링의 결점을 보완하고 디지털 컴퓨터에서 시뮬레이션하기 쉽도록 **상태방정식**state equation을 이용하는 **상태공간기법**state-space technique을 많이 사용한다. 상태방정식에 의한 시스템 모델링은 입력과 출력 이외에 **상태변수**state variable라는 것을 사용한다. 이때 상태방정식은 상태변수들의 **1차 연립미분방정식**system of first-order differential equations으로 구성된다.

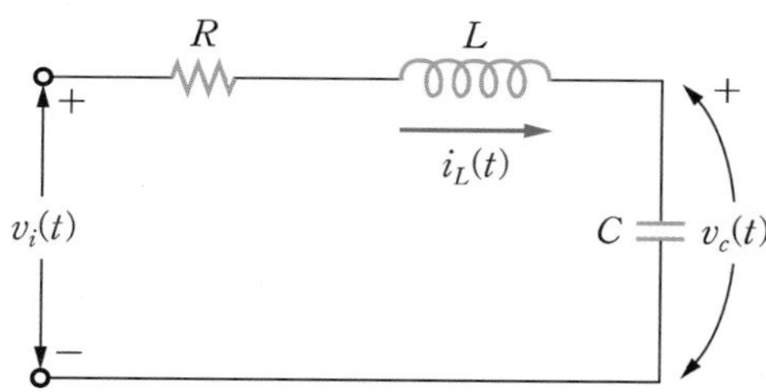

[그림 3-40] ***RLC*** **직렬회로망**

예를 들어, [그림 3-40]과 같은 RLC 직렬회로망에 대한 미분방정식을 세우면 다음과 같다.

$$L\frac{d}{dt}i_L(t)+Ri_L(t)=v_i(t)-v_c(t) \tag{3.41}$$

$$C\frac{d}{dt}v_c(t)=i_L(t) \tag{3.42}$$

이때 코일 L에 흐르는 전류 $i_L(t)$와 콘덴서 C에 걸리는 전압 $v_c(t)$를 상태변수라 하면

$$\frac{d}{dt} i_L(t) = -\frac{R}{L} i_L(t) - \frac{1}{L} v_c(t) + \frac{1}{L} v_i(t) \tag{3.43}$$

$$\frac{d}{dt} v_c(t) = \frac{1}{C} i_L(t) \tag{3.44}$$

가 된다. 식 (3.43)과 식 (3.44)로 이루어진 1차연립미분방정식을 **상태방정식**이라고 하고, 행렬을 이용하여 표시하면 다음과 같다.

$$\begin{bmatrix} \frac{d}{dt} i_L(t) \\ \frac{d}{dt} v_c(t) \end{bmatrix} = \begin{bmatrix} -\frac{R}{L} & -\frac{1}{L} \\ \frac{1}{C} & 0 \end{bmatrix} \begin{bmatrix} i_L(t) \\ v_c(t) \end{bmatrix} + \begin{bmatrix} \frac{1}{L} \\ 0 \end{bmatrix} v_i(t) \tag{3.45}$$

동적시스템에서의 상태변수

어떤 **동적시스템**dynamic system에서 상태변수는, $t = t_0$일 때의 변수들의 값을 알고, $t \geq t_0$일 때의 입력에 대한 정보를 갖고 있으면, $t > t_0$에서 그 시스템의 모든 상태를 알 수 있는 최소 개수의 변수를 말한다. 즉, 일반적으로 시스템의 에너지 상태를 나타내는 변수다. 앞에서 살펴 본 RLC 직렬회로망에서 코일에 흐르는 전류 $i_L(t)$과 콘덴서에 걸리는 전압 $v_c(t)$를 상태변수로 정하는 이유는 $t = 0$에서의 코일의 전류와 콘덴서의 전압, 즉 $i_L(0)$와 $v_c(0)$의 값을 알고, $t \geq 0$의 입력 $v_i(t)$에 대한 정보만 알고 있으면 $t > 0$인 어떤 시각의 $i_L(t)$와 $v_c(t)$도 알 수 있기 때문이다. 또 상태변수는 일반적으로 그 시스템의 에너지 상태와 관계가 있다. 앞의 RLC 직렬회로망에서는 코일에 흐르는 전류와 콘덴서에 걸리는 전압은 그 시간에 그 시스템이 가지고 있는 에너지[2] 상태를 나타낸다.

시스템을 상태방정식으로 나타낼 때에는 일반적으로 상태변수를 $x_1(t),\ x_2(t),\ x_3(t),\ \cdots$로 표시하고, 입력은 $u_1(t),\ u_2(t),\ u_3(t),\ \cdots$로, 출력은 $y_1(t),\ y_2(t),\ y_3(t),\ \cdots$로 표시한다. 또한 다음과 같은 입력벡터 $\mathbf{u}(t)$와 출력벡터 $\mathbf{y}(t)$, 상태벡터 $\mathbf{x}(t)$를 사용하여 간단히 나타내기도 한다.

$$\mathbf{u}(t) = \begin{bmatrix} u_1(t) \\ u_2(t) \\ \vdots \\ u_m(t) \end{bmatrix},\ \mathbf{y}(t) = \begin{bmatrix} y_1(t) \\ y_2(t) \\ \vdots \\ y_p(t) \end{bmatrix},\ \mathbf{x}(t) = \begin{bmatrix} x_1(t) \\ x_2(t) \\ \vdots \\ x_n(t) \end{bmatrix} \tag{3.46}$$

2 전기시스템에서 에너지는 $W(t) = \frac{1}{2} L i_L^2(t) + \frac{1}{2} C v_c^2(t)$로 구한다.

식 (3.43)와 식 (3.44)를 일반화하면 다음과 같다.

$$\begin{aligned} \frac{d}{dt}x_1(t) &= f_1\{x_1(t),\ x_2(t),\ \cdots,\ x_n(t),\ u_1(t),\ u_2(t),\ \cdots,\ u_m(t)\} \\ \frac{d}{dt}x_2(t) &= f_2\{x_1(t),\ x_2(t),\ \cdots,\ x_n(t),\ u_1(t),\ u_2(t),\ \cdots,\ u_m(t)\} \\ &\ \ \vdots \qquad\qquad\qquad \vdots \\ \frac{d}{dt}x_n(t) &= f_n\{x_1(t),\ x_2(t),\ \cdots,\ x_n(t),\ u_1(t),\ u_2(t),\ \cdots,\ u_m(t)\} \end{aligned} \tag{3.47}$$

또한 식 (3.47)을 벡터 기호로 나타내면 다음과 같다.

$$\dot{\mathbf{x}}(t) = \mathbf{f}(\mathbf{x}(t),\ \mathbf{u}(t)) \tag{3.48}$$

이때 $\mathbf{f}(\cdot) = \begin{bmatrix} f_1(\cdot) \\ f_2(\cdot) \\ \vdots \\ f_n(\cdot) \end{bmatrix}$ 이다.

위의 식 (3.48)은 시불변시스템에 대한 식이고, 시변시스템에 대한 식은 다음과 같이 나타낸다.

$$\dot{\mathbf{x}}(t) = \mathbf{f}(\mathbf{x}(t),\ \mathbf{u}(t),\ t) \tag{3.49}$$

그리고 출력 $\mathbf{y}(t)$도 일반적으로 $\mathbf{x}(t)$와 $\mathbf{u}(t)$의 함수로 표시되며, 시변시스템에서는

$$\mathbf{y}(t) = \mathbf{h}(\mathbf{x}(t),\ \mathbf{u}(t),\ t) \tag{3.50}$$

가 된다. 식 (3.50)을 **출력방정식**output equation이라고 하며, 식 (3.49)의 상태방정식과 식 (3.50)의 출력방정식을 합하여 **동태방정식**dynamic equation이라고 한다. 그러나 일반적으로 동태방정식이라는 용어는 잘 사용하지 않고 상태방정식에 출력방정식도 포함시켜 사용하는 경우가 많다.

선형시스템의 상태방정식

어떤 동적시스템의 상태방정식을 식 (3.47)과 같이 표시했지만, 이 시스템이 선형시스템이라면 각각의 상태변수의 미분을 상태변수와 입력의 **선형결합**linear combination으로 표시할 수 있다.

$$\begin{aligned}
\frac{d}{dt}x_1(t) &= a_{11}x_1(t)+a_{12}x_2(t)+\cdots+a_{1n}x_n(t) \\
&\qquad + b_{11}u_1(t)+b_{12}u_1(t)+\cdots+b_{1m}u_m(t) \\
\frac{d}{dt}x_2(t) &= a_{21}x_1(t)+a_{22}x_2(t)+\cdots+a_{2n}x_n(t) \\
&\qquad + b_{21}u_1(t)+b_{22}u_1(t)+\cdots+b_{2m}u_m(t) \\
&\vdots \\
\frac{d}{dt}x_n(t) &= a_{n1}x_1(t)+a_{n2}x_2(t)+\cdots+a_{nn}x_n(t) \\
&\qquad + b_{n1}u_1(t)+b_{n2}u_1(t)+\cdots+b_{nm}u_m(t)
\end{aligned} \tag{3.51}$$

여기에서 계수 a_{ij}, b_{ij}가 시간 함수인 경우에는 시변시스템이며, 상수인 경우에는 시불변시스템이다. 식 (3.51)을 벡터와 행렬을 이용하여 간단히 표시하면 다음과 같다.

$$\dot{\mathbf{x}}(t)=\mathbf{A}\,\mathbf{x}(t)+\mathbf{B}\,\mathbf{u}(t) \tag{3.52}$$

단,

$$\mathbf{A}=\begin{bmatrix} a_{11} & a_{12} & a_{13} & \cdots & a_{1n} \\ a_{21} & a_{22} & a_{23} & \cdots & a_{2n} \\ & \vdots & & \vdots & \vdots \\ a_{n1} & a_{n2} & a_{n3} & \cdots & a_{nn} \end{bmatrix}$$

$$\mathbf{B}=\begin{bmatrix} b_{11} & b_{12} & b_{13} & \cdots & b_{1m} \\ b_{21} & b_{22} & b_{23} & \cdots & b_{2m} \\ & \vdots & & \vdots & \vdots \\ b_{n1} & b_{n2} & b_{n3} & \cdots & b_{nm} \end{bmatrix}$$

일반적으로 선형시변시스템은 식 (3.52) 대신에

$$\dot{\mathbf{x}}(t)=\mathbf{A}(t)\,\mathbf{x}(t)+\mathbf{B}(t)\,\mathbf{u}(t) \tag{3.53}$$

로 표시하여 선형시불변시스템과 구분하여 사용한다. 그리고 선형시불변시스템의 출력방정식은

$$\mathbf{y}(t)=\mathbf{C}\,\mathbf{x}(t)+\mathbf{D}\,\mathbf{u}(t) \tag{3.54}$$

로 나타낸다. 식 (3.52)와 식 (3.54)에서의 계수 행렬 **A**, **B**, **C**, **D**를 각각 **시스템행렬**system matrix, **입력행렬**input matrix, **출력행렬**output matrix, **전송행렬**transmission matrix이라고 한다.

따라서 선형시불변시스템의 동태방정식은 다음 식 (3.55), 식 (3.56)과 같다.

$$\text{상태방정식 : } \dot{\mathbf{x}}(t) = \mathbf{A}\,\mathbf{x}(t) + \mathbf{B}\,\mathbf{u}(t) \tag{3.55}$$

$$\text{출력방정식 : } \mathbf{y}(t) = \mathbf{C}\,\mathbf{x}(t) + \mathbf{D}\,\mathbf{u}(t) \tag{3.56}$$

또한 이 상태공간기법으로 표시된 시스템을 블록선도로 표시하면 [그림 3-41]과 같다.

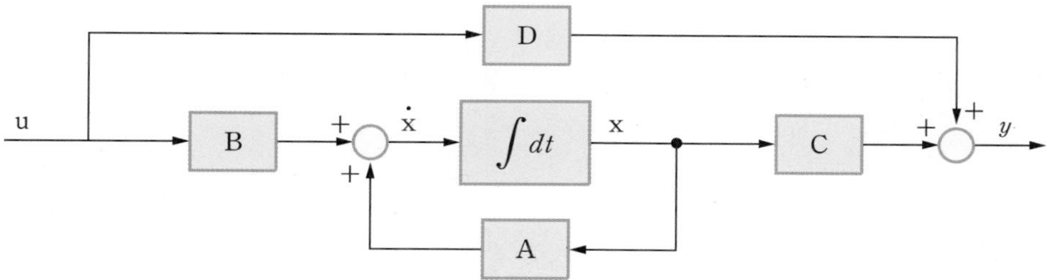

[그림 3-41] **상태공간기법으로 표시된 시스템의 블록선도**

앞에서 선형시불변시스템은 식 (3.52)로, 선형시변시스템은 식 (3.53)과 같이 나타냈으나, 비선형시스템은 행렬을 이용하여 나타낼 수 없음을 기억하기 바란다.

예제 3-7 기계시스템의 상태방정식

[그림 3-42]와 같은 기본적인 기계시스템의 상태방정식을 구하라.

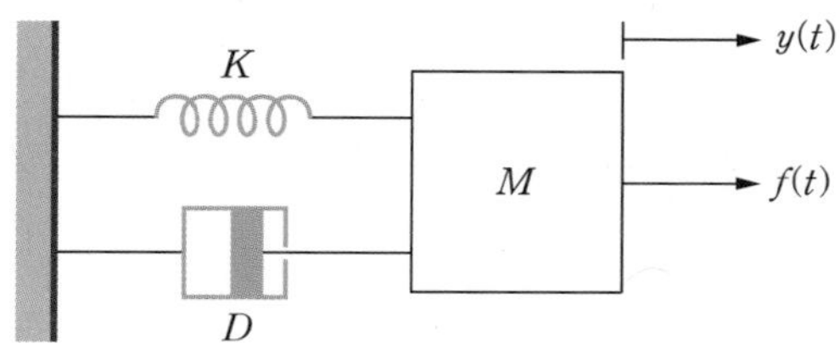

[그림 3-42] **기본적인 기계시스템**

풀이

이 시스템을 미분방정식으로 나타내면 다음과 같다.

$$M\frac{d^2}{dt^2}y(t) + D\frac{d}{dt}y(t) + Ky(t) = f(t) \qquad \cdots ①$$

초기 조건을 0으로 하고 라플라스 변환을 구하면

$$Ms^2Y(s) + DsY(s) + KY(s) = F(s)$$

이다. 그리고 입력이 $f(t)$, 출력이 $y(t)$인 전달함수 $G(s)$를 구하면 다음과 같다.

$$G(s)=\frac{Y(s)}{F(s)}=\frac{1}{Ms^2+Ds+K} \qquad \cdots ②$$

이제 상태방정식을 구하기 위하여 식 ①을 정리하면

$$\begin{aligned} M\frac{d^2}{dt^2}y(t) &= -Ky(t)-D\frac{d}{dt}y(t)+f(t) \\ \frac{d^2}{dt^2}y(t) &= -\frac{K}{M}y(t)-\frac{D}{M}\frac{d}{dt}y(t)+\frac{1}{M}f(t) \end{aligned} \qquad \cdots ③$$

이다. 여기에서 출력 $y(t)$와 출력의 변화율 $\frac{d}{dt}y(t)$를 각각 상태변수 $x_1(t)$, $x_2(t)$로 정하면[3] 다음과 같은 관계가 있다.

$$\begin{aligned} y(t) &= x_1(t) \\ \frac{d}{dt}y(t) &= x_2(t)=\frac{d}{dt}x_1(t) \\ \frac{d^2}{dt^2}y(t) &= \frac{d}{dt}x_2(t) \end{aligned}$$

이들 관계를 이용하여 식 ③을 다시 정리하면 다음과 같은 상태방정식을 얻을 수 있다.

$$\begin{aligned} \frac{d}{dt}x_1(t) &= x_2(t) \\ \frac{d}{dt}x_2(t) &= -\frac{K}{M}x_1(t)-\frac{D}{M}x_2(t)+\frac{1}{M}f(t) \end{aligned} \qquad \cdots ④$$

행렬을 이용하여 표현하면 다음과 같은 동태방정식을 얻는다.

$$\begin{bmatrix} \dot{x}_1 \\ \dot{x}_2 \end{bmatrix}=\begin{bmatrix} 0 & 1 \\ -\frac{K}{M} & -\frac{D}{M} \end{bmatrix}\begin{bmatrix} x_1 \\ x_2 \end{bmatrix}+\begin{bmatrix} 0 \\ \frac{1}{M} \end{bmatrix}f(t) \qquad \cdots ⑤$$

$$y(t)=[1 \quad 0]\begin{bmatrix} x_1(t) \\ x_2(t) \end{bmatrix} \qquad \cdots ⑥$$

3 기계시스템에서의 에너지는 $W(t)=\frac{1}{2}Kx(t)^2+\frac{1}{2}Mv(t)^2$이다.

Chapter 03 핵심요약

■ 모델링

제어시스템의 각 요소의 입력과 출력의 관계를 수학적으로 나타내는 것으로, 제어시스템을 수식적으로 표현하는 방법에는 미분방정식법, 전달함수법, 상태공간기법이 있다.

■ 전달함수

- 제어요소에 단위임펄스함수를 입력으로 인가할 때 얻는 출력을 임펄스응답이라고 한다. 이때 임펄스응답의 라플라스 변환을 그 요소의 전달함수라고 한다.
- 전달함수는 출력의 라플라스 변환을 입력의 라플라스 변환으로 나눈 식인 $G(s)=\dfrac{Y(s)}{X(s)}$ 로 구한다. 이때 모든 초기 조건은 0으로 가정한다.

■ 블록선도

제어시스템에서 신호가 전달되는 모양을 나타내는 방법으로, 블록 안에 전달함수를 표시하고 입력신호와 출력신호를 화살표로 나타낸다.

■ 신호흐름선도

수식적인 계산에 편리하도록 제어량이나 신호를 작은 원(마디)으로, 전달함수를 화살표(가지)로 변형하여 표시하는 방법이다.

■ 메이슨의 이득공식

어떤 시스템에서 변수들의 관계를 신호흐름선도로 나타낼 때, 그 시스템의 전달함수를 쉽게 구하기 위해 메이슨의 이득공식을 사용한다.

$$M(s)=\frac{X_{out}(s)}{X_{in}(s)}=\sum_{k=1}^{N}\frac{M_k\Delta_k}{\Delta}$$

■ 상태공간기법

현대 제어에서는 전달함수를 이용한 시스템 모델링의 결점을 보완하고 디지털 컴퓨터에서 시뮬레이션하기 쉽도록 상태방정식을 사용하는 상태공간기법을 많이 사용한다.

■ 상태변수와 상태방정식

상태변수는 일반적으로 그 시스템의 에너지 상태를 나타내는 변수이고, 상태방정식은 상태변수들의 1차 연립미분방정식으로 구성된다.

Chapter 03 연습문제

3.1 다음과 같은 미분방정식으로 입력과 출력의 관계가 표시되는 시스템의 전달함수는?

$$5\frac{d^3}{dt^3}y(t)-2\frac{d^2}{dt^2}y(t)+4\frac{d}{dt}y(t)+10y(t)=x(t)$$

㉮ $G(s)=\dfrac{10}{5s^3-2s^2+4s+10}$　　㉯ $G(s)=\dfrac{1}{2+0.8s-0.4s^2+s^3}$

㉰ $G(s)=\dfrac{1}{10+4s-2s^2+5s^3}$　　㉱ $G(s)=\dfrac{1}{5s^3-2s^2+4s+10}$

3.2 다음과 같은 미분방정식으로 입력과 출력의 관계가 표시되는 시스템의 전달함수는?

$$\frac{d^2}{dt^2}y(t)+3\frac{d}{dt}y(t)+2y(t)=\frac{d}{dt}x(t)+5x(t)$$

㉮ $G(s)=\dfrac{s+5}{(s-1)(s-2)}$　　㉯ $G(s)=\dfrac{5s+1}{(s-1(s-2)}$

㉰ $G(s)=\dfrac{s+5}{(s+1)(s+2)}$　　㉱ $G(s)=\dfrac{5s+1}{2s^2+3s+1}$

3.3 다음과 같은 전달함수를 갖는 시스템에 대한 입력과 출력 관계를 미분방정식으로 나타내면?

$$G(s)=\frac{s+8}{s(s+2)(s+4)}$$

㉮ $\dfrac{d^3}{dt^3}y(t)+6\dfrac{d^2}{dt^2}y(t)+8\dfrac{d}{dt}y(t)=\dfrac{d}{dt}x(t)+8x(t)$

㉯ $8\dfrac{d^3}{dt^3}y(t)+6\dfrac{d^2}{dt^2}y(t)+\dfrac{d}{dt}y(t)=8\dfrac{d}{dt}x(t)+x(t)$

㉰ $\dfrac{d^2}{dt^2}y(t)+6\dfrac{d}{dt}y(t)+8y(t)=8x(t)$

㉱ $\dfrac{d^3}{dt^3}y(t)+2\dfrac{d^2}{dt^2}y(t)+4\dfrac{d}{dt}y(t)=\dfrac{d}{dt}x(t)+8x(t)$

3.4 다음과 같은 전달함수를 갖는 시스템에 대한 입력과 출력 관계를 미분방정식으로 나타내면?

$$G(s) = \frac{10}{(s+5)(s+2)}$$

㉮ $\frac{d^2}{dt^2}y(t) + 5\frac{d}{dt}y(t) + 2y(t) = 10x(t)$

㉯ $10\frac{d^2}{dt^2}y(t) + 7\frac{d}{dt}y(t) + y(t) = 10\frac{d}{dt}x(t) + 1$

㉰ $\frac{d^2}{dt^2}y(t) + 10\frac{d}{dt}y(t) + 7y(t) = 10x(t)$

㉱ $\frac{d^2}{dt^2}y(t) + 7\frac{d}{dt}y(t) + 10y(t) = 10x(t)$

3.5 다음과 같은 미분방정식으로 표시되는 제어시스템의 전달함수는?

$$\frac{d^2}{dt^2}y + 6\frac{d}{dt}y + 5y = 4x + 3\frac{d}{dt}x$$

㉮ $G(s) = \frac{4s+3}{(s-1)(s-5)}$

㉯ $G(s) = \frac{3s+4}{s^2+6s+5}$

㉰ $G(s) = \frac{4s+3}{s^2+5s+6}$

㉱ $G(s) = \frac{4s+3}{(s+1)(s+5)}$

3.6 다음과 같은 저항회로에서 인가전압 e_i를 입력으로, 저항에 흐르는 전류 i_R을 출력으로 하는 전달함수를 구하면?

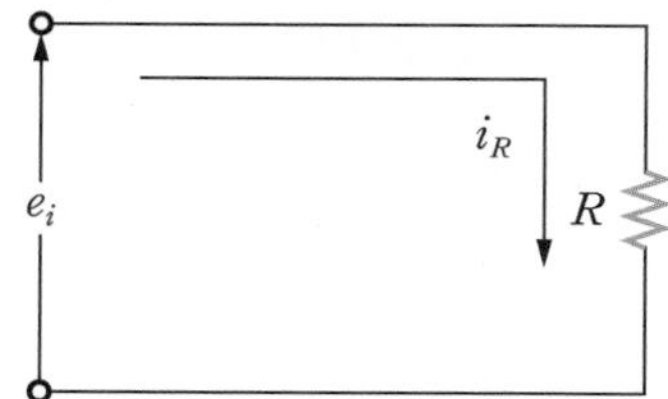

㉮ $G(s) = \frac{1}{R}$

㉯ $G(s) = R$

㉰ $G(s) = \frac{R}{s+R}$

㉱ $G(s) = \frac{1}{s+R}$

3.7 다음 RLC 직렬 회로망에서 인가전압 e_i를 입력으로, 저항에 나타나는 전압 e_R을 출력으로 하는 전달함수를 구하면?

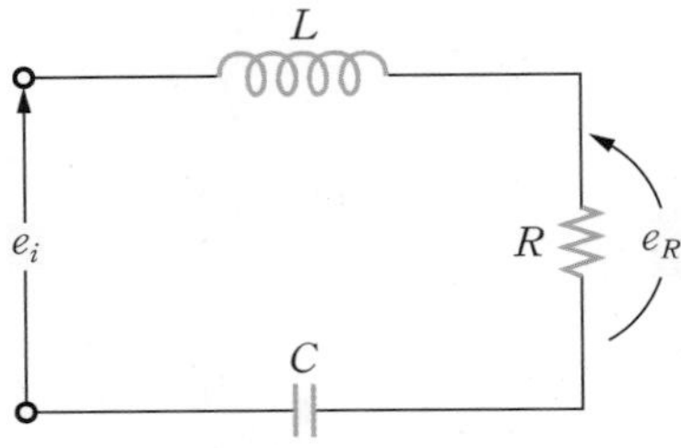

㉮ $G(s) = \dfrac{s}{LCs^2 + RCs + 1}$

㉯ $G(s) = \dfrac{Cs}{LCs^2 + RCs + 1}$

㉰ $G(s) = \dfrac{RCs}{LCs^2 + RCs + 1}$

㉱ $G(s) = \dfrac{1}{LCs^2 + RCs + 1}$

3.8 다음 RLC 직렬 회로망에서 인가전압 e_i를 입력으로, 흐르는 전류 i를 출력으로 하는 전달함수를 구하면?

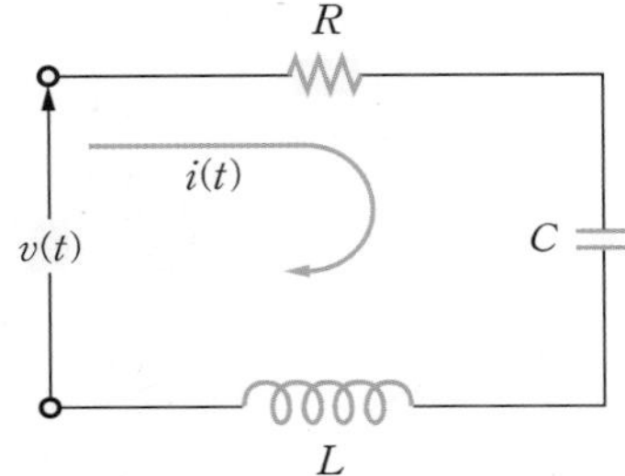

㉮ $G(s) = \dfrac{s}{LCs^2 + RCs + 1}$

㉯ $G(s) = \dfrac{Cs}{LCs^2 + RCs + 1}$

㉰ $G(s) = \dfrac{RCs}{LCs^2 + RCs + 1}$

㉱ $G(s) = \dfrac{1}{LCs^2 + RCs + 1}$

3.9 다음 RC 회로망에서 인가전압 e_i를 입력으로, 콘덴서에 나타나는 전압 e_c를 출력으로 하는 전달함수를 구하면?

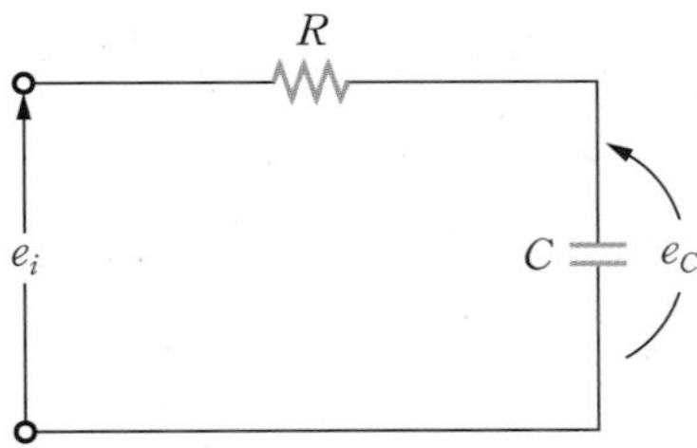

㉮ $G(s) = \dfrac{1}{RCs + 1}$

㉯ $G(s) = \dfrac{RCs}{s^2 + s + RC}$

㉰ $G(s) = \dfrac{RC}{RCs + 1}$

㉱ $G(s) = \dfrac{Cs}{s^2 + RCs + 1}$

3.10 다음 RC 회로망에서 인가전압 e_i를 입력으로, 저항 R_2에 나타나는 전압 e_{R_2}를 출력으로 하는 전달함수를 구하면?

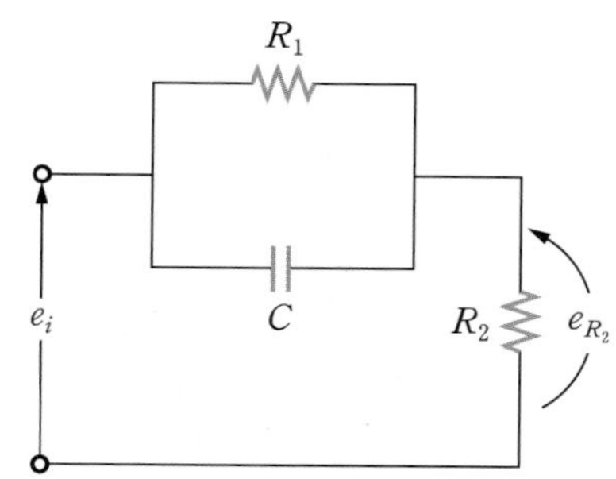

㉮ $G(s) = \dfrac{1 + R_1 Cs}{R_2 + R_1 Cs}$

㉯ $G(s) = \dfrac{R_2 + R_1 R_2 Cs}{R_1 + R_1 R_2 Cs}$

㉰ $G(s) = \dfrac{(R_1 + R_2)Cs}{R_1 + R_1 R_2 Cs}$

㉱ $G(s) = \dfrac{R_2 + R_1 R_2 Cs}{R_1 + R_2 + R_1 R_2 Cs}$

3.11 다음과 같은 폐루프 제어시스템의 전체 전달함수를 구하면?

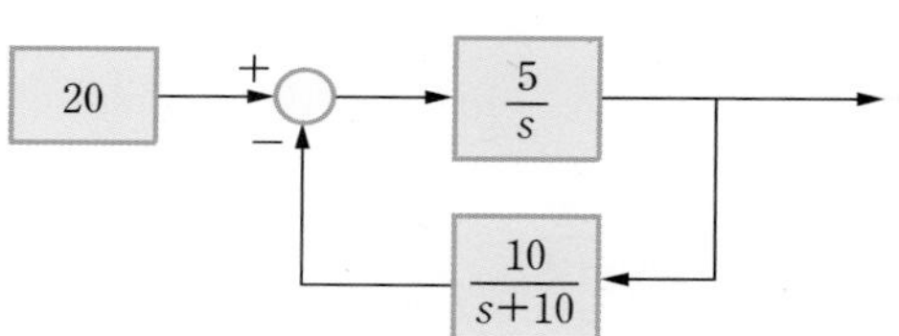

㉮ $\dfrac{0.5(s+10)}{s^2 + 10s + 5}$

㉯ $\dfrac{100(s+10)}{s^2 + 10s + 50}$

㉰ $\dfrac{20(s+10)}{s^2 + 10s + 50}$

㉱ $\dfrac{100}{s^2 + 10s + 100}$

3.12 다음과 같은 폐루프 제어시스템의 전체 전달함수를 구하면?

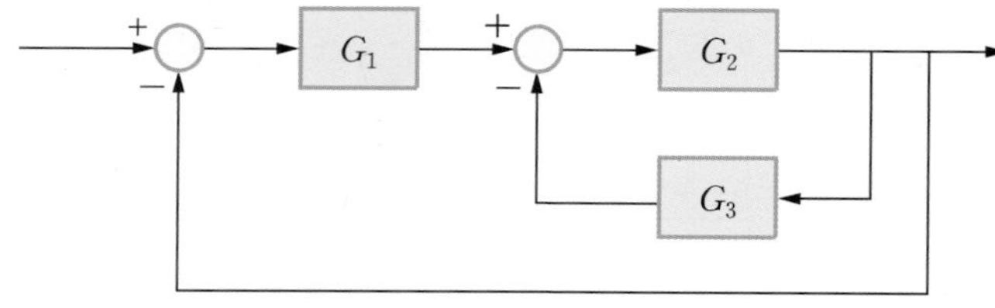

㉮ $\dfrac{G_1 G_2 G_3}{G_1 G_2 + G_2 G_3 + G_1 G_3}$

㉯ $\dfrac{G_1 G_2}{1 - G_1 G_2 + G_2 G_3}$

㉰ $\dfrac{G_1 G_2}{1 + G_1 G_2 + G_2 G_3}$

㉱ $\dfrac{G_2 G_3}{1 - G_1 G_2 - G_2 G_3}$

3.13 다음 신호흐름선도에서 $\dfrac{C(s)}{R(s)}$는?

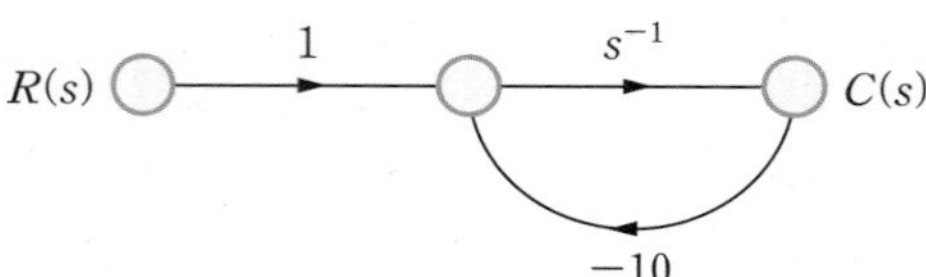

㉮ $\dfrac{1}{s-10}$ ㉯ $\dfrac{1}{s+10}$ ㉰ $\dfrac{10}{s+10}$ ㉱ $\dfrac{10}{s-10}$

3.14 다음 신호흐름선도에서 $\dfrac{C(s)}{R(s)}$는?

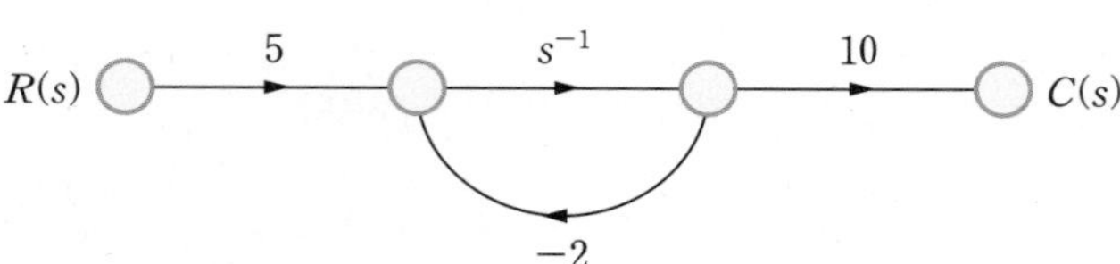

㉮ $\dfrac{50s}{s-2}$ ㉯ $\dfrac{50}{2s}$ ㉰ $\dfrac{100}{s-100}$ ㉱ $\dfrac{50}{s+2}$

3.15 다음 신호흐름선도에서 $\dfrac{C(s)}{R(s)}$는?

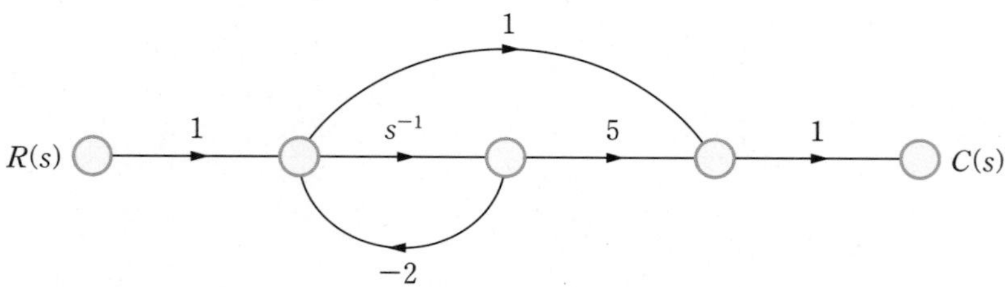

㉮ $\dfrac{s+5}{s+2}$ ㉯ $\dfrac{5s+1}{s-2}$ ㉰ $\dfrac{5s+1}{s+2}$ ㉱ $\dfrac{5s}{s+2}$

3.16 다음 신호흐름선도에서 $\dfrac{C(s)}{R(s)}$를 구하면?

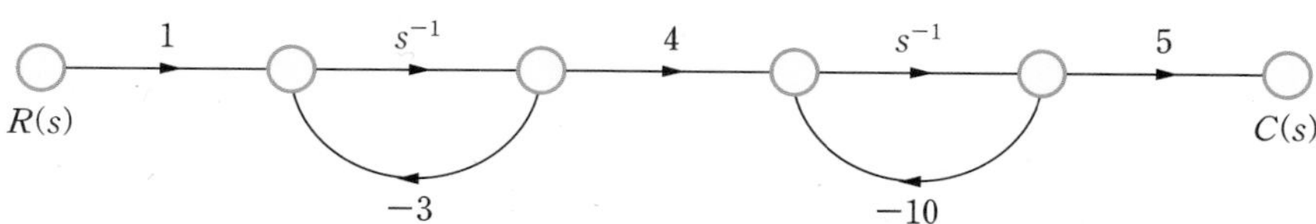

㉮ $\dfrac{s+20}{s^2+3s+10}$

㉯ $\dfrac{s+20}{s^2-3s-10}$

㉰ $\dfrac{20}{s^2+13s+30}$

㉱ $\dfrac{4s}{s-3}\times\dfrac{5}{s-10}$

3.17 다음 신호흐름선도에서 $\dfrac{C(s)}{R(s)}$는?

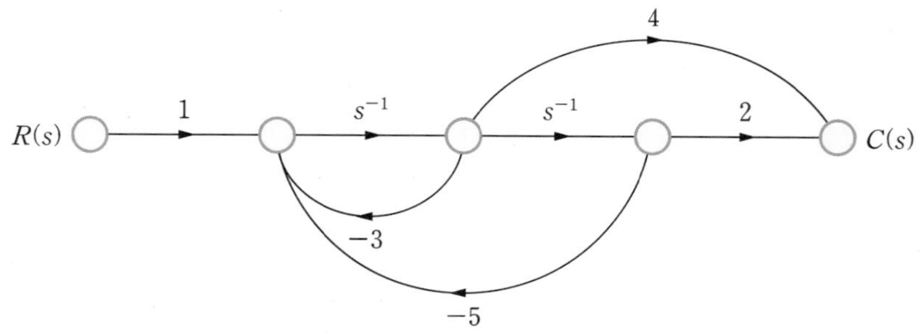

㉮ $\dfrac{2s-4}{s^2-5s-3}$ ㉯ $\dfrac{2s+4}{5s^2+3s+1}$ ㉰ $\dfrac{2s+4}{s^2+5s+3}$ ㉱ $\dfrac{4s+2}{s^2+3s+5}$

3.18 다음 신호흐름선도에서 $\dfrac{C(s)}{R(s)}$는?

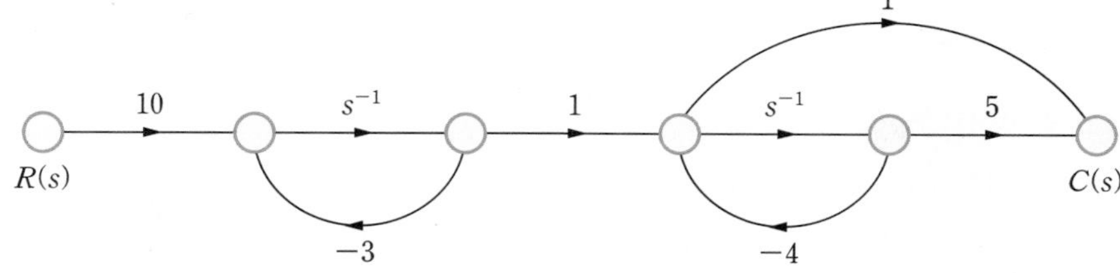

㉮ $\dfrac{5s+1}{s^2+3s+4}$

㉯ $\dfrac{10}{s+3}\times\dfrac{5s+1}{s+4}$

㉰ $\dfrac{10(5s+1)}{s^2+3s+4}$

㉱ $\dfrac{10s+50}{s^2+7s+12}$

3.19 다음 블록선도를 신호흐름선도로 나타내면?

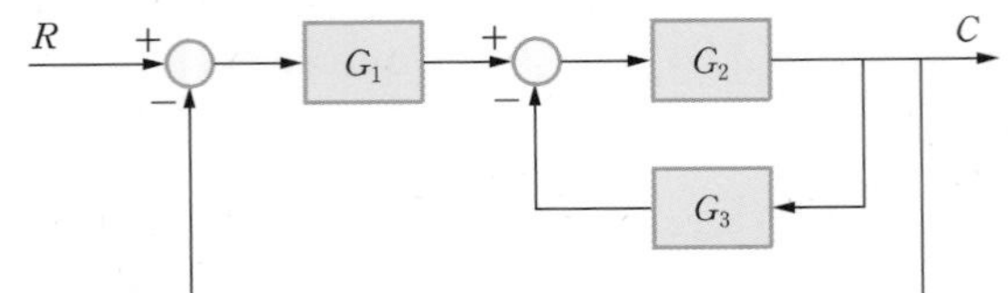

㉮
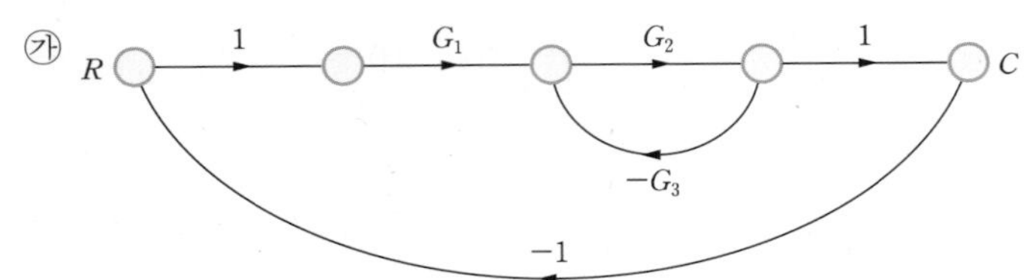

㉯
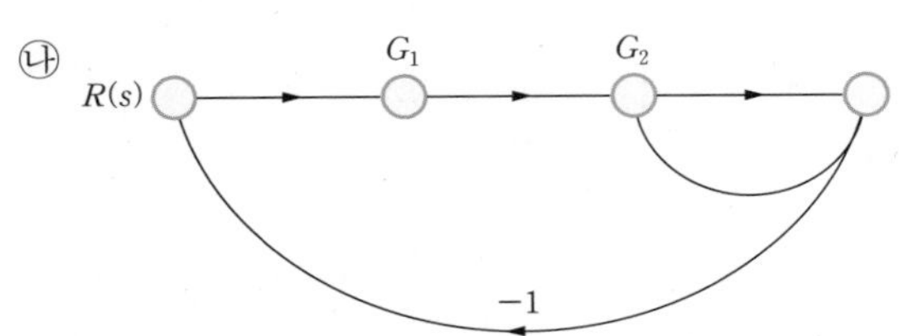

㉰
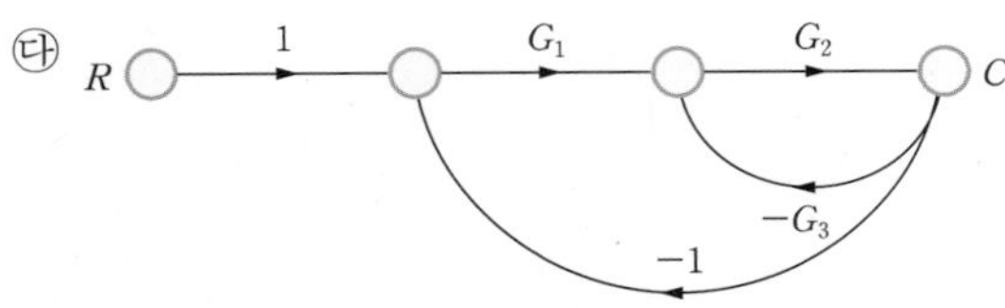

㉱
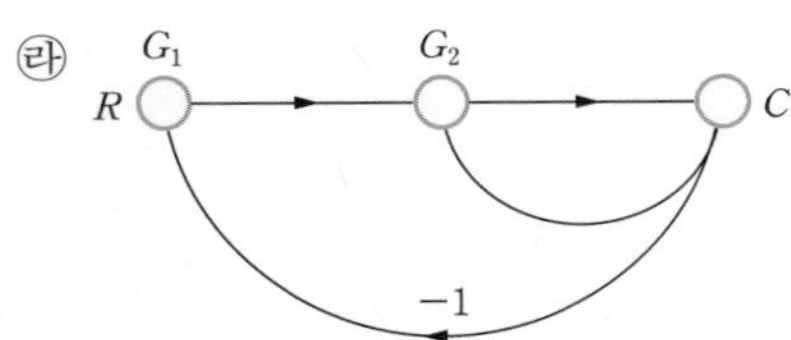

3.20 다음 용어를 정의하라.

(a) 전달함수(transfer function)
(b) 상태방정식(state equation)
(c) 임펄스응답(impulse response)
(d) 인디셜응답(indicial response)
(e) 블록선도(block diagram)
(f) 신호흐름선도(signal−flow diagram)
(g) 상태선도(state diagram)
(h) 상태변수(state variable)

3.21 다음과 같은 미분방정식으로 표시되는 시스템에 대한 전달함수를 구하라.

(a) $\frac{d^3}{dt^3}y(t)+5\frac{d^2}{dt^2}y(t)+8\frac{d}{dt}y(t)+10y(t)=10x(t)$

(b) $\frac{d^2}{dt^2}y(t)+10\frac{d}{dt}y(t)+24y(t)=\frac{d}{dt}x(t)+20x(t)$

3.22 다음과 같은 전달함수를 갖는 시스템의 입출력관계를 미분방정식으로 표시하라.

(a) $G(s)=\frac{s+10}{s^3+3s^2+8s}$

(b) $G(s)=\frac{800}{s(s+8)(s^2+10s+100)}$

3.23 어떤 시스템에 입력으로 단위임펄스를 가하여 출력이 다음과 같을 때, 이 시스템의 전달함수를 구하라.

(a) $y(t)=20$

(b) $y(t)=10e^{-2t}\sin(10t+45°)$

3.24 다음 폐루프 제어시스템의 블록선도에 대해 다음을 구하라.

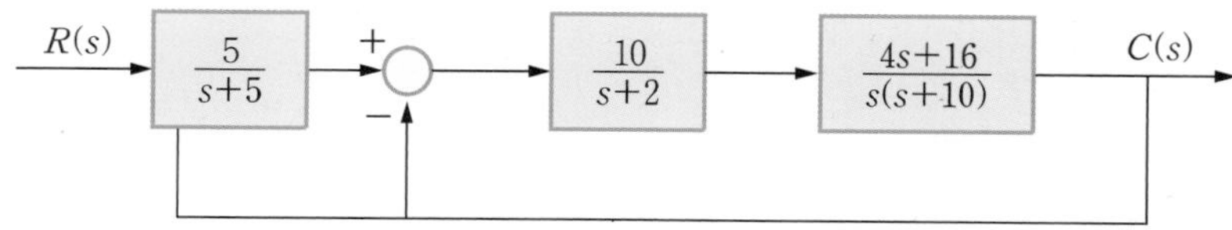

(a) 신호흐름선도를 그려라.

(b) 메이슨의 이득공식을 이용하여 전체 전달함수를 구하라.

3.25 다음 신호흐름선도로 표시되는 시스템의 전체 전달함수를 구하라.

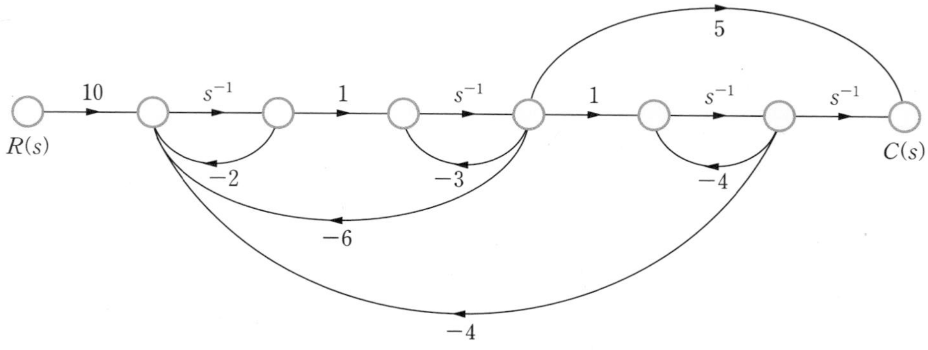

3.26 MATLAB 다음과 같은 제어시스템 블록선도에서 전달함수 $\dfrac{C(s)}{R(s)}$ 를 MATLAB을 이용하여 구하라.

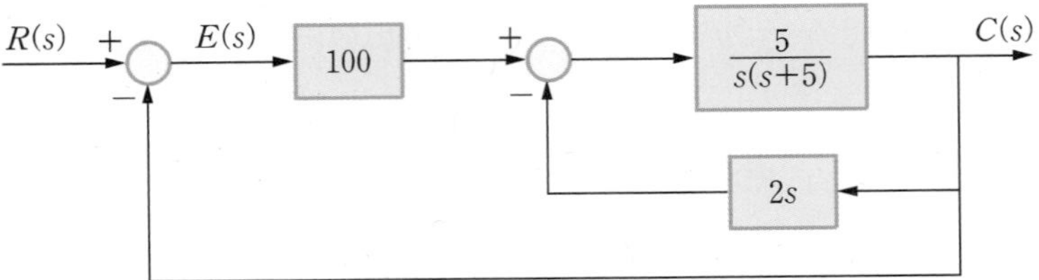

참고
```
{sys1 = tf(num1,den1);
 sys3 = feedback(sys1,sys2);
 sys = feedback(sys5,[1])}
```

3.27 MATLAB 제어요소의 전달함수가 각각 다음과 같을 때 주어진 제어시스템의 전체 전달함수 $\dfrac{C(s)}{R(s)}$ 를 MATLAB을 이용하여 구하라.

$$G_1(s) = \frac{s+5}{s^2+2s+5}, \qquad G_2(s) = \frac{10}{s+10}$$

(a)

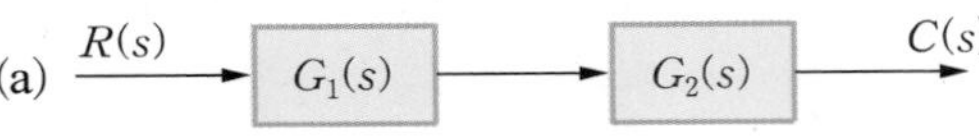

(b)

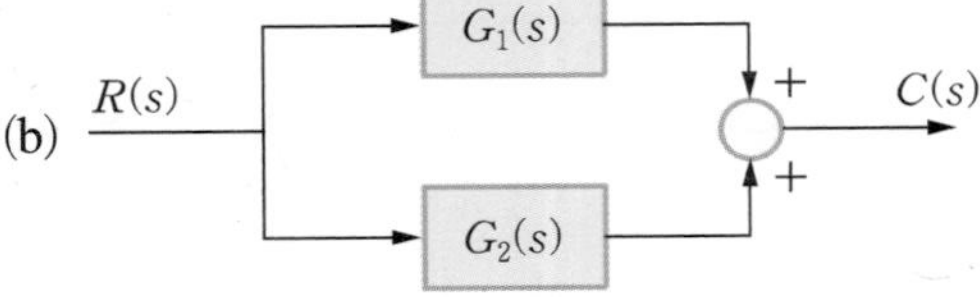

(c)

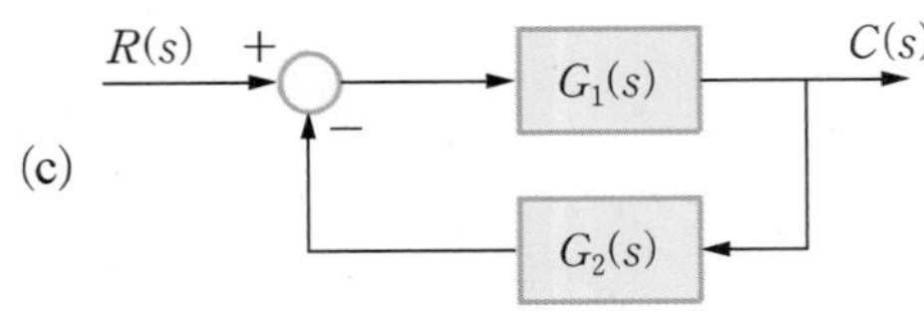

참고
```
{[num,den] = series(num1,den1,num2,den2);
 printsys(num,den)tf(num1,den1);
 [num,den] = parallel(num1,den1,num2,den2);
 [num,den] = feedback(num1,den1,num2,den2); }
```

Chapter

04

제어시스템의 모델링

Modeling of Control Systems

학습목표

- 기본 제어요소의 전달함수를 구할 수 있다.
- 기본 제어요소의 단위계단응답을 파악할 수 있다.
- 제어시스템의 전달함수와 상태방정식을 구할 수 있다.
- 톱니바퀴로 연결된 기계시스템의 등가시스템을 구할 수 있다.
- 직류전동기 제어시스템의 전달함수와 상태방정식을 구할 수 있다.
- 전달함수로 표시된 제어시스템의 상태방정식을 구할 수 있다.
- 상태방정식으로 표시된 제어시스템의 전달함수를 구할 수 있다.
- 여러 상태방정식의 표준형을 구할 수 있다.

3장에서는 제어시스템의 입출력 관계를 수식적으로 표현하는 모델링의 중요성에 대해 설명하고, 모델링을 통해 전달함수와 상태방정식을 구해보았다. 이 장에서는 기계분야, 전기분야에서 제어시스템의 전달함수와 상태방정식을 구해봄으로써 실제 제어시스템을 모델링하는 방법을 살펴보고자 한다. 먼저 제어시스템을 구성하는 기본 제어요소를 소개하고, 기본 제어요소의 전달함수와 단위계단응답을 살펴본 후, 현장에서 많이 사용하는 제어시스템들의 모델을 구해본다. 마지막으로 시스템의 전달함수와 상태방정식의 상호변환을 살펴본다.

Section

4.1 기본 제어요소의 모델링

실제 제어시스템은 여러 시스템으로 결합되어 있어 매우 복잡한 것처럼 보이지만, 사실 기본 제어요소의 유기적인 결합으로 구성되어 있다. 따라서 이 기본 제어요소에 대한 모델링을 정확하게 알면 복잡한 제어시스템의 모델링도 어렵지 않다. 이 절에서는 7가지의 기본 제어요소를 모델링하고, 기본 제어요소의 단위계단응답을 통해 이들의 특성을 살펴보고자 한다.

4.1.1 비례요소

[그림 4-1]에서 용수철 상단의 변위 $x(t)$를 입력, 하단 l_1의 변위 $y(t)$를 출력, 용수철 전체의 길이를 l이라 하자. 상단이 변할 때 입출력 관계는 다음과 같다.

$$y(t) = \frac{l_1}{l}x(t) = Kx(t) \tag{4.1}$$

$$\text{단, } K = \frac{l_1}{l}$$

식 (4.1)의 라플라스 변환을 구하면

$$Y(s) = KX(s)$$

이므로, 용수철 변위의 전달함수는 다음과 같다.

$$G(s) = \frac{Y(s)}{X(s)} = K \tag{4.2}$$

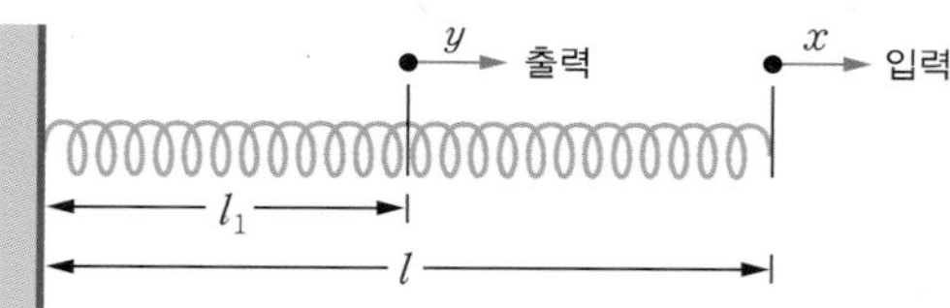

[그림 4-1] 질량 없는 스프링 시스템

용수철의 변위처럼 입력에 정비례하여 출력이 변하는 요소를 **비례요소**proportional element라고 하며, 입출력 사이에 시간적인 지연이 없어서 **0차 요소**라고도 한다. 이때 비례상수 K를 **이득정수**gain constant라고 한다. 이 비례요소의 단위계단응답(단위계단입력에 대한 출력)을 나타내면 [그림 4-2]와 같다.

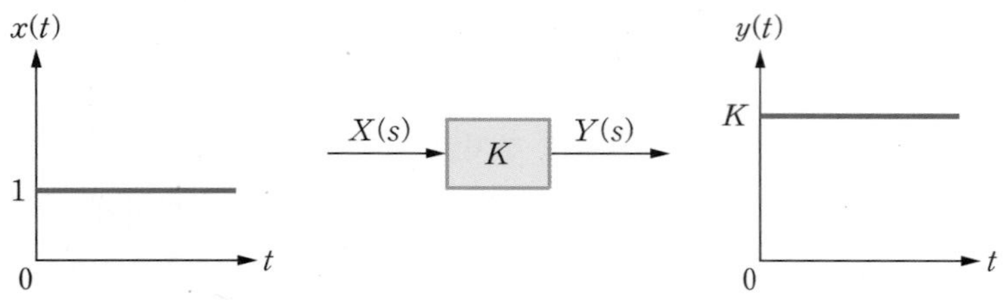

[그림 4-2] **비례요소의 단위계단응답**

비례요소의 예로는 [그림 4-3]과 같은 **변압기**transformer, **전위차계**potentiometer, **연산증폭기**operational amplifier 등이 있다. [그림 4-3]에 있는 각각의 입출력 관계를 통해 비례요소를 확인할 수 있다.

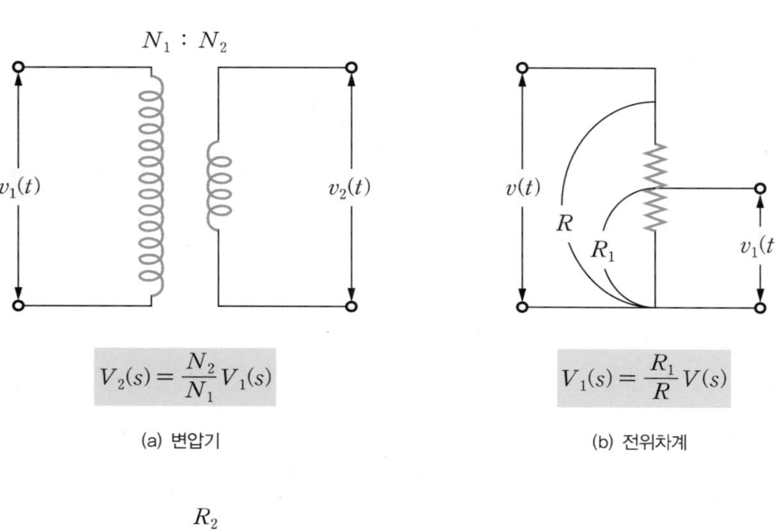

$$V_2(s) = \frac{N_2}{N_1} V_1(s)$$

(a) 변압기

$$V_1(s) = \frac{R_1}{R} V(s)$$

(b) 전위차계

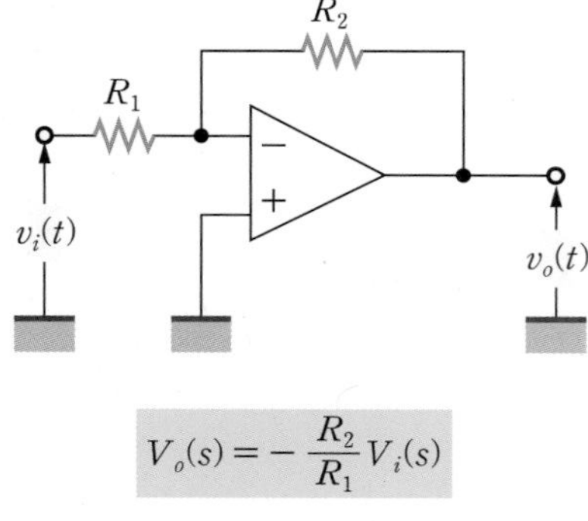

$$V_o(s) = -\frac{R_2}{R_1} V_i(s)$$

(c) 연산증폭기

[그림 4-3] **비례요소의 예**

Q **가변저항과 전위차계는 어떻게 다른가?**

A [그림 4-4(a)]와 같은 오디오 시스템의 소리조절용 가변저항rheostat은 축을 1회전시키면(0° ~ 360°) 저항값이 최저값에서 최고값에 도달하지만, [그림 4-4(b)]와 같은 전위차계는 보통 3회, 4회 이상 회전시켜야 최저값에서 최고값에 도달한다. 저항값을 임의로 변화시킬 수 있는 모든 가변저항기variable resistor를 전위차계potentiometer라고 부르나, 굳이 구분한다면 일반 가변저항보다 저항값을 정밀 조절할 수 있는 것을 전위차계라고 한다.

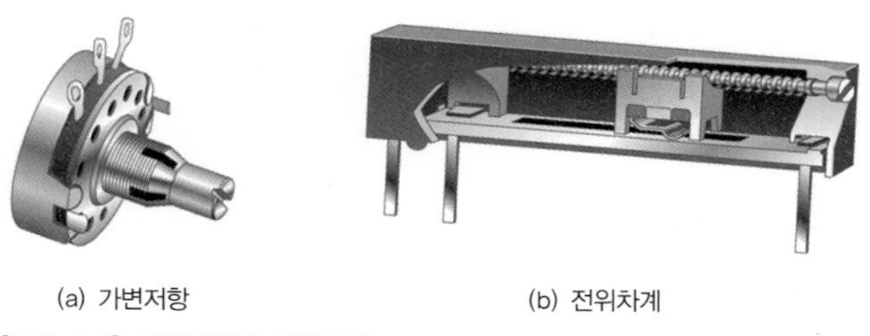

(a) 가변저항 (b) 전위차계

[그림 4-4] **가변저항과 전위차계**

4.1.2 미분요소

[그림 4-5]의 **속도계용 발전기**tachometer generator에서 회전각 $\theta(t)$를 입력, 발생하는 전압 $v(t)$를 출력으로 하면, 이 발전기의 전압은 다음 미분방정식과 같다.

$$v(t) = K\frac{d}{dt}\theta(t) \tag{4.3}$$

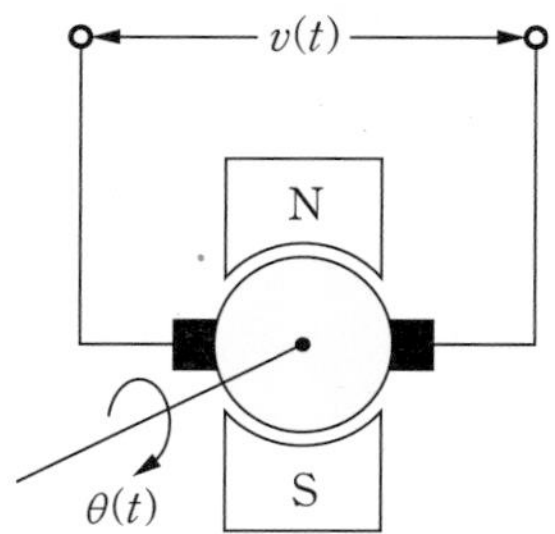

[그림 4-5] **속도계용 발전기**

이 발전기는 발전기 축의 회전각 변화율, 다시 말해서 회전각속도에 비례하여 전압이 발생한다. 식 (4.3)을 라플라스 변환(초기 조건은 0)하여 전달함수를 구하면 다음과 같다.

$$V(s) = K\,s\,\Theta(s)$$

$$G(s) = \frac{V(s)}{\Theta(s)} = Ks \tag{4.4}$$

이처럼 입력의 시간 변화율에 정비례하여 출력이 발생하는 요소를 **미분요소**derivative control element라고 한다. 이 미분요소의 단위계단응답을 나타내면 [그림 4-6]과 같다. 여기에서는 단위계단응답이 임펄스함수라는 것을 알 수 있다.

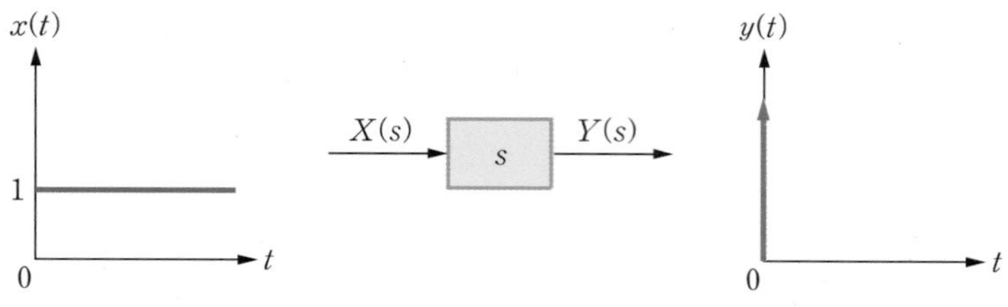

[그림 4-6] **미분요소의 단위계단응답**

미분요소의 예로는 [그림 4-7]과 같은 **인덕턴스회로**inductance circuit, ***RC* 미분회로**RC differentiation circuit, **마찰-스프링 시스템**spring-damper system 등이 있다. [그림 4-7]에 있는 각각의 입출력 관계를 통해 미분요소를 확인할 수 있다.

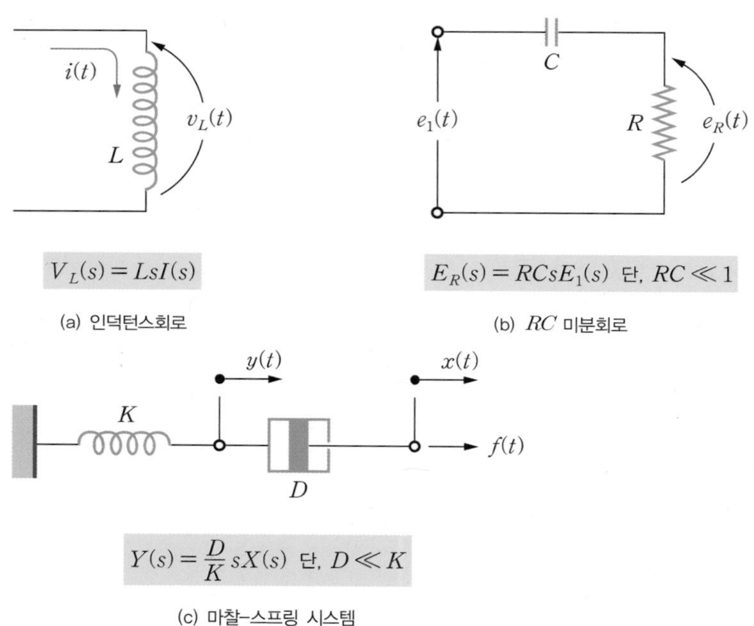

[그림 4-7] **미분요소의 예**

4.1.3 적분요소

[그림 4-8]과 같은 피스톤 시스템을 생각해보자. 실린더cylinder 내에 유체를 일정한 압력으로 유입시키면 그 유입량에 따라 피스톤이 이동한다. 단위 시간당 유체 유입량 $x(t)$를 입력, 피스톤이 밀려 나온 거리 $y(t)$를 출력, 실린더의 단면적을 A라 하면, 시간 0에서 t 까지의 총유입량 $Q(t)$는 다음과 같이 구할 수 있다.

$$Q(t) = \int_0^t x(t)\,dt \tag{4.5}$$

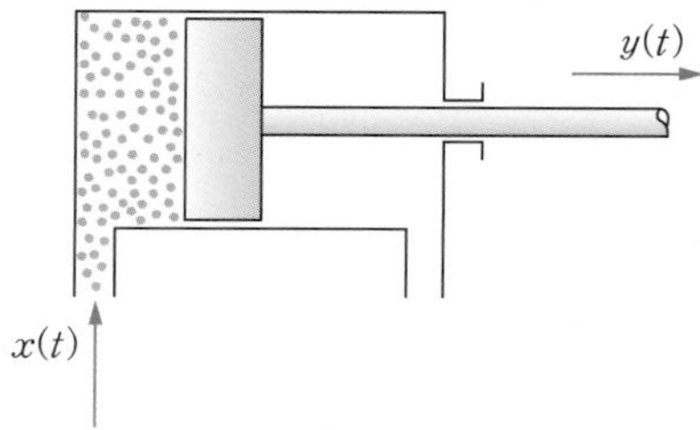

[그림 4-8] **피스톤 시스템**

또한 피스톤의 이동 거리 $y(t)$를 구하면

$$y(t) = \frac{1}{A}Q(t) = \frac{1}{A}\int_0^t x(t)\,dt = K\int_0^t x(t)\,dt \tag{4.6}$$

$$단,\ K = \frac{1}{A}$$

이다. 식 (4.6)의 라플라스 변환을 구하면

$$Y(s) = K\frac{X(s)}{s}$$

이므로, 피스톤의 전달함수는 다음과 같다.

$$G(s) = \frac{Y(s)}{X(s)} = \frac{K}{s} \tag{4.7}$$

이처럼 출력이 입력 신호의 적분값에 비례하는 요소를 **적분요소**integral control element라고 하며, 적분요소의 단위계단응답을 나타내면 [그림 4-9]와 같다. 이러한 적분요소의 예로는 [그림 4-10]과 같은 **수위계**water level system, ***RC* 적분회로**RC integration circuit 등이 있다. [그림 4-10]에 있는 입출력 관계를 통해 적분요소를 확인할 수 있다.

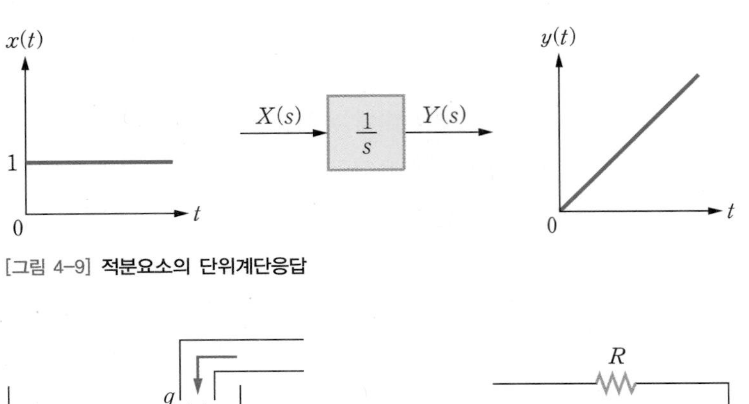

[그림 4-9] **적분요소의 단위계단응답**

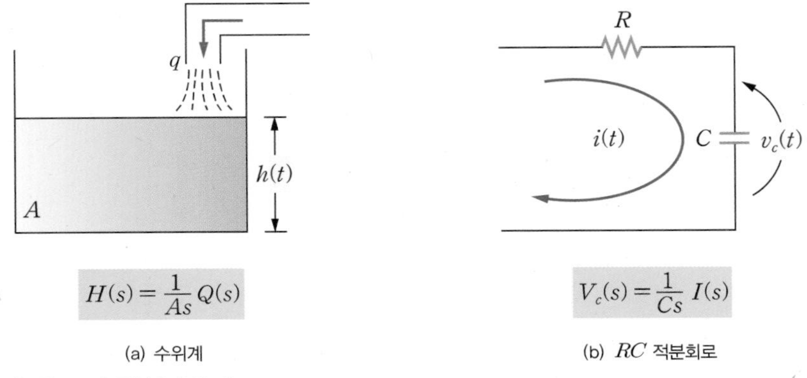

(a) 수위계

(b) RC 적분회로

[그림 4-10] **적분요소의 예**

4.1.4 1차앞선요소

[그림 4-11(a)]의 RL 직렬회로와 같이 저항 성분을 가지고 있는 코일에 전류가 흐르면 그 코일 양단에 전압강하가 나타난다. 이때 전류 $i(t)$를 입력, 코일에 나타나는 전압강하 $v(t)$를 출력으로 하는 회로에서 전류와 전압강하의 관계를 나타내면 다음 미분방정식과 같다.

$$L\frac{d}{dt}i(t) + Ri(t) = v(t) \tag{4.8}$$

식 (4.8)의 라플라스 변환을 구하면(초기 조건은 0)

$$LsI(s) + RI(s) = V(s)$$
$$(Ls + R)I(s) = V(s)$$

이므로, 전달함수는 다음과 같다.

$$G(s) = \frac{V(s)}{I(s)} = Ls + R = L(s + \frac{R}{L}) \tag{4.9}$$

1차앞선요소first order lead element는 [그림 4-11(a)]에서 보듯이 비례요소와 미분요소가 직렬로 연결되어 있는 것 같으나, 보기와는 달리 식 (4.9)에서 알 수 있듯이 비례요소와 미분요소가 병렬로 결합한 제어요소라고 할 수 있다. 출력이 입력의 크기에 비례할 뿐만 아니라, 그 출력에 입력의 미분값이 추가로 더해진다. [그림 4-11(b)]의 PD 제어기(비례-미분 제어기)에서 입력 전압 $v_i(t)$에 대한 출력 전압 $v_o(t)$를 나타내면 다음 미분방정식과 같다.

$$C\frac{d}{dt}v_i(t)+\frac{1}{R_1}v_i(t)=-\frac{1}{R_2}v_o(t) \tag{4.10}$$

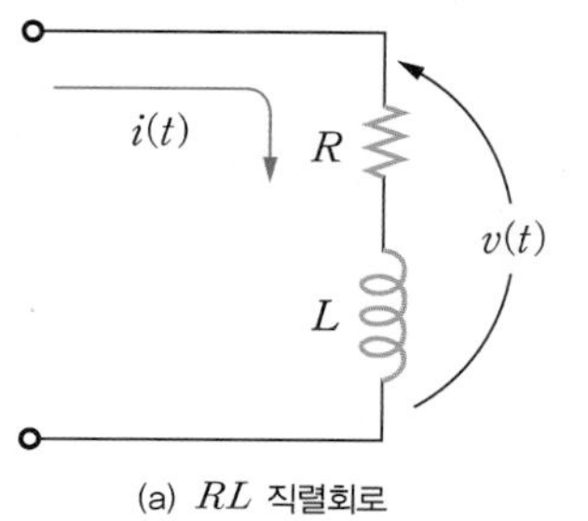

(a) RL 직렬회로

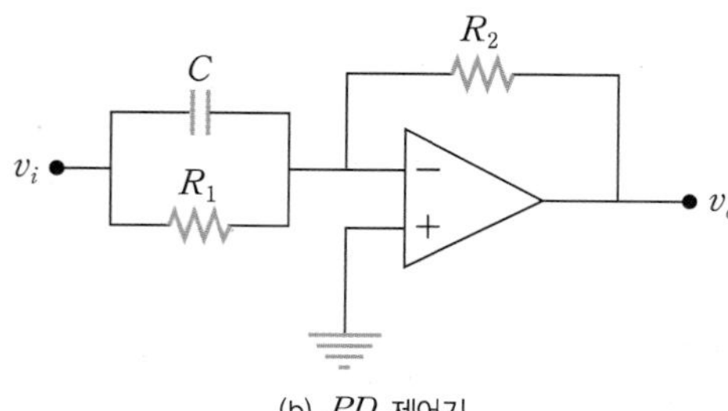

(b) PD 제어기

[그림 4-11] **1차앞선요소**

식 (4.10)의 라플라스 변환을 구하면(초기 조건은 0)

$$Cs\,V_i(s)+\frac{1}{R_1}V_i(s)=-\frac{1}{R_2}V_o(s)$$
$$V_o(s)=-R_2C\left(s+\frac{1}{R_1C}\right)V_i(s)$$

이므로, 전달함수는 다음과 같다.

$$G(s)=\frac{V_o(s)}{V_i(s)}=-R_2C\left(s+\frac{1}{R_1C}\right)=K(s+a) \tag{4.11}$$

$$\text{단, } K=-R_2C,\ a=\frac{1}{R_1C}$$

1차앞선요소의 단위램프응답(단위램프입력에 대한 출력)을 구해보자. 식 (4.11)에 단위램프입력의 라플라스 변환 $V_i(s)=\dfrac{1}{s^2}$을 곱하면

$$V_o(s)=K(s+a)\frac{1}{s^2}=K\left(\frac{1}{s}+\frac{a}{s^2}\right) \tag{4.12}$$

이다. 이때 라플라스 역변환을 구하면 다음과 같다.

$$v_o(t)=\mathcal{L}^{-1}K\left(\frac{1}{s}+\frac{a}{s^2}\right)=K(1+at)=K+a_1t \tag{4.13}$$

$$\text{단, } a_1=Ka$$

1차앞선요소의 단위램프응답을 나타내면 [그림 4-12]와 같다. 1차앞선요소에서는 그 특성을 잘 알아보기 위하여, 다른 요소처럼 단위계단함수를 입력으로 가하지 않고 단위램프함수를 입력으로 가한 점을 주의하기 바란다.

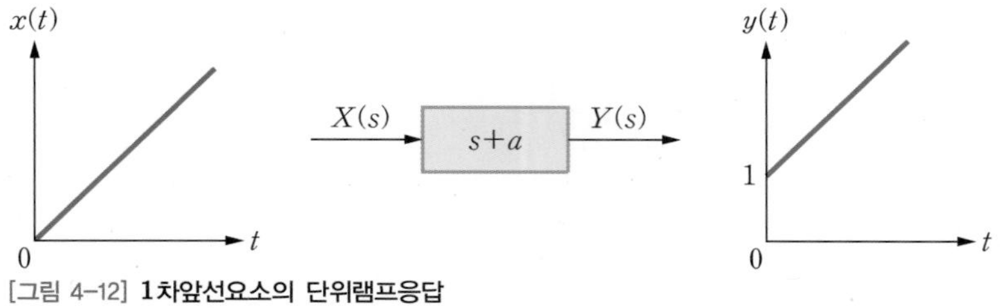

[그림 4-12] **1차앞선요소의 단위램프응답**

Q ***RL* 직렬회로를 왜 병렬로 결합한 제어요소라고 하는가?**

A [그림 4-13(a)]와 같은 RL 직렬회로에서 전류를 입력으로, 저항이나 인덕턴스에 걸리는 전압강하를 출력으로 하여 저항이나 인덕턴스의 전달함수를 구하면 각각 다음과 같다.

$$G_R(s) = R, \quad G_L(s) = Ls$$

전체 전압강하를 출력으로 하면 전달함수는 다음과 같이 된다.

$$G(s) = R + Ls = G_R(s) + G_L(s) \neq G_R(s)G_L(s)$$

따라서 [그림 4-13(a)]에 대한 블록선도를 그리면 [그림 4-13(b)]와 같이 됨을 알 수 있다.

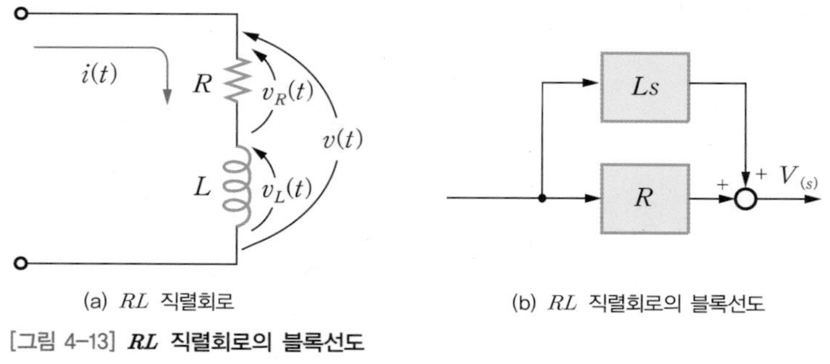

(a) RL 직렬회로 (b) RL 직렬회로의 블록선도

[그림 4-13] ***RL* 직렬회로의 블록선도**

4.1.5 1차지연요소

[그림 4-14]의 RL 직렬회로에서 인가전압 $v(t)$를 입력, 회로에 흐르는 전류 $i(t)$를 출력으로 하면 이 회로는 다음 미분방정식과 같다.

$$L\frac{d}{dt}i(t) + Ri(t) = v(t) \tag{4.14}$$

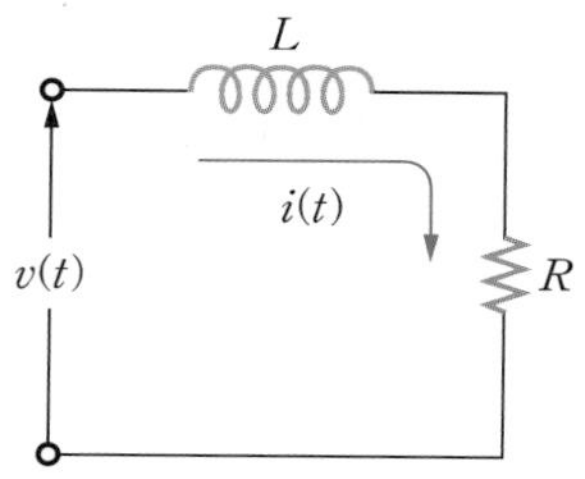

[그림 4-14] **RL 직렬회로의 예**

식 (4.14)의 라플라스 변환을 구하면(초기 조건은 0)

$$LsI(s) + RI(s) = V(s)$$

$$I(s) = \frac{1}{Ls + R}V(s)$$

이므로, 전달함수는 다음과 같다.

$$G(s) = \frac{I(s)}{V(s)} = \frac{1}{Ls + R} = \frac{\frac{1}{L}}{s + \frac{R}{L}} = \frac{K}{s + a} \tag{4.15}$$

$$\text{단, } K = \frac{1}{L},\ a = \frac{R}{L}$$

또한 단위계단응답을 구하기 위해 식 (4.15)에 단위계단입력의 라플라스 변환 $\frac{1}{s}$을 곱하면

$$I(s) = \frac{K}{(s + a)}\frac{1}{s} = \frac{K}{a}\left(\frac{1}{s} - \frac{1}{s + a}\right) \tag{4.16}$$

이다. 이때 라플라스 역변환을 구하면 다음과 같다.

$$i(t) = \mathcal{L}^{-1}\left[\frac{K}{a}\left(\frac{1}{s} - \frac{1}{s + a}\right)\right] = \frac{K}{a}\left(1 - e^{-at}\right) = K_1\left(1 - e^{-at}\right) \tag{4.17}$$

$$\text{단, } K_1 = \frac{K}{a}$$

여기에서 $\frac{1}{a}$을 시정수time constant, K_1을 이득정수라 한다. 이처럼 출력이 입력의 일정한 값에 도달하는 데 시간의 늦음이 있는 요소를 지연요소라고 하며, 그중에서 [그림 4-15]와 같은 단위계단응답 특성을 나타내는 요소를 특히 **1차지연요소**first order lag element라고 한다.

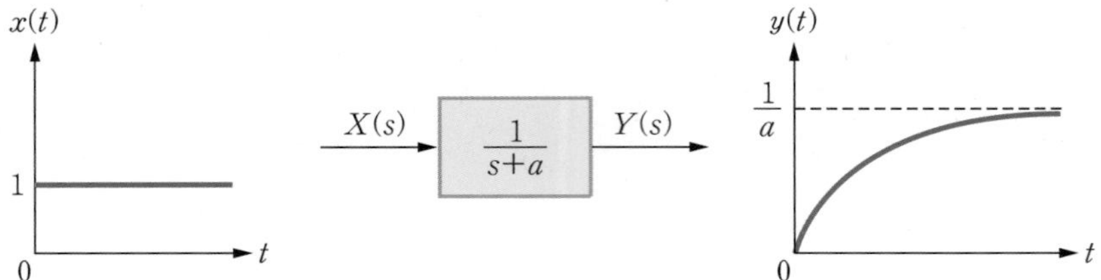

[그림 4-15] **1차지연요소의 단위계단응답**

1차지연요소의 단위계단응답을 나타내면 [그림 4-15]와 같다. 이러한 1차지연요소의 예로는 [그림 4-16]과 같은 ***RC* 직렬회로**, **수위계** 등이 있다. [그림 4-16]에 있는 입출력 관계를 통해 1차지연요소를 확인할 수 있다.

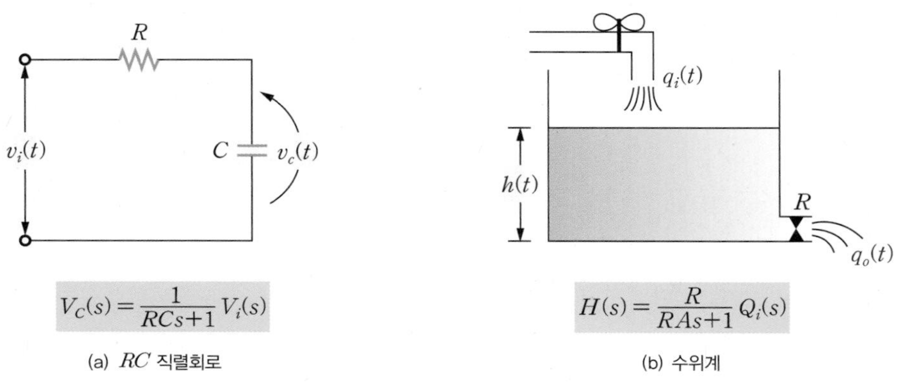

[그림 4-16] **1차지연요소의 예**

4.1.6 2차지연요소

[그림 4-17]과 같이 **점성마찰**viscous friction이 있는 탄성시스템에 외부에서 가한 힘 $f(t)$를 입력, 물체의 이동 거리 $y(t)$를 출력으로 하면 이 시스템의 전달함수는 다음과 같다.

$$G(s) = \frac{Y(s)}{F(s)} = \frac{1}{Ms^2 + Ds + K} \tag{4.18}$$

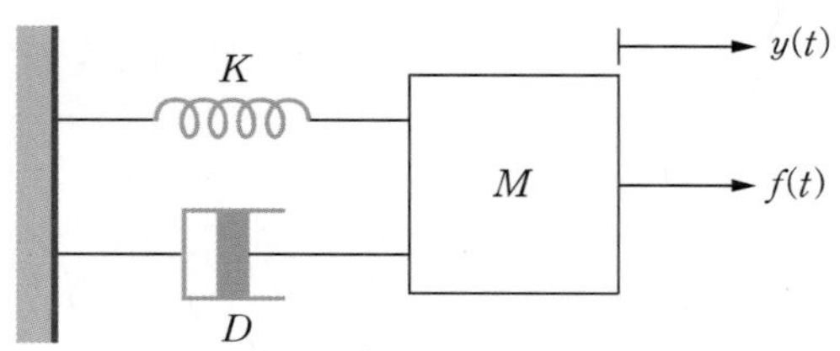

[그림 4-17] **점성마찰이 있는 탄성시스템**

탄성시스템의 단위계단응답을 구하기 위해 식 (4.18)에 단위계단입력의 라플라스 변환 $\frac{1}{s}$을 곱하면

$$Y(s) = \frac{1}{(Ms^2 + Ds + K)}\frac{1}{s} = \frac{1}{M(s+\alpha)(s+\beta)s} \tag{4.19}$$

이다. 이때 식 (4.19)를 부분분수로 전개하면

$$Y(s) = \frac{K_1}{s} + \frac{K_2}{s+\alpha} + \frac{K_3}{s+\beta}$$

이므로, 라플라스 역변환을 구하면 다음과 같다.

$$\begin{aligned} y(t) &= \mathcal{L}^{-1}\left[\frac{K_1}{s} + \frac{K_2}{s+\alpha} + \frac{K_3}{s+\beta}\right] \\ &= K_1 + K_2 e^{-\alpha t} + K_3 e^{-\beta t} \end{aligned} \tag{4.20}$$

식 (4.20)은 α, β의 값에 따라 [그림 4-18]의 곡선과 같이 나타난다.

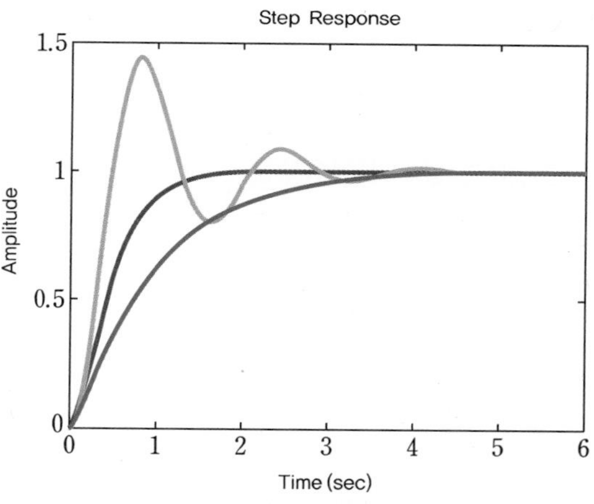

[그림 4-18] **극점의 위치에 따른 2차지연요소의 단위계단응답**

단위계단응답이 [그림 4-19]와 같이 단위계단함수의 입력에 진동하며 접근하고 전달함수의 분모가 s의 2차식으로 표시되는 요소를 **2차지연요소**second order lag element라고 한다.

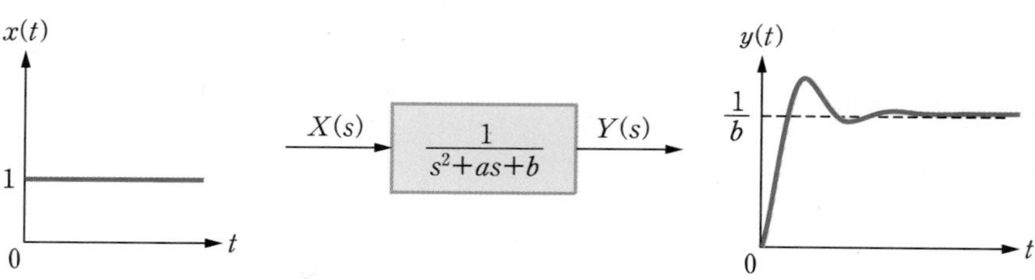

[그림 4-19] **2차지연요소의 단위계단응답**

이러한 2차지연요소의 예로서는 [그림 4-20]과 같은 ***RLC* 직렬회로, 종속 접속된 수조시스템** 등이 있다. [그림 4-20]에 있는 입출력 관계를 통해 2차지연요소를 확인할 수 있다.

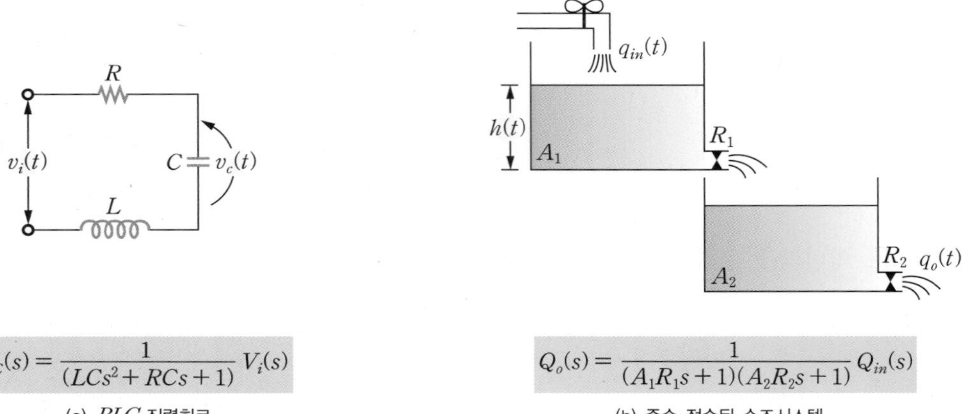

$$V_C(s) = \frac{1}{(LCs^2 + RCs + 1)} V_i(s)$$

$$Q_o(s) = \frac{1}{(A_1R_1s + 1)(A_2R_2s + 1)} Q_{in}(s)$$

(a) *RLC* 직렬회로 (b) 종속 접속된 수조시스템

[그림 4-20] **2차지연요소의 예**

4.1.7 낭비시간요소

[그림 4-21]과 같이 강철판을 압연[1]하는 시스템을 살펴보자. 롤러가 누르는 지점의 강철판의 두께를 $x(t)$, $l\,[\mathrm{m}]$만큼 떨어져 있는 지점에서 강철판의 두께를 $y(t)$, 강철판의 속도를 $v\,[\mathrm{m/s}]$라고 하면, $y(t)$는 항상 $x(t)$보다 $\tau = \dfrac{l}{v}$만큼 시간이 늦어진다.

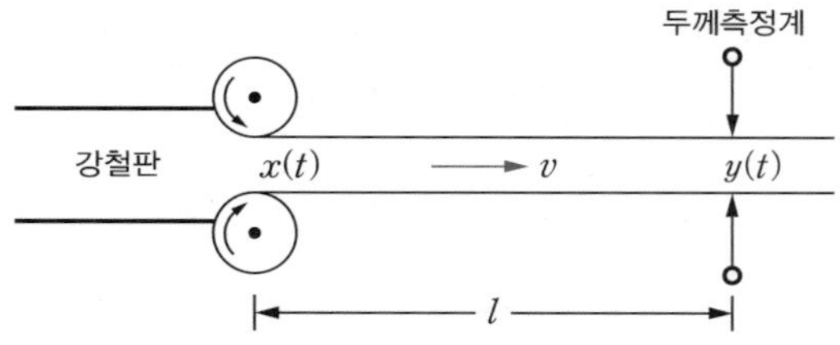

[그림 4-21] **강철판 압연시스템**

이러한 관계를 식으로 나타내면 다음과 같다.

$$y(t) = x(t - \tau) \tag{4.21}$$

식 (4.21)의 라플라스 변환을 구하면

$$Y(s) = e^{-\tau s} X(s) \tag{4.22}$$

1 금속재료를 회전하는 두 롤 사이를 통과시켜 막대기, 판 등의 모양으로 가공하는 방법을 말한다.

이므로, 전달함수는 다음과 같다.

$$G(s) = e^{-\tau s} \tag{4.23}$$

이처럼 입력을 출력으로 나타낼 때, 일정한 시간이 경과되는 요소를 **낭비시간요소**dead time element라고 하며, 낭비시간요소의 단위계단응답은 [그림 4-22]와 같다.

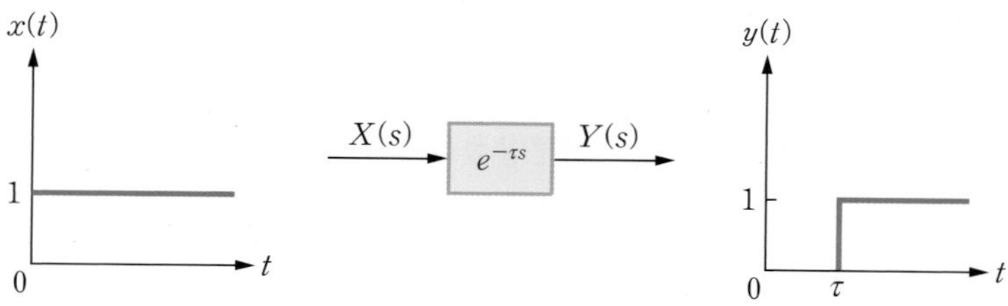

[그림 4-22] **낭비시간요소의 단위계단응답**

낭비시간요소의 예로는 [그림 4-23]과 같이 보일러실에서 멀리 떨어져 있는 방의 온도조절시스템, 배수관의 물 온도조절시스템 등이 있다.

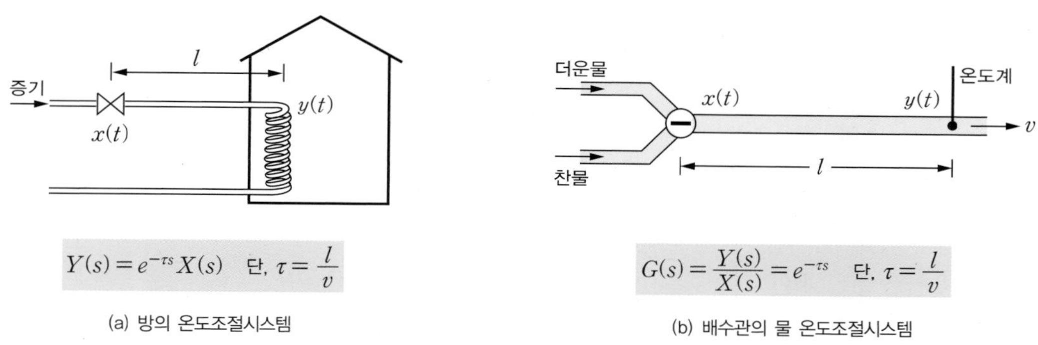

$Y(s) = e^{-\tau s}X(s)$ 단, $\tau = \frac{l}{v}$

(a) 방의 온도조절시스템

$G(s) = \frac{Y(s)}{X(s)} = e^{-\tau s}$ 단, $\tau = \frac{l}{v}$

(b) 배수관의 물 온도조절시스템

[그림 4-23] **낭비시간요소의 예**

지금까지 제어시스템에서 가장 기본이 되는 비례요소, 미분요소, 적분요소, 1차앞선요소, 1차지연요소, 2차지연요소, 낭비시간요소를 살펴보았다. 이제 이들이 복합적으로 결합되어 있는 실제 제어시스템의 전달함수와 상태방정식을 구해보자.

Q **낭비시간요소는 비선형시스템인가?**

A 입력과 출력 사이에 시간지연이 있을 뿐, 비례성과 중첩의 원리가 성립하므로 선형시스템이다. 또한 파라미터가 시간에 따라 변하는 것이 아니기 때문에 일반적으로 시변시스템이라고 말할 수 없다.

Section

4.2 제어시스템의 모델링

이 절에서는 기본 제어요소를 바탕으로 실제 제어시스템을 모델링하고자 한다. 이를 위해 실제 현장에서 많이 접하는 기계시스템과 전기시스템의 전달함수와 상태방정식을 구해보자. 제어시스템의 전달함수와 상태방정식을 구하려면, 먼저 시스템의 입출력 관계를 미분방정식으로 나타낸 후, 상태변수를 정하여 미분방정식에 대한 상태선도를 그려야 한다. 그런 후 전달함수는 상태선도에 메이슨의 이득공식을 적용하여 구하고, 상태방정식은 미분방정식을 1차 연립미분방정식으로 정리하여 구한다.

4.2.1 기계시스템

[그림 4-24]와 같이 두 개의 질량이 스프링과 감쇠기(댐퍼)로 연결된 진동시스템을 살펴보자. 이 진동시스템이 구동력 $f(t)$를 받았을 때, 질량 M_1과 M_2의 움직임을 나타내는 응답함수 $y_1(t)$와 $y_2(t)$를 구하기 위한 지배방정식governing equation을 구해보자.

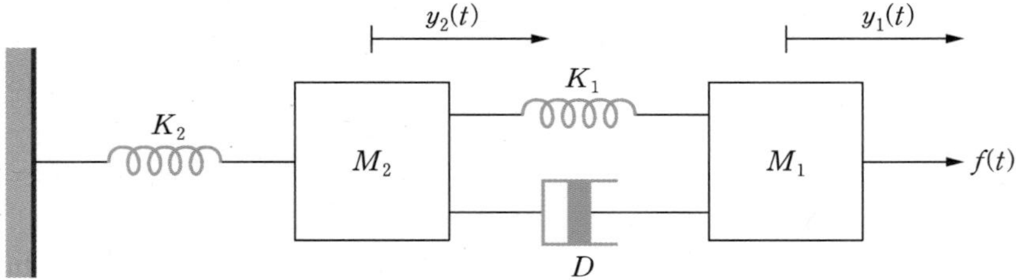

[그림 4-24] **두 개의 질량을 가진 진동시스템**

역학적으로 임의의 시간 t에서 각 질량의 자유물체도를 그린다. 그 다음 뉴턴의 운동방정식[2]을 이용하여 각 질량에 대한 지배방정식을 구하면 다음과 같다.

$$M_1 \frac{d^2}{dt^2} y_1(t) + D \frac{d}{dt}\{y_1(t) - y_2(t)\} + K_1\{y_1(t) - y_2(t)\} = f(t) \tag{4.24}$$

$$M_2 \frac{d^2}{dt^2} y_2(t) + K_2 y_2(t) + D \frac{d}{dt}\{y_2(t) - y_1(t)\} + K_1\{y_2(t) - y_1(t)\} = 0 \tag{4.25}$$

2 질량 M에 가속도 a를 곱한 것은 그 질량에 작용하는 모든 힘 f_i의 합과 같다. 즉 $M \times a = \sum f_i$ 이다.

이제 이 진동시스템에 대한 전달함수와 상태방정식을 구하고자 한다. 먼저 상태방정식을 구해보자.

■ 상태방정식

식 (4.24)와 식 (4.25)를 정리하면 각각 다음과 같다.

$$\frac{d^2}{dt^2}y_1(t) = -\frac{D}{M_1}\frac{d}{dt}\{y_1(t)-y_2(t)\} - \frac{K_1}{M_1}\{y_1(t)-y_2(t)\} + \frac{1}{M_1}f(t) \tag{4.26}$$

$$\frac{d^2}{dt^2}y_2(t) = -\frac{K_2}{M_2}y_2(t) - \frac{D}{M_2}\frac{d}{dt}\{y_2(t)-y_1(t)\} - \frac{K_1}{M_2}\{y_2(t)-y_1(t)\} \tag{4.27}$$

이때 상태변수 x_1, x_2, x_3, x_4를 다음과 같이 정한다.

$$\begin{aligned} & x_1 = y_1(t) \\ & x_2 = \frac{d}{dt}y_1(t) = \frac{d}{dt}x_1 \quad \rightarrow \quad \frac{d^2}{dt^2}y_1(t) = \frac{d}{dt}x_2 \\ & x_3 = y_2(t) \\ & x_4 = \frac{d}{dt}y_2(t) = \frac{d}{dt}x_3 \quad \rightarrow \quad \frac{d^2}{dt^2}y_2(t) = \frac{d}{dt}x_4 \end{aligned} \tag{4.28}$$

식 (4.26)과 식 (4.27)을 다시 정리하면 상태방정식은 다음과 같다.

$$\begin{aligned} & \frac{d}{dt}x_1 = x_2 \\ & \frac{d}{dt}x_2 = -\frac{K_1}{M_1}x_1 - \frac{D}{M_1}x_2 + \frac{K_1}{M_1}x_3 + \frac{D}{M_1}x_4 + \frac{1}{M_1}f \\ & \frac{d}{dt}x_3 = x_4 \\ & \frac{d}{dt}x_4 = \frac{K_1}{M_2}x_1 + \frac{D}{M_2}x_2 - \frac{K_1+K_2}{M_2}x_3 - \frac{D}{M_2}x_4 \end{aligned} \tag{4.29}$$

식 (4.29)를 행렬로 나타내면

$$\begin{bmatrix} \dot{x}_1 \\ \dot{x}_2 \\ \dot{x}_3 \\ \dot{x}_4 \end{bmatrix} = \begin{bmatrix} 0 & 1 & 0 & 0 \\ -\frac{K_1}{M_1} & -\frac{D}{M_1} & \frac{K_1}{M_1} & \frac{D}{M_1} \\ 0 & 0 & 0 & 1 \\ \frac{K_1}{M_2} & \frac{D}{M_2} & -\frac{K_1+K_2}{M_2} & -\frac{D}{M_2} \end{bmatrix} \begin{bmatrix} x_1 \\ x_2 \\ x_3 \\ x_4 \end{bmatrix} + \begin{bmatrix} 0 \\ \frac{1}{M_1} \\ 0 \\ 0 \end{bmatrix} f \tag{4.30}$$

이고, $y_1(t)$와 $y_2(t)$를 출력으로 하는 출력방정식은 다음과 같다.

$$y_1 = \begin{bmatrix} 1 & 0 & 0 & 0 \end{bmatrix} \begin{bmatrix} x_1 \\ x_2 \\ x_3 \\ x_4 \end{bmatrix}$$
$$y_2 = \begin{bmatrix} 0 & 0 & 1 & 0 \end{bmatrix} \begin{bmatrix} x_1 \\ x_2 \\ x_3 \\ x_4 \end{bmatrix} \tag{4.31}$$

이제 전달함수를 구해보자. $y_1(t)$가 출력인 전달함수를 먼저 구하고, 그 다음 $y_2(t)$가 출력인 전달함수를 구한다. 식 (4.30), 식 (4.31)로 상태선도를 그리면 [그림 4-25]와 같다. 여기에서는 초기 조건을 생략하고 상태선도를 그렸다. 전달함수를 구할 때는 초기 조건은 0으로 가정한다.

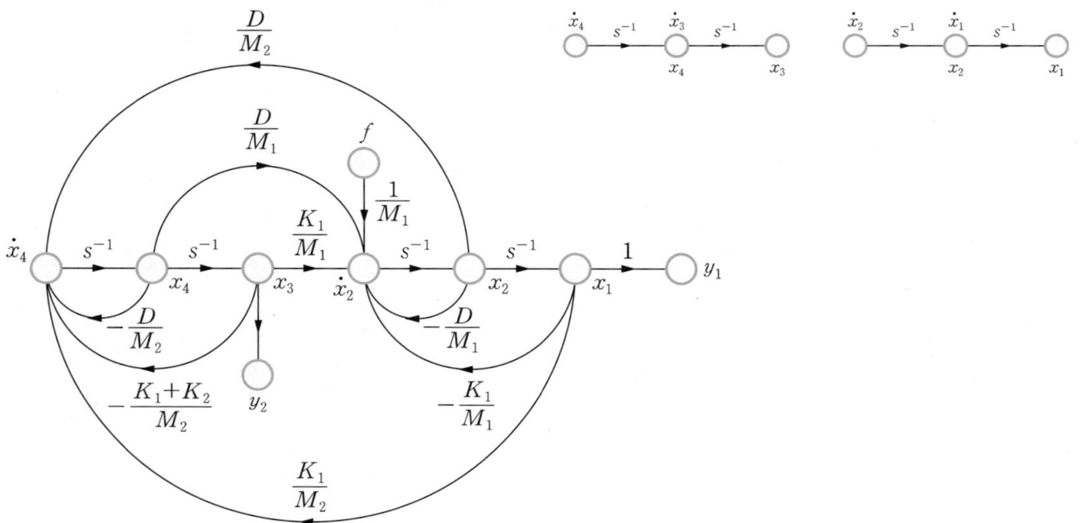

[그림 4-25] [그림 4-24]의 기계시스템에 대한 상태선도

■ $y_1(t)$가 출력인 전달함수

[그림 4-25]에서 $f(t)$를 입력, $y_1(t)$를 출력으로 하여 메이슨의 이득공식

$$M(s) = \frac{X_{out}(s)}{X_{in}(s)} = \sum_{k=1}^{N} \frac{M_k \Delta_k}{\Delta}$$

을 사용하면 전달함수를 쉽게 구할 수 있다. [그림 4-25]에서 입력 f에서 출력 y_1으로 가는 전향경로는 하나뿐이고, 전향경로 이득은 $\frac{1}{M_1}s^{-2}$이다.

이때 Δ와 Δ_1을 구하면

$$\Delta = 1 - \left(-\frac{D}{M_1}s^{-1} - \frac{K_1}{M_1}s^{-2} + \frac{K_1}{M_2}\frac{K_1}{M_1}s^{-4} + \frac{K_1}{M_2}\frac{D}{M_1}s^{-3} + \frac{D}{M_2}\frac{K_1}{M_1}s^{-3} + \frac{D}{M_2}\frac{D}{M_1}s^{-2} - \frac{D}{M_2}s^{-1} - \frac{K_1+K_2}{M_2}s^{-2} \right) + \left(\frac{D}{M_2}\frac{D}{M_1}s^{-2} + \frac{D}{M_2}\frac{K_1}{M_1}s^{-3} + \frac{K_1+K_2}{M_2}\frac{D}{M_1}s^{-3} + \frac{K_1+K_2}{M_2}\frac{K_1}{M_1}s^{-4} \right) \tag{4.32}$$

$$\Delta_1 = 1 - \left(-\frac{D}{M_2}s^{-1} - \frac{K_1+K_2}{M_2}s^{-2} \right) \tag{4.33}$$

이므로, 전달함수는 다음과 같다.

$$G(s) = \frac{\frac{1}{M_1}s^{-2}\left(1 + \frac{D}{M_2}s^{-1} + \frac{K_1+K_2}{M_2}s^{-2}\right)}{\Delta} \tag{4.34}$$

식 (4.34)의 분자와 분모에 $M_1 M_2 s^4$를 곱하여 정리하면 다음과 같다.

$$G(s) = \frac{M_2 s^2 + Ds + (K_1 + K_2)}{\Delta'} \tag{4.35}$$

$$\text{단, } \Delta' = M_1 M_2 s^4 + D(M_1 + M_2) s^3 + (K_1 M_1 + K_1 M_2 + K_2 M_1) s^2 + DK_2 s + K_1 K_2 \tag{4.36}$$

■ $y_2(t)$가 출력인 전달함수

[그림 4-24]에서 $f(t)$가 입력, $y_2(t)$가 출력인 경우를 살펴보자. [그림 4-25]에서 입력 f에서 출력 y_2로 가는 전향경로는 두 개고, 전향경로 1에 대한 이득과 Δ_1을 구하면

$$\frac{K_1}{M_1 M_2}s^{-4}, \ \Delta_1 = 1 \tag{4.37}$$

이고, 전향경로 2에 대한 이득과 Δ_2는 다음과 같다.

$$\frac{D}{M_1 M_2}s^{-3}, \ \Delta_2 = 1 \tag{4.38}$$

따라서 전달함수는 다음과 같다.

$$G(s) = \frac{\frac{K_1}{M_1 M_2} s^{-4} + \frac{D}{M_1 M_2} s^{-3}}{\Delta} = \frac{Ds + K_1}{\Delta'} \tag{4.39}$$

이때 Δ는 식 (4.32), Δ'은 식 (4.36)과 같다.

예제 4-1 마찰 커플링이 있는 기계시스템의 모델링

[그림 4-26]과 같이 관성모멘트가 있는 두 물체를 마찰 커플링friction coupling으로 연결하는 회전기계시스템에서 토크 T를 입력, 회전각 θ_2를 출력으로 하는 전달함수와 상태방정식을 구하라.

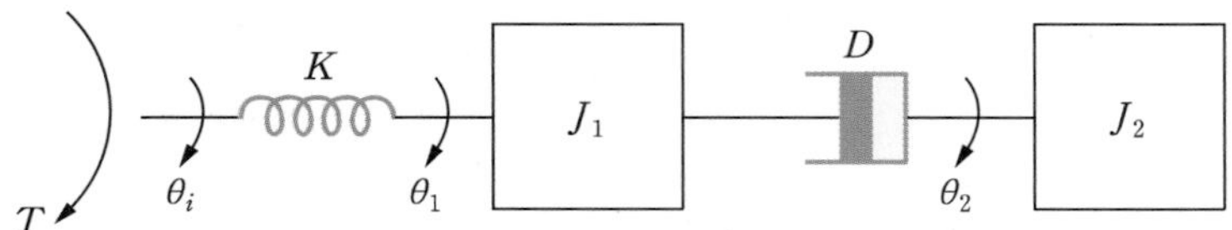

[그림 4-26] **마찰 커플링이 있는 회전기계시스템**[3]

풀이

토크를 미분방정식으로 나타내면 다음과 같다.

$$K(\theta_i - \theta_1) = T \quad \cdots ①$$

$$J_1 \frac{d^2}{dt^2}\theta_1 + D\left(\frac{d}{dt}\theta_1 - \frac{d}{dt}\theta_2\right) + K(\theta_1 - \theta_i) = 0 \quad \cdots ②$$

$$J_2 \frac{d^2}{dt^2}\theta_2 + D\left(\frac{d}{dt}\theta_2 - \frac{d}{dt}\theta_1\right) = 0 \quad \cdots ③$$

식 ①을 식 ②에 대입하면

$$J_1 \frac{d^2}{dt^2}\theta_1 + D\left(\frac{d}{dt}\theta_1 - \frac{d}{dt}\theta_2\right) = T \quad \cdots ④$$

이고, 이를 다시 정리하면 다음과 같다.

$$\frac{d^2}{dt^2}\theta_2 = -\frac{D}{J_2}\frac{d}{dt}\theta_2 + \frac{D}{J_2}\frac{d}{dt}\theta_1 \quad \cdots ⑤$$

$$\frac{d^2}{dt^2}\theta_1 = \frac{D}{J_1}\frac{d}{dt}\theta_2 - \frac{D}{J_1}\frac{d}{dt}\theta_1 + \frac{1}{J_1}T \quad \cdots ⑥$$

3 질량은 병진운동(직선운동)에서 관성의 크기를 나타내는 값이고, 관성모멘트는 회전운동에서 관성의 크기를 나타내는 값이다. 일반적으로 질량은 M[kg] 으로, 관성모멘트는 J [kg $-$ m^2] 으로 나타낸다. 직선운동에서의 마찰계수나 탄성계수는 회전운동에서와 다르나, 여기에서는 D와 K로 표시한다.

이때 상태변수 x_1, x_2, x_3를 다음과 같이 정한다.

$$x_1 = \theta_2$$
$$x_2 = \frac{d}{dt}\theta_2 = \frac{d}{dt}x_1$$
$$x_3 = \frac{d}{dt}\theta_1$$

식 ⑤와 식 ⑥에 대한 상태선도를 그리면 [그림 4-27]과 같다.

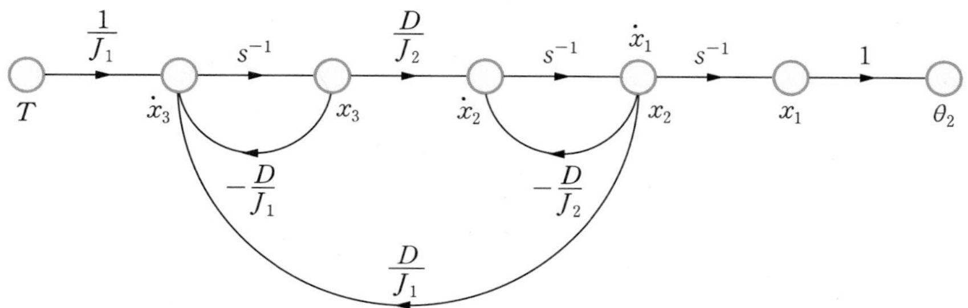

[그림 4-27] **마찰 커플링이 있는 회전기계시스템에 대한 상태선도**

[그림 4-27]과 같은 상태선도에서 메이슨의 이득공식을 이용하면 전달함수를 구할 수 있다.

$$M(s) = \frac{X_{out}(s)}{X_{in}(s)} = \sum_{k=1}^{N} \frac{M_k \Delta_k}{\Delta}$$

이때

$$M_1 = \frac{1}{J_1}\frac{D}{J_2}s^{-3}, \quad \Delta_1 = 1$$
$$\begin{aligned}\Delta &= 1 - \left(-\frac{D}{J_1}s^{-1} - \frac{D}{J_2}s^{-1} + \frac{D^2}{J_1 J_2}s^{-2}\right) + \frac{D^2}{J_1 J_2}s^{-2} \\ &= 1 + \frac{D}{J_1}s^{-1} + \frac{D}{J_2}s^{-1}\end{aligned}$$

이므로, 전달함수는 다음과 같다.

$$G(s) = \frac{\frac{D}{J_1 J_2}s^{-3}}{1 + \frac{D}{J_1}s^{-1} + \frac{D}{J_2}s^{-1}} = \frac{D}{s^2\{J_1 J_2 s + D(J_1 + J_2)\}} \qquad \cdots ⑦$$

식 ⑤와 식 ⑥을 상태변수를 사용하여 정리하면

$$\frac{d}{dt}x_1 = x_2$$
$$\frac{d}{dt}x_2 = -\frac{D}{J_2}x_2 + \frac{D}{J_2}x_3 \qquad \cdots ⑧$$

$$\frac{d}{dt}x_3 = \frac{D}{J_1}x_2 - \frac{D}{J_1}x_3 + \frac{1}{J_1}T$$

이고, 식 ⑧을 행렬로 나타내면

$$\begin{bmatrix} \dot{x}_1 \\ \dot{x}_2 \\ \dot{x}_3 \end{bmatrix} = \begin{bmatrix} 0 & 1 & 0 \\ 0 & -\frac{D}{J_2} & \frac{D}{J_2} \\ 0 & \frac{D}{J_1} & -\frac{D}{J_1} \end{bmatrix} \begin{bmatrix} x_1 \\ x_2 \\ x_3 \end{bmatrix} + \begin{bmatrix} 0 \\ 0 \\ \frac{1}{J_1} \end{bmatrix} T \quad \cdots ⑨$$

이다. 또한 θ_2를 출력으로 하는 출력방정식은 다음과 같다.

$$y = [\ 1 \quad 0 \quad 0\ ] \begin{bmatrix} x_1 \\ x_2 \\ x_3 \end{bmatrix} \quad \cdots ⑩$$

기계시스템에서는 톱니바퀴gear나 지렛대, 풀리pulley 등을 이용하여 한 시스템에서 다른 시스템으로 에너지를 전달한다. [그림 4-28]과 같이 톱니바퀴를 통해 연결된 두 시스템의 관계는 다음과 같다.

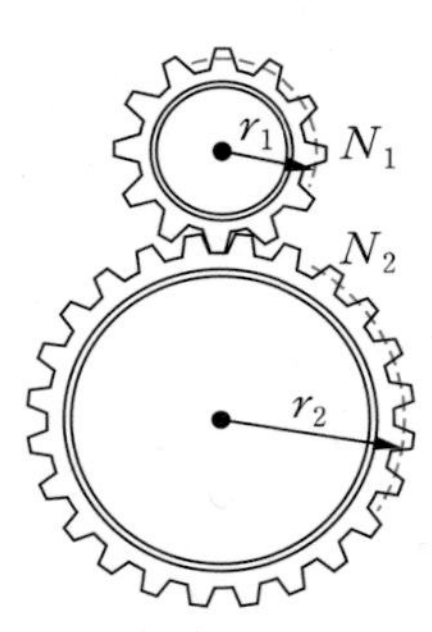

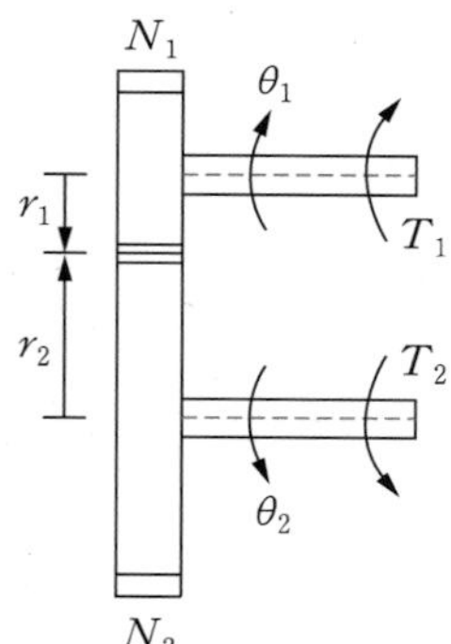

[그림 4-28] **톱니바퀴로 연결된 기계시스템**

- 기어의 톱니 수는 기어의 반지름에 비례한다.

$$\frac{r_2}{r_1} = \frac{N_2}{N_1} \tag{4.40}$$

- 각도의 변위는 기어의 톱니 수에 반비례한다.

$$\frac{\theta_2}{\theta_1} = \frac{N_1}{N_2} \tag{4.41}$$

• 기어를 통해 전달되는 토크는 톱니 수에 비례한다.

$$\frac{T_2}{T_1} = \frac{N_2}{N_1} \tag{4.42}$$

이 식들을 각속도 ω_1, ω_2를 넣어서 정리하면 다음과 같다.

$$\frac{T_1}{T_2} = \frac{\theta_2}{\theta_1} = \frac{\omega_2}{\omega_1} = \frac{r_1}{r_2} = \frac{N_1}{N_2} \tag{4.43}$$

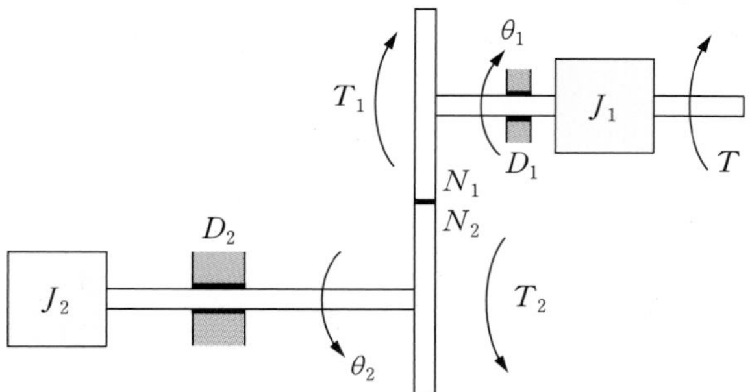

[그림 4-29] **회전마찰과 관성모멘트를 갖는 톱니바퀴로 연결된 기계시스템**

[그림 4-29]와 같이 토크 T에 기어를 통해 관성모멘트 J_2와 회전마찰계수 D_2가 연결되어 T_2라는 부하로 작용하는 기계시스템을 생각해보자. 두 번째 기어에 대한 토크는

$$T_2 = J_2 \frac{d^2}{dt^2}\theta_2 + D_2 \frac{d}{dt}\theta_2 \tag{4.44}$$

이고, 전체 토크 T는 다음과 같다.

$$T = J_1 \frac{d^2}{dt^2}\theta_1 + D_1 \frac{d}{dt}\theta_1 + T_1 \tag{4.45}$$

여기에서

$$\begin{aligned} T_1 &= \frac{N_1}{N_2} T_2 = \frac{N_1}{N_2}\left(J_2 \frac{d^2}{dt^2}\theta_2 + D_2 \frac{d}{dt}\theta_2\right) \\ &= \frac{N_1}{N_2}\left\{J_2 \frac{d^2}{dt^2}\left(\frac{N_1}{N_2}\theta_1\right) + D_2 \frac{d}{dt}\left(\frac{N_1}{N_2}\theta_1\right)\right\} \\ &= \left(\frac{N_1}{N_2}\right)^2 J_2 \frac{d^2}{dt^2}\theta_1 + \left(\frac{N_1}{N_2}\right)^2 D_2 \frac{d}{dt}\theta_1 \end{aligned} \tag{4.46}$$

이므로, 식 (4.45)는 다음과 같이 정리된다.

$$\begin{aligned} T &= J_1 \frac{d^2}{dt^2}\theta_1 + D_1 \frac{d}{dt}\theta_1 + T_1 \\ &= J_1 \frac{d^2}{dt^2}\theta_1 + D_1 \frac{d}{dt}\theta_1 + \left(\frac{N_1}{N_2}\right)^2 J_2 \frac{d^2}{dt^2}\theta_1 + \left(\frac{N_1}{N_2}\right)^2 D_2 \frac{d}{dt}\theta_1 \\ &= \left\{J_1 + \left(\frac{N_1}{N_2}\right)^2 J_2\right\} \frac{d^2}{dt^2}\theta_1 + \left\{D_1 + \left(\frac{N_1}{N_2}\right)^2 D_2\right\} \frac{d}{dt}\theta_1 \end{aligned} \tag{4.47}$$

따라서 기어를 통해 2차 측 부하가 연결된 [그림 4-29]를 [그림 4-30]과 같이 기어 없이 직접 토크 T에 연결된 시스템으로 나타낼 수 있다.

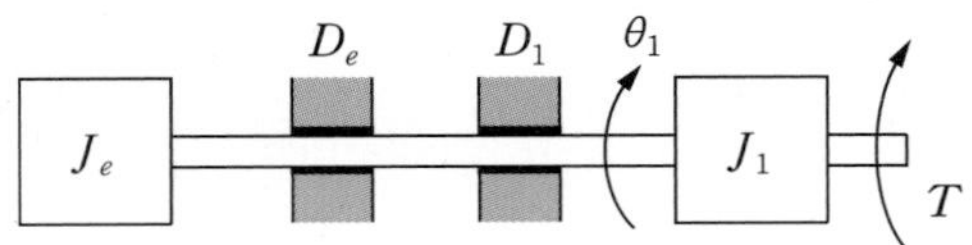

[그림 4-30] **2차 측 부하를 1차 측에 직접 연결한 등가시스템**

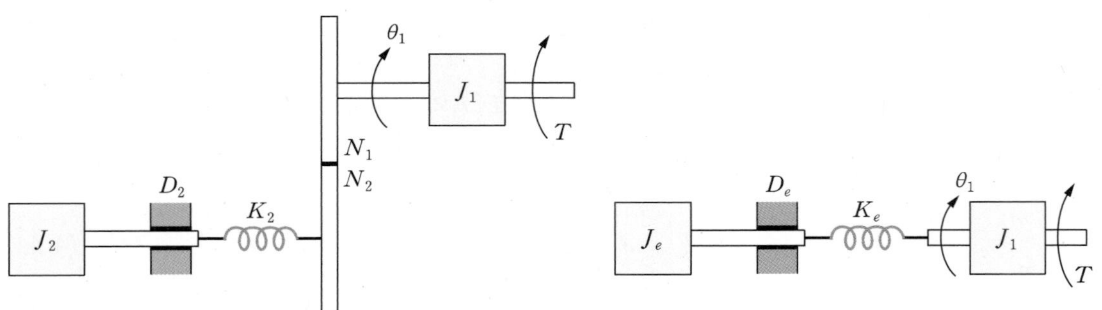

(a) 톱니바퀴로 연결한 기계시스템

(b) 톱니바퀴를 제거한 등가시스템

[그림 4-31] **기계시스템**

또 다른 예로, [그림 4-31(a)]와 같은 관성모멘트와 댐퍼, 스프링이 기어를 통해 토크 T에 연결되어 있을 때 이 시스템을 기어 없이 1차 측에 직접 연결하면 [그림 4-31(b)]와 같다. 이때 1차 측의 등가 부하들은 다음과 같다.

$$K_e = \left(\frac{N_1}{N_2}\right)^2 K_2 \tag{4.48}$$

$$J_e = \left(\frac{N_1}{N_2}\right)^2 J_2 \tag{4.49}$$

$$D_e = \left(\frac{N_1}{N_2}\right)^2 D_2 \tag{4.50}$$

4.2.2 전기시스템

이제 전기시스템을 모델링하고자 한다. [그림 4-32]와 같은 타여자 직류전동기에서 계자전류 i_f는 일정하므로 자속 Φ는 변하지 않는다. 부하 T_L에 따라 전기자권선에 인가되는 전압 e_a와 이에 따라 전기자전류 i_a가 변하는 **전기자제어 직류전동기**armature-controlled DC motor다. 이제 부하가 없을 때 ($T_L = 0$) 인가전압 e_a를 입력, 전동기의 각변위 θ를 출력으로 하는 전달함수와 인가전압 e_a와 부하 T_L을 입력, 전기자전류 i_a와 각속도 ω, 각변위 θ를 상태변수로 하는 상태방정식을 구해보자.

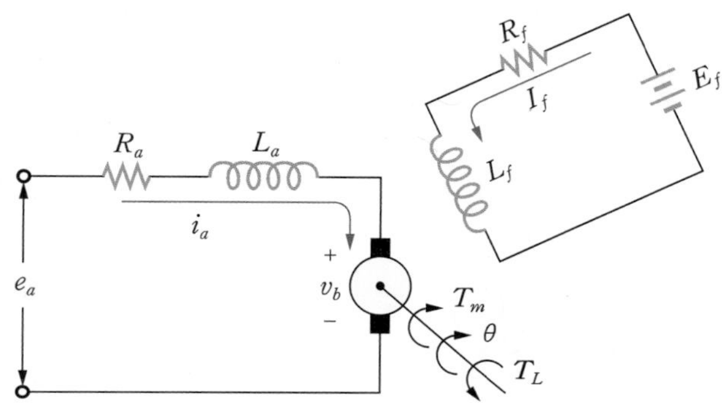

[그림 4-32] **타여자 직류전동기의 전기자 제어시스템**

먼저 각 변수와 파라미터를 기호로 나타내면 다음과 같다.

$e_a(t)$	: 전기자전압	K_i	: 토크상수
$i_a(t)$	: 전기자전류	K_b	: 역기전력상수
L_a	: 전기자인덕턴스	Φ	: 공극의 자속
R_a	: 전기자저항	$\theta(t)$	: 전동기 축의 각변위
$v_b(t)$	: 역기전력	$\omega(t)$	: 전동기 축의 각속도
$T_m(t)$	: 전동기토크	J_m	: 전동기 축의 관성모멘트
T_L	: 부하토크	D_m	: 전동기 축의 점성마찰계수

전동기의 전기자권선에 전압 e_a를 인가하면 i_a가 흐르고, 이 전류와 자속 Φ에 의해 회전력 T_m가 발생하여 전기자권선이 회전한다. 자속 안에서는 전기자권선이 회전하므로 **역기전력**back electromotive force v_b가 발생한다. 전기자전류에 대한 관계를 미분방정식으로 나타내면

$$L_a \frac{d}{dt} i_a + R_a i_a = e_a - v_b \tag{4.51}$$

이고, 역기전력 v_b는 각속도 ω 에 비례하므로

$$v_b = K_b\,\omega \tag{4.52}$$

이다. 또한 전동기의 토크 T_m은 전기자전류 i_a에 비례하므로

$$T_m = K_i\,i_a \tag{4.53}$$

가 된다. 이 전동기의 구동력 T_m과 부하토크 T_L에 의한 전동기 축의 회전운동은

$$J_m \frac{d^2}{dt^2}\theta + D_m \frac{d}{dt}\theta = T_m - T_L \tag{4.54}$$

로 나타낸다. 식 (4.51)과 식 (4.54)를 정리하면

$$\frac{d}{dt} i_a = -\frac{R_a}{L_a} i_a - \frac{K_b}{L_a}\omega + \frac{1}{L_a}\, e_a \tag{4.55}$$

$$\frac{d}{dt}\omega = \frac{K_i}{J_m} i_a - \frac{D_m}{J_m}\omega - \frac{1}{J_m} T_L \tag{4.56}$$

이고, 이 식을 이용하여 상태선도를 그리면 [그림 4-33]과 같다.

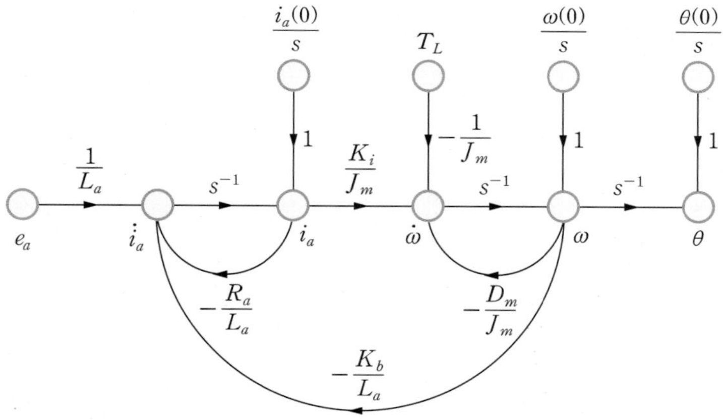

[그림 4-33] **타여자 직류전동기의 상태선도**

이제 [그림 4-33]과 같은 상태선도에서 메이슨의 이득공식을 이용하여 전달함수를 구해보자.

■ 무부하시 인가전압 e_a를 입력, 전동기의 각변위 θ를 출력으로 하는 전달함수

상태선도에서 $T_L = 0$ 으로 놓고 e_a를 입력, θ를 출력으로 할 때, 메이슨의 이득공식을 적용하면

$$M_1 = \frac{K_i}{L_a J_m} s^{-3}, \quad \Delta_1 = 1$$

$$\Delta = 1 - \left(-\frac{R_a}{L_a} s^{-1} - \frac{D_m}{J_m} s^{-1} - \frac{K_i K_b}{L_a J_m} s^{-2} \right) + \frac{R_a D_m}{L_a J_m} s^{-2}$$

$$= 1 + \frac{R_a}{L_a} s^{-1} + \frac{D_m}{J_m} s^{-1} + \frac{K_i K_b}{L_a J_m} s^{-2} + \frac{R_a D_m}{L_a J_m} s^{-2}$$

이다. 따라서 전달함수를 구하면(초기 조건은 0) 다음과 같다.

$$G(s) = \frac{\dfrac{K_i}{L_a J_m} s^{-3}}{1 + \dfrac{R_a}{L_a} s^{-1} + \dfrac{D_m}{J_m} s^{-1} + \dfrac{K_i K_b}{L_a J_m} s^{-2} + \dfrac{R_a D_m}{L_a J_m} s^{-2}}$$

$$= \frac{K_i}{L_a J_m s^3 + (R_a J_m + L_a D_m) s^2 + (K_i K_b + R_a D_m) s} \tag{4.57}$$

일반적으로 전기자인덕턴스 L_a는 밀리 헨리milli henry[mH], 즉 10^{-3} 헨리 단위이고, 전기자저항 R_a는 $10^{-1} \sim 10[\Omega]$ 단위이다. $L_a \ll R_a$ 이므로 식 (4.57)에서 $L_a \fallingdotseq 0$으로 L_a를 포함하는 항을 삭제하면 다음과 같이 간단히 표시할 수 있다.

$$G(s) = \frac{K_i}{R_a J_m s^2 + (K_i K_b + R_a D_m) s} = \frac{\dfrac{K_i}{R_a J_m}}{s\left(s + \dfrac{K_i K_b + R_a D_m}{R_a J_m}\right)} = \frac{K}{s(s+a)} \tag{4.58}$$

$$\text{단, } K = \frac{K_i}{R_a J_m}, \quad a = \frac{K_i K_b + R_a D_m}{R_a J_m}$$

■ 인가전압 e_a와 부하 T_L을 입력, 전기자전류 i_a와 가속도 ω, 각변위 θ를 상태변수로 하는 상태방정식

행렬을 이용하여 식 (4.55)와 식 (4.56)을 나타내면 다음과 같은 상태방정식을 얻을 수 있다.

$$\begin{bmatrix} \dfrac{d}{dt} i_a \\ \dfrac{d}{dt} \omega \\ \dfrac{d}{dt} \theta \end{bmatrix} = \begin{bmatrix} -\dfrac{R_a}{L_a} & -\dfrac{K_b}{L_a} & 0 \\ \dfrac{K_i}{J_m} & -\dfrac{D_m}{J_m} & 0 \\ 0 & 1 & 0 \end{bmatrix} \begin{bmatrix} i_a \\ \omega \\ \theta \end{bmatrix} + \begin{bmatrix} \dfrac{1}{L_a} & 0 \\ 0 & -\dfrac{1}{J_m} \\ 0 & 0 \end{bmatrix} \begin{bmatrix} e_a \\ T_L \end{bmatrix} \tag{4.59}$$

예제 4-2 계자제어 직류전동기의 모델링

[그림 4-34]와 같이 전기자전류 i_a는 일정한 값으로 고정시키고, 부하 T_L에 따라 계자전압 e_f를 조정하므로 계자전류 i_f를 변화시켜 전동기의 구동력을 조절하는 계자제어 직류전동기에서 계자전압 e_f를 입력, 전동기의 각 변위 θ를 출력으로 하는 전달함수와 i_f, ω, θ를 상태변수로 하는 상태방정식을 구하라.

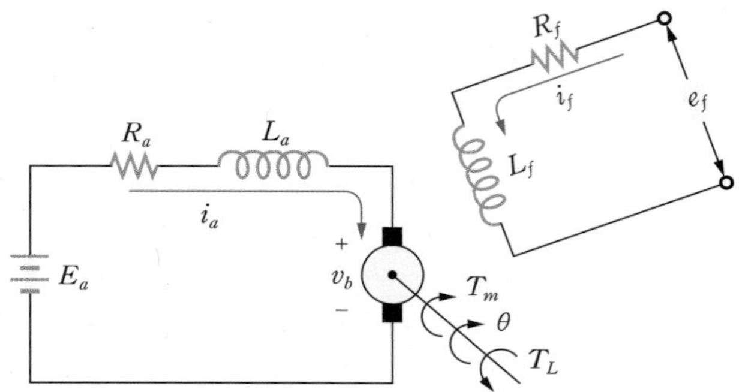

[그림 4-34] **계자제어 직류전동기의 계자제어시스템**

풀이

계자전류 i_f에 대한 미분방정식을 나타내면 다음과 같다.

$$L_f \frac{d}{dt} i_f + R_f i_f = e_f \qquad \cdots ①$$

또한 구동 토크 T_m은 계자전류 i_f에 비례하므로

$$T_m = K_f i_f \qquad \cdots ②$$

이고, 구동 토크와 전동기 축의 회전운동은

$$J_m \frac{d^2}{dt^2} \theta + D_m \frac{d}{dt} \theta = T_m - T_L$$

$$\frac{d}{dt} \theta = \omega \qquad \cdots ③$$

이다. 식 ①과 식 ③을 정리하면 다음과 같다.

$$\frac{d}{dt} i_f = -\frac{R_f}{L_f} i_f + \frac{1}{L_f} e_f \qquad \cdots ④$$

$$\frac{d}{dt} \omega = -\frac{D_m}{J_m} \omega + \frac{1}{J_m} T_m - \frac{1}{J_m} T_L \qquad \cdots ⑤$$

$$\frac{d}{dt} \theta = \omega \qquad \cdots ⑥$$

이 식들을 이용하여 상태선도를 그리면 [그림 4-35]와 같다.

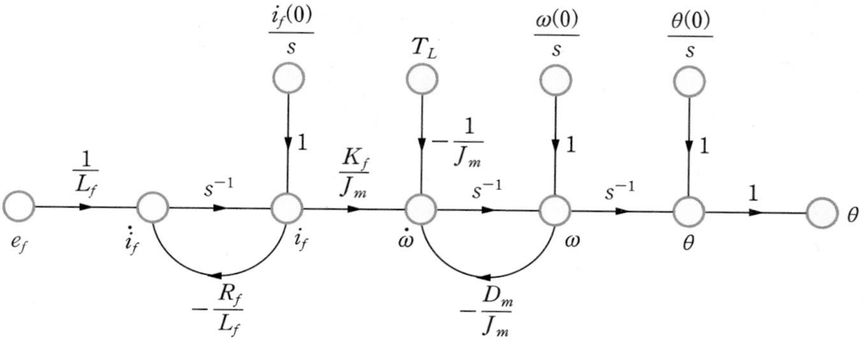

[그림 4-35] **계자제어시스템의 상태선도**

상태선도에서 e_f를 입력, θ를 출력으로 메이슨의 이득공식을 적용하면

$$M_1 = \frac{K_f}{L_f J_m} s^{-3}, \quad \Delta_1 = 1$$

$$\begin{aligned}\Delta &= 1 - \left(-\frac{R_f}{L_f} s^{-1} - \frac{D_m}{J_m} s^{-1}\right) + \frac{R_f D_m}{L_f J_m} s^{-2} \\ &= 1 + \frac{R_f}{L_f} s^{-1} + \frac{D_m}{J_m} s^{-1} + \frac{R_f D_m}{L_f J_m} s^{-2}\end{aligned} \quad \cdots ⑦$$

이므로, 전달함수는 다음과 같다.

$$\begin{aligned}G(s) &= \frac{\dfrac{K_f}{L_f J_m} s^{-3}}{1 + \dfrac{R_f}{L_f} s^{-1} + \dfrac{D_m}{J_m} s^{-1} + \dfrac{R_f D_m}{L_f J_m} s^{-2}} \\ &= \frac{K_f}{L_f J_m s^3 + (R_f J_m + L_f D_m) s^2 + R_f D_m s}\end{aligned} \quad \cdots ⑧$$

또한 식 ④, 식 ⑤, 식 ⑥을 행렬로 나타내면 다음과 같은 상태방정식을 얻을 수 있다.

$$\begin{bmatrix} \dfrac{d}{dt} i_f \\ \dfrac{d}{dt} \omega \\ \dfrac{d}{dt} \theta \end{bmatrix} = \begin{bmatrix} -\dfrac{R_f}{L_f} & 0 & 0 \\ \dfrac{K_f}{J_m} & -\dfrac{D_m}{J_m} & 0 \\ 0 & 1 & 0 \end{bmatrix} \begin{bmatrix} i_f \\ \omega \\ \theta \end{bmatrix} + \begin{bmatrix} \dfrac{1}{L_f} & 0 \\ 0 & -\dfrac{1}{J_m} \\ 0 & 0 \end{bmatrix} \begin{bmatrix} e_f \\ T_L \end{bmatrix} \quad \cdots ⑨$$

$$y = [0\ 0\ 1] \begin{bmatrix} i_f \\ w \\ \theta \end{bmatrix}$$

Section

4.3 전달함수와 상태방정식의 상호변환

지금까지는 물리시스템의 입출력 관계를 전달함수와 상태방정식으로 살펴보았다. 같은 시스템이라도 입출력을 어떻게 선택하느냐에 따라 전달함수가 서로 다른 것처럼 같은 전달함수로 모델링된 시스템의 상태방정식도 상태변수를 어떻게 선택하느냐에 따라 상태방정식이 달라진다. 이 절에서는 전달함수와 상태방정식의 상호변환을 살펴보고자 한다. 상태방정식을 전달함수로 변환하는 방법과 전달함수를 상태방정식으로 변환하는 방법을 설명한다.

4.3.1 상태방정식을 전달함수로 변환

먼저 상태방정식을 전달함수로 변환하는 방법을 알아보자. 상태방정식과 출력방정식이

$$\dot{\mathbf{x}} = \mathbf{A}\mathbf{x} + \mathbf{B}u \tag{4.60}$$

$$y = \mathbf{C}\mathbf{x} + \mathbf{D}u \tag{4.61}$$

일 때, 초기 조건을 0으로 하면 식 (4.60)과 식 (4.61)의 라플라스 변환은 각각 다음과 같다.

$$s\mathbf{X}(s) = \mathbf{A}\mathbf{X}(s) + \mathbf{B}U(s) \tag{4.62}$$

$$Y(s) = \mathbf{C}\mathbf{X}(s) + \mathbf{D}U(s) \tag{4.63}$$

식 (4.62)를 정리하면

$$(s\mathbf{I} - \mathbf{A})\mathbf{X}(s) = \mathbf{B}U(s)$$

$$\mathbf{X}(s) = (s\mathbf{I} - \mathbf{A})^{-1}\mathbf{B}U(s) \tag{4.64}$$

이고, 식 (4.64)를 식 (4.63)에 대입하면 다음을 얻을 수 있다.

$$\begin{aligned} Y(s) &= \mathbf{C}(s\mathbf{I} - \mathbf{A})^{-1}\mathbf{B}U(s) + \mathbf{D}U(s) \\ &= \left[\mathbf{C}(s\mathbf{I} - \mathbf{A})^{-1}\mathbf{B} + \mathbf{D}\right]U(s) \end{aligned} \tag{4.65}$$

따라서 $u(t)$를 입력, $y(t)$를 출력으로 하는 전달함수는 다음과 같다.

$$M(s) = \frac{Y(s)}{U(s)} = \mathbf{C}(s\mathbf{I} - \mathbf{A})^{-1}\mathbf{B} + \mathbf{D} = \frac{\mathbf{C}\,adj(s\mathbf{I} - \mathbf{A})\mathbf{B} + |s\mathbf{I} - \mathbf{A}|\mathbf{D}}{|s\mathbf{I} - \mathbf{A}|} \tag{4.66}$$

예제 4-3 상태방정식을 전달함수로 변환

다음 상태방정식을 갖는 제어시스템의 전달함수 $M(s)$를 각각 구하라.

(a) $$\begin{bmatrix} \frac{d}{dt}x_1 \\ \frac{d}{dt}x_2 \end{bmatrix} = \begin{bmatrix} -2 & -1 \\ -3 & 0 \end{bmatrix}\begin{bmatrix} x_1 \\ x_2 \end{bmatrix} + \begin{bmatrix} 5 \\ 2 \end{bmatrix}u \ , \ y = [2 \ \ 1]\begin{bmatrix} x_1 \\ x_2 \end{bmatrix}$$

(b) $$\begin{bmatrix} \frac{d}{dt}x_1 \\ \frac{d}{dt}x_2 \\ \frac{d}{dt}x_3 \end{bmatrix} = \begin{bmatrix} 0 & 1 & 0 \\ 0 & 0 & 1 \\ -2 & -3 & -4 \end{bmatrix}\begin{bmatrix} x_1 \\ x_2 \\ x_3 \end{bmatrix} + \begin{bmatrix} 20 \\ 0 \\ 0 \end{bmatrix}u \ , \ y = [1 \ \ 0 \ \ 0]\begin{bmatrix} x_1 \\ x_2 \\ x_3 \end{bmatrix}$$

풀이

(a) $(s\mathbf{I}-\mathbf{A})$를 구하면

$$s\mathbf{I}-\mathbf{A} = \begin{bmatrix} s & 0 \\ 0 & s \end{bmatrix} - \begin{bmatrix} -2 & -1 \\ -3 & 0 \end{bmatrix} = \begin{bmatrix} s+2 & 1 \\ 3 & s \end{bmatrix}$$

이고, $(s\mathbf{I}-\mathbf{A})^{-1}$을 구하면

$$(s\mathbf{I}-\mathbf{A})^{-1} = \frac{adj(s\mathbf{I}-\mathbf{A})}{|s\mathbf{I}-\mathbf{A}|} = \frac{\begin{bmatrix} s & -1 \\ -3 & s+2 \end{bmatrix}}{s^2+2s-3}$$

이다. 식 (4.66)을 이용하여 전달함수를 구하면 다음과 같다.

$$\begin{aligned} M(s) &= \mathbf{C}(s\mathbf{I}-\mathbf{A})^{-1}\mathbf{B}+\mathbf{D} \\ &= [2 \ \ 1]\ \frac{\begin{bmatrix} s & -1 \\ -3 & s+2 \end{bmatrix}}{s^2+2s-3}\begin{bmatrix} 5 \\ 2 \end{bmatrix} \\ &= \frac{12s-15}{s^2+2s-3} \end{aligned}$$

(b) $(s\mathbf{I}-\mathbf{A})$를 구하면

$$(s\mathbf{I}-\mathbf{A}) = \begin{bmatrix} s & 0 & 0 \\ 0 & s & 0 \\ 0 & 0 & s \end{bmatrix} - \begin{bmatrix} 0 & 1 & 0 \\ 0 & 0 & 1 \\ -2 & -3 & -4 \end{bmatrix} = \begin{bmatrix} s & -1 & 0 \\ 0 & s & -1 \\ 2 & 3 & s+4 \end{bmatrix}$$

이고, $(s\mathbf{I}-\mathbf{A})^{-1}$을 구하면

$$(s\mathbf{I}-\mathbf{A})^{-1}=\frac{adj(s\mathbf{I}-\mathbf{A})}{|s\mathbf{I}-\mathbf{A}|}=\frac{\begin{bmatrix}(s^2+4s+3) & (s+4) & 1\\ -2 & s^2+4s & s\\ -2s & -(3s+2) & s^2\end{bmatrix}}{s^3+4s^2+3s+2}$$

이다. 식 (4.66)을 이용하여 전달함수를 구하면 다음과 같다.

$$\begin{aligned}M(s)&=\mathbf{C}(s\mathbf{I}-\mathbf{A})^{-1}\mathbf{B}+\mathbf{D}\\ &=[1\quad 0\quad 0]\,\frac{\begin{bmatrix}(s^2+4s+3) & (s+4) & 1\\ -2 & s^2+4s & s\\ -2s & -(3s+2) & s^2\end{bmatrix}}{s^3+4s^2+3s+2}\begin{bmatrix}20\\0\\0\end{bmatrix}\\ &=\frac{20(s^2+4s+3)}{s^3+4s^2+3s+2}\end{aligned}$$

4.3.2 전달함수를 상태방정식으로 변환

이제 전달함수를 상태방정식으로 변환하는 과정을 살펴보자. 전달함수로 표시된 시스템의 상태방정식을 구하는 방법에는 미분방정식을 이용하는 방법과 신호흐름선도를 이용하는 방법이 있다. 미분방정식을 이용하면 상태방정식이 하나지만, 신호흐름선도를 이용하면 같은 전달함수에서도 상태변수를 어떻게 선택하느냐에 따라 상태방정식이 여러 개가 나온다.

미분방정식을 이용하는 방법

전달함수를 갖는 시스템을 미분방정식을 이용하여 상태방정식으로 표현하는 방법을 전달함수의 분자항이 상수인 경우와 전달함수의 분자항이 다항식인 경우로 나누어 살펴본다.

■ 전달함수의 분자항이 상수인 경우

전달함수가 다음과 같은 시스템을 생각해보자.

$$G(s)=\frac{Y(s)}{U(s)}=\frac{b_0}{a_3s^3+a_2s^2+a_1s+a_0} \tag{4.67}$$

식 (4.67)은 다음과 같이 바꿀 수 있다.

$$(a_3s^3+a_2s^2+a_1s+a_0)Y(s)=b_0U(s) \tag{4.68}$$

식 (4.68)은 미분방정식으로 다음과 같이 나타낸다.

$$a_3 \frac{d^3}{dt^3} y(t) + a_2 \frac{d^2}{dt^2} y(t) + a_1 \frac{d}{dt} y(t) + a_0 y(t) = b_0 u(t) \tag{4.69}$$

여기에서 다음과 같이 상태변수를 정하자.

$$\begin{aligned} x_1 &= y(t) \\ \dot{x}_1 &= x_2 = \frac{d}{dt} y(t) \\ \dot{x}_2 &= x_3 = \frac{d^2}{dt^2} y(t) \end{aligned} \tag{4.70}$$

식 (4.69)는 다음과 같이 변형된다.

$$\frac{d^3}{dt^3} y(t) = -\frac{a_2}{a_3} \frac{d^2}{dt^2} y(t) - \frac{a_1}{a_3} \frac{d}{dt} y(t) - \frac{a_0}{a_3} y(t) + \frac{b_0}{a_3} u(t) \tag{4.71}$$

이를 상태변수로 나타내면 다음과 같다.

$$\dot{x}_3 = \frac{d^3}{dt^3} y(t) = -\frac{a_2}{a_3} x_3 - \frac{a_1}{a_3} x_2 - \frac{a_0}{a_3} x_1 + \frac{b_0}{a_3} u(t) \tag{4.72}$$

식 (4.70)과 식 (4.72)를 행렬로 나타내면 다음과 같은 상태방정식과 출력방정식을 얻는다.

$$\begin{bmatrix} \dot{x}_1 \\ \dot{x}_2 \\ \dot{x}_3 \end{bmatrix} = \begin{bmatrix} 0 & 1 & 0 \\ 0 & 0 & 1 \\ -\frac{a_0}{a_3} & -\frac{a_1}{a_3} & -\frac{a_2}{a_3} \end{bmatrix} \begin{bmatrix} x_1 \\ x_2 \\ x_3 \end{bmatrix} + \begin{bmatrix} 0 \\ 0 \\ \frac{b_0}{a_3} \end{bmatrix} u \tag{4.73}$$

$$y = \begin{bmatrix} 1 & 0 & 0 \end{bmatrix} \begin{bmatrix} x_1 \\ x_2 \\ x_3 \end{bmatrix} \tag{4.74}$$

예제 4-4 분자항이 상수인 전달함수를 상태방정식으로 변환

전달함수가 다음과 같은 제어시스템의 동태방정식(=상태방정식과 출력방정식)을 구하라.

$$G(s) = \frac{Y(s)}{U(s)} = \frac{10}{s^3 + 5s^2 + 4s + 10}$$

풀이

$G(s)$를 정리하면

$$(s^3 + 5s^2 + 4s + 10)\, Y(s) = 10\, U(s)$$

이므로, 미분방정식으로 나타내면 다음과 같다.

$$\frac{d^3}{dt^3}y(t)+5\frac{d^2}{dt^2}y(t)+4\frac{d}{dt}y(t)+10y(t)=10u(t)$$

여기에서 상태변수를 다음과 같이 정한다.

$$\begin{aligned} x_1 &= y(t) \\ \dot{x}_1 &= x_2 = \frac{d}{dt}y(t) \\ \dot{x}_2 &= x_3 = \frac{d^2}{dt^2}y(t) \\ \dot{x}_3 &= -5x_3-4x_2-10x_1+10u(t) \end{aligned}$$

위 식들을 행렬로 표현하여 상태방정식과 출력방정식을 구하면 다음과 같이 된다.

$$\begin{bmatrix} \dot{x}_1 \\ \dot{x}_2 \\ \dot{x}_3 \end{bmatrix} = \begin{bmatrix} 0 & 1 & 0 \\ 0 & 0 & 1 \\ -10 & -4 & -5 \end{bmatrix} \begin{bmatrix} x_1 \\ x_2 \\ x_3 \end{bmatrix} + \begin{bmatrix} 0 \\ 0 \\ 10 \end{bmatrix} u$$

$$y = [1 \ 0 \ 0] \begin{bmatrix} x_1 \\ x_2 \\ x_3 \end{bmatrix}$$

■ 전달함수의 분자항이 다항식인 경우

전달함수가 다음과 같은 시스템을 생각해보자.

$$G(s)=\frac{Y(s)}{U(s)}=\frac{b_2s^2+b_1s+b_0}{a_3s^3+a_2s^2+a_1s+a_0} \tag{4.75}$$

식 (4.75)는 다음과 같이 바꿀 수 있다.

$$\begin{aligned} G(s) &= \frac{Y(s)}{U(s)} = \frac{X_1(s)}{U(s)} \times \frac{Y(s)}{X_1(s)} \\ &= \frac{1}{a_3s^3+a_2s^2+a_1s+a_0} \times \left(b_2s^2+b_1s+b_0\right) \end{aligned} \tag{4.76}$$

$$\frac{X_1(s)}{U(s)}=\frac{1}{a_3s^3+a_2s^2+a_1s+a_0} \tag{4.77}$$

$$\frac{Y(s)}{X_1(s)} = b_2 s^2 + b_1 s + b_0 \tag{4.78}$$

식 (4.77)을 정리하면 다음과 같이 된다.

$$(a_3 s^3 + a_2 s^2 + a_1 s + a_0) X_1(s) = U(s) \tag{4.79}$$

식 (4.79)를 초기 조건을 0으로 하고, 라플라스 역변환을 취하면 다음과 같이 된다.

$$a_3 \frac{d^3}{dt^3} x_1(t) + a_2 \frac{d^2}{dt^2} x_1(t) + a_1 \frac{d}{dt} x_1(t) + a_0 x_1(t) = u(t) \tag{4.80}$$

식 (4.80)은 다음과 같이 된다.

$$\frac{d^3}{dt^3} x_1(t) = -\frac{a_2}{a_3} \frac{d^2}{dt^2} x_1(t) - \frac{a_1}{a_3} \frac{d}{dt} x_1(t) - \frac{a_0}{a_3} x_1(t) + \frac{1}{a_3} u(t) \tag{4.81}$$

여기에서 다음과 같이 상태변수를 정하면

$$\begin{aligned} \dot{x}_1 &= \frac{d}{dt} x_1 = x_2 \\ \dot{x}_2 &= \frac{d}{dt} x_2 = \frac{d^2}{dt^2} x_1 = x_3 \\ \dot{x}_3 &= \frac{d}{dt} x_3 = \frac{d^3}{dt^3} x_1 \end{aligned} \tag{4.82}$$

식 (4.81)은 다음과 같이 변형된다.

$$\dot{x}_3 = -\frac{a_2}{a_3} x_3 - \frac{a_1}{a_3} x_2 - \frac{a_0}{a_3} x_1 + \frac{1}{a_3} u(t) \tag{4.83}$$

식 (4.82)와 식 (4.83)을 상태방정식으로 나타내면 다음과 같다.

$$\begin{bmatrix} \dot{x}_1 \\ \dot{x}_2 \\ \dot{x}_3 \end{bmatrix} = \begin{bmatrix} 0 & 1 & 0 \\ 0 & 0 & 1 \\ -\frac{a_0}{a_3} & -\frac{a_1}{a_3} & -\frac{a_2}{a_3} \end{bmatrix} \begin{bmatrix} x_1 \\ x_2 \\ x_3 \end{bmatrix} + \begin{bmatrix} 0 \\ 0 \\ \frac{1}{a_3} \end{bmatrix} u \tag{4.84}$$

이제 출력방정식을 구해보자. 식 (4.78)을 정리하면 다음과 같이 된다.

$$(b_2 s^2 + b_1 s + b_0) X_1(s) = Y(s) \tag{4.85}$$

식 (4.85)를 초기 조건을 0으로 하고, 라플라스 역변환을 취하면 다음과 같이 된다.

$$b_2 \frac{d^2}{dt^2} x_1(t) + b_1 \frac{d}{dt} x_1(t) + b_0 x_1(t) = y(t) \tag{4.86}$$

식 (4.82)를 이용하여 식 (4.86)을 표시하면, 다음과 같은 출력방정식으로 얻는다.

$$y = \begin{bmatrix} b_0 & b_1 & b_2 \end{bmatrix} \begin{bmatrix} x_1 \\ x_2 \\ x_3 \end{bmatrix} \tag{4.87}$$

예제 4-5 분자항이 다항식인 전달함수를 상태방정식으로 변환

다음 전달함수를 갖는 제어시스템의 동태방정식을 구하라.

$$G(s) = \frac{Y(s)}{U(s)} = \frac{s+8}{s^3+7s^2+14s+8}$$

풀이

$G(s)$를 정리하면 다음과 같다.

$$\begin{aligned} G(s) &= \frac{Y(s)}{U(s)} = \frac{X_1(s)}{U(s)} \times \frac{Y(s)}{X_1(s)} \\ &= \frac{1}{s^3+7s^2+14s+8} \times (s+8) \end{aligned} \quad \cdots ①$$

$$\frac{X_1(s)}{U(s)} = \frac{1}{s^3+7s^2+14s+8} \quad \cdots ②$$

$$\frac{Y(s)}{X_1(s)} = s+8 \quad \cdots ③$$

식 ②를 정리하면 다음과 같이 된다.

$$(s^3+7s^2+14s+8)X_1(s) = U(s) \quad \cdots ④$$

식 ④를 초기 조건을 0으로 하고 라플라스 역변환을 취하면 다음과 같이 된다.

$$\frac{d^3}{dt^3} x_1(t) + 7\frac{d^2}{dt^2} x_1(t) + 14\frac{d}{dt} x_1(t) + 8x_1(t) = u(t) \quad \cdots ⑤$$

또한 식 ⑤는 다음과 같이 된다.

$$\frac{d^3}{dt^3} x_1(t) = -7\frac{d^2}{dt^2} x_1(t) - 14\frac{d}{dt} x_1(t) - 8x_1(t) + u(t) \quad \cdots ⑥$$

여기에서 다음과 같이 상태변수를 정하면

$$\dot{x}_1 = \frac{d}{dt}x_1 = x_2$$

$$\dot{x}_2 = \frac{d}{dt}x_2 = \frac{d^2}{dt^2}x_1 = x_3 \qquad \cdots ⑦$$

$$\dot{x}_3 = \frac{d}{dt}x_3 = \frac{d^3}{dt^3}x_1$$

식 ⑥은 다음과 같이 변형된다.

$$\dot{x}_3 = -7x_3 - 14x_2 - 8x_1 + u(t) \qquad \cdots ⑧$$

식 ⑦과 식 ⑧을 행렬식으로 나타내면 다음과 같은 상태방정식을 얻는다.

$$\begin{bmatrix} \dot{x}_1 \\ \dot{x}_2 \\ \dot{x}_3 \end{bmatrix} = \begin{bmatrix} 0 & 1 & 0 \\ 0 & 0 & 1 \\ -8 & -14 & -7 \end{bmatrix} \begin{bmatrix} x_1 \\ x_2 \\ x_3 \end{bmatrix} + \begin{bmatrix} 0 \\ 0 \\ 1 \end{bmatrix} u \qquad \cdots ⑨$$

이제 출력방정식을 구해보자. 식 ③에서

$$(s+8)X_1(s) = Y(s) \qquad \cdots ⑩$$

식 ⑩을 초기 조건을 0으로 하고 라플라스 역변환을 취하면 다음과 같이 된다.

$$\frac{d}{dt}x_1(t) + 8x_1(t) = y(t) \qquad \cdots ⑪$$

식 ⑦을 이용하여 식 ⑪을 행렬식으로 표시하면 다음과 같은 출력방정식을 얻는다.

$$y = \begin{bmatrix} 8 & 1 & 0 \end{bmatrix} \begin{bmatrix} x_1 \\ x_2 \\ x_3 \end{bmatrix} \qquad \cdots ⑫$$

신호흐름선도를 이용하는 방법

앞에서는 미분방정식을 이용하여 전달함수로 표시된 시스템을 상태방정식으로 변환하였다. 이제 신호흐름선도를 이용하여 상태방정식으로 변환하는 방법을 살펴보자. 신호흐름선도를 이용하여 상태방정식으로 변환할 때는 같은 전달함수에서도 상태변수를 어떻게 정하느냐에 따라 상태방정식이 다르게 나타난다. 이때 서로 다른 상태방정식의 형태에 따라 위상변수표준형, 종속표준형, 병렬표준형, 제어기표준형, 관측기표준형으로 구분한다.

■ 위상변수표준형

전달함수가 다음과 같은 시스템에 대해 위상변수표준형 상태방정식을 구해보자.

$$G(s)=\frac{C(s)}{R(s)}=\frac{s^2+9s+18}{s^3+11s^2+38s+40} \tag{4.88}$$

식 (4.88)의 분자, 분모를 s^3으로 나눈 후 분자, 분모에 $X(s)$를 곱하면

$$\frac{C(s)}{R(s)}=\frac{s^{-1}+9s^{-2}+18s^{-3}}{1+11s^{-1}+38s^{-2}+40s^{-3}}\times\frac{X(s)}{X(s)} \tag{4.89}$$

이다. 따라서

$$R(s)=X(s)+11s^{-1}X(s)+38s^{-2}X(s)+40s^{-3}X(s)$$

이다. 이 식을 정리하면

$$X(s)=-11s^{-1}X(s)-38s^{-2}X(s)-40s^{-3}X(s)+R(s) \tag{4.90}$$

$$C(s)=s^{-1}X(s)+9s^{-2}X(s)+18s^{-3}X(s) \tag{4.91}$$

이므로, 식 (4.90)과 식 (4.91)로 신호흐름선도를 그리면 [그림 4-36]과 같다.

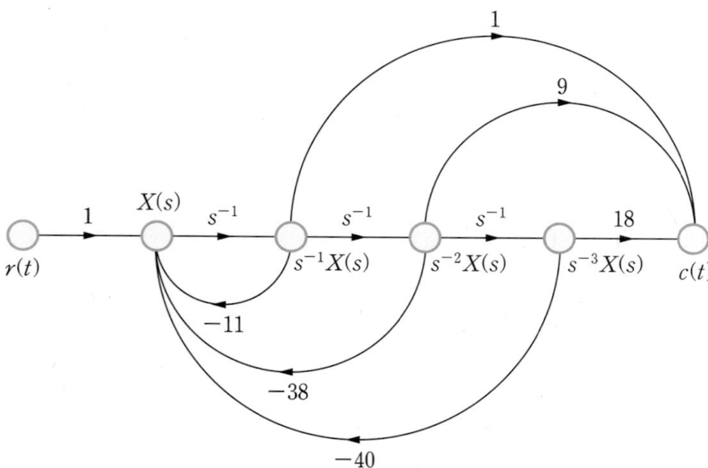

[그림 4-36] **식 (4.90)과 식 (4.91)에 대한 신호흐름선도**

위상변수표준형의 신호흐름선도는 [그림 4-36]에서 $s^{-3}X(s)$를 $X_1(s)$로, 즉 $x(t)$를 세 번 적분한 변수를 상태변수 $x_1(t)$로 하여, 신호흐름선도를 다시 그리면 [그림 4-37]과 같다.

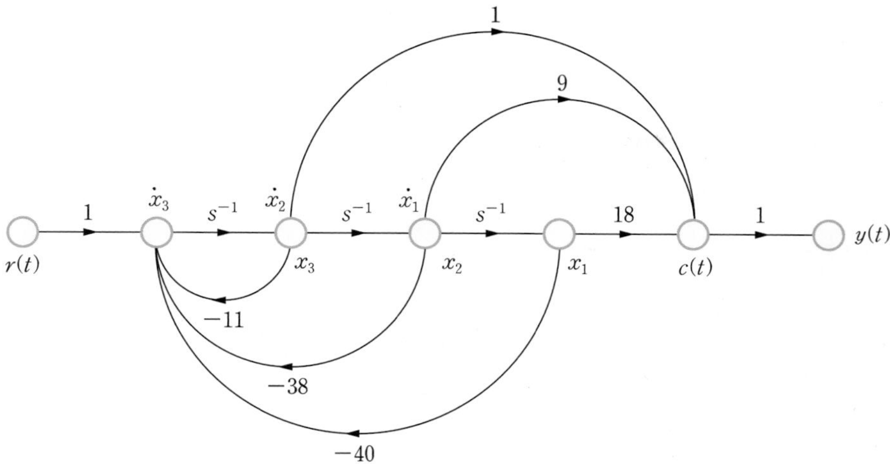

[그림 4-37] **[그림 4-36]에 대한 위상변수표준형 신호흐름선도**

각 상태변수의 미분이 적분기의 입력과 같으므로 다음과 같이 나타낼 수 있다.

$$\begin{aligned} \dot{x}_1(t) &= x_2(t) \\ \dot{x}_2(t) &= x_3(t) \\ \dot{x}_3(t) &= -40x_1(t) - 38x_2(t) - 11x_3(t) + r(t) \\ y(t) &= c(t) = 18x_1(t) + 9x_2(t) + x_3(t) \end{aligned} \tag{4.92}$$

식 (4.92)를 행렬로 나타내면 다음과 같고, 이렇게 표현된 상태방정식을 **위상변수표준형**phase-variable canonical form이라고 한다.

$$\begin{bmatrix} \dot{x}_1 \\ \dot{x}_2 \\ \dot{x}_3 \end{bmatrix} = \begin{bmatrix} 0 & 1 & 0 \\ 0 & 0 & 1 \\ -40 & -38 & -11 \end{bmatrix} \begin{bmatrix} x_1 \\ x_2 \\ x_3 \end{bmatrix} + \begin{bmatrix} 0 \\ 0 \\ 1 \end{bmatrix} r \tag{4.93}$$

$$y = \begin{bmatrix} 18 & 9 & 1 \end{bmatrix} \begin{bmatrix} x_1 \\ x_2 \\ x_3 \end{bmatrix} \tag{4.94}$$

■ **종속표준형**

식 (4.88)은 다음과 같이 변형할 수 있다.

$$\begin{aligned} \frac{C(s)}{R(s)} &= \frac{s^2+9s+18}{s^3+11s^2+38s+40} = \frac{(s+3)(s+6)}{(s+2)(s+4)(s+5)} \\ &= \frac{1}{s+2} \times \frac{s+3}{s+4} \times \frac{s+6}{s+5} \end{aligned} \tag{4.95}$$

식 (4.95)를 블록선도로 나타내면 [그림 4-38]과 같으므로, 신호흐름선도를 그리면 [그림 4-39]와 같다.

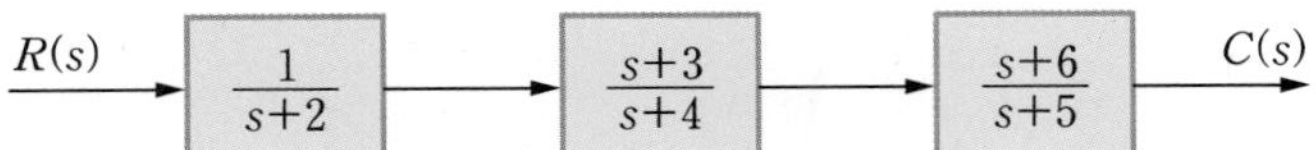

[그림 4-38] 식 (4.95)에 대한 블록선도

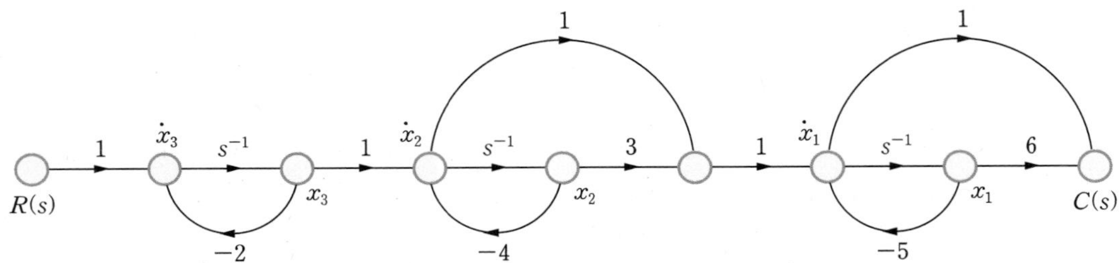

[그림 4-39] [그림 4-38]에 대한 신호흐름선도

따라서 다음과 같은 상태방정식을 얻을 수 있다.

$$\begin{aligned}
\dot{x}_1 &= -5x_1 + 3x_2 + \dot{x}_2 = -5x_1 + 3x_2 - 4x_2 + x_3 = -5x_1 - x_2 + x_3 \\
\dot{x}_2 &= -4x_2 + x_3 \\
\dot{x}_3 &= -2x_3 + r(t) \\
y &= c = 6x_1 + \dot{x}_1 = 6x_1 - 5x_1 - x_2 + x_3 = x_1 - x_2 + x_3
\end{aligned} \tag{4.96}$$

식 (4.96)을 행렬로 나타내면 다음과 같고, 이렇게 표현된 상태방정식을 **종속표준형**cascade canonical form이라고 한다.

$$\begin{bmatrix} \dot{x}_1 \\ \dot{x}_2 \\ \dot{x}_3 \end{bmatrix} = \begin{bmatrix} -5 & -1 & 1 \\ 0 & -4 & 1 \\ 0 & 0 & -2 \end{bmatrix} \begin{bmatrix} x_1 \\ x_2 \\ x_3 \end{bmatrix} + \begin{bmatrix} 0 \\ 0 \\ 1 \end{bmatrix} r \tag{4.97}$$

$$y = \begin{bmatrix} 1 & -1 & 1 \end{bmatrix} \begin{bmatrix} x_1 \\ x_2 \\ x_3 \end{bmatrix} \tag{4.98}$$

■ 병렬표준형

식 (4.88)은 다음과 같이 변형할 수도 있다.

$$\frac{C(s)}{R(s)} = \frac{s^2 + 9s + 18}{s^3 + 11s^2 + 38s + 40} = \frac{\frac{2}{3}}{s+2} + \frac{1}{s+4} - \frac{\frac{2}{3}}{s+5}$$

$$C(s) = \frac{\frac{2}{3}}{s+2} R(s) + \frac{1}{s+4} R(s) - \frac{\frac{2}{3}}{s+5} R(s) \tag{4.99}$$

식 (4.99)를 신호흐름선도로 나타내면 [그림 4-40]과 같다.

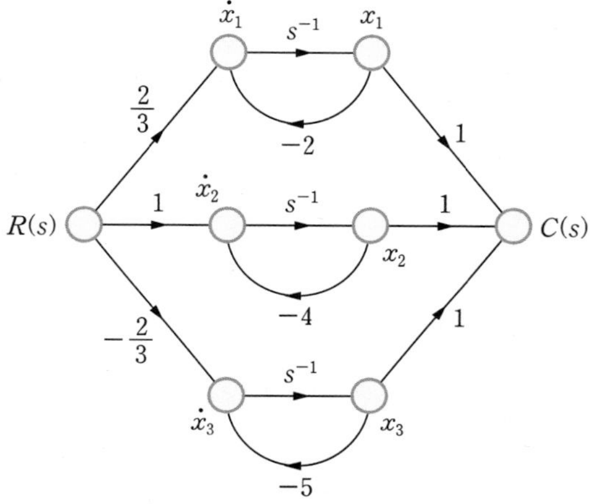

[그림 4-40] 식 (4.99)에 대한 신호흐름선도

따라서 상태방정식을 구하면 다음과 같다.

$$\begin{aligned} \dot{x}_1(t) &= -2x_1(t) + \frac{2}{3}r(t) \\ \dot{x}_2(t) &= -4x_2(t) + r(t) \\ \dot{x}_3(t) &= -5x_3(t) - \frac{2}{3}r(t) \\ y(t) &= c(t) = x_1(t) + x_2(t) + x_3(t) \end{aligned} \tag{4.100}$$

식 (4.100)을 행렬로 나타내면 다음과 같이 되며, 이렇게 표현된 상태방정식을 **병렬표준형**parallel canonical form 또는 **대각표준형**diagonal canonical form이라고 한다.

$$\begin{bmatrix} \dot{x}_1 \\ \dot{x}_2 \\ \dot{x}_3 \end{bmatrix} = \begin{bmatrix} -2 & 0 & 0 \\ 0 & -4 & 0 \\ 0 & 0 & -5 \end{bmatrix} \begin{bmatrix} x_1 \\ x_2 \\ x_3 \end{bmatrix} + \begin{bmatrix} \frac{2}{3} \\ 1 \\ -\frac{2}{3} \end{bmatrix} r \tag{4.101}$$

$$y = \begin{bmatrix} 1 & 1 & 1 \end{bmatrix} \begin{bmatrix} x_1 \\ x_2 \\ x_3 \end{bmatrix} \tag{4.102}$$

병렬표준형 상태방정식에서 시스템행렬system matrix이 대각행렬임을 알 수 있다. 즉, 식 (4.100)에서 보는 것처럼 각 방정식은 독립된(연립방정식이 아닌) 1차 미분방정식이므로 어떤 상태변수의 시간응답을 구할 때, 다른 상태변수와 전혀 상관관계 없이 독립적으로 해를 구할 수 있다. 이와 같이 표시되는 방정식들은 비결합decoupled되었다고 한다.

예제 4-6 병렬표준형 상태방정식

전달함수가 다음과 같은 시스템의 병렬표준형 상태방정식을 구하라.

$$G(s) = \frac{C(s)}{R(s)} = \frac{3s^2 + 17s + 25}{s^3 + 7s^2 + 16s + 12}$$

풀이

$G(s)$를 부분분수식으로 전개하면

$$\frac{C(s)}{R(s)} = \frac{3}{(s+2)^2} + \frac{2}{s+2} + \frac{1}{s+3}$$

이므로, $C(s)$는 다음과 같다.

$$C(s) = \frac{3}{(s+2)^2} R(s) + \frac{2}{s+2} R(s) + \frac{1}{s+3} R(s)$$

신호흐름선도를 그리면 [그림 4-41]과 같으므로 상태방정식을 구하면 다음과 같다.

$$\begin{bmatrix} \dot{x}_1 \\ \dot{x}_2 \\ \dot{x}_3 \end{bmatrix} = \begin{bmatrix} -2 & 1 & 0 \\ 0 & -2 & 0 \\ 0 & 0 & -3 \end{bmatrix} \begin{bmatrix} x_1 \\ x_2 \\ x_3 \end{bmatrix} + \begin{bmatrix} 0 \\ 1 \\ 1 \end{bmatrix} r$$

$$y = \begin{bmatrix} 3 & 2 & 1 \end{bmatrix} \begin{bmatrix} x_1 \\ x_2 \\ x_3 \end{bmatrix}$$

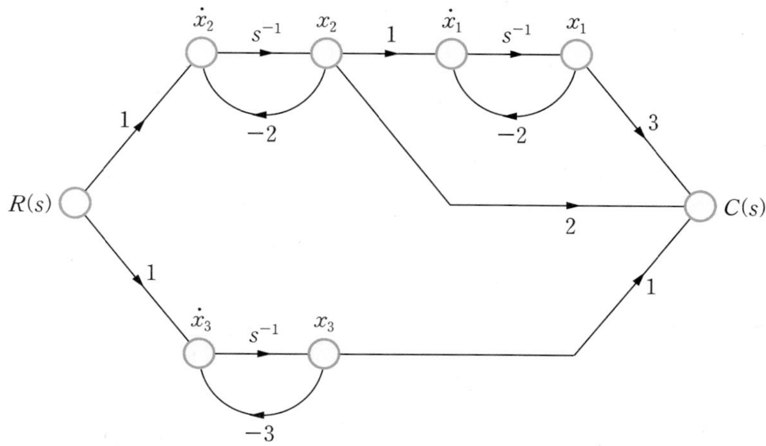

[그림 4-41] **[예제 4-6]의 신호흐름선도**

여기에서 시스템행렬이 대각행렬과 비슷하지만, 1행 2열 요소에 1이 있으므로 대각행렬은 아니다. 이러한 형태의 행렬을 **조단표준형**jordan canonical form이라고 한다.

■ 제어기표준형

앞의 위상변수표준형에서 식 (4.88)의 전달함수를 갖는 시스템에 대한 신호흐름선도는 [그림 4-37]이었다. [그림 4-37]과 같은 위상변수표준형 신호흐름선도에서 상태변수를 서로 바꿔서 정의하면, 즉 $x_3 \rightarrow x_1$, $x_2 \rightarrow x_2$, $x_1 \rightarrow x_3$로 바꾸면 [그림 4-42]와 같다.

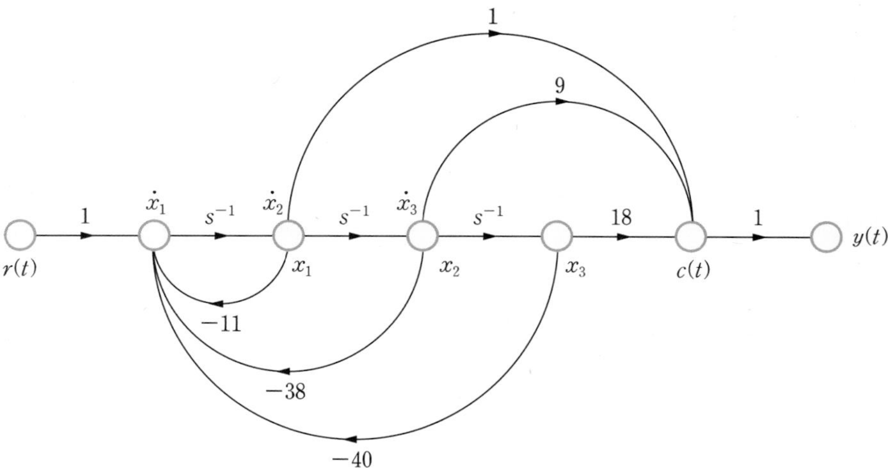

[그림 4-42] **[그림 4-37]에 대한 제어기표준형 신호흐름선도**

[그림 4-42]에 의하여 상태방정식을 구하면 다음과 같이 되며, 이렇게 표현된 상태방정식을 **제어기표준형**controller canonical form이라고 한다.

$$\begin{bmatrix} \dot{x}_1 \\ \dot{x}_2 \\ \dot{x}_3 \end{bmatrix} = \begin{bmatrix} -11 & -38 & -40 \\ 1 & 0 & 0 \\ 0 & 1 & 0 \end{bmatrix} \begin{bmatrix} x_1 \\ x_2 \\ x_3 \end{bmatrix} + \begin{bmatrix} 1 \\ 0 \\ 0 \end{bmatrix} r \tag{4.103}$$

$$y = \begin{bmatrix} 1 & 9 & 18 \end{bmatrix} \begin{bmatrix} x_1 \\ x_2 \\ x_3 \end{bmatrix} \tag{4.104}$$

이 상태방정식을 제어기표준형이라고 하는 이유는 이 형태의 상태방정식을 이용하면 제어기를 설계할 때 편리하기 때문이다.[4]

■ 관측기표준형

이제 관측기를 설계할 때 편리한 관측기표준형에 대해 알아보자. 위상변수표준형을 구할 때와 같이 식 (4.88)의 분자, 분모를 s^3으로 나누어 정리하면 다음과 같다.

$$\frac{C(s)}{R(s)} = \frac{s^{-1} + 9s^{-2} + 18s^{-3}}{1 + 11s^{-1} + 38s^{-2} + 40s^{-3}} \tag{4.105}$$

식 (4.105)를 정리하면

$$(1 + 11s^{-1} + 38s^{-2} + 40s^{-3})\,C(s) = (s^{-1} + 9s^{-2} + 18s^{-3})\,R(s)$$

이므로, $C(s)$는 다음과 같다.

$$C(s) = s^{-1}[R(s) - 11\,C(s)] + s^{-2}[9R(s) - 38\,C(s)] + s^{-3}[18\,R(s) - 40\,C(s)]$$

이 식을 정리하면

$$C(s) = s^{-1}\left[R(s) - 11\,C(s) + s^{-1}\{9R(s) - 38\,C(s) + s^{-1}(18\,R(s) - 40\,C(s))\}\right] \tag{4.106}$$

이므로, 식 (4.106)을 신호흐름선도로 그리면 [그림 4-43]과 같고 상태방정식은 다음과 같다.

$$\begin{aligned} \dot{x}_1(t) &= -11\,x_1(t) + x_2(t) + r(t) \\ \dot{x}_2(t) &= -38\,x_1(t) + x_3(t) + 9\,r(t) \\ \dot{x}_3(t) &= -40\,x_1(t) + 18\,r(t) \\ y(t) &= c(t) = x_1(t) \end{aligned} \tag{4.107}$$

4 12.1절의 '상태귀환을 이용한 제어기 설계'를 참조하기 바란다.

이 상태방정식을 관측기표준형이라고 하는 이유는 이 형태의 상태방정식을 이용하면 관측기를 설계할 때 편리하기 때문이다.[5]

식 (4.107)을 행렬로 나타내면 다음과 같이 되며, 이렇게 표현된 상태방정식을 **관측기표준형**observer canonical form이라고 한다.

$$\begin{bmatrix} \dot{x}_1 \\ \dot{x}_2 \\ \dot{x}_3 \end{bmatrix} = \begin{bmatrix} -11 & 1 & 0 \\ -38 & 0 & 1 \\ -40 & 0 & 0 \end{bmatrix} \begin{bmatrix} x_1 \\ x_2 \\ x_3 \end{bmatrix} + \begin{bmatrix} 1 \\ 9 \\ 18 \end{bmatrix} r \tag{4.108}$$

$$y = \begin{bmatrix} 1 & 0 & 0 \end{bmatrix} \begin{bmatrix} x_1 \\ x_2 \\ x_3 \end{bmatrix} \tag{4.109}$$

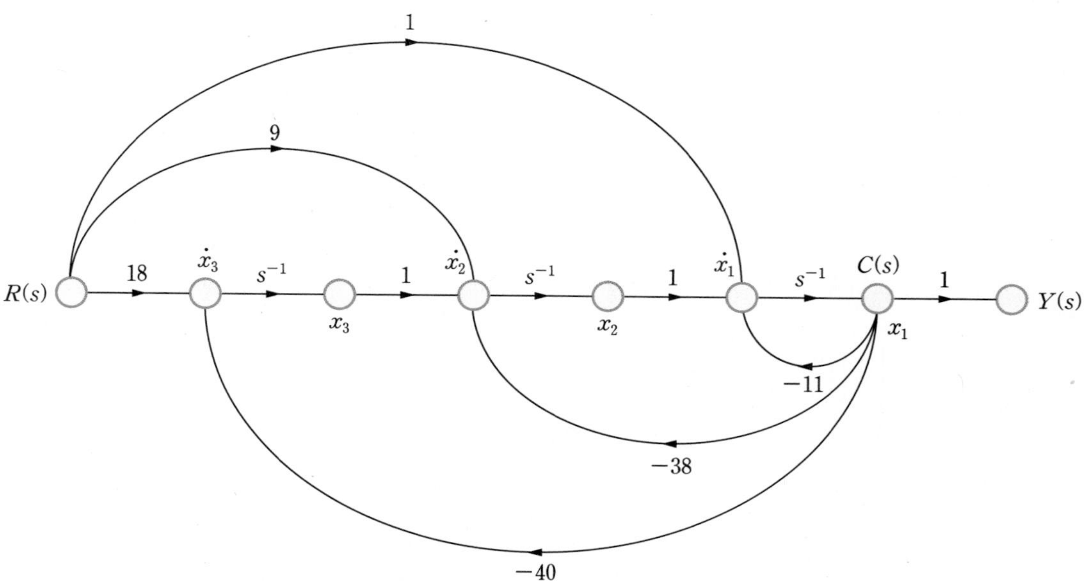

[그림 4-43] **[그림 4-36]에 대한 관측기표준형 신호흐름선도**

지금까지의 설명을 종합하여 식 (4.110)과 같은 전달함수를 갖는 시스템에 대한 여러 형태의 상태방정식을 정리하면 [표 4-1]과 같다.

$$G(s) = \frac{C(s)}{R(s)} = \frac{s+8}{s^2+6s+8} \tag{4.110}$$

5 12.2절의 '관측기 설계'를 참조하기 바란다.

[표 4-1] 전달함수 $G(s)=\dfrac{s+8}{s^2+6s+8}$ 인 시스템의 상태방정식

형	상태방정식	신호흐름선도
위상변수 표준형	$\begin{bmatrix}\dot{x}_1\\ \dot{x}_2\end{bmatrix}=\begin{bmatrix}0 & 1\\ -8 & -6\end{bmatrix}\begin{bmatrix}x_1\\ x_2\end{bmatrix}+\begin{bmatrix}0\\ 1\end{bmatrix}r$ $y=[8\quad 1]\begin{bmatrix}x_1\\ x_2\end{bmatrix}$	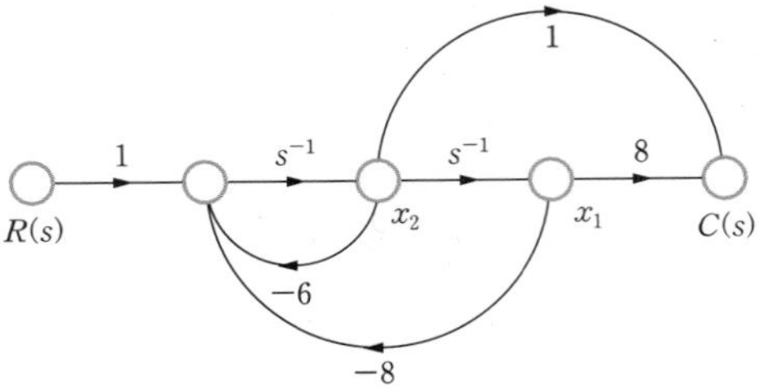
종속 표준형	$\begin{bmatrix}\dot{x}_1\\ \dot{x}_2\end{bmatrix}=\begin{bmatrix}-4 & 1\\ 0 & -2\end{bmatrix}\begin{bmatrix}x_1\\ x_2\end{bmatrix}+\begin{bmatrix}0\\ 1\end{bmatrix}r$ $y=[4\quad 1]\begin{bmatrix}x_1\\ x_2\end{bmatrix}$	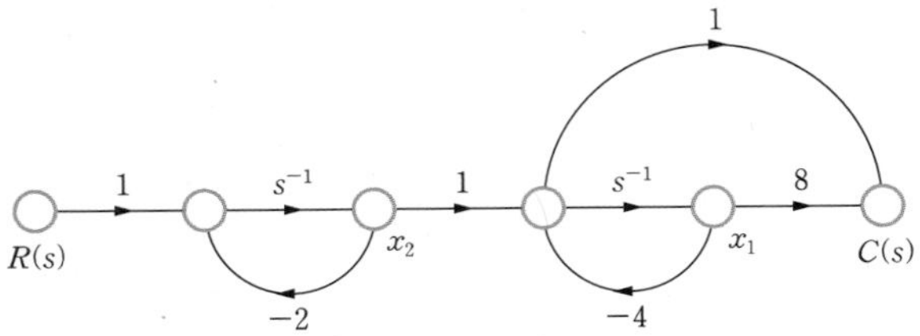
병렬 표준형	$\begin{bmatrix}\dot{x}_1\\ \dot{x}_2\end{bmatrix}=\begin{bmatrix}-2 & 0\\ 0 & -4\end{bmatrix}\begin{bmatrix}x_1\\ x_2\end{bmatrix}+\begin{bmatrix}1\\ 1\end{bmatrix}r$ $y=[3\quad -2]\begin{bmatrix}x_1\\ x_2\end{bmatrix}$	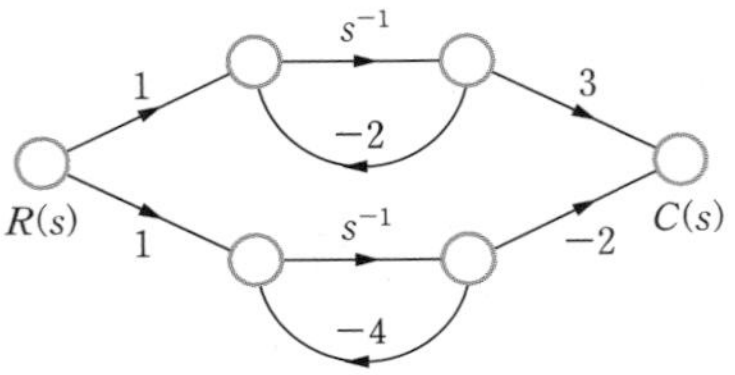
제어기 표준형	$\begin{bmatrix}\dot{x}_1\\ \dot{x}_2\end{bmatrix}=\begin{bmatrix}-6 & -8\\ 1 & 0\end{bmatrix}\begin{bmatrix}x_1\\ x_2\end{bmatrix}+\begin{bmatrix}1\\ 0\end{bmatrix}r$ $y=[1\quad 8]\begin{bmatrix}x_1\\ x_2\end{bmatrix}$	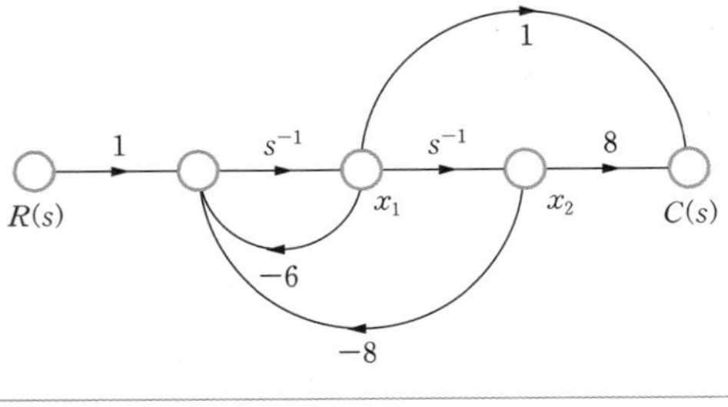
관측기 표준형	$\begin{bmatrix}\dot{x}_1\\ \dot{x}_2\end{bmatrix}=\begin{bmatrix}-6 & 1\\ -8 & 0\end{bmatrix}\begin{bmatrix}x_1\\ x_2\end{bmatrix}+\begin{bmatrix}1\\ 8\end{bmatrix}r$ $y=[1\quad 0]\begin{bmatrix}x_1\\ x_2\end{bmatrix}$	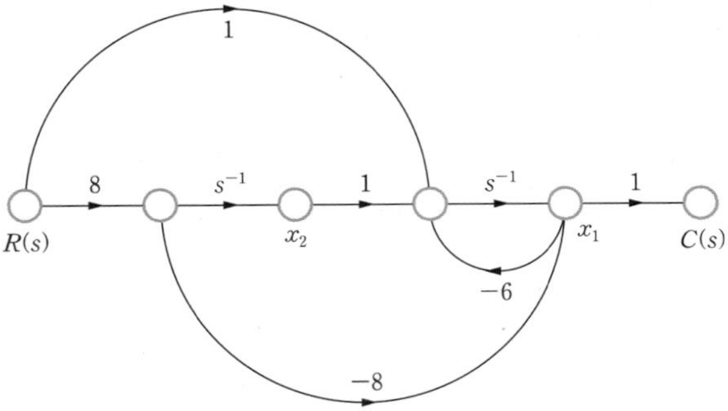

4.3.3 상사변환

앞의 4.3.2절에서 입력과 출력 관계를 나타내는 전달함수가 같은 동일한 시스템일지라도 상태변수를 어떻게 정하느냐에 따라 위상변수표준형, 종속표준형, 병렬표준형, 제어기표준형, 관측기표준형 등 여러 모양의 상태방정식으로 표현될 수 있음을 살펴보았다. 이들 시스템들은 여러 모양의 상태방정식으로 표현되더라도 같은 전달함수와 같은 고윳값, 같은 극점을 가지는 시스템들이다. 이러한 시스템들을 **상사시스템**similar systems이라고 한다.

앞 절에서는 신호흐름선도를 이용하여 상사시스템들의 상태방정식들을 구하였으나, 이 절에서는 신호흐름선도를 이용하지 않고 **변환행렬**transformation matrix을 이용하여 상태변수로 표현된 한 시스템으로부터 다른 상사시스템의 상태방정식을 구하는 방법을 설명하려고 한다.

다음과 같은 상태방정식과 출력방정식으로 표현되는 시스템을 생각해보자.

$$\dot{\mathbf{x}} = \mathbf{A}\,\mathbf{x} + \mathbf{B}\,u \tag{4.111}$$

$$y = \mathbf{C}\mathbf{x} + \mathbf{D}\,u \tag{4.112}$$

이 시스템의 상태변수들 x_1, x_2, x_3과 상사시스템의 상태변수들 z_1, z_2, z_3이 식 (4.113)과 같은 관계에 있다고 가정하자. 이때 두 상사시스템의 상태변수들 사이의 관계를 맺어주는 행렬 $\mathbf{P}$를 변환행렬이라고 한다.

$$\mathbf{x} = \mathbf{P}\,\mathbf{z} \tag{4.113}$$

식 (4.113)을 식 (4.111)에 대입하면 다음과 같이 된다.

$$\mathbf{P}\dot{\mathbf{z}} = \mathbf{A}\,\mathbf{P}\mathbf{z} + \mathbf{B}\,u \tag{4.114}$$

식 (4.114)를 정리하면 식 (4.115), 식 (4.116)으로 표현되는 새로운 상사시스템의 상태방정식과 출력방정식을 얻는다.

$$\dot{\mathbf{z}} = \mathbf{P}^{-1}\mathbf{A}\,\mathbf{P}\,\mathbf{z} + \mathbf{P}^{-1}\mathbf{B}\,u \tag{4.115}$$

$$y = \mathbf{C}\mathbf{P}\mathbf{z} + \mathbf{D}\,u \tag{4.116}$$

식 (4.111)과 식 (4.112)의 동태방정식으로 제어기나 관측기를 설계하는 것이 복잡하거나, 출력을 계산하기가 어려울 때, 위상변수표준형, 제어기표준형, 관측기표준형, 병렬표준형 등의 동태방정식인 식 (4.115)과 식 (4.116)으로 변형시켜 상태변수들 z_1, z_2, z_3의 값을 구하고, 이들 값을 식 (4.113)에 대입하여 원래의 상태변수들 x_1, x_2, x_3의 값을 쉽게 구할 수 있다.

예를 들어, 식 (4.117)과 같은 상태방정으로 표시된 시스템을 식 (4.118)과 같은 병렬표준형의 상태방정식을 가진 상사시스템으로 바꾸기 위한 변환행렬 **P**를 구해보자.

$$\begin{bmatrix} \dot{x}_1 \\ \dot{x}_2 \end{bmatrix} = \begin{bmatrix} 1 & 4 \\ 2 & 3 \end{bmatrix} \begin{bmatrix} x_1 \\ x_2 \end{bmatrix} + \begin{bmatrix} 0 \\ 1 \end{bmatrix} r \tag{4.117}$$

$$\begin{bmatrix} \dot{z}_1 \\ \dot{z}_2 \end{bmatrix} = \begin{bmatrix} \lambda_1 & 0 \\ 0 & \lambda_2 \end{bmatrix} \begin{bmatrix} z_1 \\ z_2 \end{bmatrix} + \begin{bmatrix} k_1 \\ k_2 \end{bmatrix} r \tag{4.118}$$

변환행렬을 다음과 같이 표현하면

$$\mathbf{P} = \begin{bmatrix} p_{11} & p_{21} \\ p_{12} & p_{22} \end{bmatrix}$$

x_1, x_2와 z_1, z_2의 상관관계는 다음과 같다.

$$\begin{bmatrix} x_1 \\ x_2 \end{bmatrix} = \begin{bmatrix} p_{11} & p_{21} \\ p_{12} & p_{22} \end{bmatrix} \begin{bmatrix} z_1 \\ z_2 \end{bmatrix} \tag{4.119}$$

식 (4.115)로부터 다음 식을 얻는다.

$$\begin{gathered} \begin{bmatrix} p_{11} & p_{21} \\ p_{12} & p_{22} \end{bmatrix} \begin{bmatrix} 1 & 4 \\ 2 & 3 \end{bmatrix} \begin{bmatrix} p_{11} & p_{21} \\ p_{12} & p_{22} \end{bmatrix}^{-1} = \begin{bmatrix} \lambda_1 & 0 \\ 0 & \lambda_2 \end{bmatrix} \\ \begin{bmatrix} 1 & 4 \\ 2 & 3 \end{bmatrix} \begin{bmatrix} p_{11} & p_{21} \\ p_{12} & p_{22} \end{bmatrix} = \begin{bmatrix} p_{11} & p_{21} \\ p_{12} & p_{22} \end{bmatrix} \begin{bmatrix} \lambda_1 & 0 \\ 0 & \lambda_2 \end{bmatrix} \end{gathered} \tag{4.120}$$

$$\begin{gathered} \begin{bmatrix} 1 & 4 \\ 2 & 3 \end{bmatrix} \begin{bmatrix} p_{11} \\ p_{12} \end{bmatrix} = \lambda_1 \begin{bmatrix} p_{11} \\ p_{12} \end{bmatrix} \\ \begin{bmatrix} 1 & 4 \\ 2 & 3 \end{bmatrix} \begin{bmatrix} p_{21} \\ p_{22} \end{bmatrix} = \lambda_2 \begin{bmatrix} p_{21} \\ p_{22} \end{bmatrix} \end{gathered} \tag{4.121}$$

식 (4.121)에서 알 수 있듯이 병렬표준형의 대각요소 λ_1, λ_2는 시스템행렬의 고윳값들이며, 변환행렬 **P**의 열벡터는 그 고윳값에 대한 고유벡터들이다. 시스템행렬

$$\mathbf{A} = \begin{bmatrix} 1 & 4 \\ 2 & 3 \end{bmatrix}$$

의 고윳값은 $\lambda_1 = 5$, $\lambda_2 = -1$이고, 이들 고윳값에 대한 고유벡터는 각각 다음과 같다.[6]

$$\mathbf{P}_1 = \begin{bmatrix} 1 \\ 1 \end{bmatrix}, \qquad \mathbf{P}_2 = \begin{bmatrix} 2 \\ -1 \end{bmatrix}$$

이들 열벡터들을 가지고, 병렬표준형의 상태방정식을 얻기 위한 변환행렬 $\mathbf{P}$를 만들면 다음과 같다.

$$\mathbf{P} = \begin{bmatrix} 1 & 2 \\ 1 & -1 \end{bmatrix}$$

이 변환행렬을 사용하여 상사시스템의 상태방정식을 다음 식 (4.122)와 과 같이 구할 수 있다.

$$\mathbf{P}^{-1} = \begin{bmatrix} 1 & 2 \\ 1 & -1 \end{bmatrix} = \frac{\begin{bmatrix} -1 & -2 \\ -1 & 1 \end{bmatrix}}{-3} = \begin{bmatrix} \frac{1}{3} & \frac{2}{3} \\ \frac{1}{3} & -\frac{1}{3} \end{bmatrix}$$

$$\mathbf{P}^{-1}\mathbf{AP} = \begin{bmatrix} \frac{1}{3} & \frac{2}{3} \\ \frac{1}{3} & -\frac{1}{3} \end{bmatrix} \begin{bmatrix} 1 & 4 \\ 2 & 3 \end{bmatrix} \begin{bmatrix} 1 & 2 \\ 1 & -1 \end{bmatrix} = \begin{bmatrix} \frac{5}{3} & \frac{10}{3} \\ -\frac{1}{3} & \frac{1}{3} \end{bmatrix} \begin{bmatrix} 1 & 2 \\ 1 & -1 \end{bmatrix} = \begin{bmatrix} 5 & 0 \\ 0 & -1 \end{bmatrix}$$

$$\mathbf{P}^{-1}\mathbf{B} = \begin{bmatrix} \frac{1}{3} & \frac{2}{3} \\ \frac{1}{3} & -\frac{1}{3} \end{bmatrix} \begin{bmatrix} 0 \\ 1 \end{bmatrix} = \begin{bmatrix} \frac{2}{3} \\ -\frac{1}{3} \end{bmatrix}$$

$$\begin{bmatrix} \dot{z}_1 \\ \dot{z}_2 \end{bmatrix} = \begin{bmatrix} 5 & 0 \\ 0 & -1 \end{bmatrix} \begin{bmatrix} z_1 \\ z_2 \end{bmatrix} + \begin{bmatrix} \frac{2}{3} \\ -\frac{1}{3} \end{bmatrix} r \tag{4.122}$$

예제 4-7 상사시스템

위상변수표준형의 상태방정식으로 표시된 다음과 같은 시스템을 병렬표준형의 상태방정식으로 표현되는 상사시스템을 구하라.

$$\begin{bmatrix} \dot{x}_1 \\ \dot{x}_2 \\ \dot{x}_3 \end{bmatrix} = \begin{bmatrix} 0 & 1 & 0 \\ 0 & 0 & 1 \\ -40 & -38 & -11 \end{bmatrix} \begin{bmatrix} x_1 \\ x_2 \\ x_3 \end{bmatrix} + \begin{bmatrix} 0 \\ 0 \\ 1 \end{bmatrix} r$$

$$y = \begin{bmatrix} 18 & 9 & 1 \end{bmatrix} \begin{bmatrix} x_1 \\ x_2 \\ x_3 \end{bmatrix}$$

6 계산 과정은 2.3.3절의 '고윳값과 고유벡터'를 참조하기 바란다.

풀이

❶ 고윳값을 구한다.

$$|\mathbf{A}-\lambda\mathbf{I}| = \left|\begin{bmatrix} 0 & 1 & 0 \\ 0 & 0 & 1 \\ -40 & -38 & -11 \end{bmatrix} - \lambda\begin{bmatrix} 1 & 0 & 0 \\ 0 & 1 & 0 \\ 0 & 0 & 1 \end{bmatrix}\right| = \left|\begin{bmatrix} 0 & 1 & 0 \\ 0 & 0 & 1 \\ -40 & -38 & -11 \end{bmatrix} - \begin{bmatrix} \lambda & 0 & 0 \\ 0 & \lambda & 0 \\ 0 & 0 & \lambda \end{bmatrix}\right|$$

$$= \left|\begin{bmatrix} -\lambda & 1 & 0 \\ 0 & -\lambda & 1 \\ -40 & -38 & -(11+\lambda) \end{bmatrix}\right| = 0$$

이를 계산하면

$$\lambda^3 + 11\lambda^2 + 38\lambda + 40 = 0$$
$$(\lambda+2)(\lambda+4)(\lambda+5) = 0$$

이다. 따라서 고윳값은 $\lambda_1 = -2$, $\lambda_2 = -4$, $\lambda_3 = -5$이다.

❷ 고유벡터를 구한다. 먼저 고윳값 $\lambda_1 = -2$에 대한 고유벡터를 구하자.

$$\mathbf{A}\mathbf{X}_1 = \lambda_1\mathbf{X}_1$$
$$\begin{bmatrix} 0 & 1 & 0 \\ 0 & 0 & 1 \\ -40 & -38 & -11 \end{bmatrix}\begin{bmatrix} x_{11} \\ x_{12} \\ x_{13} \end{bmatrix} = -2\begin{bmatrix} x_{11} \\ x_{12} \\ x_{13} \end{bmatrix}$$

이를 정리하면

$$x_{12} = -2x_{11}$$
$$x_{13} = -2x_{12}$$
$$-40x_{11} - 38x_{12} - 11x_{13} = -2x_{13}$$

이므로 $x_{11} = 1$, $x_{12} = -2$, $x_{13} = 4$이다. 따라서 고유벡터 $\mathbf{X}_1$은 다음과 같다.

$$\mathbf{X}_1 = \begin{bmatrix} 1 \\ -2 \\ 4 \end{bmatrix}$$

같은 방법으로 고윳값 $\lambda_2 = -4$에 대한 고유벡터 $\mathbf{X}_2$를 구하면 다음과 같다.

$$\begin{bmatrix} 0 & 1 & 0 \\ 0 & 0 & 1 \\ -40 & -38 & -11 \end{bmatrix}\begin{bmatrix} x_{21} \\ x_{22} \\ x_{23} \end{bmatrix} = -4\begin{bmatrix} x_{21} \\ x_{22} \\ x_{23} \end{bmatrix}$$

$$x_{22} = -4x_{21}$$

$$x_{23} = -4x_{22}$$

$$-40x_{21} - 38x_{22} - 11x_{23} = -4x_{23}$$

$$\mathbf{X}_2 = \begin{bmatrix} 1 \\ -4 \\ 16 \end{bmatrix}$$

같은 방법으로 고윳값 $\lambda_3 = -5$에 대한 고유벡터 $\mathbf{X}_3$를 구하면 다음과 같다.

$$\mathbf{X}_3 = \begin{bmatrix} 1 \\ -5 \\ 25 \end{bmatrix}$$

❸ 변환행렬을 $\mathbf{P}$를 만든다.

$$\mathbf{P} = \begin{bmatrix} 1 & 1 & 1 \\ -2 & -4 & -5 \\ 4 & 16 & 25 \end{bmatrix}$$

❹ 변환행렬을 이용하여 시스템행렬을 대각행렬로 변환시킨다.

$$\begin{aligned} \mathbf{P}^{-1}\mathbf{AP} &= \begin{bmatrix} 1 & 1 & 1 \\ -2 & -4 & -5 \\ 4 & 16 & 25 \end{bmatrix}\begin{bmatrix} 0 & 1 & 0 \\ 0 & 0 & 1 \\ -40 & -38 & -11 \end{bmatrix}\begin{bmatrix} 1 & 1 & 1 \\ -2 & -4 & -5 \\ 4 & 16 & 25 \end{bmatrix} \\ &-\frac{1}{6}\times\begin{bmatrix} -20 & -9 & -1 \\ 30 & 21 & 3 \\ -16 & -12 & -2 \end{bmatrix}\begin{bmatrix} 0 & 1 & 0 \\ 0 & 0 & 1 \\ -40 & -38 & -11 \end{bmatrix}\begin{bmatrix} 1 & 1 & 1 \\ -2 & -4 & -5 \\ 4 & 16 & 25 \end{bmatrix} \\ &= \begin{bmatrix} -2 & 0 & 0 \\ 0 & -4 & 0 \\ 0 & 0 & -5 \end{bmatrix} \end{aligned}$$

❺ 변환행렬을 이용하여 입력행렬과 출력행렬을 변환시킨다.

$$\mathbf{P}^{-1}\mathbf{B} = -\frac{1}{6}\times\begin{bmatrix} -20 & -9 & -1 \\ 30 & 21 & 3 \\ -16 & -12 & -2 \end{bmatrix}\begin{bmatrix} 0 \\ 0 \\ 1 \end{bmatrix} = \begin{bmatrix} \frac{1}{6} \\ -\frac{1}{2} \\ \frac{1}{3} \end{bmatrix}$$

$$\mathbf{CP} = [18 \ \ 9 \ \ 1]\begin{bmatrix} 1 & 1 & 1 \\ -2 & -4 & -5 \\ 4 & 16 & 25 \end{bmatrix} = [4 \ \ -2 \ \ -2]$$

❶ ~ ❺의 과정을 통해 얻은 병렬표준형 상태방정식을 가진 상사시스템은 다음과 같다.

$$\begin{bmatrix} \dot{z}_1 \\ \dot{z}_2 \\ \dot{z}_3 \end{bmatrix} = \begin{bmatrix} -2 & 0 & 0 \\ 0 & -4 & 0 \\ 0 & 0 & -5 \end{bmatrix}\begin{bmatrix} z_1 \\ z_2 \\ z_3 \end{bmatrix} + \begin{bmatrix} \frac{1}{6} \\ -\frac{1}{2} \\ \frac{1}{3} \end{bmatrix} r$$

$$y = [4 \ \ -2 \ \ -2]\begin{bmatrix} z_1 \\ z_2 \\ z_3 \end{bmatrix}$$

[예제 4-7]에서 구한 것과 같이 시스템행렬이 대각행렬로 된 병렬표준형 상태방정식에서는 각 상태변수의 미분방정식들이 다른 변수와 관계를 가지고 있지 않는다. 다시 말해, 각각의 변수에 대한 1차 미분방정식이 되므로 다른 방정식과 연립하지 않고 (1차연립미분방정식을 풀지 않고) 독립적으로 해를 구할 수 있다.

그러나 우리는 어떤 시스템을 위상변수표준형의 상태방정식으로 나타내기를 선호한다. 왜냐하면 전달함수에서 직관적으로 위상변수표준형의 상태방정식을 쉽게 만들 수 있고, 상태부귀환을 이용한 제어기를 설계할 때 부귀환 이득벡터를 쉽게 구할 수 있기 때문이다.[7]

7 12.1절의 '상태귀환을 이용한 제어기 설계'를 참조하기 바란다.

Chapter 04 핵심요약

기본 제어요소의 모델링

기본 제어요소	전달함수	단위계단응답
비례요소	K	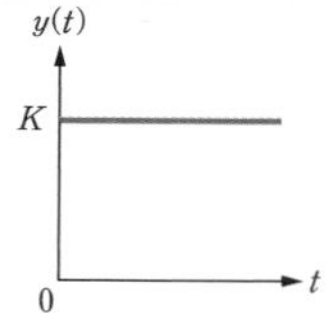
미분요소	s	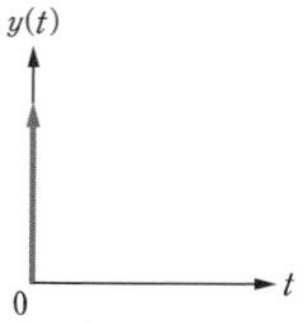
적분요소	$\frac{1}{s}$	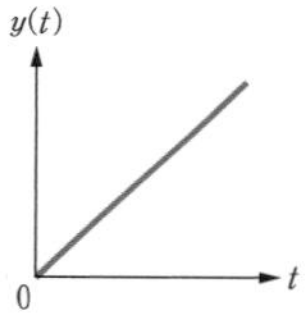
1차앞선요소	$s+a$	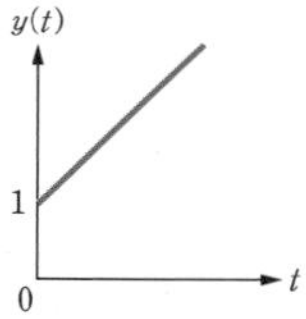
1차지연요소	$\frac{1}{s+a}$	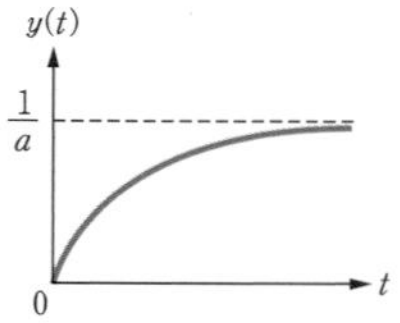
2차지연요소	$\frac{1}{s+as+b}$	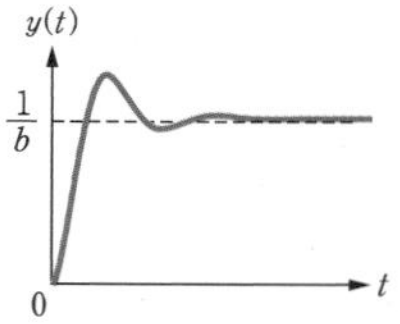
낭비시간요소	$e^{-\tau s}$	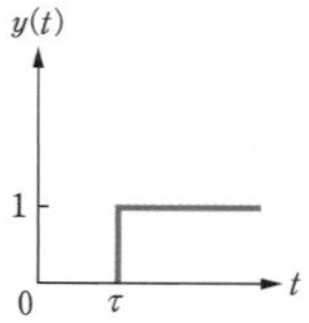

* 단, 1차앞선요소는 단위계단응답이 아니라 단위램프응답이다.

제어시스템의 모델링

제어시스템의 전달함수와 상태방정식을 구하기 위해서는 먼저 시스템의 입출력 관계를 미분방정식으로 나타낸 후, 상태변수를 정하여 미분방정식에 대한 상태선도를 그려야 한다.

- 전달함수는 상태선도에 메이슨의 이득공식을 적용하여 구한다.
- 상태방정식은 미분방정식을 1차 연립미분방정식으로 정리하여 구한다.

상태방정식을 전달함수로 변환

상태방정식과 출력방정식이 $\dot{\mathbf{x}} = \mathbf{A}\,\mathbf{x} + \mathbf{B}\,u$, $y = \mathbf{C}\mathbf{x} + \mathbf{D}\,u$일 때, 전달함수는 다음과 같다.

$$M(s) = \frac{Y(s)}{U(s)} = \mathbf{C}\,(s\mathbf{I} - \mathbf{A})^{-1}\,\mathbf{B} + \mathbf{D}$$

전달함수를 상태방정식으로 변환

전달함수로 표시된 시스템의 상태방정식을 구하는 방법은 미분방정식을 이용하는 방법과 신호흐름선도를 이용하는 방법이 있다. 신호흐름선도를 이용하여 상태방정식으로 변환할 때는 같은 전달함수에서도 상태변수를 어떻게 정하느냐에 따라 위상변수표준형, 종속표준형, 병렬표준형, 제어기표준형, 관측기표준형으로 구분한다.

상사변환

전달함수가 같은 동일한 시스템일지라도 상태변수를 어떻게 정하느냐에 따라 서로 다른 상태방정식으로 표현될 수 있으며, 이렇게 얻어진 시스템들을 상사시스템이라고 한다.

- 상사시스템들은 전달함수와 고윳값, 극점이 서로 같다.
- 어떤 시스템의 상태변수들과 상사시스템의 상태변수들의 관계는 변환행렬 $\mathbf{P}$로 나타낸다

$$\mathbf{x} = \mathbf{P}\,\mathbf{z}$$

- 상태방정식과 출력방정식이 각각 $\dot{\mathbf{x}} = \mathbf{A}\,\mathbf{x} + \mathbf{B}\,u$, $y = \mathbf{C}\mathbf{x} + \mathbf{D}\,u$일 때, 상사시스템의 상태방정식과 출력방정식은 다음과 같다.

$$\dot{\mathbf{z}} = \mathbf{P}^{-1}\mathbf{A}\mathbf{P}\,\mathrm{z} + \mathbf{P}^{-1}\mathbf{B}\,u$$
$$y = \mathbf{C}\mathbf{P}\mathbf{z} + \mathbf{D}\,u$$

Chapter 04 연습문제

4.1 다음 병진운동을 하는 기계시스템에서 힘 $f(t)$를 입력, 변위 $x_2(t)$를 출력으로 하는 전달함수는?

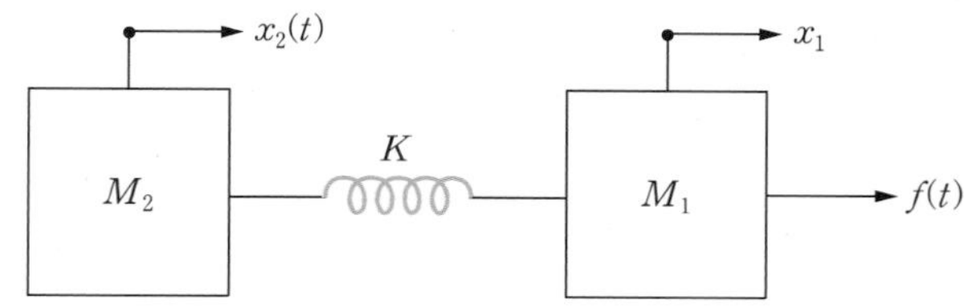

㉮ $G(s)=\dfrac{Ks}{(M_1+M_2)s^2+M_1M_2}$

㉯ $G(s)=\dfrac{K}{M_1M_2s^2+(M_1+M_2)K}$

㉰ $G(s)=\dfrac{K}{M_1M_2s^4+(M_1+M_2)Ks^2}$

㉱ $G(s)=\dfrac{(M_1+M_2)Ks}{(M_1+M_2)s^2+M_1M_2}$

4.2 다음 물리시스템에서 인가된 힘을 입력, 움직인 거리를 출력으로 할 때, 이 시스템의 전달함수는?

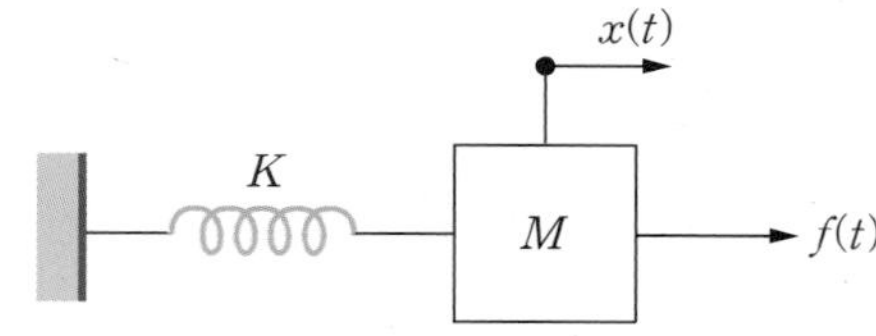

㉮ $G(s)=\dfrac{1}{Ms^2+K}$

㉯ $G(s)=\dfrac{K}{Ms+K}$

㉰ $G(s)=\dfrac{1}{Ms^2+Ks}$

㉱ $G(s)=\dfrac{1}{Ms^2+Ks+1}$

4.3 다음 저항회로에서 전압 E_1을 입력, 전압 E_2를 출력으로 할 때, 이 시스템의 전달함수는?

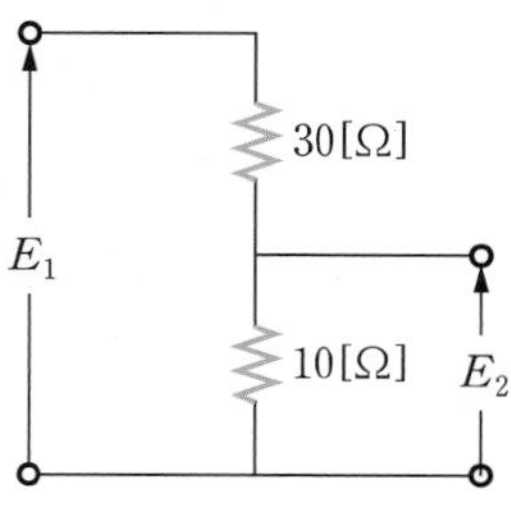

㉮ $G(s)=\dfrac{1}{s+3}$

㉯ $G(s)=\dfrac{1}{4s+1}$

㉰ $G(s)=0.25$

㉱ $G(s)=3s$

4.4 다음 RL 회로에서 전압 $e_i(t)$를 입력, 전류 $i(t)$를 출력으로 할 때, 이 시스템의 전달함수는?

㉮ $G(s) = 0.005\,s$

㉯ $G(s) = \dfrac{2}{s+200}$

㉰ $G(s) = 0.25(s+200)$

㉱ $G(s) = \dfrac{1}{s^2+0.5s+100}$

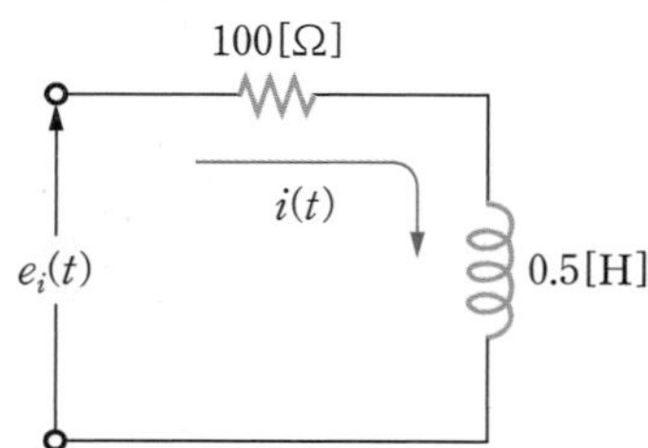

4.5 다음 RLC 회로에서 전류 $i(t)$를 입력, 전압 $v_c(t)$를 출력으로 할 때, 이 시스템의 전달함수는?

㉮ $G(s) = \dfrac{1}{Cs}$

㉯ $G(s) = \dfrac{s}{LCs^2+RCs+1}$

㉰ $G(s) = \dfrac{1}{Cs}\left(\dfrac{1}{Ls+R}\right)$

㉱ $G(s) = \dfrac{1}{LCs^2+RCs+1}$

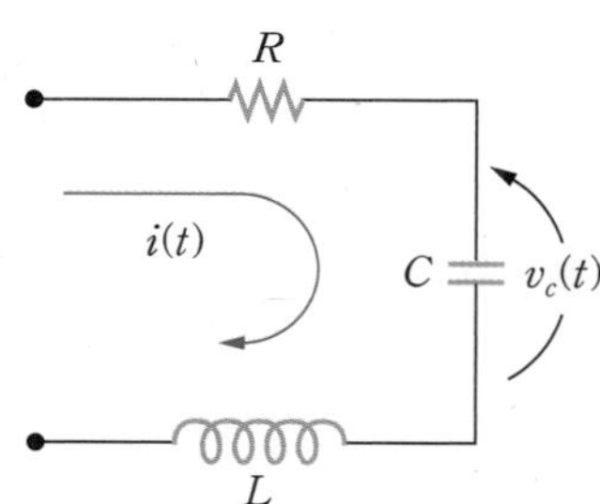

4.6 다음 난방시스템에서 $x(t)^\circ$ 를 입력, $y(t)^\circ$ 를 출력으로 할 때, 이 시스템의 전달함수는?

㉮ $G(s) = e^{0.2s}$

㉯ $G(s) = \dfrac{5}{s+5}$

㉰ $G(s) = e^{-5s}$

㉱ $G(s) = e^{-0.2s}$

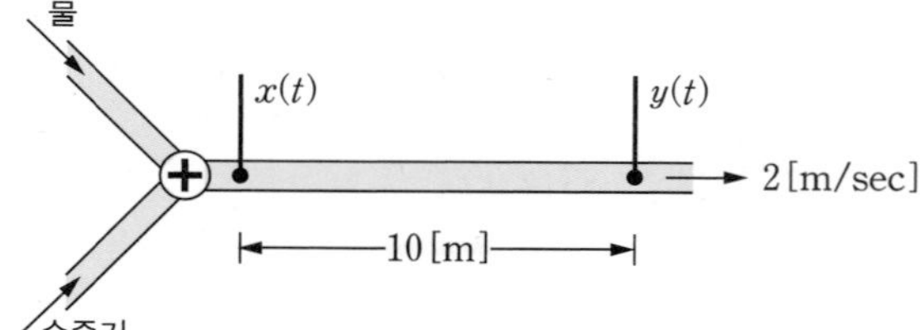

4.7 다음 휘트스톤 브릿지에서 전압 $e_i(t)$를 입력, 전압 $e_o(t)$를 출력으로 하는 전달함수는?

㉮ $G(s) = \dfrac{Cs-R}{RCs}$

㉯ $G(s) = \dfrac{C-R}{RCs+1}$

㉰ $G(s) = \dfrac{RC-1}{1-RCs}$

㉱ $G(s) = \dfrac{RCs-1}{RCs+1}$

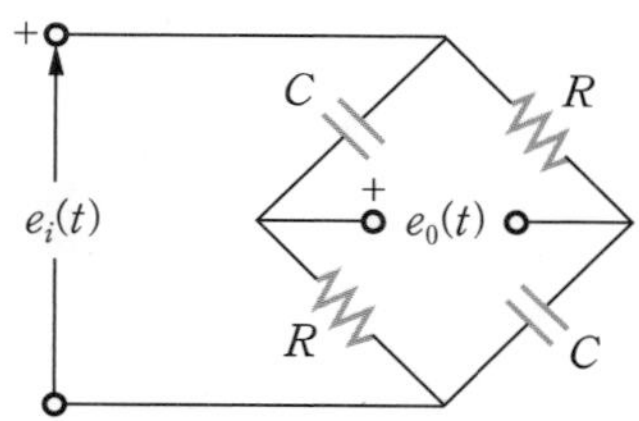

4.8 다음 병진운동을 하는 기계시스템에서 힘 $f(t)$를 입력, 변위 $x_1(t)$를 출력으로 하는 전달함수는?

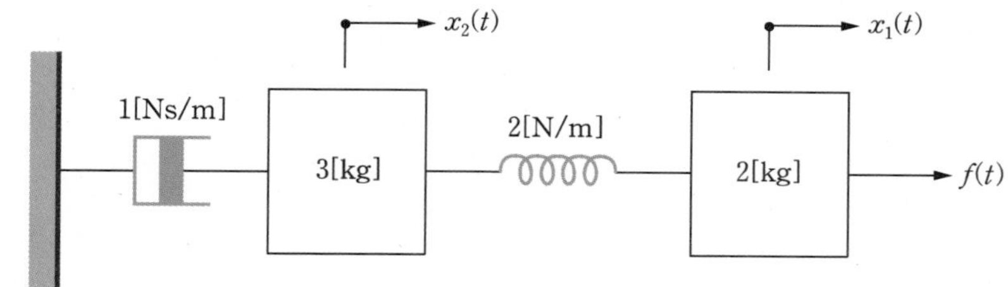

㉮ $G(s) = \dfrac{2s}{5s^2 + 6}$

㉯ $G(s) = \dfrac{2s + 2}{5s^3 + 6s^2 + 3s + 2}$

㉰ $G(s) = \dfrac{3s^2 + s + 2}{6s^4 + 2s^3 + 10s^2 + 2s}$

㉱ $G(s) = \dfrac{2s^2 + 2}{5s^2 + 8s^2 + 2}$

4.9 다음 수조에 들어가는 유속 $q(t)\,[\mathrm{m}^3/\mathrm{sec}]$을 입력, 수조의 액면 높이 $h(t)\,[\mathrm{m}]$를 출력으로 하는 전달함수는?

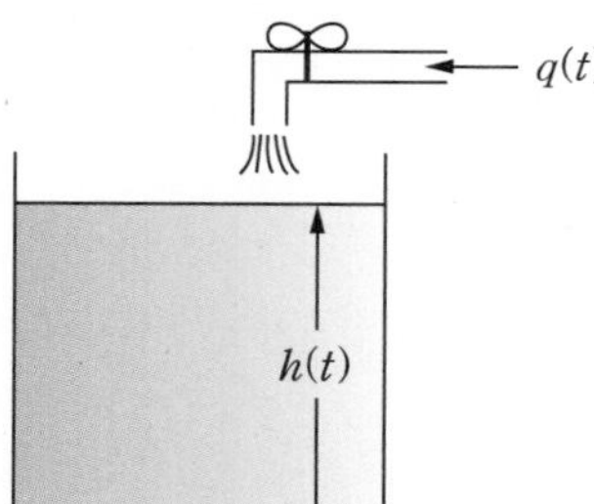

㉮ $G(s) = K(s+1)$

㉯ $G(s) = \dfrac{K}{s}$

㉰ $G(s) = Ks$

㉱ $G(s) = \dfrac{K}{s+K}$

4.10 다음 회전운동시스템에서 구동 토크 T는 모터에 의하여 공급되고, 모터의 출력 토크는 모터에 공급되는 전류에 비례한다고 한다. 공급 전류를 입력, 회전각 θ를 출력으로 하는 전달함수는?

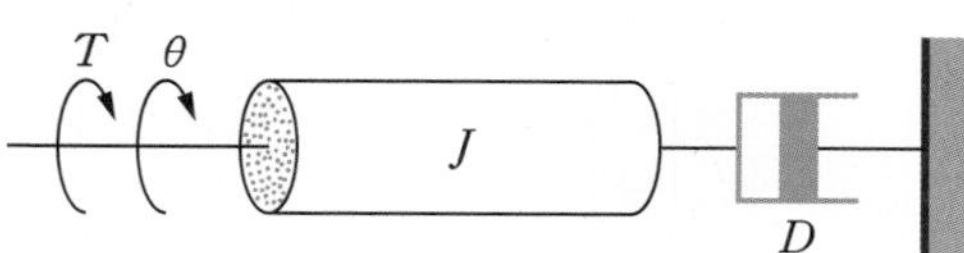

㉮ $G(s) = \dfrac{K}{s(Js + D)}$

㉯ $G(s) = K(Js^2 + Ds)$

㉰ $G(s) = \dfrac{K}{Js^2 + Ds + K}$

㉱ $G(s) = K(Js + D)$

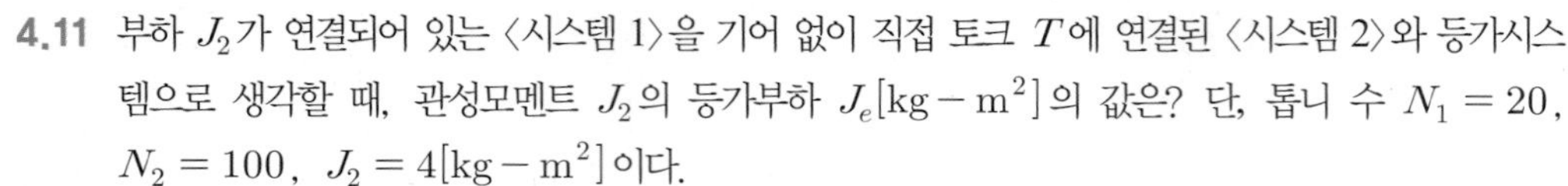

4.11 부하 J_2가 연결되어 있는 〈시스템 1〉을 기어 없이 직접 토크 T에 연결된 〈시스템 2〉와 등가시스템으로 생각할 때, 관성모멘트 J_2의 등가부하 $J_e[\mathrm{kg}-\mathrm{m}^2]$의 값은? 단, 톱니 수 $N_1=20$, $N_2=100$, $J_2=4[\mathrm{kg}-\mathrm{m}^2]$이다.

〈시스템 1〉

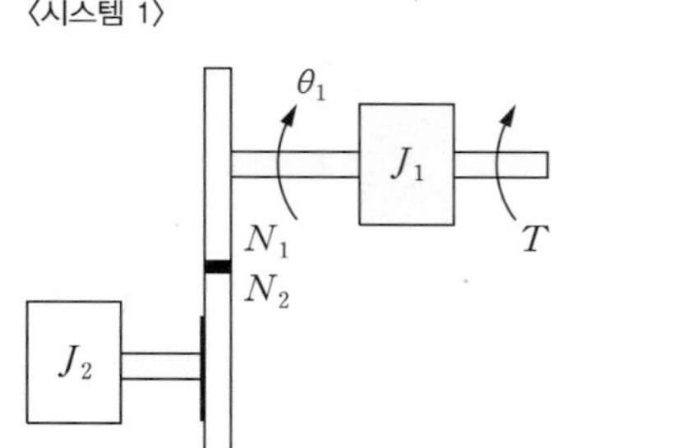

〈시스템 2〉

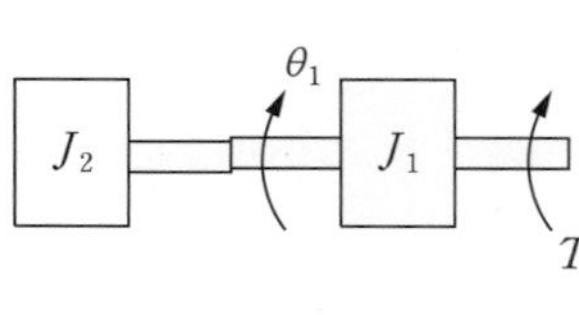

㉮ $J_e=0.16$ ㉯ $J_e=0.80$ ㉰ $J_e=20$ ㉱ $J_e=100$

4.12 전달함수가 $G(s)=\dfrac{1}{s^2+3s+2}$ 인 제어시스템의 상태방정식으로 알맞은 것은?

㉮ $\begin{bmatrix}\dot{x}_1\\ \dot{x}_2\end{bmatrix}=\begin{bmatrix}0 & 1\\ -1 & -2\end{bmatrix}\begin{bmatrix}x_1\\ x_2\end{bmatrix}+\begin{bmatrix}0\\ 1\end{bmatrix}r$

㉯ $\begin{bmatrix}\dot{x}_1\\ \dot{x}_2\end{bmatrix}=\begin{bmatrix}1 & 0\\ -3 & -2\end{bmatrix}\begin{bmatrix}x_1\\ x_2\end{bmatrix}+\begin{bmatrix}1\\ 1\end{bmatrix}r$

㉰ $\begin{bmatrix}\dot{x}_1\\ \dot{x}_2\end{bmatrix}=\begin{bmatrix}-3 & 1\\ -2 & 0\end{bmatrix}\begin{bmatrix}x_1\\ x_2\end{bmatrix}+\begin{bmatrix}2\\ 1\end{bmatrix}r$

㉱ $\begin{bmatrix}\dot{x}_1\\ \dot{x}_2\end{bmatrix}=\begin{bmatrix}-1 & 0\\ 0 & -2\end{bmatrix}\begin{bmatrix}x_1\\ x_2\end{bmatrix}+\begin{bmatrix}1\\ 1\end{bmatrix}r$

4.13 다음 전달함수가 $G(s)=\dfrac{20}{s^3+7s^2+14s+8}$ 인 제어시스템의 상태방정식으로 알맞은 것은?

㉮ $\begin{bmatrix}\dot{x}_1\\ \dot{x}_2\\ \dot{x}_3\end{bmatrix}=\begin{bmatrix}0 & 1 & 0\\ 0 & 0 & 1\\ -7 & -14 & -8\end{bmatrix}\begin{bmatrix}x_1\\ x_2\\ x_3\end{bmatrix}+\begin{bmatrix}20\\ 0\\ 0\end{bmatrix}r$

㉯ $\begin{bmatrix}\dot{x}_1\\ \dot{x}_2\\ \dot{x}_3\end{bmatrix}=\begin{bmatrix}0 & 1 & 0\\ 0 & 0 & 1\\ -8 & -14 & -7\end{bmatrix}\begin{bmatrix}x_1\\ x_2\\ x_3\end{bmatrix}+\begin{bmatrix}0\\ 0\\ 20\end{bmatrix}r$

㉰ $\begin{bmatrix}\dot{x}_1\\ \dot{x}_2\\ \dot{x}_3\end{bmatrix}=\begin{bmatrix}-1 & 1 & 0\\ 0 & -2 & 1\\ 0 & 0 & -4\end{bmatrix}\begin{bmatrix}x_1\\ x_2\\ x_3\end{bmatrix}+\begin{bmatrix}0\\ 20\\ 0\end{bmatrix}r$

㉱ $\begin{bmatrix}\dot{x}_1\\ \dot{x}_2\\ \dot{x}_3\end{bmatrix}=\begin{bmatrix}-8 & 1 & 0\\ 0 & -14 & 1\\ 0 & 0 & -7\end{bmatrix}\begin{bmatrix}x_1\\ x_2\\ x_3\end{bmatrix}+\begin{bmatrix}20\\ 0\\ 0\end{bmatrix}r$

4.14 다음 상태방정식을 전달함수로 변환하면?

$$\begin{bmatrix} \dot{x}_1 \\ \dot{x}_2 \end{bmatrix} = \begin{bmatrix} 0 & 1 \\ -6 & -5 \end{bmatrix} \begin{bmatrix} x_1 \\ x_2 \end{bmatrix} + \begin{bmatrix} 0 \\ 1 \end{bmatrix} r$$

$$y = \begin{bmatrix} 1 & 1 \end{bmatrix} \begin{bmatrix} x_1 \\ x_2 \end{bmatrix}$$

㉮ $G(s) = \dfrac{1}{s^2+5s+6}$　　㉯ $G(s) = \dfrac{s+1}{s^2+2s+3}$

㉰ $G(s) = \dfrac{s+1}{s^2+5s+6}$　　㉱ $G(s) = \dfrac{2}{s^2+s+2}$

4.15 다음 상태방정식을 전달함수로 변환하면?

$$\begin{bmatrix} \dot{x}_1 \\ \dot{x}_2 \end{bmatrix} = \begin{bmatrix} -1 & 0 \\ 0 & -4 \end{bmatrix} \begin{bmatrix} x_1 \\ x_2 \end{bmatrix} + \begin{bmatrix} 0 \\ 1 \end{bmatrix} r$$

$$y = \begin{bmatrix} 2 & 1 \end{bmatrix} \begin{bmatrix} x_1 \\ x_2 \end{bmatrix}$$

㉮ $G(s) = \dfrac{s+2}{s^2+5s+4}$　　㉯ $G(s) = \dfrac{s+1}{s^2+5s+4}$

㉰ $G(s) = \dfrac{2s+1}{s^2+s+4}$　　㉱ $G(s) = \dfrac{s+2}{s^2+s+4}$

4.16 다음 상태방정식을 전달함수로 변환하면?

$$\begin{bmatrix} \dot{x}_1 \\ \dot{x}_2 \\ \dot{x}_3 \end{bmatrix} = \begin{bmatrix} 0 & 1 & 0 \\ 0 & 0 & 1 \\ -10 & -6 & -9 \end{bmatrix} \begin{bmatrix} x_1 \\ x_2 \\ x_3 \end{bmatrix} + \begin{bmatrix} 0 \\ 0 \\ 1 \end{bmatrix} r$$

$$y = \begin{bmatrix} 10 & 4 & 0 \end{bmatrix} \begin{bmatrix} x_1 \\ x_2 \\ x_3 \end{bmatrix}$$

㉮ $G(s) = \dfrac{1}{s^3+9s^2+6s+10}$　　㉯ $G(s) = \dfrac{10s+4}{s^3+10s^2+6s+9}$

㉰ $G(s) = \dfrac{4s+10}{9s^2+6s+10}$　　㉱ $G(s) = \dfrac{4s+10}{s^3+9s^2+6s+10}$

4.17 다음 RLC 회로망에 대해 물음에 답하라.

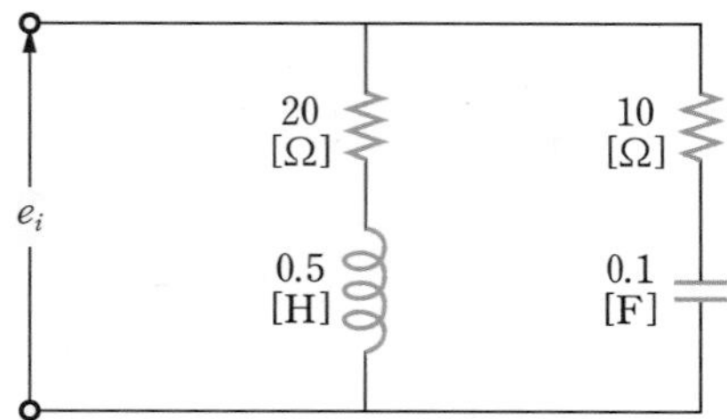

(a) 인가전압을 입력, 저항 10[Ω]에 걸리는 전압강하를 출력으로 하는 전달함수를 구하라.

(b) 인덕턴스에 흐르는 전류와 커패시턴스에 걸리는 전압을 상태변수로 하는 이 회로망의 상태방정식을 구하라.

4.18 다음 RLC 전기회로망에 대해 물음에 답하라.

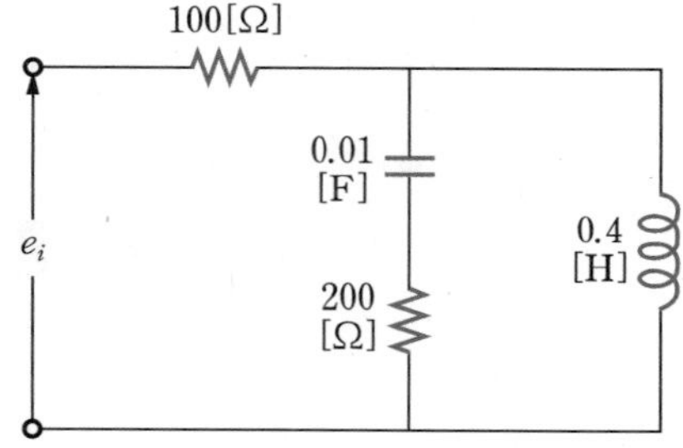

(a) 인가전압을 입력, 인덕턴스에 흐르는 전류를 출력으로 하는 전달함수를 구하라.

(b) 커패시턴스에 걸리는 전압을 출력으로 하는 전달함수를 구하라.

(c) 이 회로망의 상태방정식을 구하라.

4.19 다음 연산증폭기의 전달함수를 구하라.

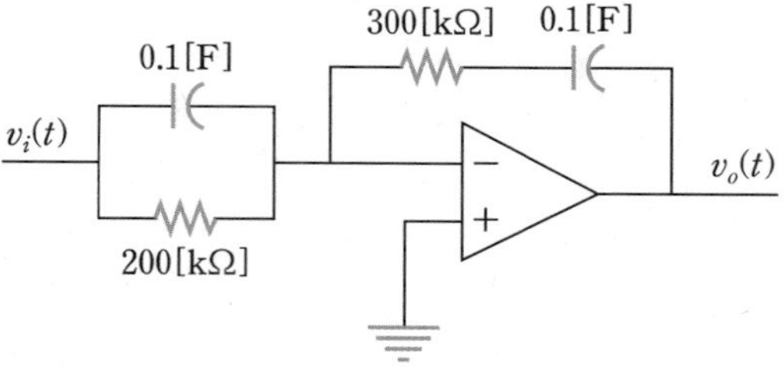

4.20 다음 직선운동시스템에 대해 물음에 답하라.

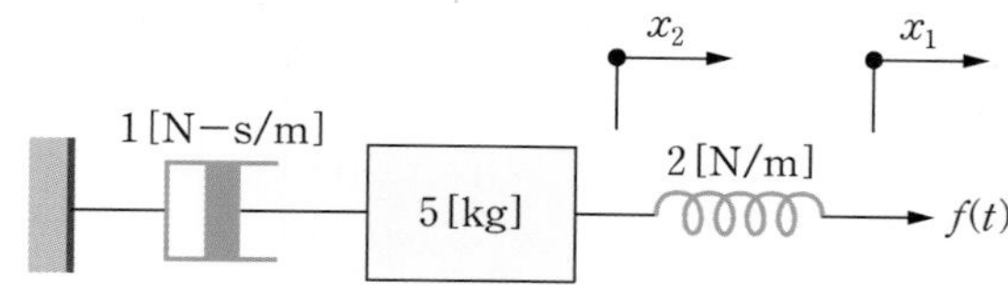

(a) 질량의 변위 x_2를 출력으로 하는 전달함수를 구하라.

(b) 질량의 변위와 속도를 상태변수로 하는 상태방정식을 구하라.

4.21 다음 타여자 직류전동기에 기어를 통해 부하가 걸려있는 전기–기계제어시스템에 대해 전동기 인가 기전력을 입력, 부하의 회전각을 출력으로 하는 전달함수를 구하라. 단, 전동기의 전기 및 기계적 특성은 다음과 같다.

전기자저항 $R_a = 10\,[\Omega]$	전기자인덕턴스 $L_a \fallingdotseq 0\,[\mathrm{H}]$
역기전력 상수 $K_b = 2\,[\mathrm{V}-s/\mathrm{rad}]$	토크 상수 $K_i = 40\,[\mathrm{N}-\mathrm{m}/\mathrm{A}]$
관성모멘트 $J_m = 3\,[\mathrm{kg}-\mathrm{m}^2]$	점성마찰계수 $D_m = 1\,[\mathrm{N}-\mathrm{m}\cdot s/\mathrm{rad}]$

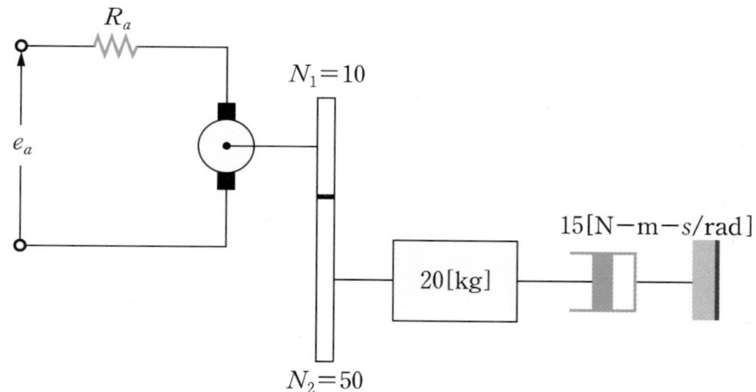

4.22 다음 전달함수를 갖는 시스템에 대해 다음 형태의 상태방정식을 각각 구하라.

$$G(s) = \frac{C(s)}{R(s)} = \frac{12\,s^3 + 94\,s^2 + 228\,s + 80}{s^4 + 16\,s^3 + 68\,s^2 + 80\,s}$$

(a) 위상변수표준형

(b) 종속표준형

(c) 병렬표준형

(d) 제어기표준형

(e) 관측기표준형

4.23 다음 상태방정식을 갖는 시스템의 전달함수를 구하라.

$$\begin{bmatrix} \dot{x}_1 \\ \dot{x}_2 \\ \dot{x}_3 \end{bmatrix} = \begin{bmatrix} -1 & 0 & 0 \\ 0 & -3 & 0 \\ 0 & 0 & -5 \end{bmatrix} \begin{bmatrix} x_1 \\ x_2 \\ x_3 \end{bmatrix} + \begin{bmatrix} 1 \\ 2 \\ 1 \end{bmatrix} r$$

$$y = \begin{bmatrix} 3 & 1 & 4 \end{bmatrix} \begin{bmatrix} x_1 \\ x_2 \\ x_3 \end{bmatrix}$$

4.24 MATLAB 다음 전달함수를 갖는 제어시스템의 상태방정식을 MATLAB을 이용하여 구하라.

$$G(s) = \frac{C(s)}{R(s)} = \frac{2s+5}{s^3+7s^2+14s+8}$$

참고 {[A,B,C,D]=tf2ss(num,den)}

4.25 MATLAB [연습문제 4.23]을 MATLAB을 이용하여 풀어라.

참고 {[num,den] = ss2tf(A,B,C,D)}

Chapter

05

시간응답

Time Response

학습목표

- 시간응답을 과도응답과 정상상태응답으로 구분할 수 있다.
- 전달함수나 상태방정식으로 모델링된 제어시스템의 시간응답을 구할 수 있다.
- 부족제동 2차제어시스템의 감쇠비, 고유주파수를 구할 수 있다.
- 제어시스템을 과제동, 부족제동, 임계제동 시스템으로 구분할 수 있다.
- 부족제동 2차제어시스템의 단위계단응답의 사양들을 구할 수 있다.
- 제어시스템의 특성방정식의 근으로 제어시스템의 단위계단응답의 특성을 알 수 있다.
- 상태방정식으로 표시된 제어시스템의 시간응답을 구할 수 있다.
- 컴퓨터 시뮬레이션으로 상태방정식으로 표시된 제어시스템의 시간응답을 구할 수 있다.

3장과 4장에서는 시스템을 수학적 모델로 표시하는 방법에 대해 공부하였다. 시스템을 수학적 모델로 표시하는 목적은 그 시스템에 어떤 입력을 가했을 때 출력이 어떻게 나올지, 또는 원하는 출력을 얻기 위해서는 어떤 입력을 가해야 할지를 알기 위함이다. 이때 전자를 시스템의 해석이라고 하고, 후자를 시스템의 설계라고 한다. 이 장에서는 수학적 모델로 표시된 시스템에 입력을 가하면 어떤 출력이 나올 것인가에 대해 공부하고자 한다.

시스템에 어떤 입력을 가했을 때, 시스템의 출력을 입력에 대한 응답[response]이라고 하는데, 이 응답은 시간응답[time response]과 주파수응답[frequency response]으로 구분한다. 시간응답에서는 입력을 가했을 때 나타나는 출력이 어떤 모양으로 나타나는지, 시간의 지남에 따라 어떻게 변하는지를 살펴본다. 한편 주파수응답은 시스템에 가하는 입력으로 주기함수, 즉 정현파를 사용하며 그때 얻는 출력의 크기와 위상이 입력의 주파수 변화에 따라 어떻게 달라지는지를 살펴본다.

주파수응답에 대해서는 다음 9장에서 취급하고, 이 장에서는 시간응답에 대해 자세히 살펴보고자 한다. 과도응답과 정상상태응답의 개념을 이해하고, 단위계단응답을 살펴봄으로써 시스템의 출력을 비교한다. 또한 부족제동 2차지연시스템의 시간응답을 구해보고, 극점과 영점이 추가된 고차시스템의 시간응답을 살펴본다. 마지막으로 상태방정식으로 표시된 제어시스템의 시간응답을 라플라스 변환과 컴퓨터 시뮬레이션을 이용하여 구한다.

Section

5.1 과도응답과 정상상태응답

폐루프 제어시스템에서는 목표값 또는 기준입력에 제어대상의 출력이 얼마나 잘 따라가는지가 중요하다. 이때 시간에 따른 출력의 모양을 **시간응답**time response이라고 하며, 시간응답의 특성은 과도특성과 정상상태특성으로 구분한다. 대부분의 시스템은 입력을 가했을 때, 출력이 바로 안정되는 것이 아니라 [그림 5-1]과 같이 처음에는 과도기적으로 변화하다가 일정한 시간이 지난 후에 안정된 출력값을 얻는다.

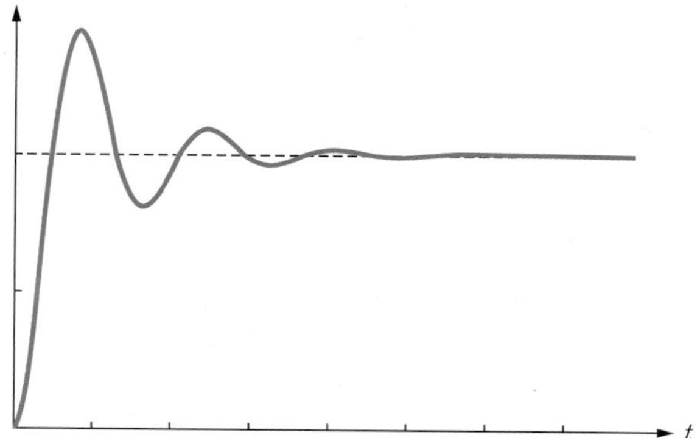

[그림 5-1] 제어시스템의 시간응답

안정된 출력을 얻기까지의 과도기적인 시간응답을 **과도응답**transient response이라고 하며, 시간이 충분히 지난 안정된 상태에서의 시간응답을 **정상상태응답**steady-state response이라고 한다. 제어시스템의 해석에서는 주로 과도응답에 관심이 있으므로 시간응답을 과도응답으로만 생각하는 사람들도 있다.

일반적인 제어시스템의 시간응답은 **과도응답 성분**transient response component과 **정상상태응답 성분**steady-state response component이 합해져 나타나므로, 시간응답 $c(t)$를 다음과 같이 나타낸다.

$$c(t) = c_t(t) + c_{ss}(t) \tag{5.1}$$

이때 $c_t(t)$는 과도응답 성분, $c_{ss}(t)$는 정상상태응답 성분이다. 과도응답 성분과 정상상태응답 성분을 이해하기 위해 [그림 5-2]와 같은 폐루프 제어시스템에서 **단위계단입력**unit step input에 대한 출력을 생각해보자.

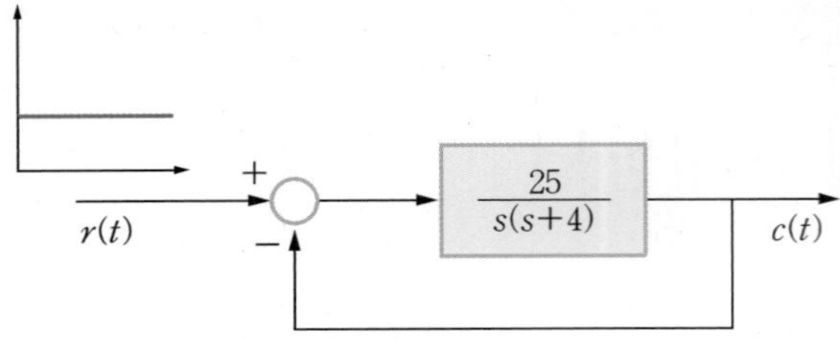

[그림 5-2] **단위귀환제어시스템의 예**

먼저 전체 폐루프 전달함수 $M(s)$를 구하면

$$M(s)=\frac{G(s)}{1+G(s)} \tag{5.2}$$

$$=\frac{\frac{25}{s(s+4)}}{1+\frac{25}{s(s+4)}}=\frac{25}{s^2+4s+25} \tag{5.3}$$

이고, 출력의 라플라스 변환을 구하면 다음과 같다.

$$C(s)=M(s)R(s) \tag{5.4}$$

$$=\frac{25}{s^2+4s+25}\times\frac{1}{s}$$

$$=\frac{1}{s}-\frac{s+4}{s^2+4s+25}=\frac{1}{s}-\frac{(s+2)+2}{(s+2)^2+21}$$

$$=\frac{1}{s}-\frac{(s+2)}{(s+2)^2+(\sqrt{21})^2}-\frac{2}{\sqrt{21}}\frac{\sqrt{21}}{(s+2)^2+(\sqrt{21})^2} \tag{5.5}$$

그러므로 라플라스 역변환을 취하면 시간응답은 다음과 같다.

$$c(t)=1-e^{-2t}\cos\sqrt{21}\,t-\frac{2}{\sqrt{21}}e^{-2t}\sin\sqrt{21}\,t \tag{5.6}$$

$$=1-e^{-2t}\left(\cos\sqrt{21}\,t+\frac{2}{\sqrt{21}}\sin\sqrt{21}\,t\right)$$

$$=1-1.091\,e^{-2t}\sin\left(\sqrt{21}\,t+66.4^\circ\right) \tag{5.7}$$

식 (5.7)의 시간응답에서 앞부분은 정상상태응답 성분이고 뒷부분은 과도응답 성분이다. 단위귀환제어시스템의 출력을 그래프로 나타내면 [그림 5-3]과 같다. 정상상태응답 성분은 시스템에 가해지는 입력에 의해 결정되지만, 과도응답 성분은 시스템의 모델에 의해 결정된다. 따라서 과도응답 성분을 입력과 관계없는 응답이라고 하여 **자연응답**natural response 또는 **고유응답**intrinsic response이라고도 한다.

일반적으로 시간이 많이 지나면 과도응답 성분은 그 값이 0으로 되어 없어진다. 만일 과도응답 성분이 0으로 수렴하지 않으면, 그 제어시스템을 불안정하다고 한다. 반면에, 정상상태응답 성분은 입력에 의해 발생하므로 **강제응답**forced response이라고도 한다. 따라서 일반적으로 출력의 과도적인 특성은 주로 과도응답 성분에 의하여 결정되고, 시간이 많이 지난 정상상태에서의 특성은 정상상태응답 성분과 같아진다.

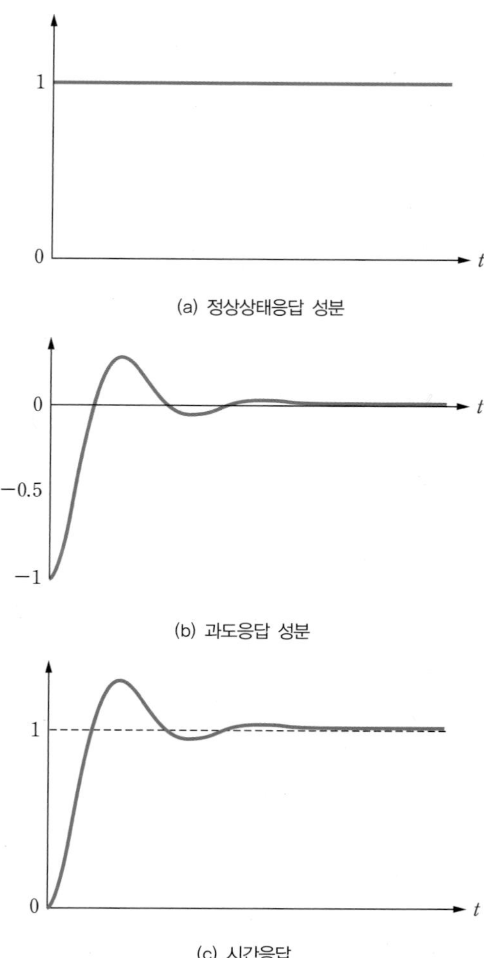

[그림 5-3] **단위귀환제어시스템의 출력**

Q 과도응답과 과도응답 성분은 어떤 차이가 있는가?

A 과도응답은 정상상태응답과 대조되는 용어로, 입력을 가한 후 시스템이 안정될 때까지 과도기적인 출력을 말한다. 과도응답 성분은 출력을 과도응답 성분과 정상상태응답 성분으로 나누어(분해하여) 생각할 때 사용하는 용어로, 입력을 가한 직후에 일시적으로 나타나고 시간이 많이 지나면 없어지는 시스템 고유의 시간응답 성분을 말한다.

예제 5-1 물리시스템의 시간응답

[그림 5-4]와 같은 물리시스템에 10[N]의 힘을 가했을 때, 시간응답 $x(t)$를 구하라.

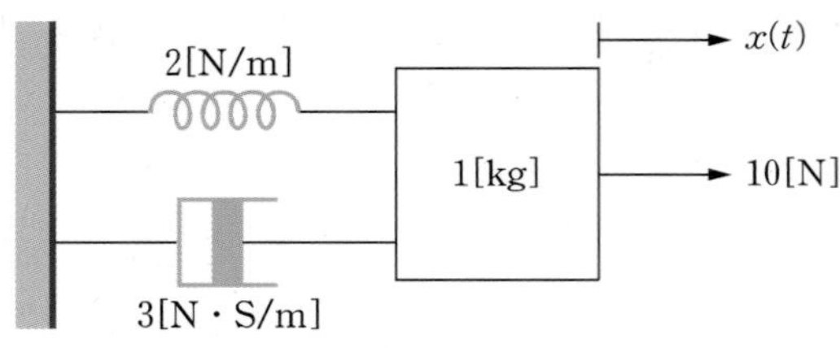

[그림 5-4] **물리시스템의 예**

풀이

$f(t)$를 입력, $x(t)$를 출력이라 하자. 이 시스템을 미분방정식으로 나타내면

$$\frac{d^2}{dt^2}x(t)+3\frac{d}{dt}x(t)+2x(t)=f(t) \quad \cdots ①$$

이다. 이때 입력 $f(t)=10$에 대한 출력 $x(t)$는 다음과 같다.

$$\frac{d^2}{dt^2}x(t)+3\frac{d}{dt}x(t)+2x(t)=10 \quad \cdots ②$$

이 식을 미분연산자로 나타내면 다음과 같다.

$$(D^2+3D+2)x=10 \quad \cdots ③$$

입력이 없을 때의 출력, 즉 보함수를 $x_c(t)$라 하면

$$(D^2+3D+2)x_c=0$$
$$(D+1)(D+2)x_c=0 \quad \cdots ④$$

이므로, 보함수와 특이적분은 각각 다음과 같다.

$$x_c=Ae^{-t}+Be^{-2t} \quad \cdots ⑤$$
$$x_p=5 \quad \cdots ⑥$$

따라서 일반해를 구하면

$$x(t)=Ae^{-t}+Be^{-2t}+5 \quad \cdots ⑦$$

이고, 초기 조건 $x(0)=0$, $\dot{x}(t)=0$을 적용하면 특수해는 다음과 같다.

$$x(t)=-10e^{-t}+5e^{-2t}+5 \quad \cdots ⑧$$

이 특수해가 바로 시간응답이다. 보함수 $x_c(t)$는 입력과 관계없이 시스템의 특성에 의해 정해지므로 시간

이 많이 지나면 0으로 수렴한다. 이 성분은 입력이 가해진 후 잠시 동안 출력에 나타났다가 곧 사라지므로 과도응답 성분이다. 특이적분 $x_p(t)$는 입력에 의해 나타나는 응답으로 시간이 많이 지난 상태, 즉 정상상태에서는 이 응답만 나타나므로 정상상태응답 성분이다.

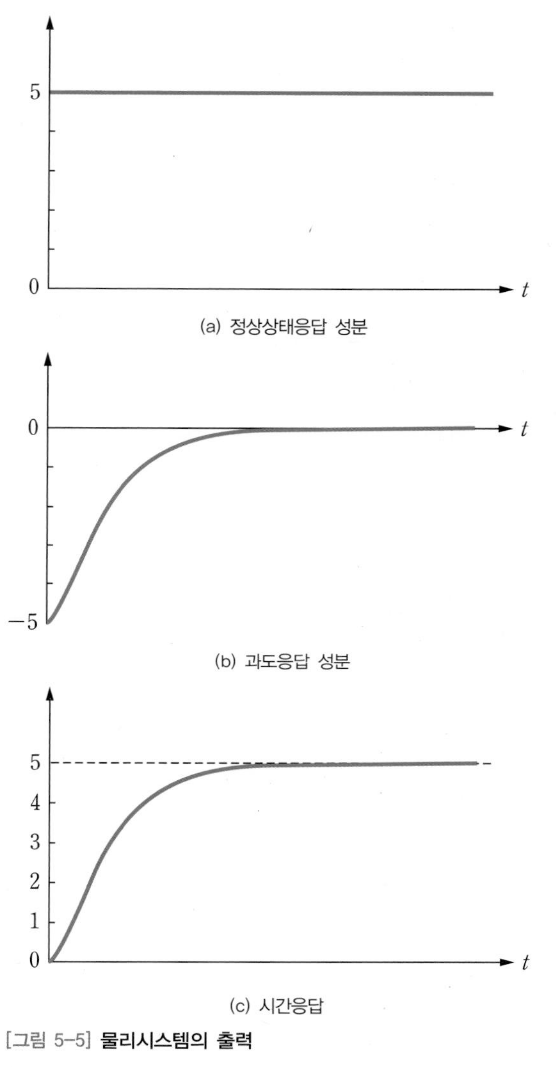

[그림 5-5] **물리시스템의 출력**

Q 시간응답과 시간영역해석은 어떤 차이가 있는가?

A 시간응답이란 주파수응답과 대조되는 용어로, 입력을 가한 후 시스템의 출력이 시간에 따라 어떤 변화를 하는지를 말한다. 반면에, 시간영역해석이란 어떤 시스템을 해석하고 설계할 때 시스템의 모델로 전달함수 대신에 상태방정식을 사용하는 것이다.

Section

5.2 단위계단응답

5.1절에서 시간응답을 구성하는 과도응답과 정상상태응답에 대해 설명하였다. 이 절에서는 제어시스템에서 많이 사용하는 단위계단함수의 입력(단위계단입력)에 대한 제어요소의 과도응답을 살펴본다. 특히 1차지연요소와 2차지연요소에 단위계단함수를 입력으로 가했을 때의 과도응답에 대해 자세히 설명하고자 한다.

제어시스템의 특성이 좋은지 나쁜지를 알아보기 위해서는 제어시스템에 대표적인 신호를 입력으로 가하여 출력을 비교하는데, 이때 사용되는 대표적인 신호를 **시험용 신호**testing signal라고 한다. 시험용 신호로는 [표 5-1]과 같은 **계단함수**step function와 **램프함수**ramp function, **포물선함수**parabolic function를 주로 사용한다.

[표 5-1] **대표적인 시험용 신호**

종류	신호파형	시간함수	라플라스 변환
계단함수	$r(t)$, t	$u(t)$	$\frac{1}{s}$
램프함수	$r(t)$, t	$tu(t)$	$\frac{1}{s^2}$
포물선함수	$r(t)$, t	$\frac{1}{2}t^2u(t)$	$\frac{1}{s^3}$

자동조정automatic regulation이나 **프로세스제어**process control와 같이 목표값이 시간상으로 자주 변하지 않는 일정한 제어시스템에서 출력이 얼마나 목표값에 잘 일치하는지를 알아볼 때는 계단함수를 주로 사용한다. 반면에, **서보기구**servomechanism와 같이 목표값이 시간상으로 계속 변하는 추종제어시스템에서 출력이 얼마나 입력을 잘 따라가는지를 알아볼 때는 램프함수를 사용하고, 목표값이 대단히 빠른 속도로 변할 때는 포물선함수를 시험용 입력 신호로 사용한다.

제어시스템에 단위계단함수를 입력으로 가했을 때 얻어지는 출력을 **단위계단응답**unit step response 또는 **인디셜응답**indicial response이라고 하며, 제어시스템의 시간응답을 해석할 때 대단히 중요한 역할을 한다. 이제 여러 시스템에 대한 단위계단응답을 살펴보자.

Q 계단함수, 램프함수, 포물선함수는 서로 어떤 관계가 있는가?

A 계단함수는 시간이 지나도 크기가 변하지 않고 일정한 값을 유지하는 함수로, 특히 크기가 1인 함수를 단위계단함수unit step function라고 한다. 램프함수는 시간의 변화에 정비례하여 증가하는 함수로, 수학적으로 1차함수라고 부르며, 특히 계수가 1인 함수를 단위램프함수unit ramp function라고 한다. 포물선함수는 시간의 제곱에 비례하여 증가하는 함수로, 수학적으로 2차함수라고 부르며, 그 계수가 $\frac{1}{2}$인 함수를 단위포물선함수unit parabolic function라고 한다. 그러면 이들은 어떤 관계가 있을까? 한 마디로 정리하면, 포물선함수를 미분한 것이 램프함수이고, 램프함수를 미분한 것이 계단함수라고 할 수 있다. 다만, 모든 초기조건은 0이라는 전제가 있어야 한다. 일반적으로 어떤 입력 $x(t)$에 대한 출력 $y(t)$가 있을 때, 입력 $x(t)$을 미분하여 입력측에 인가한 출력은 $y(t)$를 미분한 것과 같다. 다시 말해, 단위계단응답은 단위램프응답을 미분한 것과 같다.

$$Y(s) = G(s)X(s)$$
$$\mathcal{L}\left[\frac{d}{dt}y(t)\right] = sY(s) - y(0) = sG(s)X(s)$$
$$G(s)\mathcal{L}\left[\frac{d}{dt}x(t)\right] = G(s)\{sX(s) - x(0)\} = sG(s)X(s)$$

예를 들어, 전달함수가 $G(s) = \dfrac{1}{s^2+3s+2}$인 시스템의 단위계단응답을 구하면 다음과 같다.

$$Y(s) = \frac{1}{s^2+3s+2} \times \frac{1}{s} = -\frac{1}{s+1} + \frac{1}{2(s+2)} + \frac{1}{2s}$$
$$y_{step}(t) = -e^{-t} + \frac{1}{2}e^{-2t} + \frac{1}{2}$$

이 단위계단응답은 다음의 단위램프응답을 미분한 것과 같음을 알 수 있다.

$$Y(s) = \frac{1}{s^2+3s+2} \times \frac{1}{s^2} = \frac{1}{s+1} - \frac{1}{4(s+2)} + \frac{1}{2s^2} - \frac{3}{4s}$$
$$y_{ramp}(t) = e^{-t} - \frac{1}{4}e^{-2t} + \frac{1}{2}t - \frac{3}{4}$$

1차지연시스템의 단위계단응답

[그림 5-6]과 같은 1차지연시스템의 단위계단응답을 구해보자.

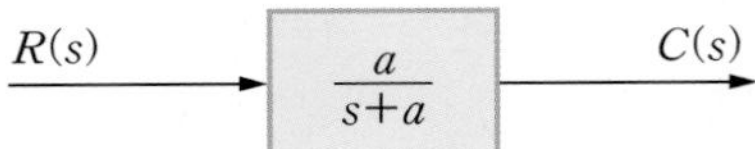

[그림 5-6] **1차지연시스템의 예**

시스템이 전달함수로 표시되어 있으므로 단위계단응답을 구하면

$$C(s) = G(s)\,R(s) = \frac{a}{s+a}\,\frac{1}{s} \tag{5.8}$$

이다. 라플라스 역변환을 구하면

$$\begin{aligned} c(t) &= \mathcal{L}^{-1}\left[\frac{a}{s+a}\,\frac{1}{s}\right] \\ &= \mathcal{L}^{-1}\left[\frac{1}{s} - \frac{1}{s+a}\right] \\ &= 1 - e^{-at} \end{aligned} \tag{5.9}$$

이므로, 단위계단응답 $c(t)$는 [그림 5-7]과 같이 나타난다. 이제 [그림 5-7]을 보며 1차지연요소의 계단응답의 특성을 나타내는 중요한 사양들을 살펴보자.

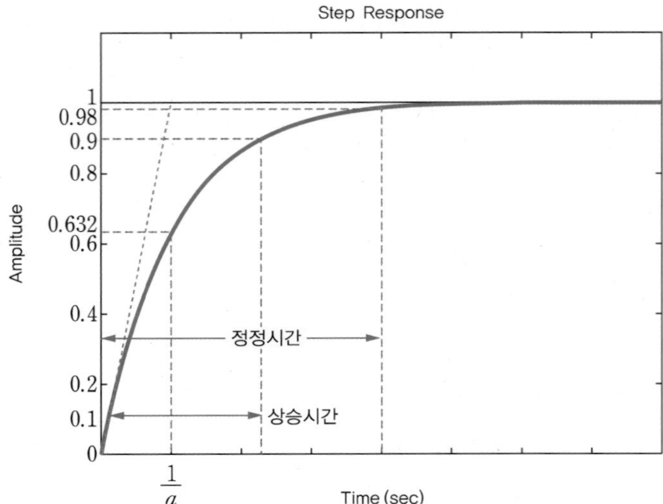

[그림 5-7] **1차지연시스템의 단위계단응답**

■ 시정수

식 (5.9)에서 시간이 $t=\frac{1}{a}$ 일 때 출력을 구하면 $c(t)=1-e^{-1}=0.632$ 이다. 그러므로 [그림 5-7]에서와 같이 출력은 최종값의 63.2%가 된다. 이때 시간 $t=\frac{1}{a}$ 을 **시정수**time constant라고 한다. 이 시스템을 1차지연시스템이라고 하는 이유는 입력을 가했을 때 입력과 같은 출력이 즉시 나타나지 않고 시간이 약간 지난 후에 나타나기 때문이다. 시정수는 1차지연시스템의 특성을 나타내는 데 가장 중요한 역할을 한다. 시정수에 따라서 과도특성이 입력에 빨리 접근하는지, 늦게 접근하는지가 결정되기 때문이다.

■ 상승시간

단위계단응답에서 최종값의 10%가 되는 시간에서부터 90%가 되는 시간까지의 시간을 **상승시간**rise time이라고 한다. 1차지연시스템에서 상승시간은 시정수의 약 2.2배이다.

Tip & Note

✔ 상승시간과 정정시간에 대한 상세 풀이

- **상승시간** : 출력 $c(t)$가 최종값의 10%가 되는 시간을 t_1, 출력값의 90%가 되는 시간을 t_2라고 하면

$$
\begin{aligned}
c(t_1) &= 1-e^{-at_1}=0.1 \\
e^{-at_1} &= 0.9 \\
-at_1 &= \ln 0.9 \fallingdotseq -0.1 \\
t_1 &\fallingdotseq \frac{0.1}{a}
\end{aligned}
\qquad
\begin{aligned}
c(t_2) &= 1-e^{-at_2}=0.9 \\
e^{-at_2} &= 0.1 \\
-at_2 &= \ln 0.1 \fallingdotseq -2.3 \\
t_2 &\fallingdotseq \frac{2.3}{a}
\end{aligned}
$$

이므로, 상승시간은

$$T_r=t_2-t_1=\frac{2.3}{a}-\frac{0.1}{a}=2.2\times\frac{1}{a}$$

이다. 따라서 상승시간은 시정수의 약 2.2배이다.

- **정정시간** : 출력 $c(t)$가 최종값의 98%가 되는 시간을 t_s라고 하면

$$
\begin{aligned}
c(t_s) &= 1-e^{-at_s}=0.98 \\
e^{-at_s} &= 0.02 \\
-at_s &= \ln 0.02 \fallingdotseq -3.9 \\
t_s &\fallingdotseq 3.9\times\frac{1}{a}
\end{aligned}
$$

이다. 따라서 정정시간 T_s는 시정수의 약 4배이다.

■ 정정시간

단위계단응답에서 출력이 최종값의 98%에 도달하는 데 걸리는 시간, 즉 오차(목표값−출력)가 목표값(엄밀히 말하면 최종값)의 2% 안에 들어가는 데 걸리는 시간을 **정정시간**settling time이라고 한다. 1차지연시스템에서 정정시간은 시정수의 약 4배이다.

이처럼 1차지연시스템의 상승시간과 정정시간은 시정수와 밀접한 관계가 있으며, 시정수만 알면 상승시간과 정정시간을 알 수 있다. 따라서 1차지연시스템에서는 상승시간이나 정정시간보다 시정수를 중요하게 취급한다. 그러나 2차지연시스템에서는 시정수보다 상승시간과 정정시간이 더 중요하다.

2차지연시스템의 단위계단응답

[그림 5-8]과 같은 2차지연시스템의 단위계단응답에 대해 생각해보자.

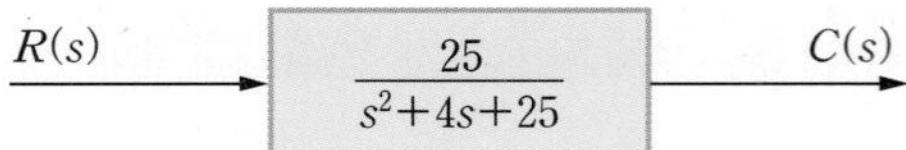

[그림 5-8] **2차지연시스템의 예**

5.1절에서 구한 바와 같이 시간응답은

$$c(t) = 1 - 1.091\, e^{-2t} \sin(\sqrt{21}\, t + 66.4^\circ) \tag{5.10}$$

이므로, 단위계단응답 $c(t)$는 [그림 5-9]와 같이 나타난다.

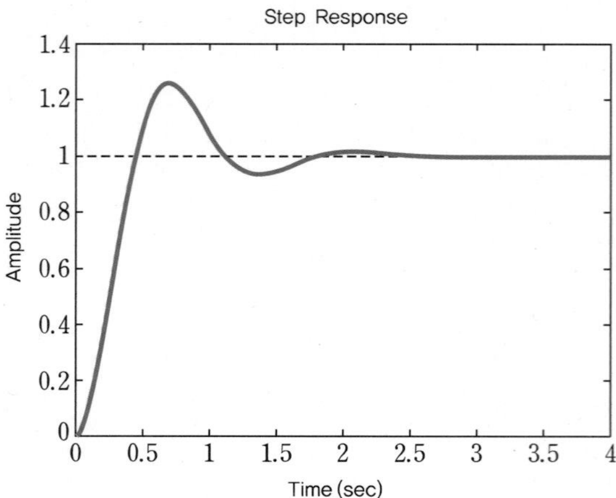

[그림 5-9] **2차지연시스템의 단위계단응답**

2차지연시스템에서는 상승시간과 정정시간이 대단히 중요한데, 상승시간이 작을수록 출력이 목표값을 향해 빠르게 올라가고, 정정시간이 짧을수록 오차가 빨리 줄어들어 안정된다. 또한 2차지연시스템에서는 상승시간과 정정시간이 시정수와 별로 관계가 없으므로 시정수를 잘 사용하지 않는다. 상승시간은 0~100% 상승시간과 10~90% 상승시간으로 구분하기도 하는데, [그림 5-10(a)]와 같이 시간 지연이 있는 시스템이나, [그림 5-10(b)]와 같이 출력이 처음엔 빨리 상승하다가 점점 천천히 목표값에 도달하는 2차지연시스템에서는 10~90% 상승시간을 사용하는 것이 적당하다.

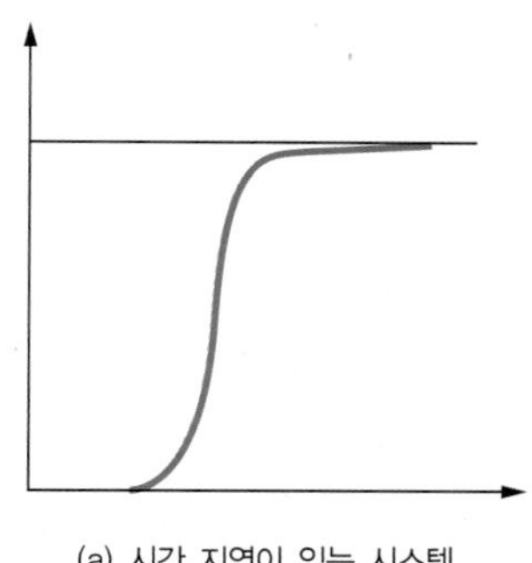

(a) 시간 지연이 있는 시스템

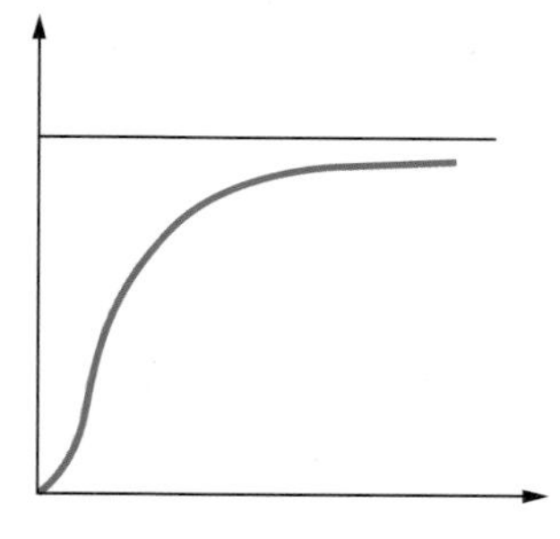

(b) 천천히 목표값에 도달하는 시스템

[그림 5-10] **2차지연시스템의 단위계단응답의 예**

Q 10 ~ 90% 상승시간을 사용하는 이유는?

A 상승시간은 시스템의 출력이 얼마나 빨리 목표값을 향해 급하게 올라가느냐를 나타내는 사양specification이다. 이때 낭비시간요소가 있어 출발이 늦거나 목표값에 거의 다 도달했으나 마지막 마무리가 늦은 경우를 고려하여 처음 10%와 마지막 90%를 제외하고 표시하기 위해 10~90% 상승시간을 사용한다.

정정시간은 오차가 5% 범위 안에 들어오는 데 걸리는 시간을 가리키는 5% 정정시간과 앞에서 설명한 2% 정정시간이 있는데, 이 책에서는 별도의 언급이 없으면 정정시간은 2% 정정시간을 의미한다. 또한 2차지연시스템의 단위계단응답은 1차지연시스템에서는 볼 수 없는 **오버슈트**overshoot가 나타나는데, 오버슈트란 출력값이 최종값보다 더 큰 경우에 그 출력값에서 최종값을 뺀 값을 말하며 최대의 오버슈트가 나타나는 시간을 **첨두값시간**peak time이라고 한다. 오버슈트는 보통 백분율로 표시하여 식 (5.11)과 같이 **백분율 오버슈트**% overshoot를 정의한다.

$$\text{백분율 오버슈트} = \frac{\text{최대오버슈트}}{\text{최종값}} \times 100 \tag{5.11}$$

최대오버슈트를 백분율로 나타낸 것은 특별히 **백분율 최대오버슈트**maximum percent overshoot라고 하지만, 일반적으로 백분율 오버슈트라고 하면 백분율 최대오버슈트를 가리킨다. 또한 백분율 오버슈트를 나타내는 식 (5.11)에서 최종값은 정상상태의 출력을 말하며, 정상상태의 출력과 목표값이 일치할 때는 정상상태의 최종값 대신에 목표값을 사용하기도 한다.

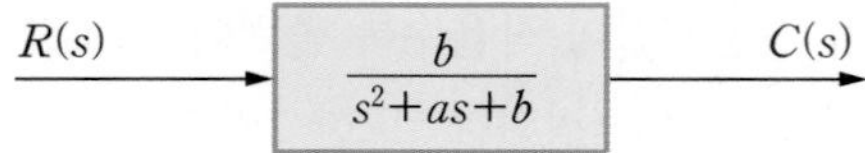

[그림 5-11] **2차지연시스템의 예**

[그림 5-11]과 같은 전달함수를 갖는 2차지연시스템의 단위계단응답은 [그림 5-12]의 (a), (b), (c), (d)와 같이 크게 네 종류로 나눌 수 있는데, 이 종류는 특성방정식의 근의 위치에 따라 결정된다.

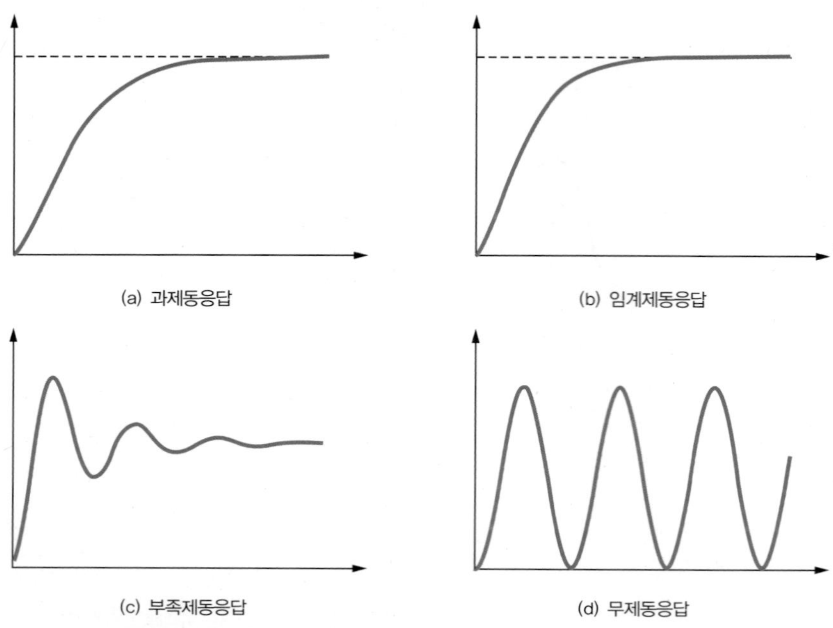

[그림 5-12] **2차지연시스템의 단위계단응답의 종류**

여기에서 특성방정식은 식 (5.12)와 같이 전달함수의 분모를 0으로 놓은 방정식으로, 이 방정식의 근의 위치가 복소평면에서 어디에 있느냐에 따라 단위계단응답을 과제동응답과 임계제동응답, 부족제동응답, 무제동응답으로 구분한다.

$$s^2 + as + b = 0 \tag{5.12}$$

특성방정식의 근을 인수분해나 근의 공식으로 구하지 않더라도, 특성방정식을 식 (5.13)과 같은 표준형으로 나타내면 복소평면에서 근들의 위치를 쉽게 알 수 있다.

$$s^2 + 2\zeta\omega_n s + \omega_n^2 = 0 \tag{5.13}$$

이 특성방정식의 표준형에서 ζ와 ω_n을 각각 **감쇠비**damping ratio, **고유주파수**natural frequency라고 하며, 2차지연시스템을 해석하고 설계할 때 대단히 중요한 상수들이다.

예를 들어, 다음 특성방정식

$$s^2 + 6s + 25 = 0 \tag{5.14}$$

을 식 (5.13)과 같이 표준형으로 나타내면

$$s^2 + 2 \times 0.6 \times 5\, s + 5^2 = 0 \tag{5.15}$$

이다. 이때 감쇠비 $\zeta = 0.6$, 고유주파수 $\omega_n = 5$ 임을 알 수 있다. 일반적으로 이들의 단위는 표시하지 않으나, 굳이 단위를 말하면 감쇠비는 단위가 없고 고유주파수는 단위가 [rad/sec]이다.

■ 과제동응답

[그림 5-13(a)]와 같은 과제동시스템의 특성방정식은 다음과 같다.

$$s^2 + 5s + 6 = 0$$

특성방정식의 근은 $s = -2$ 와 $s = -3$ 으로, [그림 5-13(b)]처럼 두 근 모두 복소평면의 좌반면 실수축 위에 있다. 따라서 감쇠비 $\zeta \fallingdotseq 1.02$ 로 1보다 크고, 단위계단응답을 구하면

$$C(s) = \frac{6}{s^2 + 5s + 6}\frac{1}{s} = \frac{1}{s} + \frac{-3}{s+2} + \frac{2}{s+3} \tag{5.16}$$

$$c(t) = 1 - 3e^{-2t} + 2e^{-3t} \tag{5.17}$$

으로, [그림 5-13(c)]와 같다.

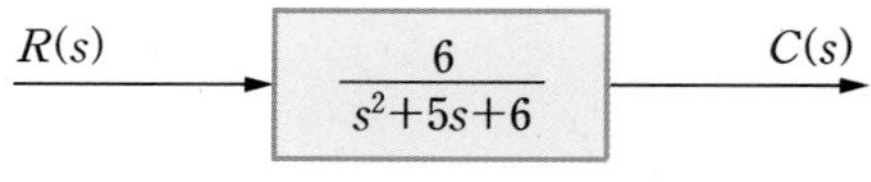

(a) 시스템의 블록선도

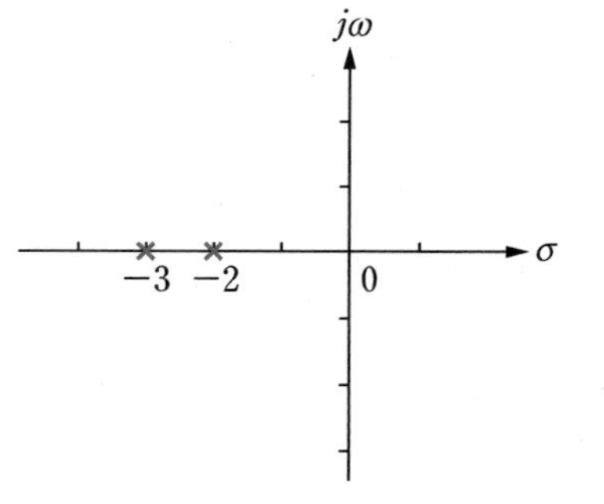

(b) 특성방정식의 근의 위치

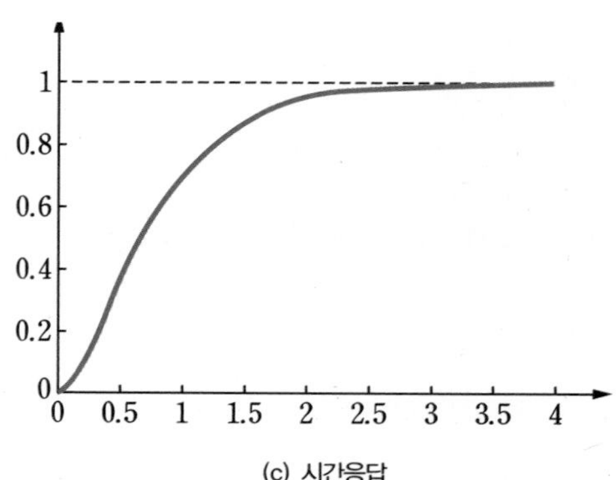

(c) 시간응답

[그림 5-13] **과제동시스템의 단위계단응답의 예**

이 출력에는 목표값을 넘는 오버슈트가 없으며 항상 목표값보다 작은 값에서 목표값으로 점점 접근한다. 이러한 출력을 **과제동응답**overdamped response이라고 하며, 출력값이 목표값을 절대로 초과하지 않으므로 안전하다는 장점은 있으나, 일반적으로 상승시간이 너무 느려 빠른 시간응답이 필요한 시스템에는 적합하지 않다.

■ 임계제동응답

[그림 5-14(a)]와 같은 임계제동시스템의 특성방정식은 다음과 같다.

$$s^2+6s+9=0 \tag{5.18}$$

특성방정식의 근은 $s=-3$ 으로, [그림 5-14(b)]처럼 두 근이 모두 복소평면의 좌반면 실수축 위에 겹쳐 있는 감쇠비 $\zeta=1$인 경우다. 이때 단위계단응답을 구하면

$$C(s)=\frac{9}{s^2+6s+9}\frac{1}{s}=\frac{1}{s}+\frac{-3}{(s+3)^2}+\frac{-1}{s+3} \tag{5.19}$$

$$c(t)=1-3te^{-3t}-e^{-3t} \tag{5.20}$$

으로, [그림 5-14(c)]와 같다. 이러한 출력을 **임계제동응답**critically demped response이라고 한다. 목표값을 넘는 오버슈트가 없으면서도 상승시간이 과제동응답보다 빠른 장점이 있다.

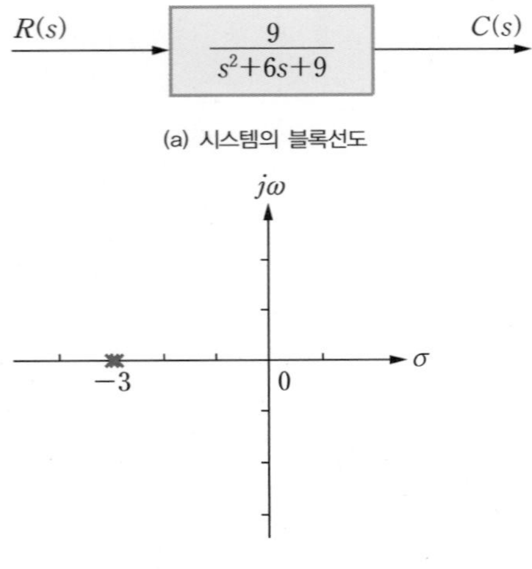

(a) 시스템의 블록선도

(b) 특성방정식의 근의 위치

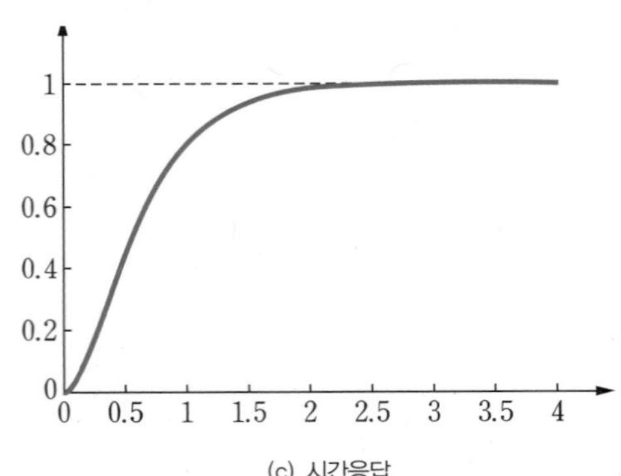

(c) 시간응답

[그림 5-14] **임계제동시스템의 단위계단응답의 예**

■ 부족제동응답

[그림 5-15(a)]와 같은 부족제동시스템의 특성방정식은 다음과 같다.

$$s^2 + 2s + 17 = 0 \tag{5.21}$$

특정방정식의 근은 $s = -1 + j4$ 와 $s = -1 - j4$ 로, [그림 5-15(b)]처럼 두 근 모두 복소평면에서 좌반면에 있다. 이때 감쇠비는 $\zeta \fallingdotseq 0.24$ 로 $0 < \zeta < 1$ 이며, 단위계단응답을 구하면

$$\begin{aligned} C(s) &= \frac{17}{s^2 + 2s + 17}\frac{1}{s} = \frac{1}{s} - \frac{s+2}{s^2 + 2s + 17} \\ &= \frac{1}{s} - \frac{s+1}{(s+1)^2 + 4^2} - \frac{1}{(s+1)^2 + 4^2} \end{aligned} \tag{5.22}$$

$$\begin{aligned} c(t) &= 1 - e^{-t}\left(\cos 4t + \frac{1}{4}\sin 4t\right) \\ &= 1 - 1.03\,e^{-t}\sin(4t + 76^\circ) \end{aligned} \tag{5.23}$$

으로, [그림 5-15(c)]와 같다. 이 출력에는 목표값을 넘는 오버슈트가 있고, 진동하면서 목표값에 도달한다. 이러한 출력을 **부족제동응답**underdamped response이라고 한다. 부족제동응답은 출력값이 목표값을 초과하여 진동하므로 안전성이 떨어지지만, 일반적으로 상승시간이 빠르므로 특성방정식의 계수parameter를 적당히 조절하면 오버슈트도 별로 크지 않으면서 상승시간과 정정시간이 빠른 가장 바람직한 출력을 얻을 수 있다. 그래서 제어시스템에서는 부족제동을 많이 사용한다.

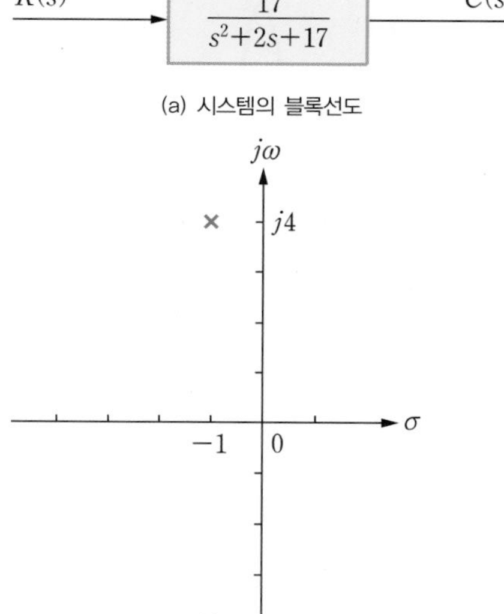

(a) 시스템의 블록선도

(b) 특성방정식의 근의 위치

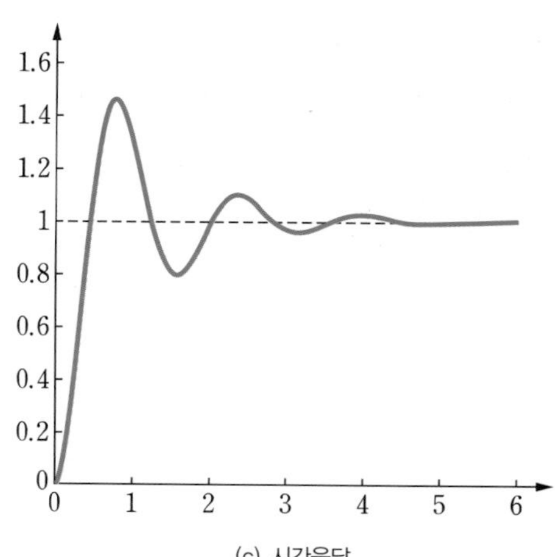

(c) 시간응답

[그림 5-15] **부족제동시스템의 단위계단응답의 예**

■ 무제동응답

[그림 5-16(a)]와 같은 무제동시스템의 특성방정식은 다음과 같다.

$$s^2 + 16 = 0 \tag{5.24}$$

특성방정식의 근은 $s = j4$와 $s = -j4$로, [그림 5-16(b)]처럼 두 근 모두 복소평면에서 허수축에 존재하며 감쇠비 $\zeta = 0$이다. 이때 단위계단응답을 구하면

$$C(s) = \frac{16}{s^2+16} \times \frac{1}{s} = \frac{1}{s} - \frac{s}{s^2+16} \tag{5.25}$$

$$c(t) = 1 - \cos 4t \tag{5.26}$$

으로, [그림 5-16(c)]와 같다. 이 출력은 어떤 값으로 수렴하지 않고 계속 진동한다. 이러한 출력을 **무제동응답**undamped response이라고 하며, 불안정한 시스템이므로 제어시스템에서는 그대로 사용하지 않는다.

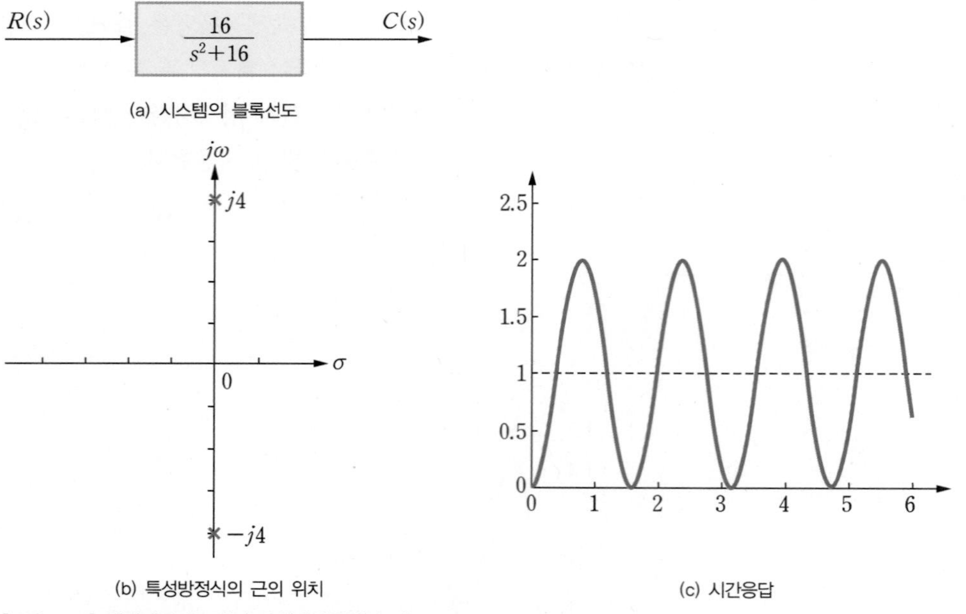

[그림 5-16] **임계제동시스템의 단위계단응답의 예**

Section

5.3 부족제동 2차제어시스템의 사양

지금까지는 1차지연시스템과 2차지연시스템의 시간응답 특성에 대해 살펴보았다. 이 절에서는 2차지연시스템 중에서 부족제동 2차제어시스템에 대해 좀 더 자세히 알아보자.

5.3.1 표준 2차제어시스템의 사양들

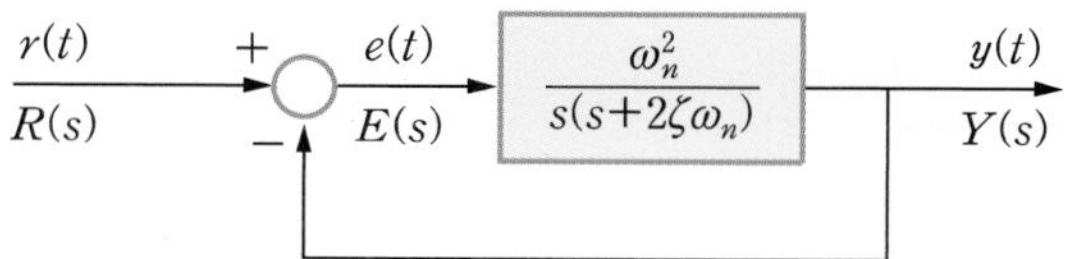

[그림 5-17] 부족제동 2차제어시스템의 예

[그림 5-17]과 같은 대표적인 부족제동 2차제어시스템을 생각해보자. 먼저 폐루프 전달함수를 구하면 다음과 같다. 앞으로 식 (5.27)과 같은 전달함수로 표현되는 제어시스템을 표준 2차제어시스템이라 하자.

$$M(s) = \frac{G(s)}{1+G(s)} = \frac{\dfrac{\omega_n^2}{s(s+2\zeta\omega_n)}}{1+\dfrac{\omega_n^2}{s(s+2\zeta\omega_n)}} = \frac{\omega_n^2}{s^2+2\zeta\omega_n s+\omega_n^2} \tag{5.27}$$

이 시스템에 단위계단입력을 가하면 출력, 즉 단위계단응답은

$$\begin{aligned} C(s) = M(s)R(s) &= \frac{\omega_n^2}{s^2+2\zeta\omega_n s+\omega_n^2} \times \frac{1}{s} \\ &= \frac{K_1}{s} + \frac{K_2 s+K_3}{s^2+2\zeta\omega_n s+\omega_n^2} \\ &= \frac{1}{s} - \frac{(s+\zeta\omega_n)+\dfrac{\zeta}{\sqrt{1-\zeta^2}}\,\omega_n\sqrt{1-\zeta^2}}{(s+\zeta\omega_n)^2+\omega_n^2(1-\zeta^2)} \end{aligned} \tag{5.28}$$

이고, 식 (5.28)의 라플라스 역변환을 구하면 제어량은 다음과 같다.

$$
\begin{aligned}
c(t) &= 1 - e^{-\zeta\omega_n t}\left(\cos\omega_n\sqrt{1-\zeta^2}\,t + \frac{\zeta}{\sqrt{1-\zeta^2}}\sin\omega_n\sqrt{1-\zeta^2}\,t\right) \\
&= 1 - \frac{1}{\sqrt{1-\zeta^2}}e^{-\zeta\omega_n t}\cos\left(\omega_n\sqrt{1-\zeta^2}\,t - \phi\right)
\end{aligned} \tag{5.29}
$$

$$
\text{단, } \phi = \tan^{-1}\frac{\zeta}{\sqrt{1-\zeta^2}},\ 0 < \zeta < 1
$$

특성방정식의 근을 구하지 않더라도 식 (5.29)의 특성방정식의 계수, 즉 ζ와 ω_n값만 알면 단위계단응답을 구할 수 있다. 표준 2차제어시스템의 단위계단응답을 나타내면 [그림 5-18]과 같다.

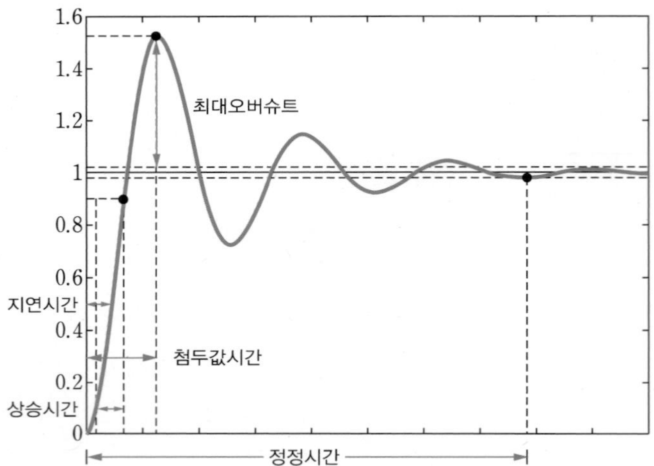

[그림 5-18] **표준 2차제어시스템의 단위계단응답**

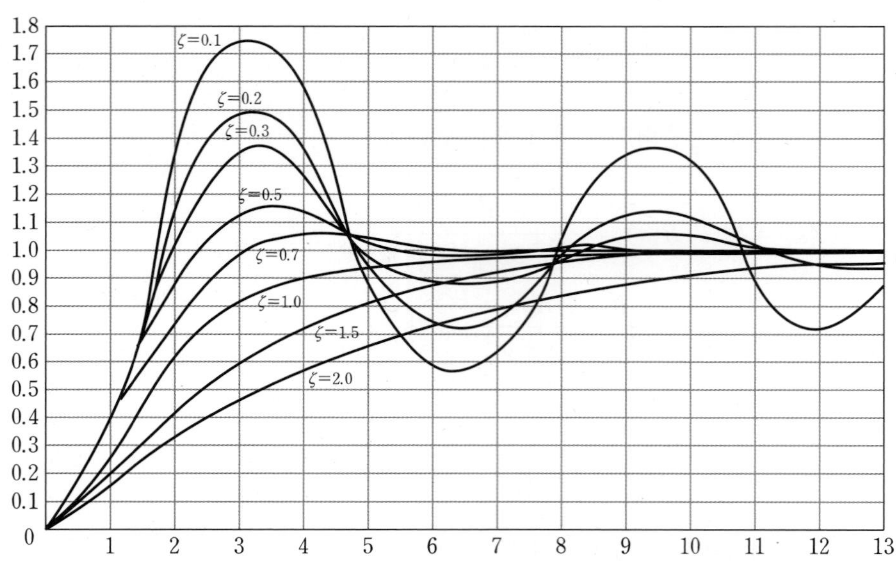

[그림 5-19] **감쇠비에 따른 2차제어시스템의 단위계단응답**

또한 감쇠비 ζ값에 따른 2차제어시스템의 단위계단응답을 비교하면 [그림5-19]와 같다.

이제 감쇠비 ζ, 고유주파수 ω_n과 앞 절에서 언급했던 첨두값시간, 백분율 오버슈트, 정정시간, 상승시간과의 관계를 살펴보자.

■ 첨두값시간 T_p

첨두값시간은 제어량 $c(t)$가 극값을 갖는 시간으로, 미분값이 0이 되는 시간이다. 식 (5.29)을 미분하면 다음과 같이 된다.

$$\frac{d}{dt}c(t) = \frac{\omega_n}{\sqrt{1-\zeta^2}} e^{-\zeta\omega_n t} \sin \omega_n \sqrt{1-\zeta^2}\, t \tag{5.30}$$

식 (5.30)에서 미분값이 0이 되는 경우는 $\omega_n \sqrt{1-\zeta^2}\, t = n\pi$ 이므로, 첨두값시간 T_p는

$$T_p = \frac{\pi}{\omega_n \sqrt{1-\zeta^2}} = \frac{\pi}{\omega_d} \tag{5.31}$$

이다. 이때 ω_d를 **감쇠진동주파수**damped frequency of oscillation라고 한다.

Tip & Note

✔ **식 (5.30)의 유도 과정**

$$\begin{aligned}
\frac{d}{dt}c(t) &= \frac{d}{dt}\left[1 - \frac{1}{\sqrt{1-\zeta^2}} e^{-\zeta\omega_n t}\left\{\cos(\omega_n\sqrt{1-\zeta^2}\, t - \phi)\right\}\right] \\
&= -\frac{1}{\sqrt{1-\zeta^2}}\left\{-\zeta\omega_n e^{-\zeta\omega_n t}\cos(\omega_n\sqrt{1-\zeta^2}\, t-\phi) - e^{-\zeta\omega_n t}\omega_n\sqrt{1-\zeta^2}\sin(\omega_n\sqrt{1-\zeta^2}\, t-\phi)\right\} \\
&= \frac{\omega_n}{\sqrt{1-\zeta^2}} e^{-\zeta\omega_n t}\left\{\zeta\cos(\omega_n\sqrt{1-\zeta^2}\, t-\phi) + \sqrt{1-\zeta^2}\sin(\omega_n\sqrt{1-\zeta^2}\, t-\phi)\right\} \\
&= \frac{\omega_n}{\sqrt{1-\zeta^2}} e^{-\zeta\omega_n t}\sin(\omega_n\sqrt{1-\zeta^2}\, t-\phi+\phi) \qquad \because\ \phi = \tan^{-1}\frac{\zeta}{\sqrt{1-\zeta^2}}
\end{aligned}$$

■ 백분율 오버슈트 $\%OS$

부족제동 2차제어시스템의 단위계단응답은 [그림 5-20]과 같이 과도응답 자체는 주기함수가 아니지만 오버슈트와 언더슈트가 일어나는 시간이 주기적이다. 이때 $\frac{\varepsilon_3}{\varepsilon_1}$을 **진폭감쇠비**decay ratio라고 하며, 보통 진폭감쇠비는 $\frac{1}{4}$이 적당한 것으로 알려져 있다.

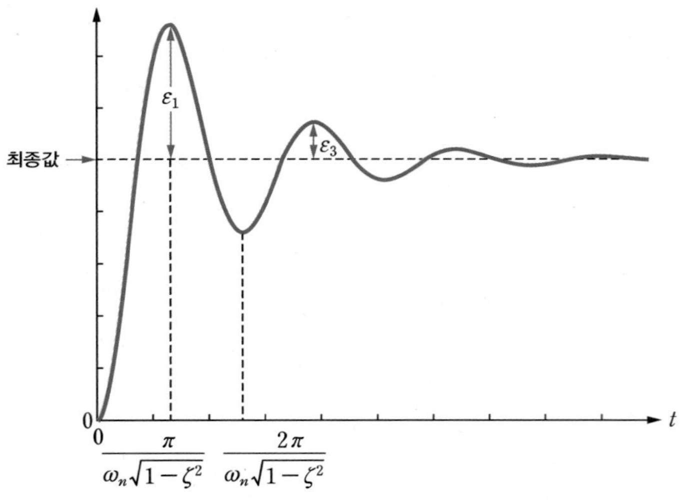

[그림 5-20] **오버슈트와 언더슈트의 주기적 발생**

오버슈트는 최대 출력과 목표값(엄밀하게 말하면 최종값)의 차로서, 식 (5.29)에 식 (5.31)의 첨두값 시간을 대입하여 얻은 최댓값에서 목표값를 뺀다. 따라서 백분율 오버슈트는 다음과 같다.

$$\% OS = e^{-\left(\zeta\pi / \sqrt{1-\zeta^2}\right)} \times 100 \tag{5.32}$$

어떤 2차제어시스템의 감쇠비 ζ가 주어졌을 때, 단위계단응답의 백분율 오버슈트는 식 (5.32)를 이용하여 구할 수 있다. 식 (5.32)를 ζ에 대해 풀면 식 (5.33)과 같고, 이 식으로 어떤 시스템의 과도응답이 원하는 백분율 오버슈트를 갖도록 감쇠비 ζ를 설계할 수 있다.

$$\zeta = \frac{-\ln\left(\frac{\% OS}{100}\right)}{\sqrt{\pi^2 + \ln^2\left(\frac{\% OS}{100}\right)}} \tag{5.33}$$ [1]

백분율 오버슈트와 감쇠비의 관계를 그래프로 나타내면 [그림 5-21]과 같다.

Q **감쇠비**[damping ratio]**와 진폭감쇠비**[decay ratio]**는 어떻게 다른가?**

A 감쇠비는 2차제어시스템의 특성방정식을 표준형 $s^2 + 2\zeta\omega_n s + \omega_n^2 = 0$으로 나타냈을 때의 ζ값을 말하며, 진폭감쇠비는 오버슈트가 있는 출력에서 두 번째 오버슈트를 처음 오버슈트로 나눈 값을 말한다.

---

1 $\ln^2\left(\frac{\%OS}{100}\right) = \left\{\ln\left(\frac{\%OS}{100}\right)\right\}^2$

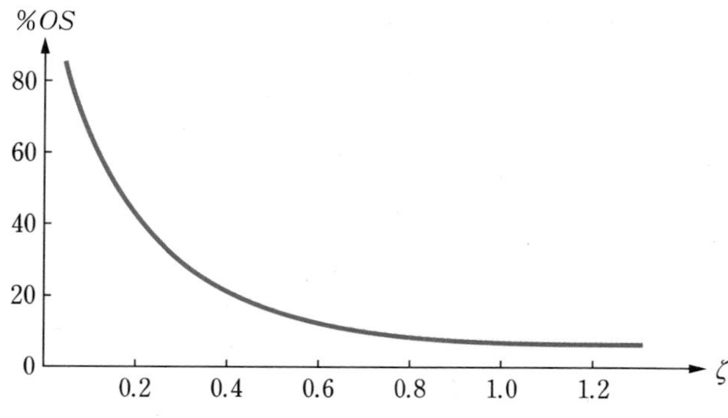

[그림 5-21] **감쇠비와 백분율 오버슈트**

■ 지연시간 T_d

지연시간은 출력값이 최종값의 50%에 도달하는 데 걸리는 시간이다. 정확한 지연시간을 구하려면 식 (5.29)에서 출력을 0.5로 놓고 시간 t에 대해 풀면 되지만, 이 방정식을 정확히 풀기란 쉬운 일이 아니다. 따라서 선형으로 근사화시킨 식 (5.34)로 지연시간을 구한다.

$$T_d \fallingdotseq \frac{1+0.7\zeta}{\omega_n} \tag{5.34}$$

■ 상승시간 T_r

상승시간은 출력값이 최종값의 10%에서 90%까지 도달하는 데 걸리는 시간이다. 이 시간도 수식으로 나타내기가 대단히 어렵다. 따라서 상승시간도 지연시간과 마찬가지로 근사화시켜 식 (5.35)로 구한다. 감쇠비에 대한 규격화된 상승시간normalized rise time 그래프는 [그림 5-22]와 같다.

$$T_r \fallingdotseq \frac{0.8+2.5\zeta}{\omega_n} \tag{5.35}$$

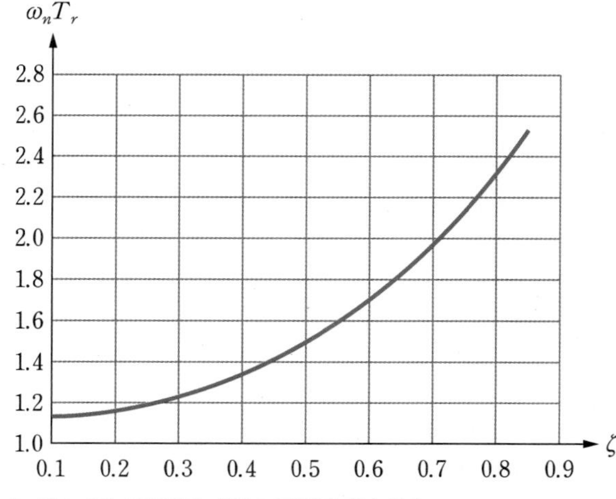

[그림 5-22] **감쇠비에 대한 규격화된 상승시간**

■ 정정시간 T_s

정정시간도 지연시간이나 상승시간처럼 수식적으로 정확히 표현할 수는 없으므로 식 (5.36)으로 구한다. 이때 σ_d를 **감쇠지수주파수**exponential damping frequency라고 한다.

$$T_s \fallingdotseq \frac{4}{\zeta\omega_n} = \frac{4}{\sigma_d} \tag{5.36}$$

감쇠비 및 고유주파수와 특성방정식의 근

식 (5.27)의 분모를 0으로 하는 특성방정식에서 근을 구하면

$$\begin{aligned} s^2 + 2\zeta\omega_n s + \omega_n^2 &= (s+\zeta\omega_n)^2 + \omega_n^2(1-\zeta^2) \\ &= \left\{(s+\zeta\omega_n) - j\,\omega_n(\sqrt{1-\zeta^2}\right\}\left\{(s+\zeta\omega_n) + j\,\omega_n(\sqrt{1-\zeta^2}\right\} = 0 \end{aligned}$$

이므로, 특성방정식의 근은 다음과 같다.

$$s_1 = -\zeta\omega_n + j\,\omega_n\left(\sqrt{1-\zeta^2}\right),\ \ s_2 = -\zeta\omega_n - j\,\omega_n\left(\sqrt{1-\zeta^2}\right)$$

[그림 5-23]에 부족제동 2차제어시스템의 특성방정식 근의 위치와 감쇠비와 고유주파수의 관계를 나타내었다. 그러므로 특성방정식의 근의 위치를 알면 감쇠비 ζ 와 고유주파수 ω_n를 구할 수 있으므로 부족제동 2차제어시스템의 단위계단응답에 대한 첨두값시간 T_p, 백분율 오버슈트 $\%OS$, 지연시간 T_d, 상승시간 T_r, 정정시간 T_s 등을 구할 수 있다.

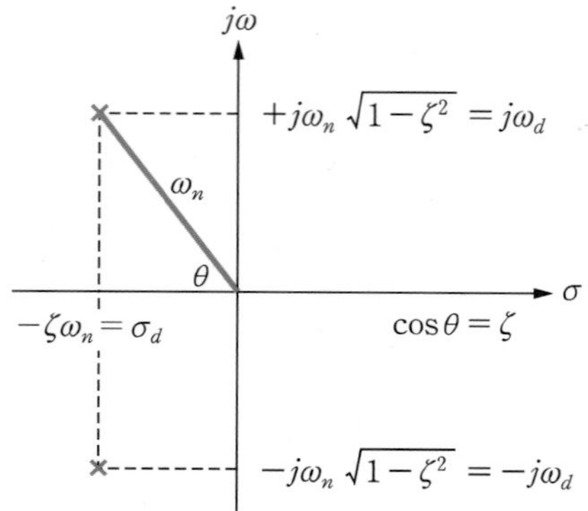

[그림 5-23] **부족제동 2차제어시스템의 근의 위치와 감쇠비 및 고유주파수**

또한 역으로 설계하고자 하는 첨두값시간이나 백분율 오버슈트, 상승시간, 정정시간을 정하면 감쇠비와 고유주파수가 정해지므로 [그림 5-23]과 같이 이러한 **과도응답 사양**transient response specifications을 갖는 시스템의 특성방정식 근의 위치가 정해져 원하는 시스템을 설계할 수 있다.

Q **부족제동 2차제어시스템에 대해 자세히 살펴보는 이유는?**

A 3차 이상의 고차 자동제어시스템의 시간응답을 구하거나 해석하기는 쉽지 않다. 따라서 전달함수를 이용하여 고차 자동제어시스템을 해석하거나 설계할 때는 우선 2차제어시스템으로 간략화하여 개략적으로 해석 및 설계를 한 후에, 다시 정밀하게 해석 및 설계를 한다.

5.3.2 특성방정식의 근의 위치와 단위계단응답의 특성

특성방정식의 근이 복소평면에서 어디에 있는지에 따라 단위계단응답이 어떻게 변하는지 살펴보자.

■ 특성방정식의 근의 허수부 변화와 단위계단응답

[그림 5-24(a)]와 같이 특성방정식의 근의 실수부, 즉 감쇠지수주파수 $\sigma_d(=\zeta\omega_n)$는 고정되고 허수부, 즉 감쇠진동주파수 $\omega_d(=\omega_n\sqrt{1-\zeta^2})$만 상승할 때, 단위계단응답을 구하면 [그림 5-24(b)]와 같다.

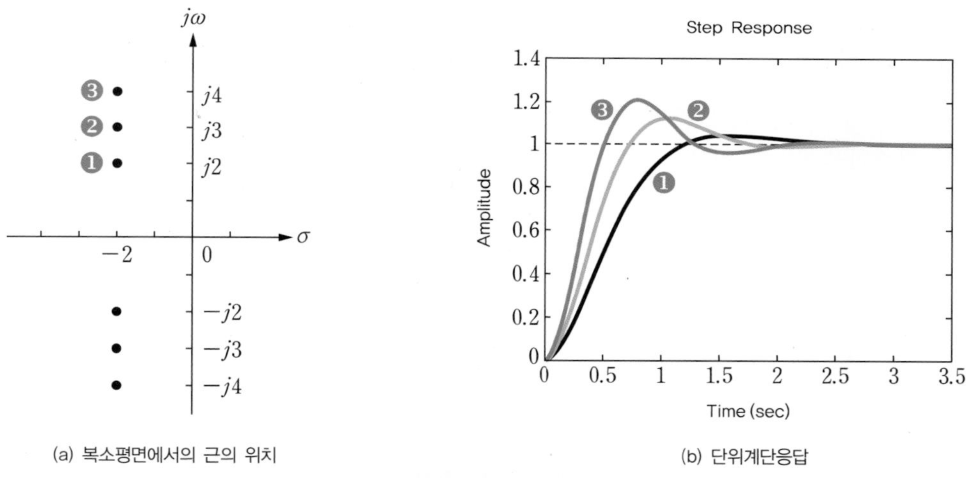

(a) 복소평면에서의 근의 위치 (b) 단위계단응답

[그림 5-24] **부족제동 2차제어시스템 특성방정식의 근의 허수부 변화와 단위계단응답**

특성방정식의 근이 실수부 값은 고정되고 허수부 값만 증가하면, 단위계단응답의 상승시간은 빨라지고 진동주기는 짧아지며 백분율 오버슈트는 증가함을 알 수 있다. 그러나 지수함수적으로 감소하는 진동의 진폭에는 변화가 없으므로 정정시간에는 변화가 없다.

■ 특성방정식의 근의 실수부 변화와 단위계단응답

[그림 5-25(a)]와 같이 특성방정식의 근의 허수부, 즉 감쇠진동주파수 ω_d는 고정되고 실수부, 즉 감쇠지수주파수 σ_d만 증가할 때, 단위계단응답을 구하면 [그림 5-25(b)]와 같다.

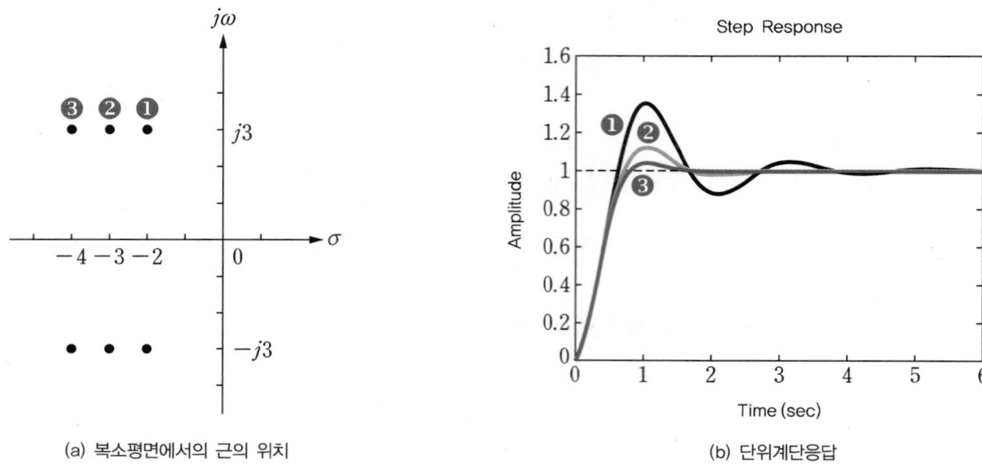

(a) 복소평면에서의 근의 위치 (b) 단위계단응답

[그림 5-25] **부족제동 2차제어시스템 특성방정식의 근의 실수부 변화와 단위계단응답**

특성방정식의 근이 허수부 값은 고정되고 실수부 값만 증가하면, 즉 특성방정식의 근이 왼쪽으로 이동하면 단위계단응답의 첨두값시간에는 변화가 없으며 진동주기는 같다. 그러나 백분율 오버슈트와 정정시간은 감소함을 알 수 있다.

또한 [그림 5-26(a)]와 같이 특성방정식의 근을 대각선을 따라 이동할 때, 단위계단응답을 구하면 [그림 5-26(b)]와 같다.

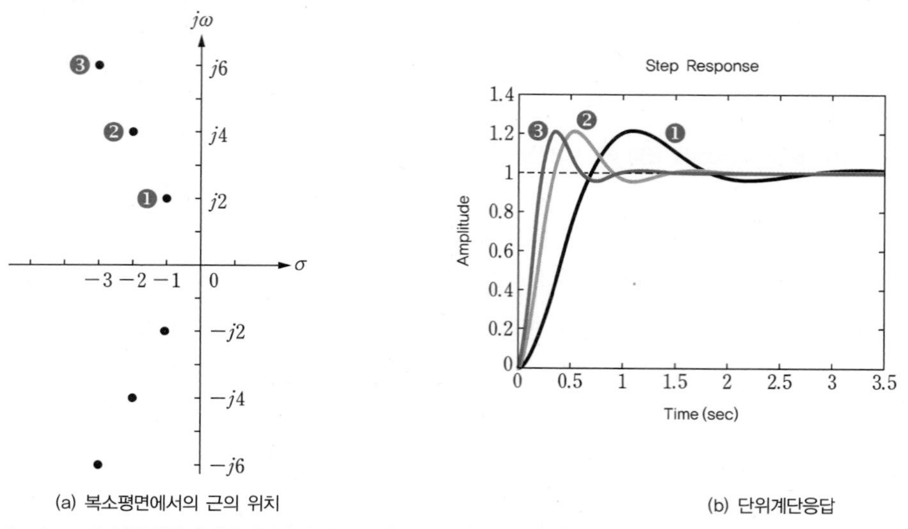

(a) 복소평면에서의 근의 위치 (b) 단위계단응답

[그림 5-26] **부족제동 2차제어시스템 특성방정식의 근의 대각선 변화와 단위계단응답**

이 경우는 감쇠비 ζ 는 일정하게 고정하고 고유주파수 ω_n 만 증가시킨 경우로, 백분율 오버슈트는 변함이 없으나 첨두값시간, 상승시간, 정정시간 등 응답속도가 빨라짐을 알 수 있다. 즉, 응답파형은 그대로 유지하면서 응답속도를 개선하고자 할 때, 특성방정식의 근을 원점에서 대각선방향으로 멀리 이동시킨다.

예제 5-2 특성방정식의 근의 위치와 첨두값시간, 백분율 오버슈트, 정정시간

특성방정식의 근이 [그림 5-27]과 같을 때, 단위계단응답의 첨두값시간 T_p와 백분율 오버슈트 $\%OS$, 정정시간 T_s를 구하라.

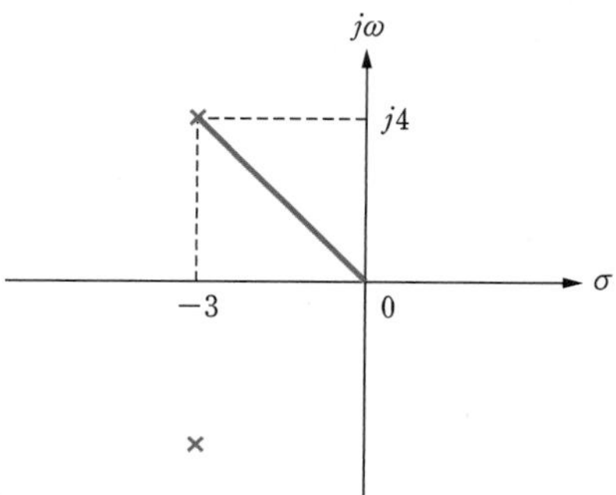

[그림 5-27] **2차제어시스템의 근의 위치의 예**

풀이

[그림 5-23]에 의해 고유주파수 ω_n는

$$\omega_n^2 = \sigma_d^2 + \omega_d^2 = 3^2 + 4^2 = 25$$

이고, 감쇠비 ζ는

$$\zeta = \frac{\sigma_d}{\omega_n} = \frac{3}{5} = 0.6$$

이므로, 식 (5.31)로 첨두값시간 T_p를 구하면

$$T_p = \frac{\pi}{\omega_d} = \frac{\pi}{4} = 0.785$$

이고, 식 (5.32)로 백분율 오버슈트 $\%OS$를 구하면

$$\%\,OS = e^{-\left(\zeta\pi/\sqrt{1-\zeta^2}\right)} \times 100 = e^{-(0.6\pi/\sqrt{1-0.6^2})} \times 100 = 9.48$$

이다. 식 (5.36)으로 정정시간 T_s를 구하면 다음과 같다.

$$T_s \fallingdotseq \frac{4}{\sigma_d} = \frac{4}{3} = 1.33$$

예제 5-3 전달함수와 첨두값시간, 백분율 오버슈트, 상승시간, 정정시간

전달함수가 다음과 같은 제어시스템의 첨두값시간 T_p와 백분율 오버슈트 $\%OS$, 상승시간 T_r, 정정시간 T_s를 구하라.

$$G(s) = \frac{100}{s^2 + 6s + 100}$$

풀이

먼저 고유주파수 ω_n과 감쇠비 ζ를 구하기 위해 전달함수를 표준형으로 변경하면

$$G(s) = \frac{100}{s^2 + 6s + 100} = \frac{10^2}{s^2 + 2 \times 0.3 \times 10\,s + 10^2}$$

이므로, 고유주파수 ω_n는 10, 감쇠비 ζ는 0.3임을 알 수 있다. 이들 값을 식 (5.31), 식 (5.32), 식 (5.35), 식 (5.36)에 대입하면 다음과 같이 부족제동 2차제어시스템의 단위계단응답에 대한 첨두값시간 T_p와 백분율 오버슈트 $\%OS$, 상승시간 T_r, 정정시간 T_s를 구할 수 있다.

식 (5.31)로 첨두값시간 T_p를 구하면

$$T_p = \frac{\pi}{\omega_n \sqrt{1-\zeta^2}} = \frac{\pi}{10\sqrt{1-0.3^2}} = 0.329$$

이고, 식 (5.32)로 백분율 오버슈트 $\%OS$를 구하면

$$\begin{aligned} \%\,OS &= e^{-\left(\zeta\pi/\sqrt{1-\zeta^2}\right)} \times 100 \\ &= e^{-\left(0.3\pi/\sqrt{1-0.3^2}\right)} \times 100 = 37.2 \end{aligned}$$

이다. 또한 식 (5.35)로 상승시간 T_r을 구하면

$$T_r \fallingdotseq \frac{0.8 + 2.5\zeta}{\omega_n} = \frac{0.8 + 2.5 \times 0.3}{10} = 0.155$$

이다. 식 (5.36)으로 정정시간 T_s를 구하면 다음과 같다.

$$T_s \fallingdotseq \frac{4}{\zeta\omega_n} = \frac{4}{0.3 \times 10} = 1.33$$

Section

5.4 고차시스템의 시간응답

이제 2차제어시스템의 전달함수에 극점과 영점이 추가되어 좀 더 복잡해진 고차시스템의 시간응답을 살펴보자.

5.4.1 극점이 추가된 시스템

[그림 5-28(a)]의 극점을 갖는 제어시스템에 [그림 5-28(b)]와 [그림 5-28(c)]와 같은 극점을 추가했을 때, 시스템의 단위계단응답들을 구해보자. 이때 이들의 전달함수는 모두 직류이득DC gain, 즉 s가 0으로 수렴할 때의 이득이 1이 되도록 조정되었다고 하자.

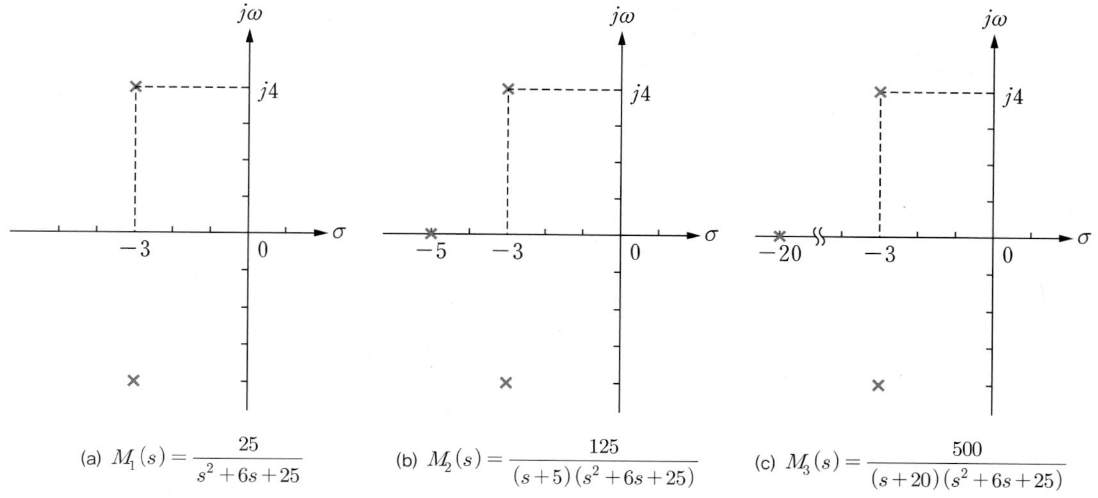

(a) $M_1(s) = \dfrac{25}{s^2+6s+25}$ (b) $M_2(s) = \dfrac{125}{(s+5)(s^2+6s+25)}$ (c) $M_3(s) = \dfrac{500}{(s+20)(s^2+6s+25)}$

[그림 5-28] **극점의 위치**

먼저 [그림 5-28(a)]의 단위계단응답을 구하면

$$C_1(s) = \frac{25}{s^2+6s+25} \times \frac{1}{s}$$

$$= \frac{1}{s} - \frac{s+3}{(s+3)^2+4^2} - \frac{3}{4}\frac{4}{(s+3)^2+4^2}$$

$$c_1(t) = 1 - 1.25e^{-3t}\sin(4t + 53.13^\circ) \tag{5.37}$$

이고, [그림 5-28(b)]의 단위계단응답을 구하면

$$C_2(s) = \frac{125}{(s+5)(s^2+6s+25)} \times \frac{1}{s}$$
$$= \frac{1}{s} - \frac{1.25}{s+5} + \frac{0.25\,(s+3)}{(s+3)^2+4^2} - \frac{1.375 \times 4}{(s+3)^2+4^2}$$

$$c_2(t) = 1 - 1.25\,e^{-5t} - 1.40\,e^{-3t}\sin(4t - 10.30^\circ) \tag{5.38}$$

이다. 마지막으로 [그림 5-28(c)]의 단위계단응답을 구하면 다음과 같다.

$$C_3(s) = \frac{500}{(s+20)(s^2+6s+25)} \times \frac{1}{s}$$
$$= \frac{1}{s} - \frac{0.082}{s+20} - \frac{0.918\,(s+3)}{(s+3)^2+4^2} - \frac{1.197 \times 4}{(s+3)^2+4^2}$$

$$c_3(t) = 1 - 0.082\,e^{-20t} - 1.43\,e^{-3t}\sin(4t + 39.89^\circ) \tag{5.39}$$

식 (5.37)을 식 (5.38), 식 (5.39)와 비교해보자. 식 (5.39)에서 세 번째 항은 식 (5.37) 식의 두 번째 항과 비슷하다. 또한 식 (5.39)의 두 번째 항은 시간 t가 조금만 지나면 그 값이 0으로 되므로 $c_3(t)$는 $c_1(t)$와 거의 비슷하다고 볼 수 있다. 그러나 식 (5.38)은 식 (5.37)과 너무 다르므로 $c_2(t)$와 $c_1(t)$는 비슷하다고 할 수 없다. 이들 단위계단응답을 그래프로 나타내면 [그림 5-29]와 같다.

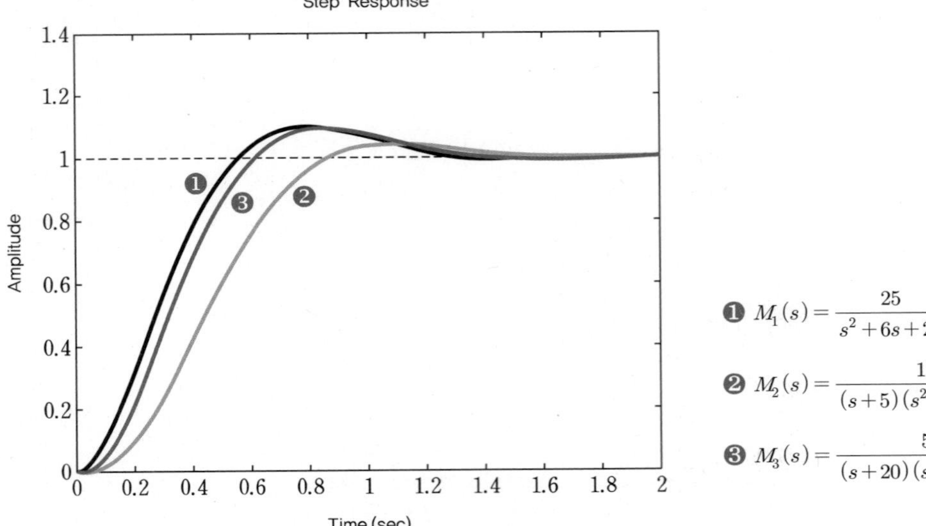

[그림 5-29] **[그림 5-28]의 단위계단응답**

[그림 5-28(c)]와 같은 극점을 갖는 시스템의 출력은 극점 $-3+j4$와 $-3-j4$에 의해 결정되며, 허수축에서 멀리 떨어져 있는 극점 -20은 이 시스템의 출력에 거의 영향을 미치지 않는다. 이렇게 시스템 출력에 큰 영향을 미치는 극점을 **우세극점**dominant pole이라고 하며, -20과 같이 출력에 거의 영향을 미치지 않는 극점을 **비우세극점**nondominant pole이라고 한다.

일반적으로 비우세극점이 복소수평면의 허수축에서 떨어져 있는 거리가 우세극점 실수부의 5배 이상이 되면, 시스템 출력에 거의 영향을 미치지 않고 우세극점만으로 시스템의 과도응답에 대한 설계를 해도 별로 문제가 되지 않는다. 그러나 [그림 5-28(b)]처럼 비우세극점이 허수축점에 가까이 있으면 그 영향을 무시할 수 없다.

Tip & Note

✔ [그림 5-28]의 단위계단응답에 대한 상세 풀이

• **[그림 5-28(a)]의 단위계단응답**

$$\begin{aligned} C_1(s) &= \frac{25}{s^2+6s+25} \times \frac{1}{s} \\ &= \frac{A}{s} + \frac{Bs+D}{s^2+6s+25} \\ &= \frac{1}{s} - \frac{s+6}{s^2+6s+25} \\ &= \frac{1}{s} - \frac{s+3+3}{(s+3)^2+4^2} \\ &= \frac{1}{s} - \frac{s+3}{(s+3)^2+4^2} - \frac{3}{4}\,\frac{4}{(s+3)^2+4^2} \end{aligned}$$

$$\begin{aligned} c_1(t) &= 1 - e^{-3t}\cos 4t - 0.75e^{-3t}\sin 4t \\ &= 1 - e^{-3t}\sqrt{1^2+075^2}\left(\frac{1}{\sqrt{1^2+075^2}}\cos 4t + \frac{0.75}{\sqrt{1^2+075^2}}\sin 4t\right) \\ &= 1 - 1.25e^{-3t}(\sin 53.13^\circ \times \cos 4t + \cos 53.13^\circ \times \sin 4t) \\ &= 1 - 1.25e^{-3t}\sin(4t + 53.13^\circ) \end{aligned}$$

• **[그림 5-28(b)]의 단위계단응답**

$$\begin{aligned} C_2(s) &= \frac{125}{(s+5)(s^2+6s+25)} \times \frac{1}{s} \\ &= \frac{A}{s} + \frac{B}{s+5} + \frac{Ds+E}{s^2+6s+25} \\ &= \frac{1}{s} - \frac{1.25}{s+5} + \frac{0.25s-4.75}{s^2+6s+25} \end{aligned}$$

$$= \frac{1}{s} - \frac{1.25}{s+5} + 0.25 \times \frac{s-19}{(s+3)^2+4^2}$$

$$= \frac{1}{s} - \frac{1.25}{s+5} + 0.25 \times \frac{s+3-22}{(s+3)^2+4^2}$$

$$= \frac{1}{s} - \frac{1.25}{s+5} + 0.25 \times \left(\frac{s+3}{(s+3)^2+4^2} - \frac{22}{4} \times \frac{4}{(s+3)^2+4^2} \right)$$

$$c_2(t) = 1 - 1.25e^{-5t} + e^{-3t}0.25(\cos 4t - 5.5\sin 4t)$$

$$= 1 - 1.25e^{-5t} + e^{-3t}0.25 \times \sqrt{1^2+5.5^2} \left(\frac{1}{\sqrt{1^2+5.5^2}} cos\,4t - \frac{5.5}{\sqrt{1^2+5.5^2}} \sin 4t \right)$$

$$= 1 - 1.25e^{-5t} - 1.40\,e^{-3t}\sin(4t - 10.30\,°)$$

- **[그림 5-28(c)]의 단위계단응답**

$$C_3(s) = \frac{500}{(s+20)(s^2+6s+25)} \times \frac{1}{s}$$

$$= \frac{1}{s} - \frac{0.082}{s+20} - \frac{0.918s+7.148}{s^2+6s+25}$$

$$= \frac{1}{s} - \frac{0.082}{s+20} - 0.918 \times \frac{s+7.786}{s^2+6s+25}$$

$$= \frac{1}{s} - \frac{0.082}{s+20} - 0.918 \times \frac{s+3+4.786}{(s+3)^2+4^2}$$

$$= \frac{1}{s} - \frac{0.082}{s+20} - 0.918 \times \left(\frac{s+3}{(s+3)^2+4^2} + \frac{4.786}{4} \times \frac{4}{(s+3)^2+4^2} \right)$$

$$c_3(t) = 1 - 0.082\,e^{-20t} - 0.918e^{-3t}(\cos 4t + 1.1965\sin 4t)$$

$$= 1 - 0.082\,e^{-20t} - 0.918e^{-3t}\sqrt{1^2+1.1965^2} \left(\frac{1}{\sqrt{1^2+1.1965^2}} \cos 4t + \frac{1.1965}{\sqrt{1^2+1.1965^2}} \sin 4t \right)$$

$$= 1 - 0.082e^{-20t} - 0.918e^{-3t}\sqrt{1^2+1.1965^2}(\sin 39.89\,° \times coss\,4t + \cos 39.89\,° \times \sin 4t)$$

$$= 1 - 0.082e^{-20t} - 1.43e^{-3t}\sin(4t + 39.89\,°)$$

5.4.2 영점이 추가된 시스템

[그림 5-30(a)]의 극점을 갖는 제어시스템에 [그림 5-30(b)]와 [그림 5-30(c)]와 같은 영점을 추가했을 때, 시스템의 단위계단응답들을 구해보자. 이때 이들의 전달함수는 모두 직류이득DC gain이 1이 되도록 조정되었다고 하자.

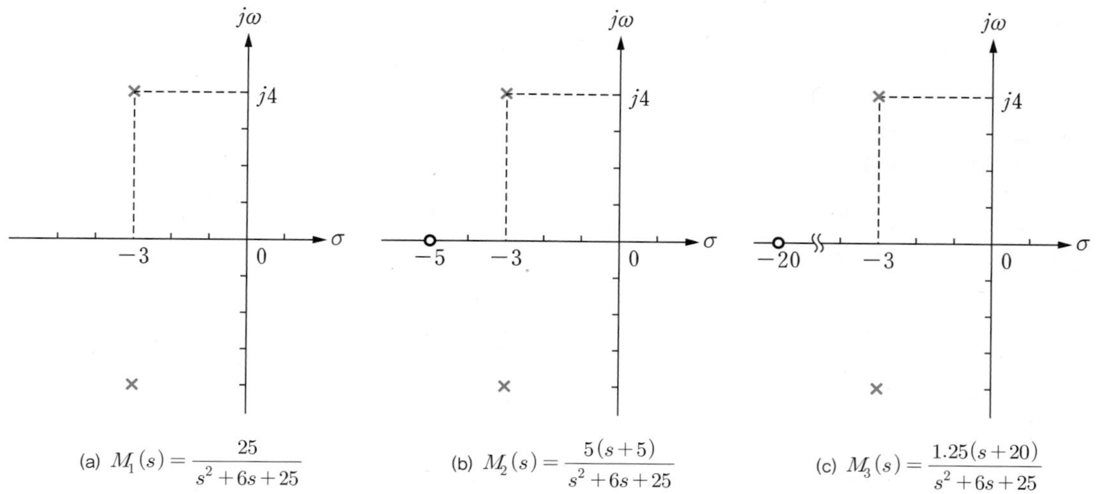

[그림 5-30] **극점과 영점의 위치**

먼저 [그림 5-30(a)]의 단위계단응답을 구하면

$$\begin{aligned} C_1(s) &= \frac{25}{s^2+6s+25} \times \frac{1}{s} \\ &= \frac{1}{s} - \frac{s+3}{(s+3)^2+4^2} - \frac{3}{4}\frac{4}{(s+3)^2+4^2} \end{aligned}$$

$$c_1(t) = 1 - 1.25e^{-3t}\sin(4t + 53.13°) \tag{5.40}$$

이고, [그림 5-30(b)]의 단위계단응답을 구하면 다음과 같다.

$$\begin{aligned} C_2(s) &= \frac{5(s+5)}{s^2+6s+25} \times \frac{1}{s} \\ &= \frac{1}{s} - \frac{s+1}{(s+3)^2+4^2} \\ &= \frac{1}{s} - \frac{s+3}{(s+3)^2+4^2} + \frac{1}{2}\frac{4}{(s+3)^2+4^2} \end{aligned}$$

$$c_2(t) = 1 + 1.12e^{-3t}\sin(4t - 63.43°) \tag{5.41}$$

마지막으로 [그림 5-30(c)]의 단위계단응답을 구하면 다음과 같다.

$$
\begin{aligned}
C_3(s) &= \frac{1.25(s+20)}{s^2+6s+25} \times \frac{1}{s} \\
&= \frac{1}{s} - \frac{s+4.75}{(s+3)^2+4^2} \\
&= \frac{1}{s} - \frac{s+3}{(s+3)^2+4^2} - \frac{1.75}{4}\frac{4}{(s+3)^2+4^2}
\end{aligned}
$$

$$
c_3(t) = 1 - 1.09e^{-3t}\sin(4t + 66.37^\circ) \tag{5.42}
$$

식 (5.40)을 식 (5.41), 식 (5.42)와 비교하면, 출력 $c_3(t)$와 $c_1(t)$은 거의 비슷하다고 볼 수 있으나, 출력 $c_2(t)$와 $c_1(t)$과 비슷하다고 할 수 없다. 이들 단위계단응답을 이들 단위계단응답을 그래프로 나타내면 [그림 5-31]과 같다.

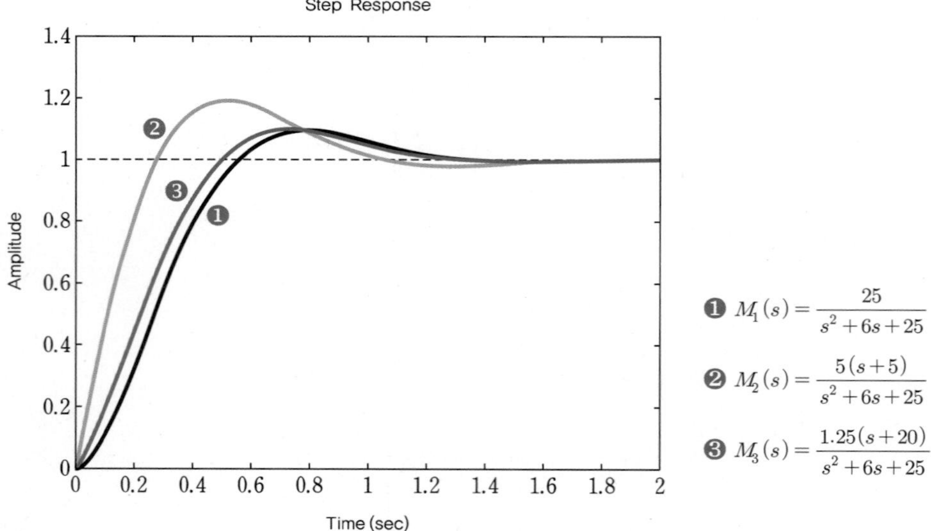

[그림 5-31] **[그림 5-30]의 단위계단응답**

[그림 5-31(b)]와 같이 허수축에 가까운 영점을 추가하면 시스템의 출력은 영점이 추가되기 전의 출력과 매우 달라진다. 그러나 [그림 5-31(c)]와 같이 허수축에서 멀리 떨어진 영점을 추가하면 영점이 추가되기 전의 출력과 많이 다르지 않으므로, 그 영향을 별로 받지 않음을 알 수 있다. 이는 극점을 추가한 시스템과 같음을 알 수 있다. 일반적으로 우세극점으로 부터 멀리 떨어져 있는 극점이나 영점이 복소수평면의 허수축으로부터 떨어져 있는 거리가 우세극점 실수부의 5배 이상이 되면, 시스템 출력에 거의 영향을 미치지 않는 것으로 보고, 이들 극점과 영점들을 무시하고, 우세극점들만을 가지고 시스템의 과도응답에 대한 모든 설계를 하여도 별 문제가 되지 않으나, 극점이나 영점이 허수축에 가까이 있을 때에는 그 영향을 무시할 수 없다.

5.4.3 극점-영점 소거법

어떤 제어시스템의 전달함수에 바람직스럽지 않은 극점이 있다면, 그 극점과 같은 크기를 갖는 영점을 전향경로에 삽입하여 극점을 소거하는 **극점-영점 소거법**pole-zero cancellation을 사용한다. 그러나 극점과 정확한 크기를 갖는 영점을 갖는 소자를 만들기가 어려울 뿐만 아니라 정확한 크기를 갖는 소자를 만들어도 주위 온도의 변화에 따라 그 값이 조금은 변할 수도 있다. 또한 전혀 변하지 않는 고급 소자라도 시스템을 모델링할 때 그 극점이 아주 정밀하게 계산되었을지 알 수 없다. 따라서 처음 모델링할 때 아주 정확하게 모델링 되었다고 장담할 수 없다면, 정확히 극점이 영점에 의해 소거되어 없어진다고 보기 어려우므로 극점-영점 소거법은 사용할 수 없다.

그러나 다음 예제와 같이 극점과 영점이 아주 정확히 소거되지 않더라도 그 값이 서로 근사하면 서로 소거된 것과 다름없는 효과를 얻을 수 있다.

예제 5-4 극점-영점 소거법

전달함수가 다음과 같은 제어시스템에 서로 다른 영점을 가진 제어요소를 전향경로에 삽입했을 때, 각각의 단위계단응답을 구하여 비교하라.

$$M(s) = \frac{20}{(s+2)(s+4)(s+10)}$$

(a) $G_{c_1}(s) = (s+4)$ (b) $G_{c_2}(s) = (s+5)$ (c) $G_{c_3}(s) = (s+4.1)$

풀이

(a) 단위계단응답을 구하면 다음과 같다.

$$\begin{aligned} C_1(s) &= \frac{20(s+4)}{(s+2)(s+4)(s+10)} \times \frac{1}{s} \\ &= \frac{1}{s} - \frac{1.25}{s+2} + \frac{0.25}{s+10} \end{aligned}$$

$$c_1(t) = 1 - 1.25e^{-2t} + 0.25e^{-10t} \quad \cdots ①$$

(b) 단위계단응답을 구하면 다음과 같다.

$$\begin{aligned} C_2(s) &= \frac{20(s+5)}{(s+2)(s+4)(s+10)} \times \frac{1}{s} \\ &= \frac{1.25}{s} - \frac{1.875}{s+2} + \frac{0.417}{s+4} + \frac{0.208}{s+10} \end{aligned}$$

$$c_2(t) = 1.25 - 1.875e^{-2t} + 0.417e^{-4t} + 0.208e^{-10t} \quad \cdots ②$$

(c) 단위계단응답을 구하면 다음과 같다.

$$C_3(s) = \frac{20(s+4.1)}{(s+2)(s+4)(s+10)} \times \frac{1}{s}$$
$$= \frac{1.025}{s} - \frac{1.313}{s+2} + \frac{0.042}{s+4} + \frac{0.246}{s+10}$$

$$c_3(t) = 1.025 - 1.313e^{-2t} + 0.042e^{-4t} + 0.246e^{-10t} \quad \cdots ③$$

식 ①, 식 ②, 식 ③을 비교하면, 식 ②와 같이 극점과 영점이 소거되지 않은 경우의 시간응답은 정확히 소거된 식 ①과 대단히 많은 차이가 있다. 그러나 식 ③과 같이 극점 -4와 영점 -4.1은 완전히 서로 소거되지 않았지만 영점의 영향으로 극점 -4의 유수residue, 즉 e^{-4t}의 상수가 0.042가 되어 출력에 극점 -4의 영향은 거의 나타나지 않는다. 즉 극점 -4와 영점 -4.1은 완전히 소거되지 않았지만 소거된 것과 같은 효과가 있다. 따라서 전달함수의 극점, 즉 특성방정식의 근이 영점에 가까이 있으면 그 근은 그 시스템의 출력에 별로 영향을 미치지 않는다.

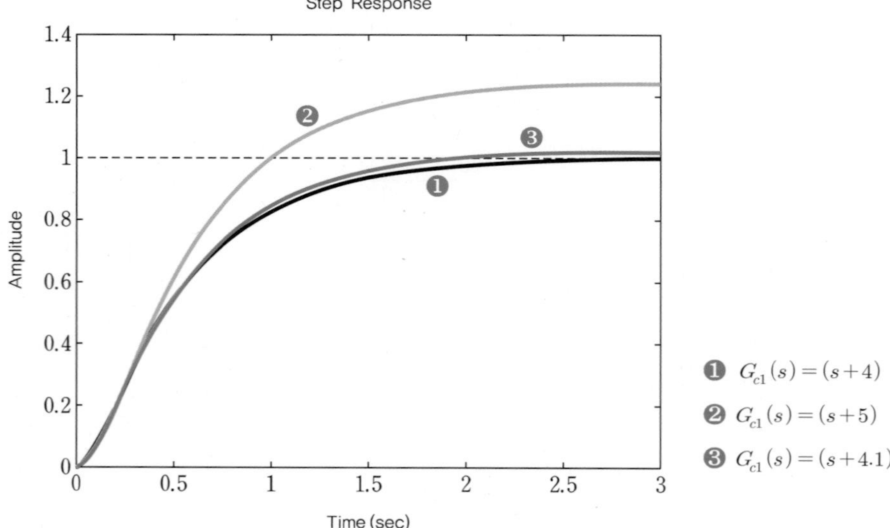

[그림 5-32] [예제 5-4]의 출력 비교

Section

5.5 상태방정식의 시간응답

지금까지는 전달함수로 표시된 제어시스템의 시간응답을 살펴보았다. 이 절에서는 상태방정식으로 표시된 제어시스템의 시간응답에 대해 설명하고자 한다. 앞의 3.4절에서 소개한 상태방정식은 선형 시불변시스템에 대한 것으로 다음과 같이 나타냈다.

$$\dot{\mathbf{x}}(t) = \mathbf{A}\mathbf{x}(t) + \mathbf{B}u(t) \tag{5.43}$$

$$\mathbf{y}(t) = \mathbf{C}\mathbf{x}(t) + \mathbf{D}u(t) \tag{5.44}$$

그러나 일반적인 제어시스템, 즉 비선형시변제어시스템은 다음과 같이 나타낸다.

$$\dot{\mathbf{x}}(t) = \mathbf{f}(\mathbf{x},\ u,\ t) \tag{5.45}$$

5.5.1 라플라스 변환을 이용한 시간응답

식 (5.43)과 식 (5.44)의 상태방정식 양변을 라플라스 변환하면

$$s\mathbf{X}(s) - \mathbf{x}(0) = \mathbf{A}\mathbf{X}(s) + \mathbf{B}U(s) \tag{5.46}$$

$$Y(s) = \mathbf{C}\mathbf{X}(s) + \mathbf{D}U(s) \tag{5.47}$$

이고, 식 (5.46)를 정리하면 다음과 같다.

$$(s\mathbf{I} - \mathbf{A})\mathbf{X}(s) = \mathbf{x}(0) + \mathbf{B}U(s) \tag{5.48}$$

$$\mathbf{X}(s) = (s\mathbf{I} - \mathbf{A})^{-1}\mathbf{x}(0) + (s\mathbf{I} - \mathbf{A})^{-1}\mathbf{B}U(s) \tag{5.49}$$

식 (5.49)에서 구한 $\mathbf{X}(\mathrm{s})$를 식 (5.47)에 대입하여 $Y(s)$를 구한 후 라플라스 역변환을 구하면 출력의 시간응답을 구할 수 있다. 이때 $(s\mathbf{I} - \mathbf{A})^{-1}$은 다음과 같다.

$$(s\mathbf{I} - \mathbf{A})^{-1} = \frac{\mathrm{adj}\ (s\mathbf{I} - \mathbf{A})}{\det(s\mathbf{I} - \mathbf{A})} \tag{5.50}$$

또한

$$\det(\mathrm{s}\mathbf{I} - \mathbf{A}) = |\mathrm{s}\mathbf{I} - \mathbf{A}| = 0 \tag{5.51}$$

은 그 제어시스템의 전달함수의 분모, 즉 특성방정식과 같다. 그리고 특성방정식의 근은 2.3절에서 배운 고윳값과 일치한다. 다시 말하면, 시스템행렬 A의 고윳값이 그 제어시스템의 특성방정식의 근과 같다.

또한 $(s\mathbf{I}-\mathbf{A})^{-1}$의 라플라스 역변환은 식 (5.49)에서 입력이 0일 때 초기 조건만에 의한 상태변수의 시간응답을 계산할 때 사용되는 중요한 식으로, **상태천이행렬**state-transition matrix이라고 하며, 일반적으로 $\boldsymbol{\Phi}(t)$로 표시한다.

$$\boldsymbol{\Phi}(t)=\mathcal{L}^{-1}\{(s\mathbf{I}-\mathbf{A})^{-1}\} \tag{5.52}$$

예제 5-5 라플라스 변환을 이용한 시간응답(초기 조건이 0인 경우)

다음 동태방정식으로 표시되는 제어시스템의 단위계단응답을 구하라.

$$\begin{bmatrix} \frac{d}{dt}x_1 \\ \frac{d}{dt}x_2 \end{bmatrix}=\begin{bmatrix} -2 & 1 \\ 0 & -4 \end{bmatrix}\begin{bmatrix} x_1 \\ x_2 \end{bmatrix}+\begin{bmatrix} 1 \\ 1 \end{bmatrix}u$$

$$y=[3 \quad -2]\begin{bmatrix} x_1 \\ x_2 \end{bmatrix}$$

$$\begin{bmatrix} x_1(0) \\ x_2(0) \end{bmatrix}=\begin{bmatrix} 0 \\ 0 \end{bmatrix}$$

풀이

$(s\mathbf{I}-\mathbf{A})$를 구하면

$$(s\mathbf{I}-\mathbf{A})=\begin{bmatrix} s & 0 \\ 0 & s \end{bmatrix}-\begin{bmatrix} -2 & 1 \\ 0 & -4 \end{bmatrix}=\begin{bmatrix} s+2 & -1 \\ 0 & s+4 \end{bmatrix}$$

이고, $(s\mathbf{I}-\mathbf{A})^{-1}$을 구하면

$$(s\mathbf{I}-\mathbf{A})^{-1}=\frac{\text{adj}\,(s\mathbf{I}-\mathbf{A})}{|s\mathbf{I}-\mathbf{A}|}=\frac{\begin{bmatrix} s+4 & 1 \\ 0 & s+2 \end{bmatrix}}{s^2+6s+8}$$

이므로, 전달함수를 구하면 다음과 같다.

$$M(s)=\frac{Y(s)}{U(s)}=\mathbf{C}(s\mathbf{I}-\mathbf{A})^{-1}\mathbf{B}+\mathbf{D}$$

$$=[3-2]\frac{\begin{bmatrix} s+4 & 1 \\ 0 & s+2 \end{bmatrix}}{s^2+6s+8}\begin{bmatrix} 1 \\ 1 \end{bmatrix}=\frac{s+11}{s^2+6s+8}$$

따라서 단위계단응답을 구하면 다음과 같다.

$$
\begin{aligned}
Y(s) &= M(s)\,U(s) = = \frac{s+11}{s^2+6s+8} \times \frac{1}{s} \\
&= \frac{\frac{11}{8}}{s} - \frac{\frac{9}{4}}{s+2} + \frac{\frac{7}{8}}{s+4} \\
y(t) &= \mathcal{L}^{-1}\,Y(s) = \frac{11}{8} - \frac{9}{4}e^{-2t} + \frac{7}{8}e^{-4t}
\end{aligned}
$$

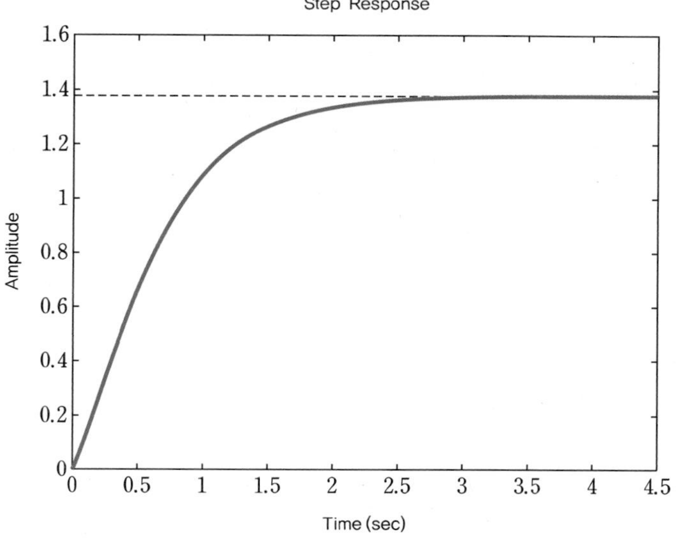

[그림 5-33] **[예제 5-5]의 단위계단응답**

예제 5-6 라플라스 변환을 이용한 시간응답(초기 조건이 0이 아닌 경우)

다음 동태방정식으로 표시되는 제어시스템의 단위계단응답을 구하라.

$$
\begin{bmatrix} \frac{d}{dt}x_1 \\ \frac{d}{dt}x_2 \end{bmatrix} = \begin{bmatrix} 0 & 1 \\ -3 & -4 \end{bmatrix} \begin{bmatrix} x_1 \\ x_2 \end{bmatrix} + \begin{bmatrix} 0 \\ 1 \end{bmatrix} u
$$

$$
y = [3 \quad 2] \begin{bmatrix} x_1 \\ x_2 \end{bmatrix}
$$

$$
\begin{bmatrix} x_1(0) \\ x_2(0) \end{bmatrix} = \begin{bmatrix} 2 \\ 0 \end{bmatrix}
$$

풀이

$(s\mathbf{I}-\mathbf{A})$를 구하면

$$(s\mathbf{I}-\mathbf{A})=\begin{bmatrix} s & 0 \\ 0 & s \end{bmatrix}-\begin{bmatrix} 0 & 1 \\ -3 & -4 \end{bmatrix}=\begin{bmatrix} s & -1 \\ 3 & s+4 \end{bmatrix}$$

이고, $(s\mathbf{I}-\mathbf{A})^{-1}$을 구하면 다음과 같다.

$$(s\mathbf{I}-\mathbf{A})^{-1}=\frac{\text{adj}\,(s\mathbf{I}-\mathbf{A})}{|s\mathbf{I}-\mathbf{A}|}=\frac{\begin{bmatrix} s+4 & 1 \\ -3 & s \end{bmatrix}}{s^2+4s+3}$$

식 (5.49)에 의해 $\mathbf{X}(s)$는 다음과 같다.

$$\mathbf{X}(s)=(s\mathbf{I}-\mathbf{A})^{-1}\mathbf{x}(0)+(s\mathbf{I}-\mathbf{A})^{-1}\mathbf{B}\,U(s)$$

$$\begin{bmatrix} X_1(s) \\ X_2(s) \end{bmatrix}=\frac{\begin{bmatrix} s+4 & 1 \\ -3 & s \end{bmatrix}}{s^2+4s+3}\begin{bmatrix} 2 \\ 0 \end{bmatrix}+\frac{\begin{bmatrix} s+4 & 1 \\ -3 & s \end{bmatrix}}{s^2+4s+3}\begin{bmatrix} 0 \\ 1 \end{bmatrix}\times\frac{1}{s}$$

$$=\frac{\begin{bmatrix} 2s+8 \\ -6 \end{bmatrix}}{s^2+4s+3}+\frac{\begin{bmatrix} 1 \\ s \end{bmatrix}\times\frac{1}{s}}{s^2+4s+3}=\frac{\begin{bmatrix} 2s+8 \\ -6 \end{bmatrix}}{s^2+4s+3}+\frac{\begin{bmatrix} \frac{1}{s} \\ 1 \end{bmatrix}}{s^2+4s+3}$$

$$=\frac{\begin{bmatrix} 2s+8+\frac{1}{s} \\ -5 \end{bmatrix}}{s^2+4s+3}=\begin{bmatrix} \dfrac{2s+8+\frac{1}{s}}{s^2+4s+3} \\ \dfrac{-5}{s^2+4s+3} \end{bmatrix} \qquad \cdots ①$$

식 (5.20)에 의해 $Y(s)$는 다음과 같다.

$$Y(s)=\mathbf{C}\mathbf{X}(s)+\mathbf{D}U(s)$$

$$=[3 \quad 2]\begin{bmatrix} \dfrac{2s+8+\frac{1}{s}}{s^2+4s+3} \\ \dfrac{-5}{s^2+4s+3} \end{bmatrix}=\frac{6s+14+\frac{3}{s}}{s^2+4s+3}=\frac{6s^2+14s+3}{s(s^2+4s+3)}$$

$$=\frac{1}{s}+\frac{5/2}{s+1}+\frac{5/2}{s+3} \qquad \cdots ②$$

따라서 단위계단응답을 구하면 다음과 같다.

$$y(t) = \mathcal{L}^{-1} Y(s) = 1 + \frac{5}{2} e^{-t} + \frac{5}{2} e^{-3t} \quad \cdots ③$$

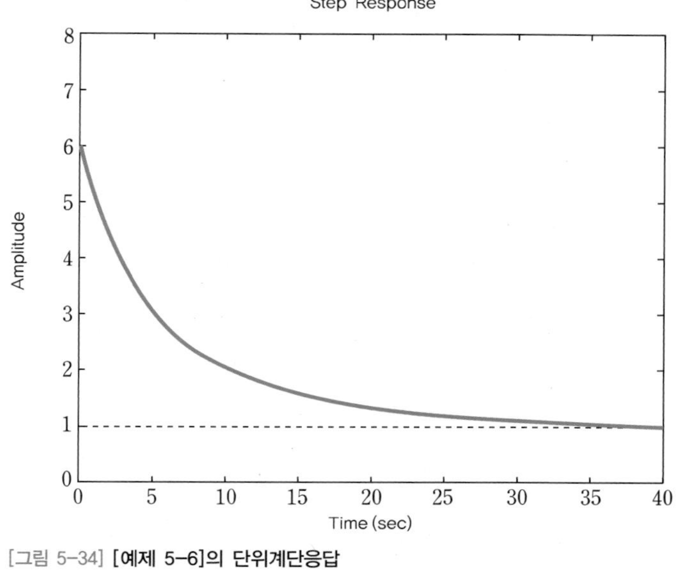

[그림 5-34] [예제 5-6]의 단위계단응답

[예제 5-5]와 같이 초기조건이 0인 경우에는 전달함수를 먼저 구하고, 그 전달함수를 이용하여 출력을 구하였으나, [예제 5-6]과 같이 초기조건이 0이 아닌 경우엔 전달함수를 이용할 수가 없다.

5.5.2 고윳값과 고유벡터를 이용한 시간응답

상태방정식과 같이 1차연립미분방정식으로 표시된 시스템의 상태변수와 출력을 구하는 또 다른 방법으로는 고윳값과 고유벡터를 이용하는 방법이 있다. 이 방법은 보함수와 특수적분을 구하여 상미분방정식을 푸는 방법과 유사하다.

❶ 입력이 있는 비제차연립미분방정식을 풀기 위해, 먼저 식 (5.53)과 같은 입력이 없는 제차연립미분방정식의 해를 구한다.

$$\dot{\mathbf{x}}(t) = \mathbf{A}\mathbf{x}(t) \tag{5.53}$$

식 (5.53)의 한 해를 $\mathbf{x} = \mathbf{x}_1 e^{\lambda_1 t}$이라고 가정하고 미분하면

$$\dot{\mathbf{x}} = \lambda_1 \mathbf{x}_1 e^{\lambda_1 t}$$

이 되므로, 다음을 얻는다.

$$\lambda_1 \mathbf{x}_1 e^{\lambda_1 t} = \mathbf{A}\mathbf{x}_1 e^{\lambda_1 t} \tag{5.54}$$

식 (5.54)의 양변을 $e^{\lambda_1 t}$으로 나누고, 등호의 좌우를 교환하여 정리하면 다음과 같다.

$$\mathbf{A}\mathbf{x}_1 = \lambda_1 \mathbf{x}_1$$

이때 λ_1은 고윳값이고, $\mathbf{x}_1$은 그 고윳값에 대한 고유벡터임을 알 수 있다. 따라서 행렬 $\mathbf{A}$의 차수가 (3×3)이면 λ_1, λ_2, λ_3 3개의 고윳값을 생각할 수 있고, 그들 각각에 대한 고유벡터 $\mathbf{x}_1$, $\mathbf{x}_2$, $\mathbf{x}_3$를 구할 수 있다. 따라서 식 (5.53)의 제차연립미분방정식의 일반해는 다음과 같이 된다.

$$\mathbf{x} = c_1 \mathbf{x}_1 e^{\lambda_1 t} + c_2 \mathbf{x}_2 e^{\lambda_2 t} + c_3 \mathbf{x}_3 e^{\lambda_3 t} \tag{5.55}$$

예를 들어, 다음과 같은 제차연립미분방정식의 해를 구해보자.

$$\begin{bmatrix} \dfrac{d}{dt}x_1 \\ \dfrac{d}{dt}x_2 \end{bmatrix} = \begin{bmatrix} 1 & 2 \\ -3 & -4 \end{bmatrix} \begin{bmatrix} x_1 \\ x_2 \end{bmatrix} \tag{5.56}$$

식 (5.56)의 (2×2) 행렬의 고윳값과 고유벡터는 다음과 같다.

$$\lambda_1 = -1, \quad \lambda_2 = -2, \quad \mathbf{x}_1 = \begin{bmatrix} 1 \\ -1 \end{bmatrix}, \quad \mathbf{x}_2 = \begin{bmatrix} 2 \\ -3 \end{bmatrix}$$

그러므로 이 제차연립미분방정식의 일반해는 다음과 같이 된다.

$$\begin{bmatrix} x_1 \\ x_2 \end{bmatrix} = c_1 \begin{bmatrix} 1 \\ -1 \end{bmatrix} e^{-t} + c_2 \begin{bmatrix} 2 \\ -3 \end{bmatrix} e^{-2t} \tag{5.57}$$

$$\begin{aligned} x_1(t) &= c_1 e^{-t} + 2c_2 e^{-2t} \\ x_2(t) &= -c_1 e^{-t} - 3c_2 e^{-2t} \end{aligned} \tag{5.58}$$

❷ 이제 비제차연립미분방정식의 특수적분particular integral을 구해보자. 공업수학에서 상계수선형미분방정식의 특수적분을 구할 때 사용하는 미정계수법method of undtermined coefficients을 연립미분방정식에도 이용한다. 예를 들어, 다음과 같은 상태방정식에서 특수적분을 구해보자.

$$\begin{bmatrix} \dfrac{d}{dt}x_1 \\ \dfrac{d}{dt}x_2 \end{bmatrix} = \begin{bmatrix} 1 & 2 \\ -3 & -4 \end{bmatrix} \begin{bmatrix} x_1 \\ x_2 \end{bmatrix} + \begin{bmatrix} 2 \\ 1 \end{bmatrix} e^{-5t} \tag{5.59}$$

특수적분을 $\mathbf{x}_p = \begin{bmatrix} x_{p1} \\ x_{p2} \end{bmatrix} = \begin{bmatrix} k_1 \\ k_2 \end{bmatrix} e^{-5t}$ 이라고 가정하고, 식 (5.59)에 x_1, x_2 대신에 $x_{p1} = k_1 e^{-5t}$, $x_{p2} = k_2 e^{-5t}$를 대입하면 다음과 같이 된다.

$$\begin{aligned} -5k_1 e^{-5t} &= k_1 e^{-5t} + 2k_2 e^{-5t} + 2e^{-5t} \\ -5k_2 e^{-5t} &= -3k_1 e^{-5t} - 4k_2 e^{-5t} + e^{-5t} \end{aligned} \tag{5.60}$$

$$\begin{aligned} -5k_1 &= k_1 + 2k_2 + 2 \\ -5k_2 &= -3k_1 - 4k_2 + 1 \end{aligned} \tag{5.61}$$

식 (5.61)을 정리하여 풀면 $k_1 = 0$, $k_2 = -1$을 얻을 수 있으므로 특수적분은 다음과 같이 된다.

$$\mathbf{x}_p = \begin{bmatrix} x_{p1} \\ x_{p2} \end{bmatrix} = \begin{bmatrix} 0 \\ -1 \end{bmatrix} e^{-5t} \tag{5.62}$$

따라서 식 (5.59)의 상태방정식으로 표시되는 시스템의 일반해는 다음과 같이 구해진다.

$$\begin{bmatrix} x_1 \\ x_2 \end{bmatrix} = c_1 \begin{bmatrix} 1 \\ -1 \end{bmatrix} e^{-t} + c_2 \begin{bmatrix} 2 \\ -3 \end{bmatrix} e^{-2t} + \begin{bmatrix} 0 \\ -1 \end{bmatrix} e^{-5t} \tag{5.63}$$

$$\begin{aligned} x_1(t) &= c_1 e^{-t} + 2c_2 e^{-2t} \\ x_2(t) &= -c_1 e^{-t} - 3c_2 e^{-2t} - e^{-5t} \end{aligned} \tag{5.64}$$

추가로 여기에 초기 조건을 넣으면 특수해particular solution를 구할 수 있다.

예제 5-7 고윳값과 고유벡터를 이용한 시간응답

다음과 같은 동태방정식으로 표시되는 제어시스템의 단위계단응답을 고윳값과 고유벡터를 이용하여 구하라.

$$\begin{bmatrix} \frac{d}{dt} x_1 \\ \frac{d}{dt} x_2 \end{bmatrix} = \begin{bmatrix} 0 & 1 \\ -3 & -4 \end{bmatrix} \begin{bmatrix} x_1 \\ x_2 \end{bmatrix} + \begin{bmatrix} 0 \\ 1 \end{bmatrix} u$$

$$y = [3 \quad 2] \begin{bmatrix} x_1 \\ x_2 \end{bmatrix}$$

$$\begin{bmatrix} x_1(0) \\ x_2(0) \end{bmatrix} = \begin{bmatrix} 2 \\ 0 \end{bmatrix}$$

풀이

❶ 먼저 보함수, 즉 제차연립미분방정식의 해를 구한다.

$$\begin{bmatrix} \dfrac{d}{dt}x_1 \\ \dfrac{d}{dt}x_2 \end{bmatrix} = \begin{bmatrix} 0 & 1 \\ -3 & -4 \end{bmatrix} \begin{bmatrix} x_1 \\ x_2 \end{bmatrix} \qquad \cdots ①$$

식 ①의 (2×2) 행렬의 고윳값과 고유벡터는 다음과 같다.

$$\lambda_1 = -1,\ \ \lambda_2 = -3,\ \ \mathbf{x}_1 = \begin{bmatrix} 1 \\ -1 \end{bmatrix},\ \ \mathbf{x}_2 = \begin{bmatrix} 1 \\ -3 \end{bmatrix}$$

그러므로 이 제차연립미분방정식의 일반해는 다음과 같이 된다.

$$\begin{bmatrix} x_1 \\ x_2 \end{bmatrix} = c_1 \begin{bmatrix} 1 \\ -1 \end{bmatrix} e^{-t} + c_2 \begin{bmatrix} 1 \\ -3 \end{bmatrix} e^{-3t} \qquad \cdots ②$$

$$x_1(t) = c_1 e^{-t} + c_2 e^{-3t} \qquad \cdots ③$$

$$x_2(t) = -c_1 e^{-t} - 3c_2 e^{-3t}$$

❷ 다음으로 특수적분을 구하기 위해 $\mathbf{x}_p = \begin{bmatrix} x_{p1} \\ x_{p2} \end{bmatrix} = \begin{bmatrix} k_1 \\ k_2 \end{bmatrix}$ 라고 가정하고, 상태방정식에 x_1, x_2 대신에 $x_{p1} = k_1$, $x_{p2} = k_2$를 대입하면 다음과 같이 된다.

$$0 = k_2 \qquad \cdots ④$$

$$0 = -3k_1 - 4k_2 + 1$$

식 ④를 정리하여 풀면 $k_1 = \dfrac{1}{3}$, $k_2 = 0$을 얻을 수 있으므로 특수적분은 다음과 같이 된다.

$$\mathbf{x}_p = \begin{bmatrix} x_{p1} \\ x_{p2} \end{bmatrix} = \begin{bmatrix} \dfrac{1}{3} \\ 0 \end{bmatrix} \qquad \cdots ⑤$$

따라서 주어진 시스템의 일반해는 다음과 같이 구해진다.

$$\begin{bmatrix} x_1 \\ x_2 \end{bmatrix} = c_1 \begin{bmatrix} 1 \\ -1 \end{bmatrix} e^{-t} + c_2 \begin{bmatrix} 1 \\ -3 \end{bmatrix} e^{-3t} + \begin{bmatrix} \dfrac{1}{3} \\ 0 \end{bmatrix} \qquad \cdots ⑥$$

$$\begin{aligned} x_1(t) &= c_1 e^{-t} + c_2 e^{-3t} + \frac{1}{3} \\ x_2(t) &= -c_1 e^{-t} - 3c_2 e^{-3t} \end{aligned} \qquad \cdots ⑦$$

❸ 여기에 초기 조건을 적용하면 다음과 같이 c_1, c_2값을 얻을 수 있다.

$$2 = c_1 + c_2 + \frac{1}{3}$$

$$0 = -c_1 - 3c_2 \qquad \cdots ⑧$$

$$\therefore c_1 = \frac{5}{2}, \quad c_2 = -\frac{5}{6}$$

따라서 특수해는 다음과 같이 된다.

$$\begin{bmatrix} x_1 \\ x_2 \end{bmatrix} = \frac{5}{2}\begin{bmatrix} 1 \\ -1 \end{bmatrix} e^{-t} - \frac{5}{6}\begin{bmatrix} 1 \\ -3 \end{bmatrix} e^{-3t} + \begin{bmatrix} \frac{1}{3} \\ 0 \end{bmatrix} \qquad \cdots ⑨$$

$$x_1(t) = \frac{5}{2}e^{-t} - \frac{5}{6}e^{-3t} + \frac{1}{3}$$

$$x_2(t) = -\frac{5}{2}e^{-t} + \frac{5}{2}e^{-3t}$$

❹ 출력은 다음과 같이 된다.

$$y = [3 \quad 2]\begin{bmatrix} x_1 \\ x_2 \end{bmatrix} = 3x_1 + 2x_2 \qquad \cdots ⑩$$

$$= 3 \times \left(\frac{5}{2}e^{-t} - \frac{5}{6}e^{-3t} + \frac{1}{3}\right) + 2 \times \left(-\frac{5}{2}e^{-t} + \frac{5}{2}e^{-3t}\right)$$

$$= 1 + \frac{5}{2}e^{-t} + \frac{5}{2}e^{-3t}$$

이 결과는 [예제 5-6]에서 라플라스 변환을 이용하여 시간응답을 구한 것과 일치함을 알 수 있다.

예제 5-8 상사시스템의 시간응답

[예제 5-7]은 상태방정식이 위상변수표준형으로 표시되어 있다. 이 시스템을 병렬표준형으로 상사변환시켜서 풀어라. 그리고 어떤 것이 더 편리한 가 비교하라.

$$\begin{bmatrix} \frac{d}{dt}x_1 \\ \frac{d}{dt}x_2 \end{bmatrix} = \begin{bmatrix} 0 & 1 \\ -3 & -4 \end{bmatrix}\begin{bmatrix} x_1 \\ x_2 \end{bmatrix} + \begin{bmatrix} 0 \\ 1 \end{bmatrix} u$$

$$y = [3 \quad 2]\begin{bmatrix} x_1 \\ x_2 \end{bmatrix}$$

$$\begin{bmatrix} x_1(0) \\ x_2(0) \end{bmatrix} = \begin{bmatrix} 2 \\ 0 \end{bmatrix}$$

풀이

먼저 시스템행렬의 고유벡터들을 열벡터로 하는 변환행렬 **P**를 구하면 다음과 같다.

$$\mathbf{P} = \begin{bmatrix} 1 & 1 \\ -1 & -3 \end{bmatrix} \qquad \cdots ①$$

그러면 상태변수 x_1, x_2와 z_1, z_2의 상관관계는 다음과 같다.

$$\begin{bmatrix} x_1 \\ x_2 \end{bmatrix} = \begin{bmatrix} 1 & 1 \\ -1 & -3 \end{bmatrix} \begin{bmatrix} z_1 \\ z_2 \end{bmatrix} \qquad \cdots ②$$

변환행렬을 이용하여 대각행렬을 구하면 다음과 같다.

$$\mathbf{P}^{-1}\mathbf{AP} = \begin{bmatrix} \frac{3}{2} & \frac{1}{2} \\ -\frac{1}{2} & -\frac{1}{2} \end{bmatrix} \begin{bmatrix} 0 & 1 \\ -3 & -4 \end{bmatrix} \begin{bmatrix} 1 & 1 \\ -1 & -3 \end{bmatrix} = \begin{bmatrix} -1 & 0 \\ 0 & -3 \end{bmatrix} \qquad \cdots ③$$

따라서 주어진 위상변수표준형 시스템은 다음과 같은 병렬표준형으로 바꿀 수 있다.

$$\dot{\mathbf{z}} = \mathbf{P}^{-1}\mathbf{APz} + \mathbf{P}^{-1}\mathbf{B}u$$
$$y = \mathbf{CPz} + \mathbf{D}u$$

$$\begin{bmatrix} \dot{z}_1 \\ \dot{z}_2 \end{bmatrix} = \begin{bmatrix} -1 & 0 \\ 0 & -3 \end{bmatrix} \begin{bmatrix} z_1 \\ z_2 \end{bmatrix} + \begin{bmatrix} \frac{1}{2} \\ -\frac{1}{2} \end{bmatrix} u \qquad \cdots ④$$

$$y = \begin{bmatrix} 1 & -3 \end{bmatrix} \begin{bmatrix} z_1 \\ z_2 \end{bmatrix} \qquad \cdots ⑤$$

$$\begin{bmatrix} z_1(0) \\ z_2(0) \end{bmatrix} = \begin{bmatrix} 1 & 1 \\ -1 & -3 \end{bmatrix} \begin{bmatrix} x_1(0) \\ x_2(0) \end{bmatrix} = \begin{bmatrix} \frac{3}{2} & \frac{1}{2} \\ -\frac{1}{2} & -\frac{1}{2} \end{bmatrix} \begin{bmatrix} 2 \\ 0 \end{bmatrix} = \begin{bmatrix} 3 \\ -1 \end{bmatrix} \qquad \cdots ⑥$$

입력을 단위계단함수로 하고 식 ④의 연립미분방정식을 다시 전개시키면 다음과 같이 된다.

$$\dot{z}_1 = -z_1 + \frac{1}{2}$$
$$\dot{z}_2 = -3z_2 - \frac{1}{2} \qquad \cdots ⑦$$

식 ⑥의 연립미분방정을 보면 이 미분방정식은 연립으로 풀 필요 없이 변수 각각에 대하여 풀면 된다. 따라서 그 해를 구하면 다음과 같다.

$$z_1 = c_1 e^{-t} + \frac{1}{2}, \quad z_2 = c_2 e^{-3t} - \frac{1}{6} \qquad \cdots ⑧$$

식 ⑧에 식 ⑥의 초기 조건을 넣으면 다음과 같이 상수 c_1, c_2값이 정해진다.

$$\begin{aligned} 3 &= c_1 + \frac{1}{2} \quad \rightarrow \quad c_1 = \frac{5}{2} \\ -1 &= c_2 - \frac{1}{6} \quad \rightarrow \quad c_2 = -\frac{5}{6} \end{aligned} \qquad \cdots ⑨$$

따라서 초기 조건을 대입한 연립미분방정식의 특별해는 다음과 같이 된다.

$$z_1 = \frac{5}{2}e^{-t} + \frac{1}{2}, \quad z_2 = -\frac{5}{6}e^{-3t} - \frac{1}{6} \qquad \cdots ⑩$$

식 ⑩의 z_1, z_2를 식 ⑤에 대입시키면 출력, 즉 단위계단응답이 다음과 같이 얻어진다.

$$\begin{aligned} y = [1 \quad -3]\begin{bmatrix} z_1 \\ z_2 \end{bmatrix} &= \frac{5}{2}e^{-t} + \frac{1}{2} - 3 \times \left(-\frac{5}{6}e^{-3t} - \frac{1}{6}\right) \\ &= 1 + \frac{5}{2}e^{-t} + \frac{5}{2}e^{-3t} \end{aligned}$$

[예제 5-7]에서는 연립미분방정식을 풀어야 하는 복잡함이 있으나, 병렬표준형으로 바꾸어서 풀면 연립미분방정식을 풀지 않아도 되기 때문에 간편하다.

5.5.3 컴퓨터 시뮬레이션을 이용한 시간응답

상태방정식으로 모델링된 제어시스템의 시간응답을 구할 때, 앞에서와 같이 라플라스 변환이나 고윳값과 고유벡터를 이용할 수 있는 경우는 제어시스템이 선형시불변시스템인 경우뿐이다. 따라서 비선형제어시스템나 시변제어시스템에서는 이 방법을 사용할 수 없다. 이제 컴퓨터를 이용하여 이러한 비선형시변제어시스템의 시간응답을 구하는 방법을 살펴보자.

컴퓨터를 이용하여 1차 연립미분방정식을 푸는 **수치해석법**numerical method에는 여러 가지 방법이 있지만, 여기에서는 그중에서 가장 간단하면서도 실용적인 오일러 방법Euler's method을 사용한다.

$$\dot{\mathbf{x}}(t) = \mathbf{f}\{\mathbf{x}(t),\ u(t),\ t\} \tag{5.65}$$

식 (5.65)에 **오일러의 간략법**Euler's approximation을 적용하면 다음과 같다.

$$\begin{aligned} \frac{\mathbf{x}(t+T) - \mathbf{x}(t)}{T} &= \mathbf{f}\{\mathbf{x}(t),\ u(t),\ t\} \\ \mathbf{x}(t+T) - \mathbf{x}(t) &= T\mathbf{f}\{\mathbf{x}(t),\ u(t),\ t\} \\ \mathbf{x}(t+T) &= \mathbf{x}(t) + T\mathbf{f}\{\mathbf{x}(t),\ u(t),\ t\} \end{aligned} \tag{5.66}$$

T는 **스텝크기**step size, 시간은 $t = kT$, $t + T = (k+1)T$가 된다.

$\mathbf{x}(kT) = \mathbf{x}[k]$, $\mathbf{x}\{(k+1)T\} = \mathbf{x}[k+1]$ 로 표시하면

$$\mathbf{x}[k+1] = \mathbf{x}[k] + T\mathbf{f}\{\mathbf{x}[k],\ u(kT),\ kT\} \tag{5.67}$$

와 같은 **이산식**discrete formula을 얻을 수 있다. 따라서 컴퓨터를 이용하여 순차적으로 상태변수의 값을 구하여 출력식에 대입하면 출력의 시간응답을 얻을 수 있다. 이해를 돕기 위해 선형시불변제어시스템, 선형시변제어시스템, 비선형제어시스템의 시간응답을 컴퓨터 시뮬레이션을 이용하여 살펴보자.

[예제 5-5]에서 구한 시간응답(과도응답)을 컴퓨터 시뮬레이션을 이용하여 시간 $t = 1$초까지 구하여 비교해보자. 단, $x_1(0) = x_2(0) = 0$ 으로 한다. [예제 5-5]의 상태방정식을 다시 써보면 다음과 같다.

$$\begin{bmatrix} \dfrac{d}{dt}x_1 \\ \dfrac{d}{dt}x_2 \end{bmatrix} = \begin{bmatrix} -2 & 1 \\ 0 & -4 \end{bmatrix} \begin{bmatrix} x_1 \\ x_2 \end{bmatrix} + \begin{bmatrix} 1 \\ 1 \end{bmatrix} u \tag{5.68}$$

$$y = [3 \quad -2] \begin{bmatrix} x_1 \\ x_2 \end{bmatrix} \tag{5.69}$$

$$\begin{bmatrix} x_1(0) \\ x_2(0) \end{bmatrix} = \begin{bmatrix} 0 \\ 0 \end{bmatrix}$$

먼저 위의 식 (5.68)에 대한 식 (5.67)의 이산식을 구해보자. 이때 먼저 정해야 하는 것이 스텝 크기인 시간 간격time interval T의 값이다. 일반적으로 주어진 시스템의 최소 시정수의 반 이하로 하는 것이 원칙이나, 정확도를 높이기 위하여 최소시정수의 $\dfrac{1}{10}$인 0.02초로 하자. 그러면

$$\begin{bmatrix} x_1[k+1] \\ x_2[k+1] \end{bmatrix} = \begin{bmatrix} x_1[k] \\ x_2[k] \end{bmatrix} + 0.02 \times \begin{bmatrix} -2 & 1 \\ 0 & -4 \end{bmatrix} \begin{bmatrix} x_1[k] \\ x_2[k] \end{bmatrix} + 0.02 \times \begin{bmatrix} 1 \\ 1 \end{bmatrix} u(0.02k) \tag{5.70}$$

이므로 $x_1[k+1]$, $x_2[k+1]$, $y[k]$는 다음과 같다.

$$\begin{aligned} x_1[k+1] &= x_1[k] - 0.04\,x_1[k] + 0.02\,x_2[k] + 0.02\,u(0.02k) \\ x_2[k+1] &= x_2[k] - 0.08\,x_2[k] + 0.02\,u(0.02k) \end{aligned} \tag{5.71}$$

$$y[k] = 3\,x_1[k] - 2\,x_2[k] \tag{5.72}$$

식 (5.71)과 식 (5.72)에 대해 $k = 0$부터 시작하여 순차적으로 $k = 49$까지 x_1, x_2, y값을 개산해보자. 여기서 시간 간격 $T = 0.02\,[\mathrm{sec}]$이므로 $x_1[50]$, $x_2[50]$은 시간 $t = 1\,[\mathrm{sec}]$일 때의 x_1, x_2 값을 의미하며 입력이 단위계단함수이므로 항상 $u(kT) = 1$이다.

$k=0$일 때,

$$\begin{aligned} x_1[1] &= x_1[0]-0.04x_1[0]+0.02x_2[0]+0.02\times u(0) \\ &= 0-0+0+0.02\times 1 = 0.02 \\ x_2[1] &= x_2[0]-0.08x_2[0]+0.02\times u(0) \\ &= 0-0+0.02\times 1 = 0.02 \\ y[1] &= 3x_1[1]-2x_2[1] = 3\times 0.02-2\times 0.02 = 0.02 \end{aligned}$$

$k=1$일 때,

$$\begin{aligned} x_1[2] &= x_1[1]-0.04x_1[1]+0.02x_2[1]+0.02\times u(0.02) \\ &= 0.02-0.0008+0.0004+0.02\times 1 = 0.0396 \\ x_2[2] &= x_2[1]-0.08x_2[1]+0.02\times u(0.02) \\ &= 0.02-0.0016+0.02\times 1 = 0.0384 \\ y[2] &= 3x_1[2]-2x_2[2] = 3\times 0.0396-2\times 0.0384 = 0.042 \end{aligned}$$

$k=2$ 일 때,

$$\begin{aligned} x_1[3] &= x_1[2]-0.04x_1[2]+0.02x_2[2]+0.02\times u(0.04) \\ &= 0.0396-0.001584+0.000768+0.02\times 1 = 0.058784 \\ x_2[3] &= x_2[2]-0.08\,x_2[2]+0.02\times u(0.04) \\ &= 0.0384-0.003072+0.02\times 1 = 0.055328 \\ y[3] &= 3x_1[3]-2x_2[3] = 3\times 0.058784-2\times 0.055328 = 0.065696 \end{aligned}$$

컴퓨터를 이용하여 위의 계산을 순차적으로 $k=49$까지 계속하면

$$y[50] = y(1\mathrm{sec}) = 1.096290$$

을 얻으며, 출력 $y(t)$를 그래프로 나타내면 [그림 5-35]와 같다.

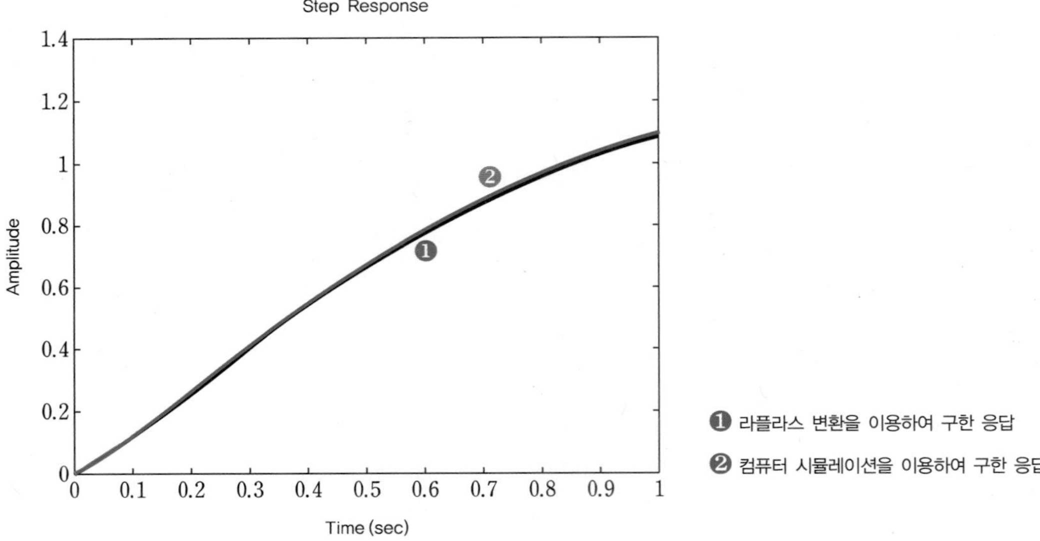

[그림 5-35] **[예제 5-5]의 과도응답**

이 출력값을 라플라스 변환을 이용하여 구한 후, [예제 5-5]의 출력식에 $t=1$초를 대입한

$$y(1\text{sec})=\frac{11}{8}-\frac{9}{4}e^{-2}+\frac{7}{8}e^{-4}=1.086522$$

와 비교하면, 실제 값과의 차는 0.009768로 약 0.9%의 오차를 나타내고 있으나, 시간 간격 T 값을 더 작게 선택하면 훨씬 더 정확한 값을 구할 수 있다. 이산식을 계산하기 위한 C-Programming과 그 실행 결과값을 나타내면 다음과 같다.

```
/* [예제 5.5의 C-Programing */

#include <stdio.h>
#include <stdlib.h>

int main()
{
    float  x1[50],  x2[50],  y[50];

    int k;
    x1[0]=0;
    x2[0]=0;
    y[0]=0;

    for(k=0;k<50; k++)
    {
        x1[k+1]=x1[k]-0.04*x1[k]+0.02*x2[k]+0.02;
        x2[k+1]=x2[k]-0.08*x2[k]+0.02;
        y[k+1]=3*x1[k+1]-2*x2[k+1];
        printf(" k = %2d   x1[%2d] = %f  x2[%2d] = %f  y[%2d] = %f \n",
                 k,k+1,x1[k+1],k+1,x2[k+1],k+1,y[k+1]);
    }

    system ("pause");
    return 0;
}
```

[그림 5-36] **시간응답을 컴퓨터 시뮬레이션으로 구하기 위한 이산식의 C-Programming**

```
D:₩[제어공학]₩예제5-5₩Example5_5.exe
k =  0    x1[ 1] = 0.020000    x2[ 1] = 0.020000    y[ 1] = 0.020000
k =  1    x1[ 2] = 0.039600    x2[ 2] = 0.038400    y[ 2] = 0.042000
k =  2    x1[ 3] = 0.058784    x2[ 3] = 0.055328    y[ 3] = 0.065696
k =  3    x1[ 4] = 0.077539    x2[ 4] = 0.070902    y[ 4] = 0.090814
k =  4    x1[ 5] = 0.095856    x2[ 5] = 0.085230    y[ 5] = 0.117108
k =  5    x1[ 6] = 0.113726    x2[ 6] = 0.098411    y[ 6] = 0.144356
k =  6    x1[ 7] = 0.131145    x2[ 7] = 0.110538    y[ 7] = 0.172359
k =  7    x1[ 8] = 0.148110    x2[ 8] = 0.121695    y[ 8] = 0.200940
k =  8    x1[ 9] = 0.164620    x2[ 9] = 0.131960    y[ 9] = 0.229940
k =  9    x1[10] = 0.180674    x2[10] = 0.141403    y[10] = 0.259216
k = 10    x1[11] = 0.196275    x2[11] = 0.150091    y[11] = 0.288644
k = 11    x1[12] = 0.211426    x2[12] = 0.158083    y[12] = 0.318111
k = 12    x1[13] = 0.226131    x2[13] = 0.165437    y[13] = 0.347518
k = 13    x1[14] = 0.240394    x2[14] = 0.172202    y[14] = 0.376779
k = 14    x1[15] = 0.254222    x2[15] = 0.178426    y[15] = 0.405816
k = 15    x1[16] = 0.267622    x2[16] = 0.184152    y[16] = 0.434563
k = 16    x1[17] = 0.280600    x2[17] = 0.189419    y[17] = 0.462962
k = 17    x1[18] = 0.293165    x2[18] = 0.194266    y[18] = 0.490962
k = 18    x1[19] = 0.305323    x2[19] = 0.198725    y[19] = 0.518521
k = 19    x1[20] = 0.317085    x2[20] = 0.202827    y[20] = 0.545601
k = 20    x1[21] = 0.328458    x2[21] = 0.206601    y[21] = 0.572173
k = 21    x1[22] = 0.339452    x2[22] = 0.210072    y[22] = 0.598210
k = 22    x1[23] = 0.350075    x2[23] = 0.213267    y[23] = 0.623692
k = 23    x1[24] = 0.360337    x2[24] = 0.216205    y[24] = 0.648602
k = 24    x1[25] = 0.370248    x2[25] = 0.218909    y[25] = 0.672926
k = 25    x1[26] = 0.379816    x2[26] = 0.221396    y[26] = 0.696656
k = 26    x1[27] = 0.389052    x2[27] = 0.223685    y[27] = 0.719786
k = 27    x1[28] = 0.397963    x2[28] = 0.225790    y[28] = 0.742310
k = 28    x1[29] = 0.406560    x2[29] = 0.227727    y[29] = 0.764228
k = 29    x1[30] = 0.414853    x2[30] = 0.229508    y[30] = 0.785541
k = 30    x1[31] = 0.422849    x2[31] = 0.231148    y[31] = 0.806250
k = 31    x1[32] = 0.430558    x2[32] = 0.232656    y[32] = 0.826361
k = 32    x1[33] = 0.437988    x2[33] = 0.234043    y[33] = 0.845878
k = 33    x1[34] = 0.445150    x2[34] = 0.235320    y[34] = 0.864809
k = 34    x1[35] = 0.452050    x2[35] = 0.236494    y[35] = 0.883162
k = 35    x1[36] = 0.458698    x2[36] = 0.237575    y[36] = 0.900944
k = 36    x1[37] = 0.465102    x2[37] = 0.238569    y[37] = 0.918167
k = 37    x1[38] = 0.471269    x2[38] = 0.239483    y[38] = 0.934840
k = 38    x1[39] = 0.477208    x2[39] = 0.240325    y[39] = 0.950974
k = 39    x1[40] = 0.482926    x2[40] = 0.241099    y[40] = 0.966581
k = 40    x1[41] = 0.488431    x2[41] = 0.241811    y[41] = 0.981671
k = 41    x1[42] = 0.493730    x2[42] = 0.242466    y[42] = 0.996258
k = 42    x1[43] = 0.498830    x2[43] = 0.243069    y[43] = 1.010353
k = 43    x1[44] = 0.503738    x2[44] = 0.243623    y[44] = 1.023968
k = 44    x1[45] = 0.508461    x2[45] = 0.244133    y[45] = 1.037117
k = 45    x1[46] = 0.513005    x2[46] = 0.244603    y[46] = 1.049811
k = 46    x1[47] = 0.517377    x2[47] = 0.245034    y[47] = 1.062063
k = 47    x1[48] = 0.521583    x2[48] = 0.245432    y[48] = 1.073885
k = 48    x1[49] = 0.525628    x2[49] = 0.245797    y[49] = 1.085290
k = 49    x1[50] = 0.529519    x2[50] = 0.246133    y[50] = 1.096290
계속하려면 아무 키나 누르십시오 . . .
```

[그림 5-37] C-Programming 실행 결과

예제 5-9 컴퓨터 시뮬레이션을 이용한 선형시변제어시스템의 시간응답

다음과 같은 동태방정식으로 표시되는 선형시변제어시스템에서 지수함수 입력 $r(t)=e^{-2t}$의 시간응답을 얻기 위한 이산식을 구하고, $t=3[\mathrm{sec}]$까지의 출력을 구하라.

$$\begin{bmatrix} \dfrac{d}{dt}x_1 \\ \dfrac{d}{dt}x_2 \end{bmatrix} = \begin{bmatrix} 0 & 1 \\ -13 & -(2t+3) \end{bmatrix} \begin{bmatrix} x_1 \\ x_2 \end{bmatrix} + \begin{bmatrix} 0 \\ 1 \end{bmatrix} r(t)$$

$$y = [\,13 \quad 0\,] \begin{bmatrix} x_1 \\ x_2 \end{bmatrix}$$

$$\begin{bmatrix} x_1(0) \\ x_2(0) \end{bmatrix} = \begin{bmatrix} 1 \\ 0 \end{bmatrix}$$

풀이

시간 간격 $T = 0.05$초로 하고, 주어진 상태방정식에 대한 이산식을 구하면 다음과 같다.

$$\begin{aligned} x_1[k+1] &= x_1[k] + 0.05\,x_2[k] \\ x_2[k+1] &= x_2[k] - 0.65x_1[k] - 0.05\,(2\times 0.05k+3)x_2[k] + 0.05r(0.05k) \\ &= -0.65x_1[k] + \{1 - 0.05\,(2\times 0.05k+3)\}x_2[k] + 0.05\times e^{-2\times 0.05k} \\ &= -0.65x_1[k] + (0.85 - 0.005k)\,x_2[k] + 0.05\,e^{-0.1k} \end{aligned} \quad \cdots ①$$

$$y[k] = 13\,x_1[k] \quad \cdots ②$$

식 ①에 의해 $k = 0$부터 시작하여 순차적으로 $k = 59$까지의 값을 계산해보자. 여기서 시간 간격 $T = 0.05$초이므로 $x_1[60]$, $x_2[60]$은 $x_1(3\text{sec})$, $x_2(3\text{sec})$를 의미하며, 입력 e^{-2t}의 시간 $t = 0.05k$초가 된다. 또한 출력이 $y[k] = x_1[k]$이므로 $x_2[k]$의 값은 구하지 않아도 될 것 같으나, $x_1[k]$ 값을 구하기 위해 $x_2[k]$의 값을 구할 필요가 있다.

$k = 0$일 때,

$$\begin{aligned} x_1[1] &= x_1[0] + 0.05\,x_2[0] = 1 + 0.05\times 0 = 1.0 \\ x_2[1] &= -0.65x_1[0] + (0.85 - 0.005\times 0)\,x_2[0] + 0.05\,e^{-0.1\times 0} \\ &= -0.65\times 1 + 0.85\times 0 + 0.05\times 1 = -0.6 \\ y[1] &= 13\times 1.0 = 13.0 \end{aligned}$$

$k = 1$일 때,

$$\begin{aligned} x_1[2] &= x_1[1] + 0.05\,x_2[1] = 1.0 + 0.05\times(-0.6) = 0.97 \\ x_2[2] &= -0.65x_1[1] + (0.85 - 0.005\times 1)\,x_2[1] + 0.05\,e^{-0.1\times 1} \\ &= -0.65\times 1.0 + 0.845\times(-0.6) + 0.05\times e^{-0.1} = -1.111758 \\ y[2] &= 13\times 0.97 = 12.61 \end{aligned}$$

컴퓨터를 이용하여 위의 순차적 계산을 $k = 59$까지 계속하면, [그림 5-38]과 같은 컴퓨터에 의한 이산식의 실행 결과를 얻을 수 있으며, $t = 3$초에서의 출력은

$$y[60] = y(3\text{sec}) = 0.018244$$

가 된다. 또한 출력 $y(t)$를 그래프로 나타내면 [그림 5-39]와 같다.

```
D:₩[제어공학]₩예제5-6₩Example5_6.exe

                 x1(k+1)        x2(k+1)        y(k+1)
                 ------------------------------------------
k =  0           1.000000       -0.600000      13.000000
k =  1           0.970000       -1.111758      12.610000
k =  2           0.914412       -1.523440      11.887357
k =  3           0.838240       -1.829400      10.897121
k =  4           0.746770       -2.029742      9.708011
k =  5           0.645283       -2.129611      8.388679
k =  6           0.538802       -2.138274      7.004432
k =  7           0.431889       -2.068086      5.614553
k =  8           0.328484       -1.933411      4.270298
k =  9           0.231814       -1.749582      3.013581
k = 10           0.144335       -1.531951      1.876353
k = 11           0.067737       -1.295075      0.880585
k = 12           0.002984       -1.052079      0.038786
k = 13           -0.049620       -0.814195      -0.645065
k = 14           -0.090330       -0.590489      -1.174292
k = 15           -0.119855       -0.387758      -1.558109
k = 16           -0.139242       -0.210573      -1.810152
k = 17           -0.149771       -0.061447      -1.947024
k = 18           -0.152843      0.058917      -1.986965
k = 19           -0.149898      0.151309      -1.948669
k = 20           -0.142332      0.217682      -1.850318
k = 21           -0.131448      0.260812      -1.708825
k = 22           -0.118407      0.283982      -1.539297
k = 23           -0.104208      0.290705      -1.354709
k = 24           -0.089673      0.284486      -1.165751
k = 25           -0.075449      0.268644      -0.980835
k = 26           -0.062017      0.246179      -0.806217
k = 27           -0.049708      0.219689      -0.646200
k = 28           -0.038723      0.191330      -0.503402
k = 29           -0.029157      0.162809      -0.379038
k = 30           -0.021016      0.135407      -0.273212
k = 31           -0.014246      0.110021      -0.185197
k = 32           -0.008745      0.087213      -0.113684
k = 33           -0.004384      0.067269      -0.056995
k = 34           -0.001021      0.050261      -0.013271
k = 35           0.001492      0.036100      0.019399
k = 36           0.003297      0.024583      0.042864
k = 37           0.004526      0.015441      0.058843
k = 38           0.005298      0.008367      0.068880
k = 39           0.005717      0.003049      0.074318
k = 40           0.005869      -0.000819      0.076300
k = 41           0.005828      -0.003514      0.075768
k = 42           0.005653      -0.005288      0.073484
k = 43           0.005388      -0.006353      0.070047
k = 44           0.005071      -0.006891      0.065917
k = 45           0.004726      -0.007047      0.061438
k = 46           0.004374      -0.006939      0.056857
k = 47           0.004027      -0.006655      0.052347
k = 48           0.003694      -0.006266      0.048021
k = 49           0.003381      -0.005819      0.043948
k = 50           0.003090      -0.005352      0.040165
k = 51           0.002822      -0.004888      0.036687
k = 52           0.002578      -0.004442      0.033509
k = 53           0.002356      -0.004025      0.030622
k = 54           0.002154      -0.003640      0.028006
k = 55           0.001972      -0.003289      0.025640
k = 56           0.001808      -0.002972      0.023502
k = 57           0.001659      -0.002687      0.021571
k = 58           0.001525      -0.002432      0.019824
k = 59           0.001403      -0.002204      0.018244
계속하려면 아무 키나 누르십시오 . . .
```

[그림 5-38] **[예제 5-9]의 C-Programming 실행 결과**

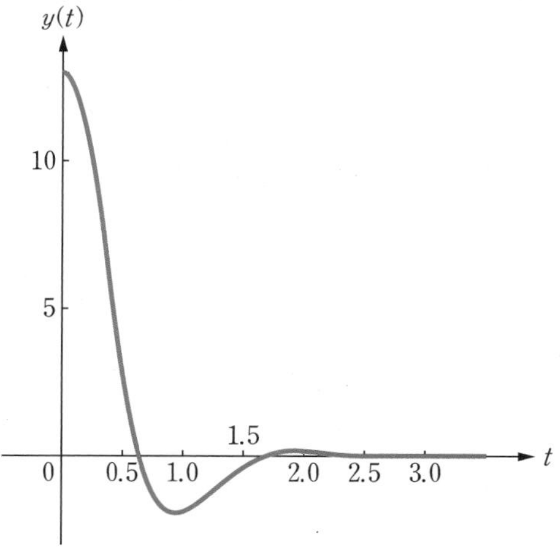

[그림 5-39] **[예제 5-9]의 컴퓨터 시뮬레이션으로 구한 시간응답**

예제 5-10 컴퓨터 시뮬레이션을 이용한 비선형제어시스템의 시간응답

다음과 같은 상태방정식으로 모델링되는 비선형제어시스템에 입력 $u(t)=\begin{cases}1, & 0 \le t < 1.5 \\ 0, & 1.5 \le t\end{cases}$ 에 대한 출력을 얻기 위한 이산식을 구하고 $t=30$초까지의 출력을 구하라.

$$\dot{x}_1(t) = -0.5x_1(t) - 0.3x_1(t)x_2(t) + 0.2u(t)$$

$$\dot{x}_2(t) = 0.2x_1(t) - 0.4x_2(t) - 0.6u(t)$$

$$y(t) = \begin{bmatrix}1 & 0\end{bmatrix}\begin{bmatrix}x_1(t) \\ x_2(t)\end{bmatrix}$$

$$\begin{bmatrix}x_1(0) \\ x_2(0)\end{bmatrix} = \begin{bmatrix}2 \\ 0\end{bmatrix}$$

풀이

시간 간격 $T=0.5$초로 하고, 주어진 상태방정식에 대한 이산식을 구하면 다음과 같다.

$$\begin{aligned}x_1[k+1] &= x_1[k] - 0.25x_1[k] - 0.15x_1[k]x_2[k] + 0.1u(0.5k) \\ &= 0.75x_1[k] - 0.15x_1[k]x_2[k] + 0.1u(0.5k) \qquad \cdots ① \\ x_2[k+1] &= x_2[k] + 0.1x_1[k] - 0.2x_2[k] - 0.3u(0.5k) \\ &= 0.1x_1[k] + 0.8x_2[k] - 0.3u(0.5k) \qquad \cdots ② \\ y[k] &= x_1[k] \qquad \cdots ③\end{aligned}$$

식 ①, 식 ②, 식 ③에 의해 $k=0$부터 시작하여 순차적으로 $k=59$까지의 값을 계산해보자. 시간 간격 $T=0.5$초이므로 $x_1[60]$, $x_2[60]$은 $x_1(30[\text{sec}])$, $x_2(30[\text{sec}])$를 의미한다. 그리고 $t=1.5$초 미만까지, 즉 $k=29$까지는 입력이 단위계단함수이므로 항상 $u(0.5k)=1$이다.

$k=0$일 때,

$$\begin{aligned}x_1[1] &= 0.75x_1[0] - 0.15x_1[0]x_2[0] + 0.1u(0) \\ &= 1.5 - 0 + 0.1 = 1.6 \\ x_2[1] &= 0.1x_1[0] + 0.8x_2[0] - 0.3u(0) \\ &= 0.2 + 0 - 0.3 = -0.1 \\ y[1] &= x_1[1] = 1.6\end{aligned}$$

$k=1$일 때,

$$\begin{aligned}x_1[2] &= 0.75x_1[1] - 0.15x_1[1]x_2[1] + 0.1u(0.5) \\ &= 1.2 + 0.024 + 0.1 = 1.324 \\ x_2[2] &= 0.1x_1[1] + 0.8x_2[1] - 0.3u(0.5) \\ &= 0.16 - 0.08 - 0.3 = -0.22 \\ y[2] &= x_1[2] = 1.324\end{aligned}$$

컴퓨터를 이용하여 위의 순차적 계산을 $k=59$까지 실행하면, [그림 5-40]과 같은 컴퓨터에 의한 이산식의 결과를 얻을 수 있으며, 출력 $y(t)$를 그래프로 나타내면 [그림 5-41]과 같다. 다만, 위의 이산식 계산에서 $k=30$부터는, 즉 시간 $t=1.5$초부터는 입력을 0으로 하여 계산해야 한다. [그림 5-40]에서 보는 바와 같이 입력이 단위계단함수일 때는 출력이 1로 수렴하고, 입력이 없을 때는 출력이 0으로 수렴하는 것을 알 수 있다. 따라서 이 시스템은 안정하다고 말할 수 있다.

```
D:₩[제어공학]₩예제5-7₩Example5_7.exe

              x1(k+1)      x2(k+1)      y(k+1)
         ----------------------------------------
 k =  0      1.600000    -0.100000     1.600000
 k =  1      1.324000    -0.220000     1.324000
 k =  2      1.136692    -0.343600     1.136692
 k =  3      1.011104    -0.461211     1.011104
 k =  4      0.928278    -0.567858     0.928278
 k =  5      0.875278    -0.661459     0.875278
 k =  6      0.843303    -0.741639     0.843303
 k =  7      0.826291    -0.808981     0.826291
 k =  8      0.819986    -0.864556     0.819986
 k =  9      0.821328    -0.909646     0.821328
 k = 10      0.828064    -0.945584     0.828064
 k = 11      0.838498    -0.973661     0.838498
 k = 12      0.851336    -0.995079     0.851336
 k = 13      0.865574    -1.010929     0.865574
 k = 14      0.880435    -1.022186     0.880435
 k = 15      0.895322    -1.029705     0.895322
 k = 16      0.909779    -1.034232     0.909779
 k = 17      0.923473    -1.036408     0.923473
 k = 18      0.936169    -1.036779     0.936169
 k = 19      0.947717    -1.035806     0.947717
 k = 20      0.958035    -1.033873     0.958035
 k = 21      0.967099    -1.031295     0.967099
 k = 22      0.974929    -1.028326     0.974929
 k = 23      0.981579    -1.025168     0.981579
 k = 24      0.987127    -1.021977     0.987127
 k = 25      0.991668    -1.018869     0.991668
 k = 26      0.995308    -1.015928     0.995308
 k = 27      0.998155    -1.013212     0.998155
 k = 28      1.000318    -1.010754     1.000318
 k = 29      1.001899    -1.008571     1.001899
 k = 30      0.902998    -0.706667     0.902998
 k = 31      0.772966    -0.475034     0.772966
 k = 32      0.634802    -0.302731     0.634802
 k = 33      0.504928    -0.178704     0.504928
 k = 34      0.392231    -0.092471     0.392231
 k = 35      0.299614    -0.034753     0.299614
 k = 36      0.226272    0.002159     0.226272
 k = 37      0.169631    0.024354     0.169631
 k = 38      0.126603    0.036446     0.126603
 k = 39      0.094260    0.041817     0.094260
 k = 40      0.070104    0.042880     0.070104
 k = 41      0.052127    0.041314     0.052127
 k = 42      0.038772    0.038264     0.038772
 k = 43      0.028857    0.034489     0.028857
 k = 44      0.021493    0.030477     0.021493
 k = 45      0.016022    0.026531     0.016022
 k = 46      0.011952    0.022827     0.011952
 k = 47      0.008923    0.019457     0.008923
 k = 48      0.006667    0.016458     0.006667
 k = 49      0.004983    0.013833     0.004983
 k = 50      0.003727    0.011565     0.003727
 k = 51      0.002789    0.009624     0.002789
 k = 52      0.002088    0.007978     0.002088
 k = 53      0.001563    0.006591     0.001563
 k = 54      0.001171    0.005430     0.001171
 k = 55      0.000877    0.004461     0.000877
 k = 56      0.000657    0.003656     0.000657
 k = 57      0.000493    0.002991     0.000493
 k = 58      0.000369    0.002442     0.000369
 k = 59      0.000277    0.001990     0.000277
계속하려면 아무 키나 누르십시오 . . .
```

[그림 5-40] **[예제 5-10]의 C-Programming 실행 결과**

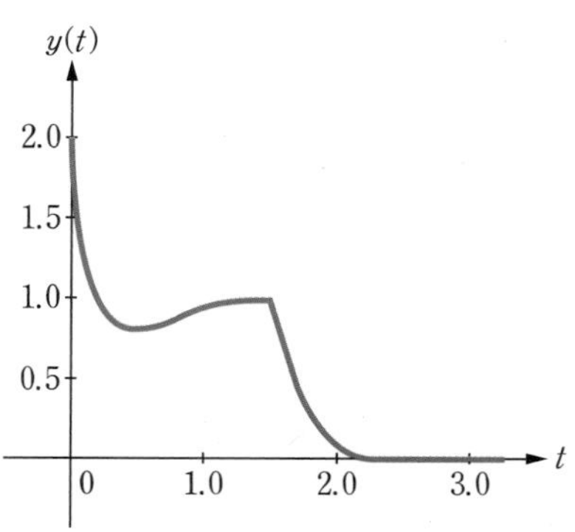

[그림 5-41] **[예제 5-10]의 컴퓨터 시뮬레이션으로 구한 시간응답**

Chapter 05 핵심요약

■ 시간응답

시간에 따른 출력을 시간응답이이라고 하며, 시간응답은 과도응답과 정상상태응답으로 구분된다. (시간응답 = 과도응답 + 정상상태응답)

■ 감쇠비와 고유주파수

부족제동 2차제어시스템의 전달함수가 다음과 같을 때 ζ를 감쇠비, ω_n을 고유주파수라고 한다.

$$M(s) = \frac{\omega_n^2}{s^2 + 2\zeta\omega_n s + \omega_n^2}$$

■ 표준 2차제어시스템의 사양들

대표적인 사양에는 첨두값시간, 지연시간, 상승시간, 정정시간, 백분율 오버슈트 등이 있다.

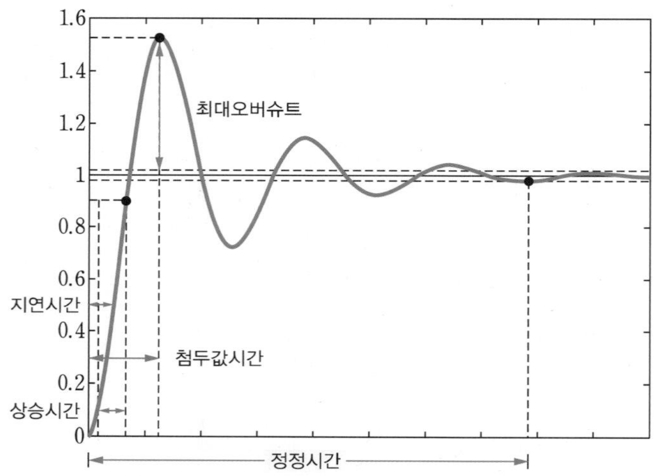

- 첨두값시간 $T_p = \dfrac{\pi}{\omega_n\sqrt{1-\zeta^2}}$
- 지연시간 $T_d \fallingdotseq \dfrac{1+0.7\zeta}{\omega_n}$
- 상승시간 $T_r \fallingdotseq \dfrac{0.8+2.5\zeta}{\omega_n}$
- 정정시간 $T_s \fallingdotseq \dfrac{4}{\zeta\omega_n}$
- 백분율 오버슈트 $\%\,OS = e^{-\left(\zeta\pi/\sqrt{1-\zeta^2}\right)} \times 100$

■ 제어시스템의 구분

부족제동 2차제어시스템은 특성방정식의 근의 위치에 따라 과제동, 임계제동, 부족제동, 무제동제어시스템으로 구분한다.

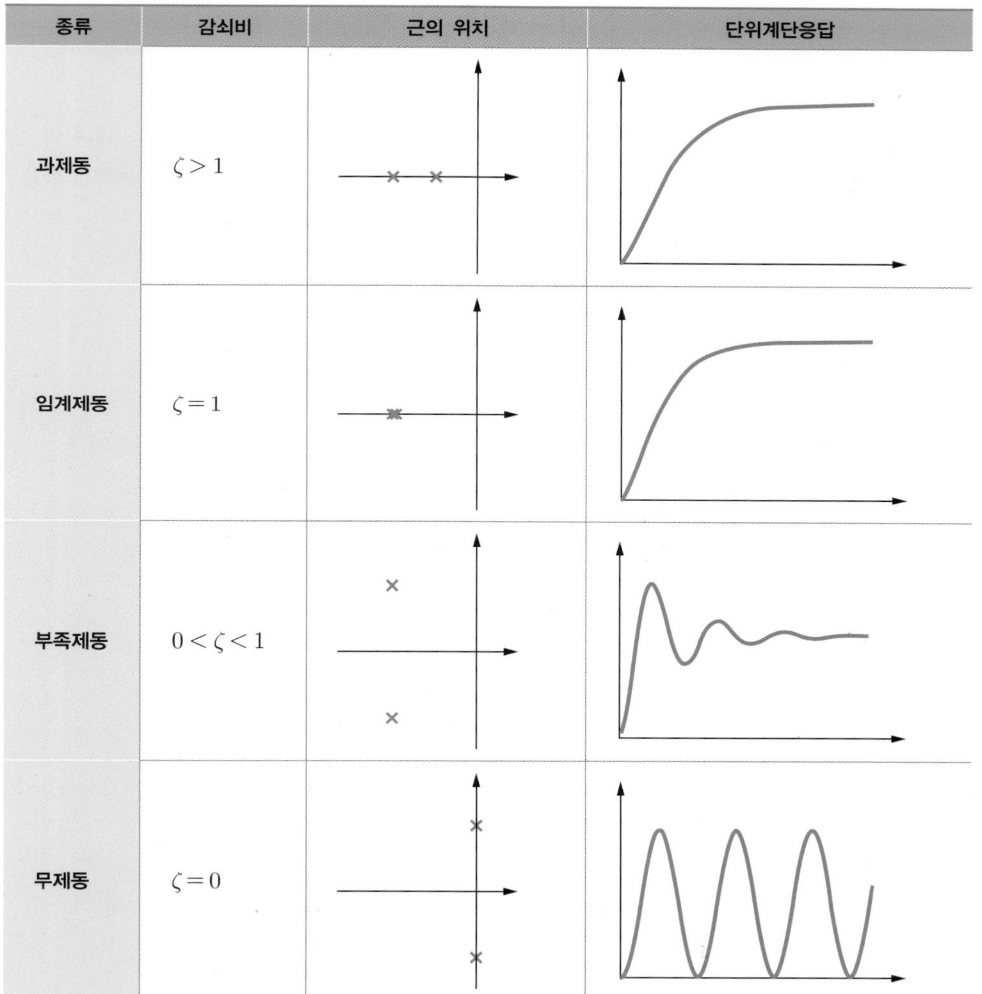

종류	감쇠비	근의 위치	단위계단응답
과제동	$\zeta > 1$		
임계제동	$\zeta = 1$		
부족제동	$0 < \zeta < 1$		
무제동	$\zeta = 0$		

■ 우세극점과 비우세극점

- 우세극점 : 허수축에 가까이 있어 시스템의 시간응답에 주도적인 역할을 하는 극점
- 비우세극점 : 허수축에서 멀리 떨어져 있어 시간응답에 별 영향을 미치지 못하는 극점

■ **상태방정식으로 표시된 시스템의 시간응답**

- 라플라스 변환을 이용하는 방법
  다음 라플라스 변환식 $\mathbf{X}(\mathrm{s})$의 역변환을 구하여 출력식에 대입한다.

$$\mathbf{X}(\mathrm{s}) = (\mathrm{s}\mathbf{I}-\mathbf{A})^{-1}\mathbf{x}(0) + (\mathrm{s}\mathbf{I}-\mathbf{A})^{-1}\mathbf{B}\,U(\mathrm{s})$$

- 고윳값과 고유벡터를 이용하는 방법
  연립미분방정식의 보함수와 특수적분을 구하여 일반해를 얻은 후 초기 조건을 대입하여 상태변수의 특수해를 구해 출력식에 대입한다. 상사변환 $\mathbf{P}$를 이용하여 병렬표준형 상사시스템을 구하여 출력을 구하면 더 쉽게 시간응답을 얻을 수 있다.

$$\dot{\mathbf{z}} = \mathbf{P}^{-1}\mathbf{A}\mathbf{P}\mathbf{z} + \mathbf{P}^{-1}\mathbf{B}\,u$$
$$y = \mathbf{C}\mathbf{P}\mathbf{z} + \mathbf{D}\,u$$

- 컴퓨터 시뮬레이션을 이용하는 방법
  연립미분방정식에 대해 다음 오일러의 간략법으로 구한다. 단, T는 시간 간격이다.

$$\mathbf{x}(t+T) = \mathbf{x}(t) + T\mathbf{f}\{\mathbf{x}(t),\ u(t),\ t\}$$

Chapter 05 연습문제

5.1 자동제어시스템의 시간응답 특성을 알고자 할 때, 일반적으로 사용하는 입력이 아닌 것은?

㉮ 계단함수 ㉯ 램프함수
㉰ 정현파함수 ㉱ 포물선함수

5.2 제어시스템의 과도응답의 특성을 조사할 때, 주로 사용하는 입력은?

㉮ 정현파 ㉯ 단위임펄스함수
㉰ 코사인함수 ㉱ 단위계단함수

5.3 전달함수가 $G(s) = \dfrac{40}{s+5}$ 인 자동제어시스템의 단위계단응답의 시정수는 얼마인가?

㉮ 0.2초 ㉯ 1초
㉰ 4초 ㉱ 10초

5.4 다음 2차지연제어시스템의 단위계단응답에서 백분율 오버슈트와 관계있는 것은?

㉮ ❶번
㉯ ❷번
㉰ ❸번
㉱ ❹번

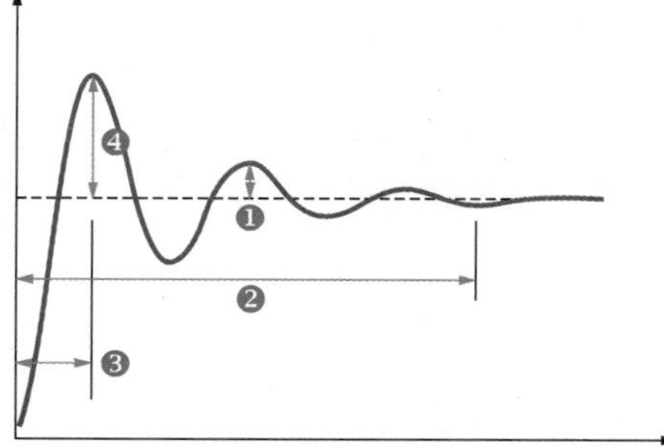

5.5 지연시간이란 단위계단응답에 대해 최종값의 몇 %에 도달하는 시간인가?

㉮ 20 ㉯ 30 ㉰ 40 ㉱ 50

5.6 전달함수가 $M(s) = \dfrac{4s+10}{s^2+2s+10}$ 인 2차제어시스템은 어떤 시스템인가?

㉮ 과제동시스템 ㉯ 임계제동시스템
㉰ 부족제동시스템 ㉱ 무제동시스템

5.7 전달함수가 $M(s)=\dfrac{25}{s^2+10s+25}$ 인 2차제어시스템은 어떤 시스템인가?

㉮ 과제동시스템　　㉯ 임계제동시스템
㉰ 부족제동시스템　　㉱ 무제동시스템

5.8 과제동시스템의 전달함수는?

㉮ $G(s)=\dfrac{2s+1}{s^2+s+1}$　　㉯ $G(s)=\dfrac{1}{s^2+3+10}$
㉰ $G(s)=\dfrac{2s+1}{s^2+6s+8}$　　㉱ $G(s)=\dfrac{s+1}{s^2+16}$

5.9 다음 폐루프 전달함수에서 특성방정식의 근은?

$$M(s)=\frac{100(s+2)}{s^2+8s+15}$$

㉮ -2　　㉯ $-3,\ -5$　　㉰ $-2,\ -3,\ -5$　　㉱ 100

5.10 2차지연시스템에서 과도응답의 특성이 임계제동이려면 감쇠비 ζ가 얼마여야 하는가?

㉮ 1　　㉯ $\sqrt{2}$　　㉰ 0.707　　㉱ 0.101

5.11 특성방정식이 $s^2+4s+16=0$ 인 시스템의 감쇠비 ζ값은?

㉮ 1.0　　㉯ 0.5　　㉰ -0.2　　㉱ 0.2

5.12 다음 2차지연요소의 단위계단입력에 대한 과도응답에서 감쇠비 ζ가 가장 작은 것은?

㉮ ❶번
㉯ ❷번
㉰ ❸번
㉱ ❹번

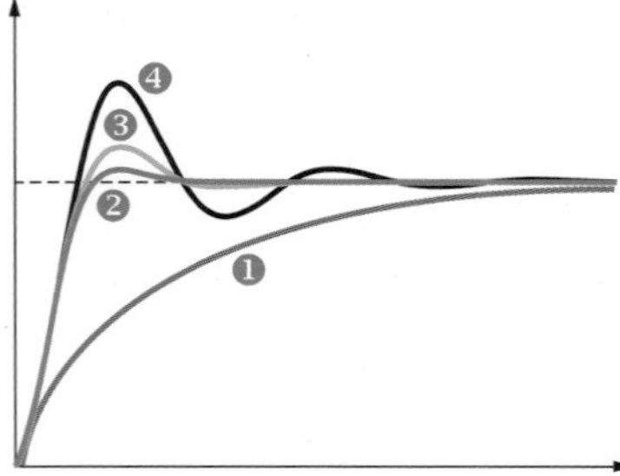

5.13 어떤 시스템에 단위계단함수를 입력으로 가했더니 출력이 $5u_s(t)$가 되었다. 이 시스템의 전달함수 $G(s)$는? 단, $u_s(t)$는 단위계단함수이다.

㉮ $G(s)=\dfrac{1}{s+5}$ ㉯ $G(s)=\dfrac{5}{s+5}$

㉰ $G(s)=\dfrac{5}{s}$ ㉱ $G(s)=5$

5.14 다음 제어시스템에서 크기가 1인 단위계단함수의 외란 $d(t)$가해졌을 때, 그 외란에 대한 정상상태 출력 $c(t)$는 대략 얼마인가?

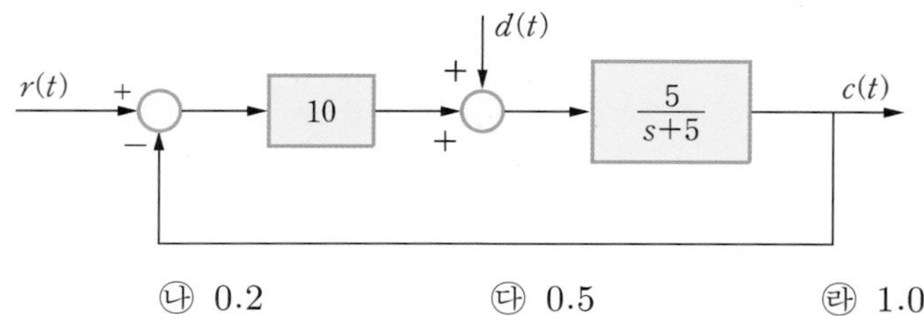

㉮ 0.1 ㉯ 0.2 ㉰ 0.5 ㉱ 1.0

5.15 인디셜응답이란 제어시스템에 어떤 입력을 가했을 때의 응답인가?

㉮ 단위임펄스함수 ㉯ 단위계단함수

㉰ 단위램프함수 ㉱ 포물선함수

5.16 어떤 제어시스템에 단위계단입력을 가했을 때, 출력이 $10(1-e^{-5t})$으로 나타났다. 이 제어시스템의 전달함수는?

㉮ $\dfrac{10}{s+5}$ ㉯ $\dfrac{10}{s-5}$ ㉰ $\dfrac{50}{s+5}$ ㉱ $\dfrac{10}{s(s+5)}$

5.17 전달함수가 $G(s)=\dfrac{100}{s^2+25}$ 인 제어시스템의 단위임펄스응답은?

㉮ $100e^{-25t}$ ㉯ $20\sin 5t$

㉰ $4(1-\cos 25t)$ ㉱ $100(1-e^{-5t})$

5.18 전달함수가 $G(s)=\dfrac{1}{s+1}$ 인 시스템의 단위계단응답 $y(t)$는?

㉮ $y(t)=\sin t$　　㉯ $y(t)=e^{-t}$

㉰ $y(t)=e^{-(t-1)}$　　㉱ $y(t)=1-e^{-t}$

5.19 전달함수의 극점들의 위치가 다음 그림과 같은 2차제어시스템의 감쇠비 ζ값과 고유주파수 ω_n 값은?

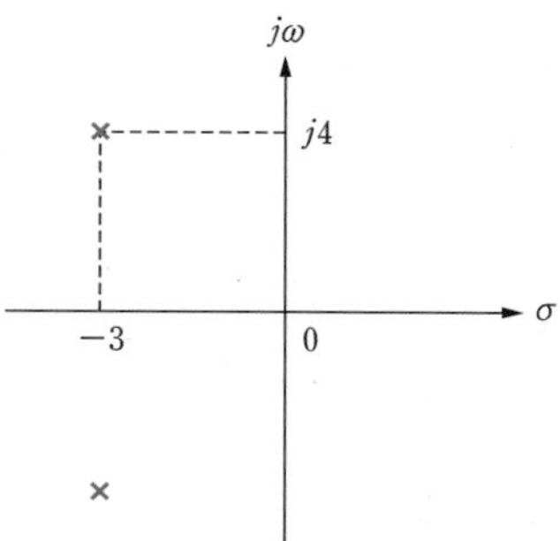

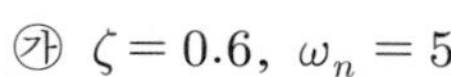

㉮ $\zeta=0.6,\ \omega_n=5$

㉯ $\zeta=4,\ \omega_n=3$

㉰ $\zeta=3\,\omega_n=4$

㉱ $\zeta=0.3,\ \omega_n=4$

5.20 단위계단응답이 다음 그림과 같은 제어요소의 전달함수는?

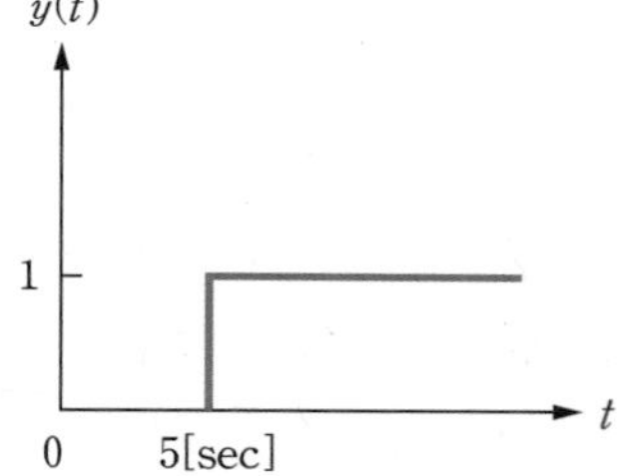

㉮ $G(s)=\dfrac{5}{s+5}$　　㉯ $G(s)=\dfrac{1}{s+5}$

㉰ $G(s)=\dfrac{5}{s-5}$　　㉱ $G(s)=e^{-5s}$

5.21 다음 그림과 같은 단위계단응답을 나타내는 제어요소의 전달함수로 적당한 것은?

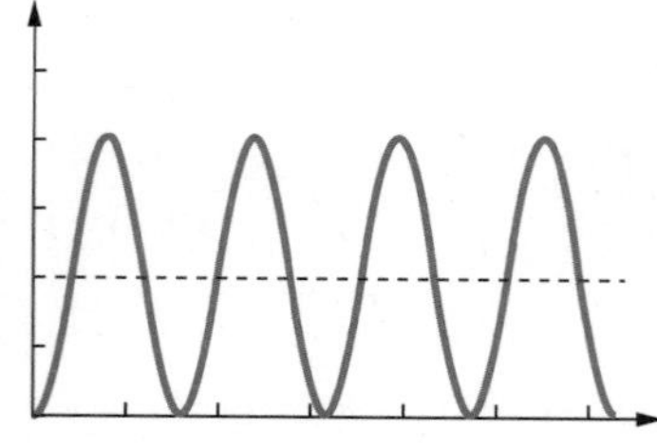

㉮ $\dfrac{2}{s(s+2)}$　　㉯ $\dfrac{s+3}{s^2+2s+10}$　　㉰ $\dfrac{6}{s^2+9}$　　㉱ $\dfrac{5}{s^2+10s+25}$

5.22 전달함수가 $G(s) = \dfrac{200}{s^2 + 100}$ 인 제어시스템의 단위계단응답은?

㉮ $2(1 - \cos 10t)$ ㉯ $20\sin 10t$
㉰ $5(1 - e^{-10t})$ ㉱ $20(1 - \sin 10t)$

5.23 다음 그림과 같은 미분요소에 입력 $x(t)$로 단위램프함수를 가했을 때 출력 $y(t)$는? 단, $u_s(t)$는 단위계단함수이고, $\delta(t)$는 단위임펄스함수이다.

㉮ $50\,t^2 u_s(t)$ ㉯ $100\,t\,u_s(t)$ ㉰ $100\,u_s(t)$ ㉱ $100\,\delta(t)$

5.24 다음과 같은 시스템에 단위계단함수를 입력으로 가했을 때, 출력의 정정시간은?

$$G(s) = \frac{40}{s^2 + 2s + 25}$$

㉮ 5.5초 ㉯ 4초 ㉰ 2초 ㉱ 0.5초

5.25 부족제동 2차제어시스템에서 계단입력에 대한 출력의 상승시간은 $T_r \fallingdotseq \dfrac{0.8 + 2.5\zeta}{\omega_n}$ 이다. 전달함수가 다음과 같은 시스템의 계단입력에 대한 출력의 상승시간은?

$$G(s) = \frac{16}{s^2 + 4s + 16}$$

㉮ 0.51초 ㉯ 1.2초 ㉰ 2.7초 ㉱ 4초

5.26 전달함수가 다음과 같은 시스템의 우세극은?

$$G(s) = \frac{(s+1)(s+3)}{(s+10)(s+5)(s+2)}$$

㉮ -10 ㉯ -3 ㉰ -2 ㉱ -1

5.27 다음과 같은 상태방정식으로 표시되는 제어시스템의 특성방정식은?

$$\begin{bmatrix} \frac{d}{dt}x_1 \\ \frac{d}{dt}x_2 \end{bmatrix} = \begin{bmatrix} -2 & 1 \\ 1 & -5 \end{bmatrix} \begin{bmatrix} x_1 \\ x_2 \end{bmatrix} + \begin{bmatrix} 1 \\ 1 \end{bmatrix} u$$

㉮ $s^2+7s+11=0$　　㉯ $s^2-7s+9=0$

㉰ $s^2-7s-9=0$　　㉱ $s^2+7s+9=0$

5.28 다음과 같은 상태방정식으로 표시되는 제어시스템의 특성방정식은?

$$\begin{bmatrix} \frac{d}{dt}x_1 \\ \frac{d}{dt}x_2 \end{bmatrix} = \begin{bmatrix} 0 & 1 \\ -2 & -5 \end{bmatrix} \begin{bmatrix} x_1 \\ x_2 \end{bmatrix} + \begin{bmatrix} 0 \\ 1 \end{bmatrix} u$$

㉮ $s^3-20s^2-15s-8=0$　　㉯ $s^2+5s+2=0$

㉰ $s^2-2s-5=0$　　㉱ $s^2+15s+8=0$

5.29 다음과 같은 상태방정식으로 표시되는 제어시스템의 특성방정식의 두 근은?

$$\begin{bmatrix} \frac{d}{dt}x_1 \\ \frac{d}{dt}x_2 \end{bmatrix} = \begin{bmatrix} 0 & 1 \\ -8 & -6 \end{bmatrix} \begin{bmatrix} x_1 \\ x_2 \end{bmatrix} + \begin{bmatrix} 0 \\ 1 \end{bmatrix} u$$

㉮ $-1,\ -2$　　㉯ $-2,\ -4$　　㉰ $-3,\ -6$　　㉱ $-6,\ -8$

5.30 다음과 같은 상태방정식으로 표시되는 제어시스템의 전달함수는?

$$\begin{bmatrix} \frac{d}{dt}x_1 \\ \frac{d}{dt}x_2 \end{bmatrix} = \begin{bmatrix} -4 & 1 \\ 0 & -2 \end{bmatrix} \begin{bmatrix} x_1 \\ x_2 \end{bmatrix} + \begin{bmatrix} 0 \\ 1 \end{bmatrix} u$$

$$y = \begin{bmatrix} 4 & 1 \end{bmatrix} \begin{bmatrix} x_1 \\ x_2 \end{bmatrix}$$

㉮ $G(s)=\dfrac{s+8}{s^2+6s+8}$　　㉯ $G(s)=\dfrac{s+4}{s^2+6s+8}$

㉰ $G(s)=\dfrac{4s+1}{s^2+6s+8}$　　㉱ $G(s)=\dfrac{4s+1}{(s-2)(s-4)}$

5.31 다음과 같은 상태방정식으로 표시되는 제어시스템의 전달함수는?

$$\begin{bmatrix} \frac{d}{dt}x_1 \\ \frac{d}{dt}x_2 \end{bmatrix} = \begin{bmatrix} 0 & 1 \\ -10 & -5 \end{bmatrix} \begin{bmatrix} x_1 \\ x_2 \end{bmatrix} + \begin{bmatrix} 0 \\ 1 \end{bmatrix} u$$

$$y = \begin{bmatrix} 3 & 2 \end{bmatrix} \begin{bmatrix} x_1 \\ x_2 \end{bmatrix}$$

㉮ $G(s) = \dfrac{5s+10}{s^2+3s+2}$　　㉯ $G(s) = \dfrac{s+2}{s^2+2s+8}$

㉰ $G(s) = \dfrac{2s+3}{s^2+5s+10}$　　㉱ $G(s) = \dfrac{5(s+2)}{s^2+2s+3}$

5.32 다음 단위귀환제어시스템에 $r(t) = 10e^{-0.5t}$의 입력을 가했을 때, 출력 $c(t)$를 구하라.

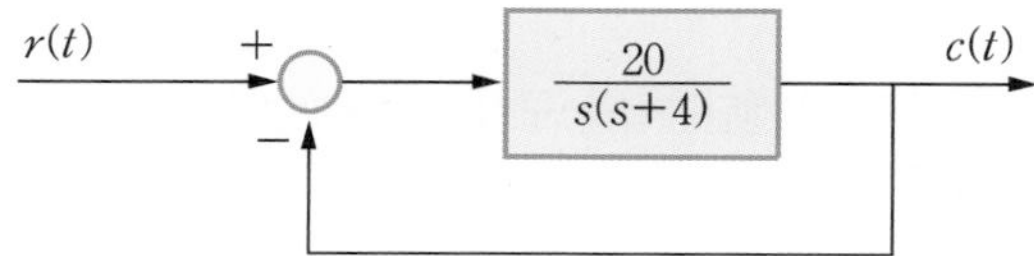

5.33 다음 물리시스템에 2 [N]의 입력을 가했을 때, 출력 $y(t)$를 구하라. 단, 질량은 2 [kg], 마찰계수는 4 [N · s/m], 탄성계수는 20 [N/m]이다.

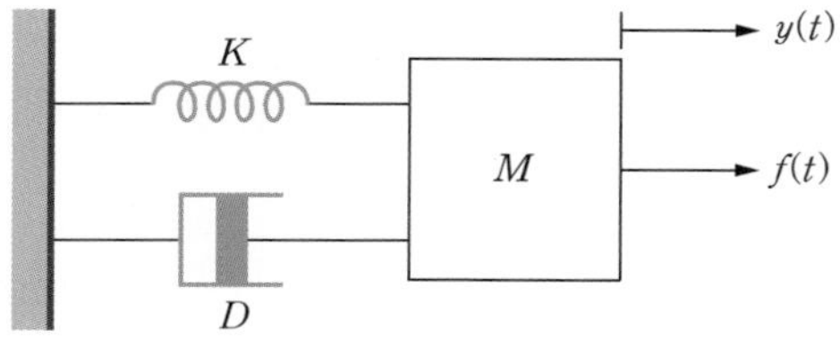

5.34 다음 RC 회로망에 $e_i = 100$ [V]의 입력을 가했을 때, 출력 전압 $e_o(t)$를 구하라.
단, $R_1 = R_2 = 100$ [kΩ], $C_1 = C_2 = 1$ [μF]이다.

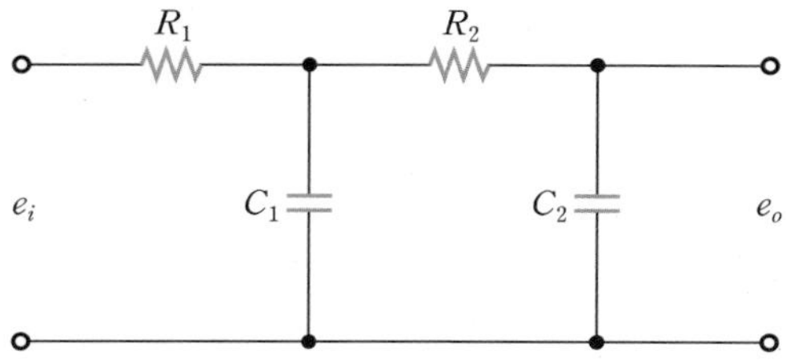

5.35 다음 RC 회로망에서 e_i를 입력, e_o를 출력으로 할 때, 시정수와 상승시간를 구하라. 단, $R_1 = 200\,[\mathrm{k\Omega}]$, $C_1 = 10\,[\mu\mathrm{F}]$이다.

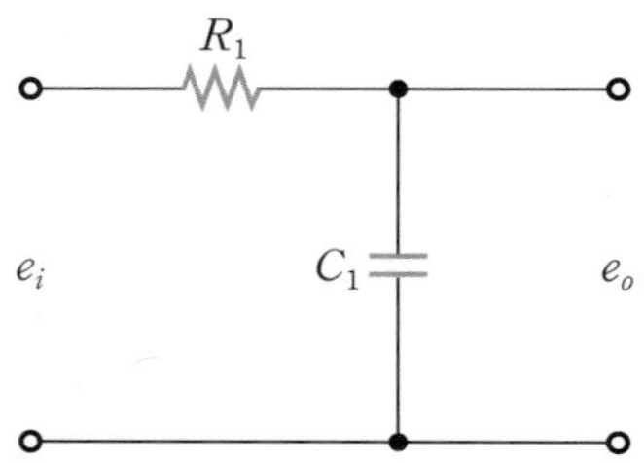

5.36 전달함수가 다음과 같을 때, 제어시스템을 과제동, 임계제동, 부족제동, 무제동으로 구분하라.

(a) $\dfrac{s+24}{s^2+24}$ (b) $\dfrac{s+1}{s^2+10s+24}$

(c) $\dfrac{25}{s^2+10s+25}$ (d) $\dfrac{4s+10}{s^2+2s+10}$

5.37 다음 직결귀환제어시스템의 단위계단응답을 구하고, 특성방정식의 근과 감쇠비, 고유주파수, 첨두값시간, 지연시간, 상승시간, 정정시간, 백분율 오버슈트를 구하라.

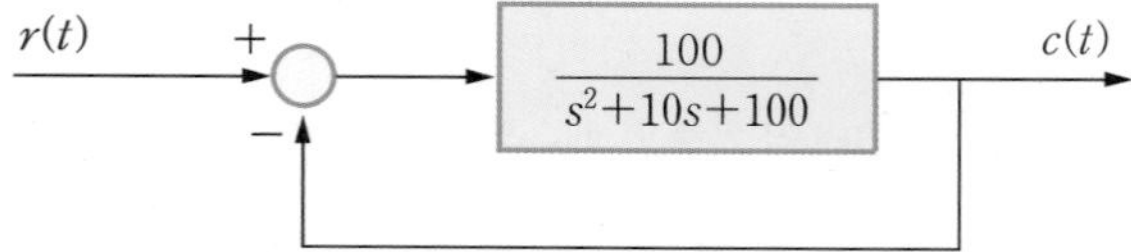

5.38 제어시스템의 폐루프 전달함수가 다음과 같을 때, 다음 물음에 각각 답하라.

$$M(s) = \frac{100}{s^2+8s+100}$$

(a) 단위계단응답을 구하라.

(b) $G_p(s) = \dfrac{10}{s+10}$의 극점이 추가되었을 때, 단위계단응답을 구하라.

(c) $G_z(s) = \dfrac{s+5}{5}$의 영점이 추가되었을 때, 단위계단응답을 구하라.

5.39 다음 동태방정식으로 표시되는 자동제어시스템의 단위계단응답을 구하라.

$$\begin{bmatrix} \frac{d}{dt}x_1 \\ \frac{d}{dt}x_2 \end{bmatrix} = \begin{bmatrix} 0 & 1 \\ -3 & -4 \end{bmatrix} \begin{bmatrix} x_1 \\ x_2 \end{bmatrix} + \begin{bmatrix} 0 \\ 1 \end{bmatrix} u$$

$$y = \begin{bmatrix} 1 & 2 \end{bmatrix} \begin{bmatrix} x_1 \\ x_2 \end{bmatrix}$$

5.40 다음 동태방정식으로 표시되는 제어시스템에 대해 다음 물음에 각각 답하라.

$$\begin{bmatrix} \dot{x}_1 \\ \dot{x}_2 \\ \dot{x}_3 \end{bmatrix} = \begin{bmatrix} -2 & 1 & 0 \\ 0 & -2 & 0 \\ 0 & 0 & -3 \end{bmatrix} \begin{bmatrix} x_1 \\ x_2 \\ x_3 \end{bmatrix} + \begin{bmatrix} 0 \\ 1 \\ 1 \end{bmatrix} r$$

$$y = \begin{bmatrix} 3 & 2 & 1 \end{bmatrix} \begin{bmatrix} x_1 \\ x_2 \\ x_3 \end{bmatrix}$$

(a) 특성방정식을 구하고, 그 근을 구하라.
(b) 상태천이행렬을 구하라.
(c) 라플라스 변환을 이용하여 단위계단응답을 구하라.
(d) 컴퓨터 시뮬레이션을 이용하여 $t = 2$까지의 출력을 구하라. 단, 모든 초기 조건은 0이다.

5.41 MATLAB 각 제어시스템의 특성방정식의 근들이 다음과 같을 때, MATLAB을 이용하여 각 시스템에 대한 단위계단응답을 각각 구하라. 또한 세 개의 응답곡선을 한 그래프에 그려서 특성방정식의 근들이 허수축을 따라 변화할 때의 시간응답 변화를 비교하라.

(a) $s_1 = -3 + j2,\ s_2 = -3 - j2$
(b) $s_1 = -3 + j3,\ s_2 = -3 - j3$
(c) $s_1 = -3 + j4,\ s_2 = -3 - j4$

참고
```
{sys = tf(num,den);
 step(sys)
 hold on}
```

5.42 MATLAB 각 제어시스템의 특성방정식의 근들이 다음과 같을 때, MATLAB을 이용하여 각 시스템에 대한 단위계단응답을 각각 구하라. 또한 세 개의 응답곡선을 한 그래프에 그려서 특성방정식의 근들이 실수축을 따라 변화할 때의 시간응답 변화를 비교하라.

(a) $s_1 = -1 + j4,\ s_2 = -1 - j4$

(b) $s_1 = -2 + j4,\ s_2 = -2 - j4$

(c) $s_1 = -4 + j4,\ s_2 = -4 - j4$

참고
```
{sys = tf(num,den);
 step(sys)
 hold on}
```

5.43 MATLAB 각 제어시스템의 특성방정식의 근들이 다음과 같을 때, MATLAB을 이용하여 각 시스템에 대한 단위계단응답을 각각 구하라. 또한 세 개의 응답곡선을 한 그래프에 그려서 특성방정식의 근들이 원점으로부터 대각선을 따라 변화할 때의 시간응답 변화를 비교하라.

(a) $s_1 = -1 + j3,\ s_2 = -1 - j3$

(b) $s_1 = -2 + j6,\ s_2 = -2 - j6$

(c) $s_1 = -3 + j9,\ s_2 = -3 - j9$

참고
```
{sys = tf(num,den);
 step(sys)
 hold on}
```

5.44 MATLAB [연습문제 5.38]의 각 문제를 MATLAB을 이용하여 그래프로 나타내라. 또한 세 개의 응답곡선을 한 그래프에 그리고, 극점과 영점을 추가했을 때 시간응답에 미치는 영향을 비교하여 설명하라.

참고
```
{sys = tf(num,den);
 step(sys)
 hold on}
```

Chapter

06

안정도와 정상상태오차

Stability and Steady-State Error

학습목표

- 제어시스템에서 안정도가 무엇인지 알 수 있다.
- 절대안정도와 상대안정도의 의미를 구분할 수 있다.
- Routh–Hurwitz 판별법으로 제어시스템의 안정도를 판별할 수 있다.
- 상태방정식으로 표시된 제어시스템의 안정도를 판별할 수 있다.
- 정상상태오차의 개념을 이해할 수 있다.
- 오차상수를 이용하여 정상상태오차를 계산할 수 있다.
- 제어시스템의 시스템 형을 파악할 수 있다.

어떤 시스템을 제어할 때, 그 시스템이 안정한지를 파악하는 것은 매우 중요하다. 아무리 좋은 제어시스템을 설계했더라도 그 제어시스템이 불안정하면 결과적으로 사용할 수 없고 폐기해야 한다. 따라서 제어시스템을 설계할 때는 반드시 안정도를 판별해야 한다. 또한 제어시스템에서는 출력이 목표값에 일치하도록 설계해야 한다. 출력이 목표값에 정확하게 도달하지 못하면 오차만큼 제어시스템의 성능은 나빠지기 때문이다. 따라서 어떤 제어시스템을 평가할 때 사용하는 중요한 지표가 바로 정상상태오차이다.

이 장에서는 먼저 제어시스템에서 안정도가 무엇인지 살펴보고, 안정도를 판단하는 기본 방법 중 하나인 Routh−Hurwitz 판별법을 소개한다. 그 다음 정상상태오차의 정의와 정상상태오차를 개선하는 방법을 배운다. 마지막으로 제어시스템의 시스템 형system type과 정상상태오차의 관계를 살펴본다.

Section

6.1 안정도의 정의

어떤 시스템에 크기가 유한한 입력을 가했을 때, 시간이 많이 지나도 시스템의 출력이 유한한 값이면 그 시스템을 안정하다고 한다. 그러나 출력이 무한한 값이 되거나 일정한 값에 수렴하지 않고 진동하면 그 시스템을 불안정하다고 한다. 이처럼 제어시스템의 안정한지 불안정한지 또는 안정한 정도를 그 제어시스템의 **안정도**stability라고 한다. 이때 제어시스템이 안정한지 불안정한지를 파악하는 것을 **절대안정도**absolute stability라 하고, 안정하다면 얼마나 안정한지를 파악하는 것을 **상대안정도**relative stability라고 한다.

그리고 제어시스템의 안정도를 판단하는 방법을 **안정도 판별법**stability criterion이라고 한다. 일반적으로 제어시스템에 단위계단입력을 가했을 때, 출력이 전달함수에 의해 어떻게 변하는지를 파악하여 그 제어시스템의 안정도를 판단한다.

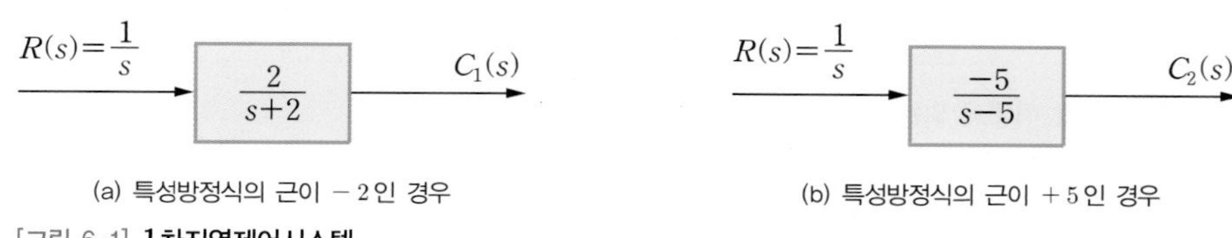

[그림 6-1] **1차지연제어시스템**

[그림 6-1(a)]와 [그림 6-1(b)]와 같은 제어시스템에 단위계단입력 $u_s(t)$를 가했을 때, 출력을 구하면 각각 다음과 같다.

$$C_1(s) = \frac{2}{s+2} \times \frac{1}{s} = \frac{1}{s} - \frac{1}{s+2} \quad \rightarrow \quad c_1(t) = 1 - e^{-2t} \tag{6.1}$$

$$C_2(s) = \frac{-5}{s-5} \times \frac{1}{s} = \frac{1}{s} - \frac{1}{s-5} \quad \rightarrow \quad c_2(t) = 1 - e^{5t} \tag{6.2}$$

[그림 6-1(a)]의 제어시스템은 시간이 많이 지나면 정상상태에서 출력이 1로 수렴하지만, [그림 6-1(b)]의 제어시스템은 출력이 무한대가 된다. 왜냐하면 [그림 6-1(b)]의 제어시스템에서는 특성방정식의 근이 +5의 값을 갖고 있어 출력에 e^{5t}항을 포함하게 되기 때문이다. 따라서 특성방정식의 근이 복소평면의 우반면에 하나라도 있으면 그 시스템은 불안정하고, 모든 근이 좌반면에 있으면 그 시스템은 안정하다고 말할 수 있다. 즉, 모든 근의 실수부가 음의 값이면 그 시스템은 안정하다.

만일 어떤 시스템의 전달함수가 주어졌을 때, 시스템의 안정도를 파악하려면 복소평면에서 전달함수의 특성방정식의 근이 어디에 있는지를 살펴봐야 한다. 즉 특성방정식의 근을 구하여 그 근들이 모두 복소평면의 좌반면에 있는지, 우반면이나 허수축에 있는지를 알면 안정도를 판단할 수 있다.

그러나 특성방정식의 근들을 인수분해나 근의 공식을 이용하여 쉽게 구할 수 있으면 문제가 되지 않지만, 일반적으로 특성방정식의 차수가 3차 이상만 되어도 근을 구하는 것이 쉽지 않다. 따라서 특성방정식의 근을 직접 구하지 않고도 근의 실수부가 음의 값인지 아닌지를 파악하여 안정도를 판단한다. 근의 실수부가 음의 값인지를 쉽게 알 수 있는 판별법은 다음과 같이 여러 가지가 있으나, 이 장에서는 Routh–Hurwitz 판별법만을 살펴보고, 근궤적을 이용하는 방법은 7장에서, 나이퀴스트 판별법과 보드선도를 이용하는 방법은 10장에서 소개한다. 그리고 Lyapunov 판별법은 이 책에서 다루지 않는다.

- Routh–Hurwitz 판별법
- 나이퀴스트 판별법
- 근궤적 방법
- 보드선도 방법
- Lyapunov 판별법

Q **Routh–Hurwitz를 우리 말로 어떻게 읽는가?**

A 미국에서는 '라우스–허위츠'라고 읽고, 우리나라에서는 '루스–후르비츠'라고도 읽는다. Edward John Routh(1831~1907)는 영국 수학자이고, Adolf Hurwitz(1859~1919)는 독일 수학자이다. Routh는 영국식 발음으로는 '라우스'이고, Hurwitz는 독일식 발음으로는 '후르비츠'이다. 본인들의 본래 이름을 존중한다면 '라우스–후르비츠'라고 읽는 것이 좋겠다.

Section

6.2 Routh–Hurwitz 판별법

Routh–Hurwitz 판별법은 절대안정도를 판단하는 방법으로, 어떤 시스템의 특성방정식이 다음 세 조건을 모두 만족하면 그 시스템을 안정하다고 한다.

❶ 모든 계수의 부호가 같다.
❷ 어떤 항의 계수도 0이 아니다.
❸ Routh 표에서 제1 열의 모든 값의 부호가 변하지 않는다.

여기에서 ❶, ❷항은 직관적으로 판단할 수 있는 것이므로, ❸항의 Routh 표에 대해 살펴보자. 특성방정식이 다음과 같이 주어졌을 때, Routh 표를 만들어보자.

$$a_n s^n + a_{n-1} s^{n-1} + a_{n-2} s^{n-2} + \cdots + a_1 s + a_0 = 0$$

이 특성방정식에 대한 Routh 표를 만들려면 먼저 [그림 6-2(a)]와 같이 특성방정식의 계수를 Routh 표에 적은 후, 빈 칸들을 [그림 6-2(b)]와 같이 채워서 Routh 표를 완성한다.

s^n	a_n	a_{n-2}	a_{n-4}	$\cdots$
s^{n-1}	a_{n-1}	a_{n-3}	a_{n-5}	$\cdots$
s^{n-2}				
s^{n-3}				
s^{n-4}				
$\vdots$				
s^0				

(a) 특성방정식의 계수들을 적은 Routh 표

s^n	a_n	a_{n-2}	a_{n-4}	$\cdots$
s^{n-1}	a_{n-1}	a_{n-3}	a_{n-5}	$\cdots$
s^{n-2}	b_1	b_2	b_3	
s^{n-3}	c_1	c_2	c_3	
s^{n-4}	d_1	d_2	d_3	
$\vdots$	$\vdots$	$\vdots$	$\vdots$	
s^0				

(b) 완성된 Routh 표

[그림 6-2] Routh 표를 만드는 방법

[그림 6-2(b)]에서 세 번째 행의 b_1, b_2, b_3, $\cdots$은 다음과 같이 구한다.

$$b_1 = -\frac{\begin{vmatrix} a_n & a_{n-2} \\ a_{n-1} & a_{n-3} \end{vmatrix}}{a_{n-1}} = -\frac{a_n \times a_{n-3} - a_{n-1} \times a_{n-2}}{a_{n-1}}$$

$$b_2 = -\frac{\begin{vmatrix} a_n & a_{n-4} \\ a_{n-1} & a_{n-5} \end{vmatrix}}{a_{n-1}} = -\frac{a_n \times a_{n-5} - a_{n-1} \times a_{n-4}}{a_{n-1}}$$

$$b_3 = -\frac{\begin{vmatrix} a_n & a_{n-6} \\ a_{n-1} & a_{n-7} \end{vmatrix}}{a_{n-1}} = -\frac{a_n \times a_{n-7} - a_{n-1} \times a_{n-6}}{a_{n-1}}$$

그리고 네 번째 행의 c_1, c_2, c_3, $\cdots$은 다음과 같이 구한다.

$$c_1 = -\frac{\begin{vmatrix} a_{n-1} & a_{n-3} \\ b_1 & b_2 \end{vmatrix}}{b_1} = -\frac{a_{n-1} \times b_2 - b_1 \times a_{n-3}}{b_1}$$

$$c_2 = -\frac{\begin{vmatrix} a_{n-1} & a_{n-5} \\ b_1 & b_3 \end{vmatrix}}{b_1} = -\frac{a_{n-1} \times b_3 - b_1 \times a_{n-5}}{b_1}$$

$$c_3 = -\frac{\begin{vmatrix} a_{n-1} & a_{n-7} \\ b_1 & b_4 \end{vmatrix}}{b_1} = -\frac{a_{n-1} \times b_4 - b_1 \times a_{n-7}}{b_1}$$

또한 다섯 번째 행의 d_1, d_2, d_3, $\cdots$은 다음과 같이 구한다.

$$d_1 = -\frac{\begin{vmatrix} b_1 & b_2 \\ c_1 & c_2 \end{vmatrix}}{c_1} = -\frac{b_1 \times c_2 - c_1 \times b_2}{c_1}$$

$$d_2 = -\frac{\begin{vmatrix} b_1 & b_3 \\ c_1 & c_3 \end{vmatrix}}{c_1} = -\frac{b_1 \times c_3 - c_1 \times b_3}{c_1}$$

$$d_3 = -\frac{\begin{vmatrix} b_1 & b_4 \\ c_1 & c_4 \end{vmatrix}}{c_1} = -\frac{b_1 \times c_4 - c_1 \times b_4}{c_1}$$

이제 [그림 6-3]과 같은 제어시스템을 Routh-Hurwitz 판별법을 이용하여 안정한지 판단해보자.

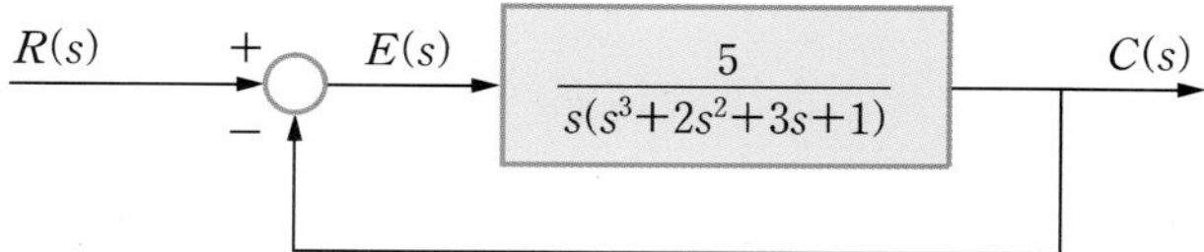

[그림 6-3] Routh-Hurwitz 판별법의 예

이 시스템의 폐루프 전달함수를 구하면

$$M(s)=\frac{\dfrac{5}{s(s^3+2s^2+3s+1)}}{1+\dfrac{5}{s(s^3+2s^2+3s+1)}}=\frac{5}{s^4+2s^3+3s^2+s+5} \tag{6.3}$$

이므로, 특성방정식은 다음과 같다.

$$s^4+2s^3+3s^2+s+5=0 \tag{6.4}$$

이 특성방정식은 모든 계수의 부호가 같고, 어떤 항의 계수도 0이 아니므로 앞의 안정도 판별법의 ❶, ❷항을 만족시킨다. 또한 ❸항의 조건을 확인하기 위해 Routh 표를 만들면 다음과 같다.

s^4	1	3	5
s^3	2	1	0
s^2	2.5	5	
s^1	−3	0	
s^0	5		

이 Routh 표를 살펴보면 제1열에서 부호가 두 번 변하므로 이 시스템의 특성방정식은 실수부가 양수인 근이 두 개다. 즉 근이 복소평면의 우반면에 있으므로, 이 제어시스템은 불안정하다.

예제 6-1 Routh-Hurwitz 판별법

다음 특성방정식을 갖는 제어시스템들의 안정도를 Routh-Hurwitz 판별법으로 각각 판별하라.

(a) $3s^4+6s^3+2s^2-4s+10=0$

(b) $s^5+5s^4+2s^2+3s+6=0$

(c) $s^3+4s^2+8s+12=0$

(d) $s^3+20s^2+10s+40=0$

(e) $s^4+s^3+2s^2+2s+3=0$

풀이

(a) 모든 계수의 부호가 일치하지 않으므로, 이 제어시스템은 불안정하다.

(b) s^3의 계수가 0이므로, 이 제어시스템은 불안정하다.

(c) Routh 표를 만들면 다음과 같다.

s^3	1	8
s^2	4	12
s^1	5	
s^0	12	

Routh 표에서 제1열의 부호가 모두 변하지 않으므로, 이 제어시스템은 안정하다.

(d) Routh 표를 만들면 다음과 같다.

s^3	1	10
s^2	20	40
s^1	8	
s^0	40	

Routh 표에서 제1열의 부호가 모두 변하지 않으므로, 이 제어시스템은 안정하다.

(e) Routh 표를 만들면 다음과 같다.

s^4	1	2	3
s^3	1	2	0
s^2	0	3	
s^1			

제1열의 s^2행에 0이 발생하므로 s^1행의 값은

$$-\frac{\begin{vmatrix} 1 & 2 \\ 0 & 3 \end{vmatrix}}{0} = -\infty$$

가 된다. 이런 경우에는 0을 ε으로 놓고 다음과 같이 Routh 표를 완성한 후, ε값을 0으로 수렴시킨다. 그리고 제1열에 부호가 변하는지를 살펴본다.

s^4	1	2	3
s^3	1	2	0
s^2	ε	3	
s^1	$2-\dfrac{3}{\varepsilon}$		
s^0	3		

이때 $\lim_{\varepsilon \to 0}\left(2-\dfrac{3}{\varepsilon}\right)=-\infty$ 이므로, 제1열의 부호가 두 번 변한다. 즉 특성방정식의 근이 복소평면의 우반면에 2개가 있음을 알 수 있다. 따라서 이 제어시스템은 불안정하다.

Routh 표에서 어떤 행 전체가 0이 되는 경우

[예제 6-1]의 (e)번은 Routh 표의 제1열만 0이 되었지만, 이제 어떤 행 전체가 0이 되는 특별한 경우를 살펴보자. 다음 특성방정식에 대한

$$s^5+2s^4+5s^3+10s^2+8s+16=0 \tag{6.5}$$

Routh 표를 만들면 다음과 같다.

s^5	1	5	8
s^4	2	10	16
s^3	0	0	0
s^2			
s^1			
s^0			

이 Routh 표를 보면 s^3행의 모든 요소가 0이 되는데, 이런 경우에는 그 행 바로 위의 s^4행의 요소로 보조식 $A(s)$를 만든다. 그리고 보조식 $A(s)$를 미분하여 그 계수들을 s^3행의 요소로 대체해 놓는다. 보조식 $A(s)$를 구하면

$$A(s)=2s^4+10s^2+16 \tag{6.6}$$

이고, 이 식을 미분하면 다음과 같다.

$$\frac{d}{ds}A(s)=8s^3+20s \tag{6.7}$$

미분한 식의 계수를 s^3행에 놓고 Routh 표를 완성하면 다음과 같다.

s^5	1	5	8
s^4	2	10	16
s^3	8	20	0
s^2	5	16	
s^1	−5.6	0	
s^0	16		

이때 Routh 표의 제1열에 부호가 두 번 변하므로 특성방정식의 근은 복소평면의 우반면에 2개가 있다. 따라서 이 제어시스템은 불안정하다. 이런 특별한 경우에는 주어진 특성방정식이 다음과 같이 보조식 $A(s)$로 인수분해된다.

$$s^5+2s^4+5s^3+10s^2+8s+16=(2s^4+10s^2+16)\times\frac{1}{2}(s+2) \tag{6.8}$$

이처럼 보조식이 짝수 차수의 항으로만 되어 있는 식을 **짝수 다항식**even polynomial이라고 하는데, 짝수 다항식인 방정식은 원점에 대해 대칭인 근들을 갖는다. 원점에 대해 대칭일 때는 근들이 허수근만 있거나 실수근만 있는 경우, 그리고 복소수근들인 경우가 있다. 이때, 복소수근이면 근들은 서로 공액복소수를 이룬다. 참고로, MATLAB을 이용하여 식 (6.5)의 근들을 구하면 다음과 같다.

$$s_1 \fallingdotseq -0.4+j1.6,\ s_2 \fallingdotseq -0.4-j1.6,\ s_3 \fallingdotseq 0.4+j1.6,\ s_4 \fallingdotseq 0.4+j1.6,\ s_5=-2 \tag{6.9}$$

시스템의 안정과 이득 K값

[그림 6-4]와 같은 단위귀환제어시스템은 이득 K값이 점점 커지면 시스템이 불안정해진다. 이 시스템이 불안정해지지 않도록 하는 범위 안에서 최대 K값을 구해보자.

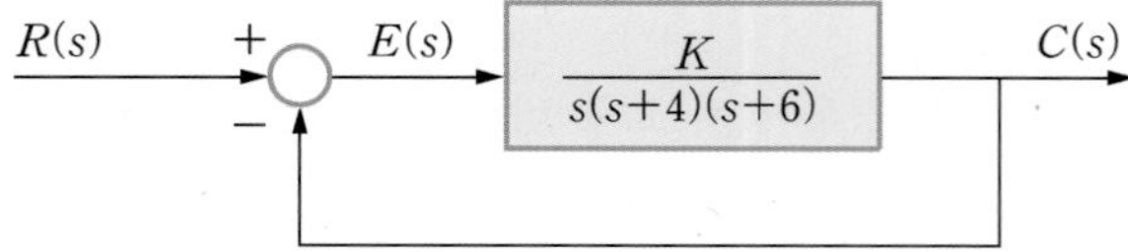

[그림 6-4] **단위귀환제어시스템의 예**

폐루프 전달함수를 구하면

$$M(s)=\frac{\dfrac{K}{s(s+4)(s+6)}}{1+\dfrac{K}{s(s+4)(s+6)}}=\frac{K}{s^3+10s^2+24s+K} \tag{6.10}$$

이므로, 특성방정식은 다음과 같다.

$$s^3 + 10s^2 + 24s + K = 0 \tag{6.11}$$

특성방정식을 이용하여 Routh 표를 만들면 다음과 같다.

s^3	1	24
s^2	10	K
s^1	$\dfrac{240-K}{10}$	0
s^0	K	

제어시스템을 안정하게 하려면 Routh 표에서 제1열의 부호가 변하지 않아야 하므로

$$\frac{240 - K}{10} > 0\ ,\ \ K > 0$$

이어야 한다. 따라서 이득 K값은 0보다는 크고 240보다는 작아야 한다.

상태방정식으로 표시된 제어시스템의 안정도 판별법

상태방정식으로 표시된 제어시스템의 안정도는 Lyapunov 판별법으로 안정도를 판별할 수 있지만 이 책의 범위를 넘는 것이므로 여기에서는 사용하지 않고, 다음과 같이 특성방정식을 구한 후에 Routh-Hurwitz 판별법을 사용한다. (또한 이 방법은 시스템행렬의 고윳값을 구하는 것과도 관련이 있다. 그리고 엄밀히 말하면 시스템의 극점과 영점의 소거가 있는 경우에 대한 추가 설명이 있어야 하나 생략한다.)

$$\Delta(s) = |s\mathbf{I} - \mathbf{A}| = 0 \tag{6.12}$$

다음 [예제 6-2]에서 식 (6.12)를 이용하여 안정도를 판별하는 방법을 살펴보자.

예제 6-2 상태방정식으로 표시된 제어시스템의 안정도 판별법

상태방정식이 다음과 같은 제어시스템의 안정도를 Routh-Hurwitz 판별법으로 판별하라.

$$\begin{bmatrix} \dfrac{dx_1(t)}{dt} \\ \dfrac{dx_2(t)}{dt} \\ \dfrac{dx_3(t)}{dt} \end{bmatrix} = \begin{bmatrix} 0 & 1 & 0 \\ 0 & 0 & 1 \\ -2 & -1 & -5 \end{bmatrix} \begin{bmatrix} x_1(t) \\ x_2(t) \\ x_3(t) \end{bmatrix} + \begin{bmatrix} 0 \\ 0 \\ 1 \end{bmatrix} r(t)$$

풀이

이 제어시스템의 특성방정식을 구하면

$$|s\mathbf{I}-\mathbf{A}| = \left|\begin{bmatrix} s & 0 & 0 \\ 0 & s & 0 \\ 0 & 0 & s \end{bmatrix} - \begin{bmatrix} 0 & 1 & 0 \\ 0 & 0 & 1 \\ -2 & -1 & -5 \end{bmatrix}\right|$$

$$= \begin{vmatrix} s & -1 & 0 \\ 0 & s & -1 \\ 2 & 1 & s+5 \end{vmatrix}$$

$$= s^3 + 5s^2 + s + 2 = 0$$

이다. 특성방정식을 이용하여 Routh 표를 만들면 다음과 같다.

s^3	1	1
s^2	5	2
s^1	0.6	0
s^0	2	

Routh 표의 제1열에 부호의 변화가 없으므로, 이 제어시스템은 안정하다.

예제 6-3 상태방정식으로 표시된 제어시스템의 안정도 판별

상태방정식이 다음과 같은 제어시스템의 안정도를 Routh-Hurwitz 판별법으로 판별하라.

$$\begin{bmatrix} \dfrac{d}{dt}x_1 \\ \dfrac{d}{dt}x_2 \end{bmatrix} = \begin{bmatrix} 0 & 1 \\ 6 & -1 \end{bmatrix}\begin{bmatrix} x_1 \\ x_2 \end{bmatrix} + \begin{bmatrix} 0 \\ 1 \end{bmatrix}u$$

풀이

이 제어시스템의 특성방정식을 구하면

$$|s\mathbf{I}-\mathbf{A}| = \left|\begin{bmatrix} s & 0 \\ 0 & s \end{bmatrix} - \begin{bmatrix} 0 & 1 \\ 6 & -1 \end{bmatrix}\right|$$

$$= \begin{vmatrix} s & -1 \\ -6 & s+1 \end{vmatrix}$$

$$= s^2 + s - 6$$

$$= (s-2)(s+3) = 0$$

이므로, 근들은 $s=2$, $s=-3$이다. 특성방정식의 근들 중 하나($s=2$)가 복소평면의 우반면에 있으므로 이 시스템은 불안정하다.

예제 6-4 상태방정식으로 표시된 제어시스템의 안정도 판별

상태방정식이 다음과 같은 제어시스템의 안정도를 Routh-Hurwitz 판별법으로 판별하라.

$$\begin{bmatrix} \dfrac{dx_1(t)}{dt} \\ \dfrac{dx_2(t)}{dt} \\ \dfrac{dx_3(t)}{dt} \end{bmatrix} = \begin{bmatrix} -5 & -1 & 1 \\ 0 & -4 & 1 \\ 0 & 0 & -2 \end{bmatrix} \begin{bmatrix} x_1(t) \\ x_2(t) \\ x_3(t) \end{bmatrix} + \begin{bmatrix} 0 \\ 0 \\ 1 \end{bmatrix} r(t)$$

풀이

이 시스템의 특성방정식을 구하면

$$\begin{aligned} |s\mathbf{I}-\mathbf{A}| &= \left| \begin{bmatrix} s & 0 & 0 \\ 0 & s & 0 \\ 0 & 0 & s \end{bmatrix} - \begin{bmatrix} -5 & -1 & 1 \\ 0 & -4 & 1 \\ 0 & 0 & -2 \end{bmatrix} \right| \\ &= \begin{vmatrix} s+5 & 1 & -1 \\ 0 & s+4 & -1 \\ 0 & 0 & s+2 \end{vmatrix} \\ &= s^3+11s^2+38s+40=0 \end{aligned}$$

이다. 이 특성방정식식을 이용하여 Routh 표를 만들면 다음과 같다.

s^3	1	38
s^2	11	40
s^1	$\dfrac{378}{11}$	0
s^0	40	

라우스 표의 제1열에 부호의 변화가 없으므로, 이 제어시스템은 안정하다.

Q 특성방정식characteristic equation**과 특성식**characteristic polynomial**의 차이는?**

A 방정식과 함수식이라는 차이이다. 예를 들어 $\Delta(s)=|sI-A|=s^3+5s^2+s+2=0$은 특성방정식이며, $\Delta(s)=|sI-A|=s^3+5s^2+s+2$는 특성식이다.

Section

6.3 정상상태오차의 정의

제어시스템에 어떤 입력을 가한 후 시간이 많이 지나 정상상태가 되었을 때의 출력을 **정상상태응답** steady-state response이라 하고, 이때 입력과 출력의 차이를 **정상상태오차** steady-state error 또는 **정상상태편차** steady-state deviation라고 한다. 폐루프 제어시스템에서는 정상상태에서의 목표값과 제어량과의 차가 정상상태오차지만, 일반적으로 정상상태에서의 기준입력과 주귀환량과의 차, 즉 제어편차를 정상상태오차로 사용한다.

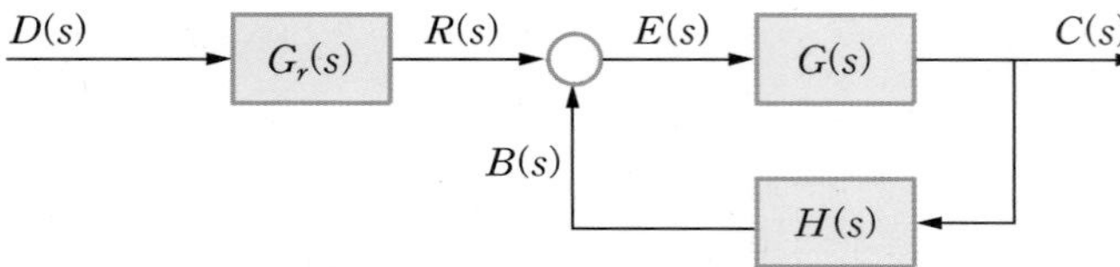

[그림 6-5] **폐루프 제어시스템의 예**

[그림 6-5]의 폐루프 제어시스템에서 오차를 목표값과 제어량과의 차로 구하면

$$\varepsilon(t) = d(t) - c(t)$$
$$\mathcal{E}(s) = D(s) - C(s)$$

이다. 그러나 일반적으로 오차는 다음과 같이 기준입력과 주귀환량과의 차로 나타낸다.

$$\begin{aligned} E(s) &= R(s) - B(s) \\ &= R(s) - H(s)C(s) \\ &= R(s) - H(s)G(s)E(s) \end{aligned} \tag{6.13}$$

식 (6.13)을 정리하면

$$[1 + G(s)H(s)]\, E(s) = R(s)$$

이므로, 오차는 다음과 같다.

$$E(s) = \frac{1}{1 + G(s)H(s)} R(s) \tag{6.14}$$

따라서 정상상태오차는 식 (6.14)에 라플라스 변환의 최종값 정리를 적용하면 다음과 같이 된다.

$$\lim_{t \to \infty} e(t) = \lim_{s \to 0} s\, E(s) = \lim_{s \to 0} s \frac{1}{1 + G(s)H(s)} R(s) \tag{6.15}$$

정상상태오차를 측정하는 시험용 입력

어떤 제어시스템의 성능, 즉 정상상태오차가 얼마나 큰 지를 알아보기 위해 기준입력으로 사용하는 신호를 **시험용 입력**test input이라고 한다. 제어시스템에서 주로 사용하는 시험용 입력은 5장에서도 소개한 계단입력, 램프입력, 포물선입력 등이 있다.

어떤 시험용 입력을 사용할 것인가는 성능을 평가하려는 제어시스템의 종류에 따라 달라진다. 만일 목표값이 수시로 변하지 않는, 즉 정치제어처럼 목표값이 자주 변하지 않는 제어시스템의 정상상태오차를 구할 때는 계단입력을 사용한다. 반면에, 목표값이 일정한 속도로 변하는, 예를 들어 일정한 속도로 날아가는 비행기를 추적하는 레이더 제어시스템의 정상상태오차를 구할 때는 램프입력을 사용한다. 이 외에 가속도가 증가하여 점점 빨리 날아가는 미사일을 추적하는 레이더 제어시스템의 정상상태오차를 측정할 때는 포물선입력을 사용한다.

여기에서 주의해야 할 점은 일정한 속도로 날아가는 비행기를 추적할 때, 비행기의 속도와 추적하는 레이더의 속도가 일치해야 오차가 없는 것이 아니라 비행기의 위치와 레이더가 가리키는 위치가 일치해야 오차가 없다는 것이다. 예를 들어, 비행기의 위치를 각도 $\theta_d(t)\,[\mathrm{rad}]$으로 표시할 때, 레이더가 가리키는 위치 $\theta_c(t)\,[\mathrm{rad}]$가 $\theta_d(t)$와 일치하면 오차가 없다고 할 수 있다. 그러나 비행기의 각속도 $\omega_d(t)\,[\mathrm{rad/sec}]$가 레이더의 각속도 $\omega_c(t)\,[\mathrm{rad/sec}]$와 일치한다고 해서 오차가 없는 것은 아니다. 이와 관련해서는 5장의 [표 5-1]을 참조하기 바란다. [표 5-1]의 y축의 단위를 생각해보면 좀 더 명확하게 이해할 수 있을 것이다.

Section

6.4 단위귀환제어시스템의 정상상태오차

[그림 6-6]과 같은 단위귀환제어시스템에서 시험용 입력에 대한 정상상태오차를 구해보자. 단위귀환제어시스템은 기준입력요소의 전달함수 $G_r(s)=1$이고 귀환요소 $H(s)=1$인 시스템으로, 입력과 출력이 직접 비교되어 동작신호가 바로 목표값과 제어량의 차, 즉 정상상태오차가 된다.

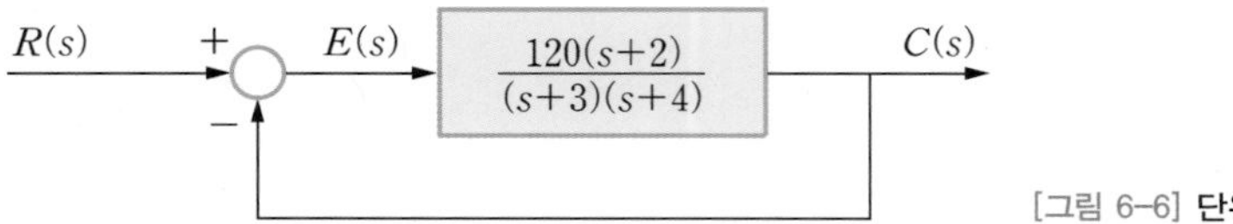

[그림 6-6] 단위귀환제어시스템의 예

■ 단위계단입력에 대한 정상상태오차

단위계단입력 $u_s(t)$에 대한 정상상태오차는 $e_{step}(\infty)$로 표기하며, 다음과 같이 구한다.

$$
\begin{aligned}
e_{step}(\infty) &= \lim_{s\to 0} sE_{step}(s) \\
&= \lim_{s\to 0} s\frac{1}{1+\dfrac{120(s+2)}{(s+3)(s+4)}}\times\frac{1}{s} \\
&= \frac{1}{1+20} = 0.048
\end{aligned}
\tag{6.16}
$$

■ 단위램프입력에 대한 정상상태오차

단위램프입력 $tu_s(t)$에 대한 정상상태오차는 $e_{ramp}(\infty)$로 표기하며, 다음과 같이 구한다.

$$
\begin{aligned}
e_{ramp}(\infty) &= \lim_{s\to 0} sE_{ramp}(s) \\
&= \lim_{s\to 0} s\frac{1}{1+\dfrac{120(s+2)}{(s+3)(s+4)}}\times\frac{1}{s^2} \\
&= \lim_{s\to 0}\frac{1}{s+s\times\dfrac{120(s+2)}{(s+3)(s+4)}} \\
&= \frac{1}{0+0} = \infty
\end{aligned}
\tag{6.17}
$$

■ 단위포물선입력에 대한 정상상태오차

단위포물선입력 $\frac{1}{2}t^2\, u_s(t)$에 대한 정상상태오차는 $e_{parabola}(\infty)$로 표기하며, 다음과 같이 구한다.

$$\begin{aligned} e_{parabola}(\infty) &= \lim_{s \to 0} sE_{parabola}(s) \\ &= \lim_{s \to 0} s \frac{1}{1 + \dfrac{120(s+2)}{(s+3)(s+4)}} \times \frac{1}{s^3} \\ &= \lim_{s \to 0} \frac{1}{s^2 + s^2 \times \dfrac{120(s+2)}{(s+3)(s+4)}} \\ &= \frac{1}{0+0} = \infty \end{aligned} \tag{6.18}$$

[그림 6-6]의 제어시스템에서 단위계단입력에 대한 정상상태오차는 4.8% 나 되고, 단위램프입력이나 단위포물선입력에 대한 정상상태오차는 ∞ 가 되는 것을 알 수 있다.

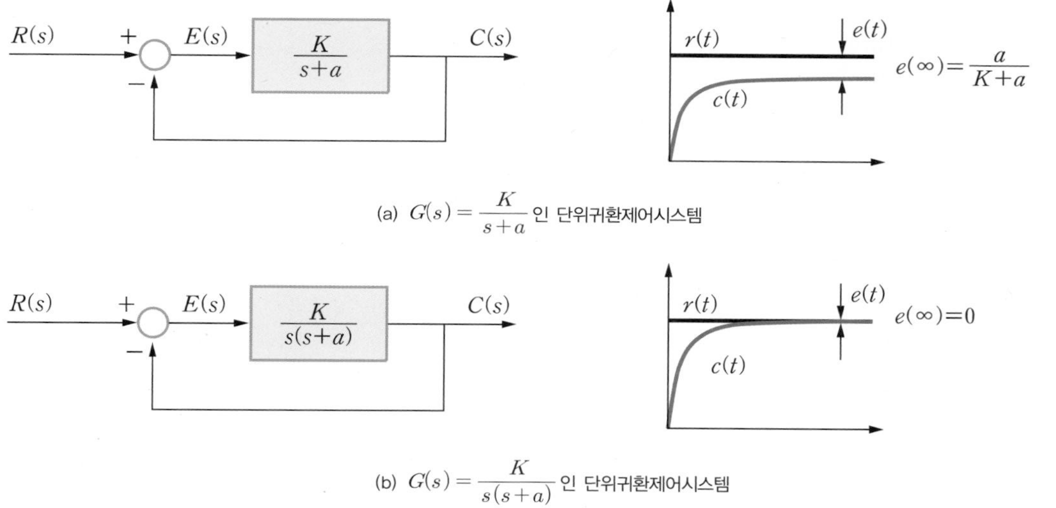

[그림 6-7] **계단입력에 대한 단위귀환제어시스템들의 비교**

같은 계단입력에 대해서도 [그림 6-7(a)]는 어느 정도의 정상상태오차를 나타내지만, [그림 6-7(b)]는 정상상태오차가 0 인 것을 알 수 있다. 그러나 같은 두 단위귀환제어시스템에 램프입력을 가하면 [그림 6-8(a)]처럼 정상상태오차가 무한대가 되고 [그림 6-8(b)]는 유한한 값을 갖는다.

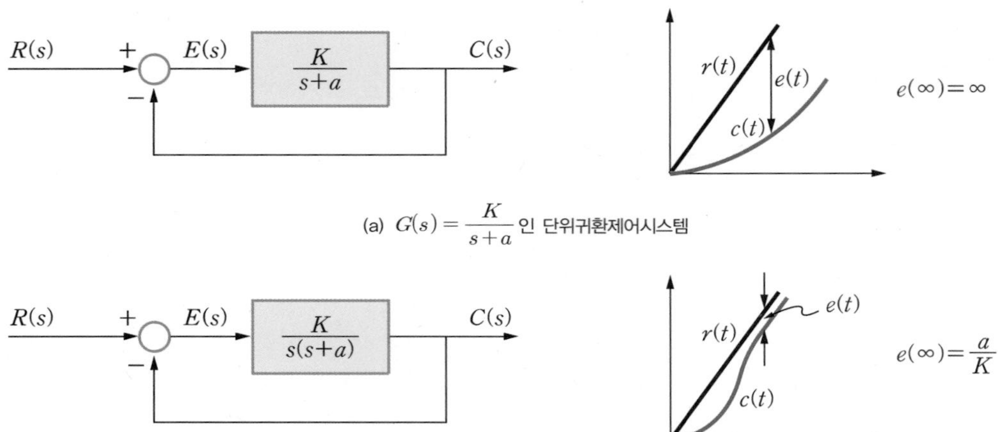

(a) $G(s)=\dfrac{K}{s+a}$ 인 단위귀환제어시스템

(b) $G(s)=\dfrac{K}{s(s+a)}$ 인 단위귀환제어시스템

[그림 6-8] **램프입력에 대한 단위귀환제어시스템들의 비교**

정상상태오차와 정상상태오차 상수

폐루프 제어시스템에 시험용 입력을 가했을 때, 정상상태오차는 라플라스 변환의 최종값 정리에 의해 다음과 같이 정리할 수 있다.

$$e_{step}(\infty)=\lim_{s\to 0} s\frac{1}{1+G(s)H(s)}\frac{1}{s}=\frac{1}{1+\lim\limits_{s\to 0}G(s)H(s)}=\frac{1}{1+K_p} \qquad (6.19)$$

$$e_{ramp}(\infty)=\lim_{s\to 0} s\frac{1}{1+G(s)H(s)}\frac{1}{s^2}=\frac{1}{\lim\limits_{s\to 0}sG(s)H(s)}=\frac{1}{K_v} \qquad (6.20)$$

$$e_{parabola}(\infty)=\lim_{s\to 0} s\frac{1}{1+G(s)H(s)}\frac{1}{s^3}=\frac{1}{\lim\limits_{s\to 0}s^2G(s)H(s)}=\frac{1}{K_a} \qquad (6.21)$$

이때 K_p, K_v, K_a, 즉 **정상상태오차 상수** steady-state error constant는 다음과 같이 구한다.

$$K_p=\lim_{s\to 0}G(s)H(s) \qquad (6.22)$$

$$K_v=\lim_{s\to 0}s\,G(s)H(s) \qquad (6.23)$$

$$K_a=\lim_{s\to 0}s^2G(s)H(s) \qquad (6.24)$$

정상상태오차 상수 K_p, K_v, K_a는 각각 **위치상수**position constant, **속도상수**velocity constant, **가속도상수**acceleration constant라고 한다. 정상상태오차 상수가 0, ∞ 또는 상수인가에 따라 정상상태오차가 크게 달라진다.

예제 6-5 정상상태오차와 정상상태오차 상수

[그림 6-9]의 제어시스템들에서 단위계단입력, 단위램프입력, 단위포물선입력에 대한 정상상태오차를 각각 구하라.

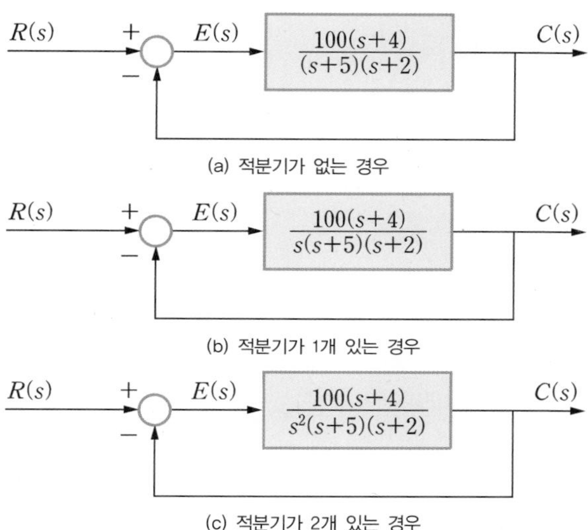

[그림 6-9] **직결귀환 폐루프 제어시스템들**

풀이

(a) 정상상태오차 상수를 구하면

$$K_p = \lim_{s\to 0} G(s)H(s) = \lim_{s\to 0} \frac{100(s+4)}{(s+5)(s+2)} = 40$$

$$K_v = \lim_{s\to 0} s\,G(s)H(s) = \lim_{s\to 0} s \times \frac{100(s+4)}{(s+5)(s+2)} = 0$$

$$K_a = \lim_{s\to 0} s^2 G(s)H(s) = \lim_{s\to 0} s^2 \times \frac{100(s+4)}{(s+5)(s+2)} = 0$$

이므로, 정상상태오차를 구하면 각각 다음과 같다.

$$e_{step}(\infty) = \frac{1}{1+K_p} = \frac{1}{1+40} = 0.0244$$

$$e_{ramp}(\infty) = \frac{1}{K_v} = \frac{1}{0} = \infty$$

$$e_{parabola}(\infty) = \frac{1}{K_a} = \frac{1}{0} = \infty$$

(b) 정상상태오차 상수를 구하면

$$K_p = \lim_{s\to0} G(s)H(s) = \lim_{s\to0} \frac{100(s+4)}{s(s+5)(s+2)} = \infty$$

$$K_v = \lim_{s\to0} s\,G(s)H(s) = \lim_{s\to0} s \times \frac{100(s+4)}{s(s+5)(s+2)} = 40$$

$$K_a = \lim_{s\to0} s^2 G(s)H(s) = \lim_{s\to0} s^2 \times \frac{100(s+4)}{s(s+5)(s+2)} = 0$$

이므로, 정상상태오차를 구하면 각각 다음과 같다.

$$e_{step}(\infty) = \frac{1}{1+K_p} = \frac{1}{1+\infty} = 0$$

$$e_{ramp}(\infty) = \frac{1}{K_v} = \frac{1}{40} = 0.025$$

$$e_{parabola}(\infty) = \frac{1}{K_a} = \frac{1}{0} = \infty$$

(c) 정상상태오차 상수를 구하면

$$K_p = \lim_{s\to0} G(s)H(s) = \lim_{s\to0} \frac{100(s+4)}{s^2(s+5)(s+2)} = \infty$$

$$K_v = \lim_{s\to0} s\,G(s)H(s) = \lim_{s\to0} s \times \frac{100(s+4)}{s^2(s+5)(s+2)} = \infty$$

$$K_a = \lim_{s\to0} s^2 G(s)H(s) = \lim_{s\to0} s^2 \times \frac{100(s+4)}{s^2(s+5)(s+2)} = 40$$

이므로, 정상상태오차를 구하면 각각 다음과 같다.

$$e_{step}(\infty) = \frac{1}{1+K_p} = \frac{1}{1+\infty} = 0$$

$$e_{ramp}(\infty) = \frac{1}{K_v} = \frac{1}{\infty} = 0$$

$$e_{parabola}(\infty) = \frac{1}{K_a} = \frac{1}{40} = 0.025$$

Section

6.5 제어시스템의 시스템 형

앞의 [예제 6-5]에서 보는 바와 같이 정상상태오차 상수는 개루프 전달함수의 분모에 있는 s의 차수에 따라 크게 달라지므로 제어시스템의 정상상태오차도 s의 차수에 따라 크게 달라진다.

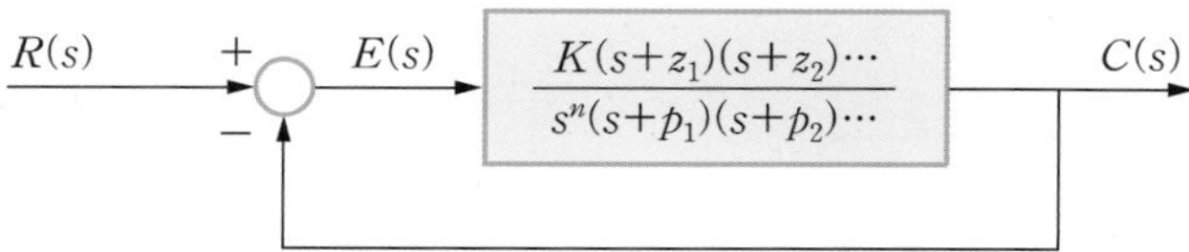

[그림 6-10] n형 제어시스템

[그림 6-10]의 제어시스템에서 개루프 전달함수의 분모에 있는 s는 적분기를 의미하며, 이 적분기가 몇 개나 추가되었느냐에 따라 정상상태오차가 0이 되기도 하고 무한대가 되기도 한다. 따라서 적분기의 숫자는 정상상태오차를 구하는 데 있어서 매우 중요하며, 적분기의 숫자를 그 제어시스템의 **시스템 형**system type이라고 한다. 예를 들어, [예제 6-5]에서 [그림 6-9(a)]의 제어시스템은 0 형, [그림 6-9(b)]의 제어시스템은 I 형, [그림 6-9(c)]의 제어시스템은 II 형 시스템이다.

예제 6-6 단위램프입력에 대한 정상상태오차

[그림 6-11]의 제어시스템에서 단위램프입력에 대한 정상상태오차가 5%가 되기 위한 K값을 구하라.

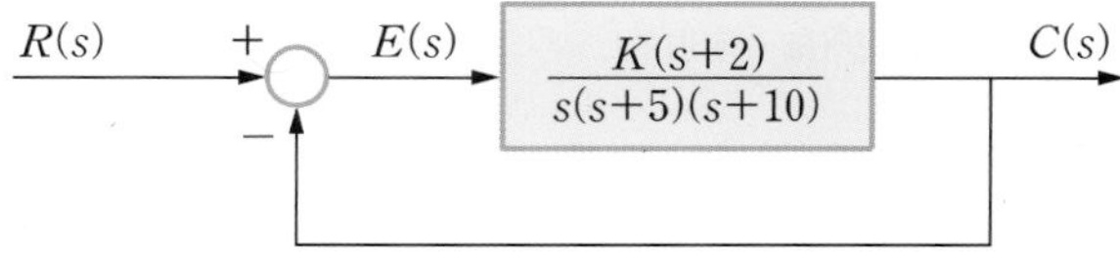

[그림 6-11] [예제 6-6]의 제어시스템

풀이

단위램프입력에 대한 정상상태오차가 5%가 되려면

$$e_{ramp}(\infty) = \frac{1}{K_v} = 0.05$$

이어야 하므로, 속도상수 K_v가 20이 되어야 한다.

또한 K_v가 20이 되려면

$$K_v = \lim_{s \to 0} s\, G(s)H(s) = \lim_{s \to 0} s \times \frac{K(s+2)}{s(s+5)(s+10)} = \frac{2K}{50} = 20$$

이므로, 제어시스템의 K값은 500이다.

예제 6-7 단위귀환제어시스템이 아닌 경우에 대한 정상상태오차

[그림 6-12]의 제어시스템에 목표값으로 계단입력 $100u_s(t)$를 가했을 때 정상상태의 출력(제어량)을 구하고, 제어시스템의 정상상태오차에 대해 설명하라.

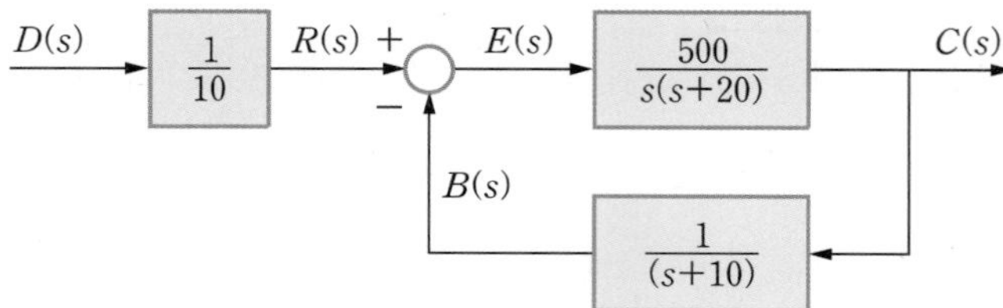

[그림 6-12] **[예제 6-7]의 제어시스템**

풀이

전체 폐루프 전달함수를 구하면

$$M(s) = \frac{1}{10} \times \frac{\dfrac{500}{s(s+20)}}{1+\dfrac{500}{s(s+20)} \times \dfrac{1}{s+10}} = \frac{50(s+10)}{s^3+30s^2+200s+500}$$

이므로, 출력 $C(s)$의 라플라스 변환은 다음과 같다.

$$C(s) = M(s)\,D(s) = \frac{50(s+10)}{s^3+30s^2+200s+500} \times \frac{100}{s}$$

이때 정상상태의 출력 $c(t)$를 구하면 라플라스 변환의 최종값 정리에 의해 다음과 같다.

$$\begin{aligned} c(\infty) &= \lim_{s \to 0} s\, C(s) \\ &= \lim_{s \to 0} s \frac{50(s+10)}{s^3+30s^2+200s+500} \times \frac{100}{s} = 100 \end{aligned}$$

이 결과를 보면 정상상태의 출력이 목표값과 일치하므로 정상상태오차가 0임을 알 수 있다. 또한 정상상태의 출력을 구하지 않고 정상상태오차를 구하면

$$K_p = \lim_{s \to 0} G(s)H(s) = \lim_{s \to 0} \frac{500}{s(s+20)} \times \frac{1}{s+10} = \infty$$

이므로

$$e_{step} = \frac{1}{1+K_p} = \frac{1}{1+\infty} = 0$$

이다. 따라서 정상상태의 출력이 목표값과 일치하는 것을 알 수 있다.

[예제 6-7]과 같이 단위귀환제어시스템이 아닌 귀환제어시스템에서는 정상상태오차의 정의에 주의해야 한다. 이때 오차는 목표값에서 제어량을 뺀

$$\varepsilon(t) = d(t) - c(t) \quad \text{또는} \quad \mathcal{E}(s) = D(s) - C(s)$$

이거나 기준입력에서 주귀환량을 뺀

$$e(t) = r(t) - b(t) \quad \text{또는} \quad E(s) = R(s) - B(s)$$

이다. 여기에서 오차는 다음과 같이 기준입력에서 제어량을 뺀 값이 아님에 주의해야 한다.

$$\varepsilon(t) \neq r(t) - c(t) \quad \text{또는} \quad \mathcal{E}(s) \neq R(s) - C(s)$$

[예제 6-7]의 제어시스템에서는 귀환요소의 **직류이득**DC gain이 $\frac{1}{10}$이므로 제어량을 측정하여 귀환시키는, 즉 주귀환량이 제어량의 $\frac{1}{10}$이다. 이 제어시스템은 목표값의 $\frac{1}{10}$을 기준입력으로 하고, 제어량의 $\frac{1}{10}$을 주귀환량으로 하여 제어편차를 만들어 동작신호로 사용한다.

만일 기준입력요소와 귀환요소가 서로 맞지 않으면, 즉 직류이득이 맞지 않으면 동작신호(=제어편차)를 정상상태오차로 사용할 수 없으며, 반드시 목표값과 제어량을 직접 비교해보아야 한다.

Q 직류이득이란?

A 전달함수 $G(s)$에서 변수 s를 $j\omega$로 치환한 $G(j\omega)$를 주파수전달함수라고 하며(9장 참조), $\omega=0$인 주파수전달함수의 값을 직류이득이라고 한다. 그런데 $\lim_{\omega\to 0} G(j\omega) = \lim_{s\to 0} G(s)$의 관계가 있으며, 일반적으로 직류이득을 말할 때는 $\lim_{s\to 0} G(s)$를 가리킨다.

Chapter 06 핵심요약

안정도

제어시스템이 안정한지 불안정한지 또는 안정한 정도를 그 제어시스템의 안정도라 한다. 어떤 시스템에 크기가 유한한 입력을 가했을 때, 시간이 많이 지나도 시스템의 출력이 유한한 값이면 그 시스템을 안정하다고 한다. 그러나 출력이 무한한 값이거나 일정한 값에 수렴하지 않고 진동하면 그 시스템을 불안정하다고 한다.

절대안정도와 상대안정도

- 절대안정도는 제어시스템이 안정한지 불안정한지를 파악하는 안정의 여부를 나타낸다.
- 상대안정도는 안정하다면 얼마나 안정한지를 파악하는 안정의 정도를 나타낸다.

특성방정식의 근과 시스템 안정도의 관계

특성방정식의 근이 모두 복소평면의 좌반면에 있으면 그 시스템은 안정하고, 허수축이나 우반면에 하나라도 있으면 불안정하다.

Routh-Hurwitz 판별법

절대안정도를 판단하는 방법으로, 어떤 시스템의 특성방정식이 다음 세 조건을 모두 만족하면 그 시스템을 안정하다고 한다.

❶ 모든 계수의 부호가 같다.
❷ 어떤 항의 계수도 0이 아니다.
❸ Routh 표에서 제1열의 모든 값의 부호가 변하지 않는다.

Routh 표 만드는 방법(특성식 $\Delta(s) = a_5 s^5 + a_4 s^4 + a_3 s^3 + a_2 s^2 + a_1 s + a_0$)

s^5	a_5	a_3	a_1	0
s^4	a_4	a_2	a_0	0
s^3	$b_1 = \dfrac{-\begin{vmatrix} a_5 & a_3 \\ a_4 & a_2 \end{vmatrix}}{a_4}$	$b_2 = \dfrac{-\begin{vmatrix} a_5 & a_1 \\ a_4 & a_0 \end{vmatrix}}{a_4}$	0	0
s^2	$c_1 = \dfrac{-\begin{vmatrix} a_4 & a_2 \\ b_1 & b_2 \end{vmatrix}}{b_1}$	$c_2 = \dfrac{-\begin{vmatrix} a_4 & a_0 \\ b_1 & 0 \end{vmatrix}}{b_1}$	0	0
s^1	$d_1 = \dfrac{-\begin{vmatrix} b_1 & b_2 \\ c_1 & c_2 \end{vmatrix}}{c_1}$	0	0	0
s^0	$e_1 = \dfrac{-\begin{vmatrix} c_1 & c_2 \\ d_1 & 0 \end{vmatrix}}{d_1}$	0	0	0

■ 상태방정식으로 표시된 제어시스템의 안정도 판별법

상태방정식으로 표시된 제어시스템의 안정도는 다음과 같이 특성방정식을 구한 후에 Routh-Hurwitz 판별법을 적용한다.

$$\Delta(s) = |s\mathbf{I} - \mathbf{A}| = 0$$

■ 정상상태오차

정상상태에서의 입력과 출력의 차이를 정상상태오차라고 한다. 폐루프 제어시스템에서는 정상상태에서의 목표값과 제어량과의 차가 정상상태오차이지만, 일반적으로 기준입력과 주귀환량과의 차, 즉 제어편차를 정상상태오차로 사용한다.

■ 정상상태오차를 측정하는 시험용 입력

정상상태의 오차를 알아보기 위하여 기준입력으로 사용하는 시험용 입력으로는 계단입력, 램프입력, 포물선입력 등이 있다.

■ 정상상태오차와 정상상태오차 상수

폐루프 제어시스템에 계단입력, 램프입력, 포물선입력을 가했을 때, 정상상태오차와 정상상태오차 상수는 각각 다음과 같다.

정상상태오차	정상상태오차 상수
$e_{step}(\infty) = \dfrac{1}{1+K_p}$	위치상수 $K_p = \lim\limits_{s \to 0} G(s)H(s)$
$e_{ramp}(\infty) = \dfrac{1}{K_v}$	속도상수 $K_v = \lim\limits_{s \to 0} s\,G(s)H(s)$
$e_{parabola}(\infty) = \dfrac{1}{K_a}$	가속도상수 $K_a = \lim\limits_{s \to 0} s^2 G(s)H(s)$

■ 제어시스템의 시스템 형

개루프 전달함수의 분모에 있는 s는 적분기를 의미하며, 적분기의 숫자를 그 제어시스템의 시스템 형이라고 한다.

Chapter 06 연습문제

6.1 Routh–Hurwitz 판별법은 제어시스템의 무엇을 판별하는가?

㉮ 안정도 ㉯ 선형성 ㉰ 시변성 ㉱ 효율성

6.2 제어시스템의 안정도를 판별하기 위해 사용되는 입력신호로 적당한 것은?

㉮ 임펄스신호 ㉯ 단위계단함수 ㉰ 램프함수 ㉱ 정현파 신호

6.3 어떤 제어시스템에 단위계단입력을 가하여 출력 $c(t)$가 다음과 같을 때, 안정한 제어시스템은?

㉮ $c(t)=5$ ㉯ $c(t)=5t$ ㉰ $c(t)=t-e^{2t}$ ㉱ $c(t)=e^{2t}$

6.4 어떤 제어시스템의 인디셜응답이 다음과 같을 때, 안전한 제어시스템은?

㉮ $c(t)=100\sin(377t-30^\circ)$ ㉯ $c(t)=5t$

㉰ $c(t)=2t-e^{-5t}$ ㉱ $c(t)=10(1+e^{-2t})$

6.5 어떤 제어시스템의 임펄스응답 $g(t)$가 다음과 같을 때, 불안정한 제어시스템은?

㉮ $g(t)=10e^{-t}\cos 5t$ ㉯ $g(t)=e^{-2t}$

㉰ $g(t)=t^3e^{-2t}$ ㉱ $g(t)=1$

6.6 어떤 제어시스템에 계단함수를 입력으로 가했을 때 출력이 다음과 같았다. 이 중 불안정한 시스템은?

㉮ $y(t)=10e^{-2t}\cos(10t+60^\circ)$ ㉯ $y(t)=10+5e^{-2t}\cos(377t-30^\circ)$

㉰ $y(t)=100\sin 377t$ ㉱ $y(t)=t^3e^{-2t}\sin 100t$

6.7 특성방정식이 $s^2+3s+2=0$일 때, 같은 폐루프 제어시스템의 안정도는?

㉮ 안정하다. ㉯ 불안정하다.

㉰ 입력에 따라 다르다. ㉱ 알 수 없다.

6.8 특성방정식이 $s^3+6s^2+8s+6=0$일 때, 폐루프 제어시스템의 안정도는?

㉮ 불안정하다. ㉯ 안정하다.

㉰ 입력에 따라 다르다. ㉱ 알 수 없다.

6.9 특성방정식이 다음과 같은 제어시스템 중에서 안정한 것은?

㉮ $s^4 - 12s^3 + 24s^2 - 36s + 20 = 0$ ㉯ $s^4 + 15s^2 + 26s + 30 = 0$

㉰ $-s^4 - 10s^3 - 35s^2 - 50s - 24 = 0$ ㉱ $s^2 - 5s + 6 = 0$

6.10 특성방정식이 다음과 같은 제어시스템 중에서 안정한 것은?

㉮ $s^4 + 2s^3 + 5s^2 + 4s + 2 = 0$ ㉯ $2s^4 + s^3 + 3s^2 + 4s + 10 = 0$

㉰ $s^4 + 2s^3 + 4s^2 + 6s + 10 = 0$ ㉱ $s^4 + 2s^3 + 8s^2 - 5s + 6 = 0$

6.11 Routh–Hurwitz 판별법으로 판별할 수 있는 것은?

㉮ 절대안정도 ㉯ 상대안정도

㉰ 특수안정도 ㉱ 정귀환시스템 안정도

6.12 다음 특성방정식은 복소평면의 우반면에 몇 개의 근을 갖는가?

$$s^5 - s^4 - 4s^3 + 2s^2 - 4s - 8 = 0$$

㉮ 1개 ㉯ 2개 ㉰ 3개 ㉱ 4개

6.13 다음 특성방정식은 복소평면의 우반면에 몇 개의 근을 갖는가?

$$s^4 + 5s^3 + 2s^2 - 2s - 6 = 0$$

㉮ 1개 ㉯ 2개 ㉰ 3개 ㉱ 4개

6.14 특성방정식이 다음과 같은 제어시스템이 안정한 K값의 범위는?

$$s^4 + 3s^3 + Ks^2 + 20s + 100 = 0$$

㉮ $K < -5$ ㉯ $K > 5$ ㉰ $K > 17$ ㉱ $K > 22$

6.15 다음 단위귀환제어시스템이 안정한 K값의 범위는?

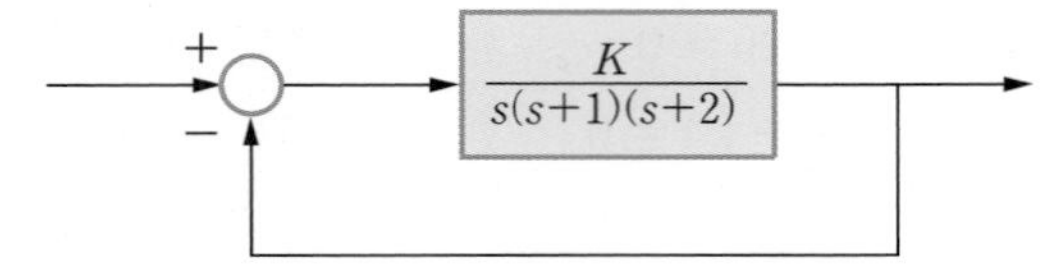

㉮ $10 < K$　　㉯ $0 < K < 2$　　㉰ $0 < K < 6$　　㉱ $K < -10$

6.16 다음 단위귀환제어시스템이 안정한 K값의 범위는?

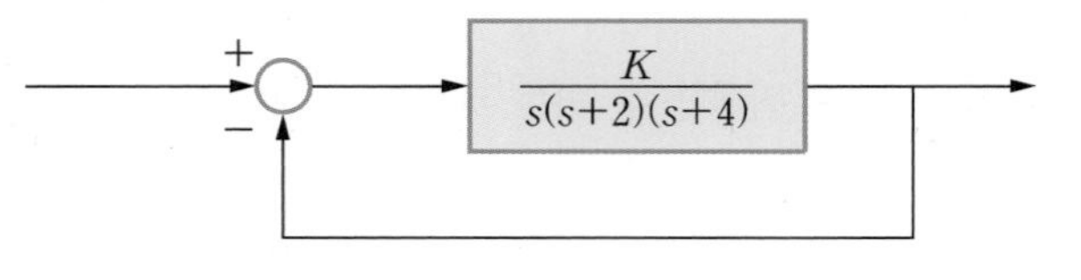

㉮ $6 < K$　　㉯ $0 < K < 48$　　㉰ $0 < K < 8$　　㉱ $K < -8$

6.17 특성방정식이 다음과 같은 자동제어시스템이 안정하기 위한 K값의 범위는?

$$s^4 + 2s^3 + 7s^2 + Ks + 10 = 0$$

㉮ $K > 14$　　㉯ $-5 < K < 7$　　㉰ $4 < K < 10$　　㉱ $0 < K < 14$

6.18 개루프 전달함수가 $G(s)H(s) = \dfrac{100}{s(s+2)(s+4)}$ 인 폐루프 제어시스템은 안정한가?

㉮ 안정하다.　　㉯ 불안정하다.

㉰ 입력에 따라 다르다.　　㉱ 조건부로 안정하다.

6.19 상태방정식이 다음과 같은 제어시스템이 안정하기 위한 K값은?

$$\begin{bmatrix} \dfrac{dx_1(t)}{dt} \\ \dfrac{dx_2(t)}{dt} \\ \dfrac{dx_3(t)}{dt} \end{bmatrix} = \begin{bmatrix} 0 & 1 & 0 \\ 0 & 0 & 1 \\ -K & -2 & -5 \end{bmatrix} \begin{bmatrix} x_1(t) \\ x_2(t) \\ x_3(t) \end{bmatrix} + \begin{bmatrix} 0 \\ 0 \\ 1 \end{bmatrix} r(t)$$

㉮ $K < 7$　　㉯ $-2 < K < 5$

㉰ $0 < K < 10$　　㉱ $2 < K$

6.20 상태방정식이 다음과 같은 제어시스템이 안정하기 위한 K 값은?

$$\begin{bmatrix} \dot{x}_1 \\ \dot{x}_2 \\ \dot{x}_3 \end{bmatrix} = \begin{bmatrix} 0 & 2 & 0 \\ 3 & 0 & 1 \\ -10 & -K & -2 \end{bmatrix} \begin{bmatrix} x_1 \\ x_2 \\ x_3 \end{bmatrix} + \begin{bmatrix} 0 \\ 0 \\ 1 \end{bmatrix} r(t)$$

㉮ $K < 10$　　㉯ $0 < K < 20$

㉰ $0 < K < 10$　　㉱ $10 < K$

6.21 개루프 전달함수가 다음과 같을 때, 시스템 형은?

$$G(s)H(s) = \frac{s(4s+1)}{s^4 + 3s^3 + 6s^2 + 10}$$

㉮ 0 형　　㉯ I 형　　㉰ II 형　　㉱ III 형

6.22 개루프 전달함수가 다음과 같을 때, 시스템 형은?

$$G(s)H(s) = \frac{10}{s^2(s+2)(s+5)}$$

㉮ 0 형　　㉯ I 형　　㉰ II 형　　㉱ III 형

6.23 개루프 전달함수가 다음과 같을 때, 시스템 형은?

$$G(s)H(s) = \frac{s^2 + 2s + 3}{s^4 + 2s^3 + 6s^2 + 10s}$$

㉮ 0 형　　㉯ I 형　　㉰ II 형　　㉱ III 형

6.24 개루프 전달함수가 다음과 같을 때, 시스템 형은?

$$G(s)H(s) = \frac{1}{5s+1}$$

㉮ 0 형　　㉯ I 형　　㉰ II 형　　㉱ III 형

6.25 다음과 같은 제어시스템의 시스템 형은?

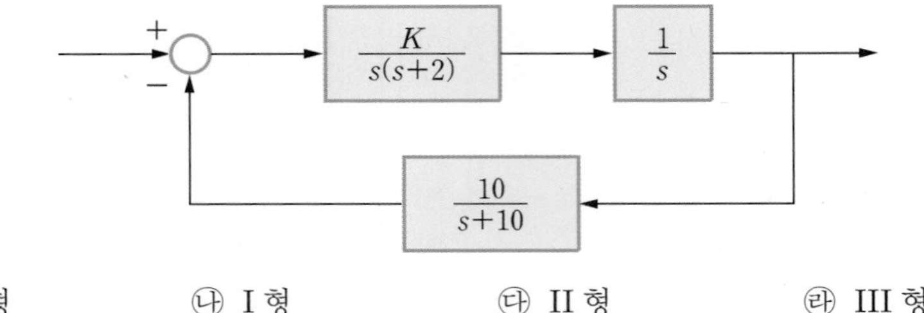

㉮ 0 형　　㉯ I 형　　㉰ II 형　　㉱ III 형

6.26 정상상태오차를 나타낼 때, 위치상수란?

㉮ $K=\lim_{s\to 0} G(s)H(s)$　　㉯ $K=\lim_{s\to 0} s\,G(s)H(s)$

㉰ $K=\lim_{s\to 0} s^2 G(s)H(s)$　　㉱ $K=\lim_{s\to \infty} s\,G(s)H(s)$

6.27 정상상태오차를 나타낼 때, 가속도상수란?

㉮ $K=\lim_{s\to \infty} G(s)H(s)$　　㉯ $K=\lim_{s\to \infty} s\,G(s)H(s)$

㉰ $K=\lim_{s\to 0} s\,G(s)H(s)$　　㉱ $K=\lim_{s\to 0} s^2 G(s)H(s)$

6.28 위치상수가 1일 때, 단위계단입력에 대한 정상상태오차는 얼마인가?

㉮ 1　　㉯ 0.5　　㉰ 0.05　　㉱ 0.048

6.29 위치상수가 20일 때, 단위계단입력에 대한 정상상태오차는 약 얼마인가?

㉮ 10　　㉯ 0.54　　㉰ 0.025　　㉱ 0.048

6.30 속도상수가 4일 때, 단위램프입력에 대한 정상상태오차는 얼마인가?

㉮ 0.4　　㉯ 0.25　　㉰ 0.2　　㉱ 0.02

6.31 위치상수는 ∞, 속도상수는 10, 가속도상수가 0일 때, 단위램프입력에 대한 정상상태오차는 약 얼마인가?

㉮ 0 ㉯ 0.1 ㉰ 10 ㉱ ∞

6.32 램프입력에 대해 정상상태오차가 ∞가 될 때, 시스템 형은?

㉮ 0 형 ㉯ I 형 ㉰ II 형 ㉱ III 형

6.33 포물선입력에 대해 정상상태오차가 0이 될 때, 시스템 형은?

㉮ 0 형 ㉯ I 형 ㉰ II 형 ㉱ III 형

6.34 단위계단입력에 대한 정상상태오차를 0.1로 하기 위해서는 위치상수를 얼마로 해야 하는가?

㉮ 10 ㉯ 5 ㉰ 9 ㉱ 4

6.35 개루프 전달함수가 다음과 같은 제어시스템의 램프입력에 대한 정상상태오차는 몇 %인가?

$$G(s)H(s) = \frac{100(s^2+3s+2)}{s(s^3+2s^2+8s+10)}$$

㉮ ∞ ㉯ 20 ㉰ 5 ㉱ 0.5

6.36 다음 제어시스템의 단위계단입력에 대한 정상상태오차가 5% 이내가 되기 위한 K값의 범위는?

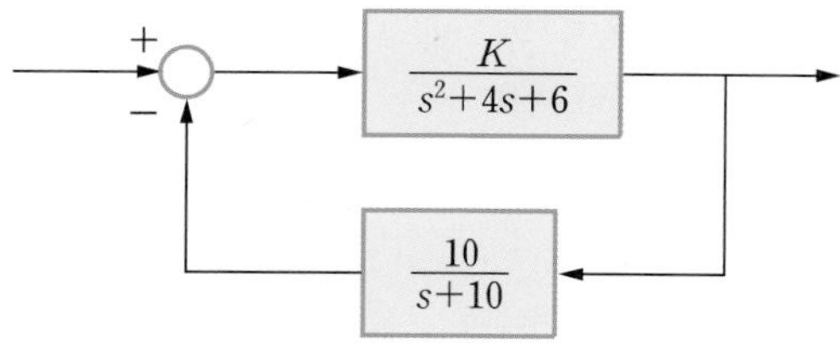

㉮ $16 < K < 120$ ㉯ $120 < K$

㉰ $1200 < K$ ㉱ $114 < K$

6.37 다음 제어시스템에 $r(t)=10t$의 입력을 가했을 때, 정상상태오차는?

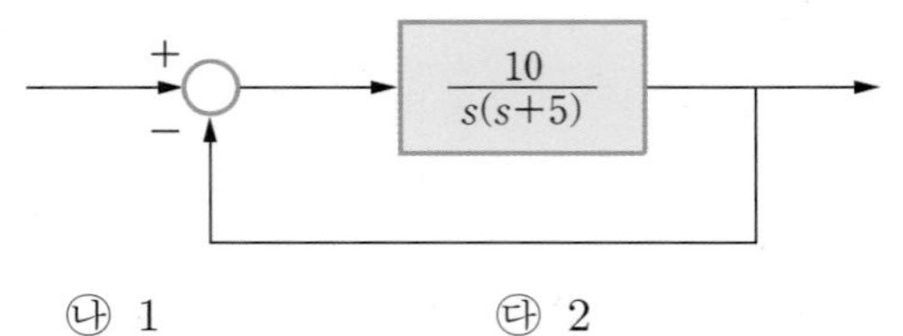

㉮ 0 ㉯ 1 ㉰ 2 ㉱ 5

6.38 어떤 자동제어시스템의 단위계단응답이 다음과 같을 때, 이 시스템의 설명 중 옳은 것은?

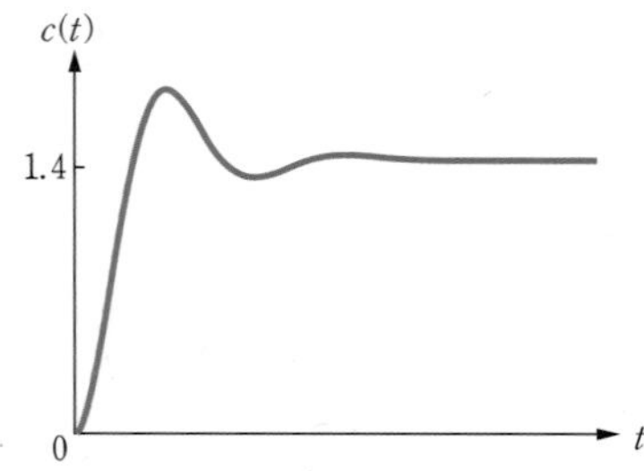

㉮ 단위계단입력에 대한 정상상태 오차가 존재한다.
㉯ 불안정한 시스템이다.
㉰ 위치상수가 ∞ 이다.
㉱ 속도상수가 0.4이다.

6.39 특성방정식이 다음과 같은 제어시스템의 안정도를 Routh-Hurwitz 판별법으로 판별하라.

(a) $s^3+2s^2+3s+10=0$
(b) $s^5+2s^4+3s^3+6s^2+8s+16=0$
(c) $s^5+s^4+3s^3+s^2+2s+5=0$
(d) $2s^4+3s^3+4s^2+6s+20=0$

6.40 다음 특성방정식이 복소평면의 좌반면에만 근을 갖기 위한 K 값의 범위를 각각 구하라.

(a) $s^3+5s^2+3s+K=0$
(b) $2s^4+6s^3+4s^2+10s+K=0$
(c) $s^5+s^4+4s^3+3s^2+Ks+2=0$

6.41 상태방정식이 다음과 같은 제어시스템의 안정도를 판별하라.

$$\begin{bmatrix} \dot{x}_1 \\ \dot{x}_2 \\ \dot{x}_3 \end{bmatrix} = \begin{bmatrix} 0 & 2 & 0 \\ 3 & 0 & 1 \\ -10 & -6 & -2 \end{bmatrix} \begin{bmatrix} x_1 \\ x_2 \\ x_3 \end{bmatrix} + \begin{bmatrix} 0 \\ 0 \\ 1 \end{bmatrix} r(t)$$

6.42 다음 단위귀환제어시스템의 정상상태오차 상수를 구하고, 단위계단입력, 단위램프입력, 단위포물선입력에 대한 정상상태오차를 각각 구하라.

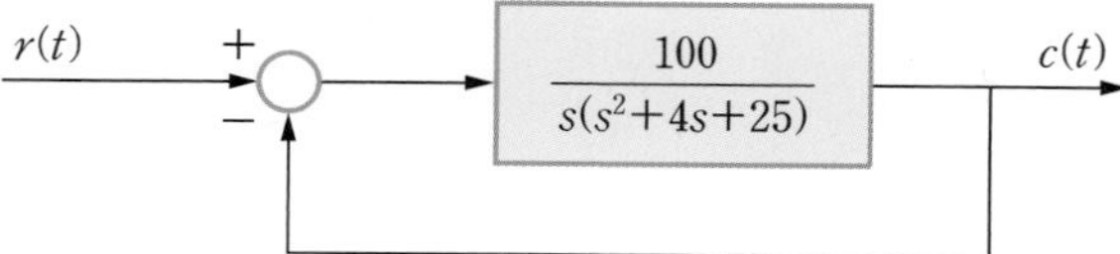

6.43 다음 단위귀환제어시스템의 단위램프입력에 대한 정상상태오차가 5% 이내가 되기 위한 K 값을 구하라.

6.44 MATLAB [연습문제 6.39(a)]의 안정도를 MATLAB을 이용하여 판별하라.

참고 `{roots([1,2,3,10])}`

6.45 MATLAB 다음 상태방정식을 갖는 제어시스템의 특성방정식과 시스템행렬의 고윳값을 MATLAB을 이용하여 구하고, 이 제어시스템의 안정도를 판별하라.

$$\begin{bmatrix} \dot{x}_1 \\ \dot{x}_2 \\ \dot{x}_3 \end{bmatrix} = \begin{bmatrix} 0 & 1 & 0 \\ -1 & -2 & 1 \\ -2 & 0 & 0 \end{bmatrix} \begin{bmatrix} x_1 \\ x_2 \\ x_3 \end{bmatrix} + \begin{bmatrix} 0 \\ 0 \\ 1 \end{bmatrix} r(t)$$

참고 `{P = poly(A), [X, D] = eig(A);}`

6.46 MATLAB [연습문제 6.41]을 MATLAB을 이용하여 풀어라.

참고
```
{P = poly(A), [X, D] = eig(A);}
```

6.47 MATLAB [연습문제 6.42]를 MATLAB을 이용하여 풀어라.

참고
```
{G = tf(num, den);
 Kp = dcgain (G);
 num2 = conv ([1 0], num);}
```

Chapter

07

근궤적 기법

Root Locus Techniques

학습목표

- 근궤적의 정의를 알 수 있다.
- 특성방정식의 근이 갖는 특성을 알 수 있다.
- 특성방정식의 근의 궤적을 그릴 수 있다.
- 이득정수의 변화에 대한 특성방정식의 근의 변화를 구할 수 있다.
- 어떤 복소수가 시스템의 근이 될 수 있는지를 판단할 수 있다.
- 단위계단응답의 백분율 오버슈트가 정해졌을 때, 다른 시간응답의 사양들을 구할 수 있다.

5장에서 특성방정식의 근이 제어시스템의 시간응답에 얼마나 큰 영향을 미치는지 살펴보았다. 이 장에서는 특성방정식의 근을 도해적인 방법으로 구하는 근궤적 기법을 설명하고자 한다. 근궤적 기법은 3차 이상의 고차시스템을 해석하거나 설계할 때 유용하며, 이득정수의 변화에 대한 시스템의 시간응답 특성을 파악할 수 있다. 즉 백분율 오버슈트, 상승시간, 정정시간 등의 변화뿐만 아니라 상대안정도 등을 파악할 수 있으므로 제어기를 설계하는 데 대단히 강력한 설계 도구가 된다. 근궤적은 컴퓨터 프로그램을 이용하여 쉽게 그릴 수도 있지만, 프로그램을 올바로 이해하고 응용하기 위해서는 이론적으로도 근궤적에 대해 잘 알아야 한다. 따라서 이 장에서는 근궤적의 정의와 기본 성질을 알아보고, 근궤적을 그리는 방법을 자세히 살펴본다.

Section

7.1 근궤적의 정의

일반적으로 제어시스템의 시간응답, 즉 과도응답은 그 시스템의 폐루프 전달함수의 극점과 영점이 s 평면에서 어디에 위치하느냐에 따라 결정된다. 특히 시간응답의 모양은 극점의 위치에 따라 결정되므로 폐루프 전달함수의 특성방정식의 근을 구하는 것은 매우 중요하다. 특성방정식의 근의 위치에 따라 그 제어시스템의 시간응답을 유추해낼 수 있다. 그러나 특성방정식의 근을 수식적으로 정확히 구하는 것은 결코 쉬운 일은 아니다. 예를 들어, [그림 7-1]과 같은 대표적인 폐루프 제어시스템의 전달함수는 다음과 같다

$$M(s)=\frac{G(s)}{1+G(S)H(s)}$$

그러면 특성방정식은

$$1+G(s)H(s)=0$$

이 되는데, 이때 이 특성방정식을 인수분해하여 근을 구한다는 것은 일반적으로 매우 어려운 일이다.

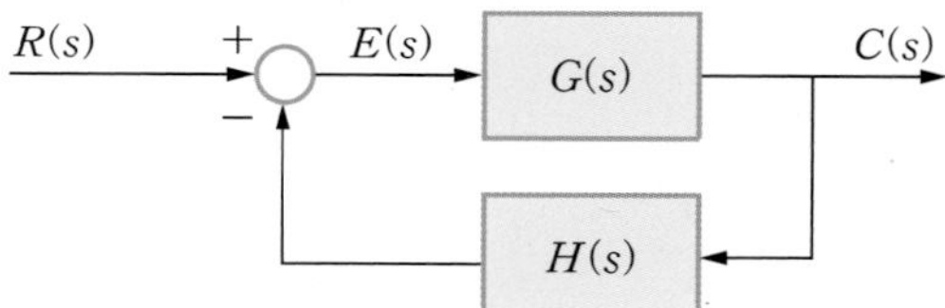

[그림 7-1] **폐루프 제어시스템의 예**

[그림 7-2]와 같은 예에서 직결귀환제어시스템의 폐루프 전달함수는

$$M(s)=\frac{\dfrac{K}{s(s+a)}}{1+\dfrac{K}{s(s+a)}}=\frac{K}{s^2+as+K}$$

가 되므로, 제어시스템의 시간 특성을 결정하는 폐루프 전달함수의 극점, 즉 다음과 같은 특성방정식의 근은 개루프 전달함수의 이득정수 gain factor K값의 변화에 따라 달라진다.

$$s^2+as+K=0 \tag{7.1}$$

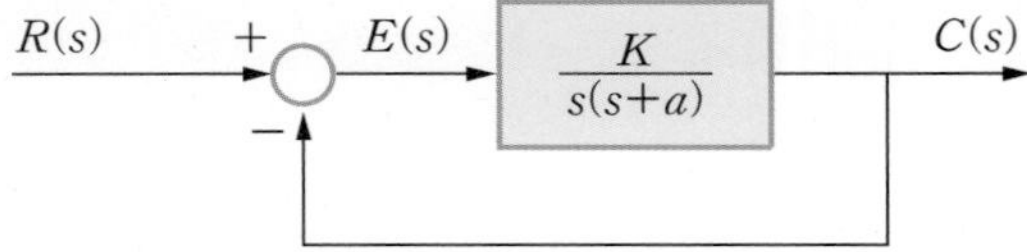

[그림 7-2] **직결귀환제어시스템의 예**

s 평면에서의 극점 위치는 K값에 의해 변하므로 특성방정식의 근들을 수식적으로 풀지 않고, s 평면 위에 개루프 전달함수의 이득정수 K의 함수로 나타내고, K를 0에서부터 ∞까지 변화시킬 때의 특성방정식의 근의 이동궤적을 그려 이 궤적으로 제어시스템을 해석하고 설계하는 방법을 **근궤적 기법**root locus technique이라고 한다. 이때 그린 궤적을 **근궤적**이라 한다.

예제 7-1 근궤적

[그림 7-3]과 같은 제어시스템의 근궤적을 그려라.

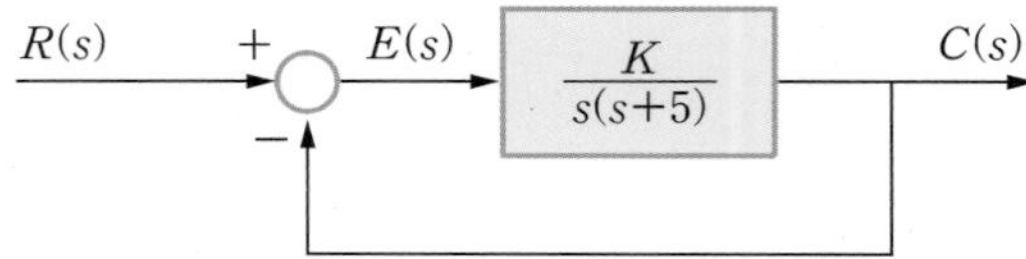

[그림 7-3] **[예제 7-1]의 직결귀환제어시스템**

풀이

[그림 7-3]의 제어시스템에 대한 특성방정식을 구하면 다음과 같다.

$$s^2+5s+K=0$$

여기에서 여러 K값에 대한 특성방정식의 근을 구하면 [표 7-1]과 같다.

[표 7-1] **이득에 대한 특성방정식의 근**

K	s_1	s_2
0	0	-5
1	-0.21	-4.79
2	-0.44	-4.56
4	-1.0	-4.0
6.25	-2.5	-2.5
10	$-2.5+j1.94$	$-2.5-j1.94$
20	$-2.5+j3.71$	$-2.5-j3.71$
30	$-2.5+j4.87$	$-2.5-j4.87$

[표 7-1]에 의해 근궤적을 그리면 [그림 7-4(a)]와 같고, 연속으로 그리면 [그림 7-4(b)]와 같다.

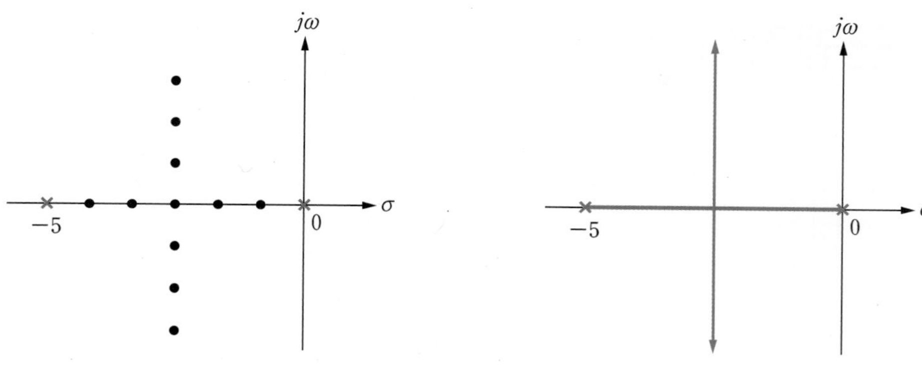

(a) K 값에 대한 근의 위치

(b) K 값이 연속적으로 변할 때 근의 궤적

[그림 7-4] **[예제 7-1]의 근궤적**

Section

7.2 근궤적의 성질

근궤적은 개루프 전달함수의 이득정수 K값의 변화에 대한 특성방정식의 근의 궤적으로, 이득정수 K값의 변화에 대한 다음과 같은 특성방정식의 해를 나타내는 그래프이다.

$$1 + G(s)H(s) = 0 \tag{7.2}$$

식 (7.2)의 전향경로feedforward path 전달함수에서 [그림 7-5]와 같이 이득정수 K를 앞으로 빼서 별도로 표시하면 특성방정식은 다음과 같이 된다.

$$1 + KG(s)H(s) = 0 \tag{7.3}$$

$$KG(s)H(s) = -1 = 1\angle 180^\circ \tag{7.4}$$

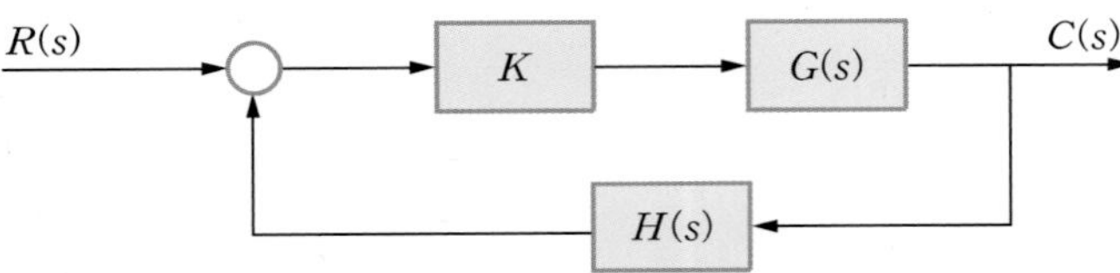

[그림 7-5] **전향경로에 이득정수를 가진 귀환제어시스템**

식 (7.3)과 식 (7.4)를 만족하려면 $G(s)H(s)$가 다음 조건을 만족해야 하며, s는 $G(s)H(s)$가 이 조건을 만족하게 하는 값이어야 한다.

$$|KG(s)H(s)| = 1 \quad \rightarrow \quad |G(s)H(s)| = \frac{1}{K} \tag{7.5}$$

$$\angle G(s)H(s) = -180^\circ \quad \text{또는} \quad 180^\circ \tag{7.6}$$

식 (7.5)를 **크기조건**magnitude criterion, 식 (7.6)을 **각도조건**angle criterion이라고 하며, 식 (7.3)과 같은 특성방정식이 주어졌을 때 어떤 s 값이 이 특성방정식을 만족하는가, 즉 이 특성방정식의 근인가를 알아보려면 $G(s)H(s)$에 그 값을 대입시켰을 때 식 (7.6)을 만족하는지를 알아보면 된다. 다시 말하면 주어진 s값의 크기조건은 K값으로 조정하면 항상 만족할 수 있으므로 문제될 것이 없으나, 만일 s값을 $G(s)H(s)$에 대입했을 때 각도조건을 만족하지 않으면 그 s값은 특성방정식의 근이 될 수 없다.

예를 들어, 어떤 복소함수 $F(s)$에 대해 식 (7.7)을 만족시키는 복소수 s_1값을 구하고자 할 때, 크기와 각도는 각각 식 (7.8)과 식 (7.9)로 나타낼 수 있다.

$$K\,F(s) = 10\angle 53.6^\circ \tag{7.7}$$

$$|K\,F(s_1)| = 10 \tag{7.8}$$

$$\angle F(s_1) = \angle 53.6^\circ \tag{7.9}$$

만일 복소함수 $F(s)$에 복소수 s_1을 대입했을 때, 식 (7.9)의 각도조건을 만족하지 못하면 K값을 아무리 조절해도 식 (7.7)을 절대로 만족할 수 없다. [그림 7-6]에서 보듯이 복소수 A는 크기를 5배 하면(5를 곱하면) $10\angle 53.6^\circ$ 가 될 수 있지만, 복소수 B는 크기를 몇 배 해도 $10\angle 53.6^\circ$ 가 될 수 없다.

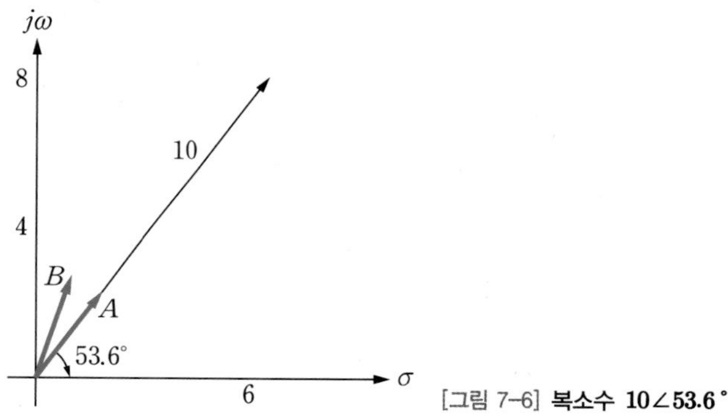

[그림 7-6] **복소수 10∠53.6°**

[그림 7-7(a)]의 복소수 $s_1 = 5\angle 53.6^\circ$ 에 2을 더하면 복소수 s_2, 즉 $s_2 = s_1 + 2$는 [그림 7-7(b)]처럼 $s_2 = 6.4\angle 38.66^\circ$ 가 된다. 그러나 복소수 s_2는 [그림 7-7(b)]처럼 그리는 것보다 [그림 7-7(c)]와 같이 그리는 것이 편리하다.

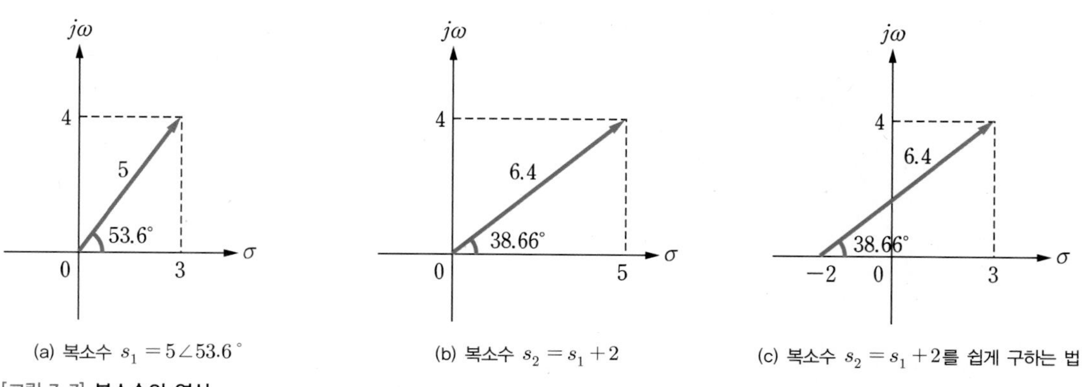

(a) 복소수 $s_1 = 5\angle 53.6^\circ$

(b) 복소수 $s_2 = s_1 + 2$

(c) 복소수 $s_2 = s_1 + 2$를 쉽게 구하는 법

[그림 7-7] **복소수의 연산**

따라서 함수 $F(s) = s+3$의 s에 $s_1 = 2+j5\,(5.4\angle 68.2^\circ)$를 대입한 $F(s_1)$은 [그림 7-8]과 같이 쉽게 구할 수 있다.

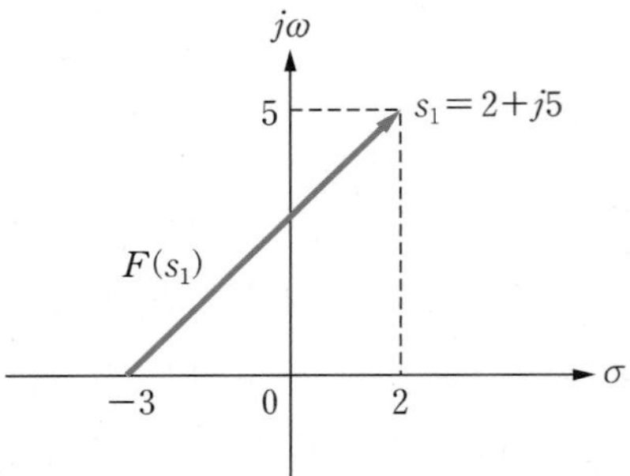

[그림 7-8] 함수 $F(s_1) = s_1 + 3$의 연산

예제 7-2 복소수의 함숫값

다음 복소함수 $F(s)$에 대해 $s = 2+j4$일 때의 함숫값을 구하라.

$$F(s) = \frac{5(s+2)}{s(s+1)}$$

풀이

복소수 $s = 2+j4$를 s_1이라고 하면, [그림 7-9]에서

$$(s_1+2) = 4\sqrt{2}\angle 45^\circ$$
$$s_1 = 2\sqrt{5}\angle 63.4^\circ$$
$$(s_1+1) = 5\angle 53.6^\circ$$

이므로, 함숫값은 다음과 같다.

$$F(s_1) = \frac{5 \times 4\sqrt{2}\angle 45^\circ}{2\sqrt{5}\angle 63.4^\circ \times 5\angle 53.6^\circ} = 1.265\angle -72^\circ$$

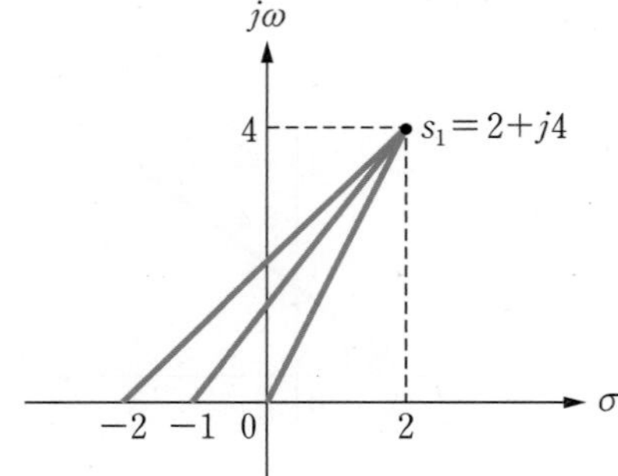

[그림 7-9] 함수 $F(s_1) = \dfrac{5(s_1+2)}{s_1(s_1+1)}$의 연산

예제 7-3 특성방정식의 근

[그림 7-10]과 같은 직결귀환제어시스템에 대해 다음 복소수가 특성방정식의 근이 될 수 있는지 구하라. 만일 될 수 있다면 그때의 이득정수 K값을 구하라.

(a) $s_1 = -4 + j5$ (b) $s_2 = -1 + j4$

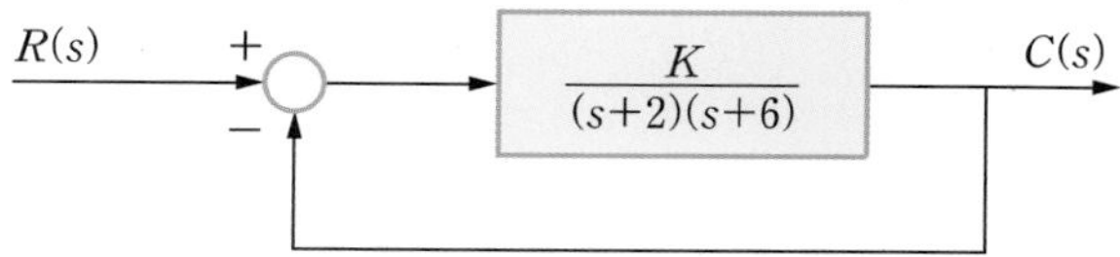

[그림 7-10] **[예제 7-3]의 직결귀환제어시스템**

풀이

(a) 개루프 전달함수에서 s 대신 s_1을 대입한

$$G(s_1)H(s_1) = \frac{K}{(s_1+2)(s_1+6)} \quad \cdots ①$$

를 구하기 위해, [그림 7-11(a)]와 같이 각 함숫값을 구한다.

$$s_1 + 2 = \sqrt{2^2+5^2}\ \angle \tan^{-1}\frac{5}{-2} = \sqrt{29}\ \angle 111.8^\circ$$

$$s_1 + 6 = \sqrt{2^2+5^2}\ \angle \tan^{-1}\frac{5}{2} = \sqrt{29}\ \angle 68.2^\circ$$

이 값을 식 ①에 대입하면 개루프 전달함수의 값은

$$\begin{aligned} G(s_1)H(s_1) &= \frac{K}{\sqrt{29}\ \angle 111.8^\circ \times \sqrt{29}\ \angle 68.2^\circ} \\ &= \frac{K}{29}\ \angle -180^\circ \end{aligned}$$

가 되므로, 각도조건 식 (7.6)을 만족한다. 따라서 이 복소수 값 s_1은 특성방정식의 근이 될 수 있으며, 크기조건 식 (7.5)를 만족하기 위해서는 $K=29$여야 한다.

(b) 개루프 전달함수에서 s 대신 s_2를 대입한

$$G(s_2)H(s_2) = \frac{K}{(s_2+2)(s_2+6)} \quad \cdots ②$$

를 구하기 위해, [그림 7-11(b)]와 같이 각 함숫값을 구하면 다음과 같다.

$$s_2 + 2 = \sqrt{1^2+4^2}\ \angle \tan^{-1}4 = \sqrt{17}\ \angle 76.0^\circ$$

$$s_2 + 6 = \sqrt{5^2+4^2}\ \angle \tan^{-1}\frac{4}{5} = \sqrt{41}\ \angle 38.7^\circ$$

이 값을 식 ②에 대입하면 개루프 전달함수의 값은

$$G(s_2)H(s_2) = \frac{K}{\sqrt{17}\angle 76.0° \times \sqrt{41}\angle 38.7°} = \frac{K}{26.4}\angle -114.7°$$

가 되므로, 각도조건을 만족하지 않는다. 따라서 이 복소수 값은 특성방정식의 근이 될 수 없다.

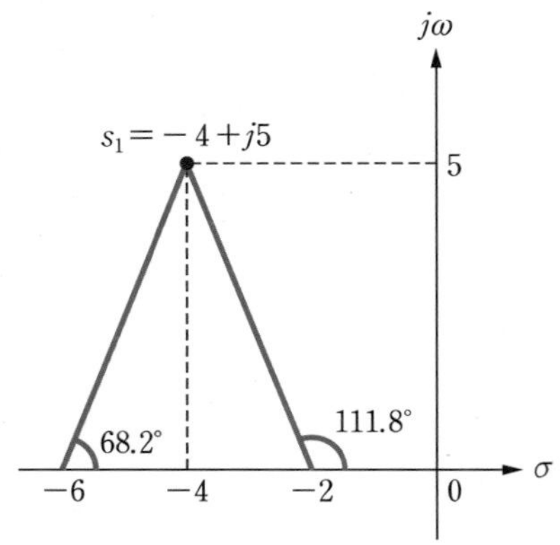

(a) $G(s)H(s) = \frac{K}{(-4+j5)(-4+j5)}$

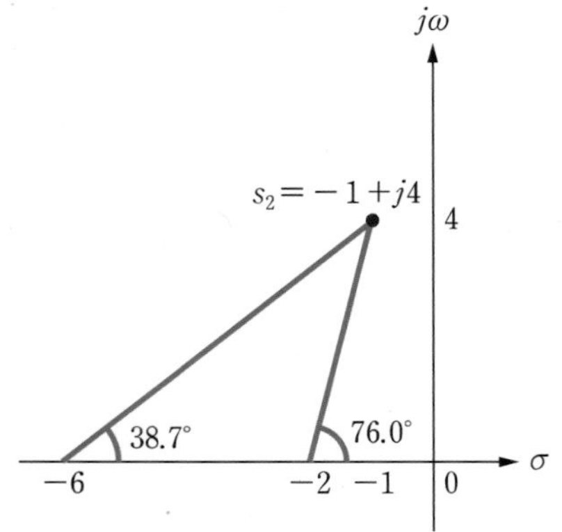

(b) $G(s)H(s) = \frac{K}{(-1+j4)(-1+j4)}$

[그림 7-11] $G(s)H(s) = \frac{K}{(s+2)(s+6)}$ 의 연산

Section

7.3 근궤적 그리기

근궤적이란 개루프 전달함수 $G(s)H(s)$의 위상각이 -180°를 만족시키는 s값들의 궤적을 말한다. 이 절에서는 근궤적을 실제로 그리기 위한 기술적인 기본 사항에 대해 살펴보고자 한다.

출발점

근궤적은 개루프 전달함수 $G(s)H(s)$의 극점들로부터 시작한다. [그림 7-12]와 같은 제어시스템의 특성방정식을 구하면 다음과 같다.

$$1+\frac{K(s+6)(s+10)}{(s+2)(s+4)}=0 \tag{7.10}$$

$$(s+2)(s+4)+K(s+6)(s+10)=0 \tag{7.11}$$

이때 $K=0$이면 이 특성방정식의 근은

$$s_1=-2,\ s_2=-4$$

가 되므로, 즉 근궤적이 개루프 전달함수의 극점들로부터 시작됨을 알 수 있다.

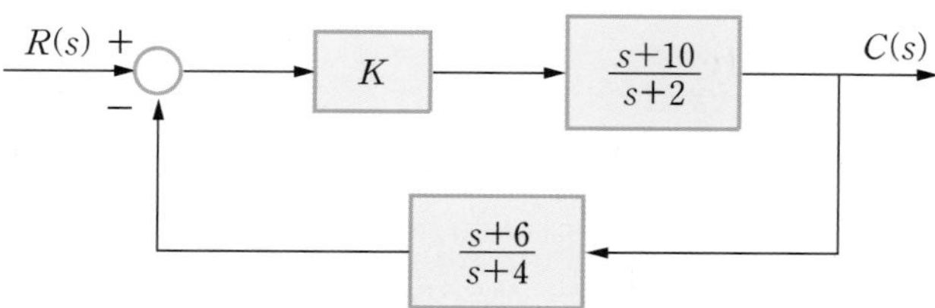

[그림 7-12] **폐루프 제어시스템의 예**

분기 수

근궤적의 **분기 수**number of branches는 개루프 전달함수 $G(s)H(s)$의 극점 수와 같다.

종착점

$K\to\infty$일 때 근궤적은 개루프 전달함수의 영점들로 접근한다. 이때 개루프 전달함수의 분모식의 s 차수가 분자식의 s 차수보다 크면 차수의 차이만큼 ∞값의 영점이 있는 것으로 취급한다. 따라서

개루프 전달함수의 극점의 수가 n개, 유한 영점의 수가 m개면 n개의 근궤적의 분기들 중에 m개는 개루프 전달함수의 영점들로 접근해 가고, 나머지 $(n-m)$개의 분기 수는 무한 원점으로 접근해 간다. 앞에서 구한 [그림 7-12]의 특성방정식을 다음과 같이 나타내자.

$$1+\frac{K(s+6)(s+10)}{(s+2)(s+4)}=0$$

$$(s+2)(s+4)+K(s+6)(s+10)=0$$

$$\frac{(s+2)(s+4)}{K}+(s+6)(s+10)=0 \tag{7.12}$$

이때 $K=\infty$이면 이 특성방정식의 근은 다음과 같이 된다.

$$s_1=-6,\ s_2=-10$$

점근선

근궤적이 무한원점으로 접근할 때 그 **점근선**asymptote들이 실수축과 만나는 점 σ_c는 다음과 같다.

$$\sigma_c=\frac{\sum_{i=1}^{n}p_i-\sum_{j=1}^{m}z_j}{n-m} \tag{7.13}$$

단, p_i는 극점 값, z_j는 영점 값, n은 전체 극의 수, m은 전체 영점의 수

그리고 점근선이 실수축과 이루는 각 β는 다음과 같다.

$$\beta=\frac{(2l+1)\,180^\circ}{n-m} \tag{7.14}$$

단, $l=0,\ 1,\ 2,\ 3,\ \cdots,\ (n-m-1)$

따라서 점근선들이 실축과 만나는 점은 하나이나, 실축과 이루는 각은 $(n-m)$개가 된다.

대칭성

폐루프 제어시스템의 복소수근은 반드시 공액쌍을 이루므로 근궤적은 실수축에 대해 상하 대칭으로 나타난다.

실수축 위의 근궤적 영역

실수축 위에 근궤적이 존재할 수 있는 부분은 실수축 위의 한 시행점의 오른쪽에 있는 개루프 전달함수의 극점과 영점 수의 합이 홀수인 범위이다.

실수축의 이탈점과 인입점

근궤적이 실수축을 이탈할 때 또는 인입할 때의 **이탈점**break-out point 또는 **인입점**break-in point은 다음 식 (7.15)에서 σ를 구하면 된다.

$$\sum_{i=1}^{n}\frac{1}{(p_i-\sigma)}=\sum_{j=1}^{m}\frac{1}{(z_j-\sigma)} \tag{7.15}$$

또 다른 방법은 개루프 전달함수 $G(s)H(s)$의 변화율이 0이 되는 점, 즉

$$\frac{d}{ds}G(s)H(s)=0 \tag{7.16}$$

을 만족하는 s값으로 구할 수 있으며, 편한 대로 선택하여 사용하면 된다(증명 생략).

출발각과 도착각

근궤적이 개루프 전달함수 $G(s)H(s)$의 극점을 떠날 때의 **출발각**departure angle θ_D와 영점에 접근할 때의 **접근각**arrival angle θ_A는 다음과 같다(증명 생략).

$$\begin{aligned}\theta_D &= 180^\circ + \angle GH(p_i) \qquad \text{단, } \angle GH(p_i)=\lim_{s\to p_i}\angle (s-p_i)\,G(s)H(s)\\ \theta_A &= 180^\circ - \angle GH(z_j) \qquad \text{단, } \angle GH(z_j)=\lim_{s\to z_j}\angle \frac{1}{(s-z_j)}\,G(s)H(s)\end{aligned} \tag{7.17}$$

근궤적을 그릴 때 도착각은 특별히 주의해야 한다. 예를 들어, [그림 7-13]에서 도착각은 $\theta_A=-60^\circ$가 아니라, $\theta_A=120^\circ$가 된다.

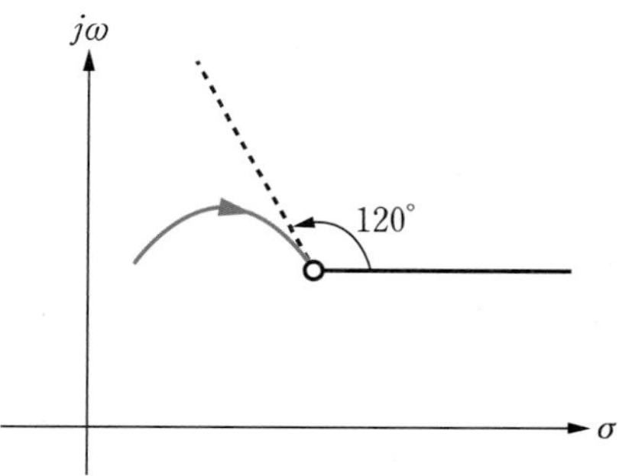

[그림 7-13] **근궤적에서 도착각 계산**

허수축과의 교차점

근궤적이 허수축과 만나는 점과 이때의 K값은 안정도를 판별할 때 사용하는 Routh 표에서 **임계안정**critical stable 조건으로 구할 수 있다.

지금까지 근궤적을 그리기 위한 기본 사항을 자세히 살펴보았다. 이제 [그림 7-12]의 제어시스템에 대한 근궤적을 그려보자. 이를 위해 앞의 기본 사항에 순서를 붙여 하나씩 구해보자.

제어시스템의 개루프 전달함수는 다음과 같다.

$$G(s)H(s) = \frac{K(s+6)(s+10)}{(s+2)(s+4)} \tag{7.18}$$

이때 극점은 $p_1 = -2$, $p_2 = -4$로 극점 수는 $n = 2$이며, 영점은 $z_1 = -10$, $z_2 = -6$으로 영점 수는 $m = 2$이다.

❶ 근궤적은 $s = -2$, $s = -4$인 극점들에서 출발한다.
❷ 근궤적의 분기 수는 2이다.
❸ $K \to \infty$일 때 근궤적의 모든 분기는 $s = -6$, $s = -10$인 점에 접근한다.
❹ 무한원점이 없으므로 점근선은 없다.
❺ 근궤적은 실수축에서 상하 대칭이다.
❻ 실수축 위에 근궤적이 존재하는 부분은 $-4 \le s \le -2$, $-10 \le s \le -6$이다.
❼ 근궤적이 실수축을 이탈할 때, 그 이탈점 및 실수축으로 들어올 때의 인입점 σ는 식 (7.15)에 의해 다음 방정식을 풀어서 구한다.

$$\frac{1}{(-2-\sigma)} + \frac{1}{(-4-\sigma)} = \frac{1}{(-6-\sigma)} + \frac{1}{(-10-\sigma)} \tag{7.19}$$

$$5\sigma^2 + 52\sigma + 116 = 0$$

$$\sigma = -3.24 \text{ 또는 } -7.16$$

여기에서 -3.24는 이탈점이고, -7.16은 인입점이다. 또한 이 점들은 다음과 같이 식 (7.16)으로도 구할 수 있다.

$$\begin{aligned}\frac{d}{ds}\frac{K(s+6)(s+10)}{(s+2)(s+4)} &= \frac{d}{ds}\frac{K(s^2+16s+60)}{s^2+6s+8} \\ &= K\frac{(2s+16)(s^2+6s+8)-(s^2+16s+60)(2s+6)}{(s^2+6s+8)^2} \\ &= -K\frac{10s^2+104s+232}{(s^2+6s+8)^2} = 0\end{aligned}$$

이때 양변을 정리하면 근은 다음과 같다.

$$5s^2 + 52s + 116 = 0$$

$$\sigma = -3.24 \text{ 또는 } -7.16$$

❽ 출발각과 도착각은 식 (7.17)에 의해 다음과 같이 구한다.

$$\theta_{D1} = 180^\circ + \angle GH(-2) = 180^\circ + 0^\circ = 180^\circ$$

$$\Leftarrow \angle GH(-2) = \lim_{s \to -2} \angle (s+2)\frac{K(s+6)(s+10)}{(s+2)(s+4)}$$

$$= \angle (16K + j0) = 0^\circ$$

$$\theta_{D2} = 180^\circ + \angle GH(-4) = 180^\circ - 180^\circ = 0^\circ$$

$$\Leftarrow \angle GH(-4) = \lim_{s \to -4} \angle (s+4)\frac{K(s+6)(s+10)}{(s+2)(s+4)}$$

$$= \angle (-6K + j0) = -180^\circ$$

$$\theta_{A1} = 180^\circ - \angle GH(-6) = 180^\circ + 0^\circ = 180^\circ$$

$$\Leftarrow \angle GH(-6) = \lim_{s \to -6} \angle \frac{1}{(s+6)}\frac{K(s+6)(s+10)}{(s+2)(s+4)}$$

$$= \angle \left(\frac{1}{2}K + j0\right) = 0^\circ$$

$$\theta_{A2} = 180^\circ - \angle GH(-10) = 180^\circ - (-180^\circ) = 360^\circ = 0^\circ$$

$$\Leftarrow \angle GH(-10) = \lim_{s \to -10} \angle \frac{1}{(s+10)}\frac{K(s+6)(s+10)}{(s+2)(s+4)}$$

$$= \angle \left(-\frac{1}{12}K + j0\right) = -180^\circ$$

❾ 이 제어시스템은 허수축을 지나가지 않으므로 허수축과의 교차점은 구할 필요가 없다.

지금까지 구한 사항을 종합하여 근궤적을 그리면 [그림 7-14]와 같다.

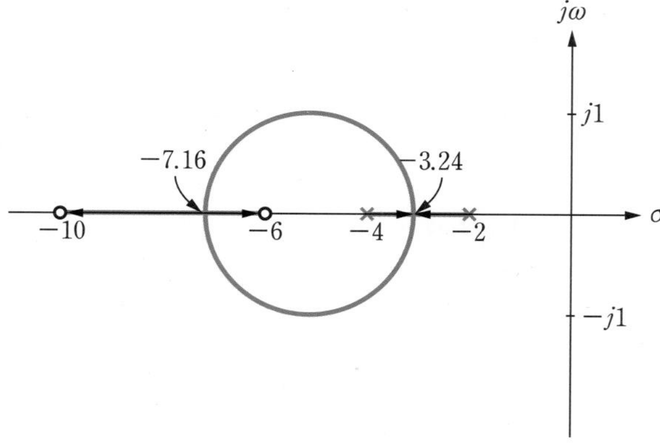

[그림 7-14] 개루프 전달함수 $G(s)H(s) = \dfrac{K(s+6)(s+10)}{(s+2)(s+4)}$ 인 제어시스템의 근궤적

예제 7-4 폐루프 제어시스템의 근궤적

개루프 전달함수가 다음과 같은 폐루프 제어시스템의 근궤적을 구하라.

$$G(s)H(s) = \frac{K}{s(s+2)(s+4)}$$

풀이

개루프 전달함수의 극점은 $p_1=0$, $p_2=-2$, $p_3=-4$로 극점 수는 $n=3$이며, 영점은 없으므로 영점 수는 $m=0$이다.

❶ 근궤적은 $s=0$, $s=-2$, $s=-4$인 극점들에서 출발한다.
❷ 근궤적의 분기 수는 3이다.
❸ $K \to \infty$일 때 근궤적의 모든 분기는 무한원점으로 접근한다.
❹ 점근선이 실수축과 만나는 점 σ_c는 식 (7.13)에 의해

$$\sigma_c = \frac{(0-2-4)-0}{3-0} = -2$$

이고, 실수축과 이루는 각 β는 식 (7.14)에 의해 다음과 같이 구한다.

$$\beta_1 = \frac{(2\times 0+1)180^\circ}{3-0} = 60^\circ$$

$$\beta_2 = \frac{(2\times 1+1)180^\circ}{3-0} = 180^\circ$$

$$\beta_3 = \frac{(2\times 2+1)180^\circ}{3-0} = 300^\circ$$

❺ 근궤적은 실수축에 대해 상하 대칭이다.
❻ 실수축 위에 근궤적이 존재하는 부분은 식 (7.15)에 의해 다음과 같이 구한다.

$$-2 \le s \le 0\ ,\ s \le -4$$

❼ 근궤적이 실수축을 이탈할 때 그 이탈점 σ는 다음과 같다.

$$\frac{1}{(0-\sigma)} + \frac{1}{(-2-\sigma)} + \frac{1}{(-4-\sigma)} = 0 \qquad \cdots ①$$

$$3\sigma^2 + 12\sigma + 8 = 0$$

$$\sigma = -3.155 \text{ 또는 } -0.845$$

이 중에서 -3.155는 위의 ❻번에서 구한 영역에 맞지 않으므로 버린다. 즉 실수축을 이탈하는 점은 다음과 같다.

$$s = -0.845$$

또한 이 점은 다음과 같이 식 (7.16)으로도 구할 수 있다.

$$\frac{d}{ds}\frac{K}{s(s+2)(s+4)} = \frac{d}{ds}\frac{K}{s^3+6s^2+8s} = \frac{-K(3s^2+12s+8)}{(s^3+6s^2+8s)^2} = 0 \qquad \cdots ②$$

❽ 출발각은 식 (7.17)에 의해 다음과 같이 구하고, 도착각은 영점이 없으므로 구할 필요가 없다. $s=0$ 점의 출발각을 구하면

$$\theta_{D1} = 180^\circ + \angle GH(0) = 180^\circ + 0^\circ = 180^\circ$$

$$\Leftarrow \angle GH(0) = \lim_{s \to 0} \angle s \frac{K}{s(s+2)(s+4)}$$

$$= \angle (0.125K + j0) = 0^\circ$$

이고, $s=-2$ 점의 출발각은 다음과 같다.

$$\theta_{D2} = 180^\circ + \angle GH(-2) = 180^\circ + (-180^\circ) = 0^\circ$$

$$\Leftarrow \angle GH(-2) = \lim_{s \to -2} \angle (s+2) \frac{K}{s(s+2)(s+4)}$$

$$= \angle (-0.25K + j0) = -180^\circ$$

또한 $s=-4$ 점의 출발각은 다음과 같다.

$$\theta_{D3} = 180^\circ + \angle GH(-4) = 180^\circ + 0^\circ = 180^\circ$$

$$\Leftarrow \angle GH(-4) = \lim_{s \to -4} \angle (s+4) \frac{K}{s(s+2)(s+4)}$$

$$= \angle (0.125K + j0) = 0^\circ$$

❾ 허수축과 만나는 점과 그때의 K값을 구해보자. 특성방정식은 다음과 같다.

$$1 + G(s)H(s) = 1 + \frac{K}{s(s+2)(s+4)} = 0 \qquad \cdots ③$$

$$s^3 + 6s^2 + 8s + K = 0$$

그리고 Routh 표를 만들면 다음과 같다.

s^3	1	8
s^2	6	K
s^1	$\frac{48-K}{6}$	0
s^0	K	

이때 임계안정을 위한 K값은 48이다. 즉 $K=48$일 때 근궤적은 허수축과 만난다. $K=48$일 때 특성방정식은 다음과 같이 인수분해된다.

$$s^3 + 6s^2 + 8s + 48 = (6s^2 + 48) \times \frac{1}{6}(s+6) = 0$$

$$s = -6, \quad s = j2\sqrt{2}, \quad s = -j2\sqrt{2}$$

지금까지 구한 사항을 종합하여 근궤적을 그리면 [그림 7-15]와 같다.

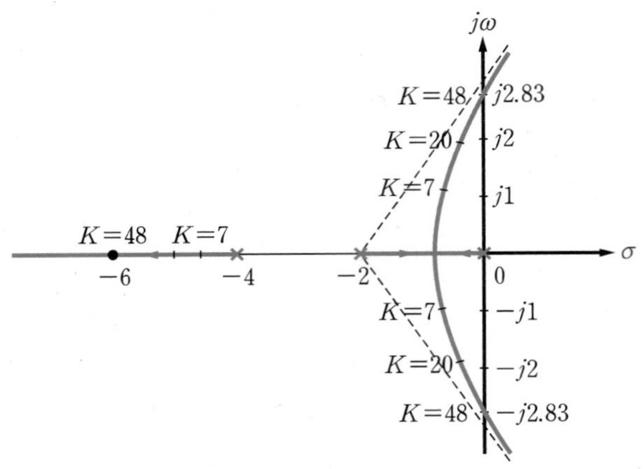

[그림 7-15] **개루프 전달함수 $G(s)H(s) = \dfrac{K}{s(s+2)(s+4)}$ 인 제어시스템의 근궤적**

이해를 돕기 위해, [그림 7-16]의 제어시스템에 대한 근궤적을 하나 더 구해보자.

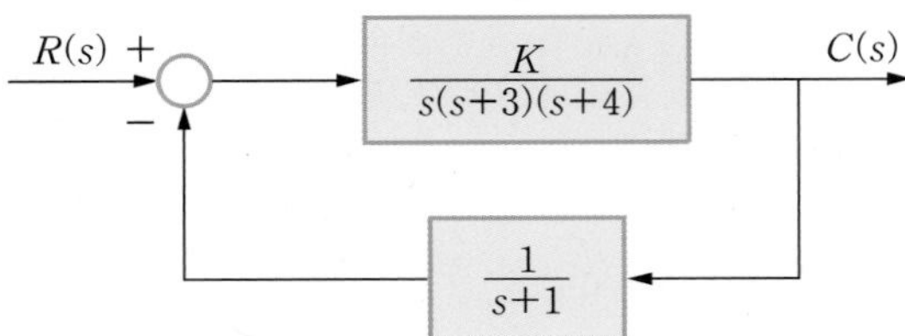

[그림 7-16] **폐루프 제어시스템의 예**

이 제어시스템의 개루프 전달함수는 다음과 같다.

$$G(s)H(s) = \frac{K}{s(s+3)(s+4)} \times \frac{1}{(s+1)} \qquad (7.20)$$

극점은 $p_1 = 0$, $p_2 = -1$, $p_3 = -3$, $p_4 = -4$로 극점 수는 $n = 4$이며, 영점은 없다.

❶ 근궤적은 $s = 0$, $s = -1$, $s = -3$, $s = -4$인 극점들에서 출발한다.
❷ 근궤적의 분기 수는 4이다.
❸ $K \to \infty$일 때 근궤적의 모든 분기는 무한원점에 접근한다.
❹ 점근선이 실수축과 만나는 점 σ_c는 식 (7.13)에 의해

$$\sigma_c = \frac{0 + (-1) + (-2) + (-4)}{4 - 0} = -2$$

이고, 실수축과 이루는 각 β는 식 (7.14)에 의해 다음과 같이 구한다.

$$\beta_1 = \frac{(2\times 0+1)180^\circ}{4-0} = 45^\circ$$

$$\beta_2 = \frac{(2\times 1+1)180^\circ}{4-0} = 135^\circ$$

$$\beta_3 = \frac{(2\times 2+1)180^\circ}{4-0} = 225^\circ$$

$$\beta_4 = \frac{(2\times 3+1)180^\circ}{4-0} = 315^\circ$$

❺ 근궤적은 실수축에 대해 상하 대칭이다.

❻ 실수축 위에 근궤적이 존재하는 부분은 $-1 \le s \le 0$, $-4 \le s \le -3$이다.

❼ 근궤적이 실수축을 이탈할 때 그 이탈점 σ는 다음방정식을 풀어야 한다.

$$\frac{1}{(0-\sigma)} + \frac{1}{(-1-\sigma)} + \frac{1}{(-3-\sigma)} + \frac{1}{(-4-\sigma)} = 0 \tag{7.21}$$

$$2\sigma^3 + 12\sigma^2 + 19\sigma + 6 = 0$$

이 방정식에서 σ를 구하는 방법은 나머지 정리를 이용하여 직접 어떤 수를 σ 대신에 넣어 구하는 방법이 있으나, 이 경우에는 너무 복잡하다. 그 대신 0과 -1 사이의 이탈점을 $\sigma = -0.5$라고 가정하고, 이 값을 식 (7.21)의 두 항에 대입하여 다음 방정식으로 푼다.

$$\frac{1}{(0-\sigma)} + \frac{1}{(-1-\sigma)} + \frac{1}{(-3+0.5)} + \frac{1}{(-4+0.5)} = 0 \tag{7.22}$$

$$\sigma^2 + 3.92\sigma + 1.46 = 0$$

$$\sigma \fallingdotseq -0.42 \text{ 또는 } -3.5$$

$\sigma \fallingdotseq -3.5$는 적당치 않으므로 버리고, $\sigma \fallingdotseq -0.42$를 취하여 조금 전의 -0.5 대신에 대입하여 똑같은 방법을 반복하면 $\sigma \fallingdotseq -0.424$의 근삿값을 얻을 수 있다. 다음으로 -3과 -4 사이의 이탈점도 같은 방법으로 $\sigma \fallingdotseq -3.576$을 구할 수 있다.

$$\sigma_1 \fallingdotseq -0.424,\ \sigma_2 \fallingdotseq -3.576$$

❽ 출발각은 개루프 전달함수의 극점이 (−) 실수축과 원점에만 있으므로 0° 또는 180° 뿐이다.

❾ 허수축과 만나는 점과 그때의 K값을 구하기 위해 특성방정식을 구하면 다음과 같다.

$$1 + G(s)H(s) = 1 + \frac{K}{s(s+1)(s+3)(s+4)} = 0 \tag{7.23}$$

$$s^4 + 8s^3 + 19s^2 + 12s + K = 0$$

그리고 Routh 표를 만들면 다음과 같다.

s^4	1	19	K
s^3	8	12	0
s^2	17.5	K	
s^1	$\frac{210-8K}{17.5}$	0	
s^0	K		

임계안정을 위한 K값은 26.25이다. 즉 $K=26.25$일 때 근궤적은 허수축과 만난다. $K=26.25$일 때 특성방정식은

$$s^4+8s^3+19s^2+12s+26.65=0 \tag{7.24}$$

이 되고, 다음과 같이 인수분해하여 특성방정식의 근을 구할 수 있다.

$$\begin{aligned}s^4+8s^3+19s^2+12s+26.25 &= (17.5s^2+26.25)\times(As^2+Bs+C)\\ &= 17.5(s^2+1.5)(2s^2+16s+35)\times\frac{1}{35}=0\end{aligned}$$

$$s_1=j\sqrt{1.5}=j1.225,\ \ s_2=-j\sqrt{1.5}=-j1.225$$
$$s_3=-4+j\sqrt{1.5},\ \ s_4=-4+j\sqrt{1.5}$$

지금까지 구한 사항을 종합하여 근궤적을 그리면 [그림 7-17]과 같다.

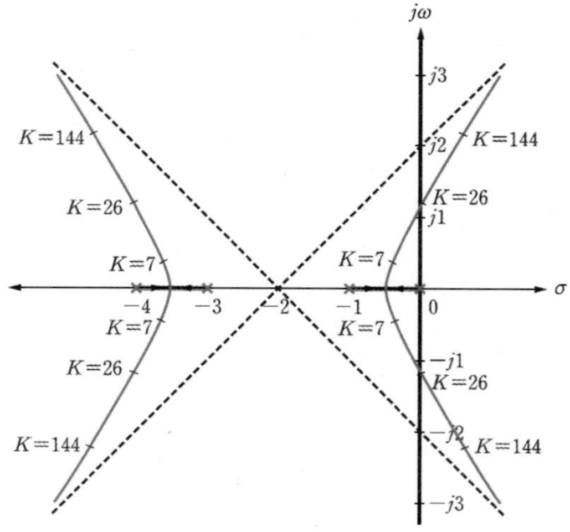

[그림 7-17] 개루프 전달함수 $G(s)H(s)=\frac{K}{s(s+1)(s+3)(s+4)}$ 인 제어시스템의 근궤적

예제 7-5 직결귀환제어시스템의 근궤적

[그림 7-18]의 직결귀환제어시스템에 대해 다음을 구하라.

(a) 근궤적을 그려라.

(b) 이 근궤적과 감쇠정수 $\zeta = 0.456$ 선이 만나는 점과 그때의 이득정수 K값을 구하라.

(c) 첨두값시간, 백분율 오버슈트, 정정시간을 구하라.

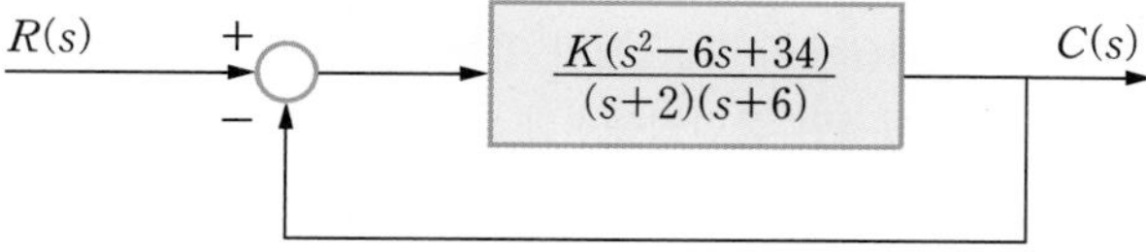

[그림 7-18] [예제 7-5]의 직결귀환제어시스템

풀이

(a) 먼저 개루프 전달함수가 두 개의 극점 $P_1 = -2$, $P_2 = -6$과 두 개의 영점 $z_1 = 3 + j5$, $z_2 = 3 - j5$임을 알 수 있다. 따라서 근궤적은 두 극점에서 출발하여, 허수축을 지나 복소평면의 우반면에 있는 두 영점에 수렴한다.

여기서 실수축 이탈점은 식 (7.16)에 의해 다음과 같다.

$$\frac{d}{ds}G(s)H(s) = \frac{d}{ds}\frac{K(s^2-6s+34)}{s^2+8s+12} = K\frac{14s^2-44s-344}{(s^2+8s+12)^2} = 0$$

$$14s^2 - 44s - 344 = 0$$

$$7s^2 - 22s - 172 = 0$$

$$s = -3.63 \text{ 또는 } 6.77$$

따라서 근궤적의 실수축 이탈점은 -3.63이다. 또한 허수축과 만나는 점을 Routh 표를 이용해 구해보자. 특성방정식을 구하면

$$1 + \frac{K(s^2-6s+34)}{(s+2)(s+6)} = 0$$

$$(s+2)(s+6) + K(s^2-6s+34) = 0$$

$$(K+1)s^2 + (8-6K)s + (34K+12) = 0$$

이므로, Routh 표는 다음과 같다.

s^2	$K+1$	$34K+12$
s^1	$8-6K$	0
s^0	$34K+12$	0

임계안정을 위한 K 값은 $\frac{4}{3}=1.33$ 이며 보조식, 즉 짝수 다항식[even polynomial]에 대한 방정식을 풀면

$$A(s)=\left(\frac{4}{3}+1\right)s^2+\left(34\times\frac{4}{3}+12\right)=0 \quad \cdots ①$$

$$7s^2+172=0$$

$$s_1=j4.957,\quad s_2=-j4.957$$

이다. 따라서 근궤적의 허수축 교차점은 $j4.957$과 $-j4.957$이며, 그때의 이득정수 K 값은 $\frac{4}{3}=1.33$ 이 된다. 따라서 이 제어시스템은 이득이 1.33보다 커지면 불안정해진다.

또한 영점으로의 도착각들을 계산하면 다음과 같다.

$$\theta_{A1}=180^\circ-\angle GH(3+j5)=180^\circ-16^\circ=164^\circ \quad \cdots ②$$

$$\Leftarrow \angle GH(3+j5)=\lim_{s\to 3+j5}\angle\frac{1}{(s-3-j5)}\frac{K(s-3-j5)(s-3+j5)}{(s+2)(s+6)}$$

$$=\angle\frac{j10K}{(5+j5)(9+j5)}=\frac{\angle 90^\circ}{\angle 45^\circ\ \angle 29^\circ}=\angle 16^\circ$$

$$\theta_{A2}=180^\circ-\angle GH(3-j5)=180^\circ-(-16^\circ)=196^\circ \quad \cdots ③$$

$$\Leftarrow \angle GH(3-j5)=\lim_{s\to 3-j5}\angle\frac{1}{(s-3+j5)}\frac{K(s-3-j5)(s-3+j5)}{(s+2)(s+6)}$$

$$=\angle\frac{-j10K}{(5-j5)(9-j5)}=\frac{\angle -90^\circ}{\angle -45^\circ\ \angle -29^\circ}=\angle -16^\circ$$

지금까지 구한 사항을 종합하여 근궤적을 그리면 [그림 7-19]와 같이 된다.

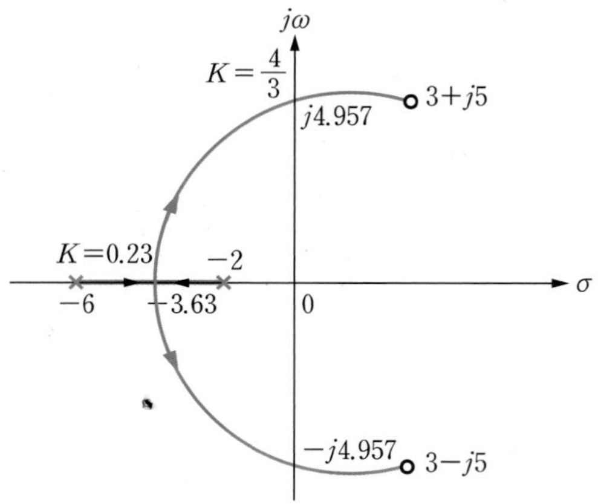

[그림 7-19] 개루프 전달함수 $G(s)H(s)=\frac{K(s^2-6s+34)}{(s+2)(s+6)}$ 인 제어시스템의 근궤적

(b) 근궤적에 감쇠정수 $\zeta=0.456$ 선을 그어 만나는 점을 구해보자. 이 선은 원점에서 대각선 방향으로 그려지는 직선으로, (−) 실수축과 이루는 각도 θ가 다음과 같은 직선이다.

$$\theta=\cos^{-1}0.456=62.9° \Leftarrow \cos\theta=\zeta$$

감쇠정수 $\zeta=0.456$인 직선과 근궤적이 만나는 점은 일반적으로 컴퓨터 프로그램(MATLAB)을 이용하여 구하며, 손으로 구할 때는 근궤적을 보고 대략적인 복소수 값을 정한 후(물론 그 점은 $\zeta=0.456$인 직선 위에 있어야 한다), 그 복소수 값을 개루프 전달함수에 대입한다. 그리고 각도조건을 만족하는지를 검사하여 각도조건을 만족할 때까지 복소수 값을 바꿔서 계산하면 된다. 그러므로 이 제어시스템의 근궤적과 만나는 점을 구하면

$$s_1=-1.965+j3.813,\quad s_2=-1.965-j3.813$$

이고, 크기조건에 대입하면 $K=0.41$이 된다. 따라서 이득정수 $K=0.41$일 때,

$$s_1=-1.965+j3.813,\quad s_2=-1.965-j3.813$$

인 특성방정식의 근을 갖는다. 이때 고유진동수 ω_n을 구하면 다음과 같다.

$$\omega_n=\sqrt{1.965^2+3.813^2}\fallingdotseq 4.29\,[\text{rad/sec}]$$

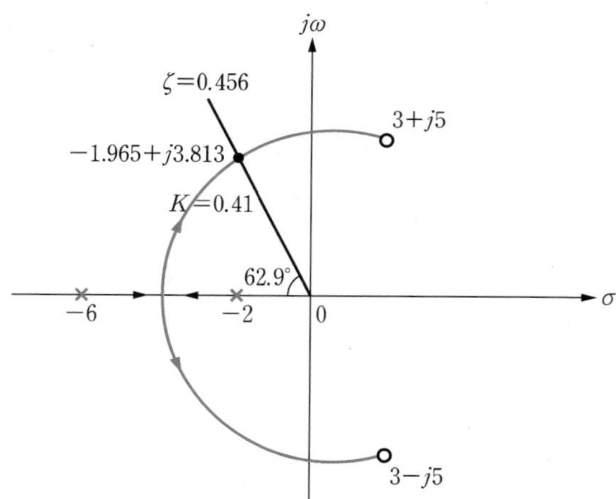

[그림 7-20] **개루프 전달함수 $G(s)H(s)=\dfrac{K(s^2-6s+34)}{(s+2)(s+6)}$인 제어시스템의 근궤적과 감쇠비**

이 제어시스템에 대한 폐루프 전달함수를 구하면 다음과 같다.

$$M(s)=\frac{\dfrac{K(s^2-6s+34)}{(s+2)(s+6)}}{1+\dfrac{K(s^2-6s+34)}{(s+2)(s+6)}} \quad \cdots ④$$

$$=\frac{K(s^2-6s+34)}{(s+2)(s+6)+K(s^2-6s+34)}$$

$$=\frac{K(s^2-6s+34)}{(K+1)s^2+(8-6K)s+(34K+12)}$$

이때 $K=0.41$이면

$$\frac{0.41(s^2-6s+34)}{1.41s^2+5.54s+25.94}=\frac{0.41(s^2-6s+34)}{1.41(s+1.965-j3.813)(s+1.965+j3.813)}$$

이고, 분모를 표준형 $(s^2+2\zeta\omega_n s+\omega_n^2)$으로 표시하면 다음과 같다.

$$\frac{0.41(s^2-6s+34)}{1.41(s^2+3.929s+18.397)}=\frac{0.41(s^2-6s+34)}{1.41(s^2+2\times 0.458\times 4.289s+4.289^2)}$$

(c) 먼저 단위계단입력에 대한 시간응답을 구하면

$$\begin{aligned}C(s)=M(s)R(s)&=\frac{0.41(s^2-6s+34)}{1.41s^2+5.54s+25.94}\times\frac{1}{s} \quad\cdots ⑤\\&=\frac{0.41}{1.41}\frac{s^2-6s+34}{s(s^2+3.929s+18.397)}\\&=0.29\left(\frac{A}{s}+\frac{Bs+D}{s^2+3.929s+18.397}\right) \quad\cdots ⑥\end{aligned}$$

이다. 이때 양변에 s를 곱하고 $s=0$을 대입하여 A를 구하면 $A=1.848$가 되므로 식 ⑥은

$$0.29\left(\frac{1.848}{s}+\frac{Bs+D}{s^2+3.929s+18.397}\right) \quad\cdots ⑦$$

가 되고, B, D를 구하여 정리하면 식 ⑦은

$$\begin{aligned}&0.29\left(\frac{1.848}{s}-\frac{0.848s+13.261}{s^2+3.929s+18.397}\right)\\&=0.29\left(\frac{1.848}{s}-\frac{0.848(s+1.965)+11.595}{(s+1.965)^2+3.813^2}\right)\\&=0.29\left(\frac{1.848}{s}-0.848\times\frac{(s+1.965)}{(s+1.965)^2+3.813^2}-\frac{3.041\times 3.813}{(s+1.965)^2+3.813^2}\right)\\&\fallingdotseq\frac{0.54}{s}-0.25\times\frac{(s+1.97)}{(s+1.97)^2+3.81^2}-0.88\times\frac{3.81}{(s+1.97)^2+3.81^2} \quad\cdots ⑧\end{aligned}$$

이므로, 출력은 다음과 같다.

$$\begin{aligned}c(t)&=0.54-e^{-1.97t}\{0.25\cos 3.81t+0.88\sin 3.81t\}\\&=0.54-0.91e^{-1.97t}\sin(3.81t+15.9^\circ) \quad\cdots ⑨\end{aligned}$$

• 첨두값시간을 구하기 위해 변화율이 0이 되는 시간을 구하면

$$\begin{aligned}\frac{d}{dt}c(t)&=\frac{d}{dt}\{0.54-0.91e^{-1.97t}\sin(3.81t+15.9^\circ)\} \quad\cdots ⑩\\&=1.793e^{-1.97t}\sin(3.81t+15.9^\circ)-3.467e^{-1.97t}\cos(3.81t+15.9^\circ)\\&=3.9e^{-1.97t}\sin(3.81t-46.8^\circ)\\&=3.9e^{-1.97t}\sin(3.81t-0.82) \quad\leftarrow 46.8^\circ\fallingdotseq 0.82[\text{rad}]\end{aligned}$$

이고, $\frac{d}{dt}c(t)=0$이기 위해서는

$$\sin(3.81t-0.82)=0$$
$$3.81t-0.82=n\pi \quad 단,\ n=0,\ 1,\ 2,\ \cdots$$
$$t=0.22[\sec] \quad 또는\ 1.04[\sec]$$

이다. 여기서 0.22초는 다음 [그림 7-21]과 같이 극솟값을 나타내고, 1.04초는 극댓값을 나타내므로 첨두값시간으로 1.04초를 취한다.

- 백분율 오버슈트를 구하기 위해 출력 제어량

$$c(t)=0.54-0.91e^{-1.97t}\sin(3.81t+15.9°) \qquad \cdots ⑪$$

에 $t=1.04$을 대입하면 제어량의 최댓값 $c_M=0.644$를 얻는다. 따라서 백분율 오버슈트는 다음과 같다.

$$\%OS=\frac{최댓값-최종값}{최종값}\times 100$$
$$=\frac{0.644-0.54}{0.54}\times 100=19.26[\%]$$

- 정정시간을 얻기 위해 출력식에서 진동을 일으키는 삼각함수의 진폭이 최종값의 2%가 되는 시간을 구한다.

$$0.91e^{-1.97t}=0.54\times 0.02$$
$$e^{-1.97t}=\frac{0.54\times 0.02}{0.91}\fallingdotseq 0.012$$
$$-1.97t=\ln 0.012=-4.423$$
$$t=\frac{-4.423}{-1.97}=2.245[\sec]$$

[예제 7-5]에서 구한 첨두값시간, 백분율 오버슈트, 정정시간은 다음과 같다.

$$T_p=1.04[\sec]$$
$$\%OS=19.26[\%]$$
$$T_s=2.245[\sec]$$

이는 5장에서 배운 식 (5.31), 식 (5.32), 식 (5.36)으로 구한 다음 값들과 조금 다르다.

$$T_p=\frac{\pi}{\omega_n\sqrt{1-\zeta^2}}=\frac{\pi}{\omega_d}=\frac{\pi}{3.81}=0.825[\sec]$$
$$\%OS=e^{-\left(\zeta\pi/\sqrt{1-\zeta^2}\right)}\times 100=e^{-\left(0.458\times\pi/\sqrt{1-0.458^2}\right)}\times 100=19.8[\%]$$

$$T_s \fallingdotseq \frac{4}{\zeta\omega_n} = \frac{4}{\sigma_d} = \frac{4}{1.965} = 2.036\,[\mathrm{sec}]$$

5장에서 주어진 식들은 다음과 같은 표준형 폐루프 전달함수

$$M(s) = \frac{\omega_n^2}{s^2 + 2\zeta\omega_n s + \omega_n^2} \tag{7.25}$$

를 갖는 2차제어시스템, 즉 두 개의 공액 복소수 극점만을 갖는 제어시스템에 적용되며, [예제 7-5]와 같이 전달함수에 영점들이 추가된 경우나 극점들이 추가된 3차 이상의 시스템에 적용했을 때는 정확한 값을 얻을 수 없다.

[예제 7-5]의 단위계단응답은 [그림 7-21]과 같으며, 단위계단입력을 가하였을 때 출력이 처음에는 목표값과 반대 방향으로 움직임을 볼 수 있는데, 이러한 현상은 시스템 전달함수가 복소평면의 우반면에 영점을 갖고 있기 때문이다. 이러한 시스템을 **비최소위상시스템**nonminimum phase system이라고 한다.

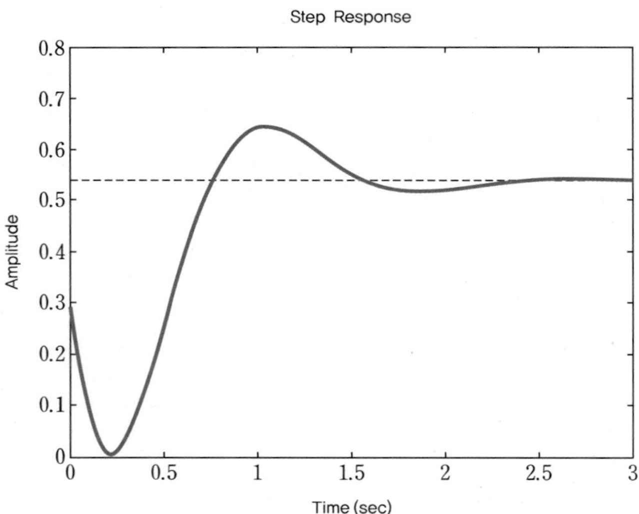

[그림 7-21] **[예제 7-5]의 단위계단응답**

Q 비최소위상시스템의 제어에서 특별히 주의할 점은?

A 비최소위상시스템에서는 목표값을 주면 처음에는 그 반대 방향으로 움직이기 때문에 일어나는 사고가 있을 수 있다. 예를 들어 산악지역을 나르고 있는 비행기의 고도가 너무 낮아 100[m]의 고도 상승을 목표값으로 입력하면, 비최소위상시스템의 경우 일단 고도를 더 낮춘 후에 상승하기 때문에 산에 충돌하는 사고가 발생할 수 있다. 자율주행 자동차의 경우, 왼쪽 분리대에 너무 가까워서 오른쪽으로 입력을 가하면 처음엔 오히려 약간 왼쪽으로 회전하여 사고가 발생하게 된다.

Chapter 07 핵심요약

근궤적

어떤 폐루프 제어시스템에서 개루프 전달함수 $1+G(s)H(s)$가 주어졌을 때, 그 개루프 전달함수의 이득정수 K를 $0 \to \infty$ 로 변화시키면서 폐루프 제어시스템의 특성방정식 $1+KG(s)H(s)=0$의 근의 궤적을 그림으로 나타낸 것이 근궤적이다.

근궤적과 폐루프 전달함수의 극점과의 관계

특성방정식의 근은 폐루프 전달함수의 극점과 일치하며, 근궤적은 폐루프 전달함수의 극점의 궤적이 된다.

근궤적의 성질

근궤적은 이득정수 K값을 변수로 하여 다음 조건을 만족해야 한다.

- 크기조건 : $|KG(s)H(s)|=1$
- 각도조건 : $\angle G(s)H(s)=-180^\circ$

근궤적과 시스템의 안정도

근궤적이 복소평면의 허수축과 만나는 때의 K값이 그 시스템의 임계안정조건이다. 근궤적을 보면 시스템이 안정하기 위한 이득정수 K의 범위를 알 수 있다.

근궤적을 그리는 법

- 근궤적은 개루프 전달함수의 극점들에서 시작한다.
- 근궤적의 분기 수는 개루프 전달함수의 극점 수와 같다.
- $K \to \infty$ 일 때 근궤적은 개루프 전달함수의 영점들로 접근한다.
- 실수축 위에 근궤적이 존재할 수 있는 부분은 실수축 위의 한 시행점의 오른쪽에 있는 개루프 전달함수의 극점과 영점 수의 합이 홀수인 범위이다.
- 근궤적이 실수축을 이탈하는 점과 인입하는 점은 다음 식을 만족하는 σ값이다.

$$\sum_{i=1}^{n} \frac{1}{(p_i-\sigma)} = \sum_{j=1}^{m} \frac{1}{(z_j-\sigma)}$$

- 근궤적이 허수축과 만나는 점과 이때의 K값은 안정도를 판별하는 데 사용하는 Routh 표에서 임계안정조건으로 구한다.

Chapter 07 연습문제

7.1 근궤적이 개루프 전달함수 $G(s)H(s)$의 A에서 출발하여 B에서 끝난다고 할 때, A와 B는 무엇인가?

㉮ $A=$극점, $B=$극점　　㉯ $A=$극점, $B=$영점
㉰ $A=$영점, $B=$극점　　㉱ $A=$영점, $B=$영점

7.2 근궤적은 s 평면에서 개루프 전달함수의 절댓값이 얼마인 점들의 궤적인가?

㉮ ∞　㉯ 3.14　㉰ 1　㉱ 0

7.3 특성방정식이 다음과 같을 때 근궤적들의 출발점이 아닌 것은?

$$s(s+2)(s+4)+K(s-2)(s-5)=0$$

㉮ 0　㉯ -2　㉰ -4　㉱ -5

7.4 개루프 전달함수가 다음과 같은 제어시스템에 대한 근궤적의 분기 수는?

$$G(s)H(s)=\frac{K(3s^2+5s+10)}{s^4+2s^3+6s^2+4s+10}$$

㉮ 0　㉯ 2　㉰ 4　㉱ 5

7.5 다음 특성방정식의 근궤적을 복소평면에 그릴 때, 이 근궤적은 어디에 대칭인가?

$$1+\frac{K}{s^4+2s^3+5s^2+8s+10}=0$$

㉮ 원점　　㉯ 실수축
㉰ 허수축　　㉱ $y=x$

7.6 개루프 전달함수가 다음과 같은 제어시스템에서 근궤적이 허수축과 만날 때의 K값은?

$$G(s)H(s)=\frac{K}{s^3+7s^2+10s+20}$$

㉮ 30　㉯ 40　㉰ 50　㉱ 60

7.7 대략적으로 다음 그림과 같은 모양의 근궤적을 그리는 개루프 전달함수로서 적당한 것은?

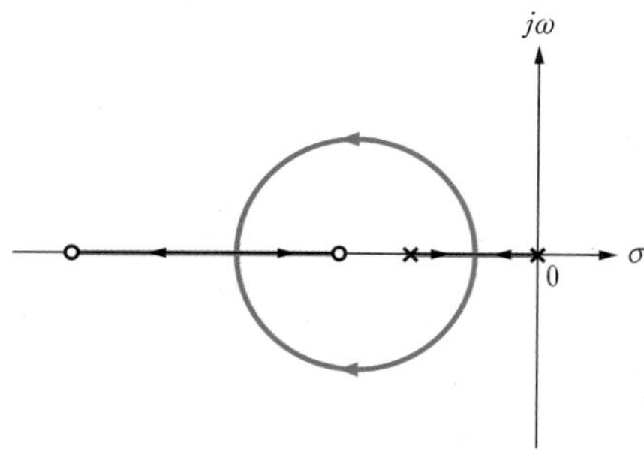

㉮ $G(s)H(s)=\dfrac{K(s+5)(s+12)}{s(s+3)}$

㉯ $G(s)H(s)=\dfrac{K(s+6)(s+15)}{(s+1)(s+4)}$

㉰ $G(s)H(s)=\dfrac{K}{s(s+4)(s+7)(s+20)}$

㉱ $G(s)H(s)=\dfrac{K(s+12)}{s(s+3)(s+5)}$

7.8 근궤적이 다음과 같은 제어시스템의 안정도는?

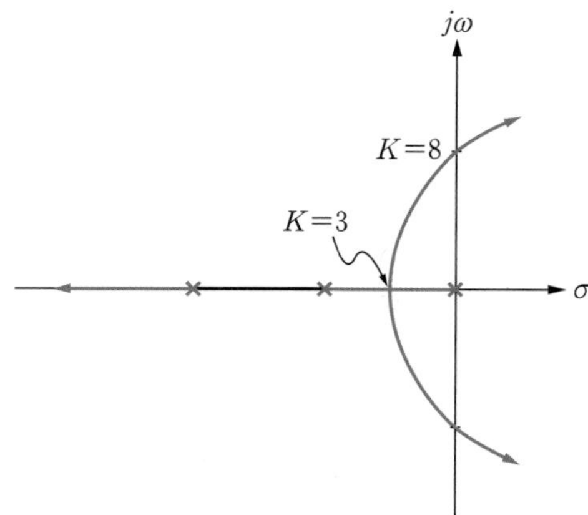

㉮ 절대 안정하다.

㉯ 절대 불안정하다.

㉰ $3 < K < 8$ 에서만 안정하다.

㉱ $K > 8$ 에서 불안정하다.

7.9 근궤적이 다음과 같은 제어시스템에 대한 설명 중 틀린 것은?

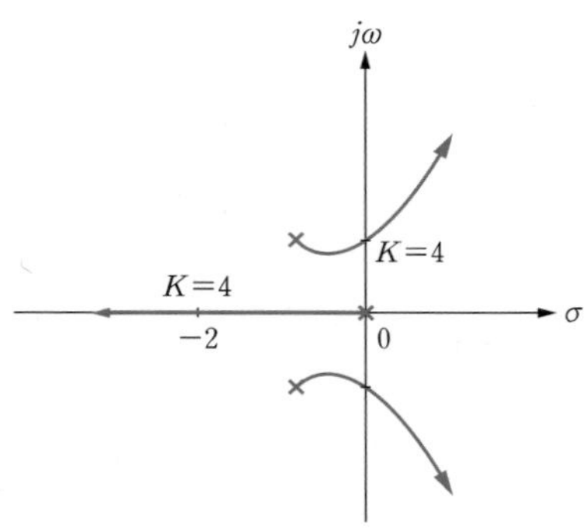

㉮ 특성방정식의 근이 3개다.
㉯ 개루프 전달함수는 $K=4$에서 -2의 값을 갖는다.
㉰ $0<K<4$에서 이 제어시스템은 안정하다.
㉱ 개루프 전달함수는 3개의 극점을 가진다.

7.10 개루프 전달함수가 다음과 같은 제어시스템의 근궤적이 실수축을 이탈하는 점의 값은 대략 얼마인가?

$$G(s)H(s)=\frac{K(s+10)}{s(s+4)(s+6)}$$

㉮ -1.8　　㉯ -1.9　　㉰ -2.0　　㉱ -2.5

7.11 개루프 전달함수가 다음과 같은 제어시스템의 근궤적이 실수축에 존재하는 범위는?

$$G(s)H(s)=\frac{K(s+8)}{(s+2)(s+3)(s+5)}$$

㉮ $-5\le s\le -2,\ -\infty\le s\le -10$　　㉯ $-3\le s\le -2,\ \ -8\le s\le -5$
㉰ $-2\le s\le 0,\ \ -5\le s\le -3$　　㉱ $-3\le s\le -2,\ \ -\infty\le s\le -5$

7.12 개루프 전달함수가 다음과 같은 제어시스템의 특성방정식의 한 근이 $s=-4+j2$이 되기 위한 K값은?

$$G(s)H(s)=\frac{K}{(s+2)(s+6)}$$

㉮ 2　　㉯ 4　　㉰ 6　　㉱ 8

7.13 다음 제어시스템의 근궤적을 그려라.

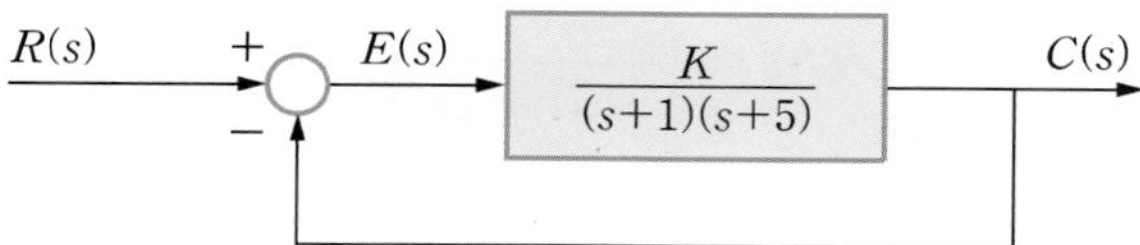

7.14 다음 제어시스템에서 이득 K값을 변화시킬 때, 주어진 각각의 복소수들이 이 제어시스템에 대한 특성방정식의 근이 될 수 있는가 확인하라. 또한 근이 된다면 그때의 이득정수 K값을 구하라.

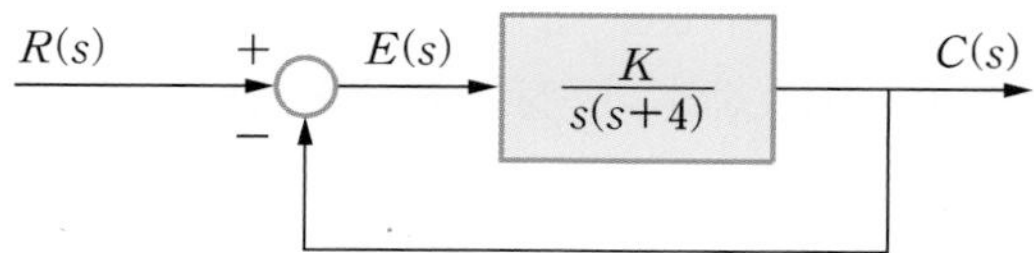

(a) $s = -5$ (b) $s = -3$

(c) $s = -2 + j3$ (d) $s = -3 - j3$

7.15 다음 직결귀환제어시스템에서 전향경로 전달함수의 극점을 나타내는 매개변수 k 값을 $0 \rightarrow \infty$ 로 변화시키면서 특성방정식의 근궤적을 그려라.

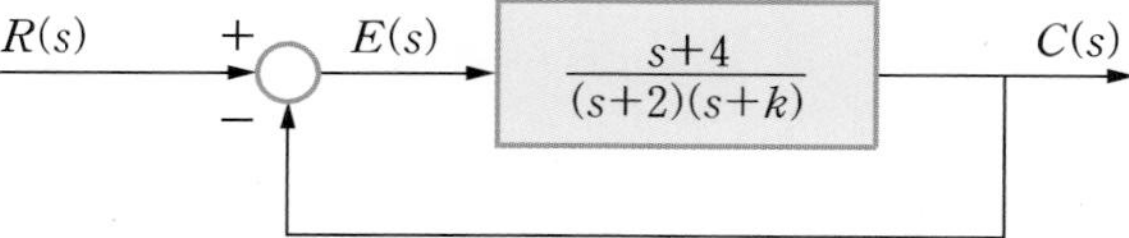

7.16 다음 전향경로 전달함수를 갖는 직결귀환제어시스템의 근궤적을 그리고, 이 시스템이 안정하기 위한 K 값의 범위를 구하라.

$$G(s) = \frac{K(s-3)(s-7)}{(s+4)(s+8)}$$

7.17 직결귀환제어시스템에서 전향경로 전달함수가 다음과 같을 때, 물음에 각각 답하라.

$$G(s) = \frac{K}{s^3 + 5s^2 + 9s + 5}$$

(a) 개략적인 근궤적을 그리고, 시스템이 안정하기 위한 K값의 범위를 구하라.

(b) 이득정수 $K = 4$일 때, 단위계단응답을 구하라.

7.18 직결귀환제어시스템에서 전향경로 전달함수가 다음과 같을 때, 물음에 각각 답하라.

$$G(s) = \frac{K}{s(s^2 + 4s + 5)}$$

(a) 이 시스템에 대한 근궤적을 그려라.

(b) 이 근궤적과 감쇠정수 $\zeta = 0.3$ 선이 만나는 점을 구하고, 이때의 이득정수 K값을 구하라.

(c) 첨두값시간, 백분율 오버슈트, 정정시간을 각각 구하라.

7.19 MATLAB 개루프 전달함수가 다음과 같을 때, MATLAB을 이용하여 시스템의 근궤적을 그리고, 감쇠비 $\zeta = 0.4$인 선과 만나는 점의 이득정수 K값과 이때의 특성방정식의 근을 구하라.

$$G(s) = \frac{K}{s^3 + 5s^2 + 6s}$$

참고 {
```
r=rlocus(num,den);
plot(r,.'-');v = [-5 5 -5 5];axis(v);axis('square')
grid
sgrid(0.4,[])
[K,r] = rlocfind(num,den)}
```

Chapter

08

근궤적 기법을 이용한 제어기 설계

Design of Controller via Root Locus Technique

학습목표

- 근궤적을 이용하여 원하는 백분율 오버슈트를 얻기 위한 이득정수를 구할 수 있다.
- 백분율 오버슈트는 유지하면서 다른 과도응답특성을 개선하는 미분제어기를 설계할 수 있다.
- 원하는 과도응답특성을 만족하면서 정상상태오차가 0인 적분제어기를 설계할 수 있다.
- 연산증폭기를 이용하여 미분제어기와 적분제어기를 구현할 수 있다.

우리는 그동안 특성방정식의 근이 제어시스템의 시간응답에 얼마나 큰 영향을 미치는지를 배웠다. 따라서 항상 특성방정식의 근의 위치에 큰 관심을 가져왔으며, 7장에서 특성방정식의 근을 도해적인 방법으로 쉽게 구하는 근궤적 기법을 공부하였다. 이 장에서는 고차시스템을 해석하거나 설계할 때 대단히 강력한 도구인 근궤적을 이용하여 우리가 원하는 시간응답의 특성을 갖도록 하는 이득정수와 미분제어기, 적분제어기의 설계에 대해 살펴보자.

Section

8.1 근궤적을 이용한 과도응답 개선

이 절에서는 근궤적을 이용하여 제어시스템의 과도응답특성을 개선하는 실제 설계 방법을 예제를 통해 살펴보고자 한다.

예제 8-1 근궤적을 이용한 과도응답 개선

다음 개루프 전달함수를 갖는 단위귀환제어시스템의 근궤적을 그리고, 9.48%의 백분율 오버슈트를 얻기 위한 이득정수 K값을 구하라.

$$G(s)H(s) = \frac{K}{(s+2)(s+4)(s+10)}$$

풀이

주어진 시스템의 근궤적을 그리면 [그림 8-1]과 같다.

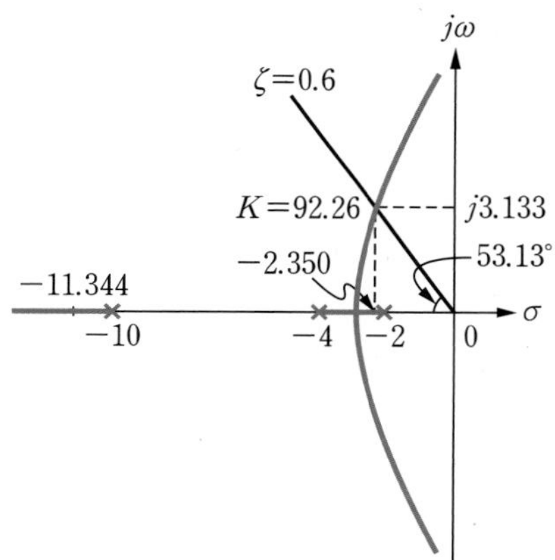

[그림 8-1] **개루프 전달함수 $G(s)H(s) = \frac{K}{(s+2)(s+4)(s+10)}$ 의 근궤적**

주어진 시스템에 대한 계단응답의 백분율 오버슈트가 9.48%가 되려면 식 (5.33)에 의해 감쇠비는 $\zeta = 0.6$이어야 한다. 또한 근을 찾기 위해 복소평면의 원점에서 (−) 실수축과 53.13°의 각을 갖는 대각선을 그어 근궤적과 만나는 점을 찾아야 한다. ← $0.6 = \cos 53.13°$

먼저 각도조건으로 근을 찾으면 $s_1 = -2.350 + j3.133$, $s_2 = -2.350 + j3.133$을 구할 수 있고, 크기조건으로 이득을 구하면 $K = 92.26$이 된다. 다시 이 K값을 이용하여 또 하나의 근을 구하면, $s_3 = -11.344$를 얻을 수 있다.

결론적으로 이득이 $K=92.26$일 때, 이 제어시스템은 9.48%의 백분율 오버슈트를 가진다고 말할 수 있는데, 비우세근 $s_3=-11.344$가 우세근 $s_1=-2.350+j3.133$, $s_2=-2.350+j3.133$에서 충분히 멀리 떨어져 있으므로 거의 정확한 백분율 오버슈트를 얻을 수 있다.

이제 [예제 8-1]의 제어시스템에서 백분율 오버슈트가 9.48%일 때의 정정시간을 구하고, 백분율 오버슈트는 그대로 유지하면서 정정시간을 $\frac{1}{2}$로 줄이기 위한 미분제어기를 설계해보자.

먼저 표준2차시스템에서의 정정시간을 구하기 위한 식 (5.36)에 의해 정정시간을 구하면 다음과 같다.

$$T_s \fallingdotseq \frac{4}{\zeta\omega_n}=\frac{4}{\sigma_d}=\frac{4}{2.35}=1.702\,[\mathrm{sec}] \tag{8.1}$$

백분율 오버슈트를 그대로 유지하면서 정정시간을 $\frac{1}{2}$로 줄이기 위해서는 근의 위치가 $\zeta=0.6$ 선을 따라 대각선 방향으로 2배만큼 증가해야 한다. 즉 [그림 8-2(a)]에서 근이 A점에서 B점으로 이동해야 한다. 그런데 B점의 근은 이득 K값만 조정해서는 얻을 수 없다. 주어진 시스템에서 K값만을 조정해서 얻을 수 있는 근은 근궤적 위에 있는 점뿐이기 때문이다. B점이 주어진 시스템의 근이 될 수 없는 이유는 주어진 개루프 전달함수 $G(s)H(s)$에 B점의 복소수 값 $s_B=-4.70+j6.266$을 대입했을 때 특성방정식의 근이 되기 위한 각도조건을 만족하지 못하기 때문이다. 실제로 [그림 8-2(b)]와 같이 개루프 전달함수의 위상각을 계산하면 다음과 같다.

$$\begin{aligned}
\angle G(s_B)H(s_B) &= \angle \frac{K}{(-4.7+j6.266+2)(-4.7+j6.266+4)(-4.7+j6.266+10)} \\
&= \angle \frac{K}{(-2.7+j6.266)(-0.7+j6.266)(5.3+j6.266)} \\
&= -(113.3^\circ + 96.37^\circ + 49.77^\circ) \\
&= -259.44^\circ
\end{aligned}$$

이 위상각 -259.44°가 각도조건 -180°를 만족하려면 79.44°의 위상각을 더해야 한다. 이 (+) 위상각을 만들려면 이 개루프 전달함수에 79.44°의 위상각을 갖는 영점을 추가해야 한다. 그럼 먼저 그 영점의 위치를 정해보자. 그 영점이 (−) 실수축 위에 있다고 하고 그 값을 σ라고 하면, 이 영점의 위치는 다음 조건을 만족해야 한다.

$$\begin{aligned}
\tan^{-1}\frac{6.266}{-4.7-\sigma} &= 79.44^\circ \\
\tan 79.44^\circ &= \frac{6.266}{-4.7-\sigma} \\
5.364 &= \frac{6.266}{-4.7-\sigma} \\
\therefore\ \sigma &= -5.868
\end{aligned}$$

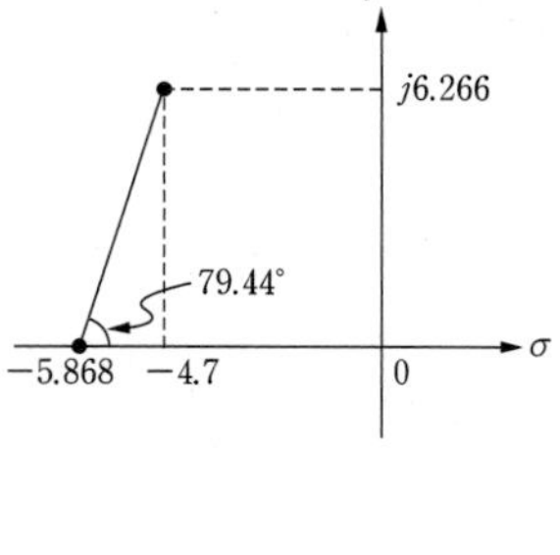

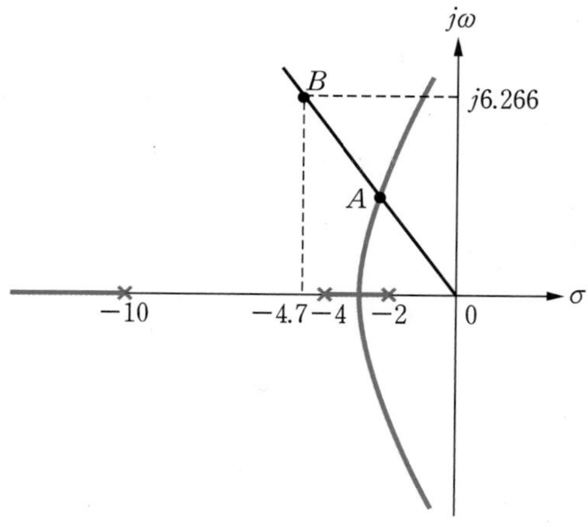

(a) 정정시간을 $\frac{1}{2}$로 줄이기 위한 근의 위치

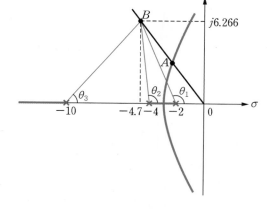

(b) 새로운 근에 대한 개루프 전달함수의 위상각 계산

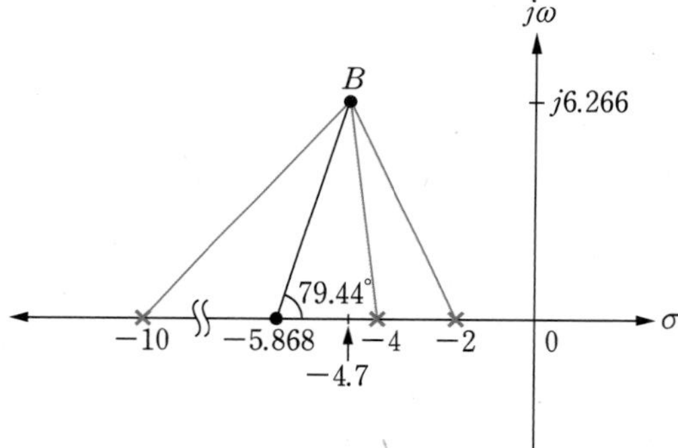

(c) 각도조건을 만족시키기 위한 영점 설계

[그림 8-2] **과도응답 개선을 위한 영점 설계**

이러한 영점을 개루프 전달함수에 추가하려면 전달함수가 $(s+5.868)$인 미분제어기[1]를 전향경로에 삽입해야 한다. 그리하여 전체 개루프 전달함수를 다음과 같이 수정해야 한다.

$$G(s)H(s)=\frac{K(s+5.868)}{(s+2)(s+4)(s+10)} \tag{8.2}$$

식 (8.2)와 같이 영점이 추가된 개루프 전달함수를 갖는 단위귀환제어시스템의 근궤적을 다시 그리면 [그림 8-3]과 같다. 여기에서 원하는 근을 갖는 그때의 이득정수 K값을 구하면 다음과 같다.

$$K=55.39$$

1 미분제어기란 1차앞선요소와 같은 전달함수로 표시가 되지만 비례요소로 표시되는 증폭기에 병렬로 미분 연산증폭기를 연결한 제어기를 말한다.

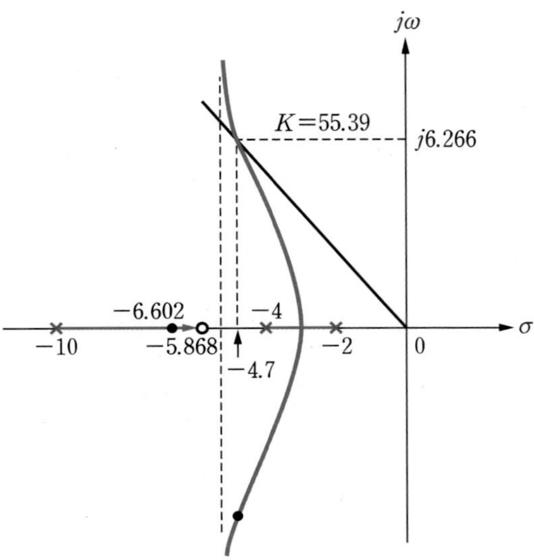

[그림 8-3] **개루프 전달함수 $G(s)H(s)=\dfrac{K(s+5.868)}{(s+2)(s+4)(s+10)}$ 의 근궤적**

이때 전체 폐루프 전달함수를 구하면 다음과 같다.

$$M(s)=\frac{\dfrac{55.39\,(s+5.868)}{(s+2)(s+4)(s+10)}}{1+\dfrac{55.39\,(s+5.868)}{(s+2)(s+4)(s+10)}}$$

$$=\frac{55.39\,(s+5.868)}{(s+2)(s+4)(s+10)+55.39\,(s+5.868)}$$

$$=\frac{55.39\,(s+5.868)}{s^3+16s^2+123.39s+405.03}$$

$$=\frac{55.39\,(s+5.868)}{(s+4.7-j6.266)(s+4.7+j6.266)(s+6.602)} \tag{8.3}$$

식 (8.3)에서 보는 바와 같이 비우세극점 -6.602가 영점 -5.868에 대단히 가까이 있으므로, (5.4.3절의 '극점-영점 소거법'에서 설명한 바와 같이) 이 제어시스템의 단위계단응답은 표준 2차시스템의 사양을 구하는 식 (5.31) ~ 식 (5.36)을 그대로 적용하는 데 별 무리가 없다. 이 제어시스템은 이득정수 $K=55.39$일 때 9.48%의 백분율 오버슈트를 나타내며, 정정시간은 0.851초가 됨을 [그림 8-4]에서 알 수 있다.

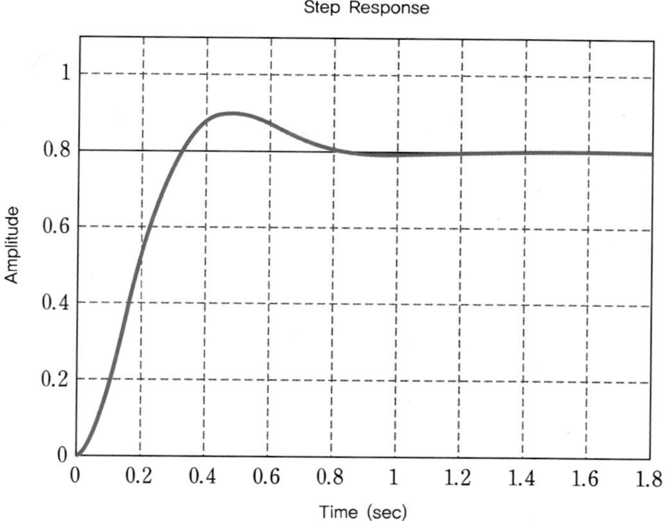

[그림 8-4] 개루프 전달함수 $G(s)H(s)=\dfrac{55.39(s+5.868)}{(s+2)(s+4)(s+10)}$ 인 단위귀환제어시스템의 단위계단응답

예제 8-2 근궤적을 이용한 제어기 설계

[그림 8-5]와 같은 제어시스템에서 20%의 백분율 오버슈트를 가지며, 첨두값시간이 0.8초가 되기 위한 제어기를 근궤적을 이용하여 설계하라.

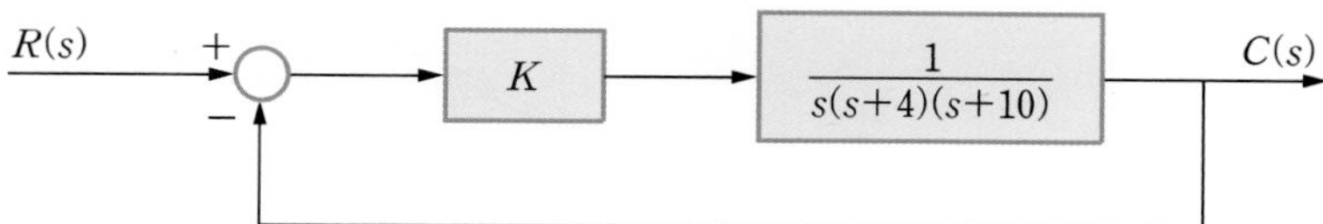

[그림 8-5] [예제 8-2]의 단위귀환제어시스템

풀이

주어진 제어시스템의 근궤적을 그리면 [그림 8-6(a)]와 같다. 계단응답의 백분율 오버슈트가 20%가 되려면 식 (5.33)에 의해 감쇠비는 $\zeta=0.456$이어야 하며, 그때의 근을 찾으려면 근궤적의 원점에서 (−) 실수축과 62.9°의 각을 갖는 대각선을 그어 근궤적과 만나는 점을 찾아야 한다.

먼저 각도조건으로 근을 찾으면 $s_1=-1.37+j2.68$, $s_2=-1.37-j2.68$을 얻을 수 있고, 그때의 첨두값 시간은 식 (5.31)에 의해 다음과 같이 된다.

$$T_p=\frac{\pi}{\omega_n\sqrt{1-\zeta^2}}=\frac{\pi}{\omega_d}=\frac{\pi}{2.68}=1.17\,[\text{sec}] \qquad \cdots ①$$

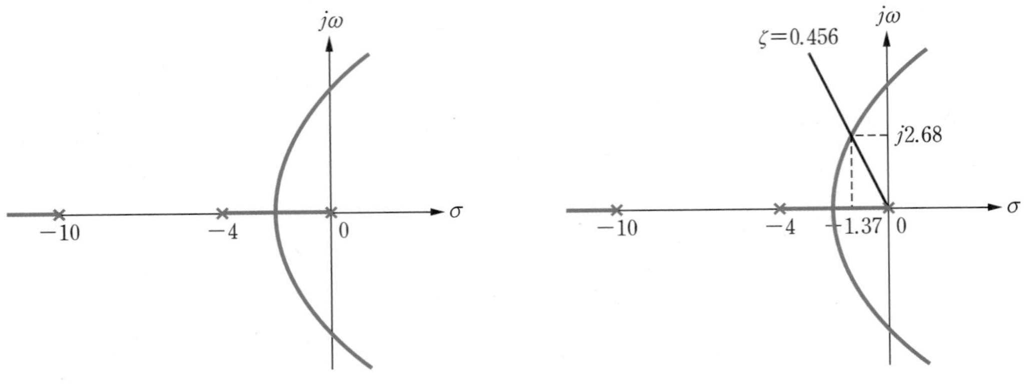

(a) 전향경로 전달함수 $G(s)=\dfrac{K}{s(s+4)(s+10)}$의 근궤적 (b) 20%의 백분율 오버슈트를 갖기 위한 근의 위치

[그림 8-6] **[예제 8-2]의 근궤적**

첨두값시간을 0.8초로 하려면 감쇠진동주파수damped frequency of oscillation $\omega_d = 3.93$[rad/sec]가 되어야 한다. 이때 20%의 백분율 오버슈트를 유지하려면 특성방정식의 근이 $\zeta = 0.456$ 선 위에 있어야 한다. 따라서 두 근이 $s_1 = -2.01 + j3.93$, $s_2 = -2.01 - j3.93$이어야 한다. 그러나 이 근은 주어진 시스템의 근궤적 위에 있지 않다. 즉 주어진 전달함수의 이득정수 K값만을 조절해서는 얻을 수 없다. 따라서 이 시스템에 미분제어기를 추가로 삽입할 필요가 있다. 이제 이 미분제어기를 설계해보자.

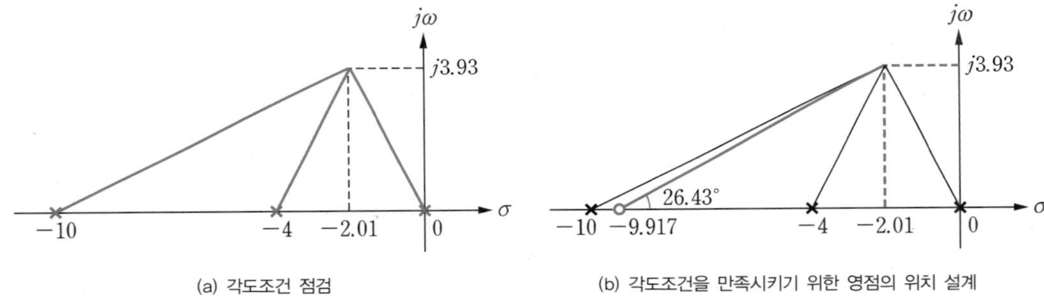

(a) 각도조건 점검 (b) 각도조건을 만족시키기 위한 영점의 위치 설계

[그림 8-7] **20%의 백분율 오버슈트와 첨두값시간을 0.8초로 하기 위한 근의 위치**

[그림 8-7(a)]에서 전향경로 전달함수 $G(s)=\dfrac{K}{s(s+4)(s+10)}$에 $s = -2.01 + j3.93$을 대입했을 때의 위상각을 계산하면 다음과 같다.

$$\begin{aligned}\angle G(s_1) &= \angle \frac{K}{(-2.01+j3.93)(-2.01+j3.93+4)(-2.01+j3.93+10)} \\ &= \angle \frac{K}{(-2.01+j3.93)(1.99+j3.93)(7.99+j3.93)} \\ &= -(117.1^\circ + 63.14^\circ + 26.19^\circ) \\ &= -206.43^\circ\end{aligned}$$

이 위상각 -206.43°가 각도조건 -180°를 만족하려면 26.43°의 위상각을 더해야 한다. 이 (+) 위상각을 만들려면 이 전향경로 전달함수에 26.43°의 위상각을 갖는 영점을 추가해야 한다. 그럼 영점의 위치를 정해보자. 영점이 (−) 실수축 위에 있고 그 값을 σ라고 하면, 영점의 위치는 다음 조건을 만족해야 한다.

$$\tan^{-1}\frac{3.93}{-2.01-\sigma}=26.43°$$

$$\tan 26.43° = \frac{3.93}{-2.01-\sigma}$$

$$0.497 = \frac{3.93}{-2.01-\sigma}$$

$$\therefore\ \sigma = -9.917$$

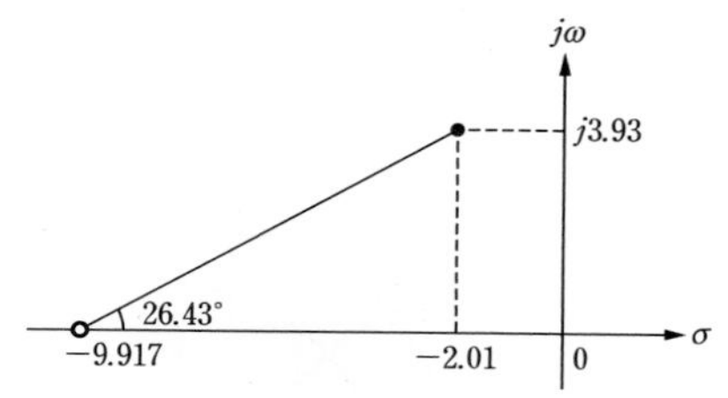

이러한 영점을 전향경로 전달함수에 추가하려면 전달함수가 $(s+9.917)$인 미분제어기를 전향경로에 삽입해야 한다. 그리하여 전체 전향경로 전달함수를 다음과 같이 수정해야 한다.

$$G(s) = \frac{K(s+9.917)}{s(s+4)(s+10)} \qquad \cdots ②$$

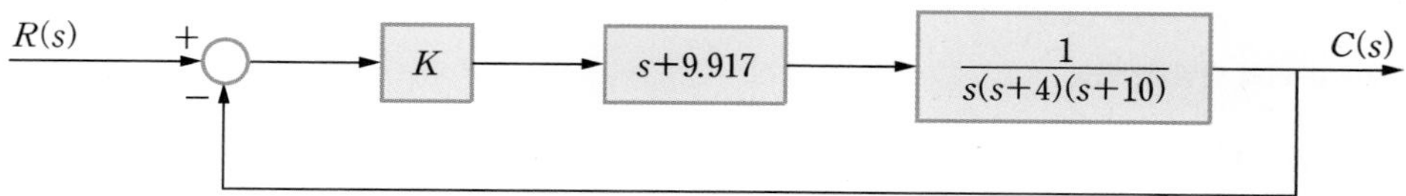

[그림 8-8] **개루프 전달함수 $G(s)=\frac{K(s+9.917)}{s(s+4)(s+10)}$인 단위귀환제어시스템**

식 ②와 같이 영점이 추가된 개루프 전달함수를 갖는 단위귀환제어시스템에 대한 근궤적을 다시 그리면 [그림 8-9]와 같다. 여기에서 원하는 근을 갖는 그때의 이득정수 K값을 구하면 다음과 같다.

$$K = 19.61$$

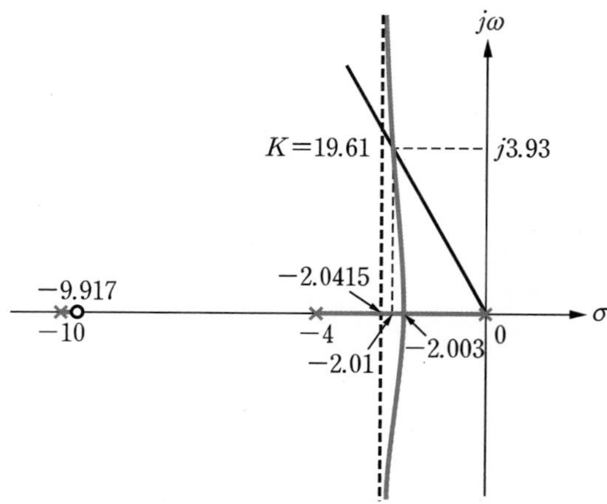

[그림 8-9] **개루프 전달함수 $G(s)=\frac{K(s+9.917)}{s(s+4)(s+10)}$에 대한 근궤적**

미분제어기를 추가하여 새로 설계한 제어시스템의 단위계단응답을 미분제어기가 없는 제어시스템과 비교하여 [그림 8-10]에 나타내었다.

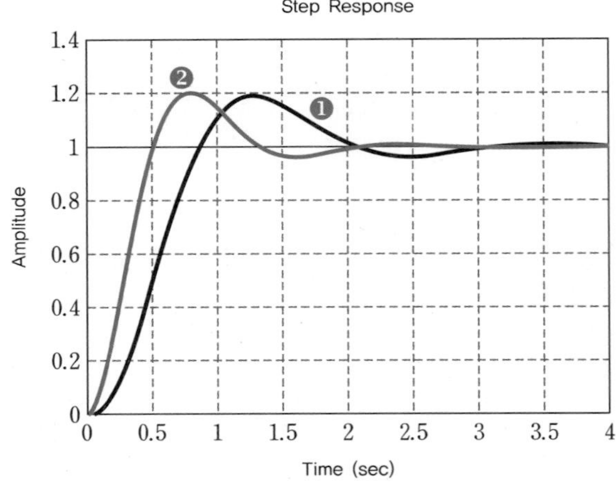

❶ 20%의 백분율 오버슈트를 나타내며, 첨두값시간 1.17초인 단위계단응답

❷ 미분제어기를 추가하여 첨두값시간이 0.8초로 개선된 단위계단응답그림 24

[그림 8-10] **[예제 8-2]의 단위계단응답**

이제 새롭게 설계한 다음과 같은 전향경로 전달함수

$$G(s) = 19.61(s+9.917) \times \frac{1}{s(s+4)(s+10)} \quad \cdots ③$$

에서 미분제어기를 실제 구현하기 위해 [그림 8-11]과 같은 *PD*(비례-미분) 제어기를 생각해보자. 이때 조작량은

$$u(t) = K_P e(t) + K_D \frac{d}{dt} e(t)$$

이고, *PD* 제어기의 전달함수는 다음과 같다.

$$G_c(s) = K_P + K_D s = K_D\left(s + \frac{K_P}{K_D}\right) \quad \cdots ④$$

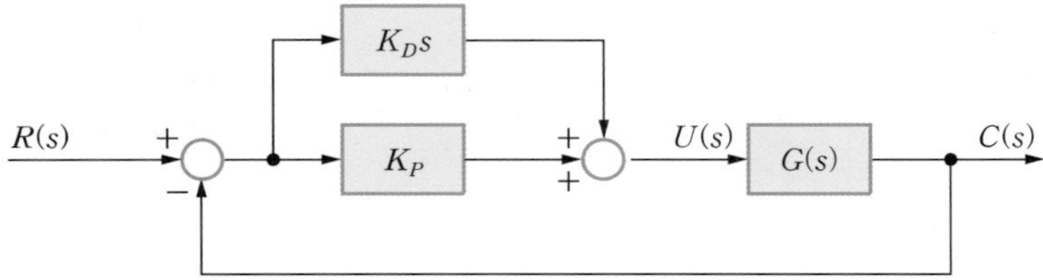

[그림 8-11] ***PD* 제어기**

주어진 미분요소를 식 ④에 적용하면

$$\begin{aligned} K_D\left(s + \frac{K_P}{K_D}\right) &= 19.61(s+9.917) \\ &= 19.61\left(s + \frac{9.917 \times 19.61}{19.61}\right) \\ &= 19.61\left(s + \frac{194.47}{19.61}\right) \end{aligned}$$

이므로, 다음과 같이 된다.

$$K_P = 194.47, \quad K_D = 19.61$$

여기에서 K_P와 K_D는 각각 비례상수와 미분상수고, 연산증폭기를 이용하여 실제 구현하면, [그림 8-12]와 같다. 이때

$$K_P = \frac{R_2}{R_1}, \quad K_D = R_D C_D$$

가 된다. 주어진 문제를 구현하기 위해 저항 값과 정전용량 값을 선택하는 데에는 여러 가지 방법이 있겠지만, 한 예를 들어 다음과 같이 구성할 수 있다. 연산증폭기를 이용하여 제어기를 구현하는 방법에 대해서는 8.3절에서 다시 설명할 것이다.

$$R_1 = 100[\Omega], \quad R_2 = 19.447[\text{k}\Omega], \quad R_D = 1.961[\text{M}\Omega], \quad C_D = 10[\mu\text{F}]$$

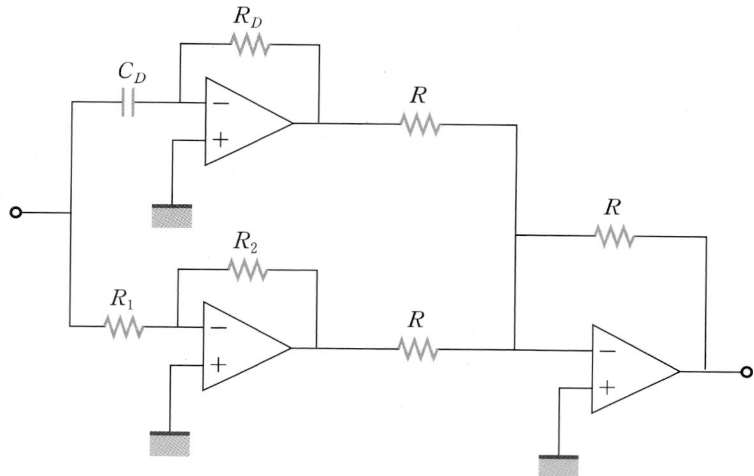

[그림 8-12] *PD* 제어기의 구현 회로

Section

8.2 근궤적을 이용한 정상상태오차 개선

이 절에서는 근궤적을 이용하여 과도응답에는 변화를 주지 않고, 시스템의 형을 0형에서 I형으로 상승시켜서 정상상태오차를 개선하는 설계 방법에 대해 설명한다. 시스템의 형을 1만큼 증가시키려면 전향경로에 적분요소를 삽입하여, 즉 개루프 전달함수에 원점의 극을 갖는 항을 추가하면 된다. 다음 예를 살펴보자.

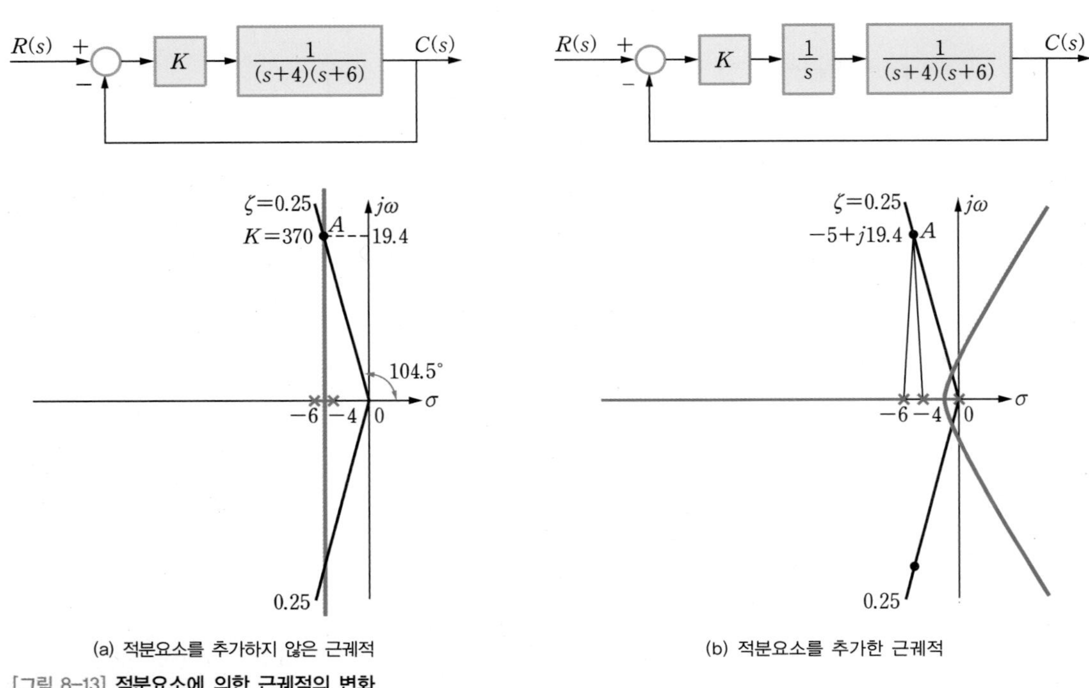

(a) 적분요소를 추가하지 않은 근궤적

(b) 적분요소를 추가한 근궤적

[그림 8-13] **적분요소에 의한 근궤적의 변화**

[그림 8-13(a)]에서 점 A는 44.4%의 백분율 오버슈트를 나타내며, 정정시간이 0.8초인 단위귀환 제어시스템이다. 그러나 단위계단입력에 대해 6%의 정상상태오차를 나타낸다. 여기에서 정상상태오차를 0으로 하기 위해 시스템의 형을 1만큼 증가시키면, 즉 [그림 8-13(b)]와 같이 원점에 극점을 하나 추가하면 점 A는 적분요소가 추가된 새로운 시스템의 특성방정식의 근이 될 수 없다. 왜냐하면 원점의 극에 의하여 위상각이 (−)로 $104.5°$ 만큼 증가하므로 각도조건 $-180°$ 를 만족할 수 없기 때문이다. 그러므로 시스템의 형은 1만큼 상승시키면서 위상각에는 변화를 주지 않는 방법을 생각해 보자.

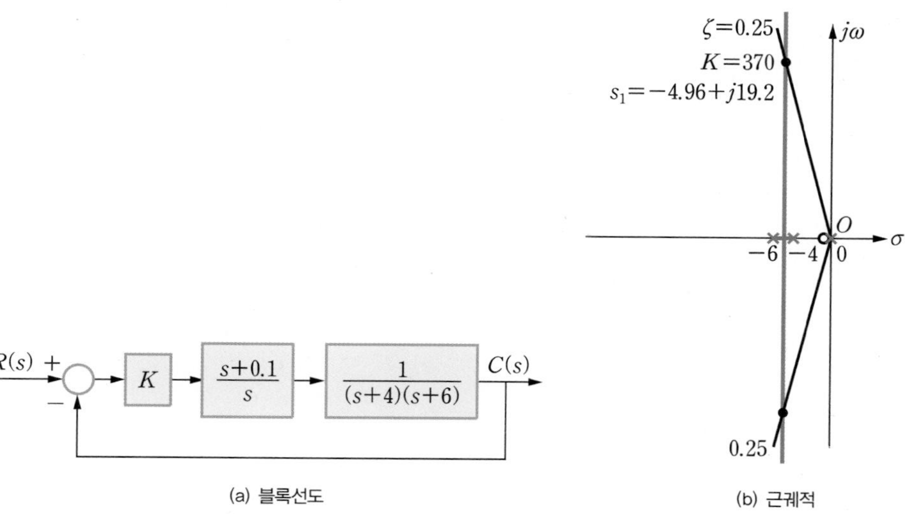

(a) 블록선도

(b) 근궤적

[그림 8-14] **적분제어기를 삽입한 제어시스템**

이러한 문제를 해결하기 위해 [그림 8-14(a)]와 같은 적분제어기를 삽입한다. 즉 추가된 극점에 의하여 (−)로 증가된 위상각을 그 극점에 대단히 가까운 영점을 추가하여 상쇄시키는 것이다. 이때 영점이 반드시 -0.1일 필요는 없으며 0에 가까울수록 좋다고 할 수 있으나 실제 연산증폭기로 구현하는 데 어려움이 없어야 한다. 전달함수가 $\frac{(s+0.1)}{s}$인 적분제어기를 전향경로에 삽입하면 전체 전향경로 전달함수는 다음과 같이 된다.

$$G(s) = \frac{K(s+0.1)}{s(s+4)(s+6)} \tag{8.4}$$

이에 대한 근궤적을 다시 그리면 [그림 8-14(b)]와 같다. 여기에서 원하는 근을 갖는 그때의 이득정수 K값을 구하면 다음과 같다.

$$K = 370$$

이때 전체 폐루프 전달함수를 구하면 다음과 같다.

$$\begin{aligned} M(s) &= \frac{\dfrac{370(s+0.1)}{s(s+4)(s+6)}}{1+\dfrac{370(s+0.1)}{s(s+4)(s+6)}} \\ &= \frac{370(s+0.1)}{s(s+4)(s+6)+370(s+0.1)} \\ &= \frac{370(s+0.1)}{s^3+10s^2+394s+37} \\ &\fallingdotseq \frac{370(s+0.1)}{(s+4.96-j19.2)(s+4.96+j19.2)(s+0.094)} \end{aligned} \tag{8.5}$$

식 (8.5)에서 보는 바와 같이 극점 -0.094가 영점 -0.1에 대단히 가까이 있으므로 서로 상쇄한 것과 같아진다. 따라서 이 제어시스템의 단위계단응답에 거의 영향을 미치지 않으며, 표준 2차시스템의 시간응답 사양을 구하는 식 (5.31) ~ 식 (5.36)을 그대로 적용하는 데 별 무리가 없다. 따라서 이 제어시스템은 시스템의 형이 0형에서 I형로 되어, 이득정수 $K=370$일 때, 단위계단입력에 대한 44.4%의 백분율 오버슈트와 정정시간은 0.8초를 나타내면서 정상상태오차는 0이 된다.

적분제어기를 추가하여 새로 설계한 제어시스템의 단위계단응답을 적분제어기가 없는 제어시스템과 비교하여 [그림 8-15]에 나타내었다.

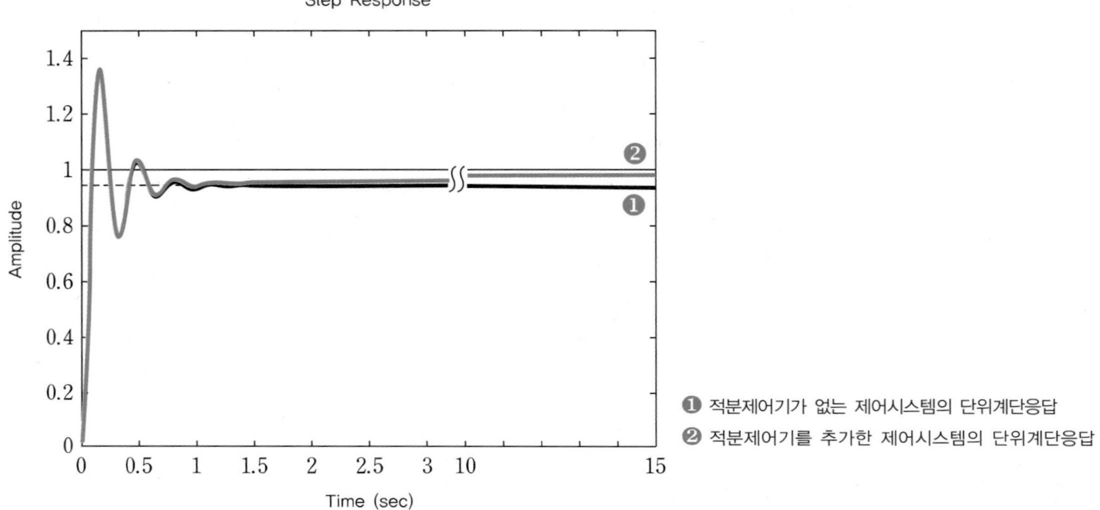

[그림 8-15] **적분제어기 유무에 따른 제어시스템의 단위계단응답**

새롭게 설계한 다음과 같은 전향경로 전달함수

$$G(s)=\frac{370(s+0.1)}{s}\times\frac{1}{(s+4)(s+6)} \tag{8.6}$$

에서 적분제어기를 실제 구현하기 위해 [그림 8-16]과 같은 PI(비례-적분) 제어기를 생각해보자. 이때 조작량은 다음과 같다.

$$u(t)=K_P\,e(t)+K_I\int_0^t e(t)\,dt \tag{8.7}$$

그리고 PI 제어기의 전달함수는 다음과 같다.

$$G_c(s)=K_P+K_I\frac{1}{s}=\frac{K_P\,s+K_I}{s}=\frac{K_P\left(s+\dfrac{K_I}{K_P}\right)}{s} \tag{8.8}$$

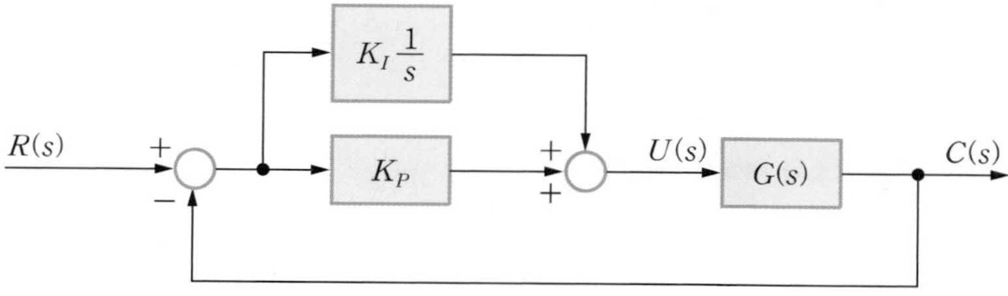

[그림 8-16] ***PI* 제어기**

식 (8.7)의 적분요소를 식 (8.8)에 적용하면

$$\frac{K_P\left(s+\dfrac{K_I}{K_P}\right)}{s}=\frac{370\,(s+0.1)}{s}=\frac{370\left(s+\dfrac{37}{370}\right)}{s}$$

이므로, 다음과 같이 된다.

$$K_P = 370,\ \ K_I = 37$$

여기에서 K_P와 K_I는 각각 비례상수와 적분상수이고, 연산증폭기를 이용하여 실제 구현하면, [그림 8-17]과 같다. 이때

$$K_P = \frac{R_2}{R_1},\ \ K_I = \frac{1}{R_I C_I}$$

가 된다. 주어진 문제를 구현하기 위해 저항 값과 정전용량 값을 선택하는 데에는 여러 가지 방법이 있겠지만, 한 예를 들어 다음과 같이 구성할 수 있다.

$$R_1 = 100\,[\Omega],\ \ R_2 = 37\,[\mathrm{k}\Omega],\ \ R_I = 270\,[\mathrm{k}\Omega],\ \ C_I = 0.1\,[\mu\mathrm{F}]$$

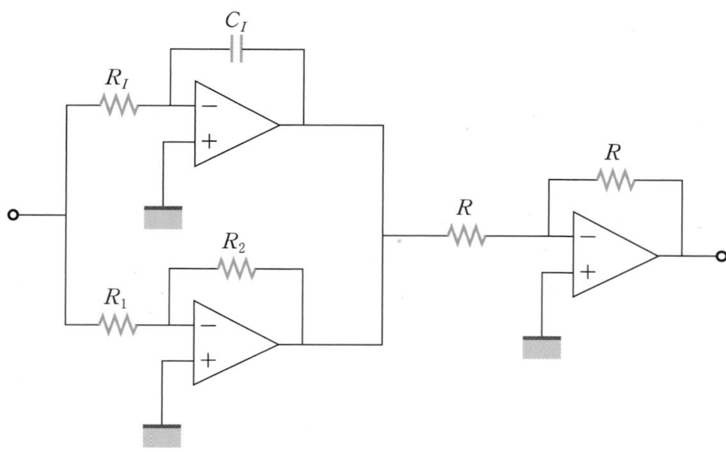

[그림 8-17] ***PI* 제어기의 구현 회로**

이들 연산증폭기를 이용하여 제어기를 구현하는 방법에 대해서는 다음 8.3절에서 다시 설명한다.

Q 미분제어기, 적분제어기는 미분요소, 적분요소와 어떻게 다른가?

A 미분요소는 전달함수 $G_D(s) = K_D s$로 표시되지만, 미분제어기는 전달함수

$$G_c(s) = K_P + K_D s = K_D\left(s + \frac{K_P}{K_D}\right)$$

와 같이 비례요소와 미분요소가 합해진 것으로, 일반적으로 증폭기에 병렬로 미분 연산증폭기를 연결하여 구현한다. 또한 적분요소는 전달함수 $G_I(s) = \frac{K_I}{s}$로 표시되지만, 적분제어기는 전달함수

$$G_c(s) = K_P + \frac{K_I}{s} = \frac{K_P\left(s + \frac{K_I}{K_P}\right)}{s}$$

와 같이 비례요소와 적분요소가 합해진 것으로, 일반적으로 증폭기에 병렬로 적분연산증폭기를 연결하여 구현한다. 혼동을 피하기 위해 일반적으로 미분제어기를 비례-미분제어기PD Controller, 적분제어기를 비례-적분제어기PI Controller라고도 부른다. 연산증폭기를 이용한 제어기 구현 방법에 대해서는 [표 8-1]을 참조하기 바란다.

Section

8.3 근궤적을 이용한 시간응답 설계

8.1절에서는 제어시스템의 과도응답특성을 개선하는 방법을, 그리고 8.2절에서는 정상상태오차를 줄이는 방법을 각각 설명하였다. 이 절에서는 과동응답특성과 정상상태오차를 동시에 개선하는 방법을 설명하고자 한다.

예제 8-3 근궤적을 이용한 시간응답 설계

[그림 8-18]과 같은 단위귀환제어시스템에서 단위계단입력에 대한 시간응답이 백분율 오버슈트가 20%, 첨두값시간이 0.3초, 정상상태오차가 $e(\infty)=0$이 되도록 제어기를 설계하라.

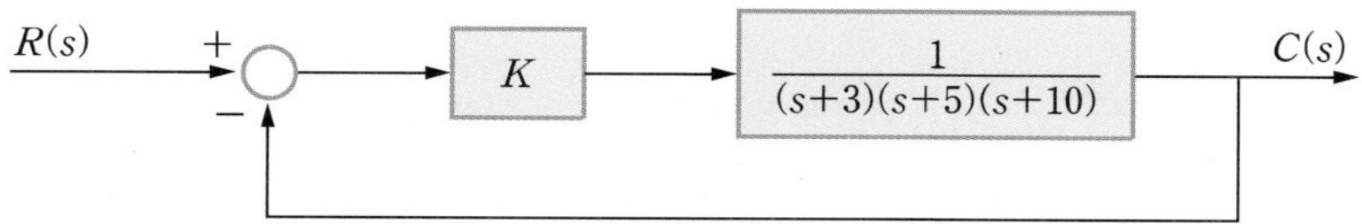

[그림 8-18] **[예제 8-3]의 단위귀환제어시스템**

풀이

주어진 시스템의 근궤적을 그리면 [그림 8-19]와 같다. 단위계단응답의 백분율 오버슈트가 20%가 되려면 식 (5.33)에 의해 감쇠비는 $\zeta=0.456$이어야 한다. 또한 특성방정식의 근이 복소수평면의 원점에서 (−) 실수축과 62.87°의 각을 갖는 대각선 위에 있어야 한다. ← $0.456=\cos 62.87°$

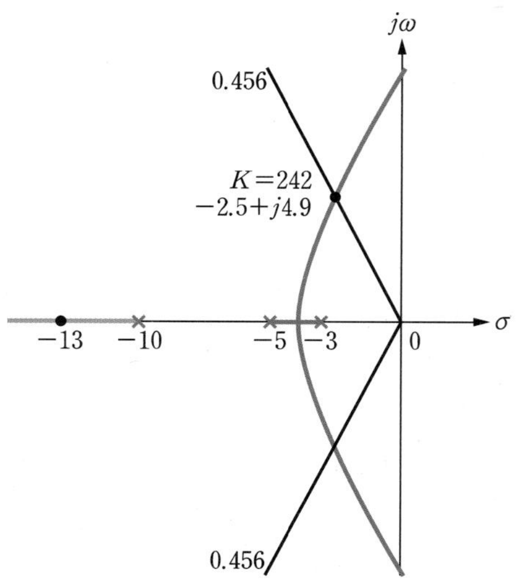

[그림 8-19] **전향경로 전달함수 $G(s)=\dfrac{K}{(s+3)(s+5)(s+10)}$의 근궤적과 감쇠비가 $\zeta=0.456$인 근궤적**

[그림 8-19]에서 대각선과 근궤적이 만나는 점의 K값은 $K=242$이고, [그림 8-18]의 단위귀환 시스템에서 이득정수 $K=242$일 때 특성방정식의 근들은 $-2.5+j4.9$, $-2.5-j4.9$, -13.0이다. 단위계단응답은 [그림 8-20]과 같고, 이때의 백분율 오버슈트는 18%, 첨두값시간은 0.74초, 정상상태오차는 0.38이다.

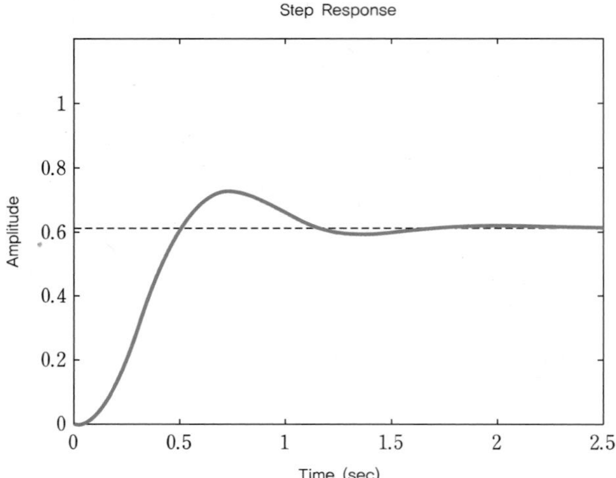

[그림 8-20] **전향경로 전달함수 $G(s)=\dfrac{242}{(s+3)(s+5)(s+10)}$ 인 단위귀환제어시스템의 단위계단응답**

첨두값시간 $T_p=0.3$초를 만족하려면 식 (5.31)에 의해 감쇠진동주파수 ω_d가 다음과 같아야 한다.

$$T_p \fallingdotseq \frac{\pi}{\omega_n\sqrt{1-\zeta^2}}=\frac{\pi}{\omega_d}=0.3 \quad \rightarrow \quad \omega_d \fallingdotseq 10.5$$

이때 20%의 백분율 오버슈트를 유지하기 위해서는 특성방정식의 근이 $\zeta=0.456$인 선 위에 있어야 하므로 두 근은 $s_1=-5.4+j10.5$, $s_2=-5.4-j10.5$이어야 한다. 그러나 이 근들은 주어진 시스템의 근궤적 위에 있지 않다. 즉 주어진 전달함수의 이득정수 K값만으로는 원하는 값을 얻을 수 없다. 따라서 이 시스템에 미분제어기를 추가로 삽입해야 한다.

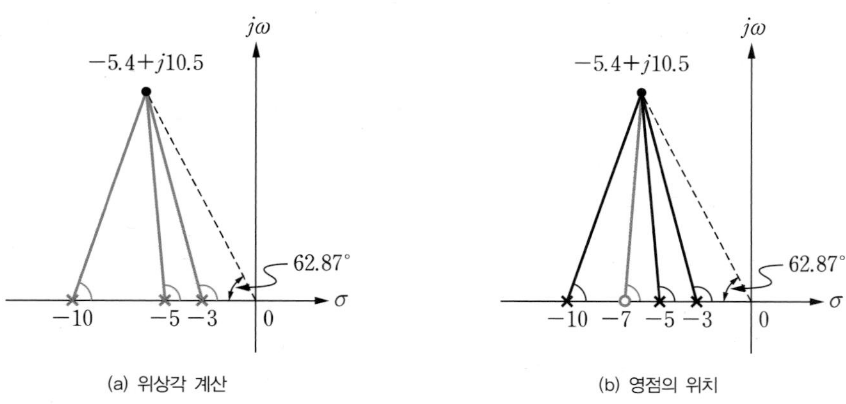

[그림 8-21] **첨두값시간을 0.3초로 하기 위한 영점의 위치**

이제 미분제어기를 설계해보자. 먼저 전향경로 전달함수 $G(s)$에 $s=-5.4+j10.5$을 대입했을 때의 위상각을 계산하면 다음과 같다.

$$
\begin{aligned}
\angle G(s_1) &= \angle \frac{K}{(-5.4+j10.5+3)(-5.4+j10.5+5)(-5.4+j10.5+10)} \\
&= \angle \frac{K}{(-2.4+j10.5)(-0.4+j10.5)(4.6+j10.5)} \\
&= -(102.9^\circ + 92.2^\circ + 66.3^\circ) \\
&= -261.4^\circ
\end{aligned}
$$

이 위상각이 특성방정식의 근이 되기 위한 각도조건 -180°를 만족하려면 81.4°의 위상각을 더해야 한다. 이 (+) 위상각을 만들려면 이 전향경로 전달함수에 81.4°의 위상각을 갖는 영점을 추가해야 한다. 그럼 먼저 그 영점의 위치를 정해보자. 그 영점이 (−) 실수축 위에 있고, 그 값을 σ라고 하면 이 영점의 위치는 다음 조건을 만족해야 한다.

$$
\begin{aligned}
\tan^{-1}\frac{10.5}{-5.4-\sigma} &= 81.4^\circ \\
\tan 81.4^\circ &= \frac{10.5}{-5.4-\sigma} \\
6.61 &= \frac{10.5}{-5.4-\sigma} \\
\therefore \sigma &\fallingdotseq -7
\end{aligned}
$$

이러한 영점을 전향경로 전달함수에 추가하려면 전달함수가 $(s+7)$인 미분제어요소를 전향경로에 삽입해야 한다. 그러면 전체 전향경로 전달함수는 다음과 같이 된다.

$$
G(s) = \frac{K(s+7)}{(s+3)(s+5)(s+10)} \quad \cdots ①
$$

영점을 추가한 전향경로 전달함수 식 ①을 갖는 단위귀환제어시스템에 대한 근궤적을 다시 그리면 [그림 8-22]와 같다. 여기에서 원하는 근을 갖는 그때의 이득정수 K값을 구하면 다음과 같이 된다.

$$
K = 123
$$

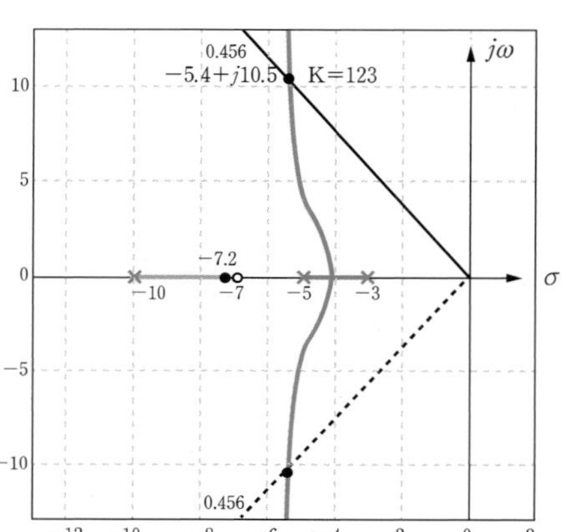

[그림 8-22] **전향경로 전달함수 $G(s)=\frac{K(s+7)}{(s+3)(s+5)(s+10)}$ 인 단위귀환 시스템의 근궤적**

이때 이 제어시스템의 전체 폐루프 전달함수는 다음과 같다.

$$M(s) = \frac{\dfrac{123(s+7)}{(s+3)(s+5)(s+10)}}{1+\dfrac{123(s+7)}{(s+3)(s+5)(s+10)}}$$

$$= \frac{123(s+7)}{(s+3)(s+5)(s+10)+123(s+7)}$$

$$= \frac{123(s+7)}{s^3+18s^2+218s+1011}$$

$$\fallingdotseq \frac{123(s+7)}{(s+5.4-j10.5)(s+5.4+j10.5)(s+7.2)} \quad \cdots ②$$

식 ②에서 보는 바와 같이 극점 -7.2가 영점 -7에 대단히 가까이 있으므로 서로 소거[cancel]된 것으로 볼 수 있다. 그러므로 이 제어시스템의 단위계단응답은 표준 2차시스템의 사양을 구하는 식 (5.31) ~ 식 (5.36)을 그대로 적용하는 데 별 무리가 없다. 이 제어시스템은 이득정수 $K=123$일 때 [그림 8-23]의 ❷에서 보는 바와 같이 최종값 0.85에 대해 21%의 백분율 오버슈트를 나타내며, 첨두값시간은 0.3초로 만족한 결과를 얻었다.. 그러나 이때의 정상상태오차는 15%가 된다.

$$e(\infty) = \frac{1}{1+K_p}$$

$$K_p = \lim_{s\to 0} G(s) = \lim_{s\to 0} \frac{123(s+7)}{(s+3)(s+5)(s+10)} = 5.74$$

$$\therefore\ e(\infty) = \frac{1}{1+5.74} \fallingdotseq 0.15$$

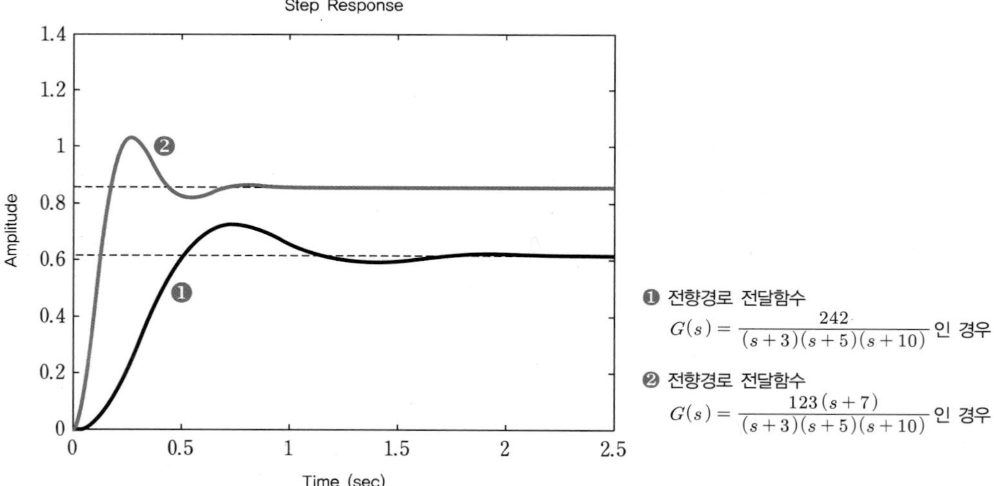

[그림 8-23] **단위귀환제어시스템의 단위계단응답**

따라서 단위계단입력에 대한 정상상태오차를 0으로 하기 위해서는 적분요소를 추가하여 시스템의 형을 1만큼 증가시킬 필요가 있으며, 이때 이미 설계한 과도응답에는 영향을 미치지 않게 하기 위해서 적분요소의 극점에 가까운 영점을 동반한 적분제어기를 설치한다. 여기에서 전달함수가 $\dfrac{(s+0.1)}{s}$ 인 적분제어기를 전향경로에 삽입하면 전체 전향경로 전달함수는 다음과 같이 된다.

$$G(s)=\frac{K(s+0.1)(s+7)}{s(s+3)(s+5)(s+10)} \qquad \cdots ③$$

적분제어요소가 추가되었으므로 근궤적을 다시 그리면 [그림 8-24]와 같다. 여기에서 원하는 $\zeta=0.456$인 선과 만나는 점의 이득정수 K값을 구하면 다음과 같다.

$$K=120$$

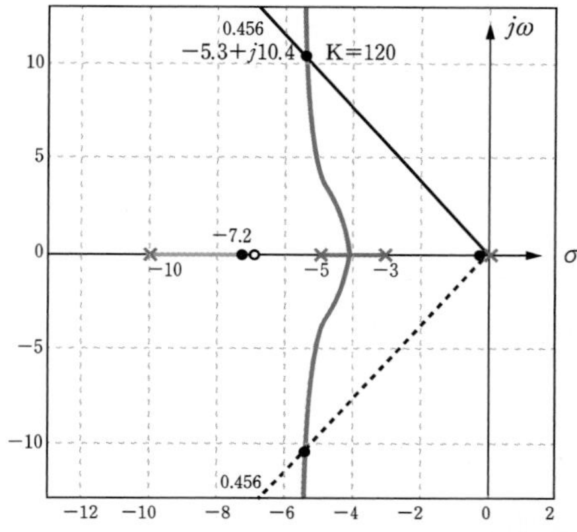

[그림 8-24] **전향경로 전달함수 $G(s)=\frac{K(s+0.1)(s+7)}{s(s+3)(s+5)(s+10)}$의 근궤적**

이때 이 제어시스템의 전체 폐루프 전달함수는 다음과 같다.

$$\begin{aligned}M(s)&=\frac{\dfrac{120(s+0.1)(s+7)}{s(s+3)(s+5)(s+10)}}{1+\dfrac{120(s+0.1)(s+7)}{s(s+3)(s+5)(s+10)}}\\&=\frac{120(s+0.1)(s+7)}{s(s+3)(s+5)(s+10)+120(s+0.1)(s+7)}\\&=\frac{120(s+0.1)(s+7)}{s^4+18s^3+215s^2+1002s+84}\\&\fallingdotseq\frac{120(s+0.1)(s+7)}{(s+5.3-j10.4)(s+5.3+j10.4)(s+7.2)(s+0.09)}\end{aligned} \qquad \cdots ④$$

식 ④에서 보는 바와 같이 극점 −7.2이 영점 −7에 대단히 가까이 있고, 극점 −0.09도 영점 −0.1에 대단히 가까이 있으므로 극점과 영점들이 서로 소거되어 이 제어시스템의 단위계단응답은 표준 2차시스템의 사양을 구하는 식 (5.31) ~ 식 (5.36)을 그대로 적용하는데 별 무리가 없다.

[그림 8-25]에 원래 시스템의 단위계단응답과 미분제어기를 추가한 제어시스템의 단위계단응답, 그리고 미분·적분제어기를 추가한 제어시스템의 단위계단응답들을 비교하여 나타내었다. 첨두값시간은 0.3초, 정상상태오차는 $e(\infty)=0$으로, 대체적으로 만족스러운 결과를 얻었음을 알 수 있다. 최댓값이 1.036으로 최종값 1에 대한 백분율 오버슈트는 약 3.6%로, 여기에서는 별도의 해석이 필요하다.

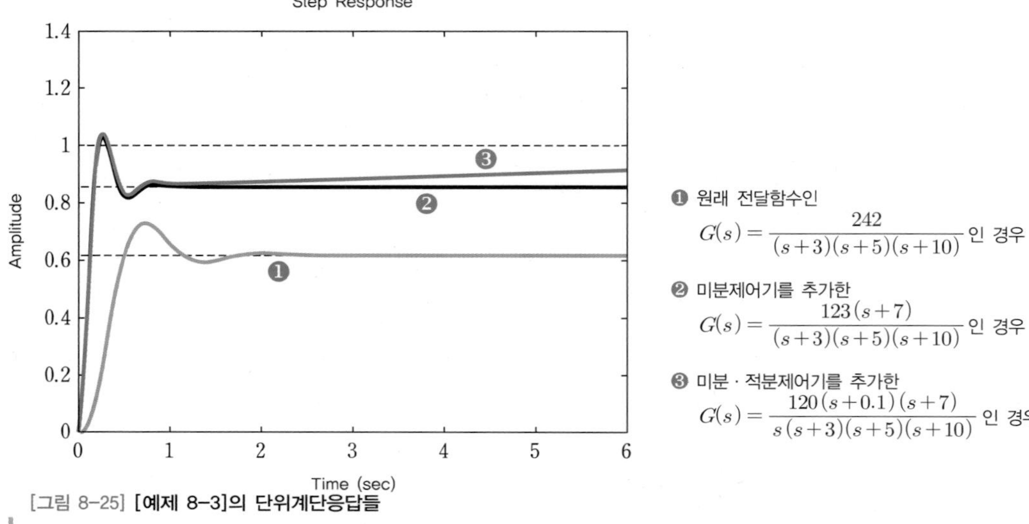

[그림 8-25] **[예제 8-3]의 단위계단응답들**

제어기의 구현

앞에서 폐루프 제어시스템의 과도응답과 정상상태응답을 설계하는 방법을 설명하였다. 제어시스템의 시간응답을 개선하기 위해서는 전향경로에 미분제어기나 적분제어기를 종속으로 연결해야 하는 것을 알았다. 그렇다면 이러한 제어기는 실제적으로 어떻게 구현realization할까? 제어시스템의 시간응답을 개선하기 위하여 사용되는 제어기에는 연산증폭기를 이용하는 능동 제어기active contoller와 저항과 콘덴서만을 이용하는 수동 보상기passive compensator가 있으나 여기에서는 능동제어기에 대해서만 설명하고, 수동 보상기는 뒤에 주파수응답에서 설명한다.

[그림 8-26]에 있는 반전 연산증폭기의 전달함수는 다음과 같다.

$$G_c(s)=-\frac{Z_2(s)}{Z_1(s)} \tag{8.9}$$

임피던스 $Z_1(s)$와 $Z_2(s)$를 어떻게 구성하느냐에 따라 비례, 미분, 적분, 비례-미분(PD), 비례-적분(PI), 비례-미분-적분(PID)제어기를 만들 수 있다. 이에 대해서는 [표 8-1]에 정리했다.

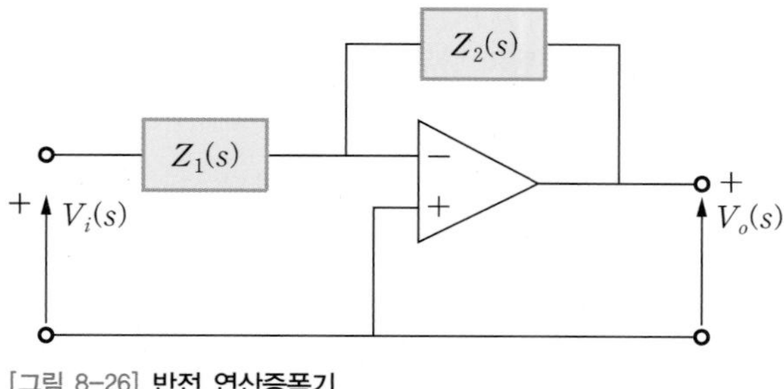

[그림 8-26] **반전 연산증폭기**

[표 8-1] 연산증폭기의 전달함수와 임피던스회로

제어요소	$Z_1(s)$	$Z_2(s)$	$G(s)=\frac{V_o(s)}{V_i(s)}=-\frac{Z_2(s)}{Z_1(s)}$
증폭기	R_1	R_2	K, $K=-\frac{R_2}{R_1}$
적분기	R	C	$\frac{K_I}{s}$, $K_I=-\frac{1}{RC}$
미분기	C	R	$K_D s$, $K_D=-RC$
PI 제어기	R_1	R_2 C	$\frac{K(s+z)}{s}$, $K=-\frac{R_2}{R_1}$, $z=\frac{1}{R_2 C}$
PD 제어기	C R_1	R_2	$K(s+z)$, $K=-R_2 C$, $z=\frac{1}{R_1 C}$
PID 제어기	C_1 R_1	R_2 C_2	$\frac{K(s^2+as+b)}{s}$, $K=-R_2 C_1$, $a=\frac{R_1 C_1+R_2 C_2}{R_1 R_2 C_1 C_2}$, $b=\frac{1}{R_1 R_2 C_1 C_2}$
진상제어기 지상제어기	C_1 R_1	C_2 R_2	$\frac{K(s+z)}{(s+p)}$, $K=-\frac{C_1}{C_2}$, $z=\frac{1}{R_1 C_1}$, $p=\frac{1}{R_2 C_2}$

* 증폭기=비례요소, 적분기=적분요소, 미분기=미분요소, *PI* 제어기=비례-적분제어기, *PD* 제어기=비례-미분제어기, *PID* 제어기=비례-미분-적분제어기이다.

예제 8-4 연산증폭기를 이용한 제어기 구현

다음과 같은 비례-미분-적분제어기, 즉 *PID* 제어기를 연산증폭기를 이용하여 구현하라.

$$G_c(s)=\frac{120(s+0.1)(s+7)}{s}$$

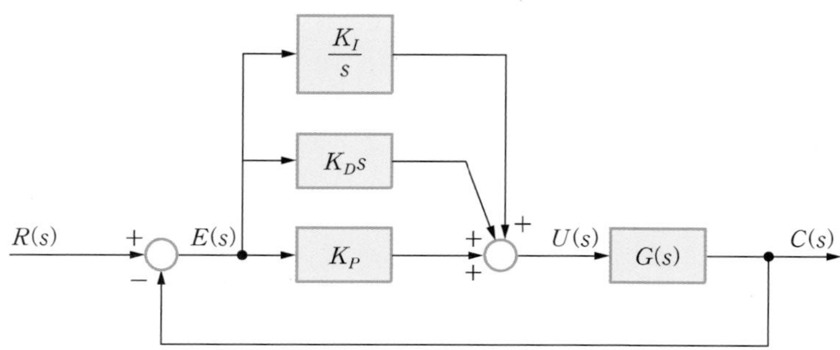

[그림 8-27] [예제 8-4]의 *PID* 제어기

풀이

[그림 8-27]과 같은 PID 제어기에서 조작량은

$$u(t) = K_P e(t) + K_D \frac{d}{dt} e(t) + K_I \int_0^t e(t)\, dt \qquad \cdots ①$$

이고, PID 제어기의 전달함수는 다음과 같다.

$$G_c(s) = K_P + K_D s + K_I \frac{1}{s} = \frac{K_D s^2 + K_P s + K_I}{s} = \frac{K_D\left(s^2 + \frac{K_P}{K_D} s + \frac{K_I}{K_D}\right)}{s} \qquad \cdots ②$$

문제에서 주어진 제어기의 전달함수를 적용하면

$$\frac{K_D\left(s^2 + \frac{K_P}{K_D} s + \frac{K_I}{K_D}\right)}{s} = \frac{120(s+0.1)(s+7)}{s}$$

$$= \frac{120(s^2 + 7.1 s + 0.7)}{s} = \frac{120\left(s^2 + \frac{852}{120} s + \frac{84}{120}\right)}{s} \qquad \cdots ③$$

이므로, 다음과 같이 된다. 여기에서 K_P와 K_D, K_I는 각각 비례, 미분 및 적분상수이고, 연산증폭기를 이용하여 실제 구현하면 [그림 8-28]과 같다.

$$K_P = 852,\quad K_D = 120,\quad K_I = 84$$

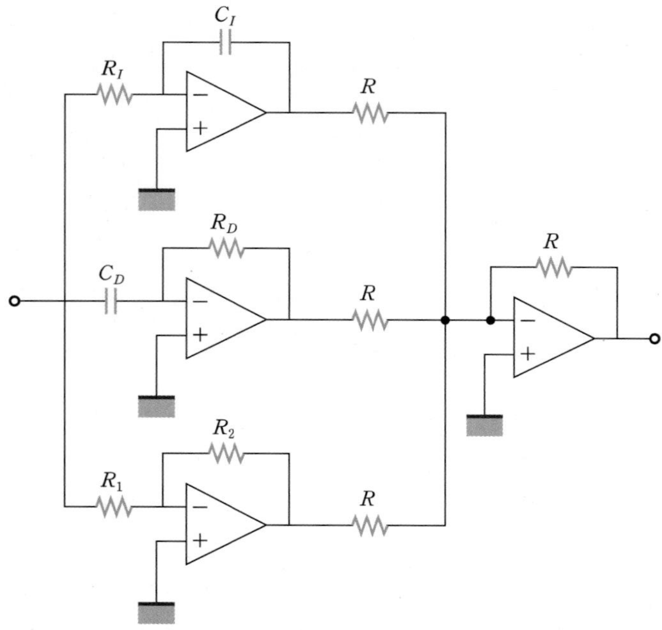

[그림 8-28] **연산증폭기를 이용한 PID 제어기 구현 회로**

[그림 8-28]에서 K_P, K_D, K_I는 다음과 같이 된다.

$$K_P = \frac{R_2}{R_1}, \quad K_D = R_D C_D, \quad K_I = \frac{1}{R_I C_I}$$

주어진 값들을 실현하기 위해 저항 값과 정전용량 값들을 선택하는 데에는 여러 가지 방법이 있지만, 한 예를 들어 다음과 같이 구성할 수 있다(R_1, C_D, C_I값을 임의로 먼저 정한다).

$$R_1 = 100[\Omega], \quad R_2 = 85.2[\text{k}\Omega]$$
$$R_D = 1.2[\text{M}\Omega], \quad C_D = 100[\mu\text{F}]$$
$$R_I = 119[\text{k}\Omega], \quad C_I = 0.1[\mu\text{F}]$$

여기에서는 비례, 적분, 미분제어기를 위해 3개의 연산증폭기를 사용했지만, [표 8-1]의 *PID* 제어기처럼 1개의 연산기를 사용하여 구현할 수도 있다.

또한 [그림 8-28]의 뒷부분은 다음 [그림 8-29]의 가산증폭기를 참고하기 바란다.

$$e_o = -\left(\frac{R_4}{R_1} e_1 + \frac{R_4}{R_2} e_2 + \frac{R_4}{R_3} e_3\right)$$

만일 $R_1 = R_2 = R_3 = R_4$이면 $e_o = -(e_1 + e_2 + e_3)$이다.

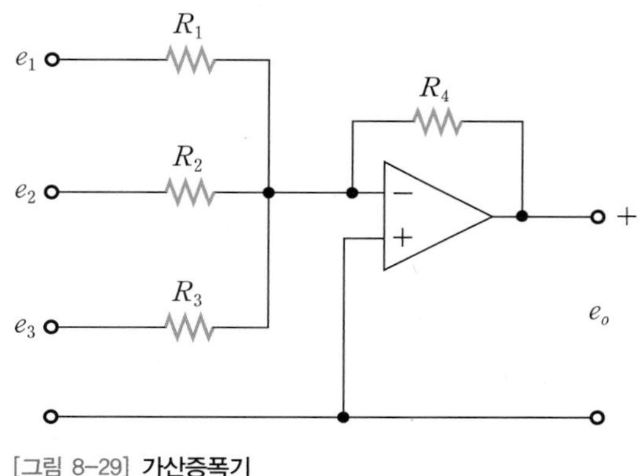

[그림 8-29] **가산증폭기**

Q **[그림 8-28]의 연산증폭기를 이용한 *PID* 제어기의 출력단에 증폭도가 −1인 반전 연산증폭기를 첨가해야 하는 것이 아닌지?**

A [그림 8-29]의 가산증폭기는 반전가산증폭기로 e_1, e_2, e_3의 입력 전압들이 반전되어 출력 전압 e_o로 나오는데, 연산증폭기(OP Amp)를 이용한 비례증폭기, 미분기, 적분기도 입력 전압이 반전되어는 출력으로 나온다. 따라서 [그림 8-28]의 *PID* 제어기에서 결과적으로 반전이 다시 반전되어, (+)의 동작신호actuating signal는 (+)가 되어 나옴으로 추가 반전 연산증폭기는 필요하지 않다.

Chapter 08 핵심요약

■ 근궤적을 이용한 제어기 설계 순서

근궤적은 제어시스템을 해석하는 것보다는 설계하는 도구로서 많이 이용되며, 설계 순서는 다음과 같다.

❶ 원하는 과도응답을 만족시키는 특성방정식의 근의 위치가 주어진 근궤적 위에 있으면 이득정수 K값을 적당히 조절하여 정한다.

❷ 원하는 과도응답을 만족시키는 특성방정식의 근의 위치가 주어진 근궤적 위에 없으면, 즉 각도조건을 만족하지 못하면 각도조건을 만족시키도록 개루프 전달함수에 영점을 추가하여 새로 만들어지는 근궤적이 그 위치를 지나가도록 한다. 그리고 그때 크기조건을 만족시키도록 이득정수 K값을 다시 정한다.

❸ 앞의 ❶과 ❷의 방법으로 과도응답은 만족하였으나 정상상태오차 특성을 만족하지 못하면, 적분요소를 추가하여 시스템의 형을 1단계 올려서 정상상태오차를 개선하고, 적분요소를 도입해서 생기는 과도응답의 변화를 방지하기 위하여 0에 가까운 영점을 같이 추가한다. 그리고 크기조건을 만족하도록 이득정수 K값을 다시 조절한다.

❹ 설계된 제어기를 연산증폭기를 이용하여 구현한다.

Chapter 08 연습문제

8.1 다음 그림과 같은 근궤적을 그리는 2차제어시스템에서 10%의 백분율 오버슈트를 얻기 위한 이득 K값을 구하기 위해 근궤적에서 (−) 실수축과 각도 $\theta°$ 인 직선을 그으려고 한다. 이때 θ의 값은? 단, 표준 2차제어시스템에서 10%의 백분율 오버슈트를 얻기 위한 감쇠비는 $\zeta = 0.59$라고 한다.

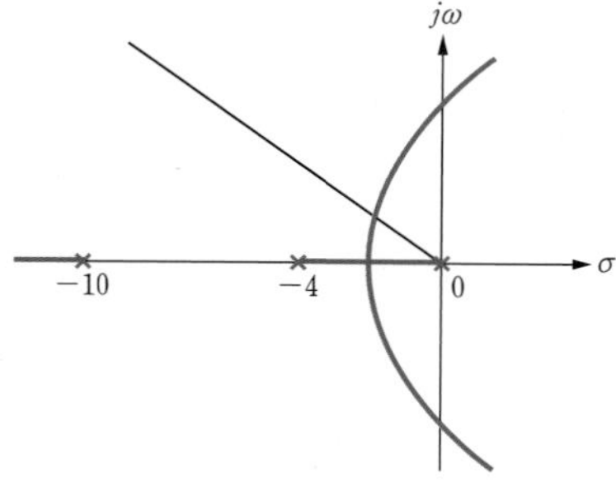

㉮ $\theta \fallingdotseq 0.59$　　㉯ $\theta \fallingdotseq 40.5$　　㉰ $\theta \fallingdotseq 45$　　㉱ $\theta \fallingdotseq 53.8$

8.2 다음 그림 (a)와 같은 귀환제어시스템의 근궤적이 그림 (b)와 같을 때, 단위계단응답이 4.3%의 백분율 오버슈트($\zeta = \frac{1}{\sqrt{2}}$)를 갖기 위한 이득정수 K값과 그때의 정정시간 T_s[sec]를 구하면?

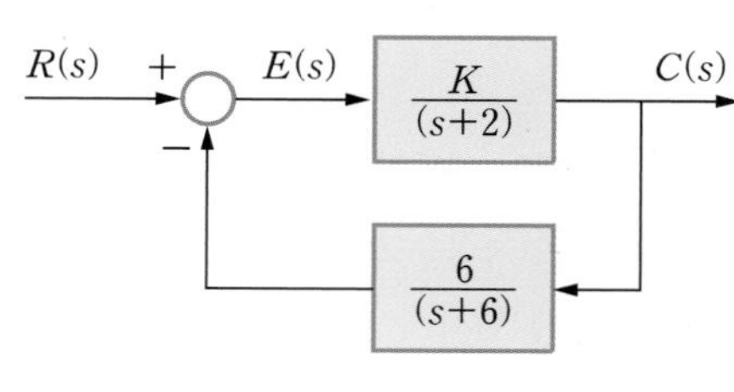

(a)

(b)

㉮ $K = 2.67$, $T_s = 4$　　㉯ $K = 2$, $T_s = 0.5$

㉰ $K = 3.33$, $T_s = 1$　　㉱ $K = 20$, $T_s = 1$

8.3 과도응답특성을 개선하기 위해 주로 사용하는 것은?

㉮ 증폭기　　㉯ 미분제어기

㉰ 적분제어기　　㉱ 적분요소

8.4 적분제어기를 사용하여 주로 개선하는 것은?

㉮ 정상상태오차　　　　㉯ 백분율 오버슈트

㉰ 정정시간　　　　㉱ 상승시간

8.5 다음 그림과 같은 근궤적을 그리는 시스템이 있다. 시스템의 이득정수 K가 40일 때, 단위계단입력에 대한 백분율 오버슈트 $\%OS$가 12%이고, 정정시간 T_s가 2초라고 한다. 이득정수 K 값을 30으로 줄이면, 백분율 오버슈트 $\%OS$와 정정시간 T_s는 어떻게 될까?

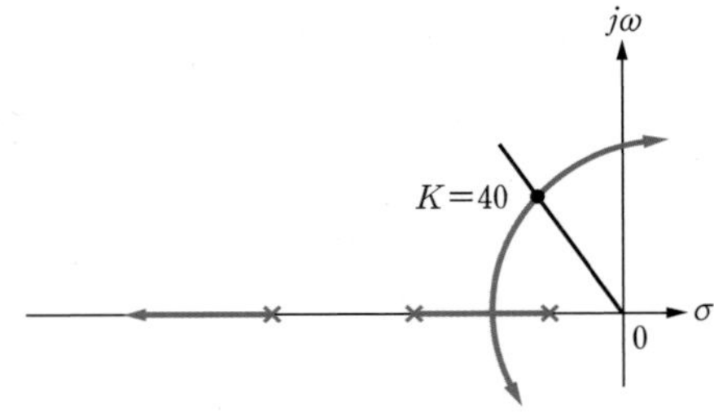

㉮ $\%OS < 12$, $T_s < 2$　　　　㉯ $\%OS < 12$, $T_s > 2$

㉰ $\%OS > 12$, $T_s > 2$　　　　㉱ $\%OS > 12$, $T_s < 2$

8.6 근궤적의 일부가 다음 그림과 같은 시스템이 있다. 이 시스템의 이득정수 K가 10일 때, 단위계단입력에 대한 백분율 오버슈트 $\%OS$가 1.4%이라고 한다. 이득정수 K 값을 더 크게 하면, 백분율 오버슈트 $\%OS$와 정정시간 T_s, 첨두값시간 T_p는 어떻게 될까?

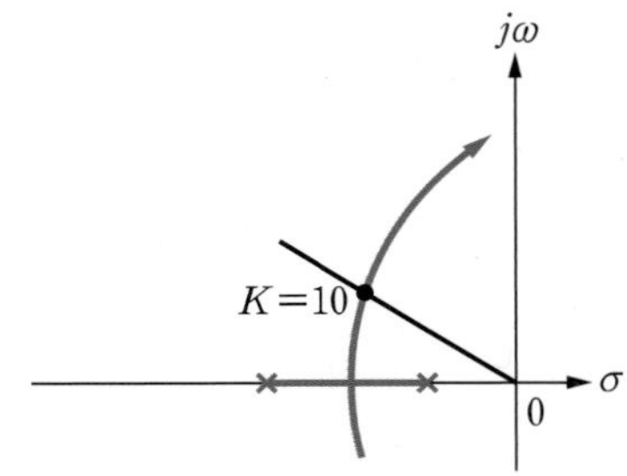

㉮ $\%OS$는 증가, T_s는 감소, T_p는 증가

㉯ $\%OS$는 감소, T_s도 감소, T_p는 증가

㉰ $\%OS$는 증가, T_s는 감소, T_p도 감소

㉱ $\%OS$는 증가, T_s도 증가, T_p는 감소

8.7 근궤적의 일부가 다음 그림과 같은 시스템이 있다. 단위계단입력에 대한 백분율 오버슈트 $\%OS$는 그대로 유지하면서 정정시간 T_s를 $\frac{1}{2}$로 줄이기 위해 특성방정식의 근의위치를 A점에서 B점으로 옮기려고 할 때, 어떤 설계 작업이 필요한가?

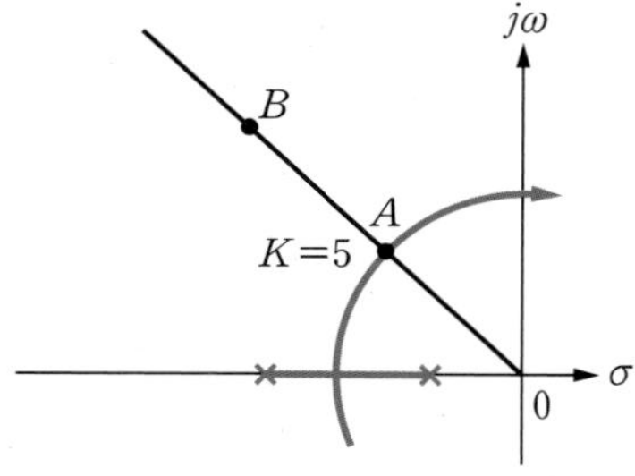

㉮ 이득정수 K값을 증가시킨다.
㉯ 영점을 추가시킨다.
㉰ 적분제어기를 추가하여 시스템의 형을 증가시킨다.
㉱ 영점을 추가시킨 후 극점을 추가시킨다.

8.8 다음 그림과 같은 연산증폭기는?

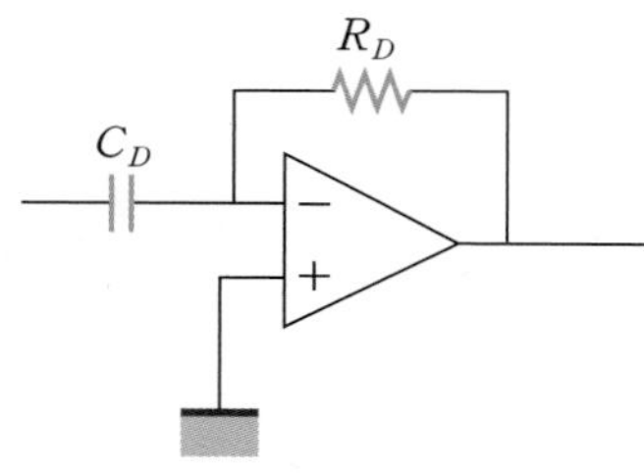

㉮ 증폭기
㉯ PI제어기
㉰ 미분요소
㉱ 적분요소

8.9 제어기 구현에 사용되는 다음 그림과 같은 연산증폭기의 전달함수 $G(s)=\dfrac{V_o(s)}{V_i(s)}$는?

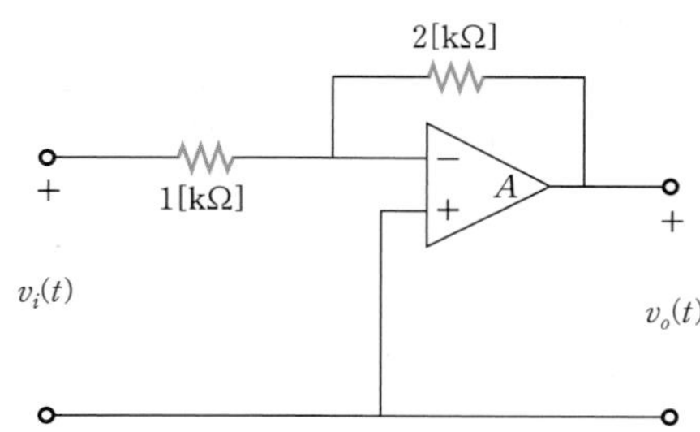

㉮ $G(s)=-\dfrac{1}{2}$　　㉯ $G(s)=-2$

㉰ $G(s)=\dfrac{1}{s+2}$　　㉱ $G(s)=-\dfrac{2}{s}$　기준자

8.10 제어기 구현에 사용되는 다음 그림과 같은 연산증폭기의 전달함수 $G(s)=\dfrac{V_o(s)}{V_i(s)}$ 는?

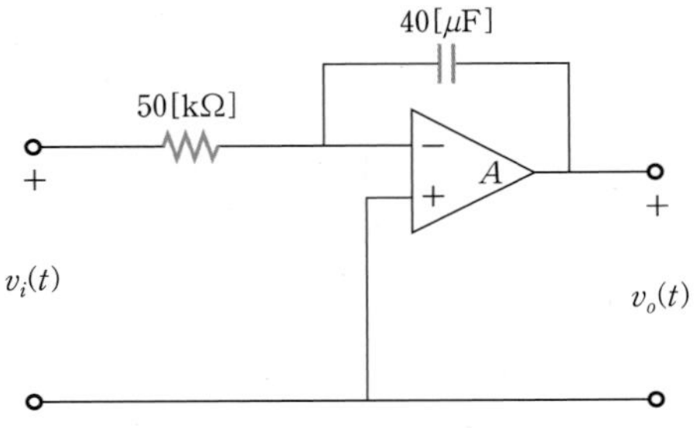

㉮ $G(s) = -1200\,s$

㉯ $G(s) = -\dfrac{1000}{s+1.25}$

㉰ $G(s) = -\dfrac{1}{2s}$

㉱ $G(s) = -0.8\times 10^{-3}\,s$

8.11 제어기 구현에 사용되는 다음 그림과 같은 연산증폭기의 전달함수 $G(s)=\dfrac{V_o(s)}{V_i(s)}$ 는?

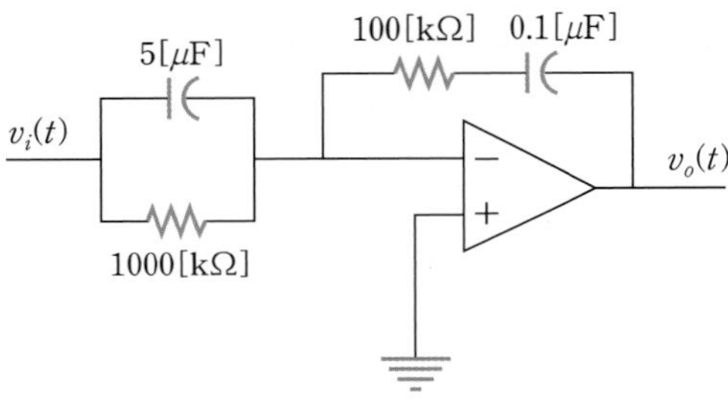

㉮ $G(s) = -\dfrac{100(s+5)}{s(s+10)}$

㉯ $G(s) = -\dfrac{0.5(s+0.2)(s+100)}{s}$

㉰ $G(s) = -\dfrac{10(s+2)(s+250)}{5s+2}$

㉱ $G(s) = -\dfrac{(s+100)}{s(s+5)}$

8.12 다음 그림과 같은 PI 제어기에서 전달함수 $G(s) = -\dfrac{100(s+1)}{s}$가 되도록 하는 저항과 콘덴서의 값은?

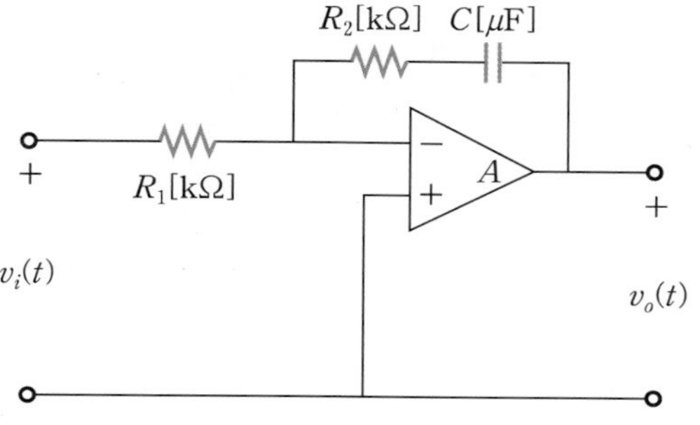

㉮ $R_1 = 10$, $R_2 = 10$, $C = 0.1$　　㉯ $R_1 = 1000$, $R_2 = 10$, $C = 1$

㉰ $R_1 = 10$, $R_2 = 1000$, $C = 1$　　㉱ $R_1 = 1$, $R_2 = 100$, $C = 10$

8.13 다음 그림과 같은 제어시스템의 폐루프 제어시스템의 근궤적을 그리고, 단위계단응답이 4.3% 의 백분율 오버슈트를 갖도록 하기 위한 이득정수 K값을 구하라.

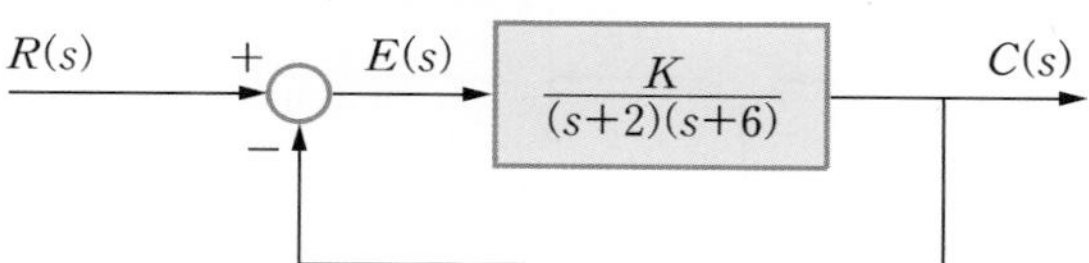

8.14 다음 그림과 같은 제어시스템의 폐루프 제어시스템의 근궤적을 그리고, 단위계단응답이 25% 의 백분율 오버슈트를 갖도록 하기 위한 이득정수 K값을 구하라.

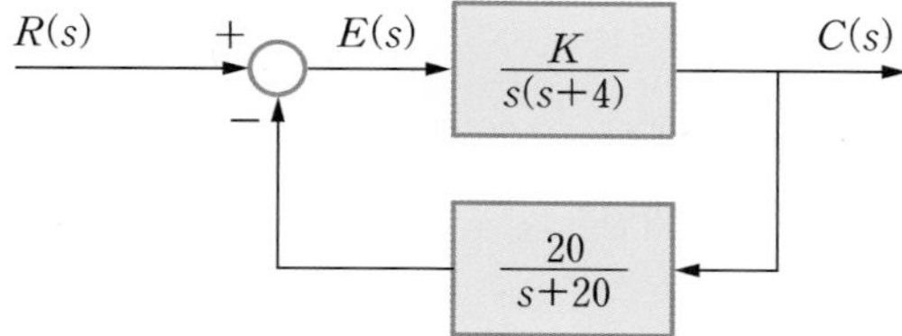

8.15 다음 그림과 같은 제어시스템의 폐루프 제어시스템의 근궤적을 그리고, 단위계단응답이 10% 의 백분율 오버슈트를 가지며, 첨두값시간이 0.4초가 되기 위한 제어기를 근궤적을 이용하여 설계하라.

$R(s)$ $+$ $-$ $E(s)$ $\dfrac{K}{s(s+10)}$ $C(s)$

8.16 단위귀환제어시스템에서 전향경로 전달함수가 다음과 같을 때, 단위계단입력에 대한 시간응답이 20% 의 백분율 오버슈트를 가지며, 정정시간이 1초, 정상상태오차가 $e(\infty)=0$ 이 되도록 제어기를 설계하라.

$$G(s)=\frac{K(s+10)}{s^3+9s^2+25s+25}$$

8.17 다음 그림과 같은 폐루프 제어시스템의 근궤적을 그리고, 단위계단입력에 대한 시간응답이 백분율 오버슈트가 16%, 첨두값시간이 0.5초, 정상상태오차가 $e(\infty)=0$ 이 되도록 제어기를 설계하라.

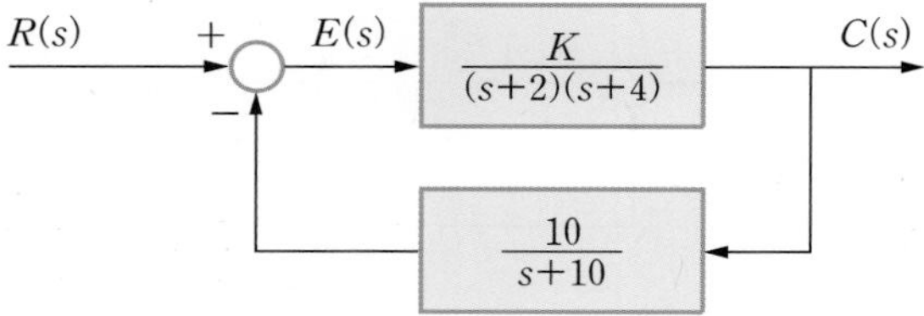

8.18 [연습문제 8.17]에서 설계한 PID 제어기를 연산증폭기를 이용하여 구현하라.

8.19 MATLAB [연습문제 8.17]에서 설계한 PID 제어기를 갖는 제어시스템이 원하는 시간응답을 나타내는지 MATLAB을 이용하여 확인하고, 그 결과에 대해 설명하라.

Chapter

09

주파수응답

Frequency Response

학습목표

- 진폭비와 위상차를 구할 수 있다.
- 주파수응답과 주파수전달함수가 무엇인지 알 수 있다.
- 주파수전달함수와 이득, 위상차를 구할 수 있다.
- 기본 제어요소의 주파수응답을 구할 수 있다.
- 보드선도, 벡터궤적, 이득·위상도를 그릴 수 있다.
- 각종 선도를 이용하여 제어시스템의 특성을 파악할 수 있다.

8장에서는 근궤적을 이용하여 시간응답, 즉 과도응답과 정상상태오차에 대한 해석 및 설계에 대해 설명하였다. 이때 고차시스템의 시간응답은 대부분 표준2차시스템의 응답으로 유추하였다. 그러나 실제로 근궤적을 이용하여 고차제어시스템을 정확히 해석하거나 고차제어시스템의 여러 가지 과도응답 특성을 동시에 만족하는 정확한 설계 방법은 없었다. 이 장에서는 20세기 초에 나이퀴스트H. Nyquist나 보드H. W. Bode가 개발한 주파수응답을 이용한 해석 및 설계 방법을 소개한다. 이 방법은 20세기 중반에 이반스W. R. Evans가 소개한 근궤적 기법처럼 직관적이지는 않지만, 다음과 같은 장점이 있어 지금도 제어시스템을 해석하거나 설계할 때 많이 사용한다.

❶ 고차시스템에 적용할 수 있는 여러 도식적인 방법들이 개발되어 있다.
❷ 실험 자료를 이용한 고차시스템의 모델링이 가능하다.
❸ 잡음과 시스템 매개변수의 변화에 대한 영향을 판단하는 데 편리하다.
❹ 비선형시스템의 안정도를 판별하기가 쉽다.

Section

9.1 주파수응답과 주파수전달함수

[그림 9-1]과 같은 선형제어시스템에 **정현파**sinusoidal wave를 입력하면 그 출력이 어떻게 될까?

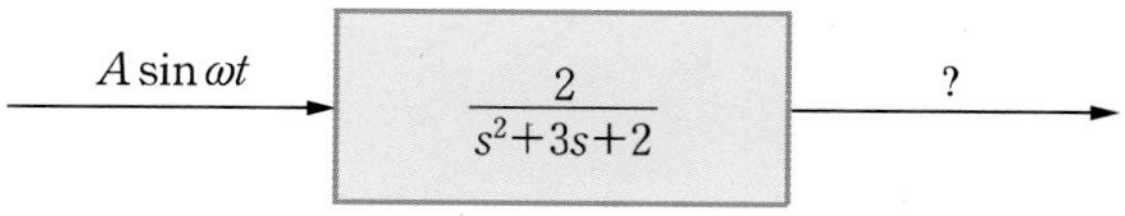

$A\sin\omega t$ → $\dfrac{2}{s^2+3s+2}$ → ?

[그림 9-1] **선형제어시스템의 예**

예를 들어, 식 (9.1)과 같은 입력이 가해졌을 때, 이에 대한 출력을 구하면 식 (9.2)와 같다.

$$x(t) = 100\sin 5t \tag{9.1}$$

$$y(t) = 38.46e^{-t} - 34.48e^{-2t} + 7.29\sin(5t - 146.75°) \tag{9.2}$$

메모

$$Y(s) = \frac{2}{s^2+3s+2}\,\frac{100\times 5}{s^2+25}$$
$$= \frac{38.46}{s+1} - \frac{34.48}{s+2} - \frac{4s+30.5}{s^2+25}$$
$$y(t) = 38.46e^{-t} - 34.48e^{-2t} - 4\cos 5t - 6.1\sin 5t$$
$$= 38.46e^{-t} - 34.48e^{-2t} + 7.29\sin(5t - 146.75°)$$

식 (9.2)를 살펴보면 입력을 가한 직후에는 과도적인 현상이 나타나지만, 시간이 많이 지나 정상상태로 들어가면 출력은 진폭과 위상은 다를지라도 입력과 같은 주파수, 즉 입력과 모양이 같은 정현파가 됨을 알 수 있다.

선형제어시스템에 정현파 입력을 가하여 정현파 출력을 얻었을 때 출력의 진폭을 입력의 진폭으로 나눈 값을 **진폭비**amplitude ratio라 하고, 출력의 위상각에서 입력의 위상각을 뺀 값을 **위상차**phase difference라고 한다.

$$\text{진폭비} = \frac{\text{출력의 진폭}}{\text{입력의 진폭}}$$

위상차 = 출력의 위상각과 입력의 위상각 사이의 차

예를 들어, 식 (9.1)과 식 (9.2)에 대한 진폭비와 위상차를 구하면 다음과 같다.

$$진폭비 = \frac{7.29}{100} = 0.0729$$
$$위상차 = -146.75°$$

일반적으로 [그림 9-2]와 같이 선형시스템에 입력 $A\sin\omega t$를 인가했을 때, 시간이 많이 지난 정상상태에서의 출력은 $B\sin(\omega t+\phi)$가 되며, 이때의 진폭비와 위상차는 다음과 같다(선형시스템에서는 입력 주파수와 같은 주파수를 갖는 정현파만 출력에 나타나지만, 비선형시스템에서는 입력 주파수와 같지 않은 주파수도 출력에 나타날 수 있다).

$$진폭비 = \frac{B}{A}$$
$$위상차 = \phi$$

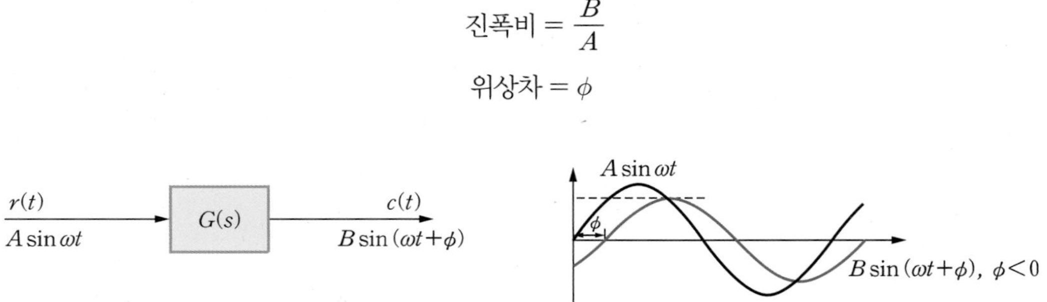

[그림 9-2] **선형제어시스템의 정상상태 출력**

대부분의 선형제어시스템은 일정한 크기의 진폭을 가진 정현파를 입력으로 가해도 그 인가하는 정현파의 주파수에 따라 [그림 9-3]과 같이 진폭과 위상각이 다른 출력들이 나타난다.

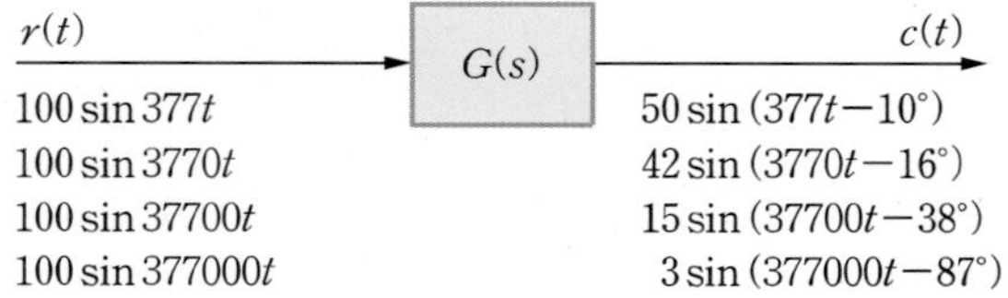

[그림 9-3] **입력 주파수에 따른 출력의 변화**

즉 어떤 시스템의 진폭비와 위상차는 주파수에 따라서 변하는 주파수의 함수가 된다. 같은 제어시스템이더라도 인가되는 정현파 입력의 주파수에 따라 진폭비와 위상차가 달라진다. 주파수를 0에서부터 ∞까지 변화시킬 때, 그에 대한 진폭비와 위상차의 변화를 그 시스템의 **주파수응답**frequency response 이라고 한다. 즉 정현파 입력의 주파수를 2배, 3배, 4배, 10배, 100배로 계속 증가시키며 그에 따른 진폭비와 위상차의 변화를 실험적으로 구할 때, 이 실험 자료를 그 시스템의 주파수응답이라고 한다. 선형시스템에서는 일일이 주파수 ω를 변화시키며 실험을 해보지 않고도(엄밀하게 말하면 ω는 각주파수angular frequency이지만 여기서는 그냥 주파수라고 한다), 그 시스템의 전달함수 $G(s)$를 통해 이론적으로 계산하여 주파수응답을 구할 수 있다. 결론적으로 말하면, 전달함수가 $G(s)$인 제어시스템에 $A\sin\omega t$인 정현파 입력을 가했을 때의 주파수응답(진폭비와 위상차)은 $G(s)$의 식에서 s 대신에 $s=j\omega$를 대입하여 얻어지는 복소벡터 $G(j\omega)$의 절댓값과 그 위상각으로 구한다. 이를 증명하기 위해 [그림 9-4]와 같은 선형제어시스템에 $x(t)=A\sin\omega t$를 입력으로 인가하고 그 출력 $y(t)$를 구해보자.

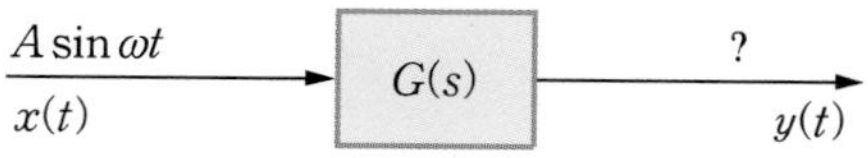

[그림 9-4] **전달함수가 $G(s)$인 선형제어시스템**

출력의 라플라스 변환은 전달함수에 입력의 라플라스 변환을 곱한 것과 같으므로

$$\begin{aligned} Y(s) &= G(s)X(s) = G(s)\frac{A\omega}{s^2+\omega^2} \\ &= G(s)\frac{A\omega}{(s-j\omega)(s+j\omega)} \end{aligned}$$

가 된다. 전달함수 $G(s)$가 분수다항식 $\dfrac{N(s)}{D(s)}$로 표시되어 분모가 다음과 같이 인수분해된다면

$$G(s)=\frac{N(s)}{D(s)}=\frac{N(s)}{(s-s_1)(s-s_2)\cdots(s-s_n)}$$

출력은 다음과 같다.

$$\begin{aligned} Y(s) &= G(s)X(s) = G(s)\frac{A\omega}{(s-j\omega)(s+j\omega)} \\ &= \frac{N(s)}{(s-s_1)(s-s_2)\cdots(s-s_n)} \times \frac{A\omega}{(s-j\omega)(s+j\omega)} \\ &= \frac{C_1}{(s-s_1)}+\frac{C_2}{(s-s_2)}+\cdots+\frac{C_n}{(s-s_n)}+\frac{K_1}{(s-j\omega)}+\frac{K_2}{(s+j\omega)} \end{aligned}$$

따라서 라플라스 역변환을 구하면

$$y(t)=C_1e^{s_1t}+C_2e^{s_2t}+\cdots+C_ne^{s_nt}+K_1e^{j\omega t}+K_2e^{-j\omega t}$$

이다. 안정된 일반 제어시스템에서 전달함수의 극점(특성방정식의 근)은 복소평면의 좌반면에 있으므로, 즉 실수부가 (−)이므로 위의 출력 식에서 앞부분 $C_1e^{s_1t}+C_2e^{s_2t}+\cdots+C_ne^{s_nt}$은 정상상태에서 그 값이 0으로 수렴한다. 따라서 정상상태에서 이 제어시스템의 출력은 결국 다음과 같이 된다.

$$y(t)=K_1e^{j\omega t}+K_2e^{-j\omega t} \tag{9.3}$$

$$단,\ K_1 = \lim_{s \to j\omega} G(s)\frac{A\omega}{(s-j\omega)(s+j\omega)})(s-j\omega) = G(j\omega)\frac{A}{j2}$$

$$K_2 = \lim_{s \to -j\omega} G(s)\frac{A\omega}{(s-j\omega)(s+j\omega)})(s+j\omega) = G(-j\omega)\frac{A}{-j2}$$

따라서 출력 $y(t)$를 정리하면 다음과 같다.

$$\begin{aligned} y(t) &= G(j\omega)\frac{A}{j2}e^{j\omega t} + G(-j\omega)\frac{A}{-j2}e^{-j\omega t} \text{[1]} \\ &= |G(j\omega)|e^{j\theta}\frac{A}{j2}e^{j\omega t} + |G(j\omega)|e^{-j\theta}\frac{A}{-j2}e^{-j\omega t} \\ &= A|G(j\omega)|\frac{e^{j(\omega t+\theta)} - e^{-j(\omega t+\theta)}}{j2} \\ &= A|G(j\omega)|\sin(\omega t+\theta) \end{aligned} \tag{9.4}$$

또한 진폭비와 위상차를 구하면 다음과 같이 된다.

$$진폭비 = \frac{A|G(j\omega)|}{A} = |G(j\omega)| \tag{9.5}$$

$$위상차 = \theta = \angle G(j\omega) \tag{9.6}$$

이들 진폭비와 위상차는 입력한 정현파의 주파수 ω의 함수이며, 입력 주파수 ω의 변화에 대한 진폭비 $|G(j\omega)|$와 위상차 $\angle G(j\omega)$의 변화를 이 제어시스템의 주파수응답이라고 한다.

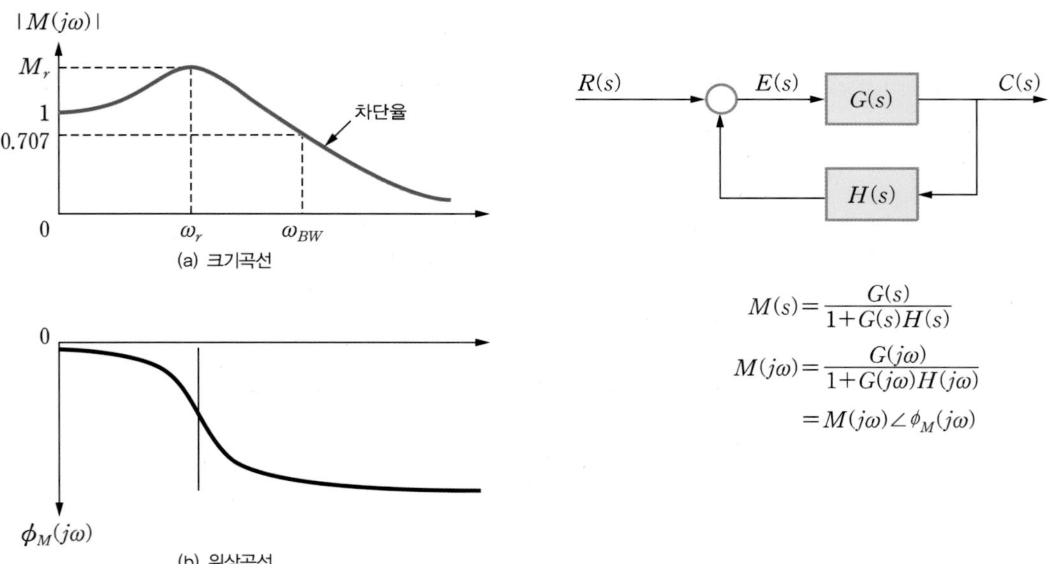

[그림 9-5] 귀환제어시스템의 대표적인 주파수응답

---

1 $G(j\omega)$를 지수식으로 나타내면 $G(j\omega) = |G(j\omega)|e^{j\theta}$, $G(-j\omega) = |G(j\omega)|e^{-j\theta}$ (단, $\theta = \angle G(j\omega)$)이다.

이때 변수 s를 $j\omega$로 치환한 $G(j\omega)$를 **주파수전달함수** frequency transfer function라고 한다. [그림 9-5]에 귀환제어시스템의 대표적인 주파수응답의 한 예를 나타내었다.

시간응답에서는 주로 백분율 오버슈트, 상승시간, 정정시간 등의 사양specifications에 관심을 가졌지만, 주파수응답에서 주로 관심을 갖는 사양은 **첨두공진값** peak resonance M_r, **공진주파수** resonance frequency ω_r, **대역폭**bandwidth ω_{BW}, **차단율**cutoff rate 등에 관심을 갖는다. 이들에 대해서는 뒤에서 자세히 설명하겠다. 여기에서 한 가지 주의할 사항은 시간응답에서는 입력을 가한 직후에 나타나는, 즉 과도현상에 주로 관심을 가지는 데 반해, 주파수응답에서는 시간이 많이 지난 정상상태에서의 출력에 관하여 관심을 갖는다는 사실이다.

예제 9-1 주파수응답

전달함수가 $G(s)=\dfrac{6}{s^2+5s+6}$인 제어시스템에 입력으로 $x(t)=50\sin 10t$를 가했을 때 다음을 구하라.

(a) 출력 $y(t)$를 구하라.

(b) 입력과 출력을 비교하여 진폭비와 위상차를 구하라.

(c) 식 (9.5)와 식 (9.6)을 이용하여 진폭비와 위상차를 구한 후 (b)의 결과와 비교하라.

풀이

(a) 먼저 출력의 라플라스 변환 $Y(s)=G(s)X(s)$를 구하면 다음과 같다.

$$Y(s)=\frac{6}{s^2+5s+6}\,\frac{50\times 10}{s^2+100}\fallingdotseq\frac{28.85}{s+2}-\frac{27.52}{s+3}-\frac{1.32s+24.87}{s^2+100}$$

이를 라플라스 역변환하면 다음과 같이 출력을 구할 수 있다.

$$\begin{aligned}y(t)&=28.85e^{-2t}-27.52e^{-3t}-1.32\cos 10t-2.49\sin 10t\\&=28.85e^{-2t}-27.52e^{-3t}+2.82\sin(10t-152^\circ)\end{aligned}$$

(b) 진폭비 $=\dfrac{2.82}{50}\fallingdotseq 0.056$, 위상차 $\fallingdotseq -152^\circ$

(c) 진폭비 $=|G(j\omega)|=\left|\dfrac{6}{(-j10)^2+j50+6}\right|=\left|\dfrac{6}{-94+j50}\right|\fallingdotseq 0.056$

위상차 $=\angle G(j\omega)=\angle\dfrac{6}{(-j10)^2+j50+6}=\angle\dfrac{6}{-94+j50}\fallingdotseq -152^\circ$

Q 주파수와 각주파수는 어떻게 다른가?

A 주파수 f[1/sec]에 2π[rad]을 곱한 것을 각주파수라고 하며, 보통 ω로 표시한다. 즉 $\omega=2\pi f$[rad/sec]가 된다. 우리가 자주 사용하는 각 주파수 377은 $377\fallingdotseq 2\pi\times 60$, 즉 상용주파수 60[Hz]이다. 제어공학에서는 특별한 언급이 없으면 일반적으로 각주파수를 그냥 주파수라고 부른다.

Section

9.2 주파수응답을 나타내는 각종 선도

주파수응답을 구했을 때, 주파수응답의 특성을 한 눈에 바로 알 수 있게 나타내는 선도diagrams에는 여러 가지가 있지만, 이 절에서는 대표적으로 많이 사용하는 보드선도, 벡터궤적, 이득·위상도를 소개한다.

9.2.1 보드선도

주파수전달함수 $G(j\omega)$는 일반적으로 복소수이므로, 그 크기와 위상각에 의해 극좌표식으로 다음과 같이 표시할 수 있다.

$$G(j\omega) = |G(j\omega)| \angle G(j\omega) \tag{9.7}$$

앞의 식 (9.5)와 식 (9.6)에 나타낸 것처럼 주파수전달함수의 크기 $|G(j\omega)|$와 위상각 $\theta = \angle G(j\omega)$는 각각 입출력 사이의 진폭비와 위상차를 나타내며, 입력 정현파의 주파수 ω의 함수이다.

어떤 시스템의 주파수응답을 [그림 9-6]과 같이 가로축(x축)은 주파수 ω의 대수 눈금으로, 세로축(y축)은 주파수에 대한 주파수전달함수의 크기(진폭비) $|G(j\omega)|$의 dB값과 주파수전달함수의 위상각(위상차) $\theta = \angle G(j\omega)$를 나타내도록 그린 선도를 **보드선도**bode diagram라고 한다.

제어시스템에서 이득이란 '입력의 크기에 대한 출력의 크기 비'로, 원래는 단위가 없지만 때로는 데시벨decibel이라는 단위를 사용하여 나타내기도 한다. 이 데시벨 [dB] 단위로 나타낸 것을 이득gain이라고 하고, 크기의 비와 구분하여 사용한다. 이때 이득 g는 다음과 같이 계산한다.

$$\mathrm{g} = 20\log_{10}\frac{\text{출력의 크기}}{\text{입력의 크기}}\,[\mathrm{dB}] \tag{9.8}$$

$$= 20\log_{10}\text{진폭비}\,[\mathrm{dB}]$$

$$= 20\log_{10}|G(j\omega)|\,[\mathrm{dB}] \tag{9.9}$$

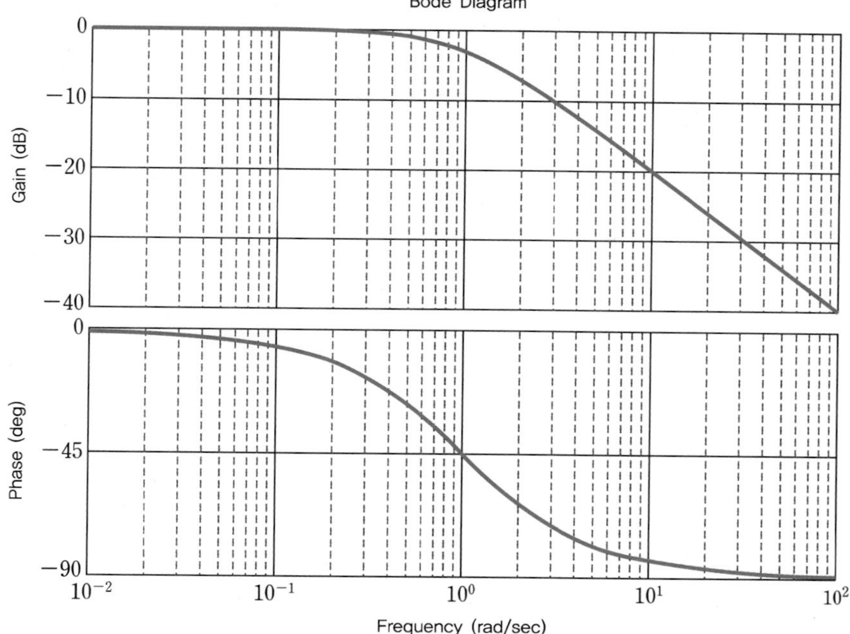

[그림 9-6] **보드선도의 예**

예를 들어, 주파수전달함수의 크기, 즉 진폭비가 2이면 이득 g는 다음과 같다.

$$\begin{aligned} g &= 20\log_{10} 2 \\ &= 20 \times 0.301 = 6.02\,[\mathrm{dB}] \end{aligned}$$

그리고 크기가 10, 20, 100, 1000이면 이득은 각각 20, 26.02, 40, 60[dB]이 된다. 반면 크기가 1, $\frac{1}{2}$, $\frac{1}{3}$, $\frac{1}{10}$, $\frac{1}{20}$, $\frac{1}{100}$, $\frac{1}{1000}$이면 이득은 각각 0, −6.02, −9.54, −20, −26.02, −40, −60[dB]이 된다.

먼저 한 예로, 전달함수가 다음과 같은 1차지연요소의 보드선도를 그려보자.

$$G(s) = \frac{1}{s+2}$$

주파수전달함수가 다음과 같으므로

$$G(j\omega) = \frac{1}{j\omega + 2} = \frac{1}{\sqrt{\omega^2 + 2^2}} \angle -\left(\tan^{-1}\frac{\omega}{2}\right) \qquad (9.10)$$

크기와 위상은 다음과 같다.

$$|G(j\omega)| = \frac{1}{\sqrt{\omega^2 + 2^2}} \tag{9.11}$$

$$\theta(j\omega) = \angle -\left(\tan^{-1}\frac{\omega}{2}\right) \tag{9.12}$$

따라서 이득은 다음과 같이 된다.

$$\begin{aligned} \mathrm{g} &= 20\log|G(j\omega)| \\ &= 20\log\frac{1}{\sqrt{\omega^2+2^2}} \\ &= 20\log(\omega^2+2^2)^{-\frac{1}{2}} \\ &= -10\log(\omega^2+2^2) \end{aligned} \tag{9.13}$$

식 (9.13)에 의해 ω값의 변화에 대한 이득을 구하면 다음과 같다.

$\omega = 0$일 때, $\mathrm{g} = -10\log 2^2 \fallingdotseq -6.02\,[\mathrm{dB}]$

$\omega = 2$일 때, $\mathrm{g} = -10\log(2^2+2^2) \fallingdotseq -9.03\,[\mathrm{dB}]$

$\omega = 10$일 때, $\mathrm{g} = -10\log(10^2+2^2) \fallingdotseq -20.17\,[\mathrm{dB}]$

$\omega = 20$일 때, $\mathrm{g} = -10\log(20^2+2^2) \fallingdotseq -26.064\,[\mathrm{dB}]$

$\omega = 100$일 때, $\mathrm{g} = -10\log(100^2+2^2) \fallingdotseq -40.00\,[\mathrm{dB}]$

$\omega = 1000$일 때, $\mathrm{g} = -10\log(1000^2+2^2) \fallingdotseq -60.00\,[\mathrm{dB}]$

또한 식 (9.12)에 의해 ω값의 변화에 대한 위상각을 구하면 다음과 같다.

$\omega = 0$일 때, $\theta = -\tan^{-1}\frac{0}{2} = 0^\circ$

$\omega = 2$일 때, $\theta = -\tan^{-1}\frac{2}{2} = -45^\circ$

$\omega = 10$일 때, $\theta = -\tan^{-1}\frac{10}{2} = -79^\circ$

$\omega = 20$일 때, $\theta = -\tan^{-1}\frac{20}{2} = -84^\circ$

$\omega = 100$일 때, $\theta = -\tan^{-1}\frac{100}{2} = -89^\circ$

$\omega = 1000$일 때, $\theta = -\tan^{-1}\frac{1000}{2} = -90^\circ$

위에서 구한 값들을 가지고 보드선도를 그려보면 [그림 9-7]과 같다.

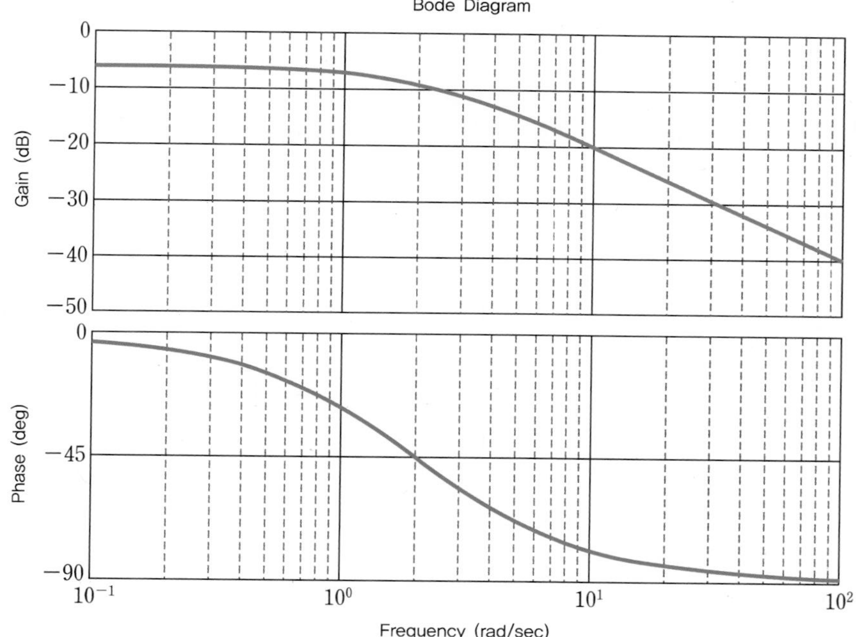

[그림 9-7] $G(s)=\dfrac{1}{s+2}$ 의 보드선도

기본 제어요소의 보드선도

전달함수의 s 차수가 높은 아무리 복잡한 제어요소라도 비례요소, 미분요소, 적분요소, 1차앞선요소, 1차지연요소, 2차지연요소 그리고 낭비시간요소 등의 종속결합으로 생각할 수 있다. 예를 들어, 전달함수가 식 (9.14)와 같은 제어요소를 생각해보자.

$$
\begin{aligned}
G(s) &= \frac{100(s+5)e^{-10s}}{s^4+8s^3+37s^2+50s} \\
&= \frac{100(s+5)e^{-10s}}{s(s+2)(s^2+6s+25)} \\
&= 100\times(s+5)\times\frac{1}{s}\times\frac{1}{s+2}\times\frac{1}{s^2+6s+25}\times e^{-10s}
\end{aligned}
\tag{9.14}
$$

이 식은 비례요소, 1차앞선요소, 적분요소, 1차지연요소, 2차지연요소, 낭비시간요소의 결합이라고 할 수 있다. 이제 전달함수가 식 (9.15)와 같은 제어시스템의 보드선도를 그려보자.

$$
\begin{aligned}
G(s) &= \frac{100(s+5)}{s(s+2)(s^2+8s+100)} \\
&= 100\times(s+5)\times\frac{1}{s}\times\frac{1}{s+2}\times\frac{1}{s^2+8s+100}
\end{aligned}
\tag{9.15}
$$

먼저 주파수전달함수를 구하고 그 이득과 위상각을 구한다. 이에 앞서 2.1절에서 두 복소수의 곱의 크기와 위상각이 다음과 같음을 명심해야 한다.

$$A \times B = |A| \angle \theta_1 \times |B| \angle \theta_2 = |A| \times |B| \angle (\theta_1 + \theta_2)$$

주파수전달함수를 구하면

$$\begin{aligned} G(j\omega) &= \frac{100(j\omega+5)}{j\omega(j\omega+2)\{(j\omega)^2+8j\omega+100\}} \\ &= 100 \times (j\omega+5) \times \frac{1}{j\omega} \times \frac{1}{j\omega+2} \times \frac{1}{(j\omega)^2+8j\omega+100} \\ &= |G(j\omega)| \angle G(j\omega) \end{aligned}$$

이고, 주파수전달함수의 크기를 구하면

$$|G(j\omega)| = 100 \times |j\omega+5| \times \left|\frac{1}{j\omega}\right| \times \left|\frac{1}{j\omega+2}\right| \times \left|\frac{1}{(j\omega)^2+8j\omega+100}\right|$$

이므로, 이 제어시스템의 이득은 다음과 같다.

$$\begin{aligned} \mathrm{g} &= 20\log|G(j\omega)| \\ &= 20\log\left\{100 \times |j\omega+5| \times \left|\frac{1}{j\omega}\right| \times \left|\frac{1}{j\omega+2}\right| \times \left|\frac{1}{(j\omega)^2+8j\omega+100}\right|\right\} \\ &= 20\log 100 + 20\log|j\omega+5| + 20\log\left|\frac{1}{j\omega}\right| + 20\log\left|\frac{1}{j\omega+2}\right| \\ &\qquad + 20\log\left|\frac{1}{(j\omega)^2+8j\omega+100}\right| \end{aligned}$$

$$\leftarrow \log A \times B = \log A + \log B$$

$$= \mathrm{g}_1 + \mathrm{g}_2 + \mathrm{g}_3 + \mathrm{g}_4 + \mathrm{g}_5$$

단, $\mathrm{g}_1 = 20\log 100$, $\mathrm{g}_2 = 20\log|j\omega+5|$, $\mathrm{g}_3 = 20\log\left|\frac{1}{j\omega}\right|$

$\mathrm{g}_4 = 20\log\left|\frac{1}{j\omega+2}\right|$, $\mathrm{g}_5 = 20\log\left|\frac{1}{(j\omega)^2+8j\omega+100}\right|$

앞에서 설명한 바와 같이 전체 이득은 각 요소들의 이득을 대수적으로 합한 것과 같다. 전체 이득을 구한 것과 똑같이 전체 위상도 다음과 같이 각 요소들의 위상각을 구한 후에 합하면 된다.

$$\theta = \theta_1 + \theta_2 + \theta_3 + \theta_4 + \theta_5 \tag{9.16}$$

단, $\theta = \angle G(j\omega)$, $\theta_1 = \angle 100$, $\theta_2 = \angle(j\omega+5)$, $\theta_3 = \angle\frac{1}{j\omega}$

$\theta_4 = \angle\frac{1}{j\omega+2}$, $\theta_5 = \angle\frac{1}{(j\omega)^2+8j\omega+100}$

이처럼 어떤 제어시스템에 대한 보드선도는 각 요소들의 보드선도를 각각 구하여 합하면 된다. 즉 아무리 복잡한 제어시스템의 보드선도도 이렇게 기본요소들로 나누어 보드선도를 그리고, 각각의 보드선도를 대수적으로 합하기만 하면 된다.

그러면 이제 기본 제어요소들의 보드선도를 각각 구해보자.

■ 비례요소

비례요소의 전달함수는 다음과 같으므로

$$G(s) = K \tag{9.17}$$

주파수전달함수의 크기, 위상, 이득을 구하면 다음과 같다.

$$\begin{aligned} G(j\omega) &= K \\ |G(j\omega)| &= K \\ \theta &= \angle K = 0^\circ \\ \mathrm{g} &= 20\log K\,[\mathrm{dB}] \end{aligned}$$

비례요소는 주파수에 관계없이 주파수전달함수 $G(j\omega)$의 크기와 위상이 일정하다. $K=10$인 비례요소의 보드선도를 그리면 [그림 9-8]과 같다.

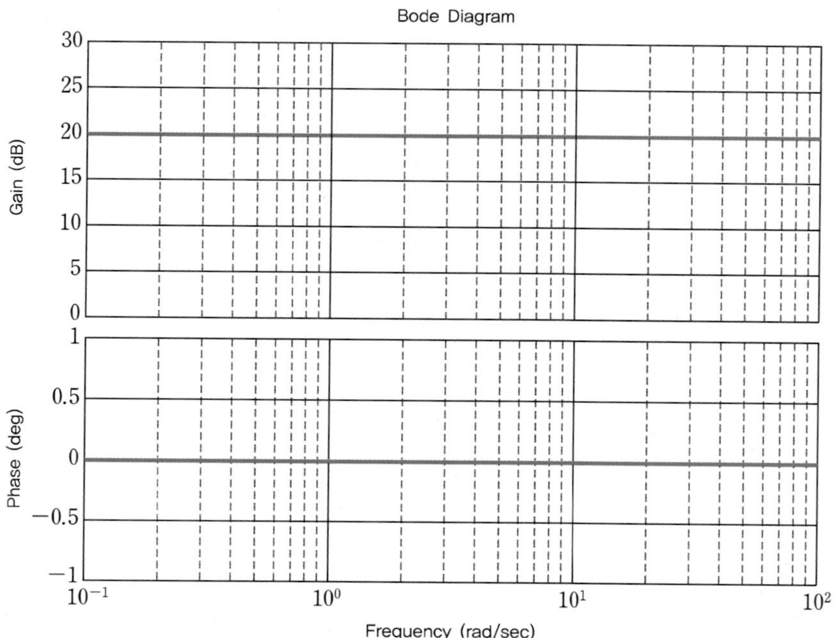

[그림 9-8] **비례요소 $G(s)=10$의 보드선도**

■ **미분요소**

미분요소의 전달함수는 다음과 같으므로

$$G(s) = s \tag{9.18}$$

주파수전달함수의 크기, 위상, 이득을 구하면 다음과 같다.

$$G(j\omega) = j\omega$$
$$|G(j\omega)| = \omega$$
$$\theta = \angle j\omega = 90^\circ \tag{9.19}$$
$$\mathrm{g} = 20\log\omega = 20\log\omega\,[\mathrm{dB}] \tag{9.20}$$

미분요소의 주파수전달함수 $G(j\omega)$에 대한 이득은 주파수가 $\omega = 1\,[\mathrm{rad/sec}]$일 때 $\mathrm{g} = 0\,[\mathrm{dB}]$이지만, 주파수가 10배씩 증가함에 따라 20[dB]씩 증가한다. 반대로 주파수가 $\frac{1}{10}$씩 감소함에 따라 20[dB]씩 감소한다. 그리고 위상은 주파수에 관계없이 항상 $\theta = 90^\circ$이다. 이 미분요소의 보드선도를 그리면 [그림 9-9]와 같다.

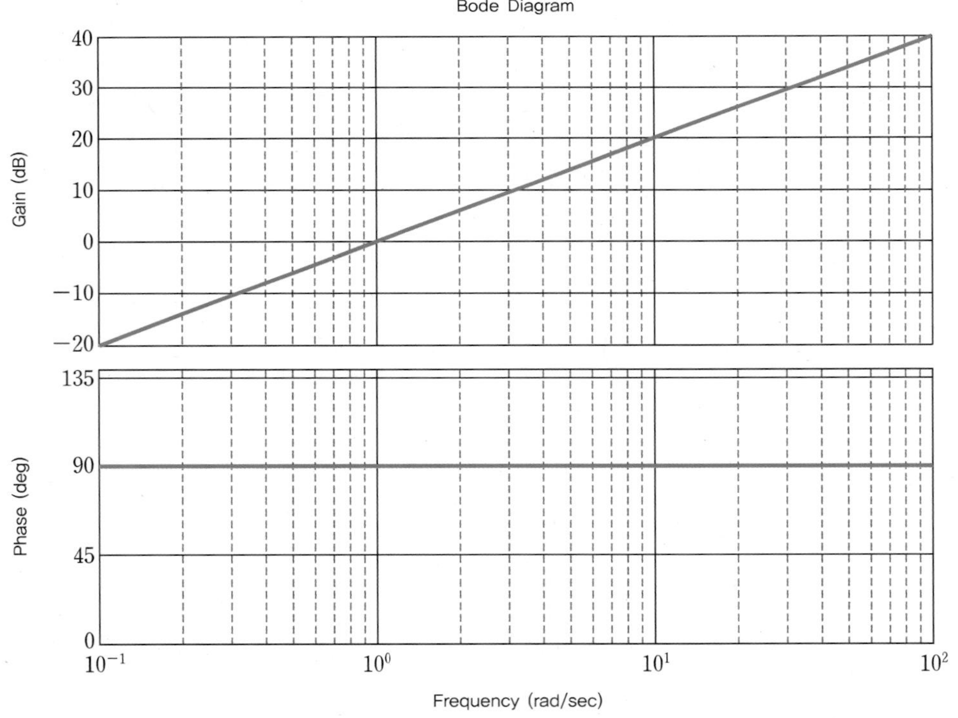

[그림 9-9] 미분요소 $G(s) = s$의 보드선도

■ 적분요소

적분요소의 전달함수는 다음과 같으므로

$$G(s) = \frac{1}{s} \tag{9.21}$$

주파수전달함수의 크기, 위상, 이득을 구하면 다음과 같다.

$$G(j\omega) = \frac{1}{j\omega}$$

$$|G(j\omega)| = \frac{1}{\omega}$$

$$\theta = \angle \frac{1}{j\omega} = -90^{\circ} \tag{9.22}$$

$$\mathrm{g} = 20\log\frac{1}{\omega} = -20\log\omega\,[\mathrm{dB}] \tag{9.23}$$

적분요소의 주파수전달함수 $G(j\omega)$에 대한 이득은 주파수가 $\omega = 1\,[\mathrm{rad/sec}]$일 때 $\mathrm{g} = 0\,[\mathrm{dB}]$이지만, 주파수가 10배씩 증가함에 따라 20[dB]씩 감소한다. 반대로 주파수가 $\frac{1}{10}$씩 감소함에 따라 20[dB]씩 증가한다. 그러나 위상은 주파수에 관계없이 항상 $\theta = -90^{\circ}$이다. 이 적분요소의 보드선도를 그리면 [그림 9-10]과 같다.

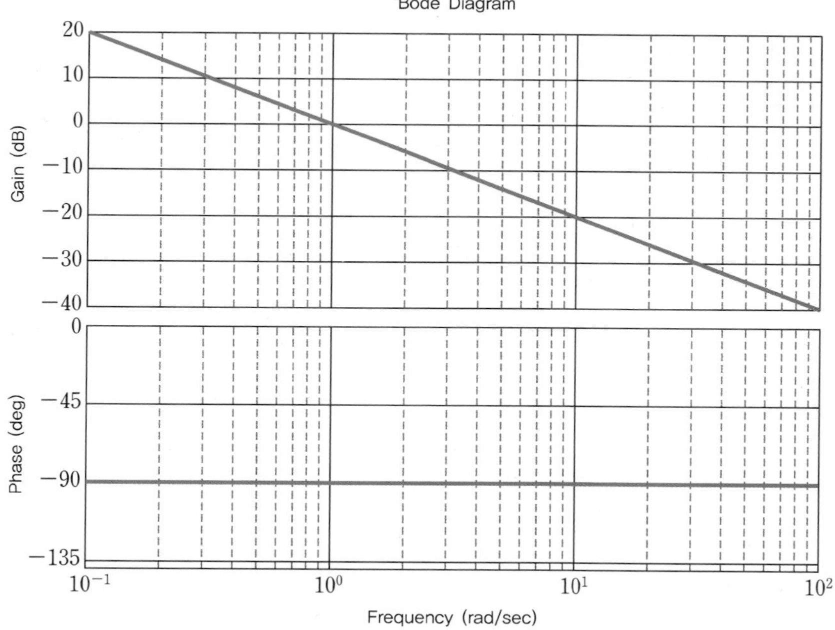

[그림 9-10] 적분요소 $G(s) = \frac{1}{s}$의 보드선도

■ 1차앞선요소

1차앞선요소의 전달함수는 다음과 같으므로

$$G(s) = s + a \tag{9.24}$$

주파수전달함수의 크기, 위상, 이득을 구하면 다음과 같다.

$$G(j\omega) = j\omega + a$$

$$|G(j\omega)| = \sqrt{\omega^2 + a^2}$$

$$\theta = \angle(j\omega + a) = \left(\tan^{-1}\frac{\omega}{a}\right)^{\circ} \tag{9.25}$$

$$\mathrm{g} = 20\log\sqrt{\omega^2 + a^2} = 10\log(\omega^2 + a^2)\,[\mathrm{dB}] \tag{9.26}$$

1차앞선요소의 주파수전달함수 $G(j\omega)$에 대한 이득은 주파수가 $\omega = 0$[rad/sec]일 때 $\mathrm{g} = 20\log|a|$[dB]에서 시작하여 주파수가 $\omega = a$[rad/sec]일 때 처음 이득보다 3[dB] 정도 증가한다. 주파수가 10배로 증가할 때마다 이득이 20[dB]씩 증가한다. 따라서 이득곡선은 주파수가 10배씩 증가함에 따라 20[dB]씩 증가하는 점근선을 따라 그리면 쉽다. 0[dB] 선과 기울기 20[dB/decade] 선이 만나는 점을 **변곡점**break frequency이라고 한다. 또한 위상은 주파수가 $\omega = 0$[rad/sec]일 때 $\theta = 0^{\circ}$에서 시작하여 주파수가 $\omega = a$[rad/sec]일 때 $\theta = 45^{\circ}$가 되고 주파수가 대단히 커지면 $\theta = 90^{\circ}$가 된다. $G(s) = s + a = s + 1$인 1차앞선요소의 보드선도를 그리면 [그림 9-11]과 같다.

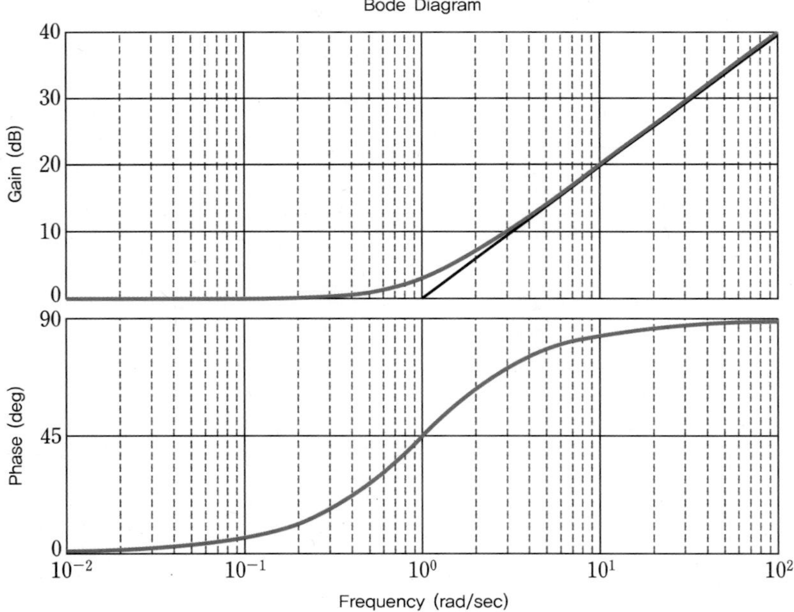

[그림 9-11] **1차앞선요소 $G(s) = s + 1$의 보드선도**

■ 1차지연요소

1차지연요소의 전달함수는 다음과 같으므로

$$G(s) = \frac{1}{s+a} \tag{9.27}$$

주파수전달함수의 크기, 위상, 이득을 구하면 다음과 같다.

$$G(j\omega) = \frac{1}{j\omega + a}$$

$$|G(j\omega)| = \frac{1}{\sqrt{\omega^2 + a^2}}$$

$$\theta = \angle - (j\omega + a) = -\left(\tan^{-1}\frac{\omega}{a}\right)^\circ \tag{9.28}$$

$$\mathrm{g} = -20\log\sqrt{\omega^2 + a^2} = -10\log\left(\omega^2 + a^2\right)[\mathrm{dB}] \tag{9.29}$$

1차지연요소의 주파수전달함수 $G(j\omega)$에 대한 이득은 주파수가 $\omega = 0$[rad/sec]일 때 $\mathrm{g} = -20\log|a|$[dB]에서 시작하여 주파수가 $\omega = a$[rad/sec]일 때 처음 이득보다 3[dB]정도 더 감소하고 주파수가 대단히 커지면 주파수가 10배로 증가할 때마다 이득이 20[dB]씩 감소한다. 또한 위상은 주파수가 $\omega = 0$[rad/sec]일 때 $\theta = 0^\circ$에서 시작하여 주파수가 $\omega = a$[rad/sec]일 때 $\theta = -45^\circ$가 되고 주파수가 대단히 커지면 $\theta = -90^\circ$에 가깝게 된다.

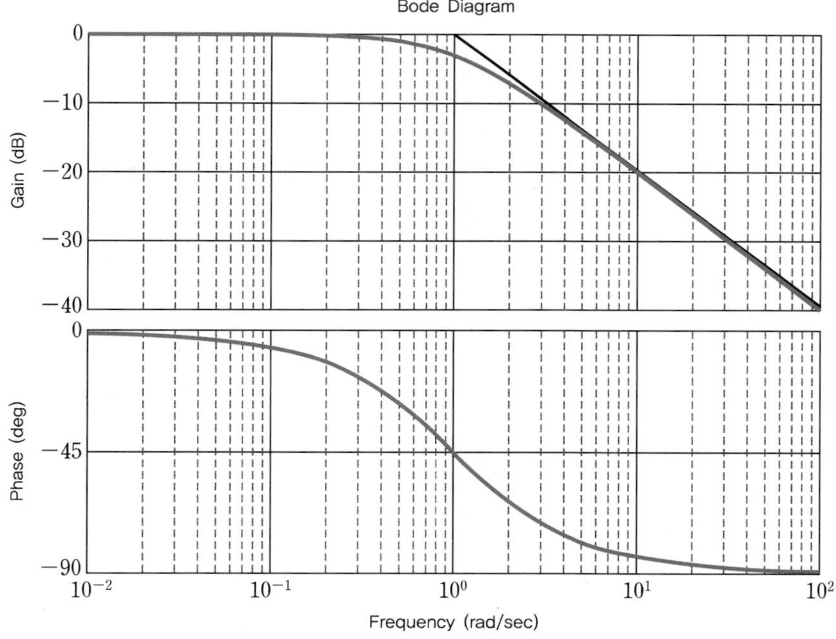

[그림 9-12] **1차지연요소 $G(s) = \frac{1}{s+1}$ 의 보드선도**

$G(s)=\dfrac{1}{s+a}=\dfrac{1}{s+1}$ 인 1차지연요소의 보드선도를 그리면 [그림 9-12]와 같다. [그림 9-11]의 1차앞선요소의 보드선도와 비교해보면 서로 주파수축(x축)에 대칭임을 알 수 있다. 즉 주파수축을 중심으로 상하 대칭이다.

■ 2차지연요소

폐루프 제어시스템이 다른 제어요소 없이 2차지연요소만으로 표시되는 경우가 많다. 그러므로 1차지연요소와는 달리 2차지연요소는 직류이득[DC gain]을 1로 하는 식 (9.30)과 같은 표준 2차시스템의 보드선도를 그려보자.

$$G(s)=\frac{\omega_n^2}{s^2+2\zeta\omega_n s+\omega_n^2} \tag{9.30}$$

이 전달함수의 주파수전달함수의 크기, 위상, 이득을 구하면 다음과 같다.

$$G(j\omega)=\frac{\omega_n^2}{(j\omega)^2+j2\zeta\omega_n\omega+\omega_n^2}$$

$$|G(j\omega)|=\frac{\omega_n^2}{\sqrt{\left(\omega_n^2-\omega^2\right)^2+(2\zeta\omega_n\omega)^2}}$$

$$\theta=-\left(\tan^{-1}\frac{2\zeta\omega_n\omega}{\omega_n^2-\omega^2}\right)^{\circ} \tag{9.31}$$

$$\begin{aligned}g&=20\log\frac{\omega_n^2}{\sqrt{\left(\omega_n^2-\omega^2\right)^2+(2\zeta\omega_n\omega)^2}}\\&=20\log\omega_n^2-10\log\left\{\left(\omega_n^2-\omega^2\right)^2+(2\zeta\omega_n\omega)^2\right\}[\mathrm{dB}]\end{aligned} \tag{9.32}$$

메모

$\omega=0$일 때, $g=20\log\omega_n^2-10\log\omega_n^4=0$

$\theta=-\tan^{-1}\dfrac{0}{\omega_n^2}=0^{\circ}$

$\omega=\omega_n$일 때, $g=20\log\omega_n^2-20\log\left(2\zeta\omega_n^2\right)$

$=-20\log 2\zeta$

$\theta=-\tan^{-1}\infty=-90^{\circ}$

$\omega\gg\omega_n$일 때, $g\fallingdotseq 20\log\omega_n^2-20\log\omega^2$

$=40\log\omega_n-40\log\omega$

$\theta\fallingdotseq-\tan^{-1}0\fallingdotseq-180^{\circ}$

2차지연요소에 주파수전달함수 $G(j\omega)$에 대한 이득은 주파수가 $\omega=0$[rad/sec]일 때 g= 0[dB]에서 시작하나, 주파수가 점점 증가할 때 이득은 감쇠비 ζ값에 따라 조금씩 다른 모습을 보인다. $\omega=\omega_n$[rad/sec]일 때는 g = $-20\log 2\zeta$[dB]로서, 감쇠비 ζ값이 0.5보다 작으면 이득이 0보다 커지고, 0.5보다 크면 이득이 이보다 작아진다. 주파수가 ω_n보다 대단히 커지면 주파수가 10배로 증가할 때마다 이득이 40[dB]씩 감소한다. 또한 위상은 주파수가 $\omega=0$[rad/sec]일 때 $\theta=0°$에서 시작하여 주파수가 $\omega=\omega_n$[rad/sec]일 때 $\theta=-90°$가 되고 주파수가 대단히 커지면 $\theta=-180°$에 수렴한다.

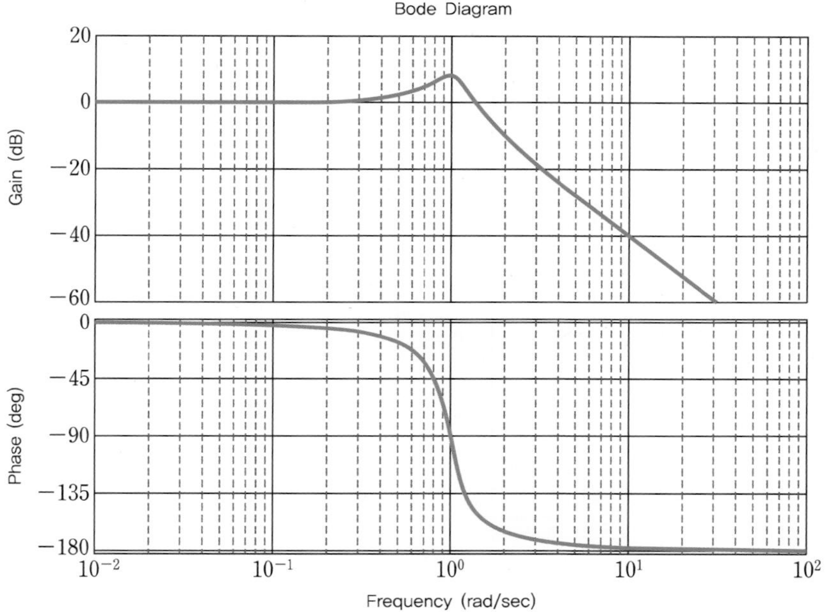

[그림 9-13] **2차지연요소** $G(s)=\dfrac{\omega_n^2}{s^2+2\zeta\omega_n s+\omega_n^2}=\dfrac{1}{s^2+0.4s+1}$ **의 보드선도**

$G(s)=\dfrac{\omega_n^2}{s^2+2\zeta\omega_n s+\omega_n^2}=\dfrac{1}{s^2+0.4s+1}$ 인 2차지연요소의 보드선도를 그리면 [그림 9-13]과 같다. 이때 [그림 9-14]에서 보는 바와 같이 감쇠비 ζ값이 작은 제어시스템에 시스템의 고유주파수 ω_n에 가까운 주파수를 갖는 정현파를 인가하면 대단히 큰 진폭비를 나타냄을 알 수 있다.

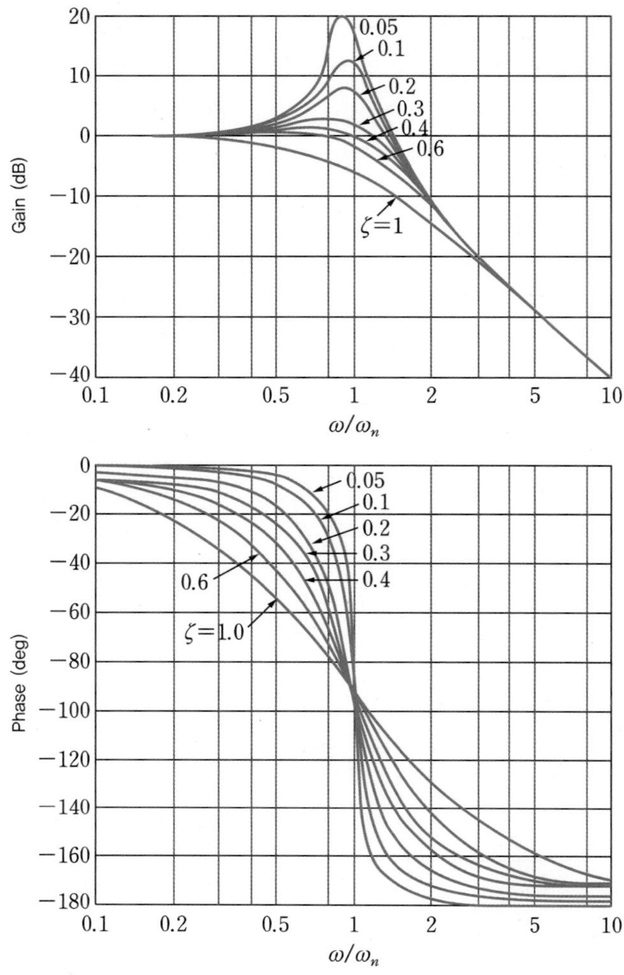

[그림 9-14] **감쇠비 ζ가 서로 다른 2차지연요소 $G(s)=\dfrac{\omega_n^2}{s^2+2\zeta\omega_n s+\omega_n^2}$ 의 보드선도**

Q 보드선도에서 변곡점[break frequency]**이란 무엇인가?**

A [그림 9-12]의 이득곡선에서 주파수가 10배씩 증가하면 이득은 20[dB]씩 감소함을 알 수 있다. 여기에서 −20[dB/dec]의 기울기 선과 0[dB] 선이 만나는 점을 변곡점이라고 한다. 이 변곡점은 1차앞선요소, 1차지연요소, 2차지연요소 등의 보드선도를 그릴 때 중요한 기준점으로 사용된다. 전달함수가 $G(s)=\dfrac{a}{s+a}$ 인 1차지연요소에서는 $\omega=a$[rad/sec]인 점이 변곡점이 된다.

■ 낭비시간요소

1차지연요소의 전달함수는 다음과 같으므로

$$G(s) = e^{-\tau s} \tag{9.33}$$

주파수전달함수의 크기, 위상, 이득을 구하면 다음과 같다.

$$G(j\omega) = e^{-j\omega\tau}$$
$$|G(j\omega)| = |e^{-j\omega\tau}| = 1$$
$$\theta = \angle e^{-j\omega\tau} = -\omega\tau\,[\mathrm{rad}] \tag{9.34}$$
$$\mathrm{g} = -20\log 1 = 0\,[\mathrm{dB}] \tag{9.35}$$

지연시간상수가 $\tau = 1\,[1/\mathrm{sec}]$인 낭비시간요소의 보드선도를 그리면 [그림 9-15]와 같다.

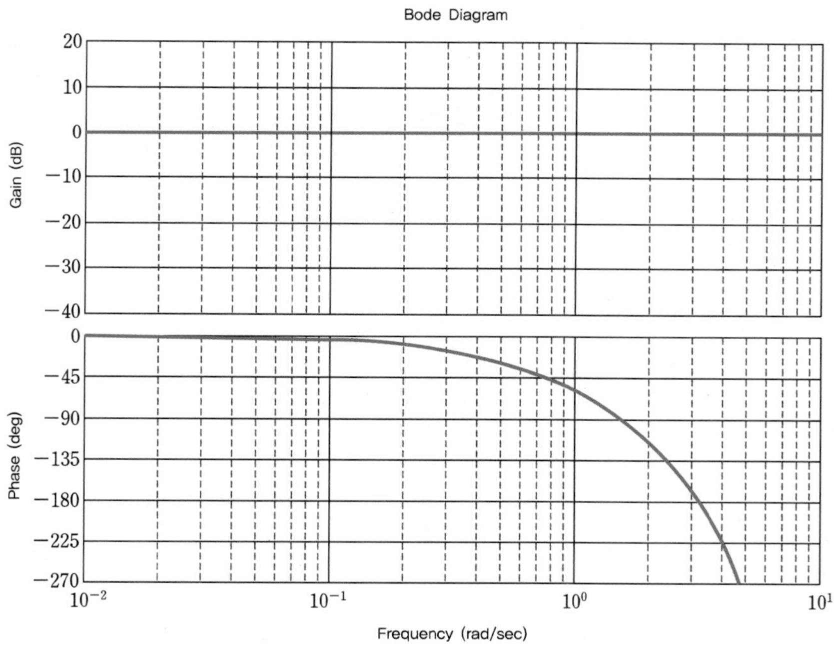

[그림 9-15] **낭비시간요소 $G(s) = e^{-s}$의 보드선도**

Q 보드선도의 세로축(y축)의 단위는 [dB]로만 해야 하나?

A [dB] 단위가 아닌 단순히 크기magnitude로 표시할 수도 있지만, 여러 제어요소들로 구성된 제어시스템의 주파수응답을 쉽게 구하기 위해서는 진폭비를 나타내는 세로축의 크기를 [dB] 단위로, 즉 이득gain으로 표시하는 것이 필요하다. 여러 제어요소들이 종속결합으로 구성되어 있는 복잡한 시스템에서 크기들의 곱을 이득[dB]의 합으로 쉽게 계산할 수 있기 때문이다.

예제 9-2 보드선도 그리기

전달함수가 $G(s)=\dfrac{100}{s(s+10)}$ 인 자동제어시스템의 보드선도를 그려라.

풀이

주어진 전달함수를 ❶ 비례요소, ❷ 적분요소, ❸ 1차지연요소로 분해하면

$$G(s)=\frac{100}{s(s+10)}=100\times\frac{1}{s}\times\frac{1}{s+10}$$

이고, [그림 9-16]과 같이 각각의 보드 선도를 그린 후에 이들을 대수적으로 합하면 [그림 9-16]의 ❹와 같이 이 시스템의 보드선도를 그릴 수 있다.

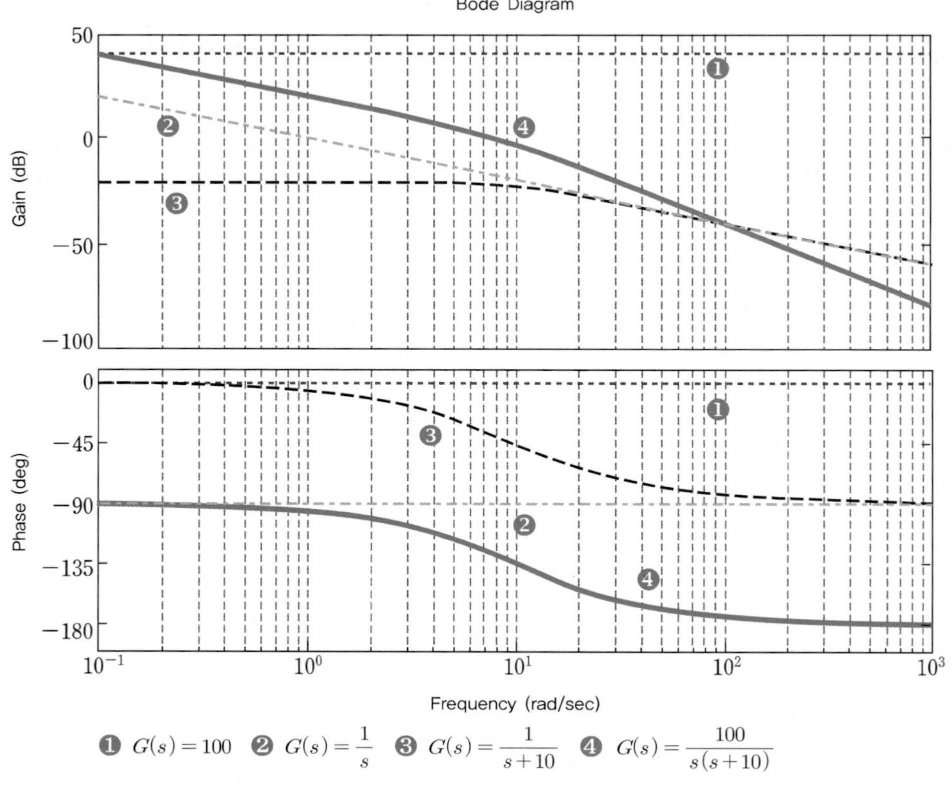

[그림 9-16] $G(s)=\dfrac{100}{s(s+10)}$ 의 보드선도

예제 9-3 주파수응답의 보드선도

전달함수가 다음과 같은 제어시스템에 대한 주파수응답의 보드선도를 그려라.

$$G(s)=\frac{10(s+2)}{s(s+5)}$$

풀이

주어진 전달함수를 다음과 같이 ❶ 비례요소, ❷ 적분요소, ❸ 1차앞선요소, ❹ 1차지연요소로 분해하면

$$G(s)=\frac{10(s+2)}{s(s+5)}=10\times\frac{1}{s}\times(s+2)\times\frac{1}{s+5}$$

이고, [그림 9-17]과 같이 각각의 보드선도를 그린 후에 이들을 대수적으로 합하면 [그림 9-17]의 ❺와 같이 이 시스템의 보드선도를 그릴 수 있다.

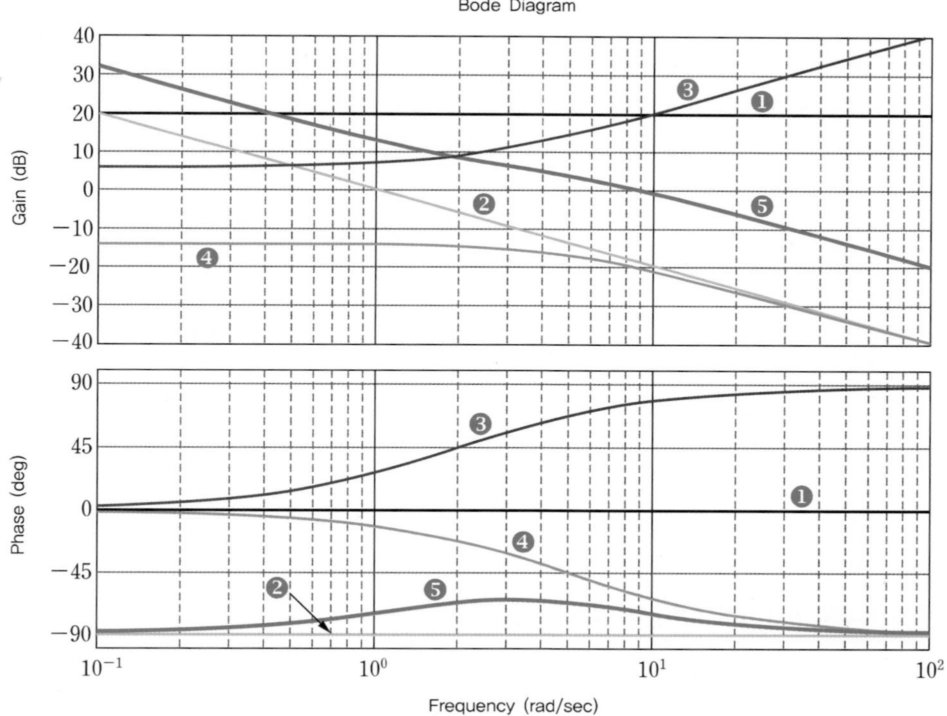

❶ $G(s)=10$ ❷ $G(s)=\frac{1}{s}$ ❸ $G(s)=s+2$ ❹ $G(s)=\frac{1}{s+5}$ ❺ $G(s)=\frac{10(s+2)}{s(s+5)}$

[그림 9-17] [예제 9-3]의 보드선도

Q 주파수응답에는 과도응답이 없는가?

A 어떤 제어시스템에 정현파 입력을 가해도 계단입력이나 램프입력을 가한 경우와 똑같이, 입력을 가하는 순간부터 짧은 시간 동안에는 과도기적인 시간응답이 발생한다. 이는 모든 시스템에서 일어나는 현상이다. 그러나 주파수응답에서는 이런 과도현상에 초점을 맞추어 살펴보는 것이 아니라, 정현파 입력의 주파수를 변화시키고 시간이 충분히 지난 정상상태에서의 주파수의 변화에 따른 출력의 진폭 변화와 위상 변화를 살펴보는 것이다. 그리고 2차지연요소의 주파수응답 [그림 9-14]를 보면서 시간응답의 과도응답을 생각하기 쉬운데, 가로축(x축)이 주파수를 나타내며, 시간을 나타내는 시간응답과는 전혀 다른 이야기이다. 다만 2차지연요소의 주파수응답에서 첨두공진값이 감쇠비 ζ의 영향을 받으며, 따라서 주파수응답에서의 첨두공진값과 시간응답의 백분율 오버슈트 등 시간응답 사양들과 긴밀한 연관성이 있음에 주의해야 한다.

9.2.2 벡터궤적

주파수전달함수 $G(j\omega)$는 복소수로 다음과 같이 직각좌표식, 지수식, 극좌표식으로 나타낼 수 있다. 이때 주파수전달함수를 직각좌표 평면에 벡터로 나타내고, 주파수를 $\omega = 0\,[\text{rad/sec}]$에서부터 점점 증가시켜 그 주파수응답을 벡터의 궤적으로 그린 그래프를 **벡터궤적**vector diagram이라고 한다.

$$\begin{aligned} G(j\omega) &= Re\,G(j\omega) + j\,Im\,G(j\omega) \\ &= |G(j\omega)|e^{j\theta} \\ &= |G(j\omega)| \angle\theta \\ &\text{단, } \theta = \angle G(j\omega) \end{aligned} \tag{9.36}$$

이제 제어시스템의 기본요소에 대한 벡터궤적을 그려보자.

■ 비례요소

비례요소는 주파수에 관계없이 주파수전달함수 $G(j\omega)$의 크기와 위상이 일정하므로, 주파수 변화에 대한 벡터궤적이 [그림 9-18]과 같이 된다.

$$\begin{aligned} G(s) &= K \\ G(j\omega) &= K \end{aligned} \tag{9.37}$$

■ 미분요소

미분요소의 주파수전달함수 $G(j\omega)$는 그 크기가 주파수 ω에 비례하지만 위상은 주파수에 관계없이 항상 $\theta = 90^\circ$이다. 따라서 주파수를 $\omega = 0\,[\text{rad/sec}]$에서부터 점점 증가시키면 그 궤적은 복소평면의 허수축을 따라 원점으로부터 ∞로 발산한다. 따라서 미분요소의 벡터궤적은 [그림 9-19]과 같이 된다.

$$G(s) = s$$
$$G(j\omega) = j\omega$$
$$|G(j\omega)| = \omega \tag{9.38}$$
$$\theta = \angle j\omega = 90^\circ \tag{9.39}$$

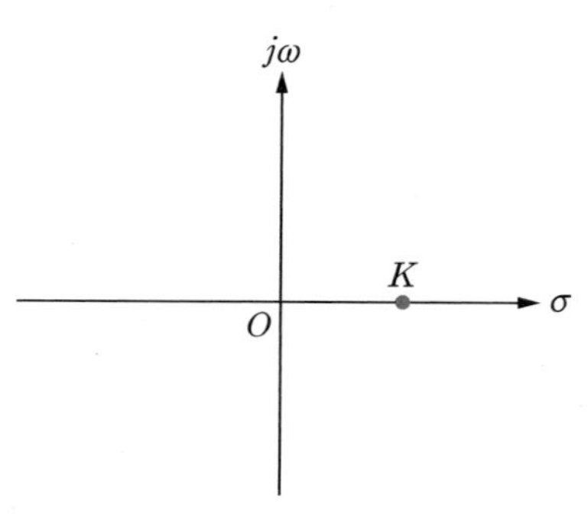

[그림 9-18] **비례요소** $G(s) = K$**에 대한 벡터궤적**

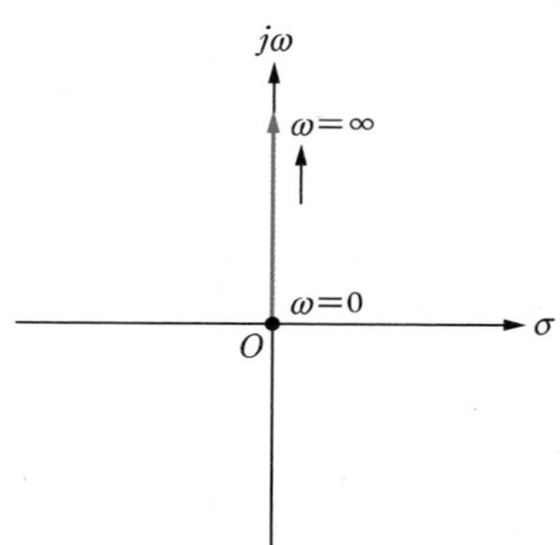

[그림 9-19] **미분요소** $G(s) = s$ **에 대한 벡터궤적**

■ 적분요소

적분요소의 주파수전달함수 $G(j\omega)$는 그 크기가 주파수 ω에 반비례하지만 위상은 주파수에 관계없이 항상 $\theta = -90^\circ$ 이다. 따라서 주파수를 $\omega = 0$[rad/sec]에서부터 점점 증가시키면 그 궤적은 복소평면의 허수축을 따라 $-\infty$로부터 원점으로 수렴한다. 따라서 적분요소의 벡터궤적은 [그림 9-20]와 같이 된다.

$$G(s) = \frac{1}{s}$$
$$G(j\omega) = \frac{1}{j\omega}$$
$$|G(j\omega)| = \frac{1}{\omega} \tag{9.40}$$
$$\theta = \angle \frac{1}{j\omega} = -90^\circ \tag{9.41}$$

■ 1차앞선요소

1차앞선요소는 주파수전달함수 $G(j\omega)$의 실수부는 항상 일정하고 주파수 ω가 증가하므로 허수부만 상승하는 복소수다. 이를 벡터로 표시하면 그 궤적이 [그림 9-21]과 같이 된다.

$$G(s) = s + a$$
$$G(j\omega) = j\omega + a \tag{9.42}$$

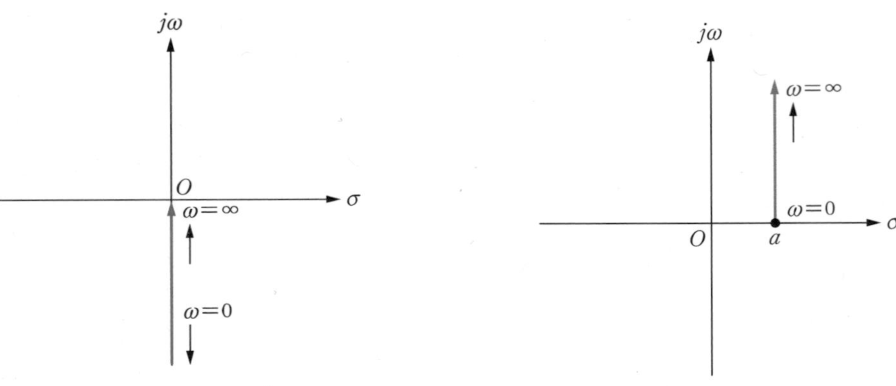

[그림 9-20] **적분요소 $G(s)=\frac{1}{s}$에 대한 벡터궤적**

[그림 9-21] **1차앞선요소 $G(s)=s+a$에 대한 벡터궤적**

■ 1차지연요소

직류이득이 1인 1차지연요소의 주파수전달함수 $G(j\omega)$는 주파수가 $\omega=0\,[\text{rad/sec}]$일 때 $1\angle 0^\circ$에서 시작하여 주파수가 $\omega=a\,[\text{rad/sec}]$일 때 $\frac{1}{\sqrt{2}}\angle -45^\circ$가 되다. 주파수가 점점 증가하면 크기는 점점 작아지고, 위상은 (−)로 점점 커져 결국 주파수가 ∞가 되면 크기는 0으로, 위상은 -90°로 수렴한다.

$$G(s)=\frac{a}{s+a}$$

$$G(j\omega)=\frac{a}{j\omega+a}$$

$$|G(j\omega)|=\frac{a}{\sqrt{\omega^2+a^2}} \tag{9.43}$$

$$\theta=\angle-(j\omega+a)=-\left(\tan^{-1}\frac{\omega}{a}\right)^\circ \tag{9.44}$$

예를 들어, 다음과 같은 직류이득이 1인 1차지연요소에 대해 그 벡터궤적을 그리면 [그림 9-22]과 같이 된다.

$$G(s)=\frac{5}{s+5}$$

$$G(j\omega)=\frac{5}{j\omega+5}$$

$$M=|G(j\omega)|=\frac{5}{\sqrt{\omega^2+5^2}} \tag{9.45}$$

$$\theta=\angle G(j\omega)=-\left(\tan^{-1}\frac{\omega}{5}\right)^\circ \tag{9.46}$$

메모

$\omega=0$일 때, $M=\dfrac{5}{\sqrt{0+5^2}}=1$

$\theta=-\tan^{-1}\dfrac{0}{5}=0$

$\omega=2$일 때, $M=\dfrac{5}{\sqrt{2^2+5^2}}\fallingdotseq 0.93$

$\theta=-\tan^{-1}\dfrac{2}{5}\fallingdotseq -21.8^\circ$

$\omega=3$일 때, $M=\dfrac{5}{\sqrt{3^2+5^2}}\fallingdotseq 0.86$

$\theta=-\tan^{-1}\dfrac{3}{5}\fallingdotseq -31.0^\circ$

$\omega=4$일 때, $M=\dfrac{5}{\sqrt{4^2+5^2}}\fallingdotseq 0.78$

$\theta=-\tan^{-1}\dfrac{4}{5}\fallingdotseq -38.7^\circ$

$\omega=5$일 때, $M=\dfrac{5}{\sqrt{5^2+5^2}}\fallingdotseq 0.707$

$\theta=-\tan^{-1}\dfrac{5}{5}\fallingdotseq -45^\circ$

$\omega=10$일 때, $M=\dfrac{5}{\sqrt{10^2+5^2}}\fallingdotseq 0.45$

$\theta=-\tan^{-1}\dfrac{10}{5}\fallingdotseq -63.4^\circ$

$\omega=20$일 때, $M=\dfrac{5}{\sqrt{20^2+5^2}}\fallingdotseq 0.24$

$\theta=-\tan^{-1}\dfrac{20}{5}\fallingdotseq -76.0^\circ$

$\omega=100$일 때, $M=\dfrac{5}{\sqrt{100^2+5^2}}\fallingdotseq 0.05$

$\theta=-\tan^{-1}\dfrac{100}{5}\fallingdotseq -87.1^\circ$

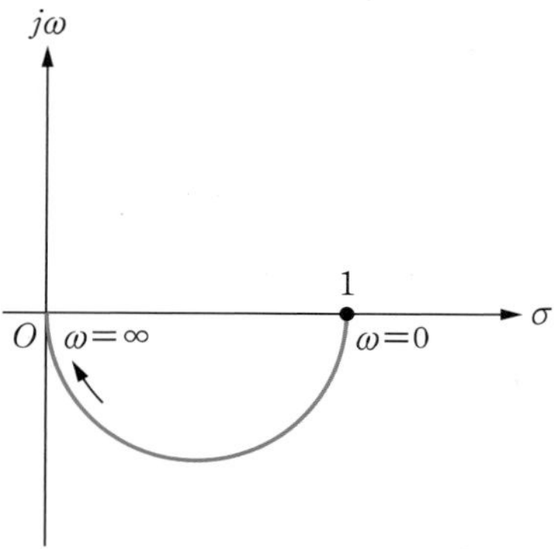

[그림 9-22] **1차지연요소 $G(s)=\dfrac{5}{s+5}$ 에 대한 벡터궤적**

■ 2차지연요소

2차지연요소의 주파수전달함수 $G(j\omega)$는 주파수가 $\omega=0\,[\mathrm{rad/sec}]$일 때 $1\angle 0^\circ$ 에서 시작하여 주파수가 증가함에 따라 위상은 $(-)$로 증가한다. 크기도 점점 증가하나 어떤 주파수, 즉 공진주파수에서 최대의 크기를 나타낸 후 점점 작아져서 주파수가 자연주파수와 일치할 때는 $\dfrac{1}{2\zeta}\angle -90^\circ$ 가 되고 주파수가 ∞ 가 되면 $0\angle -180^\circ$ 로 되어 원점에 수렴한다. 이 2차지연요소의 벡터궤적은 감쇠비 ζ값에 따라 다른 모습을 보이며, [그림 9-23]에서 보는 바와 같이 ζ값이 작을수록 큰 반경을 갖는 곡선을 그린다.

$$G(s) = \frac{\omega_n^2}{s^2 + 2\zeta\omega_n s + \omega_n^2}$$

$$G(j\omega) = \frac{\omega_n^2}{(j\omega)^2 + j2\zeta\omega_n\omega + \omega_n^2}$$

$$M = |G(j\omega)| = \frac{\omega_n^2}{\sqrt{\left(\omega_n^2 - \omega^2\right)^2 + (2\zeta\omega_n\omega)^2}} \tag{9.47}$$

$$\theta = \angle G(j\omega) = -\left(\tan^{-1}\frac{2\zeta\omega_n\omega}{\omega_n^2 - \omega^2}\right)^{\circ} \tag{9.48}$$

메모

$\omega = 0$일 때, $M = 1$, $\theta = 0$

$\omega = \omega_n$일 때, $M = \frac{1}{2\zeta}$, $\theta = -90^{\circ}$

$\omega \gg 1$일 때, $M = 0$, $\theta = -180^{\circ}$

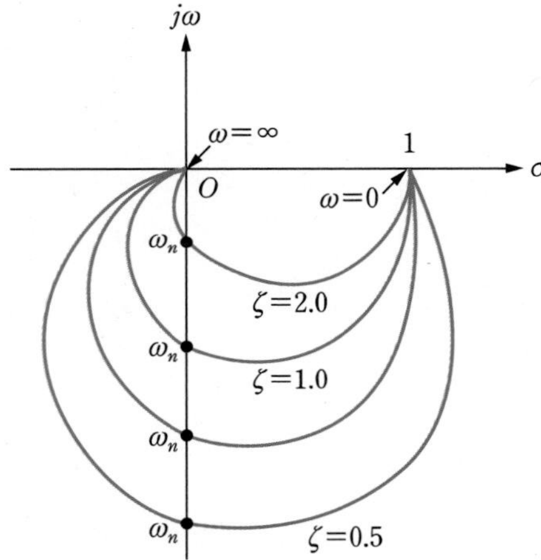

[그림 9-23] **ζ 값에 따른 2차지연요소 $G(s) = \frac{\omega_n^2}{s^2 + 2\zeta\omega_n s + \omega_n^2}$에 대한 벡터궤적**

■ 낭비시간요소

지연시간상수가 $\tau = 1\,[\mathrm{sec}]$인 낭비시간요소의 보드선도를 그리면 [그림 9-24]과 같이 된다.

$$G(s) = e^{-\tau s}$$

$$G(j\omega) = e^{-j\omega\tau}$$

$$M = |G(j\omega)| = |e^{-j\omega\tau}| = 1 \tag{9.49}$$

$$\theta = \angle e^{-j\omega\tau} = -\omega\tau\,[\mathrm{rad}] \tag{9.50}$$

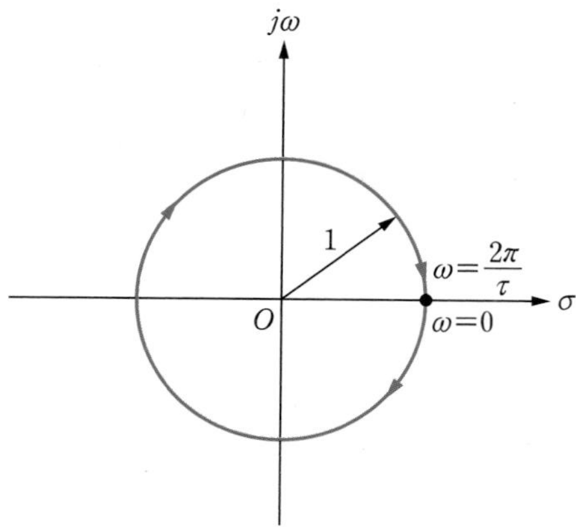

[그림 9-24] **낭비시간요소 $G(s)=e^{-\tau s}$에 대한 벡터궤적**

여기서 0형, I형, II형 시스템에 대한 벡터궤적을 생각해보자. 예를 들어, 식 (9.51)과 같은 0형 표준 2차지연제어시스템에 적분요소가 하나 추가된 식 (9.52)과 같은 I형 시스템이나 적분기가 2개 추가된 식 (9.53)와 같은 II형 시스템의 벡터궤적을 구해보자.

$$G_0(s)=\frac{\omega_n^2}{s^2+2\zeta\omega_n s+\omega_n^2} \tag{9.51}$$

$$G_I(s)=\frac{\omega_n^2}{s\left(s^2+2\zeta\omega_n s+\omega_n^2\right)} \tag{9.52}$$

$$G_{II}(s)=\frac{\omega_n^2}{s^2\left(s^2+2\zeta\omega_n s+\omega_n^2\right)} \tag{9.53}$$

메모

$$G_I(j\omega)=\frac{\omega_n^2}{j\omega\left[(j\omega)^2+j2\zeta\omega_n\omega+\omega_n^2\right]}$$

크기 $M_I=\dfrac{\omega_n^2}{\omega\sqrt{\left(\omega_n^2-\omega^2\right)^2+(2\zeta\omega_n\omega)^2}}$

위상 $\theta_I=-\tan^{-1}\dfrac{2\zeta\omega_n\omega}{\omega_n^2-\omega^2}-90°$

$\omega=0$일 때, $M_I=\infty$, $\theta_I=-90°$

$\omega=\omega_n$일 때, $M_I=\dfrac{1}{2\zeta\omega_n}$, $\theta_I=-180°$

$\omega\gg 1$일 때, $M_I=0$, $\theta_I=-270°$

$$G_{II}(j\omega)=\frac{\omega_n^2}{(j\omega)^2\left[(j\omega)^2+j2\zeta\omega_n\omega+\omega_n^2\right]}$$

크기 $M_{II}=\dfrac{\omega_n^2}{\omega^2\sqrt{\left(\omega_n^2-\omega^2\right)^2+(2\zeta\omega_n\omega)^2}}$

위상 $\theta_{II}=-\left(\tan^{-1}\dfrac{2\zeta\omega_n\omega}{\omega_n^2-\omega^2}+180\right)°$

$\omega=0$일 때, $M_{II}=\infty$, $\theta_{II}=-180°$

$\omega=\omega_n$일 때, $M_{II}=\dfrac{1}{2\zeta\omega_n^2}$, $\theta_{II}=-270°$

$\omega\gg 1$일 때, $M_{II}=0$, $\theta_{II}=-360°$

어떤 시스템에 적분요소가 하나 추가된다는 것은 기본적으로 전체 주파수전달함수의 위상이 90° 만큼 늦어진다는 것을 의미한다. 또한 크기에 있어서는 주파수가 1[rad/sec] 보다 작은 범위에서는 전체 주파수전달함수의 크기가 커지고, 주파수가 1[rad/sec] 보다 큰 범위에서는 작아지는 것을 의미한다. 따라서 식 (9.52)와 같은 I형 시스템에서는 주파수가 0[rad/sec] 일 때 $\infty\angle-90°$ 에서 시작하여, 주파수 $\omega=\omega_n$ 인 때 $\frac{1}{2\zeta\,\omega_n}\angle-180°$ 를 지나 주파수가 ∞가 되면 $0\angle-270°$ 가 되어 원점으로 수렴한다.

또한 식 (9.53)과 같은 II형 시스템에서는 주파수가 0[rad/sec] 일 때 $\infty\angle-180°$ 에서 시작하여, 주파수 $\omega=\omega_n$ 일 때 $\frac{1}{2\zeta\,\omega_n^2}\angle-270°$ 를 지나, 주파수가 ∞ 가 되면 $0\angle-360°$ 가 되어 원점으로 수렴한다. 0형 시스템과 I형 시스템, II형 시스템에 대한 벡터궤적은 [그림 9-25]와 같다.

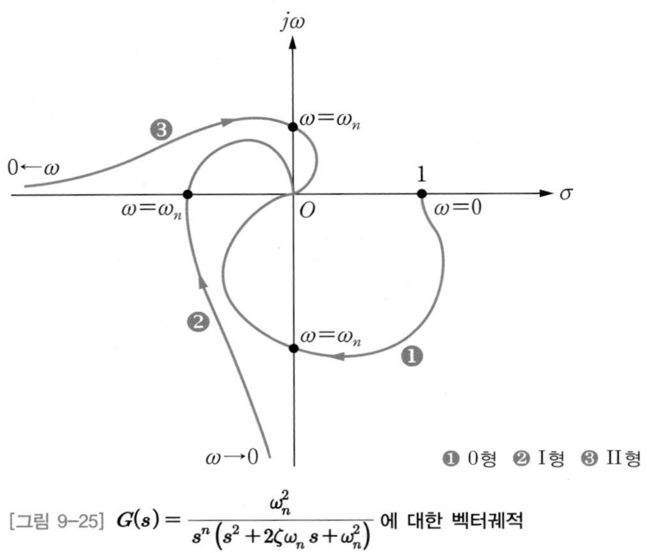

[그림 9-25] $G(s)=\frac{\omega_n^2}{s^n\left(s^2+2\zeta\omega_n s+\omega_n^2\right)}$ 에 대한 벡터궤적

9.2.3 이득 · 위상도

가로축에 주파수전달함수의 위상각 θ, 세로축에 이득 g을 나타내고, ω의 증가에 따른 g와 θ의 변화를 나타내는 그래프를 **이득 · 위상도**gain-phase diagram라고 한다. 예를 들어, 다음과 같은 전달함수에 대한 이득 · 위상도를 그려보자.

$$G(s)=\frac{6}{s(s+1)(s+3)} \tag{9.54}$$

식 (9.54)과 같은 전달함수에 대한 주파수전달함수는

$$G(j\omega) = \frac{6}{j\omega(j\omega+1)(j\omega+3)}$$

이므로, 크기와 이득 및 위상각은 다음과 같이 된다.

$$|G(j\omega)| = \frac{6}{\omega\sqrt{\omega^2+1^2}\sqrt{\omega^2+3^2}} \tag{9.55}$$

$$g = 20\log_{10}|G(j\omega)|\,[\text{dB}] \tag{9.56}$$

$$\theta = -90 - \left(\tan^{-1}\frac{\omega}{1}\right) - \left(\tan^{-1}\frac{\omega}{3}\right)^{\circ} \tag{9.57}$$

주파수 ω값을 0에서부터 점점 증가시키면서 식 (9.55), 식 (9.56), 식 (9.57)에 대입하여 이득과 위상각을 구하면 다음과 같다.

$\omega = 0$일 때,

$$|G(j\omega)| = \frac{6}{0\sqrt{0+1^2}\sqrt{0+3^2}} \fallingdotseq \infty$$

$$g_I = 20\log_{10}\infty \fallingdotseq \infty\,[\text{dB}]$$

$$\theta_I = -90 - \left(\tan^{-1}\frac{0}{1}\right) - \left(\tan^{-1}\frac{0}{3}\right) \fallingdotseq -90.0^{\circ}$$

$\omega = 0.5$일 때,

$$|G(j\omega)| = \frac{6}{0.5\sqrt{0.5^2+1^2}\sqrt{0.5^2+3^2}} \fallingdotseq 3.53$$

$$g = 20\log_{10}3.53 \fallingdotseq 11.0\,[\text{dB}]$$

$$\theta = -90 - \left(\tan^{-1}\frac{0.5}{1}\right) - \left(\tan^{-1}\frac{0.5}{3}\right) \fallingdotseq -126.0^{\circ}$$

$\omega = 2.0$일 때,

$$|G(j\omega)| = \frac{6}{2.0\sqrt{2.0^2+1^2}\sqrt{2.0^2+3^2}} \fallingdotseq 0.372$$

$$g = 20\log_{10}0.372 \fallingdotseq -8.6\,[\text{dB}]$$

$$\theta = -90 - \left(\tan^{-1}\frac{2.0}{1}\right) - \left(\tan^{-1}\frac{2.0}{3}\right) \fallingdotseq -187.1^{\circ}$$

ω에 따른 이득과 위상각을 나타내면 [표 9-1]을 얻을 수 있으며, [표 9-1]에 의해 이득·위상도를 그리면 [그림 9-26]와 같다.

[표 9-1] **주파수 ω에 대한 주파수전달함수 $G_I(j\omega) = \dfrac{6}{j\omega(j\omega+1)(j\omega+3)}$ 의 이득과 위상각**

주파수 ω[rad/sec]	이득 g_I[dB]	위상각 θ_I[°]
0	∞	−90.0
0.1	26.0	−97.6
0.2	19.8	−105.1
0.5	11.0	−126.0
1.0	2.6	−153.4
2.0	−8.6	−187.1
4.0	−22.7	−219.1
6.0	−32.2	−234.0
10.0	−44.9	−247.6
20.0	−62.6	−258.6
40.0	−80.6	−264.3
100.0	−104.4	−267.7

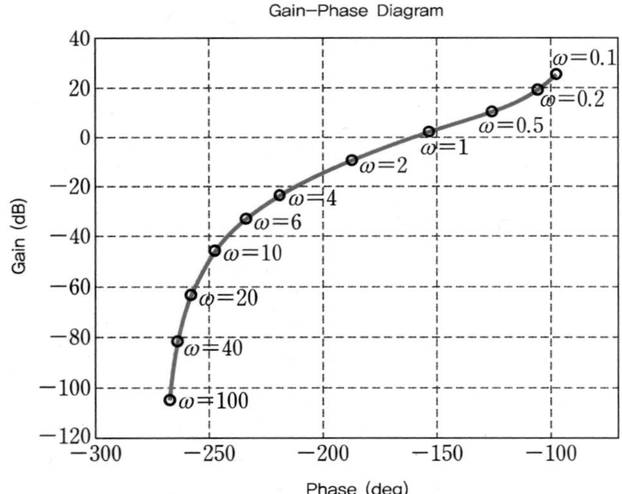

[그림 9-26] **전달함수 $G(s) = \dfrac{6}{s(s+1)(s+3)}$ 의 이득·위상도**

앞의 9.2.1절의 보드선도에서 다룬 여러 기본요소에 대해 대략적인 이득·위상도를 종합하여 그리면 [그림 9-27]과 같다.

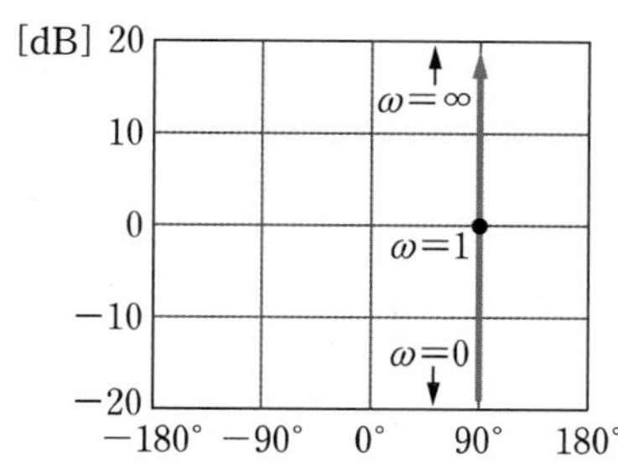

(a) $G(s)=s$

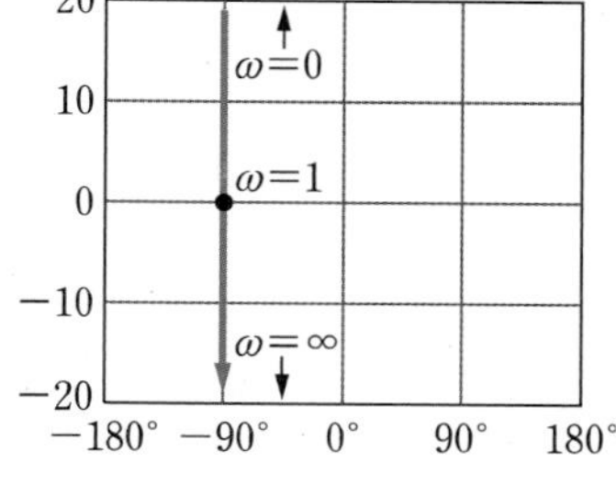

(b) $G(s)=\dfrac{1}{s}$

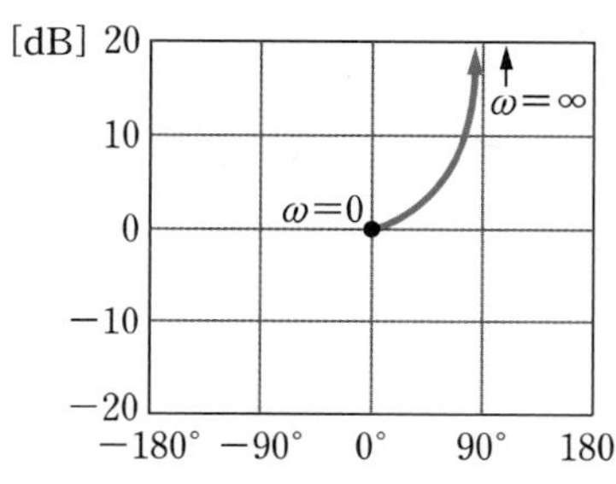

(c) $G(s)=s+1$

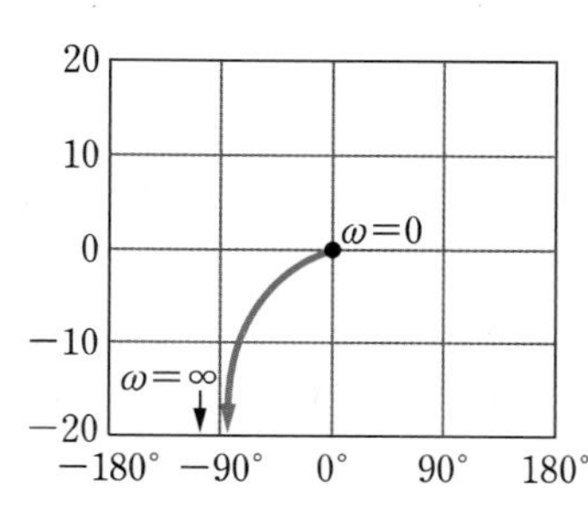

(d) $G(s)=\dfrac{a}{s+a}$

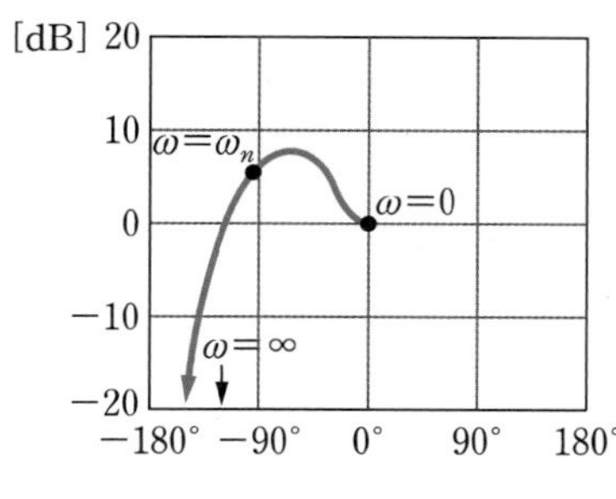

(e) $G(s)=\dfrac{\omega_n^2}{s^2+2\zeta\omega_n s+\omega_n^2}$

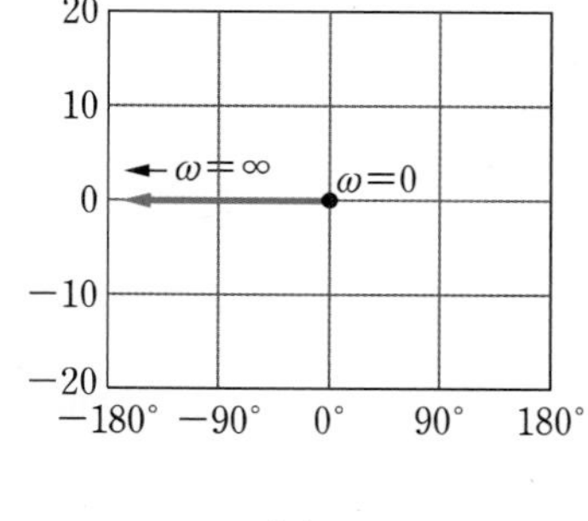

(f) $G(s)=e^{-\tau s}$

[그림 9-27] **기본요소들의 이득·위상도**

예제 9-4 벡터궤적과 이득 · 위상도

다음과 같은 전달함수를 갖는 I형 시스템에 대한 주파수응답의 벡터궤적과 이득 · 위상도를 그려라.

$$G_I(s) = \frac{5}{s(s+5)}$$

풀이

주파수전달함수를 구하면

$$G_I(j\omega) = \frac{5}{j\omega(j\omega+5)}$$

이므로, 크기, 이득, 위상각을 구하면 다음과 같다.

$$M_I = |G_I(j\omega)| = \frac{5}{\omega\sqrt{\omega^2+5^2}}$$

$$\mathrm{g}_I = 20\log_{10} M_I\,[\mathrm{dB}]$$

$$\theta_I = -90 - \left(\tan^{-1}\frac{\omega}{5}\right)^\circ$$

주파수 ω 값을 0에서부터 점점 증가시키면서 이득과 위상각을 구하면 다음과 같다.

$\omega = 0.2$일 때,

$$|G_I(j\omega)| = \frac{5}{0.2\sqrt{0.2^2+5^2}} \fallingdotseq 5.0$$

$$\mathrm{g}_I = 20\log_{10}5.0 \fallingdotseq 14.0\,[\mathrm{dB}]$$

$$\theta_I = -90 - \left(\tan^{-1}\frac{0.2}{5}\right) \fallingdotseq -92.3^\circ$$

$\omega = 0.5$일 때,

$$|G_I(j\omega)| = \frac{5}{0.5\sqrt{0.5^2+5^2}} \fallingdotseq 1.99$$

$$\mathrm{g}_I = 20\log_{10}1.99 \fallingdotseq 6.0\,[\mathrm{dB}]$$

$$\theta_I = -90 - \left(\tan^{-1}\frac{0.5}{5}\right) \fallingdotseq -95.7^\circ$$

$\omega = 2$일 때,

$$|G_I(j\omega)| = \frac{5}{2\sqrt{2^2+5^2}} \fallingdotseq 0.46$$

$$\mathrm{g}_I = 20\log_{10}0.46 \fallingdotseq -6.7\,[\mathrm{dB}]$$

$$\theta_I = -90 - \left(\tan^{-1}\frac{2}{5}\right) \fallingdotseq -111.8^\circ$$

따라서 [표 9-2]를 얻을 수 있으며, 이에 따라 벡터궤적과 이득·위상도를 그리면 [그림 9-28]과 같다.

[표 9-2] 주파수 ω에 대한 주파수전달함수 $G_I(j\omega) = \dfrac{5}{j\omega(j\omega+5)}$의 크기, 이득, 위상각

주파수 ω[rad/sec]	크기 M_I	이득 g_I[dB]	위상각 θ_I[°]
0	∞	∞	−90.0
0.1	10.0	20.0	−91.1
0.2	5.0	14.0	−92.3
0.3	3.33	10.4	−93.4
0.5	1.99	6.0	−95.7
1.0	0.98	−0.18	−101.3
2.0	0.46	−6.7	−111.8
4.0	0.29	−10.8	−121.0
4.0	0.20	−14	−128.7
5.0	0.14	−17.1	−135.0
10.0	0.05	−26.0	−153.4
20.0	0.01	−40.0	−166.0
100.0	0.00	−66.0	−177.1

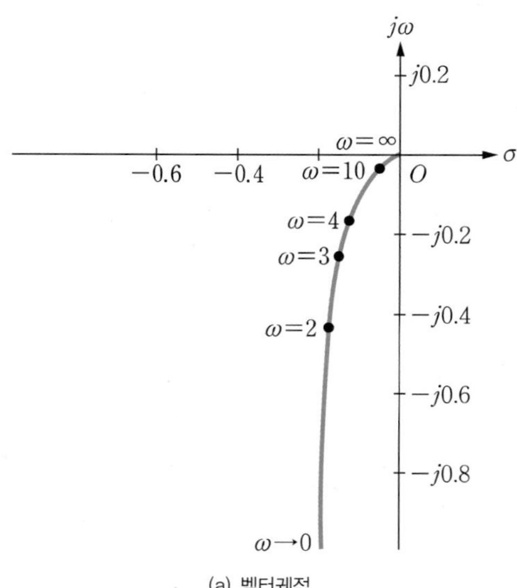

(a) 벡터궤적

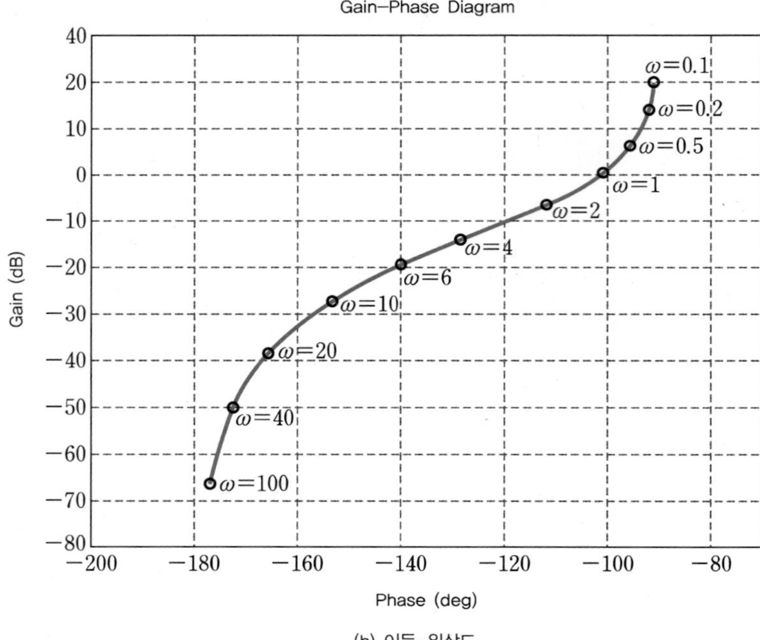

(b) 이득·위상도

[그림 9-28] $G_I(s)=\dfrac{5}{s(s+5)}$ 의 주파수응답

지금까지는 여러 가지의 기본제어요소에 대한 주파수응답을 보드선도와 벡터궤적 그리고 이득·위상도로 나타내었다. 여기에서 일반적으로 가장 많이 접하는 [그림 9-29]과 같은 표준 2차제어시스템(2차지연요소시스템)에 대한 주파수응답을 다시 정리해보자.

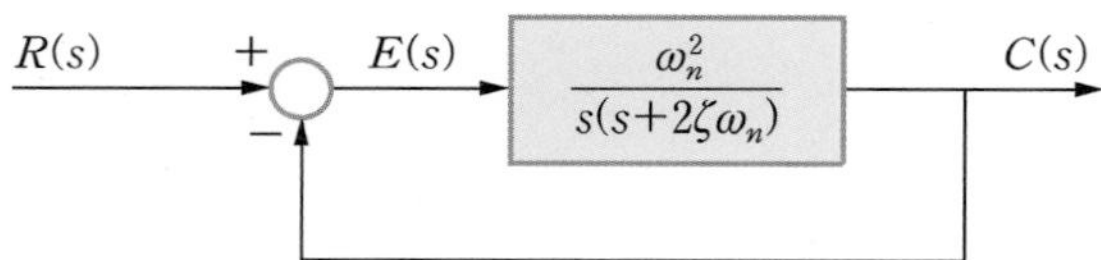

[그림 9-29] 표준 2차제어시스템의 블록선도

전체 폐루프 전달함수는 다음과 같이 된다.

$$M(s)=\frac{\dfrac{\omega_n^2}{s(s+2\zeta\omega_n)}}{1+\dfrac{\omega_n^2}{s(s+2\zeta\omega_n)}}=\frac{\omega_n^2}{s^2+2\zeta\omega_n s+\omega_n^2} \tag{9.58}$$

예를 들어, $\zeta = 0.2$, $\omega_n = 1\,[\text{rad/sec}]$ 인, 즉 다음과 같은 폐루프 전달함수에 대한 보드선도, 벡터궤적, 이득・위상도를 그리면 [그림 9-30]과 같이 된다.

$$M(s) = \frac{1}{s^2 + 0.4s + 1}$$

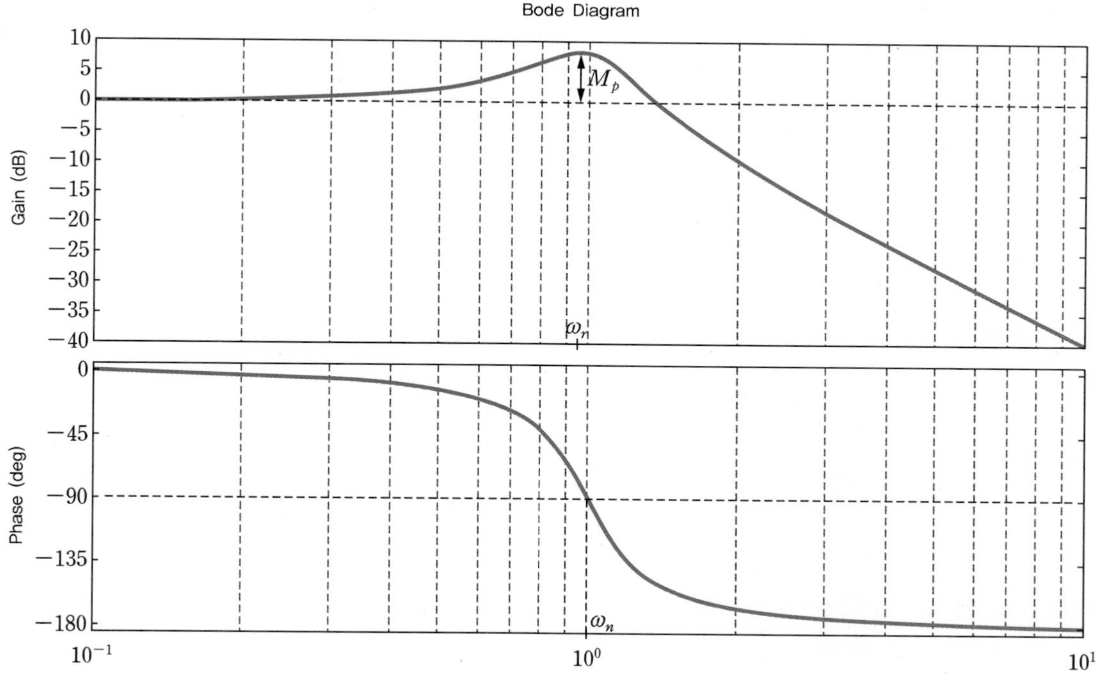

(a) 보드선도

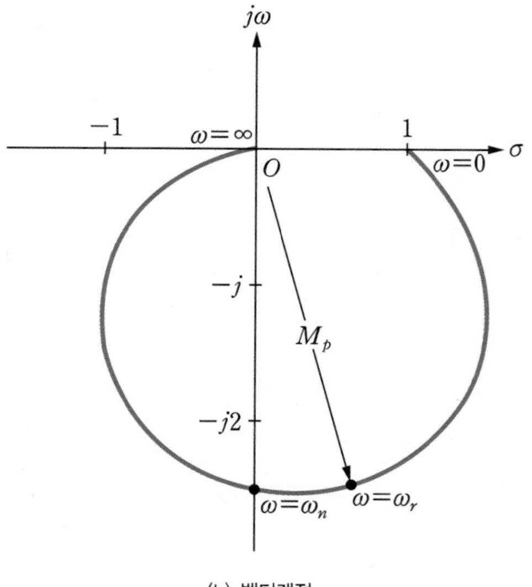

(b) 벡터궤적

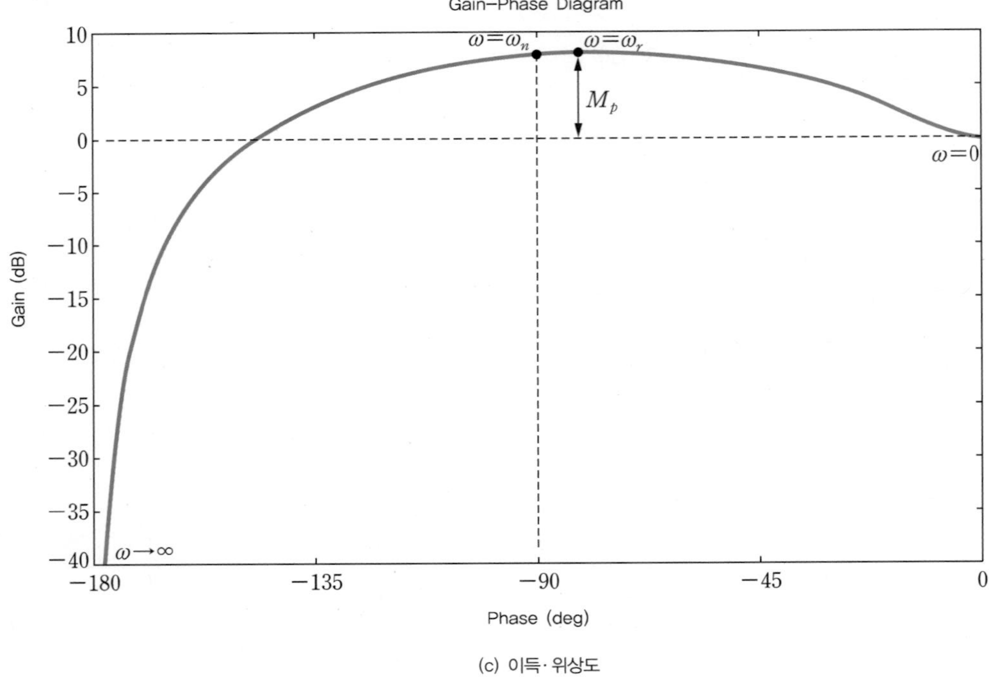

(c) 이득·위상도

[그림 9-30] **표준 2차제어시스템의 주파수응답 예**

지금까지 우리는 가장 기본적인 제어요소들에 대한 주파수응답을 표시하는 3가지 방법, 즉 보드선도, 벡터궤적, 이득 · 위상도에 대해 살펴보았다. 이들 중 보드선도는 복잡한 고차시스템의 주파수응답을 구할 때 대단히 편리하다. 복잡한 시스템을 여러 개의 기본요소의 종속결합으로 생각하여 기본요소의 각각에 대한 보드선도를 그린 다음에, 그들을 대수적으로 합하면 전체 시스템에 대한 보드선도가 얻어진다. 또한 보드선도는 다음 10장에서 소개할 이득여유와 위상여유를 구하기 쉬워 제어기를 설계하는 데 가장 많이 사용된다. 한편 벡터궤적은 나이퀴스트의 판별법에 사용되어 시스템의 상대적 안정도를 판단할 때 유용하게 사용되며, 이득 · 위상도는 니콜스선도에 사용되어 개루프 전달함수의 주파수응답으로 폐루프 전달함수의 주파수응답을 구할 때 중요하게 사용된다. 이들에 대해서는 다음 10장에서 좀 더 자세히 살펴보자.

Chapter 09 핵심요약

■ 진폭비와 위상차

선형제어시스템에 정현파 입력을 가했을 때, 입력에 대한 출력을 비교하여 출력의 진폭을 입력의 진폭으로 나눈 값을 진폭비라 하고, 출력의 위상각에서 입력의 위상각을 뺀 값을 위상차라고 한다.

■ 주파수응답

주파수를 0에서부터 ∞까지 변화시킬 때, 그에 대한 진폭비와 위상차의 변화를 그 시스템의 주파수응답이라고 한다.

■ 주파수전달함수

제어시스템의 전달함수 $G(s)$에서 변수 s를 $j\omega$로 치환한 $G(j\omega)$를 주파수전달함수라고 한다. 주파수전달함수와 그 시스템의 진폭비, 위상차와의 관계는 다음과 같다.

$$\text{진폭비} = |G(j\omega)|$$
$$\text{위상차} = \angle G(j\omega)$$

■ 보드선도

어떤 시스템의 주파수응답을 가로축은 주파수 ω의 대수 눈금으로, 세로축은 주파수에 대한 주파수전달함수의 크기 $|G(j\omega)|$의 dB값과 주파수전달함수의 위상각 $\theta = \angle G(j\omega)$을 나타내는 선도를 보드선도라고 한다.

■ 벡터궤적

주파수전달함수를 직각좌표 평면에 벡터로 나타내고, 주파수를 점점 증가시켜 벡터의 궤적을 그린 그래프를 벡터궤적이라고 한다.

■ 이득 · 위상도

가로축에 주파수전달함수의 위상각 θ, 세로축에 이득 g을 나타내고, ω의 증가에 따른 g와 θ의 변화를 나타내는 그래프를 이득 · 위상도라고 한다. 단, $g = 20\log|G(j\omega)|$ [dB]이다.

■ 복잡한 시스템의 보드선도

복잡한 시스템의 보드선도는 시스템을 기본요소의 종속결합으로 표시하고, 각각의 기본요소에 대한 보드선도를 그린 다음에 그들의 합으로 구한다.

Chapter 09 연습문제

9.1 0 [dB] 은 증폭도 얼마에 해당되는가?

㉮ 0 ㉯ 1 ㉰ 10 ㉱ 20

9.2 26 [dB] 는 증폭도 얼마에 해당되는가?

㉮ 20 ㉯ 30 ㉰ 40 ㉱ 160

9.3 크기 100은 이득 몇 [dB] 인가?

㉮ 1 ㉯ 20 ㉰ 40 ㉱ 100

9.4 이득 -20 [dB] 은 증폭도 얼마에 해당하는가?

㉮ -1 ㉯ -10 ㉰ -100 ㉱ 0.1

9.5 주파수응답을 구하기 위해 사용되는 입력은?

㉮ 정현파 ㉯ 단위임펄스 ㉰ 단위계단 ㉱ 램프함수

9.6 입력 $x(t) = 100\sin(377t + 45^\circ)$에 대한 정상상태 출력이 $y(t) = 40\sin(377t - 10^\circ)$일 때, 진폭비와 위상차는 각각 얼마인가?

㉮ 25, 55° ㉯ 40, -10°

㉰ 2.5, -55° ㉱ 0.4, -55°

9.7 전달함수가 $G(s) = \dfrac{100}{s+100}$ 인 제어요소에 주파수가 $\omega = 100$ [rad/sec] 인 정현파를 입력으로 가했을 때, 진폭비 k와 위상차 θ는 대략 얼마인가?

㉮ $k = 2.0$, $\theta = 30^\circ$ ㉯ $k = 0.7$, $\theta = -45^\circ$

㉰ $k = 0.7$, $\theta = 45^\circ$ ㉱ $k = 1.4$, $\theta = 90^\circ$

9.8 전달함수가 $G(s) = \dfrac{30}{s+30}$ 인 제어요소의 주파수응답에서 주파수 $\omega = 40$ [rad/sec] 에 대한 진폭비 k와 위상차 θ는 대략 얼마인가?

㉮ $k = 0.5$, $\theta = -30^\circ$ ㉯ $k = 0.7$, $\theta = -45^\circ$

㉰ $k = 0.6$, $\theta = -53^\circ$ ㉱ $k = 0.5$, $\theta = -66^\circ$

9.9 주파수전달함수가 $G(j\omega)=4e^{-j3\omega}$ 인 제어요소의 주파수응답에서 $\omega=1.5\,[\mathrm{rad/sec}]$ 에 대한 이득과 위상각은?

㉮ $0\,[\mathrm{dB}],\ -30°$ ㉯ $4\,[\mathrm{dB}],\ -258°$
㉰ $12\,[\mathrm{dB}],\ 102°$ ㉱ $4\,[\mathrm{dB}],\ -45°$

9.10 전달함수가 $G(s)=\dfrac{1}{s}$ 인 적분기의 주파수응답에서 주파수 $\omega=10\,[\mathrm{rad/sec}]$ 에 대한 이득과 위상각은?

㉮ $20\,[\mathrm{dB}],\ 90°$ ㉯ $-20\,[\mathrm{dB}],\ -90°$
㉰ $-40\,[\mathrm{dB}],\ -90°$ ㉱ $40\,[\mathrm{dB}],\ 90°$

9.11 주파수가 $\omega=\omega_0$ 일 때의 주파수 전달함수 값 $G(\omega_0)=-3+j4$ 의 이득과 위상각은 대략 얼마인가?

㉮ $14\,[\mathrm{dB}],\ 127°$ ㉯ $5\,[\mathrm{dB}],\ -60°$
㉰ $100\,[\mathrm{dB}],\ -85°$ ㉱ $25\,[\mathrm{dB}],\ 89°$

9.12 주파수 전달함수 $G(j\omega_0)=-100$ 의 이득과 위상각은 대략 얼마인가?

㉮ $20\,[\mathrm{dB}],\ -180°$ ㉯ $13.6\,[\mathrm{dB}],\ 68°$
㉰ $100\,[\mathrm{dB}],\ 0°$ ㉱ $40\,[\mathrm{dB}],\ 180°$

9.13 주파수 전달함수가 $G(j\omega)=e^{-j0.2\omega}$ 인 제어요소의 주파수응답에서 $\omega=5\,[\mathrm{rad/sec}]$ 에 대한 이득과 위상각은 얼마인가?

㉮ $1\,[\mathrm{dB}],\ 0°$ ㉯ $0\,[\mathrm{dB}],\ -57°$
㉰ $20\,[\mathrm{dB}],\ 303°$ ㉱ $-20\,[\mathrm{dB}],\ 72°$

9.14 주파수 전달함수 $G(j\omega)=\dfrac{10}{j\omega(j\omega+10)}$ 에서 $\omega\rightarrow\infty$ 일 때의 $|G(j\omega)|$와 $\angle G(j\omega)$의 값은?

㉮ $0,\ -180°$ ㉯ $-3,\ -90°$
㉰ $1,\ 90°$ ㉱ $\infty,\ -90°$

9.15 다음 그림과 같은 보드선도를 나타내는 제어요소는?

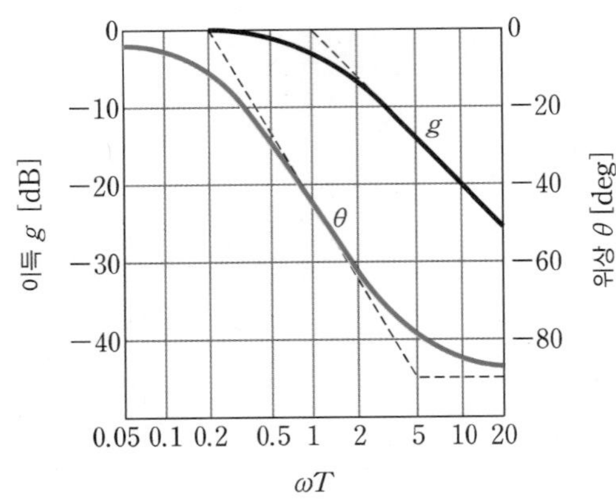

㉮ 비례요소 ㉯ 적분요소
㉰ 1차지연요소 ㉱ 2차지연요소

9.16 다음 그림과 같은 보드선도를 나타내는 제어요소는?

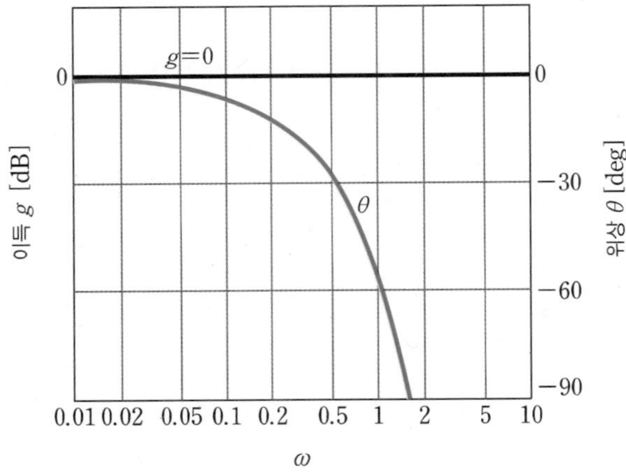

㉮ 비례요소 ㉯ 낭비시간요소
㉰ 1차지연요소 ㉱ 2차지연요소

9.17 다음 그림과 같은 보드선도를 나타내는 제어요소는?

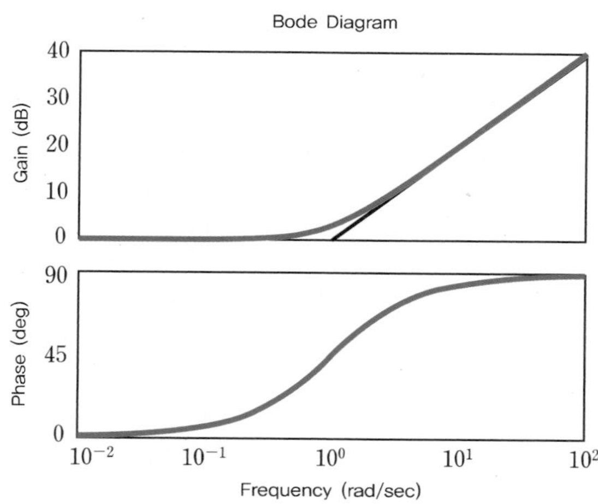

㉮ 적분요소
㉯ 낭비시간요소
㉰ 1차앞선요소
㉱ 2차지연요소

9.18 보드선도의 세로축과 가로축의 눈금과 단위의 설명으로 옳은 것은?

㉮ 세로축은 균등 눈금, [dB]이고 가로축은 균등 눈금, [°]이다.
㉯ 세로축은 균등 눈금, [dB]이고 가로축은 대수 눈금, [rad/sec]이다.
㉰ 세로축은 대수 눈금, [dB]이고 가로축은 대수 눈금, [rad/sec]이다.
㉱ 세로축은 균등 눈금, 단위 없음이고 가로축은 균등 눈금, [rad/sec]이다.

9.19 전달함수가 $G(s) = \dfrac{100}{s+5}$ 인 1차지연요소의 보드선도에서 변곡점의 각주파수는 몇 [rad/sec]인가?

㉮ 0.5　　㉯ 1　　㉰ 5　　㉱ 20

9.20 전달함수 $G(s) = \dfrac{10}{s}$ 인 제어요소의 보드선도에 관한 설명으로 옳은 것은?

㉮ -20 [dB/dec] 의 기울기를 가지며, 위상각은 $-90°$ 이다.
㉯ -20 [dB/dec] 의 기울기를 가지며, 위상각은 $+90°$ 이다.
㉰ -40 [dB/dec] 의 기울기를 가지며, 위상각은 $-180°$ 이다.
㉱ -40 [dB/dec] 의 기울기를 가지며, 위상각은 $+180°$ 이다.

9.21 전달함수가 $G(s)=s+2$ 인 제어요소의 주파수응답을 나타내는 벡터궤적은?

㉮

㉯

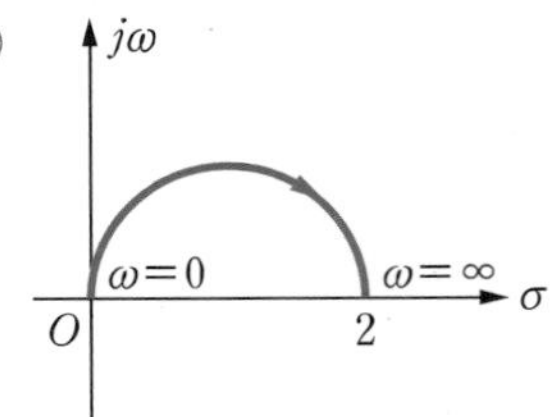

㉰

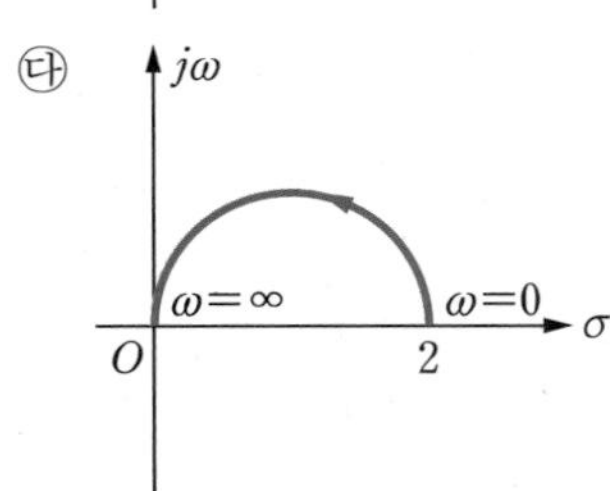

㉱

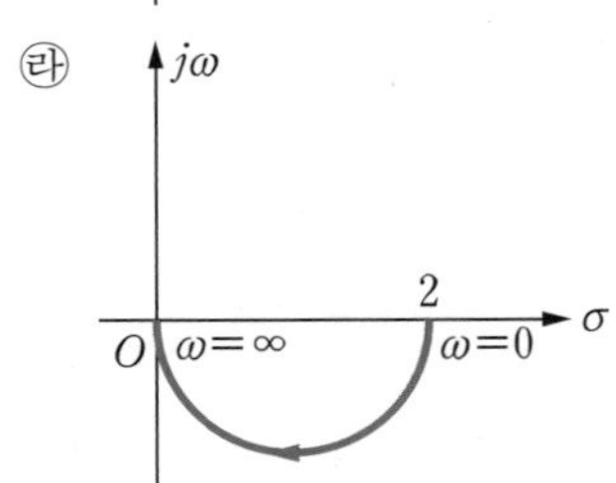

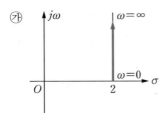

9.22 다음 그림과 같은 벡터궤적을 그리는 제어요소는?

㉮ 1차지연요소

㉯ 2차지연요소

㉰ 낭비시간요소

㉱ 비례요소

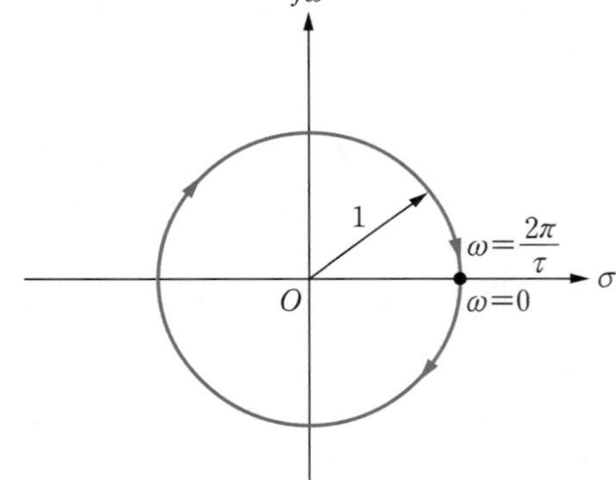

9.23 다음 그림과 같은 벡터궤적을 그리는 제어요소는?

㉮ 비례요소

㉯ 1차지연요소

㉰ 2차지연요소

㉱ 마분요소

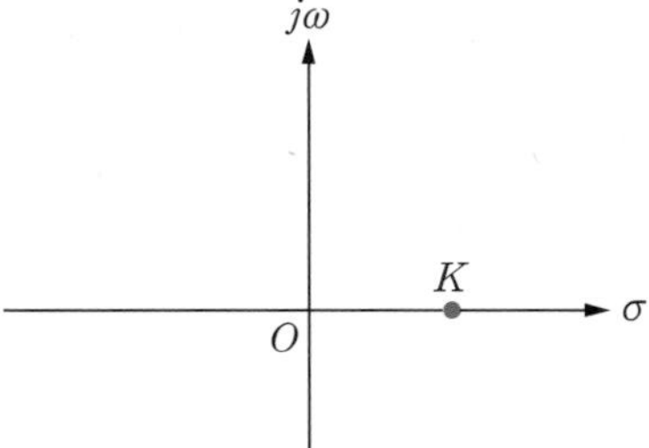

9.24 전달함수가 $G(s)=\dfrac{10}{s(s+2)}$ 인 제어요소의 벡터궤적은?

㉮ 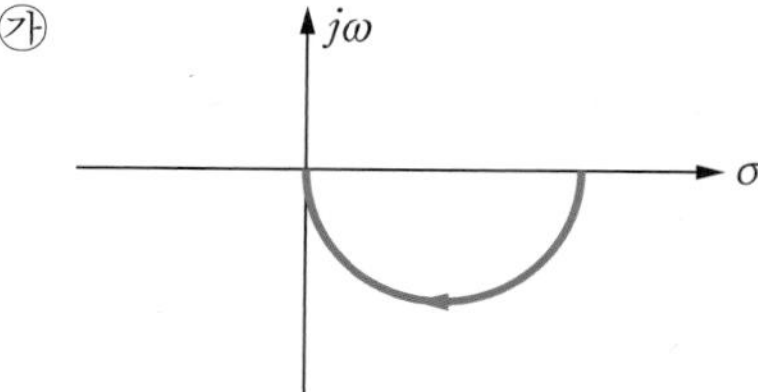

㉯ 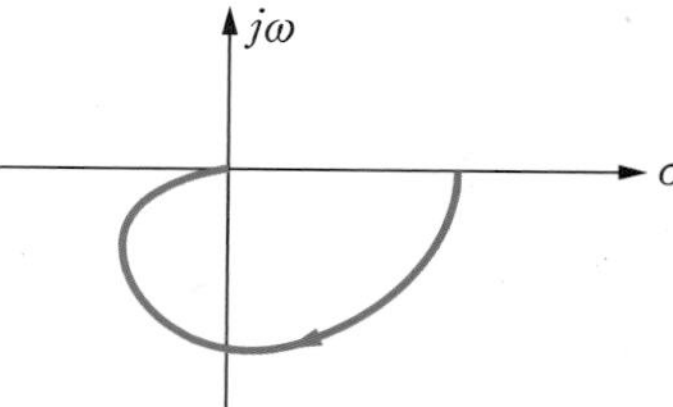

㉰ 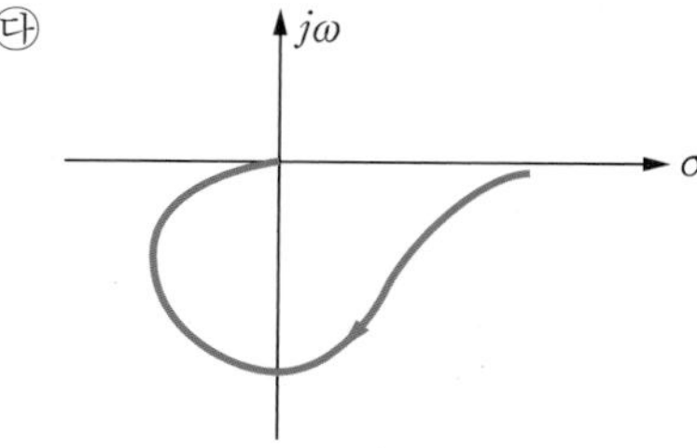

㉱ 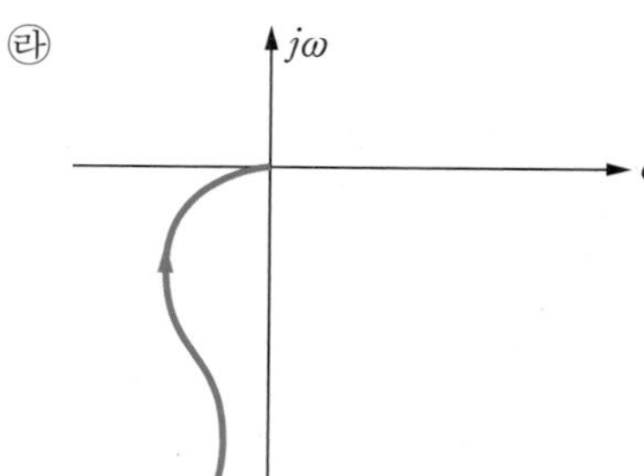

9.25 전달함수 $G(s)=\dfrac{25}{s^2+6s+25}$ 인 제어요소의 벡터궤적에 관한 설명으로 틀린 것은?

㉮ $\omega=0$[rad] 일 때 실수축 1에서 출발한다.
㉯ $\omega=\infty$[rad] 일 때 실수축 1에 다시 수렴한다.
㉰ $\omega=5$[rad] 일 때 허수축과 만난다.
㉱ $\omega=5$[rad] 일 때 $G(j\omega) \fallingdotseq 0.83\angle-90^\circ$ 이다.

9.26 이득·위상도가 다음 그림과 같은 제어요소의 전달함수로 적당한 것은?

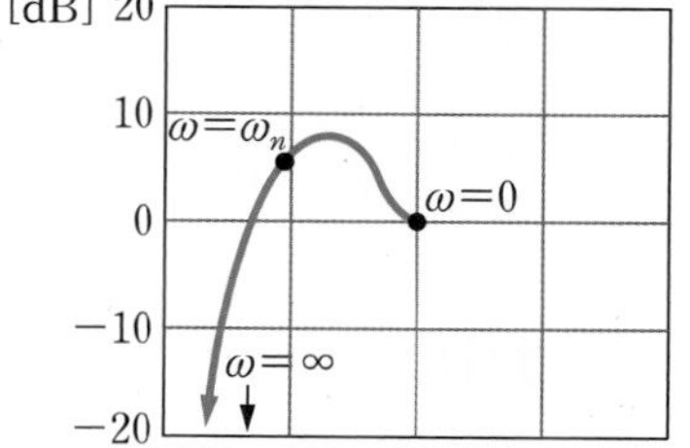

㉮ $e^{-w_n s}$　　㉯ $s+w_n$

㉰ $\dfrac{w_n}{s+w_n}$　　㉱ $\dfrac{w_n^2}{s^2+2\zeta w_n s+w_n^2}$

9.27 시간응답과 주파수응답을 구분하여 간단히 설명하라.

9.28 전달함수와 주파수전달함수에 대해 구분하여 설명하라.

9.29 크기와 이득의 차이를 설명하고, 다음과 같은 크기의 이득을 구하라.

(a) 0.05 (b) 1.5 (c) 200 (d) $\frac{40}{9}$

9.30 다음과 같은 주파수전달함수의 이득 g와 위상각 θ를 구하라.

(a) $G_1(j\omega) = \dfrac{10}{8-j6}$ (b) $G_2(j\omega) = -3-j4$

(c) $G_3(j\omega) = -100$ (d) $G_4(j\omega) = \dfrac{5-j5}{20+j10}$

9.31 다음 입력 $x(t)$와 출력 $y(t)$의 진폭비와 위상차를 구하라.

(a) $x_1(t) = 40\sin 5t$, $y_1(t) = -20\sin(5t-30°)$

(b) $x_2(t) = 100\sin(377t+45°)$, $y_2(t) = 40\sin(377t-10°)$

(c) $x_3(t) = 20\sin 650t$, $y_3(t) = 4\sin 650t - 3\cos 650t$

9.32 다음과 같은 전달함수를 갖는 시스템에 대한 주파수응답의 보드선도를 그려라.

(a) $G_1(s) = \dfrac{30(s+5)}{(s+2)(s+10)}$ (b) $G_2(s) = \dfrac{5(s+4)}{s^2(s+10)}$

(c) $G_3(s) = \dfrac{16}{s^2+2.4s+16}$

9.33 다음과 같은 전달함수를 갖는 시스템에 대한 주파수응답의 벡터궤적과 이득 · 위상도를 그려라.

(a) $G_1(s) = \dfrac{20}{s+10}$ (b) $G_2(s) = \dfrac{25}{s^2+4s+25}$

9.34 MATLAB 다음과 같은 전달함수를 갖는 시스템에 대한 주파수응답의 보드선도, 벡터궤적, 이득 · 위상도를 MATLAB을 이용하여 그려라.

$$G(s) = \frac{25}{s^2+2s+25}$$

참고
```
{bode(num,den)
 nyquist(num,den)
 nichols(num,den)}
```

Chapter

10

주파수응답과 시간응답

Frequency Response and Time Response

학습목표

- 제어시스템의 나이퀴스트선도(벡터궤적)를 그릴 수 있다.
- 나이퀴스트선도를 이용하여 제어시스템의 상대안정도를 판별할 수 있다.
- 이득여유와 위상여유의 정의를 이해하고, 나이퀴스트선도와 보드선도를 이용하여 이들을 구할 수 있다.
- 주파수응답에서 첨두공진값, 공진주파수, 대역폭이 무엇인지 알 수 있다.
- 개루프의 주파수응답을 이용하여 폐루프의 주파수응답을 구할 수 있다.
- 주파수응답의 특성을 이용하여 시간응답의 특성을 구할 수 있다.

9장에서는 주파수응답과 주파수전달함수의 정의, 주파수응답을 나타내는 각종 선도에 대해 살펴보았다. 우리가 주파수응답에 관심을 갖는 이유는 이 주파수응답이 시간응답과 밀접한 관계가 있기 때문이다. 6장에서 Routh-Hurwitz의 안정도 판별법을 공부했지만, 이 장에서는 새로운 안정도 판별법인 나이퀴스트 판별법을 배운다. 이때 시간응답 특성들과 밀접한 관계가 있는 이득여유와 위상여유를 소개한다. 그리고 단위귀환제어시스템에서 개루프 주파수전달함수와 폐루프 주파수전달함수의 상관관계에 대해 소개하고, 이어서 주파수응답의 특성을 이용하여 시간응답의 특성을 얻는 방법을 살펴본다.

Section

10.1 나이퀴스트 판별법

우리는 이미 6장에서 제어시스템의 안정도를 판단하는 방법으로 Routh-Hurwitz 판별법을 공부하였다. 그러나 이 방법은 특성방정식이 s의 대수식으로 표시되어 있는 경우, 즉 제어시스템의 전달함수가 정확히 구해진 경우에는 사용할 수 있지만, 제어시스템의 입출력 관계를 실험으로 얻은 경우나 낭비시간요소를 포함하고 있는 경우에는 사용할 수 없다. 또한 Routh-Hurwitz 판별법은 그 제어시스템이 안정한가를 나타내는 절대안정도absolute stability만 판단할 수 있으므로, 어느 정도 안정한가를 나타내는 상대안정도relative stability를 알고 싶은 경우나 제어시스템의 어떤 요소의 특성이 전체 제어시스템의 안정도에 미치는 영향 등을 알고 싶을 때에는 사용할 수 없다. 이러한 경우에는 나이퀴스트 판별법이 직관적이고 이해하기가 쉽다. 나이퀴스트 판별법을 배우기에 앞서 특성식의 영점들과 특성방정식의 근들과의 관계를 살펴봄으로써 특성식의 영점과 시스템 안정도와의 관계를 알아보자.[1]

10.1.1 특성식의 영점과 특성방정식의 근

보통 폐루프 제어시스템은 [그림 10-1]과 같이 나타낼 수 있으며, 그 전체 전달함수 $M(s)$는

$$M(s) = \frac{G(s)}{1 + G(s)H(s)} \tag{10.1}$$

로 주어진다. 여기서 분모를 0으로 놓은

$$1 + G(s)H(s) = 0 \tag{10.2}$$

을 이 폐루프 제어시스템의 특성방정식이라고 하며, 이 특성방정식의 근의 위치가 복소평면의 우반면이나 허수축에 있지 않으면 이 제어시스템이 안정하다고 할 수 있다.

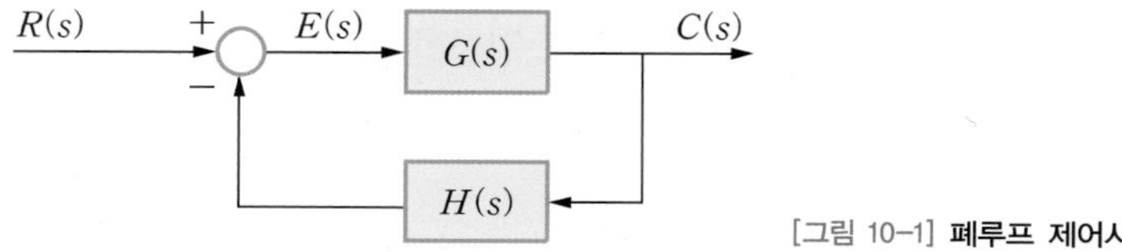

[그림 10-1] **폐루프 제어시스템의 블록선도**

1 앞의 5.2절에서 특성방정식에 대해 살펴보았고, 6.1절에서 특성방정식의 근과 시스템의 안정도에 대해 설명하였다.

전향경로 전달함수 $G(s)$와 귀환요소 전달함수 $H(s)$는 일반적으로 s의 분수식이므로

$$G(s)=\frac{N_1(s)}{D_1(s)}$$

$$H(s)=\frac{N_2(s)}{D_2(s)}$$

로 표현할 수 있다. 따라서 특성방정식은 다음과 같이 나타낼 수 있다.

$$\begin{aligned}1+G(s)H(s)&=1+\frac{N_1(s)}{D_1(s)}\times\frac{N_2(s)}{D_2(s)}\\&=\frac{D_1(s)D_2(s)+N_1(s)N_2(s)}{D_1(s)D_2(s)}=0\end{aligned} \tag{10.3}$$

이때 특성방정식의 근은 식 (10.3)과 같은 특성식 분자를 0으로 놓으면 얻어진다. 특성식의 분모, 분자를 다음과 같이 각각 인수분해하여

$$\begin{aligned}&\text{분자}: D_1(s)D_2(s)+N_1(s)N_2(s)=a_0(s-z_1)(s-z_2)\cdots(s-z_m)\\&\text{분모}: D_1(s)D_2(s)=b_0(s-p_1)(s-p_2)\cdots(s-p_n)\end{aligned} \tag{10.4}$$

이라 하면, 특성식은 다음과 같다.

$$1+G(s)H(s)=\frac{a_0(s-z_1)(s-z_2)\cdots(s-z_m)}{b_0(s-p_1)(s-p_2)\cdots(s-p_n)} \tag{10.5}$$

특성식의 영점들zeros, 즉 z_1, z_2, $\cdots$, z_m은 특성방정식의 근들roots과 일치한다. 제어시스템이 안정하려면 특성방정식의 근이 전부 (−)의 실수부를 가져야 한다는 것은 6장에서 이미 배웠다. 이는 특성방정식의 근의 값이 복소평면의 좌반면의 영역에만 존재하는 것으로, 허수축 위에나 우반면에는 존재하지 않음을 의미한다. 이 근의 값을 나타내는 복소평면을 s평면이라고도 하며, 특성방정식의 근이 한 개라도 s평면의 우반면에 존재하면 이 제어시스템은 불안정하게 된다.

이와 같이 특성방정식의 근이 s평면의 우반면에 존재하는가 안하는가의 문제는 특성식의 영점이 s평면의 우반면에 존재하는가 안하는가의 문제와 같다. 특성식의 영점이 s평면 우반면에 존재하는가 여부를 벡터궤적을 이용하여 판별하는 것이 바로 나이퀴스트의 안정도 판별법, 즉 **나이퀴스트 판별법**Nyquist criterion이다.

10.1.2 영점 및 극점의 존재와 사상

나이퀴스트 판별법을 설명하기에 앞서 복소함수에서의 사상 mapping 이라는 용어를 잘 기억할 필요가 있다. 2장의 [그림 2-4]와 7장의 [그림 7-7], [그림 7-8], [예제 7-2]를 복습하기 바란다. 예를 들어, 다음과 같은 복소함수가 있다고 하자.

$$F(s) = s^2 + 2s - 3 \tag{10.6}$$

[그림 10-2(a)]와 같이 복소평면에서 점 p가 한 변의 길이가 1인 정사각형의 경로 r을 따라 움직이면서 여러 값을 가질 때, 그에 대한 함수 $F(s)$값들의 궤적 locus, 즉 [그림 10-2(b)]의 R을 함수 $F(s)$에 의한 경로 r의 사상이라고 한다. 이때 사상 R을 [그림 10-2(b)]와 같이 r과 별도의 복소수평면을 사용하여 그리는 경우가 많지만, 반드시 그렇게 해야 하는 것은 아니다. r의 경로와 그 사상 R의 경로를 구별하기에 어려움이 없으면 한 복소평면을 같이 사용해서 그려도 된다. 또한 따로 그릴 때에는 보통 똑같은 크기의 눈금 scale 을 사용하기도 하지만, 그림 크기에 따라 [그림 10-2(b)]와 같이 서로 다른 크기의 눈금을 사용하는 경우도 많이 있다.

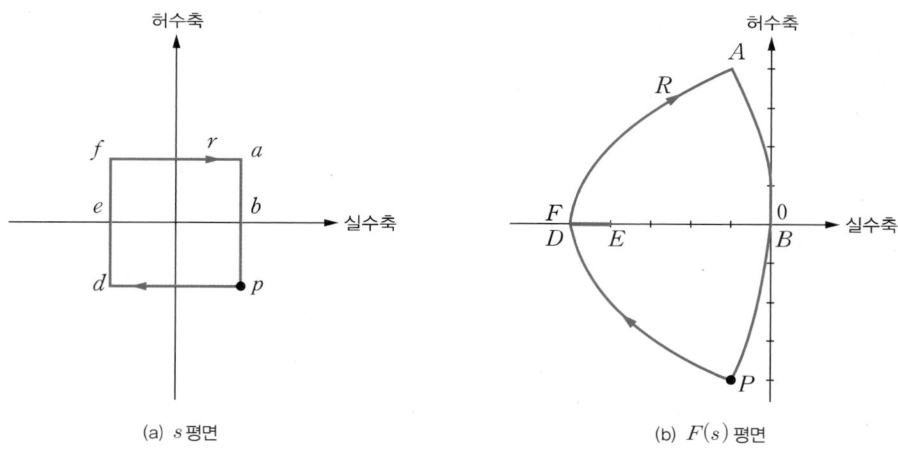

(a) s 평면　　(b) $F(s)$ 평면

[그림 10-2] **복소평면에서의 사상**

이제 간단한 복소함수에 대한 경로사상 contour mapping 의 또 다른 예를 살펴보자. 복소함수가

$$F_1(s) = s - 3 - j4 = s - (3 + j4) \tag{10.7}$$

라고 가정하고, [그림 10-3(a)]와 같이 점 p가 점 $(3,\ j4)$, 즉 함수 $F_1(s)$의 영점을 중심으로 오른쪽으로 폐곡선을 그리며 움직일 때, 점 p의 경로에 대한 함수 $F_1(s)$의 사상은 [그림 10-3(b)]와 같이 된다. 여기에서 주의 깊게 볼 점은 [그림 10-3(b)]에서 **함수 $F_1(s)$의 사상이 원점 둘레를 [그림 10-3(a)]의 점 p와 똑같은 방향으로 회전한다**는 것이다.

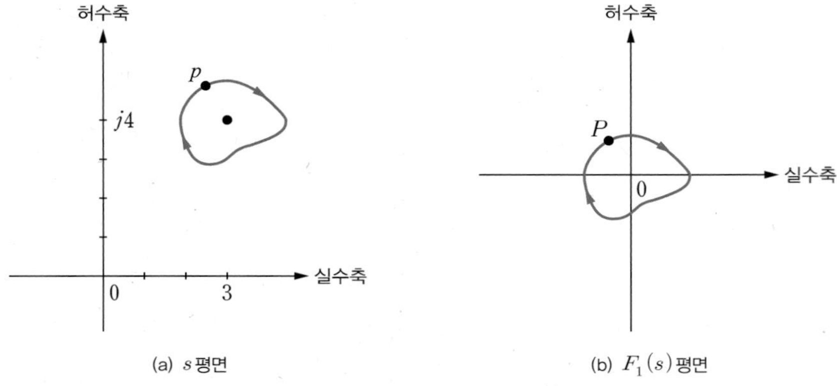

(a) s 평면　　(b) $F_1(s)$ 평면

[그림 10-3] **영점 주위를 도는 경로의 사상**

이제 다음과 같은 복소함수를 생각해보자.

$$F_2(s) = \frac{1}{s-3-j5} = \frac{1}{s-(3+j5)} \tag{10.8}$$

[그림 10-4(a)]와 같이 점 p가 점 $(3,\ j5)$, 즉 함수 $F_2(s)$의 극점을 중심으로 오른쪽으로 폐곡선을 그리며 움직일 때, 점 p의 경로에 대한 함수 $F_2(s)$의 사상은 [그림 10-4(b)]와 같이 된다. 여기에서 주의할 점은 [그림 10-4(b)]에서 **$F_2(s)$의 사상이 원점 둘레를 [그림 10-4(a)]의 점 p와 반대 방향으로 회전한다는 것**이다.

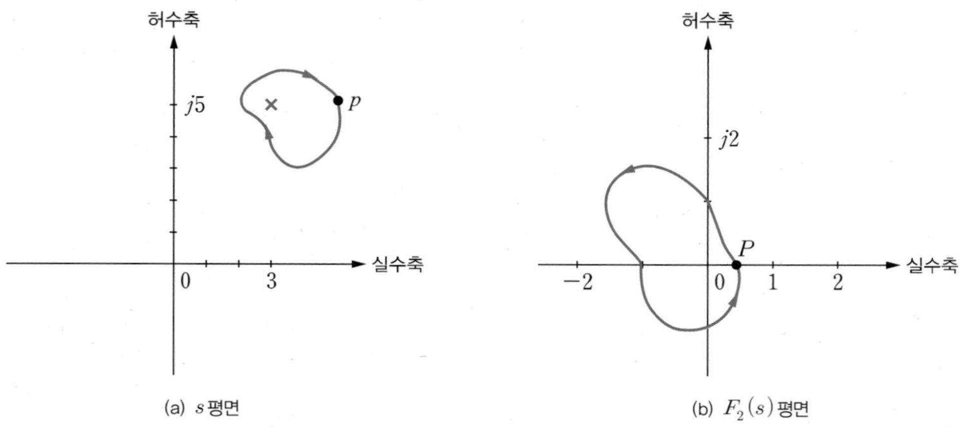

(a) s 평면　　(b) $F_2(s)$ 평면

[그림 10-4] **극점 주위를 도는 경로의 사상**

앞의 예들을 정리하면, 복소수평면에서 어떤 점이 복소함수의 영점 주위를 오른쪽으로 한 바퀴 돌 때 그에 대한 복소함수의 경로사상은 원점 둘레를 같은 오른쪽 방향으로 한 바퀴 돌게 되며, 어떤 점이 복소함수의 극점 주위를 오른쪽으로 한 바퀴 돌 때 그에 대한 복소함수의 경로사상은 원점 둘레를 왼쪽으로 한 바퀴 돌게 된다. 여기에서 더 나아가 복소함수가 다음과 같이 영점을 2개 가지고 있는 함수에서 어떤 점이 이 2개의 영점을 다 포함하는 폐경로를 따라 오른쪽으로 한 번 회전할 때, 그에 대한 함수 $F(s)$의 경로사상은 원점 주위를 같은 방향(오른쪽)으로 2번 회전한다(증명 생략).

$$F(s)=s^2-6s+25=(s-3-j4)(s-3+j4) \tag{10.9}$$

이제 식 (10.10)과 같은 특성식에 대해 [그림 10-5(a)]와 같이 복소수 s가 영점 $z_1(-3,\ j4)$을 중심으로 작은 원을 그리며 한 바퀴 회전할 때 그 경로에 대한 복소함수의 특성식 $F(s)=1+G(s)H(s)$의 경로사상을 구해보자.

$$\begin{aligned} F(s)&=1+G(s)H(s)=1+\frac{17}{(s+2)(s+4)} \\ &=\frac{s^2+6s+25}{(s+2)(s+4)}=\frac{(s+3-j4)(s+3+j4)}{(s+2)(s+4)} \end{aligned} \tag{10.10}$$

우선 s가 $s_1(=-2.5+j4)$ 일 때 복소함수 $F(s_1)$은 다음과 같이 된다.

$$\begin{aligned} F(s_1)&=\frac{(s_1+3-j4)(s_1+3+j4)}{(s_1+2)(s_1+4)} \\ &=\frac{0.50\angle 0^\circ \times 8.02\angle 86.4^\circ}{4.03\angle 97.1^\circ \times 4.27\angle 69.4^\circ}=\frac{R_1\angle\theta_1\times R_2\angle\theta_2}{R_3\angle\theta_3\times R_4\angle\theta_4} \\ &=\frac{0.50\times 8.02}{4.03\times 4.27}\angle(0+86.4-97.1-69.4)^\circ \\ &=\frac{R_1\times R_2}{R_3\times R_4}\angle(\theta_1+\theta_2-\theta_3-\theta_4) \\ &=0.233\angle-80.1^\circ=R\angle\theta \end{aligned} \tag{10.11}$$

s가 영점 $z_1(=-3+j4)$을 중심으로 작은 원을 그리며 오른쪽으로 한 바퀴 돌 때, 식 (10.11)의 R_1, R_2, R_3, R_4값과 θ_2, θ_3, θ_4값은 거의 변하지 않고, θ_1값만 0°에서 -360°로 변한다. 따라서 s가 영점 z_1을 중심으로 오른쪽으로 회전할 때 복소함수 $F(s)$도 [그림 10-5(b)]와 같이 원점을 중심으로 오른쪽으로 한 바퀴 돌게 된다. 이를 통해 s가 영점을 중심으로 작은 원을 그리며 돌지 않고 극점을 중심으로 오른쪽으로 한 바퀴 돌면, 복소함수 $F(s)$의 궤적은 원점을 중심으로 왼쪽으로 한 바퀴 돌 것이라는 것을 쉽게 유추할 수 있다. **또한 s가 원점도 극점도 포함하지 않는 작은 원을 그리며 돌 때 복소함수 $F(s)$의 궤적은 원점을 포함하지 않는 폐곡선이 된다.**

이 사실은 대단히 중요한 것으로, 만일 역으로 복소평면에서 s를 어떤 영역 주위를 오른쪽으로 한 바퀴 돌게 했을 때, 특성식 $F(s)=1+G(s)H(s)$의 궤적이 원점을 포함하여(원점을 중심으로) 오른쪽으로 회전하지 않으면 그 영역에는 영점, 즉 특성방정식의 근이 없다고 단정할 수 있다. 물론 이 사실은 그 영역에 특성식의 극점이 없다는 가정 안에서만 성립한다.

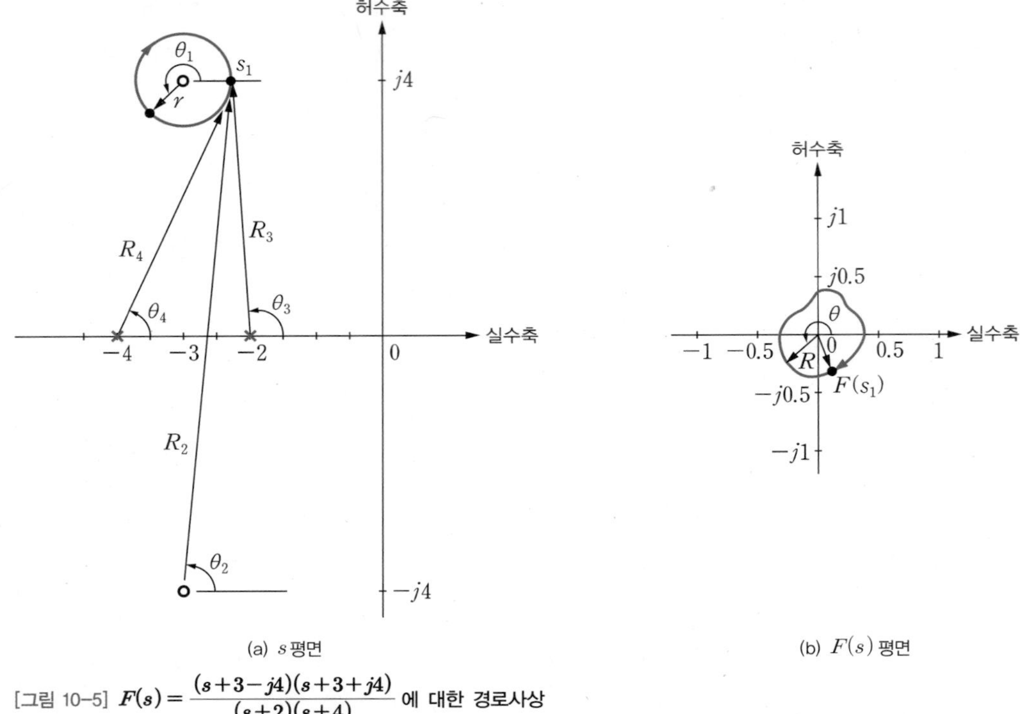

(a) s 평면

(b) $F(s)$ 평면

[그림 10-5] $\boldsymbol{F(s)=\dfrac{(s+3-j4)(s+3+j4)}{(s+2)(s+4)}}$ **에 대한 경로사상**

예를 들어, 복소평면에서 복소수 s가 복소함수 $F(s)$의 영점 m개와 극점 n개를 내포 include하는 폐곡선을 따라 시계방향으로 회전하면, $F(s)$의 궤적은 원점을 중심으로 시계방향으로 $(m-n)$번 회전하게 된다. 물론 내포된 원점의 수와 극점의 수가 같으면 원점을 중심으로 그 주위를 돌지 않으며, 극점의 수가 영점의 수보다 많으면 원점을 중심으로 반시계방향으로 돌게 된다. 식 (10.3)이나 식 (10.10)에서 알 수 있듯이 폐루프 제어시스템에서 특성식 $1+G(s)H(s)$의 영점들은 구하기가 조금 복잡하지만, 극점들은 개루프 전달함수 $G(s)H(s)$의 극점들과 일치하므로 쉽게 구할 수 있다. 일반 제어시스템에서 개루프 전달함수의 극점들은 복소평면의 우반면에는 존재하지 않는다.

복소평면에서 복소수 s의 경로를 [그림 10-6]과 같이 복소평면의 우반면 전체를 포함하도록 ❶의 $0\rightarrow+j\infty$ 인 허수축의 경로를 지나서 $+j\infty$ 에서 ❷와 같이 반경이 무한대인 원을 따라 $-j\infty$ 에 이르도록 하고 다시 ❸의 $-j\infty\rightarrow 0$ 인 허수축의 경로를 따라 돌면, s는 복소평면의 우반면 전체를 시계방향으로 한 바퀴 돈 것이 된다. 그리하여 $1+G(s)H(s)$의 영점이 m개, 극점이 n개 있다면 $1+G(s)H(s)$의 벡터궤적은 원점 둘레를 시계방향으로 $(m-n)$번 회전하게 된다.

일반적으로 특성식의 극점들은 복소평면의 우반면에 존재하지 않으므로, 위의 경우에 특성식의 궤적이 원점을 중심으로 시계방향으로 회전하면 복소평면 우반면에 특성식의 영점, 즉 특성방정식의 근이 존재한다는 것을 의미한다. 따라서 그 제어시스템은 불안정하다고 할 수 있다.

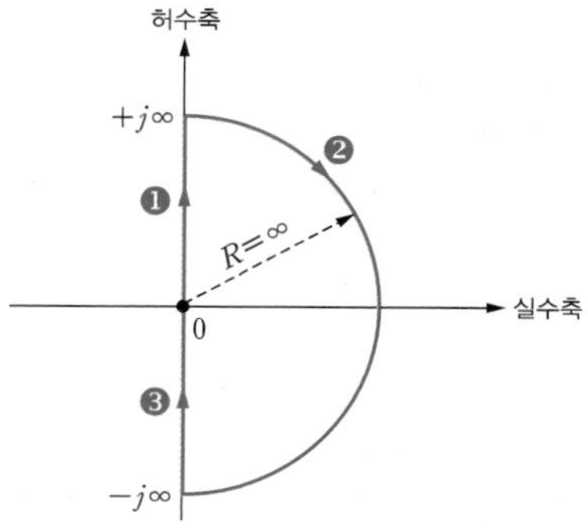

[그림 10-6] **복소평면의 우반면 전체를 내포하는 복소수 s의 경로**

10.1.3 나이퀴스트 판별법에 의한 안정도 판별

앞에서 복소수 s를 복소평면의 우반면 전체를 포함하도록 시계방향으로 회전시켰을 때, 그에 대한 특성식 $1+G(s)H(s)$의 경로사상(궤적)을 구하여 복소평면의 원점 둘레를 시계방향으로 회전하는가 여부로 그 폐루프 제어시스템의 안정도를 판별하였다. 예를 들어, 특성식의 경로사상이 [그림 10-7(a)]나 [그림 10-7(b)]와 같으면 그 제어시스템은 안정하며, [그림 10-7(c)]나 [그림 10-7(d)]와 같으면 불안정하다.

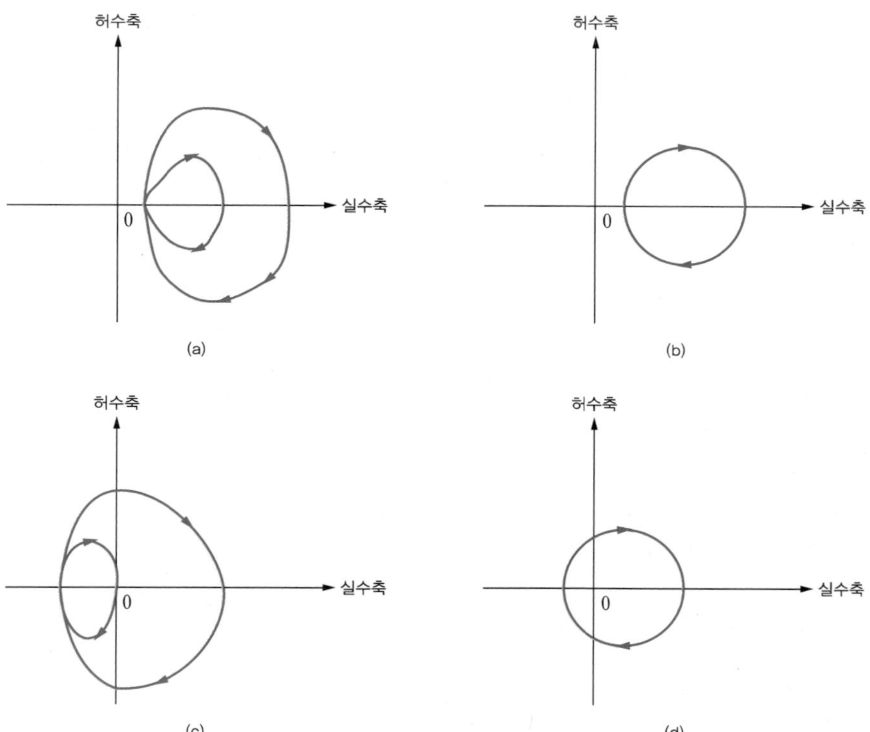

[그림 10-7] **복소수 s를 복소평면의 우반면 전체를 포함하도록 시계방향으로 회전시켰을 때, 그에 대한 $1+G(s)H(s)$의 경로사상의 예**

그동안 특성식의 벡터궤적을 그리고, 그린 벡터궤적으로 안정도를 판별했으나 다음과 같은 특성식과 개루프 전달함수에서 보는 바와 같이

$$\text{특성식} \quad : 1+G(s)H(s) \tag{10.12}$$

$$\text{개루프 전달함수} : G(s)H(s) \tag{10.13}$$

특성식의 벡터궤적은 개루프 전달함수의 벡터궤적을 구하여, 그 벡터궤적을 복소평면 좌표에서 오른쪽으로 1만큼 이동시키면 된다.

예를 들어, 개루프 전달함수 $G(s)H(s)$의 벡터궤적이 [그림 10-8(a)]와 같다면 특성식 $1+G(s)H(s)$의 벡터궤적은 [그림 10-8(b)]와 같이 [그림 10-8(a)]의 그래프를 오른쪽으로 1만큼 이동시키면 된다. 또한 특성식 $1+G(s)H(s)$의 경로사상 [그림 10-8(b)]를 볼 때, 원점을 내포하고 반시계 방향으로 돌고 있지 않으므로, 이 제어시스템이 안정한 것을 알 수 있다.

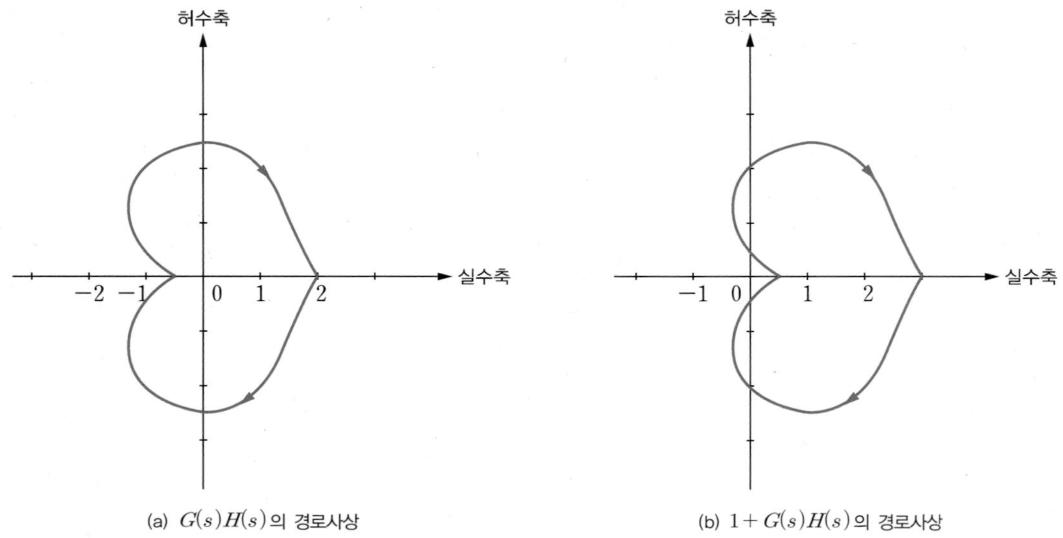

[그림 10-8] $G(s)H(s)$와 $1+G(s)H(s)$의 경로사상 비교 예(안정한 경우)

또 다른 예로 복소수 s를 복소평면 우반면 전체를 포함하도록 시계방향으로 회전시켰을 때, 그에 대한 개루프 전달함수 $G(s)H(s)$의 벡터궤적이 [그림 10-9(a)]와 같다면 특성식 $1+G(s)H(s)$의 벡터궤적은 [그림 10-9(b)]와 같다. 즉 [그림 10-9(a)]의 그래프를 오른쪽으로 1만큼 이동시킨 것이다. 물론 [그림 10-9(b)]에서 이 벡터궤적이 원점을 내포하고 오른쪽으로 돌고 있으므로, 이 제어시스템이 불안정한 것을 알 수 있다.

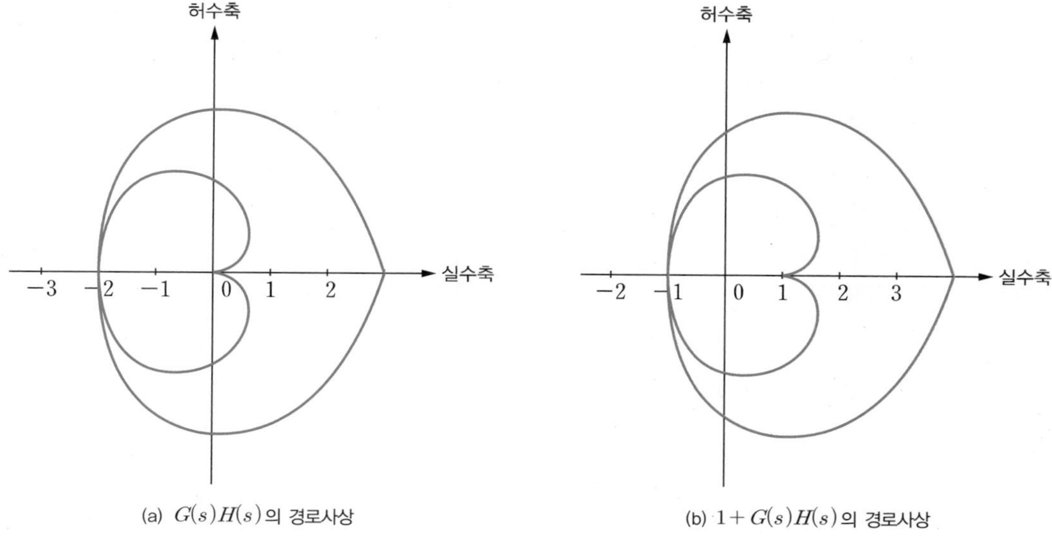

[그림 10-9] **$G(s)H(s)$와 $1+G(s)H(s)$의 경로사상 비교 예(불안정한 경우)**

앞에서 개루프 전달함수 $G(s)H(s)$의 경로사상을 구한 후, 실수축 방향으로 $+1$만큼 이동시켜 특성식 $1+G(s)H(s)$의 경로사상을 구하여 이 특성식의 경로사상이 복소평면의 원점을 내포하고 있는지의 여부로 제어시스템의 안정도를 판별하였다. 그러나 개루프 전달함수의 경로사상을 $+1$만큼 오른쪽으로 이동시키지 않고도 개루프 전달함수의 경로사상을 보면 $+1$만큼 이동시켰을 때 특성식의 경로사상이 복소평면의 원점을 내포할 것인지 여부를 미리 짐작할 수 있다. 즉 $G(s)H(s)$의 경로사상이 실수축 위의 -1의 점을 내포하면서 회전하고 있으면, $1+G(s)H(s)$의 경로사상은 복소평면의 원점을 내포하고 회전하므로 제어시스템이 불안정하다. 반면에, $G(s)H(s)$의 경로사상이 실수축 위의 -1의 점을 내포하고 회전하지 않으면, $1+G(s)H(s)$의 경로사상은 복소평면의 원점을 내포하고 회전하지 않으므로 제어시스템이 안정하다.

그러므로 이제부터는 복소수 s를 복소평면의 우반면 전체를 포함하도록 시계방향으로 회전시키면서, 그에 대한 특성식 $1+G(s)H(s)$의 경로사상 대신 구하기 쉬운 개루프 전달함수 $G(s)H(s)$의 경로사상을 구한 후, 그 경로사상이 복소평면 실수축 위의 -1인 점을 내포하고 시계방향으로 회전하는지의 여부로 제어시스템의 안정도를 판단한다. 이렇게 제어시스템의 안정도를 판별하는 방법을 나이퀴스트 안정도 판별법이라고 한다.

이제 몇 가지 제어시스템에 대해 나이퀴스트 판별법을 사용하여 안정도를 판별해보자.

■ 0형 제어시스템

다음과 같은 개루프 전달함수를 가진 0형 제어시스템에 대해 살펴보자.

$$G(s)H(s) = \frac{K}{(s+a)(s+b)} \tag{10.14}$$

- 먼저 복소수 s가 허수축을 따라 원점에서 $+j\infty$까지 이동할 때, 즉 $s=j\omega$, $\omega: 0 \to \infty$에 대한 개루프 전달함수의 사상을 구하면 개루프 주파수전달함수의 크기와 위상은

$$G(j\omega)H(j\omega) = \frac{K}{(j\omega+a)(j\omega+b)} \tag{10.15}$$

$$|G(j\omega)H(j\omega)| = \frac{K}{\sqrt{\omega^2+a^2}\,\sqrt{\omega^2+b^2}} \tag{10.16}$$

$$\theta = -\left(\tan^{-1}\frac{\omega}{a} + \tan^{-1}\frac{\omega}{b}\right) \tag{10.17}$$

  이고, $\omega: 0 \to \infty$에 대해 크기와 위상은 다음과 같이 된다.

$$\begin{aligned} \omega &: 0 \to \infty \\ |G(j\omega)H(j\omega)| &: \frac{K}{a \times b} \to 0 \\ \theta &: 0^\circ \to -180^\circ \end{aligned} \tag{10.18}$$

- 그 다음 복소수 s가 허수축을 따라 $+j\infty$까지 가서, ∞의 반지름을 가지고 반원을 그리며 허수축 $-j\infty$까지 이동할 때, 즉

$$s = R\angle\theta \quad \begin{Bmatrix} R=\infty \\ \theta: 90^\circ \to 0^\circ \to -90^\circ \end{Bmatrix}$$

  에 대한 개루프 전달함수의 사상은

$$G(s)H(s) = \frac{K}{(s+a)(s+b)} = \frac{K}{s^2+(a+b)s+ab} \tag{10.19}$$

  에서 $s=R\angle\theta$, $R=\infty$ 이므로

$$s^2 = (R\angle\theta)^2$$
$$|s^2| = R^2 = \infty$$

  이다. 그러므로 다음과 같이 된다.

$$|G(s)H(s)| = 0$$

• 끝으로 복소수 s가 허수축을 따라 $-j\infty$에서 원점까지 이동할 때, 즉 $s=-j\omega$, $\omega:\infty\to 0$에 대한 개루프 전달함수의 사상을 구하면 개루프 주파수전달함수의 크기와 위상은

$$G(-j\omega)H(-j\omega)=\frac{K}{(-j\omega+a)(-j\omega+b)} \tag{10.20}$$

$$|G(-j\omega)H(-j\omega)|=\frac{K}{\sqrt{\omega^2+a^2}\sqrt{\omega^2+b^2}} \tag{10.21}$$

$$\theta=-\left(\tan^{-1}\frac{-\omega}{a}+\tan^{-1}\frac{-\omega}{b}\right) \tag{10.22}$$

이고, $\omega:\infty\to 0$에 대해 다음과 같이 된다.

$$|G(-j\omega)H(-j\omega)|\ :\ 0\to\frac{K}{a\times b} \tag{10.23}$$

$$\theta\ :\ 180^\circ\ \to\ 0^\circ$$

지금까지 구한 자료[data]로 나이퀴스트선도(=개루프 전달함수의 경로사상)를 그리면 [그림 10-10]과 같다. 이 그림에서 보는 바와 같이 복소수 s가 무한대의 반지름을 가지고 반원을 그리는 경로에 대한 $G(s)H(s)$의 경로사상은 $G(s)H(s)$의 분모의 s의 차수가 분자의 차수보다 높으므로 $G(s)H(s)$의 크기는 0이 되어 그 벡터궤적이 원점에서 하나의 점으로 그려진다. [그림 10-10]에서 점선으로 표시된 ❷의 사상은 ❶의 사상과 실수축에 대칭됨을 알 수 있다. 계수가 정수로 된 변수 s의 함수식에서 s에 $s=j\omega$를 대입한 함숫값과 $s=-j\omega$를 대입한 함숫값은 항상 공액복소수 관계에 있으므로 서로 실수축에 대해 상하 대칭 관계에 있다. 따라서 앞으로는 복소수 s가 허수축을 따라 원점에서 출발하여 $+j\infty$까지 이동하는, 즉 $s=j\omega$, $\omega:0\to\infty$에 대한 사상만을 구하고, 복소수 s가 허수축을 따라 $-j\infty$에서 원점까지 이동하는 사상은 별도로 구하지 않고 대칭성을 이용하여 그린다. [그림 10-10]에서 나이퀴스트선도가 $(-1,\ j0)$ 주위를 회전하지 않으므로 이 0형 제어 시스템은 안정하다.

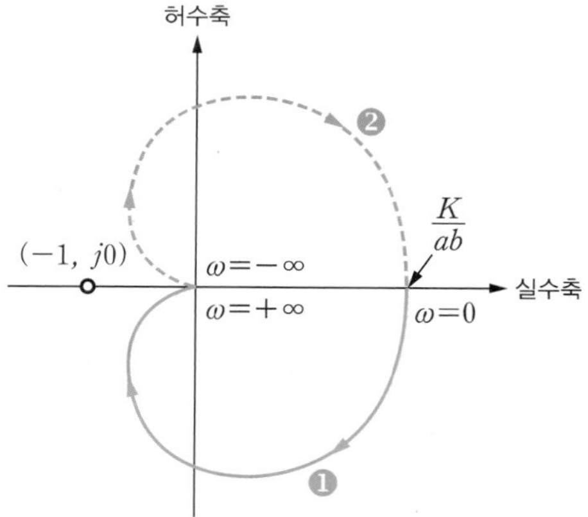

[그림 10-10] $G(s)H(s)=\dfrac{K}{(s+a)(s+b)}(a>0,\ b>0,\ k>0)$의 나이퀴스트선도

■ I형 제어시스템

개루프 전달함수가 다음과 같은 I형 제어시스템에 대해 살펴보자.

$$G(s)H(s) = \frac{K}{s(s+a)} \tag{10.24}$$

- 복소수 s가 허수축을 따라 원점에서 $+j\infty$까지 이동할 때, 즉 $s=j\omega$, $\omega: 0 \rightarrow \infty$ 에 대한 개루프 전달함수의 사상을 구하면 개루프 주파수전달함수의 크기와 위상은

$$G(j\omega)H(j\omega) = \frac{K}{j\omega(j\omega+a)} \tag{10.25}$$

$$|G(j\omega)H(j\omega)| = \frac{K}{\omega\sqrt{\omega^2+a^2}} \tag{10.26}$$

$$\theta = -\left(\tan^{-1}\frac{\omega}{a} + 90°\right) \tag{10.27}$$

이고, $\omega: 0 \rightarrow \infty$ 에 대해 다음과 같이 된다.

$$\begin{aligned} |G(j\omega)H(j\omega)| &: \infty \rightarrow 0 \\ \theta &: -90° \rightarrow -180° \end{aligned} \tag{10.28}$$

- (복소수 s가 허수축을 따라 $+j\infty$까지 간 후에) ∞의 반지름을 가지고 반원을 그리며 허수축 $-j\infty$까지 이동할 때, 즉

$$s = R\angle\theta \quad \left\{\begin{aligned} &R=\infty \\ &\theta : 90° \rightarrow 0° \rightarrow -90° \end{aligned}\right\}$$

에 대한 개루프 전달함수의 사상은

$$G(s)H(s) = \frac{K}{s(s+a)} = \frac{K}{s^2+as} \tag{10.29}$$

에서 $s=R\angle\theta$, $R=\infty$ 이므로

$$\begin{aligned} s^2 &= (R\angle\theta)^2 \\ |s^2| &= R^2 = \infty \end{aligned} \tag{10.30}$$

이다. 그러므로 개루프 전달함수의 크기는 다음과 같이 된다.

$$|G(s)H(s)| = 0$$

• 복소수 s가 허수축을 따라 $-j\infty$에서 원점까지 이동할 때, 즉 $s=-j\omega$, $\omega:\infty\rightarrow 0$에 대한 개루프 전달함수의 사상을 구하면 개루프 주파수전달함수의 크기와 위상은

$$G(-j\omega)H(-j\omega)=\frac{K}{-j\omega(-j\omega+a)} \tag{10.31}$$

$$|G(-j\omega)H(-j\omega)|=\frac{K}{\omega\sqrt{\omega^2+a^2}} \tag{10.32}$$

$$\theta=\tan^{-1}\frac{\omega}{a}+90^{\circ} \tag{10.33}$$

이고, $\omega:\infty\rightarrow 0$에 대해 다음과 같이 된다.

$$|G(-j\omega)H(-j\omega)|\ :\ 0\rightarrow\infty \tag{10.34}$$
$$\theta\ :\ 180^{\circ}\rightarrow 90^{\circ}$$

I형 제어시스템에 대한 나이퀴스트선도를 그리면 [그림 10-11]과 같다.

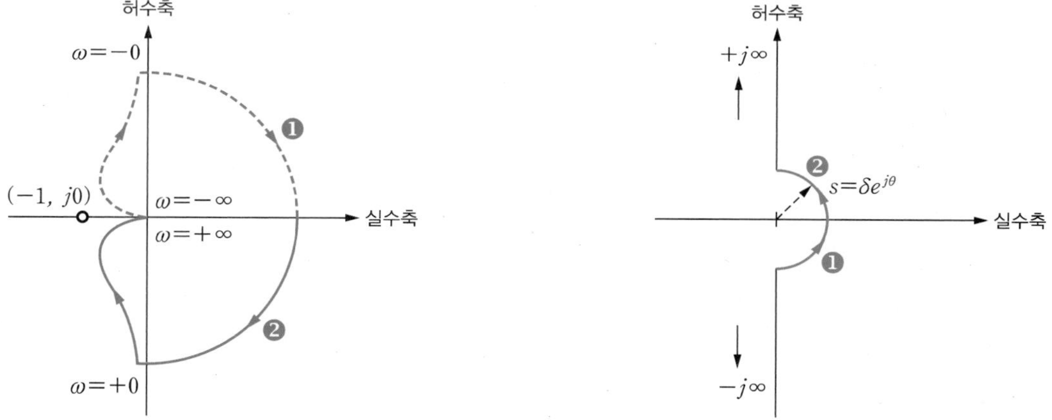

[그림 10-11] $G(s)H(s)=\dfrac{K}{s(s+a)}$ $(a>0,\ k>0)$의 나이퀴스트선도

[그림 10-12] 복소수 s가 원점 근처를 우회하는 경로

[그림 10-11]에서 무한대의 반지름으로 시계방향으로 반원을 그리고 있는 ❶, ❷는 실제 $\frac{K}{0}$, 즉 ∞를 취급할 수가 없으므로 복소수 s의 경로를 [그림 10-12]의 ❶, ❷와 같이 원점을 피해 반경이 대단히 작은 반원을 따라 가도록 한다. [그림 10-11]에서 보는 바와 같이 I형 제어시스템의 나이퀴스트선도가 $(-1,\ j0)$ 주위를 회전하지 않으므로 이 I형 제어시스템은 안정하다.

■ II형 제어시스템

개루프 전달함수가 다음과 같은 II형 제어시스템에 대해 살펴보자.

$$G(s)H(s) = \frac{K(s+b)}{s^2(s+a)} \tag{10.35}$$

- 복소수 s가 허수축을 따라 원점에서 $+j\infty$까지 이동할 때, 즉 $s = j\omega$, $\omega : 0 \to \infty$ 에 대한 개루프 전달함수의 사상을 구하면 개루프 주파수전달함수의 크기와 위상은

$$G(j\omega)H(j\omega) = \frac{K(j\omega+b)}{(j\omega)^2(j\omega+a)} \tag{10.36}$$

$$|G(j\omega)H(j\omega)| = \frac{K\sqrt{\omega^2+b^2}}{\omega^2\sqrt{\omega^2+a^2}} \tag{10.37}$$

$$\theta = \left(\tan^{-1}\frac{\omega}{b} - \tan^{-1}\frac{\omega}{a}\right) - 180^\circ \tag{10.38}$$

이고, $\omega : 0 \to \infty$에 대해

$$|G(j\omega)H(j\omega)| \ : \ \infty \to 0 \tag{10.39}$$

$$\theta \ : \ -180^\circ \to -180^\circ$$

가 되지만, ω가 0과 ∞ 사이의 어떤 값 c[rad/sec]일 때의 위상각은 조금 복잡해진다.

$$\theta = \left(\tan^{-1}\frac{c}{b} - \tan^{-1}\frac{c}{a} - 180^\circ\right) > -180^\circ, \quad a > b \tag{10.40}$$

$$\theta = \left(\tan^{-1}\frac{c}{b} - \tan^{-1}\frac{c}{a} - 180^\circ\right) < -180^\circ, \quad a < b \tag{10.41}$$

- (복소수 s가 허수축을 따라 $+j\infty$까지 간 후에) ∞의 반지름을 가지고 반원을 그리며 허수축 $-j\infty$까지 이동할 때, 즉

$$s = R\angle\theta \quad \begin{cases} R = \infty \\ \theta : 90^\circ \to 0^\circ \to -90^\circ \end{cases} \tag{10.42}$$

에 대한 개루프 전달함수의 사상은

$$G(s)H(s) = \frac{K(s+b)}{s^2(s+a)} \tag{10.43}$$

에서 $s = R\angle\theta$, $R = \infty$이므로 다음과 같이 된다.

$$|G(s)H(s)| = 0$$

- 복소수 s가 허수축을 따라 $-j\infty$에서 원점까지 이동할 때, 즉 $s=-j\omega$, $\omega:\infty\to 0$에 대한 개루프 전달함수의 사상은 $s=j\omega$, $\omega:0\to\infty$에 대한 사상과 실수축을 중심으로 상하 대칭으로 그리면 된다.

주어진 II형 제어시스템에 대한 나이퀴스트선도는 [그림 10-13]과 같이 되며, [그림 10-13(a)]의 $a>b$인 경우에는 안정하지만, [그림 10-13(b)]의 $a<b$인 경우에는 불안정하다. 다시 말해, 복소평면에서 영점의 위치가 극점의 위치보다 오른쪽에 있으면 안정하고, 영점의 위치가 극점의 위치보다 왼쪽에 있으면 불안정하다.

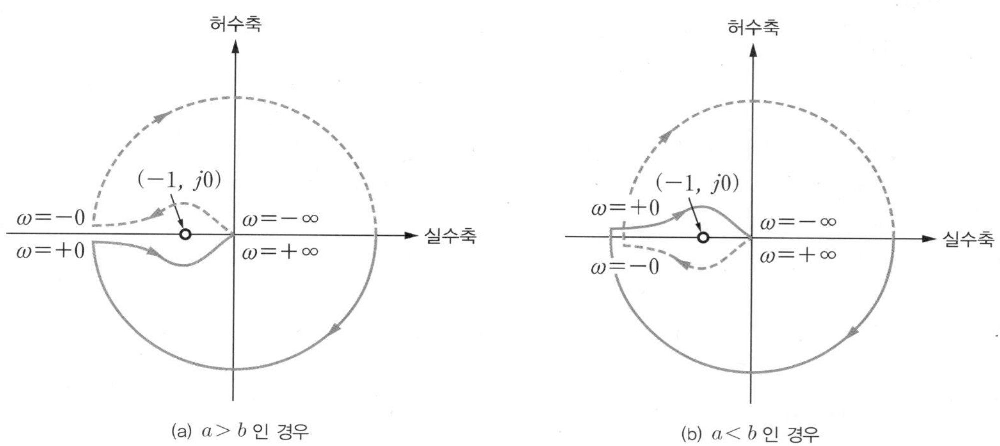

[그림 10-13] $G(s)H(s)=\dfrac{K(s+b)}{s^2(s+a)}$의 나이퀴스트 선도(단, $a>0$, $b>0$, $k>0$)

예제 10-1 나이퀴스트 판별법에 의한 안정도 판별

나이퀴스트 판별법을 이용하여 [그림 10-14]와 같은 제어시스템의 안정도를 판별하라. 단, $K=300$이다.

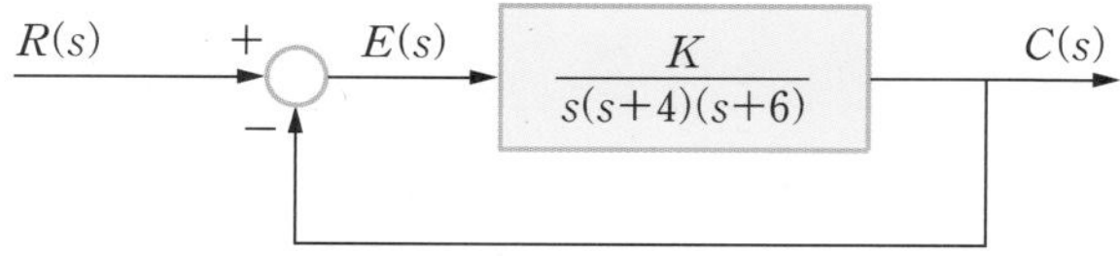

[그림 10-14] [예제 10-1]의 단위귀환제어시스템

풀이

개루프 전달함수는 다음과 같다.

$$G(s)H(s)=\frac{300}{s(s+4)(s+6)} \quad \cdots ①$$

복소수 s가 허수축을 따라 원점에서 $+j\infty$까지 이동할 때, 즉 $s=j\omega$, $\omega: 0 \rightarrow \infty$에 대한 개루프 전달함수의 사상을 먼저 구하면 개루프 주파수전달함수의 크기와 위상은

$$G(j\omega)H(j\omega)=\frac{300}{j\omega(j\omega+4)(j\omega+6)} \quad \cdots ②$$

$$|G(j\omega)H(j\omega)|=\frac{300}{\omega\sqrt{\omega^2+4^2}\ \sqrt{\omega^2+6^2}} \quad \cdots ③$$

$$\theta=-\left(\tan^{-1}\frac{\omega}{4}+\tan^{-1}\frac{\omega}{6}+90°\right) \quad \cdots ④$$

이고, $\omega: 0 \rightarrow \infty$에 대해 다음과 같이 된다.

$$|G(j\omega)H(j\omega)| : \infty \rightarrow 0 \quad \cdots ⑤$$
$$\theta : -90° \rightarrow -270°$$

나이퀴스트선도가 실수축과 만나는 점을 구해보자. 이 점은 복소함수 $G(j\omega)H(j\omega)$의 허수부가 0이 되는 때다. 이때의 ω 값과 $|G(j\omega)H(j\omega)|$ 를 구해보자.

$$\begin{aligned} G(j\omega)H(j\omega) &= \frac{300}{j\omega(j\omega+4)(j\omega+6)} \\ &= \frac{300}{j\omega(24-\omega^2+j10\omega)} \end{aligned} \quad \cdots ⑥$$

$\omega=\sqrt{24} \fallingdotseq 4.9$이면 다음과 같다.

$$\frac{300}{j\sqrt{24}\times j10\sqrt{24}}=-1.25 \quad \cdots ⑦$$

나이퀴스트선도를 대략 그리면 [그림 10-15]와 같다. $(-1,\ j0)$을 내포하고 시계방향으로 2번 돌고 있으므로 특성방정식의 근이 복소평면의 우반면에 2개 있음을 알 수 있다. 따라서 이 제어시스템은 불안정하다.

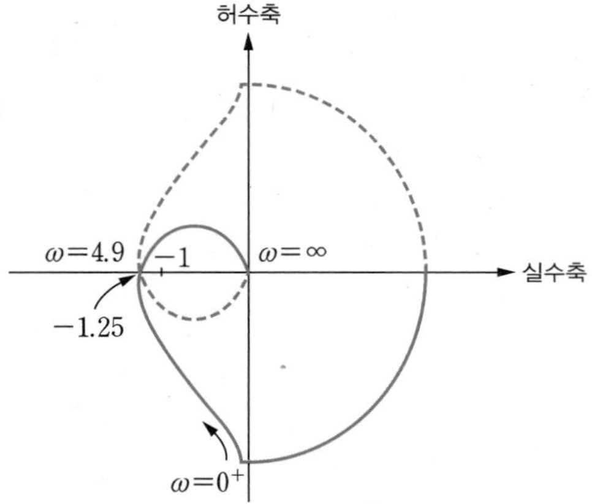

[그림 10-15] $G(s)H(s)=\dfrac{300}{s(s+4)(s+6)}$ 의 나이퀴스트선도

간략화된 나이퀴스트 판별법

지금까지 나이퀴스트 판별법에 대해 살펴보았다. 복소평면의 우반면을 모두 포함하도록 폐경로를 취하여 그 폐경로를 복소변수 s가 오른쪽으로 돌며 따라가도록 그 값을 변화시키면서 그에 대한 개루프 전달함수 $G(s)H(s)$의 경로사상을 구한다. 그리고 그 사상이 $(-1,\ j0)$인 점을 중심으로 주위를 오른쪽으로 회전하면서 폐곡선을 그리면, 그 제어시스템은 불안정하다고 판단하였다.

그러나 그 경로사상의 실수축에 대한 대칭성을 살펴보면 알 수 있듯이, s값을 양의 허수축을 따라 0에서 $+j\infty$까지만 취하고, 그에 대한 개루프 전달함수 $G(s)H(s)$의 경로사상을 구한 다음, 그 사상 벡터궤적이 $(-1,\ j0)$인 점을 왼쪽으로 보면서 진행해 나가면 그 제어시스템이 안정하고, $(-1,\ j0)$인 점을 오른쪽으로 보면서 진행해 나가면 불안정하다고 판별할 수 있다.

따라서 앞으로는 어떤 시스템의 안정도를 판단할 때, [그림 10-16]과 같이 그 시스템의 개루프 주파수전달함수 $G(j\omega)H(j\omega)$의 주파수 ω 값을 0에서부터 ∞까지 변화시켜가면서 그에 대한 0의 벡터궤적을 구한 다음, 그 벡터궤적이 점 $(-1,\ j0)$을 왼쪽으로 보면서 진행해 나가면 그 시스템은 안정하고, 오른쪽으로 보면서 진행해 나가면 불안정하다고 판단한다. 이 방법을 간략화된 **나이퀴스트 판별법**이라고 하며, [그림 10-16]의 예와 같이 안정도를 판별할 수 있다. 그리고 보통 나이퀴스트 판별법이라고 하면 이 간략화된 나이퀴스트 판별법을 의미한다.

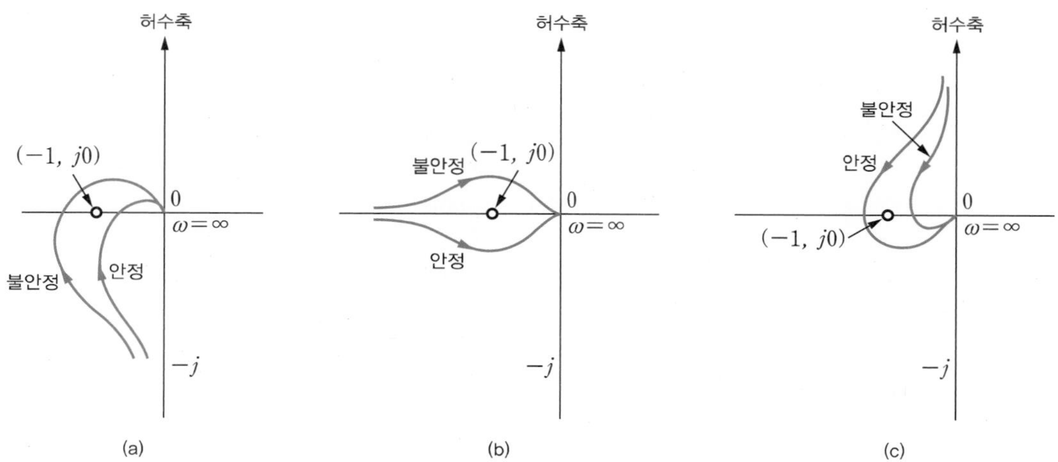

[그림 10-16] **간략화된 나이퀴스트 판별법의 예**

예제 10-2 간략화된 나이퀴스트 판별법에 의한 안정도 판별

간략화된 나이퀴스트 판별법을 이용하여 [그림 10-17]과 같은 제어시스템의 안정도를 판별하라. 단, 전향경로 전달함수 $G(s)$는 다음과 같다.

$$G(s) = \frac{4e^{-0.4s}}{s+2}$$

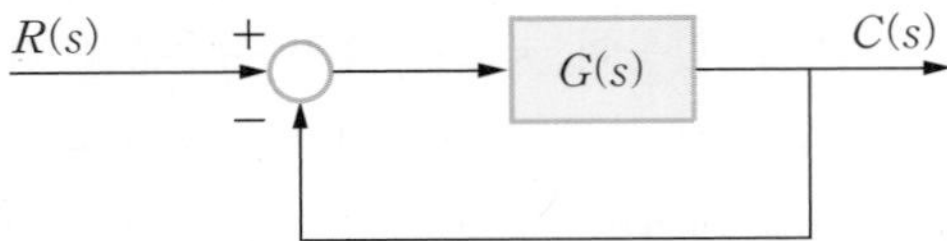

[그림 10-17] [예제 10-2]의 단위귀환제어시스템

풀이

개루프 전달함수는 다음과 같다.

$$G(s)H(s) = \frac{4e^{-0.4s}}{s+2} \qquad \cdots ①$$

이때 개루프 주파수전달함수와 그 크기 및 위상각은 다음과 같이 된다.

$$G(j\omega)H(j\omega) = \frac{4e^{-j0.4\omega}}{j\omega+2} \qquad \cdots ②$$

$$|G(j\omega)H(j\omega)| = \frac{4}{\sqrt{\omega^2+2^2}} \qquad \cdots ③$$

$$\theta = -0.4\omega[\text{rad}] - \tan^{-1}\frac{\omega}{2}$$

$$= -22.9\omega^\circ - \tan^{-1}\frac{\omega}{2} \qquad \cdots ④$$

복소수 s를 허수축을 따라 원점에서 $+j\infty$까지 이동하면서 그때의 $G(j\omega)H(j\omega)$의 크기와 위상각을 구하면 [표 10-1]과 같다.

[표 10-1] $G(s) = \frac{4e^{-0.4s}}{s+2}$의 주파수에 대한 크기와 위상각

ω[rad/sec]	0	0.5	1	2	3	5	8	10	30	∞
$\|GH\|$	2	1.94	1.79	1.41	1.10	0.74	0.49	0.39	0.13	0
θ[°]	0	−25	−49	−91	−125	−183	−260	−308	−773	$-\infty$

[표 10-1]에 의해 벡터궤적(나이퀴스트선도)을 그리면 [그림 10-18]과 같고, [그림 10-18]에서 벡터궤적이 ω가 증가함에 따라 점 $(-1, j0)$을 왼쪽으로 보면서 진행해 나가므로 간략화된 나이퀴스트 판별법에 의하여 이 제어시스템은 안정하다.

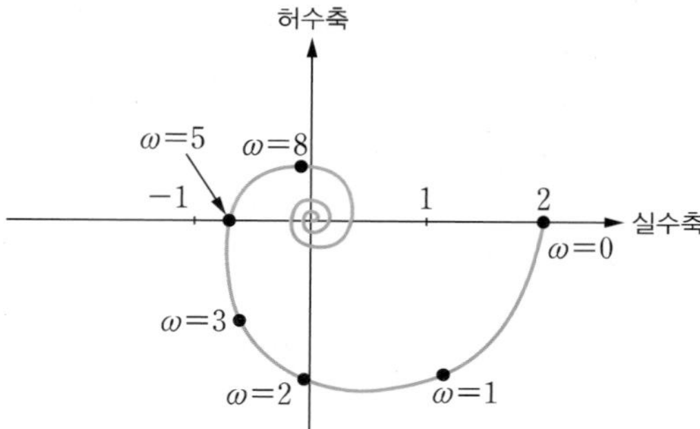

[그림 10-18] $G(s)H(s)=\dfrac{4e^{-0.4s}}{s+2}$ 의 나이퀴스트선도

예제 10-3 폐루프 제어시스템의 안정도 판별

나이퀴스트 판별법을 이용하여 [그림 10-19]와 같은 제어시스템의 안정도를 판별하라.

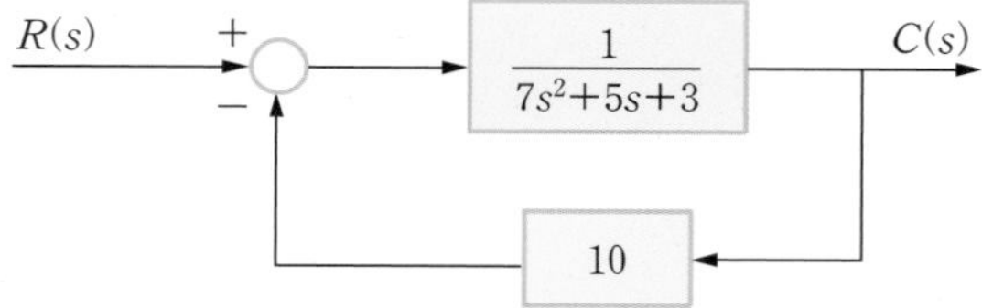

[그림 10-19] [예제 10-3]의 폐루프 제어시스템

풀이

개루프 전달함수는 다음과 같다.

$$G(s)H(s)=\frac{10}{7s^2+5s+3} \qquad \cdots ①$$

이때 개루프 주파수전달함수와 그 크기 및 위상각은 다음과 같이 된다.

$$\begin{aligned} G(j\omega)H(j\omega) &= \frac{10}{7}\frac{1}{(j\omega)^2+\frac{5}{7}j\omega+\frac{3}{7}} \\ &= \frac{10}{7}\frac{1}{\left(\frac{3}{7}-\omega^2\right)+j\frac{5}{7}\omega} \qquad \cdots ② \end{aligned}$$

$$|G(j\omega)H(j\omega)|=\frac{10}{7}\frac{1}{\sqrt{\left(\frac{3}{7}-\omega^2\right)^2+\left(\frac{5}{7}\omega\right)^2}} \qquad \cdots ③$$

$$\theta=-\tan^{-1}\frac{\frac{5}{7}\omega}{\frac{3}{7}-\omega^2}=-\tan^{-1}\frac{5\omega}{3-7\omega^2} \qquad \cdots ④$$

복소수 s를 허수축을 따라 원점에서 출발하여 $+j\infty$까지 이동하면서 그때의 $G(j\omega)H(j\omega)$의 크기와 위상각을 구하면 [표 10-2]와 같다.

[표 10-2] $G(s)H(s) = \dfrac{10}{7s^2+5s+3}$ 의 주파수에 대한 크기와 위상각

ω[rad/sec]	0	0.5	0.655	1	2	5	∞
$\lvert G(j\omega)H(j\omega)\rvert$	3.33	3.58	3.06	1.56	0.36	0.06	0
θ[°]	0	−64	−90	−129	−159	−172	−180

[표 10-2]에 의해 벡터궤적(나이퀴스트선도)을 그리면 [그림 10-20]과 같고, [그림 10-20]에서 ω가 증가함에 따라 벡터궤적이 점 $(-1,\ j0)$을 왼쪽으로 보면서 진행해 나가므로 간략화된 나이퀴스트의 안정도 판별법에 의하여 이 제어시스템은 안정하다.

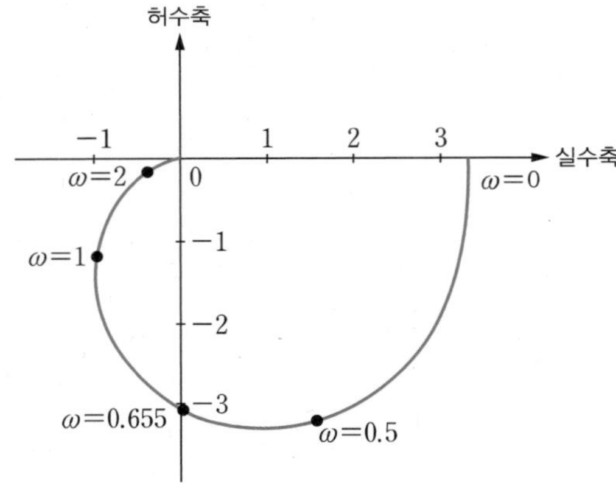

[그림 10-20] $G(s)H(s) = \dfrac{10}{7s^2+5s+3}$ 의 나이퀴스트선도

Q 나이퀴스트 판별법과 간략화된 나이퀴스트 판별법의 차이는?

A 나이퀴스트 판별법에서는 복소수 s가 허수축을 따라 원점에서 출발하여 $+j\infty$까지 이동하는, 즉 $s = j\omega$, $\omega : 0 \to \infty$에 대한 사상을 구한다. 그리고 다시 복소수 s가 허수축을 따라 $-j\infty$에서 원점까지 이동하는 사상을 구해 복소평면에서 점 $(-1,\ j0)$ 주위를 반시계방향으로 회전하는지를 조사함으로써 시스템의 안정도를 결정한다. 반면에, 간략화된 나이퀴스트 판별법은 경로사상의 실수축에 대한 대칭성을 이용하여 복소수 s가 허수축을 따라 원점에서 출발하여 $+j\infty$까지 이동하는 사상만을 구하고, 점 $(-1,\ j0)$을 왼쪽으로 보고 원점으로 수렴하면 안정하고, 오른쪽으로 보면서 수렴하면 불안정하다고 판정한다.

Section

10.2 이득여유와 위상여유

모든 제어시스템은 안정하면서 가장 알맞은 제어응답(시간응답 또는 주파수응답)을 얻을 수 있는 것이 바람직하다. 제어시스템은 안정할수록 좋지만 안정한 것과 시간응답과는 때로 서로 상반 관계에 있을 수 있으므로 무조건 안정한 것만 추구할 수는 없다. 따라서 때에 따라서는 매우 안정하면서 시간응답이 덜 좋은 것보다 조금 덜 안정하더라도 시간응답이 더 좋은 것을 선택할 수 있다. 그러기 위해서는 주어진 시스템의 절대안정도뿐만 아니라 안정하다면 얼마나 안정한가를 나타내는 상대안정도를 알 필요가 있다. 이 상대안정도를 알기 위하여 나이퀴스트선도가 사용되며, 여기에서 이득여유와 위상여유을 살펴보고자 한다.

주파수응답은 시간응답과 밀접한 관계가 있다. 그 중에서도 이득여유와 위상여유는 과도응답특성이나 정상상태오차와도 대단히 밀접한 관계가 있으므로 대단히 중요한 주파수응답 특성이다. [그림 10-21]을 보면 3가지 나이퀴스트선도가 그려져 있다. 그중에서 ❸은 불안정한 시스템의 나이퀴스트선도, ❶과 ❷는 안정한 시스템의 나이퀴스트선도다. 이때 ❶이 ❷보다 더 안정한 시스템이라고 할 수 있는데, 왜냐하면 ❷는 시스템의 이득을 조금 크게 하면 점 $(-1, j0)$을 넘어서 ❸과 같이 되어 불안정해지기 쉽기 때문이다. 이제 이득여유와 위상여유에 대해 좀 더 자세히 살펴보자.

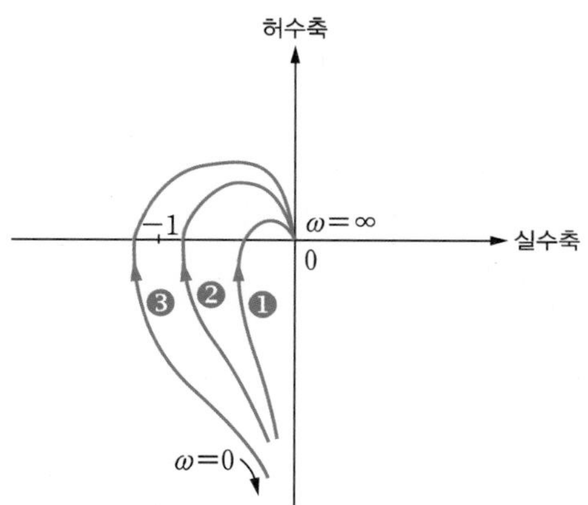

[그림 10-21] **나이퀴스트선도와 안정도**

이득여유

[그림 10-22]와 같은 제어시스템의 나이퀴스트선도가 [그림 10-23]과 같을 때, 이 벡터궤적이 실수축과 만나는 점 Q를 **위상교차점**phase crossover이라고 하며, 그때의 주파수 ω_{GM}을 **이득여유주파수**gain margin frquency 또는 **위상교차주파수**phase crossover frequency라고 한다.

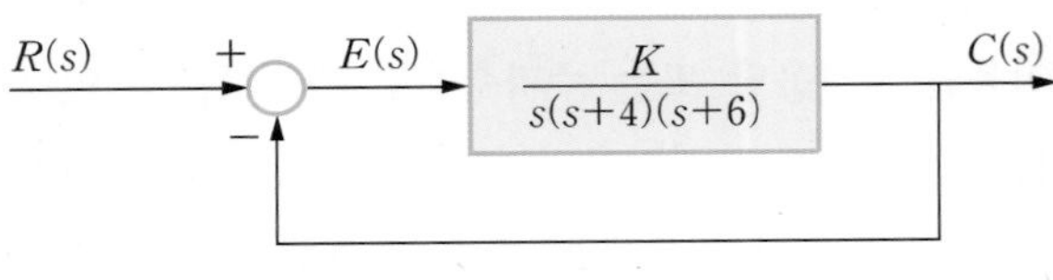

[그림 10-22] $G(s)H(s)=\dfrac{K}{s(s+4)(s+6)}$ 인 단위귀환제어시스템

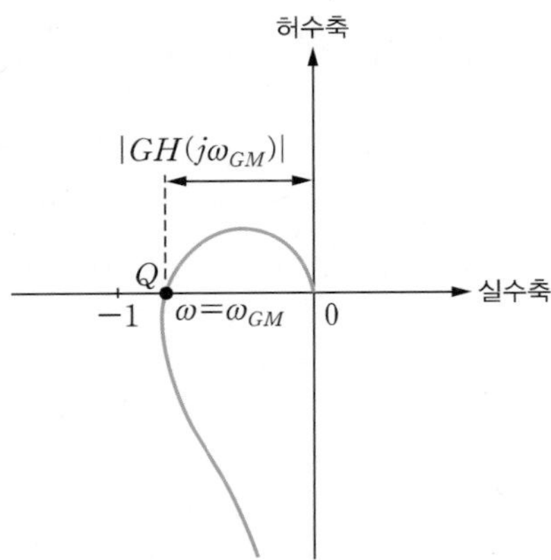

[그림 10-23] $G(s)H(s)=\dfrac{K}{s(s+4)(s+6)}$ 의 나이퀴스트선도의 이득여유

여기에서 위상교차점 Q의 실수축 좌표가 -0.8이라고 가정하면, 이 제어시스템에서 주파수가 $\omega=\omega_{GM}$일 때 개루프 주파수전달함수의 위상각은 $\theta=-180°$, 크기는 다음과 같이 된다.

$$|G(j\omega_{GM})H((j\omega_{GM})|=0.8$$

따라서 지금 제어시스템은 안정하지만, 만일 이 제어시스템의 K값이 $1.25(=\frac{1}{0.8})$배 만큼 커진다면 개루프 주파수전달함수의 크기는 1이 되고, 벡터궤적은 점 $(-1,\ j0)$을 지나게 되어 이 제어시스템은 불안정해진다. 즉 현재 이 제어시스템의 증폭도 K는 1.25배, 25%의 여유밖에 없다. 이를 [dB] 단위로 표시한 것을 **이득여유**gain margin라고 하며, 다음과 같이 계산할 수 있다.

$$\begin{aligned} G_M &= 20\log\frac{1}{|G(j\omega_{GM})H(j\omega_{GM})|} \\ &= -20\log|G(j\omega_{GM})H(j\omega_{GM})| \end{aligned} \tag{10.44}$$

$$= -20\log 0.8$$
$$= 1.94\,[\mathrm{dB}] \quad \leftarrow \quad 20\log\frac{1}{0.8} = 20\log 1.25$$

여기에서 주의할 점은 이득여유가 1에서 0.8을 뺀 0.2의 [dB]값, 즉 이득 20log0.2가 아니라 20log1에서 20log0.8을 뺀 것이라는 점이다.

$$\begin{aligned} G_M &= 20\log 1 - 20\log|G(j\omega_{GM})H(j\omega_{GM})| \\ &= 0 - 20\log|G(j\omega_{GM})H(j\omega_{GM})| \\ &= -20\log|G(j\omega_{GM})H(j\omega_{GM})| \end{aligned} \tag{10.45}$$

위상여유

어떤 제어시스템의 나이퀴스트선도가 [그림 10-24]와 같이 그려졌다고 하자. 이 벡터궤적에서 반지름 1인 원과 벡터궤적이 만나는 점 P를 **이득교차점**gain crossover이라고 하며, 그때의 주파수 $\omega_{\Phi M}$을 **위상여유주파수**phase margin frquency 또는 **이득교차주파수**gain crossover frequency라고 한다.

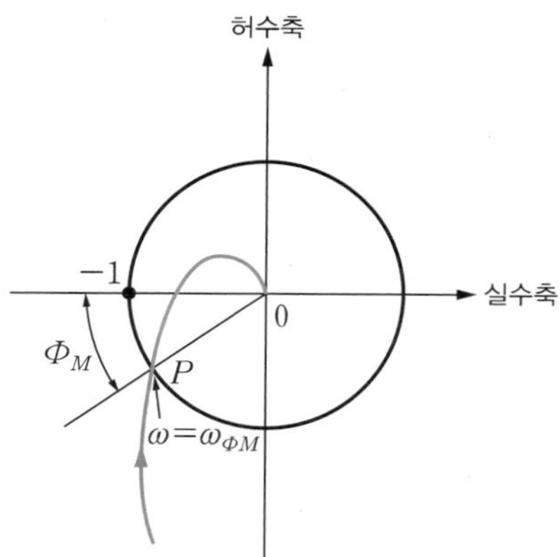

[그림 10-24] **나이퀴스트선도의 위상여유**

이 제어시스템에서 주파수가 $\omega = \omega_{\Phi M}$일 때 개루프 주파수전달함수의 크기와 위상각은

$$|G(j\omega_{\Phi M})H((j\omega_{\Phi M})| = 1$$
$$\theta = \angle G(j\omega_{\Phi M})H(j\omega_{\Phi M})$$

가 된다. 만일 이 위상각이 (−)로 조금 커져서 -180°가 되었다면, 점 P는 $(-1,\ j0)$으로 이동하여 이 제어시스템은 불안정해졌을 것이다. 따라서 지금 이 제어시스템은 그 만큼의 위상각에 여유를 가지고 있다고 할 수 있다. 그러므로 위상여유 Φ_M을 다음과 같이 계산할 수 있다.

$$\Phi_M = \angle G(j\omega_{\Phi M})H(j\omega_{\Phi M}) - 180^\circ \tag{10.46}$$

여기에서 주의 할 것은 Φ_M이 (−)값으로 나오면 (+)값으로 환산해서 사용해야 한다는 것이다. 예를 들어, $\angle G(j\omega_{\Phi M})H(j\omega_{\Phi M}) = -120^\circ$ 이므로 $\Phi_M = -300^\circ$ 가 되었다면 위상여유는 60° 가 된다. 그림에서는 쉽게 구할 수 있으나 식으로 표시된 계산은 좀 복잡할 수 있다. 그러나 위상각 $\angle G(j\omega_{\Phi M})H(j\omega_{\Phi M})$을 (+)값으로 표시하면 식 (10.46)이 복잡하지 않을 수 있다. 다시 말해, 위상각 -120° 는 $+240^\circ$ 와 같으므로 앞의 계산에서 -120° 대신에 $+240^\circ$ 를 사용하면 바로 위상여유 60° 를 얻을 수 있다.

예제 10-4 이득여유와 위상여유

[그림 10−25]와 같은 제어시스템의 이득여유와 위상여유를 구하라.

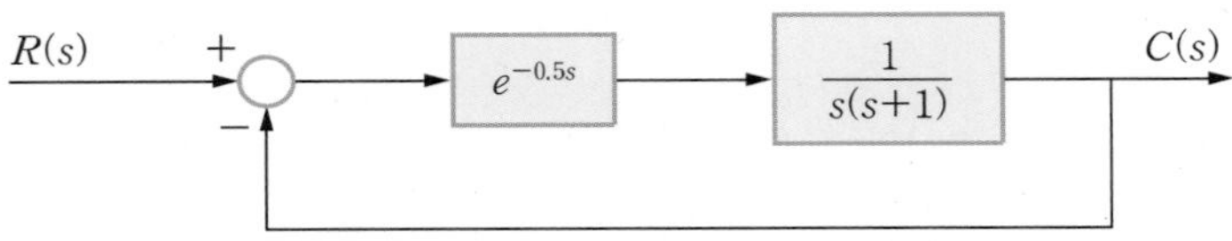

[그림 10−25] $G(s) = \dfrac{e^{-0.5s}}{s(s+1)}$ 인 단위귀환제어시스템

풀이

개루프 전달함수는 다음과 같다.

$$G(s)H(s) = \frac{e^{-0.5s}}{s(s+1)} \quad \cdots ①$$

이때 개루프 주파수전달함수와 그 크기 및 위상각은 다음과 같이 된다.

$$G(j\omega)H(j\omega) = \frac{e^{-j0.5\omega}}{j\omega(j\omega+1)} \quad \cdots ②$$

$$|G(j\omega)H(j\omega)| = \frac{1}{\omega\sqrt{1+\omega^2}} \quad \cdots ③$$

$$\theta = \angle G(j\omega)H(j\omega) = -0.5\omega - \frac{\pi}{2} - \tan^{-1}\omega \quad \cdots ④$$

복소수 s를 허수축을 따라 원점에서 $+j\infty$까지 이동하면서 그때의 $G(j\omega)H(j\omega)$의 크기와 위상각을 구하면 [표 10−3]과 같다.

[표 10−3] $G(s) = \dfrac{e^{-0.5s}}{s(s+1)}$ 의 주파수에 대한 크기 및 위상각

ω[rad/sec]	0	0.4	0.79	1	1.31	1.5	2	3	4	∞
$\|GH\|$	∞	2.32	0.99	0.71	0.46	0.37	0.22	0.11	0.06	0
θ[°]	−90	−123	−151	−164	−180	−189	−211	−248	−281	$-\infty$

[표 10-3]에 의해 벡터궤적을 그리면 [그림 10-26]과 같고, [그림 10-26]에서 다음을 구할 수 있다.

이득여유주파수	$\omega_{GM} = 1.31\,[\text{rad/sec}]$
이득여유	$G_M = -20\log 0.53 \fallingdotseq 5.5\,[\text{dB}]$
위상여유주파수	$\omega_{\Phi M} = 0.79\,[\text{rad/sec}]$
위상여유	$\Phi_M = 180^\circ - 151^\circ = 29^\circ$

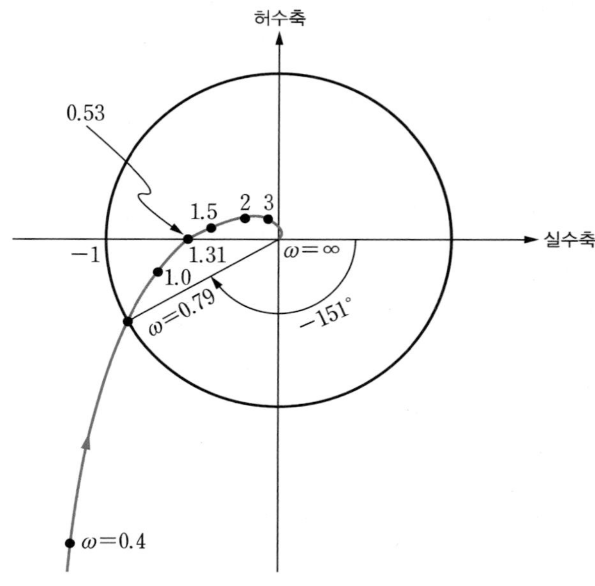

[그림 10-26] $G(s) = \dfrac{e^{-0.5s}}{s(s+1)}$ 의 나이퀴스트선도

예제 10-5 이득여유

[그림 10-27]과 같은 제어시스템에서 이득여유를 4[dB]로 하기 위한 K값을 구하라.

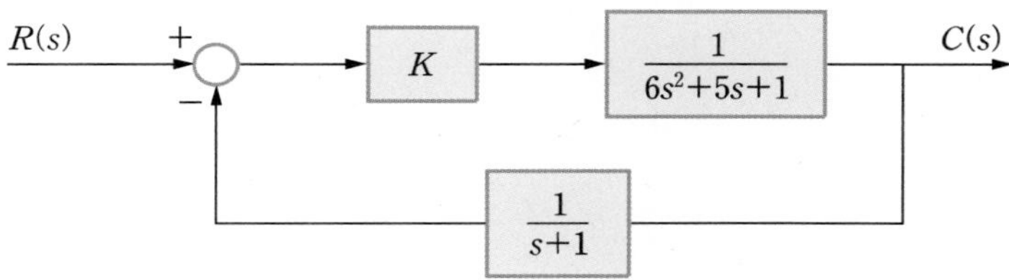

[그림 10-27] $G(s)H(s) = \dfrac{K}{(6s^2+5s+1)(s+1)}$ 인 폐루프 제어시스템

풀이

개루프 전달함수는 다음과 같다.

$$G(s)H(s) = \frac{K}{(6s^2+5s+1)(s+1)} \quad \cdots ①$$

이때 개루프 주파수전달함수와 그 크기 및 위상각은 다음과 같이 된다.

$$G(j\omega)H(j\omega) = \frac{K}{\{6(j\omega)^2 + j5\omega + 1\}(j\omega + 1)}$$
$$= \frac{K}{(1-11\omega^2) + j6\omega(1-\omega^2)} \quad \cdots ②$$

$$|G(j\omega)H(j\omega)| = \frac{K}{\sqrt{(1-11\omega^2)^2 + 36\omega^2(1-\omega^2)^2}} \quad \cdots ③$$

$$\theta = \angle G(j\omega)H(j\omega) = -\tan^{-1}\frac{6\omega(1-\omega^2)}{(1-11\omega^2)} \quad \cdots ④$$

먼저 식 ④에서 다음과 같이 이득여유주파수 ω_{GM}를 구한다.

$$\theta = -\tan^{-1}\frac{6\omega(1-\omega^2)}{(1-11\omega^2)} = -180^\circ$$
$$\tan 180^\circ = \frac{6\omega(1-\omega^2)}{(1-11\omega^2)} = 0$$
$$6\omega(1-\omega^2) = 0$$
$$\omega_{GM} = 1\,[\text{rad/sec}]$$

이 이득여유주파수 $\omega_{GM} = 1\,[\text{rad/sec}]$ 을 식 ③에 대입시켜, 그때의 크기 $|G(j\omega)H(j\omega)|$를 구하면

$$|G(j\omega)H(j\omega)| = \frac{K}{\sqrt{(1-11\omega^2)^2 + 36\omega^2(1-\omega^2)^2}}$$
$$= \frac{K}{\sqrt{(1-11)^2 + 36(1-1)^2}} = \frac{K}{10}$$

이고, 이득여유 식 (10.45)를 이용하여 다음과 같이 K값을 얻는다.

$$G_M = -20\log\frac{K}{10} = 4\,[\text{dB}]$$
$$\log\frac{K}{10} = -\frac{4}{20} = -0.2$$
$$\frac{K}{10} = 10^{-0.2} \fallingdotseq 0.63$$
$$\therefore\ K = 6.3$$

참고로, 이 제어시스템은 $K = 6.3$일 때 이득여유가 4[dB]이었지만, K값이 점점 더 커질수록 이득여유는 줄어들고, $K = 10$일 때 이득여유는 0[dB]이 된다. 만일 K값이 이보다 더 커지면 이득여유는 (−)값을 가지며, 제어시스템은 불안정해진다.

보드선도에 의한 안정도 및 이득여유, 위상여유

이제 앞에서 공부한 나이퀴스트선도의 이득여유 G_M과 위상여유 Φ_M의 개념을 보드선도에 도입했을 때를 살펴보자. [그림 10-28]의 보드선도에는 이득곡선과 위상곡선이 따로 그려져 있다. [그림 10-28]에서 위상각이 $\theta = -180^\circ$ 가 될 때의 주파수가 이득여유주파수 ω_{GM}이며, 이득이 $g = 0[\text{dB}]$ 이 될 때의 주파수가 위상여유주파수 $\omega_{\Phi M}$이다.

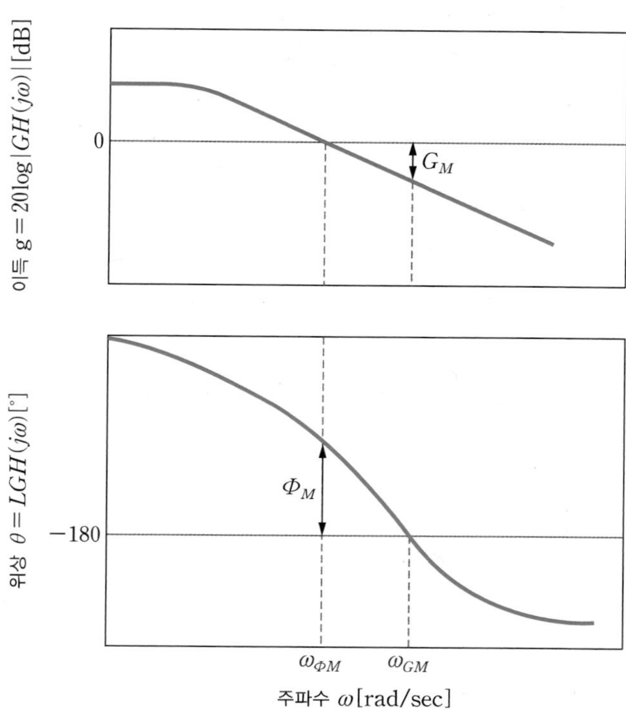

[그림 10-28] **보드선도와 이득여유주파수 및 위상여유주파수**

따라서 이득곡선에서 주파수가 ω_{GM}일 때, 즉 위상각이 $\theta = -180^\circ$ 일 때 이득 g가 $0[\text{dB}]$보다 크면 이 제어시스템은 불안정하고, $0[\text{dB}]$보다 작으면 안정하다고 할 수 있다. 이때 $0[\text{dB}]$과의 이득 차가 이득여유 G_M이 된다.

한편 위상곡선에서 주파수가 $\omega_{\Phi M}$일 때, 즉 이득이 $g = 0[\text{dB}]$일 때 위상각 θ 값이 -180° 보다 (−)로 더 큰 값이면 이 제어시스템은 불안정하고, (−)로 작은 값이면 안정하다고 할 수 있다. 이때 -180° 와의 차가 위상여유 Φ_M이 된다.

[그림 10-29]와 같은 보드선도를 그리는 제어시스템은 이득여유주파수가 $\omega_{GM}=6$[rad/sec], 위상여유주파수 $\omega_{\Phi M}=2$[rad/sec]이다. 그때 이득여유는 $G_M=30$[dB], 위상여유는 $\Phi_M=72°$임을 알 수 있다. 따라서 이 제어시스템은 안정하다고 할 수 있다.

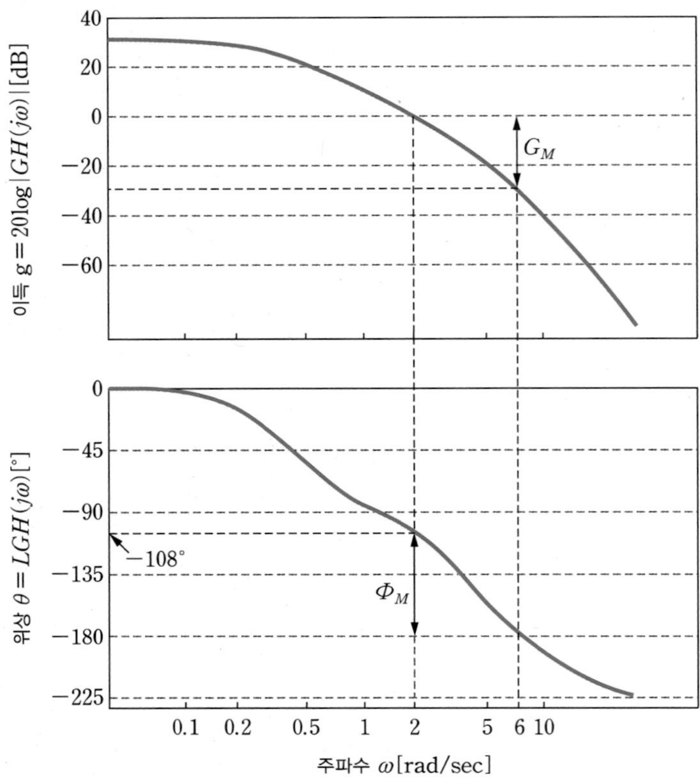

[그림 10-29] **보드선도와 이득여유 및 위상여유**

Q 위상교차점, 위상교차주파수와 이득여유주파수의 관계는?

A 나이퀴스트선도에서 벡터궤적이 (−)실수축과 만나는 점을 위상교차점이라고 부르는데, 이는 벡터궤적의 위상이 $-180°$가 되는 점이기 때문에 붙여진 이름이다. 따라서 그때의 주파수를 위상교차주파수라고 하는데, 실제로는 이 위상교차점이 이득여유를 계산하기 위해 주로 사용되기 때문에 이때의 주파수를 이득여유주파수라고 부르며, 지금은 이득여유주파수라는 용어를 더 많이 사용한다. 이런 관계는 이득교차점, 이득교차주파수와 위상여유주파수에도 그대로 적용되는 것으로, 나이퀴스트선도에서 벡터궤적이 크기가 1인 원과 만나는 점을 이득교차점이라고 부르며, 그때의 주파수를 이득교차주파수라고 하는데, 실제로는 이 이득교차점이 위상여유를 계산하기 위해 주로 사용되기 때문에 이때의 주파수를 위상여유주파수라고 부른다.

Section

10.3 주파수응답의 사양

시간응답을 나타내는 중요한 사양 specification 에는 상승시간, 첨두값시간, 백분율 오버슈트, 정정시간 등이 있었다. 반면에 주파수응답을 나타내는 사양은 앞에서 설명한 이득여유, 위상여유 이외에도 **첨두공진값** peak resonance M_p, **공진주파수** resonance frequency ω_r, **대역폭** bandwidth ω_{BW}, **차단율** cutoff rate 등이 있다. 이제 이들에 대해 살펴보자.

첨두공진값과 공진주파수

그동안 우리는 안정도와 밀접한 관계를 가진 개루프 주파수전달함수 $G(j\omega)H(j\omega)$에 대해 주로 살펴보았다. 그러나 여기에서는 폐루프 주파수전달함수에 대해 살펴보자.

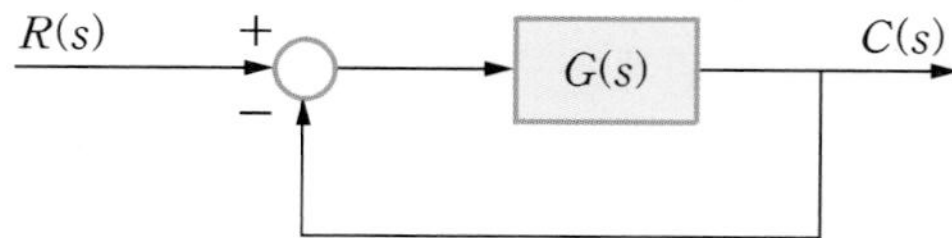

[그림 10-30] **단위귀환제어시스템의 예**

[그림 10-30]과 같은 단위귀환제어시스템의 전체 전달함수는

$$M(s) = \frac{G(s)}{1+G(s)}$$

이므로, 주파수전달함수는 다음과 같다.

$$M(j\omega) = \frac{G(j\omega)}{1+G(j\omega)} = M\angle\phi \qquad (10.47)$$

$$\text{단, } M = |M(j\omega)|,\ \phi = \angle M(j\omega)$$

여러 ω값에 대한 M의 크기곡선의 한 예를 그림으로 나타내면 [그림 10-31]과 같고, 일반적으로 실용 제어시스템에서는 $G(j\omega)$가 저주파의 범위에서는 크기가 크고, 고주파 범위에서는 크기가 대단히 작다. 따라서 식 (10.47)로 주어지는 폐루프 주파수전달함수의 크기 M은 저주파 영역에서는 1에 가깝고, 고주파 영역으로 갈수록 0에 가깝게 된다. 또한 부족제동 2차제어시스템 중에서 감쇠비 ζ값이 작으면 [그림 10-31]과 같이 주파수가 ω_r일 때에 최댓값 M_p를 나타낸 후 감소한다.

이때 이 주파수 ω_r를 **공진주파수**라고 하며, 폐루프 주파수전달함수의 최댓값 M_p를 **첨두공진값**이라고 한다. 이 첨두공진값은 경험에 의해

$$M_p = 1.2 \sim 1.6 \quad (\text{보통 } 1.3) \tag{10.48}$$

의 값이어야 좋은 제어성능을 나타내는 것으로 알려져 있으며, 이 값을 M_p **규범**이라고 한다.

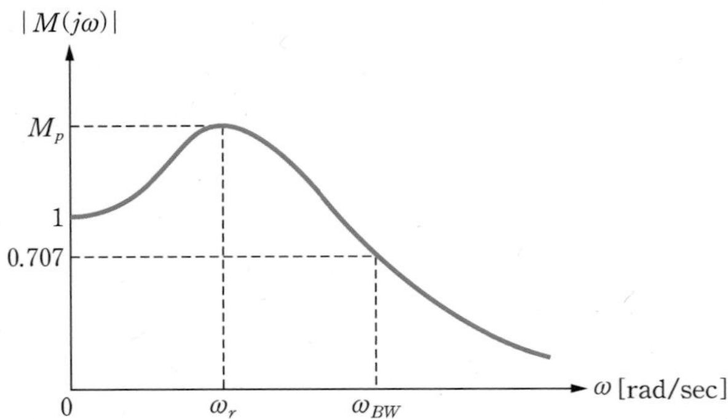

[그림 10-31] **폐루프 제어시스템의 일반적인 주파수 전달함수의 크기 특성**

이제 부족제동 2차제어시스템의 첨두공진값 M_p와 감쇠비 ζ와의 관계를 구해보자.

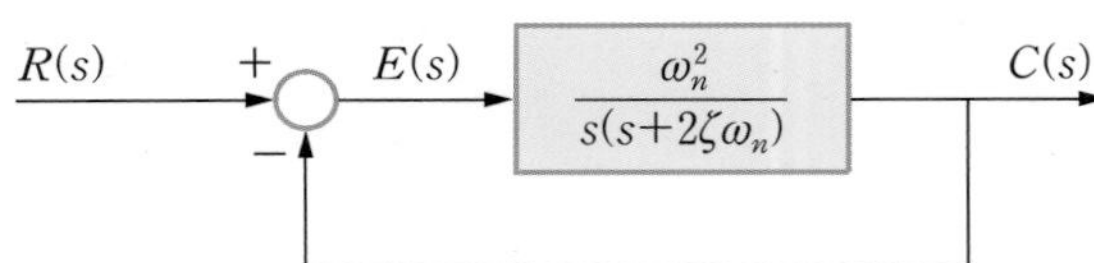

[그림 10-32] **표준 2차제어시스템의 블록선도**

[그림 10-32]의 표준 2차제어시스템에서 전체 전달함수는

$$M(s) = \frac{\omega_n^2}{s^2 + 2\zeta\omega_n s + \omega_n^2} \tag{10.49}$$

로 표시되고, 전체 주파수전달함수는

$$M(j\omega) = \frac{\omega_n^2}{(j\omega)^2 + j2\zeta\omega_n\omega + \omega_n^2} \tag{10.50}$$

이 되며, 그 크기는 다음과 같이 된다.

$$|M(j\omega)| = \frac{\omega_n^2}{\sqrt{(\omega_n^2 - \omega^2)^2 + (2\zeta\omega_n\omega)^2}} \tag{10.51}$$

크기의 최댓값 M_p를 구하려면 식 (10.51)을 주파수 ω에 대해 미분한 후, 그 미분을 0으로 놓고 방정식을 풀면 된다. 그리하면 다음과 같은 첨두공진값 M_p의 식 (10.52)와 그때의 공진주파수 ω_r의 식 (10.53)을 얻게 된다.

$$M_p = \frac{1}{2\zeta\sqrt{1-\zeta^2}} \quad \text{단, } \zeta < 0.707 \tag{10.52}$$

$$\omega_r = \omega_n\sqrt{1-2\zeta^2} \tag{10.53}$$

또한 식 (10.53)에서 ω_r이 실수이기 위해서는 $\zeta < 0.707$ 이어야 함을 알 수 있다. 첨두공진값 M_p가 감쇠비 ζ와 밀접한 관계가 있으므로 시간응답의 오버슈트와도 밀접한 관계가 있으나, 첨두공진값은 $\zeta > 0.707$ 인 경우에는 발생하지 않는다. 첨두공진값과 오버슈트는 모양이 비슷하지만, 하나는 주파수응답, 다른 하나는 시간응답으로 서로 전혀 다른 것이므로 혼동하지 않도록 주의해야 한다.

Tip & Note

✔ 식 (10.52)와 (10.53)의 유도 과정

$$M(j\omega) = \frac{\omega_n^2}{(j\omega)^2 + j2\zeta\omega_n\omega + \omega_n^2} = \frac{\omega_n^2}{(\omega_n^2-\omega^2) + j2\zeta\omega_n\omega}$$

$$|M(j\omega)| = \frac{\omega_n^2}{\sqrt{(\omega_n^2-\omega^2)^2 + (2\zeta\omega_n\omega)^2}} = \frac{1}{\sqrt{\left\{1-\left(\frac{\omega}{\omega_n}\right)^2\right\}^2 + \left(2\zeta\frac{\omega}{\omega_n}\right)^2}}$$

에서 $\frac{\omega}{\omega_n} = \lambda$라고 놓으면

$$M = \frac{1}{\sqrt{(1-\lambda^2)^2 + (2\zeta\lambda)^2}} \tag{10.54}$$

이 된다. M의 최댓값을 구하기 위해 식 (10.54)를 λ로 미분하고 0으로 놓으면

$$\frac{dM}{d\lambda} = -\frac{1}{2}\{(1-\lambda^2)^2 + (2\zeta\lambda)^2\}^{-\frac{3}{2}} \times \{2(1-\lambda^2)(-2\lambda) + 8\zeta^2\lambda\} = 0 \tag{10.55}$$

이다. 이 방정식에서 λ를 구해 식 (10.54)에 대입하면 된다. 그런데 식 (10.55)를 보면 처음의 $\{(1-\lambda^2)^2 + (2\zeta\lambda)^2\}$은 λ값에 관계없이 항상 (+)로 0이 될 수 없으므로, 근을 구하기 위해 두 번째 $\{2(1-\lambda^2)(-2\lambda) + 8\zeta^2\lambda\}$를 0으로 하는 λ 값을 구하면 다음과 같다.

$$-\lambda(1-\lambda^2) + 2\zeta^2\lambda = 0$$
$$2\zeta^2 = (1-\lambda^2)$$
$$\lambda = \sqrt{1-2\zeta^2}$$

이 λ값을 식 (10.54)에 대입하면 첨두공진값 M_p가 다음과 같이 얻어진다.

$$M_p = \frac{1}{\sqrt{\{1-(1-2\zeta^2)\}^2 + 4\zeta^2(1-2\zeta^2)}}$$
$$= \frac{1}{\sqrt{4\zeta^4 + 4\zeta^2 - 8\zeta^4}} = \frac{1}{2\zeta\sqrt{1-\zeta^2}}$$

또한 이때의 공진주파수 ω_r은 다음과 같이 된다.

$$\omega_r = \omega_n \lambda = \omega_n \sqrt{1-2\zeta^2}$$

대역폭

대역폭이란 폐루프 주파수전달함수의 크기가 $|M(j\omega)| = 0.707\left(= \frac{1}{\sqrt{2}}\right)$(엄밀히 말하면 $M(j0) \times 0.707$), 즉 이득이 $g = -3[\text{dB}]$일 때의 주파수를 말하며, 다음과 같이 표시된다.

$$\omega_{BW} = \omega_n \sqrt{(1-2\zeta^2) + \sqrt{4\zeta^4 - 4\zeta^2 + 2}} \tag{10.56}$$

식 (10.56)에서 알 수 있듯이 대역폭은 고유주파수 ω_n에 정비례하고, 감쇠비 ζ가 증가하면 오히려 감소함을 알 수 있다. 따라서 $0 < \zeta < 0.707$에서 ζ가 감소하면 대역폭 ω_{BW}는 증가하고, 첨두공진값 M_p도 증가한다. 그러므로 대역폭과 첨두공진값은 서로 비례 관계에 있다고 할 수 있다.

Tip & Note

✔ 식 (10.56)의 유도 과정

$$|M(j\omega)| = \frac{\omega_n^2}{\sqrt{(\omega_n^2 - \omega^2)^2 + (2\zeta\omega_n\omega)^2}} = \frac{1}{\sqrt{\left\{1-\left(\frac{\omega}{\omega_n}\right)^2\right\}^2 + \left(2\zeta\frac{\omega}{\omega_n}\right)^2}}$$

에서 $\frac{\omega}{\omega_n} = \lambda$라고 놓으면 다음과 같다.

$$M = \frac{1}{\sqrt{(1-\lambda^2)^2 + (2\zeta\lambda)^2}} = \frac{1}{\sqrt{2}}$$
$$(1-\lambda^2)^2 + (2\zeta\lambda)^2 = 2$$
$$\lambda^4 + 2(2\zeta^2 - 1)\lambda^2 - 1 = 0$$

이를 근의 공식에 의해 다음과 같이 구한다.

$$\lambda^2 = (1-2\zeta^2) + \sqrt{4\zeta^4 - 4\zeta^2 + 2}$$
$$\lambda = \left\{(1-2\zeta^2) + \sqrt{4\zeta^4 - 4\zeta^2 + 2}\right\}^{\frac{1}{2}}$$
$$\omega = \omega_n \left\{(1-2\zeta^2) + \sqrt{4\zeta^4 - 4\zeta^2 + 2}\right\}^{\frac{1}{2}}$$

예제 10-6 대역폭

[그림 10-33]과 같은 자동제어시스템의 대역폭을 구하라. 단, $K=100$이다.

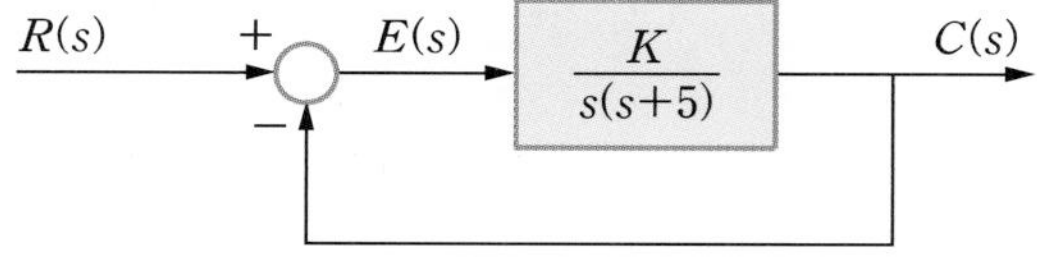

[그림 10-33] **[예제 10-6]의 자동제어시스템**

풀이

폐루프 전달함수 $M(s)$를 구하면 다음과 같다.

$$M(s)=\frac{G(s)}{1+G(s)H(s)}=\frac{\dfrac{100}{s(s+5)}}{1+\dfrac{100}{s(s+5)}}$$

$$=\frac{100}{s^2+5s+100}=\frac{100}{s^2+2\times 0.25\times 10s+10^2}$$

$\zeta=0.25$, $\omega_n=10$이므로 식 (10.56)에 대입하여 대역폭 ω_{BW}를 구하면 다음과 같다.

$$\omega_{BW}=\omega_n\sqrt{(1-2\zeta^2)+\sqrt{4\zeta^4-4\zeta^2+2}}$$

$$=10\sqrt{(1-2\times 0.25^2)+\sqrt{4\times 0.25^4-4\times 0.25^2+2}}$$

$$\fallingdotseq 10\sqrt{0.875+1.329}\ \fallingdotseq 14.8\,[\text{rad/sec}]$$

차단율

차단율이란 주파수 값이 대단히 큰 영역에서의 주파수에 대한 폐루프 주파수전달함수 크기 $|M(j\omega)|$의 변화율을 말한다. 일반적으로 대역폭이 작으면 차단율이 크다고 하지만, 같은 대역폭을 가지고 있어도 차단율이 서로 다른 경우도 있다.

앞의 보드선도에서 설명한 바와 같이 1차앞선요소의 차단율은 $20\,[\text{dB/dec}]$이고, 1차지연요소는 $-20\,[\text{dB/dec}]$, 2차지연요소는 $-40\,[\text{dB/dec}]$이다.

Section

10.4 개루프 주파수전달함수와 폐루프 주파수전달함수의 관계

[그림 10-34]와 같은 단위귀환제어시스템의 전체 폐루프 전달함수 $M(s)$는

$$M(s) = \frac{G(s)}{1+G(s)} \tag{10.57}$$

이고, 그 폐루프 주파수전달함수는 다음과 같다.

$$M(j\omega) = \frac{G(j\omega)}{1+G(j\omega)} \tag{10.58}$$

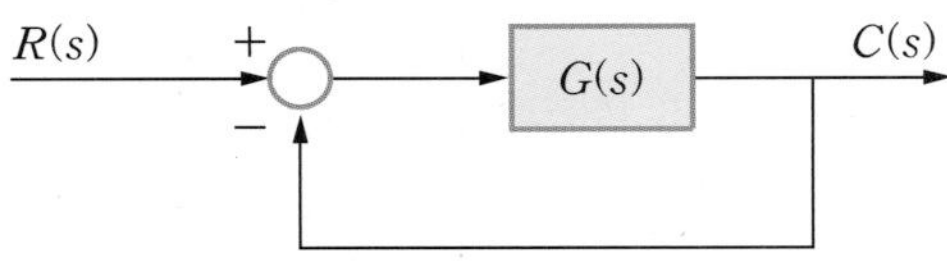

[그림 10-34] **단위귀환제어시스템의 예**

식 (10.58)에서 보는 바와 같이 어떤 주어진 주파수에 대한 폐루프 주파수전달함수 $M(j\omega)$의 값(크기와 위상각)은 개루프 주파수전달함수 $G(j\omega)$의 값보다 구하기가 복잡하다. 이제 개루프 주파수전달함수와 폐루프 주파수전달함수의 상관관계를 구해 개루프 전달함수의 주파수응답을 이용하여 폐루프 시스템의 주파수응답을 쉽게 구하는 방법을 소개하고자 한다.

식 (10.58)에서 개루프 주파수전달함수 $G(j\omega)$의 이득 $\mathrm{g}(=20\log|G(j\omega)|)$ 와 위상각 $\theta(=\angle G(j\omega))$가 주어졌을 때, 그에 대한 폐루프 주파수전달함수의 이득 $m(=20\log|M(j\omega)|)$, 위상각 ϕ $(=\angle M(j\omega))$의 관계를 나타낸 그래프를 **니콜스선도**Nichols chart라고 하며, [그림 10-35]와 같다.

이제 단위귀환제어시스템에서 개루프 주파수전달함수 $G(j\omega)$의 이득 $\mathrm{g}\,[\mathrm{dB}]$와 위상각 θ°를 알 때, [그림 10-35]의 니콜스선도를 이용하여 폐루프 주파수전달함수 $M(j\omega)$의 이득과 위상각을 구하는 방법을 예를 들어 설명해보자. 여기에서 특히 주의할 점은 이 방법이 단위귀환제어시스템에서만 사용할 수 있는 방법이므로 일반 귀환제어시스템에서 직접 사용할 수는 없다는 것이다.

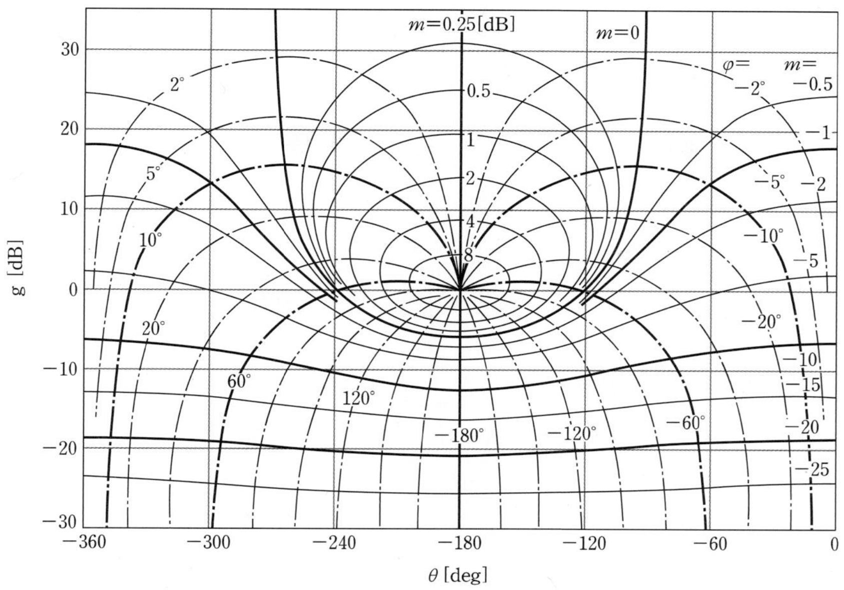

[그림 10-35] **니콜스선도의 예**

만일 개루프 주파수전달함수 $G(j\omega)$의 이득이 $\mathrm{g}=20\,[\mathrm{dB}]$이고, 위상각이 $\theta=-125^\circ$라면, 먼저 [그림 10-36]의 니콜스선도에서 가로축 -125°와 세로축 $20\,[\mathrm{dB}]$에 의해 점 P를 정하여 찍는다. 그리고 점 P를 지나는 두 이득과 위상각 곡선에서 폐루프 주파수전달함수 $M(j\omega)$의 이득과 위상각 $m=0.48\,[\mathrm{dB}]$, $\phi=-5^\circ$를 각각 얻을 수 있다.

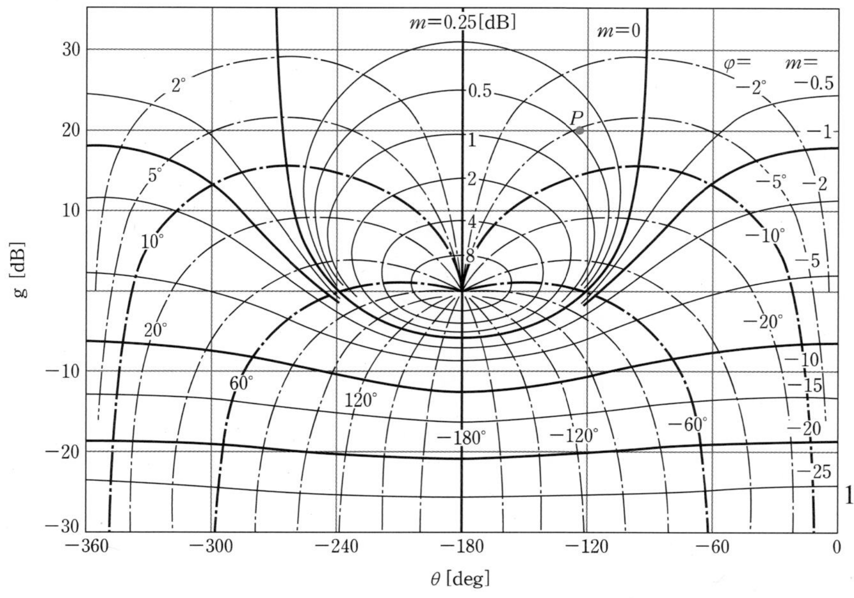

[그림 10-36] **니콜스선도, 단위귀환시스템에서 개루프 주파수전달함수의 이득 $\mathrm{g}=20\,[\mathrm{dB}]$와 위상각 $\theta=-125^\circ$에 대한 폐루프 주파수전달함수의 이득과 위상각**

예제 10-7 개루프 주파수전달함수와 폐루프 주파수전달함수의 관계

니콜스선도를 이용하여 단위귀환제어시스템의 개루프 주파수전달함수 $G(j\omega)$의 이득과 위상각이 다음과 같을 때 폐루프 주파수전달함수의 이득과 위상각을 구하라.

(a) $g = 10[\text{dB}]$, $\theta = -120°$

(b) $g = -10[\text{dB}]$, $\theta = -300°$

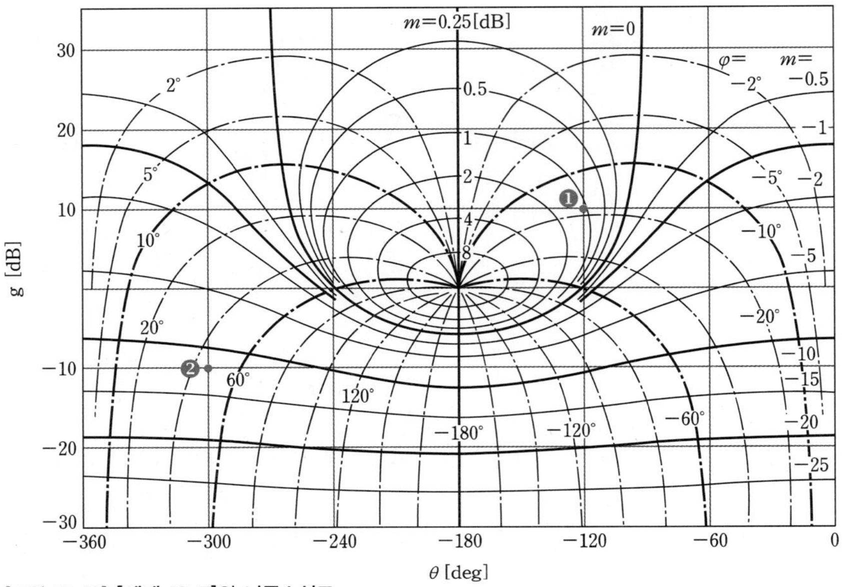

[그림 10-37] **[예제 10-7]의 니콜스선도**

풀이

(a) [그림 10-37]에서 가로축 눈금 $-120°$와 세로축 눈금 $10[\text{dB}]$이 만나는 점 ❶을 지나는 그래프에서 폐루프 주파수전달함수 $M(j\omega)$의 이득과 위상각 $m \fallingdotseq 1.1[\text{dB}]$, $\phi \fallingdotseq -18°$를 구할 수 있다.

(b) [그림 10-37]에서 가로축 눈금 $-300°$와 세로축 눈금 $-10[\text{dB}]$이 만나는 점 ❷를 지나는 그래프에서 폐루프 주파수전달함수 $M(j\omega)$의 이득과 위상각 $m = -11.5[\text{dB}]$, $\phi = 47°$를 구할 수 있다.

예제 10-8 개루프 전달함수와 보드선도

[그림 10-38]과 같은 단위귀환제어시스템의 개루프 전달함수가 $G(s) = \dfrac{6}{s(s+1)(s+3)}$ 일 때, 이 제어시스템의 주파수응답을 보드선도로 나타내라.

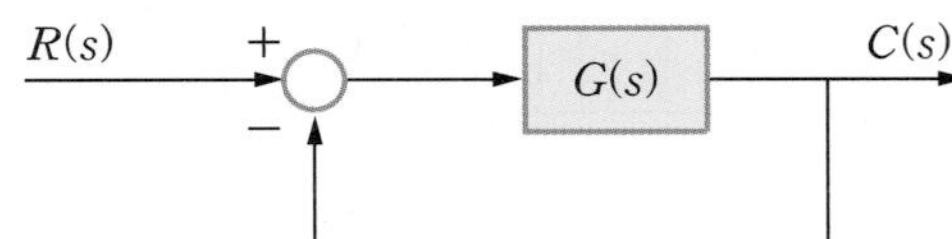

[그림 10-38] **[예제 10-8]의 단위귀환제어시스템**

풀이

개루프 전달함수의 주파수전달함수는

$$G(j\omega) = \frac{6}{j\omega(j\omega+1)(j\omega+3)} \quad \cdots ①$$

이므로, $G(j\omega)$의 이득 g는 다음과 같다.

$$\begin{aligned} g &= 20\log|G(j\omega)| \\ &= 20\log\left|\frac{6}{j\omega(j\omega+1)(j\omega+3)}\right| \\ &= 20\log\left\{\frac{6}{|j\omega||j\omega+1||j\omega+3|}\right\} \\ &= 20\log 6 - 20\log\left(\omega\sqrt{\omega^2+1}\ \sqrt{\omega^2+3^2}\right) \\ &= 15.56 - 10\log\{\omega^2(\omega^2+1)(\omega^2+9)\} \end{aligned} \quad \cdots ②$$

또한 위상각을 구하면

$$\theta = \angle G(j\omega) = -\left(90^\circ + \tan^{-1}\omega + \tan^{-1}\frac{\omega}{3}\right) \quad \cdots ③$$

가 된다. ω에 대한 이들의 값을 구하면 [표 10-4]와 같다. [표 10-4]에 의해 $G(j\omega)$의 이득·위상도를 니콜스선도 위에 그리면 [그림 10-39]와 같다.

[표 10-4] **주파수 ω의 변화에 대한 $G(j\omega) = \frac{6}{j\omega(j\omega+1)(j\omega+3)}$의 이득과 위상각**

ω[rad/sec]	$20\log\lvert G(j\omega)\rvert$ [dB]	$\angle G(j\omega)$[°]
0	∞	−90.0
0.05	32.0	−93.8
0.1	25.97	−97.4
0.2	19.80	−105.0
0.5	10.95	−126.1
1.0	2.55	−153.4
1.5	−3.59	−172.9
2.0	−8.59	−187.1
3.0	−16.54	−206.6

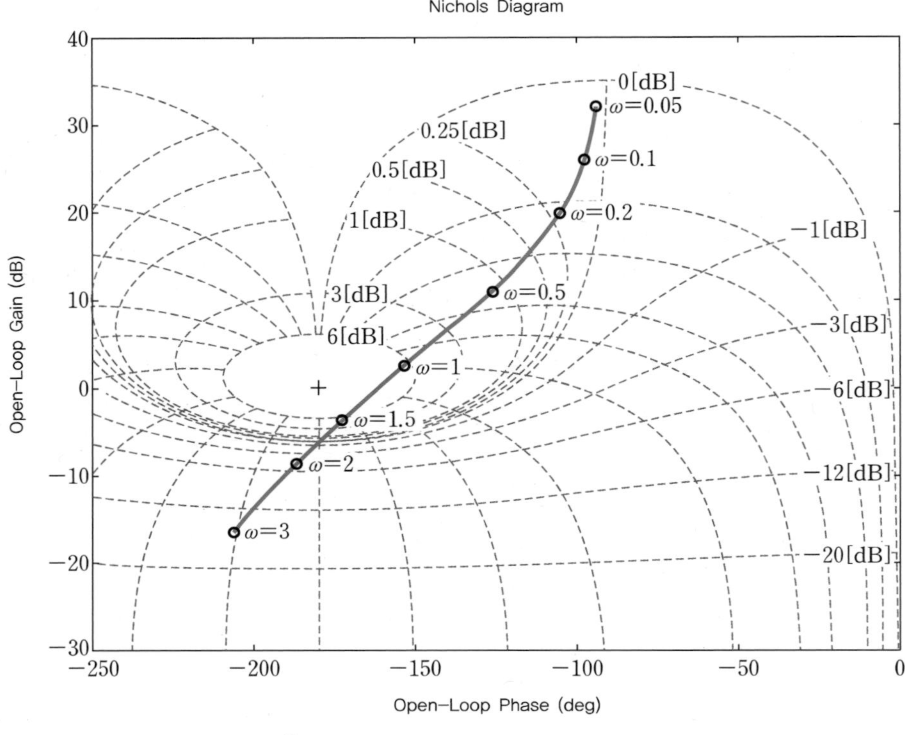

[그림 10-39] $G(j\omega)=\dfrac{6}{j\omega(j\omega+1)(j\omega+3)}$ 의 이득·위상도

[그림 10-39]의 니콜스선도로부터 폐루프 제어시스템의 주파수전달함수

$$M(j\omega)=\frac{G(j\omega)}{1+G(j\omega)}$$

의 이득 $m=20\log|M(j\omega)|$[dB]과 위상각 $\phi=\angle M(j\omega)^\circ$ 를 구하면 [표 10-5]와 같이 된다. 따라서 이 [표 10-5]에 의해 이 제어시스템의 보드선도를 그리면 [그림 10-40]과 같다.

[표 10-5] 주파수 ω의 변화에 대한 폐루프 제어시스템의 이득과 위상각

ω[rad/sec]	$20\log\|M(j\omega)\|$[dB]	ϕ[°]
0	0	0
0.1	0.05	−3
0.2	0.2	−6
0.5	1.2	−15
1.0	6.0	−42
1.25	10.0	−90
1.5	6.0	−155
2.0	−4.0	−194
3.0	−15.0	−212

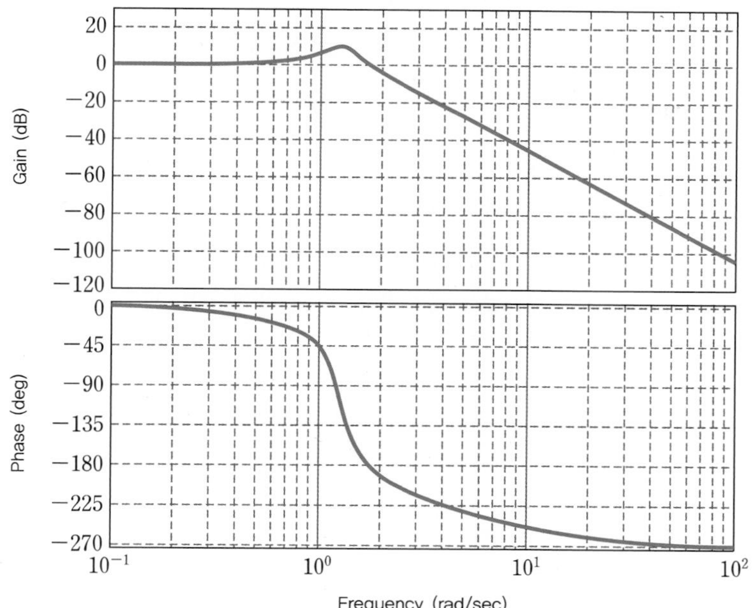

[그림 10-40] **[예제 10-8]의 보드선도**

지금까지는 단위귀환제어시스템에 대한 주파수응답을 공부하였다. 이제 [그림 10-41]과 같은 일반 폐루프 제어시스템에서의 주파수응답을 니콜스선도를 이용하여 구하는 방법에 대해 생각해보자.

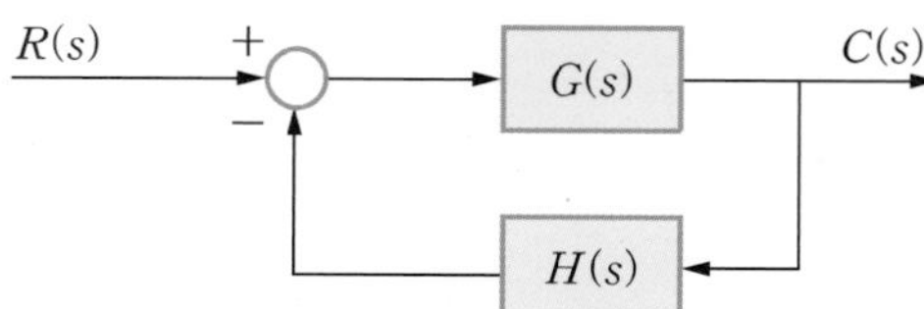

[그림 10-41] **일반 폐루프 제어시스템**

[그림 10-41]과 같은 폐루프 제어시스템의 전체 전달함수는 다음과 같다.

$$M(s) = \frac{G(s)}{1 + G(S)H(s)}$$

$$= \frac{1}{H(s)} \frac{G(s)H(s)}{1 + G(S)H(s)} \qquad (10.59)$$

식 (10.59)에서 폐루프 제어시스템의 주파수응답은 니콜스선도에 개루프 전달함수 $G(s)H(s)$의 이득 · 위상도를 그린 후 $\dfrac{G(s)H(s)}{1+G(s)H(s)}$의 주파수응답을 구하여 보드선도를 그린다. 그리고 그 보드선도에 추가로 $\dfrac{1}{H(s)}$의 보드선도를 그려서 합하면 된다는 것을 알 수 있다. 그러므로 앞의 [그림 10-40]과 같은 폐루프 제어시스템의 주파수응답은 다음과 같은 순서로 구한다.

❶ 전향경로 전달함수 $G(s)$와 귀환요소 전달함수 $H(s)$의 보드선도를 그리고, 그들을 합하여 개루프 전달함수 $G(s)H(s)$의 보드선도를 얻는다.

❷ $G(s)H(s)$의 보드선도를 이득·위상도로 바꾸어 니콜스선도에 그려 넣는다.

❸ 니콜스선도에서 $\dfrac{G(s)H(s)}{1+G(s)H(s)}$의 이득과 위상각을 구하여 보드선도를 그린다.

❹ 보드선도에서 ❶에서 그렸던 $H(s)$의 보드선도를 $(-)$시킨다. 다시 말해, $H(s)$의 이득과 위상각을 뺀다.

Section

10.5 주파수응답과 시간응답의 관계

우리가 주파수응답에 대해 많이 공부하는 이유는 주파수응답은 시간응답과 밀접한 관계가 있으므로 주파수응답을 알면 시간응답을 쉽게 유추할 수 있기 때문이다. 또한 주파수응답을 구하는 많은 해석 및 설계 기법들이 개발되어 있어서 고차시스템에 대한 시간응답을 구할 때, 주파수응답을 먼저 구하고, 그것을 이용하여 시간응답을 유추해 구하는 것이 편리하다.

첨두공진값과 감쇠비

10.3절에서 구한 바와 같이 표준2차제어시스템에서 주파수응답의 첨두공진값 M_p와 시스템의 감쇠비 ζ와의 관계는 식 (10.60)과 같으며, 공진주파수 ω_r과 시스템의 고유주파수 ω_n 및 감쇠비 ζ와의 관계는 식 (10.61)과 같다.

$$M_p = \frac{1}{2\zeta\sqrt{1-\zeta^2}} \tag{10.60}$$

$$\omega_r = \omega_n\sqrt{1-2\zeta^2} \tag{10.61}$$

따라서 주파수응답의 첨두공진값과 공진주파수를 알면 시스템의 감쇠비와 고유주파수를 알 수 있고, 이들 값을 이용하여 제어시스템의 여러 시간응답을 유추할 수 있다. 다만 식 (10.60)과 식(10.61)은 표준 2차제어시스템에 대한 식이므로 고차시스템과는 차이가 있을 수 있다. 따라서 이 식들을 이용하여 제어기를 설계하였을 때는 실제 시간응답이 본래 의도했던 바와 같은지 반드시 확인해야 한다.

예제 10-9 주파수응답과 시간응답의 관계

표준2차제어시스템의 주파수응답에서 공진주파수가 $\omega_r = 2\,[\text{rad/sec}]$일 때, 첨두공진값이 $M_p = 1.5$라고 한다. 이 제어시스템에 단위계단입력을 가했을 때의 다음 시간응답들을 구하라.

(a) 첨두값시간 T_p

(b) 백분율 오버슈트 $\%OS$

(c) 지연시간 T_d

(d) 상승시간 T_r

(e) 정정시간 T_s

풀이

먼저 식 (10.60)을 이용하여 감쇠비 ζ를 구하면

$$1.5 = \frac{1}{2\zeta\sqrt{1-\zeta^2}}$$

이고, 양변을 정리하면 다음과 같다.

$$3\zeta\sqrt{1-\zeta^2} = 1$$
$$9\zeta^2(1-\zeta^2) = 1$$
$$\zeta^4 - \zeta^2 + \frac{1}{9} = 0$$

방정식을 풀면 감쇠비 ζ는 다음과 같다.

$$\zeta^2 = 0.872,\ \ 0.127$$
$$\zeta \fallingdotseq 0.93,\ \ 0.36$$

두 감쇠비 중에서 $\zeta \geq 0.707$ 일 때는 공진첨두값이 발생하지 않으므로, 0.93을 버리면 감쇠비 $\zeta = 0.36$ 을 얻을 수 있다. 또한 이 감쇠비 $\zeta = 0.36$ 과 공진주파수 $\omega_r = 2\,[\mathrm{rad/sec}]$ 를 식 (10.61)에 대입하면 다음과 같이 이 시스템의 고유주파수 ω_n을 구할 수 있다.

$$\omega_r = \omega_n\sqrt{1-2\zeta^2}$$
$$2 = \omega_n\sqrt{1-2\times 0.36^2}$$
$$\omega_n = \frac{2}{\sqrt{1-2\times 0.36^2}} \fallingdotseq 2.32\,[\mathrm{rad/sec}]$$

이와 같이 주파수응답의 첨두공진값 $M_p = 1.5$와 공진주파수 $\omega_r = 2\,[\mathrm{rad/sec}]$로부터 그 시스템의 감쇠비 $\zeta = 0.36$ 과 고유주파수 $\omega_n = 2.32\,[\mathrm{rad/sec}]$를 알아냈다. 따라서 이 제어시스템에 단위계단입력을 가했을 때의 시간응답들은 5장에서 구한 식 ① ~ 식 ⑤에 의하여 구할 수 있다.

$$T_d \fallingdotseq \frac{1+0.7\zeta}{\omega_n} \quad \cdots ①$$

$$T_r \fallingdotseq \frac{0.8+2.5\zeta}{\omega_n} \quad \cdots ②$$

$$T_s \fallingdotseq \frac{4}{\zeta\omega_n} = \frac{4}{\sigma_d} \quad \cdots ③$$

$$T_p = \frac{\pi}{\omega_n\sqrt{1-\zeta^2}} = \frac{\pi}{\omega_d} \quad \cdots ④$$

$$\%OS = e^{-\left(\zeta\pi/\sqrt{1-\zeta^2}\right)} \times 100 \quad \cdots ⑤$$

(a) 첨두값시간 T_p를 구하면 다음과 같다.

$$T_p = \frac{\pi}{\omega_n \sqrt{1-\zeta^2}} = \frac{\pi}{2.32\sqrt{1-0.36^2}} = 1.45\,[\mathrm{sec}] \quad \cdots ⑥$$

(b) 백분율 오버슈트 $\%OS$를 구하면 다음과 같다.

$$\begin{aligned}\%\,OS &= e^{-\left(\zeta\pi/\sqrt{1-\zeta^2}\right)} \times 100 \\ &= e^{-(0.36\pi/\sqrt{1-0.36^2})} \times 100 = 29.8\,[\%]\end{aligned} \quad \cdots ⑦$$

(c) 지연시간 T_d를 구하면 다음과 같다.

$$T_d \fallingdotseq \frac{1+0.7\zeta}{\omega_n} = \frac{1+0.7\times 0.36}{2.32} = 0.54\,[\mathrm{sec}] \quad \cdots ⑧$$

(d) 상승시간 T_r을 구하면 다음과 같다.

$$T_r \fallingdotseq \frac{0.8+2.5\zeta}{\omega_n} = \frac{0.8+2.5\times 0.36}{2.32} = 0.73\,[\mathrm{sec}] \quad \cdots ⑨$$

(e) 정정시간 T_s를 구하면 다음과 같다.

$$T_s \fallingdotseq \frac{4}{\zeta\omega_n} = \frac{4}{0.36\times 2.32} = 4.79\,[\mathrm{sec}] \quad \cdots ⑩$$

대역폭과 시간응답속도

시간응답의 정정시간 T_s와 첨두값시간 T_p, 상승시간 T_r 등은 주파수응답의 대역폭 ω_{BW}와 밀접한 관계가 있다. 이들 시간응답과 대역폭과의 관계를 구하기 위하여 대역폭을 나타내는

$$\omega_{BW} = \omega_n \sqrt{(1-2\zeta^2) + \sqrt{4\zeta^4 - 4\zeta^2 + 2}} \tag{10.62}$$

에 정정시간, 첨두값시간, 상승시간 등을 나타내는 식들에서 구한 각각의 고유주파수 ω_n, 즉 식 (10.63), 식 (10.64), 식 (10.65)를 대입하면

$$T_s = \frac{4}{\zeta\omega_n} \;\rightarrow\; \omega_n = \frac{4}{T_s\zeta} \tag{10.63}$$

$$T_p = \frac{\pi}{\omega_n \sqrt{1-\zeta^2}} \quad \rightarrow \quad \omega_n = \frac{\pi}{T_p \sqrt{1-\zeta^2}} \tag{10.64}$$

$$T_r \fallingdotseq \frac{0.8 + 2.5\zeta}{\omega_n} \quad \rightarrow \quad \omega_n = \frac{0.8 + 2.5\zeta}{T_r} \tag{10.65}$$

대역폭과의 관계식인 식 (10.66), 식 (10.67), 식 (10.68)을 얻을 수 있다.

$$\omega_{BW} = \frac{4}{T_s \zeta} \sqrt{(1-2\zeta^2) + \sqrt{4\zeta^4 - 4\zeta^2 + 2}} \tag{10.66}$$

$$\omega_{BW} = \frac{\pi}{T_p \sqrt{1-\zeta^2}} \sqrt{(1-2\zeta^2) + \sqrt{4\zeta^4 - 4\zeta^2 + 2}} \tag{10.67}$$

$$\omega_{BW} \fallingdotseq \frac{0.8 + 2.5\zeta}{T_r} \sqrt{(1-2\zeta^2) + \sqrt{4\zeta^4 - 4\zeta^2 + 2}} \tag{10.68}$$

위 식들에서 알 수 있듯이 대역폭과 정정시간과 첨두값시간, 상승시간과는 반비례관계에 있음을 알 수 있다. 다시 말하면 대역폭이 크면 시간응답이 빠르다는 것을 알 수 있다.

앞의 [예제 10-9]에서는 첨두공진값 M_p와 공진주파수 ω_r이 주어졌을 때, 그것들을 이용하여 시스템의 감쇠비 ζ와 고유주파수 ω_n을 알아내어 계단입력에 대한 시간응답 사양들을 구해낼 수 있었다. 그러나 첨두공진값이나 공진주파수를 알기 위해서는 폐루프 시스템의 주파수응답이 주어져야 한다.

만일 단위귀환제어시스템에서 폐루프 시스템의 주파수응답은 주어지지 않고 개루프 전달함수의 주파수응답만 주어진다면, 개루프 주파수응답에서 위상여유 Φ_M을 구해서 다음에 소개하는 식 (10.69)에 의해 감쇠비 ζ를 계산할 수 있다. 그리고 만일 폐루프 주파수응답의 대역폭 ω_{BW}도 알아낼 수만 있다면, 앞의 식 (10.66), 식 (10.67), 식 (10.68)에 의해 시스템의 시간응답 사양들도 구할 수 있을 것이다.

단위귀환제어시스템에서 개루프 주파수응답으로부터 폐루프 주파수응답의 대역폭을 알아내기 위하여 앞의 10.4절에서 소개한 니콜스선도를 다시 자세히 살펴보자.

[그림 10-42]에서 개루프 주파수응답의 이득 g가 약 $-7\,[\mathrm{dB}]$이고 위상각 θ가 $-135^\circ \sim -225^\circ$ 범위에 있으면 그때 폐루프 주파수응답의 크기는 대략 $-3\,[\mathrm{dB}]$이 됨을 알 수 있다. 따라서 개루프 전달함수 $G(s)$의 보드선도에서 이득이 $-7\,[\mathrm{dB}]$일 때의 주파수를 구하면 그 주파수가 바로 폐루프 시스템의 대역폭이 된다.

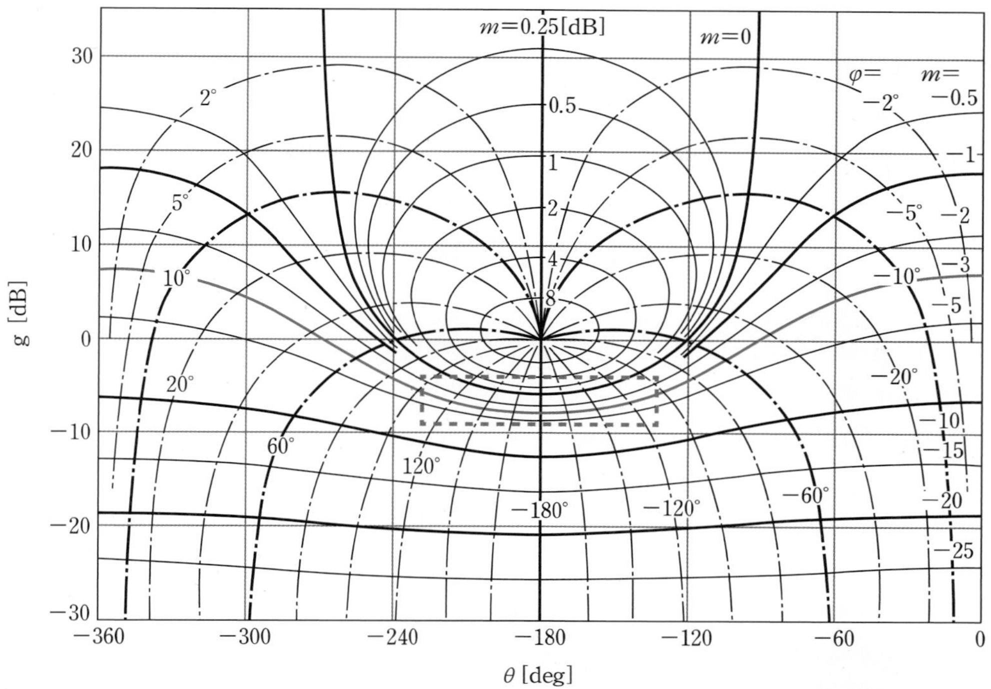

[그림 10-42] **니콜스선도에서 폐루프 주파수전달함수의 이득이 -3[dB]이 되는 개루프 주파수전달함수의 이득과 위상각 영역**

위상여유와 감쇠비

앞에서는 주로 폐루프 주파수응답과 폐루프 시간응답의 관계에 대해 살펴보았다. 이제 개루프 주파수응답과 폐루프 시간응답의 관계를 설명하고자 한다. 그중에서 특히 개루프 주파수응답의 위상여유와 폐루프 시간응답의 백분율 오버슈트와의 관계를 살펴보자.

먼저 [그림 10-43]의 표준2차제어시스템의 위상여유 Φ_M와 표준 2차제어시스템의 감쇠비 ζ와의 관계를 알아보자.

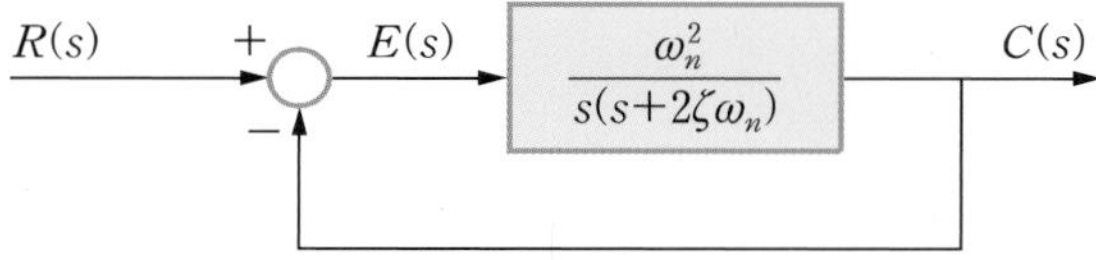

[그림 10-43] **표준2차제어시스템**

위상여유는 개루프 주파수전달함수의 크기 $|G(j\omega)|$가 1이 될 때, 위상각이 $-180°$와 얼마나 차이가 있느냐를 말한다. 따라서 $|G(j\omega)|=1$로 놓고 이때의 주파수 $\omega_{\Phi M}$(위상여유주파수)를 구한 후, 개루프 주파수전달함수의 위상각 $\angle G(j\omega_{\Phi M})$을 구하여 $-180°$와의 차로 얻을 수 있다. 결과적으로 이들 관계를 식으로 표현하면 다음과 같다.

$$\Phi_M = \tan^{-1}\frac{2\zeta}{\sqrt{-2\zeta^2+\sqrt{4\zeta^4+1}}} \tag{10.69}$$

식 (10.69)와 백분율 오버슈트를 나타내는 식 (10.70)에 감쇠비 ζ값들을 대입하여 위상여유와 백분율 오버슈트를 각각 계산하면 [표 10-6]과 같다. [표 10-6]에 의하여 감쇠비와 위상여유의 관계를 그래프로 나타내면 [그림 10-44]와 같이 된다.

$$\%\,OS = e^{-\left(\zeta\pi/\sqrt{1-\zeta^2}\right)}\times 100 \tag{10.70}$$

[표 10-6] **표준 2차시스템의 감쇠비에 대한 위상여유와 백분율 오버슈트**

감쇠비 ζ	위상여유 Φ_M[deg]	백분율 오버슈트 $\%OS$[%]
0.05	5.7	85.4
0.07	8.0	80.2
0.10	11.4	72.9
0.15	17.1	62.1
0.20	22.6	52.7
0.25	28.0	44.4
0.30	33.3	37.2
0.35	38.3	30.9
0.40	43.1	25.4
0.45	47.6	20.5
0.50	51.8	16.0
0.55	55.7	12.6
0.60	59.2	9.5
0.65	62.3	6.8
0.70	65.2	4.6
0.75	67.7	2.8
0.80	69.9	1.5
0.85	71.8	0.6

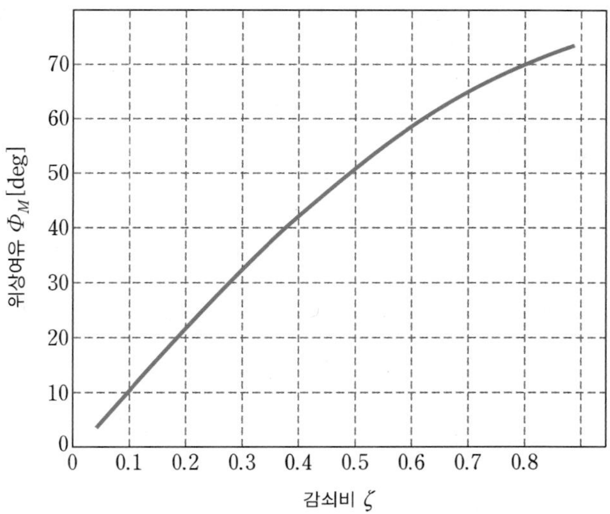

[그림 10-44] **표준 2차제어시스템의 감쇠비와 위상여유의 관계**

또한 이 비선형곡선을 선형화linearization하여 수식으로 표현하면 식 (10.71)과 같이 된다.

$$\zeta \fallingdotseq 0.01\Phi_M \tag{10.71}$$

따라서 위상여유가 크다는 것은 시스템의 감쇠비가 커지므로 계단입력에 대한 백분율 오버슈트가 작다는 것을 의미한다. [표 10-6]을 이용하여 위상여유 Φ_M에 대한 백분율 오버슈트 $\%OS$ 관계를 그래프로 나타내면 [그림 10-45]와 같다. 따라서 [그림 10-45]를 이용하여 개루프 주파수전달함수의 위상여유가 주어졌을 때, 그 단위귀환시스템에 대한 백분율 오버슈트를 쉽게 구할 수 있다.

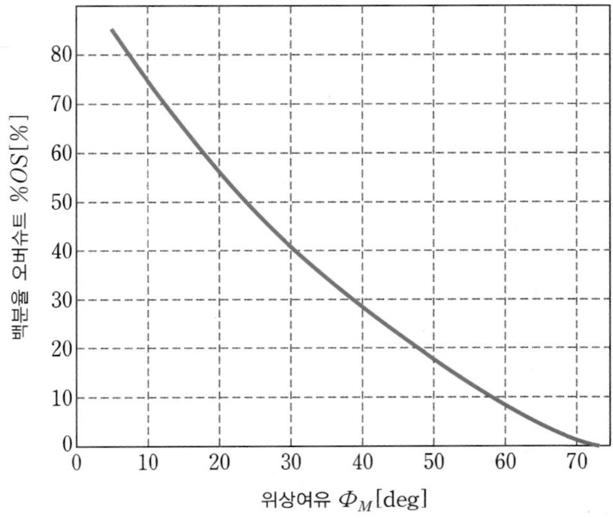

[그림 10-45] **표준 2차제어시스템의 위상여유와 백분율 오버슈트의 관계**

일반적으로 좋은 시간응답을 얻기 위한 설계 값으로 [표 10-7]을 사용한다.

[표 10-7] **표준 위상여유와 이득여유**

제어시스템	위상여유 Φ_M[°]	이득여유 G_M[dB]
추종제어	40 ~ 60	0 ~ 20
정치제어	20 이상	3 이상

Tip & Note

✔ 식 (10.69)의 유도 과정

$G(s)=\dfrac{\omega_n^2}{s(s+2\zeta\omega_n)}$ 에서

$$G(j\omega)=\frac{\omega_n^2}{(j\omega)(j\omega+2\zeta\omega_n)}$$

$$|G(j\omega)|=\frac{\omega_n^2}{\omega\sqrt{4\zeta^2\omega_n^2+\omega^2}}$$

$$\angle G(j\omega)=-90°-\tan^{-1}\frac{\omega}{2\zeta\omega_n}$$

$|G(j\omega)|=1$로 놓으면 다음과 같다.

$$\frac{\omega_n^2}{\omega\sqrt{4\zeta^2\omega_n^2+\omega^2}}=1$$

이를 정리하면 다음과 같이 된다.

$$\omega_n^2=\omega\sqrt{4\zeta^2\omega_n^2+\omega^2}$$

$$\omega_n^4=\omega^2\left(4\zeta^2\omega_n^2+\omega^2\right)$$

$$\omega^4+4\zeta^2\omega_n^2\omega^2-\omega_n^4=0$$

$$\omega^2=\frac{-4\zeta^2\omega_n^2\pm\sqrt{\left(4\zeta^2\omega_n^2\right)^2+4\omega_n^4}}{2}=\frac{-4\zeta^2\omega_n^2\pm2\omega_n^2\sqrt{4\zeta^4+1}}{2}$$

$$=-2\zeta^2\omega_n^2\pm\omega_n^2\sqrt{4\zeta^4+1}=\omega_n^2\left(-2\zeta^2+\sqrt{4\zeta^4+1}\right)$$

$$\omega=\omega_n\sqrt{-2\zeta^2+\sqrt{4\zeta^4+1}}\quad\leftarrow\quad\omega_{\Phi M}$$

$$\angle G(j\omega_{\Phi M})=-90°-\tan^{-1}\frac{\omega_n\sqrt{-2\zeta^2+\sqrt{4\zeta^4+1}}}{2\zeta\omega_n}$$

$$=-90°-\tan^{-1}\frac{\sqrt{-2\zeta^2+\sqrt{4\zeta^4+1}}}{2\zeta}$$

$$\therefore\ \Phi_M=180°-90°-\tan^{-1}\frac{\sqrt{-2\zeta^2+\sqrt{4\zeta^4+1}}}{2\zeta}=\tan^{-1}\frac{2\zeta}{\sqrt{-2\zeta^2+\sqrt{4\zeta^4+1}}}$$

Chapter 10 핵심요약

■ 특성식의 영점과 특성방정식의 근

특성식의 영점은 특성방정식의 근과 일치한다. 따라서 특성식의 영점이 복소평면의 우반면과 허수축에 있지 않으면 이 시스템은 안정하다고 할 수 있다.

■ 나이퀴스트선도

어떤 제어시스템에서 주파수 ω를 0에서부터 ∞까지 변화시키면서 개루프 주파수전달함수 $G(j\omega)H(j\omega)$의 벡터궤적을 그릴 때, 이것을 그 제어시스템의 나이퀴스트선도라고 한다.

■ 이득여유와 위상여유

- 이득여유 : $G_M = -20\log|GH(j\omega_{GM})|$
- 위상여유 : $\Phi_M = \angle GH(j\omega_{\Phi M}) - 180°$

■ 첨두공진값, 공진주파수, 대역폭

시스템의 주파수응답에서 크기가 제일 큰 값을 첨두공진값 M_p라고 하고, 그때의 주파수를 공진주파수 ω_r이라고 한다. 또한 시스템의 주파수응답에서 크기가 $0.707(=\frac{1}{\sqrt{2}})$이 되는 주파수를 대역폭 ω_{BW}라고 한다.

■ 니콜스선도

니콜스선도는 단위귀환제어시스템에서 개루프 전달함수의 주파수응답을 이용하여 폐루프 제어시스템의 주파수응답을 쉽게 구하기 위하여 고안된 그래프로, 니콜스선도 위에 개루프 전달함수의 이득·위상도를 그리면 쉽게 폐루프의 주파수응답을 구할 수 있다.

■ 주파수응답과 시간응답

주파수응답과 시간응답은 서로 상관관계가 있으므로 어떤 시스템의 주파수응답을 알면 그 시스템의 시간응답을 알 수 있다. 표준 2차제어시스템에서는 다음과 같은 관계가 있다.

$$M_p = \frac{1}{2\zeta\sqrt{1-\zeta^2}}$$

$$\omega_r = \omega_n\sqrt{1-2\zeta^2}$$

$$\omega_{BW} = \omega_n\sqrt{(1-2\zeta^2)+\sqrt{4\zeta^4-4\zeta^2+2}}$$

$$\Phi_M = \tan^{-1}\frac{2\zeta}{\sqrt{-2\zeta^2+\sqrt{4\zeta^4+1}}}$$

$$\zeta \fallingdotseq 0.01\Phi_M$$

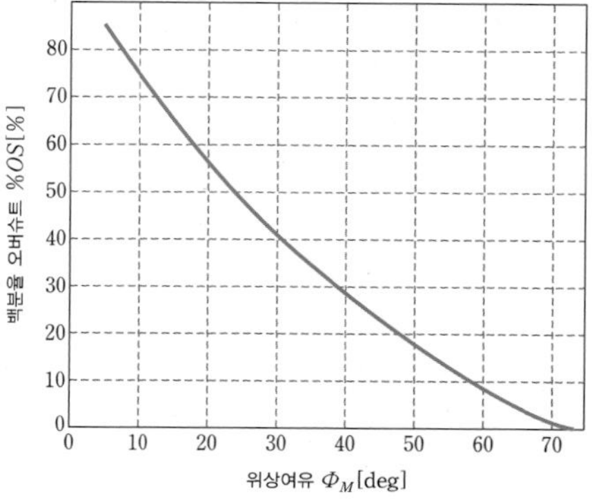

Chapter 10 연습문제

10.1 다음 그림과 같은 주파수응답에서 M_p와 ω_{BW}를 각각 무엇이라고 하는가?

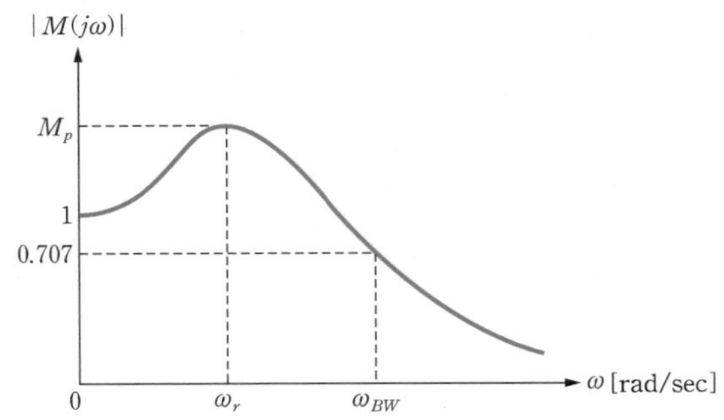

㉮ 백분율 오버슈트, 이득주파수　　㉯ 첨두공진값, 공진주파수
㉰ 백분율 오버슈트, 공진주파수　　㉱ 첨두공진값, 대역폭

10.2 단위귀환제어시스템에서 개루프 전달함수의 이득과 위상각이 주어져 있을 때 전체 폐루프 전달함수의 이득과 위상각을 구하는 데 편리하게 사용되는 것은?

㉮ 벡터궤적　　㉯ 니콜스선도
㉰ 미분방정식　　㉱ 보드선도

10.3 어떤 제어시스템의 안정도를 판단하기 위하여 주파수 ω의 값을 0에서부터 ∞로 변화시키면서 그린 개루프 주파수전달함수 $GH(j\omega)$의 벡터궤적을 무엇이라고 하는가?

㉮ 나이퀴스트선도　　㉯ 보드선도
㉰ 니콜스선도　　㉱ Routh 표

10.4 다음 그림과 같은 나이퀴스트선도를 나타내는 제어시스템의 개루프 전달함수 $G(s)H(s)$는?

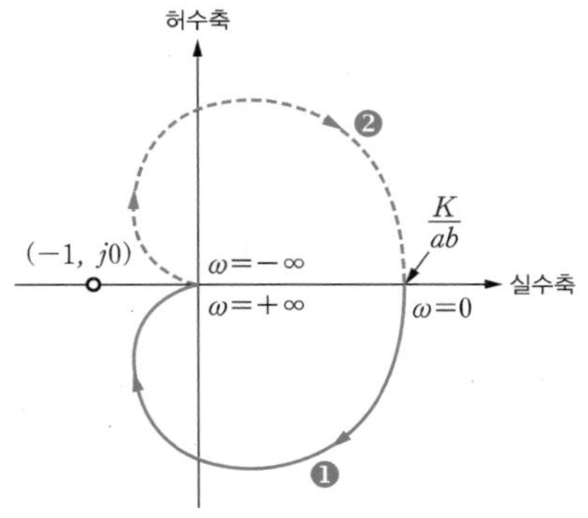

㉮ 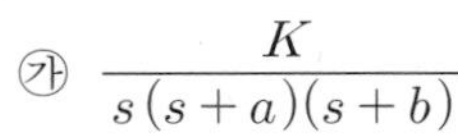 $\dfrac{K}{s(s+a)(s+b)}$

㉯ $\dfrac{K}{s^2(s+a)}$

㉰ $\dfrac{K}{(s+a)(s+b)}$

㉱ $\dfrac{K}{s+a}$

10.5 나이퀴스트선도와 제어시스템의 안정에 대한 설명으로 옳은 것은?

㉮ 점 $(-1,\ j0)$을 오른쪽으로 보면서 돌면 불안정하다.
㉯ 점 $(-1,\ j0)$을 왼쪽으로 보면서 돌면 불안정하다.
㉰ 점 $(-1,\ j0)$을 돌지 않으면 불안정하다.
㉱ 점 $(-1,\ j0)$과 제어시스템의 안정과는 관계가 없다.

10.6 나이퀴스트선도를 이용하여 위상여유를 구하는 것과 관련 있는 것은?

㉮ 위상교차점 ㉯ 위상교차주파수 ㉰ 공진주파수 ㉱ 이득교차점

10.7 다음 그림과 같은 나이퀴스트선도를 그리는 제어시스템은?

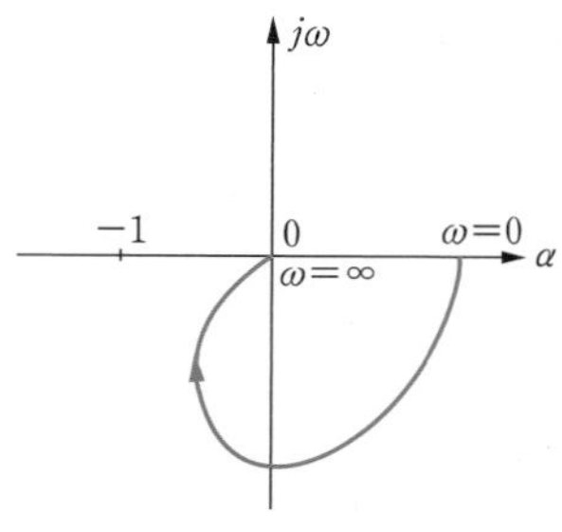

㉮ 불안정하다.
㉯ 약간 안정하다.
㉰ 대단히 안정하다.
㉱ 안정 여부는 알 수 없다.

10.8 나이퀴스트선도를 이용하여 이득여유를 구하는 것과 관련 있는 것은?

㉮ 위상교차점 ㉯ 대역폭 ㉰ 이득교차점 ㉱ 고유주파수

10.9 다음 그림과 같은 나이퀴스트선도를 그리는 제어시스템의
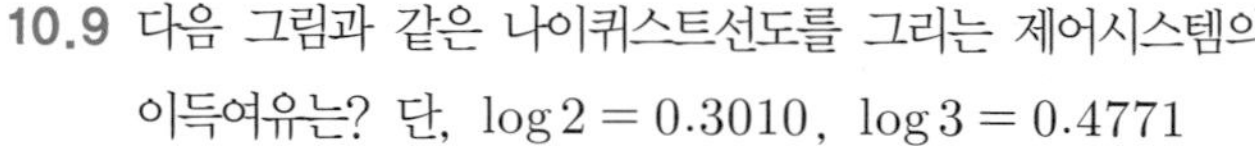
이득여유는? 단, $\log 2 = 0.3010$, $\log 3 = 0.4771$

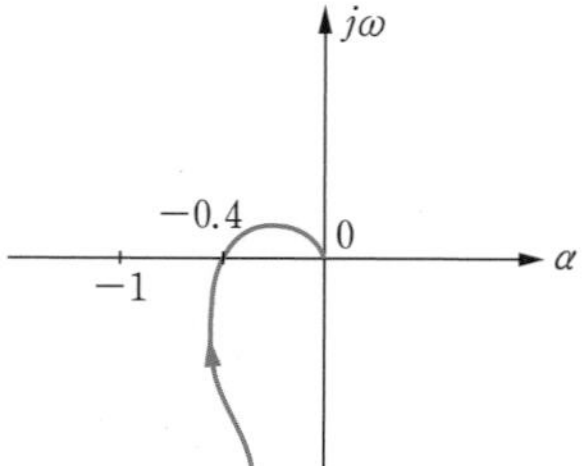

㉮ $7.96\,[\mathrm{dB}]$
㉯ $4.45\,[\mathrm{dB}]$
㉰ $4.44\,[\mathrm{dB}]$
㉱ $0.60\,[\mathrm{dB}]$

10.10 다음 그림과 같은 나이퀴스트선도를 그리는 제어시스템의
위상여유는?

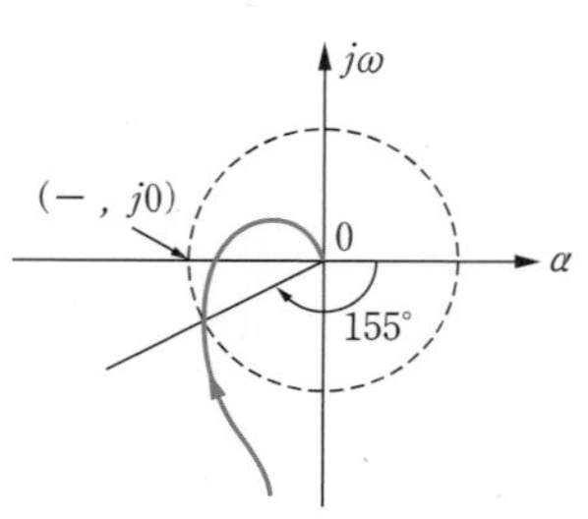

㉮ 205°
㉯ 155°
㉰ 25°
㉱ -155°

10.11 다음 그림과 같은 나이퀴스트선도들 중에서 가장 안정한 자동제어시스템은?

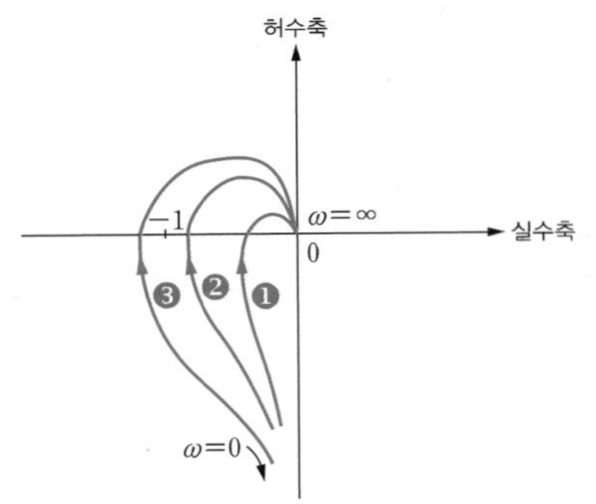

㉮ ❶
㉯ ❷
㉰ ❸
㉱ 안정한 것은 없다.

10.12 주파수의 변화에 따른 벡터궤적 중의 하나인 것은?

㉮ 보드선도 ㉯ 나이퀴스트선도 ㉰ 블록선도 ㉱ 신호흐름선도

10.13 시스템의 안정도를 판별할 때 나이퀴스트 판별법이 Routh-Hurwitz 판별법보다 좋은 점으로 알맞는 것은?

㉮ 계산이 매우 간단하다.
㉯ 안정도 판단이 정확하다.
㉰ 시스템의 차수가 높을수록 계산이 간단해진다.
㉱ 상대적인 안정도를 구할 수 있다.

10.14 제어시스템에서 일반적으로 이득을 높이면?

㉮ 첨두공진값은 커지나 대역폭은 작아진다.
㉯ 첨두공진값과 이득여유가 커진다.
㉰ 응답은 빨라지나 시스템은 불안정해진다.
㉱ 응답은 느려지나 시스템은 안정해진다.

10.15 다음 그림과 같은 보드선도를 그리는 제어시스템의 이득여유와 위상여유는 대략 얼마인가?

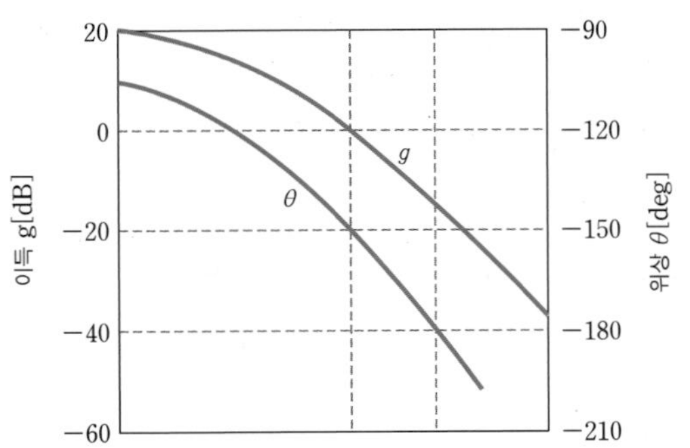

㉮ 20[dB], 40°
㉯ 27[dB], 30°
㉰ 27[dB], 40°
㉱ 13[dB], 30°

10.16 다음 그림과 같은 나이퀴스트선도를 그리는 제어시스템의 이득여유는?

㉮ 0[dB]
㉯ 20[dB]
㉰ 40[dB]
㉱ ∞[dB]

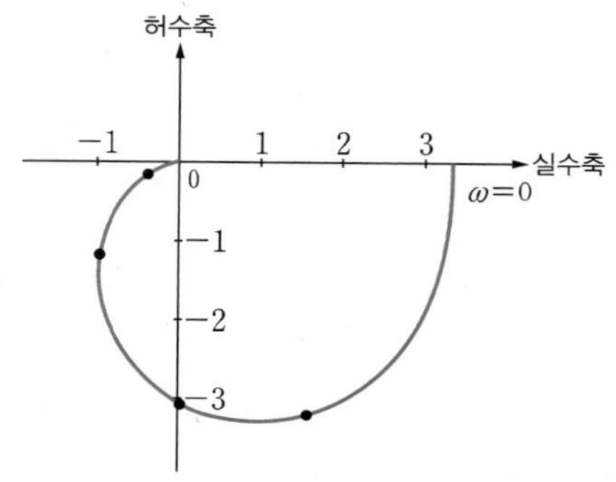

10.17 다음 용어를 정의하라.

(a) 절대안정도와 상대안정도
(b) 이득여유주파수와 위상여유주파수
(c) 이득여유와 위상여유
(d) 첨두공진값, 공진주파수, 대역폭

10.18 개루프 전달함수가 다음과 같은 단위귀환제어시스템의 이득여유와 위상여유를 구하라.

$$G(s) = \frac{e^{-0.5s}}{s(s+1)}$$

10.19 다음 그림과 같은 제어시스템의 이득여유를 15[dB]로 하기 위한 K값을 구하라.

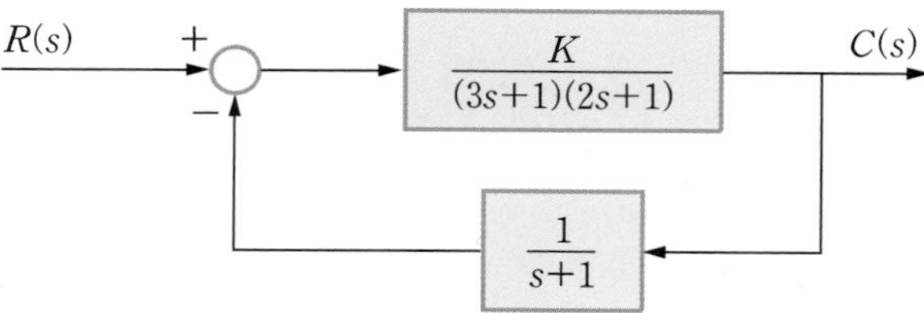

10.20 다음 그림과 같은 제어시스템의 개루프 전달함수에 대한 보드선도를 그리고, 이 시스템의 안정도를 판별하라. 만일 안정하다면 이득여유와 위상여유를 구하라.

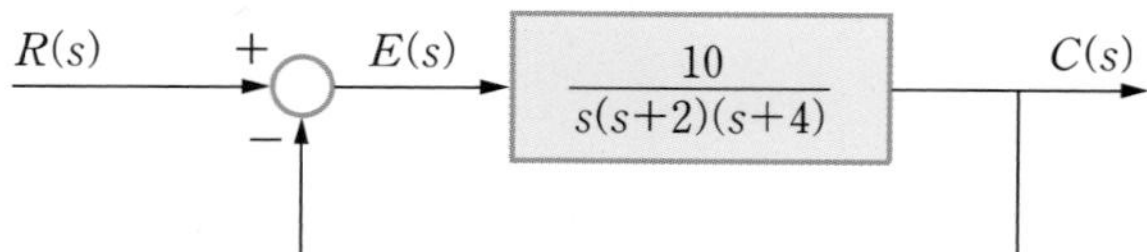

10.21 다음 그림과 같은 제어시스템에 대해 다음 물음에 각각 답하라.

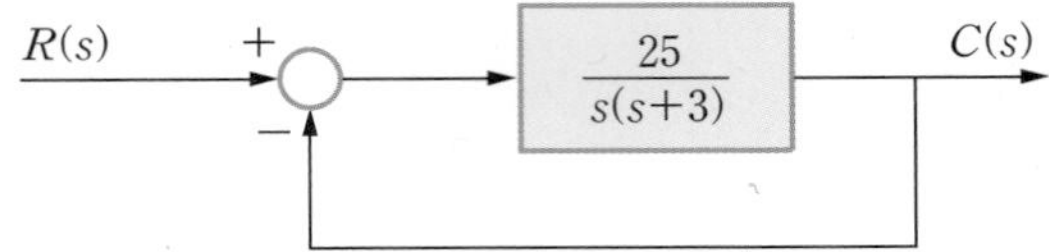

(a) 나이퀴스트선도를 그리고, 이득여유주파수, 이득여유, 위상여유주파수, 위상여유를 구하라.

(b) 니콜스선도를 이용하여 폐루프 주파수응답을 구한 후, 첨두공진값, 공진주파수, 대역폭을 찾아라.

(c) 앞에서 구한 주파수응답의 특성들로 이 시스템의 단위계단응답의 특성들, 즉 정정시간, 상승시간, 첨두값시간, 백분율 오버슈트를 구하라.

10.22 MATLAB MATLAB을 이용하여 [연습문제 10.21]의 시스템에 대해 다음을 구하라.

(a) 이득여유주파수, 이득여유, 위상여유주파수, 위상여유를 구하라.

(b) 첨두공진값, 공진주파수, 대역폭을 구하라.

(c) 정정시간, 상승시간, 첨두값시간, 백분율 오버슈트를 구하라.

참고 (a) 개루프 전달함수에 대한 보드선도를 그린다.

```
{bode(sys1,w)
 [Gm,Pm,wgm,wpm]=margin(sys);}
```

(b) 폐루프 전달함수에 대한 보드선도를 그린다.

```
{bode(sys2,w)
 [mag,phase,w]=bode(sys,w);[Mp,k]=max(mag); resomax=20*log10(Mp)
 resofreq=w(k)
 n=1; while 20*log(mag(n))>-3; n=n+1; end; bandwd=w(n)}
```

(c) 폐루프 전달함수에 대한 단위계단응답을 구한다.

```
{t=0:0.01:20;[y,x,t]=step(num,den,t);
 n=1; while y(n)<1.0001;n=n+1;end;risetime=(n-1)*0.01;
 [ym,tp]=max(y);peaktime=(tp-1)*0.01
 percentover=(ymax-1)*100
 s=2000;while y(s)>0.98 & y(s)<1.02;s=s-1;end; settlingtime=(s-1)*0.01}
```

Chapter

11

보드선도를 이용한 제어기 설계

Design of Controller via Bode Diagram

학습목표

- 보드선도와 시간응답의 관계를 알 수 있다.
- 지상제어기와 진상제어기가 무엇인지 알 수 있다.
- 지상제어기와 진상제어기의 주파수응답의 특성을 이해할 수 있다.
- 원하는 주파수응답을 갖도록 제어기를 설계할 수 있다.
- 주파수응답을 이용하여 원하는 시간응답을 갖도록 제어기를 설계할 수 있다.
- 수동소자를 이용하여 제어기를 구현할 수 있다.

8장에서는 근궤적을 이용하여 원하는 시간응답, 즉 과도응답과 정상상태오차를 얻을 수 있는 설계 방법을 살펴보았다. 이 장에서는 주파수응답의 특성을 나타내는 보드선도를 이용하여 원하는 과도특성과 정상상태오차를 만족하는 제어기를 설계하는 방법을 살펴보고자 한다. 주파수응답에서 이득여유는 시스템의 안정도와 밀접한 관계가 있으며, 위상여유는 과도특성을 결정하는 중요한 역할을 한다. 또한 주파수가 에 가까울 때의 이득은 정상상태오차와 관계가 있다.

Section

11.1 이득조정에 의한 시간응답 개선

[그림 11-1]과 같은 제어시스템에서 이득정수 K만 조정하여 원하는 성능을 만족시킬 수 있다면 다른 제어기는 필요하지 않을 것이다. 그러나 이득을 증가시키면 정상상태오차가 감소하고 시간응답 특성이 개선되는 경우도 있지만, 일반적으로 백분율 오버슈트가 증가하고 안정도가 나빠진다.

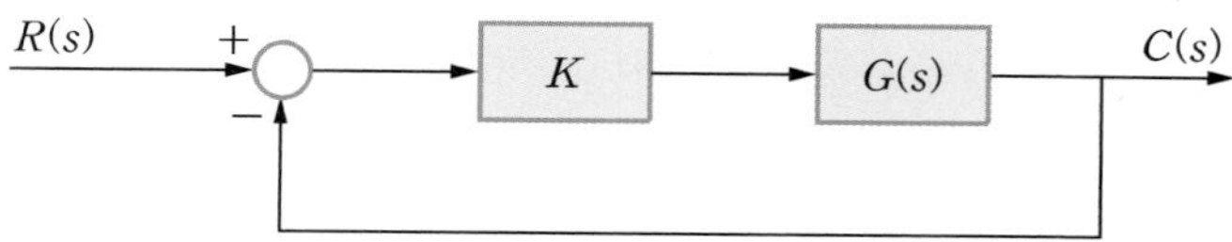

[그림 11-1] **증폭기가 있는 직결귀환제어시스템**

따라서 이득정수 K만 조정하여 모든 조건을 만족하면서 시간응답의 특성을 개선하기는 매우 어렵다. 물론 이득정수만 조정하여 좋은 결과를 얻을 수도 있는데, 이는 위상여유가 너무 커서 줄여야 하는 경우나 정상상태오차를 줄여야 하는 경우 등에 한정된다.

일반적으로 주파수응답 설계에서는 이득조정이 가장 간단하므로 우선 이득조정부터 살펴보자. 예를 들어, [그림 11-2]와 같은 제어시스템을 생각해보자.

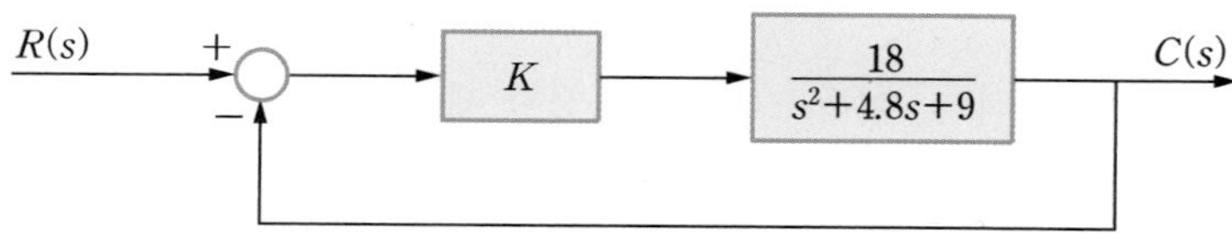

[그림 11-2] **개루프 전달함수가 $G(s)=K\dfrac{18}{s^2+4.8s+9}$ 인 직결귀환제어시스템**

이 제어시스템의 개루프 전달함수의 보드선도는 $K=1$일 때 [그림 11-3]과 같다. 위상여유를 살펴보면, 위상여유주파수 $\omega_{\Phi M}=3.64\,[\mathrm{rad/sec}]$ 에서 위상여유는 $\Phi_M=76.3^\circ$ 를 나타낸다. 여기에서 이 제어시스템의 위상여유 Φ_M을 45° 로 개선하고자 할 때, 증폭기의 이득정수 K를 얼마로 조정하면 되는지 살펴보자.

위상여유가 45° 가 되려면 개루프 주파수전달함수의 위상 θ가 -135° 가 되어야 한다. [그림 11-3]을 보면 위상이 -135° 일 때 주파수는 $6.24\,[\mathrm{rad/sec}]$이다. 이 주파수가 개선된 개루프 전달함수의 위상여유주파수가 되어야 하므로 이득 g가 $0\,[\mathrm{dB}]$이 되도록 해야 한다. 그러나 주파수가 $6.24\,[\mathrm{rad/sec}]$일 때 현재 이득이 $-7.43\,[\mathrm{dB}]$이므로, 이득을 $7.43\,[\mathrm{dB}]$만큼 상승시켜야 한다.

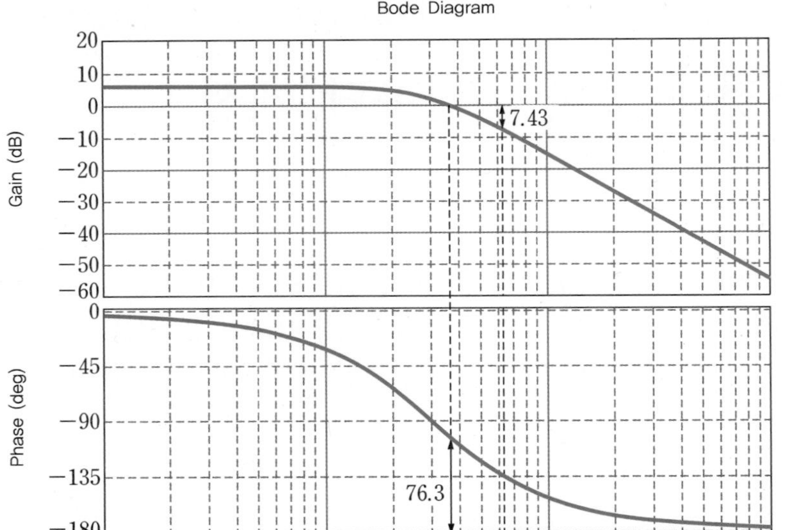

[그림 11-3] 개루프 전달함수 $G(s) = \dfrac{18}{s^2 + 4.8s + 9}$ 의 보드선도

즉

$$7.43 = 20\log K \tag{11.1}$$

이므로, 이득정수는 다음과 같다.

$$K = 10^{0.3715} \fallingdotseq 2.35 \tag{11.2}$$

따라서 증폭기의 이득정수 K를 2.35로 해야 한다. 이득조정으로 개선한 제어시스템의 보드선도는 [그림 11-4]의 ❷와 같다. [그림 11-4]를 살펴보면 위상곡선에는 변화가 없고, 이득곡선만 점선같이 변하여 위상여유가 45° 가 됨을 알 수 있다.

Q **위상여유는 클수록 시스템이 안정되어 좋은 것인지?**

A 위상여유는 감쇠비와 비례관계이다(식 (10.71) 참조). 따라서 위상여유가 크면 감쇠비가 커진다. 감쇠비가 커지면 백분율 오버슈트와 정정시간이 줄어드는 이점은 있으나(식 (5.32), 식 (5.36) 참조), 첨두값 시간과 지연시간, 상승시간 등이 커지는 결점이 있다(식 (5.31), 식 (5.34), 식 (5.35) 참조). 따라서 위상여유가 너무 크면 시간응답이 너무 늦어지는 경향이 있다. 일반적으로 위상여유는 40° ~ 60° 로 설계하고 있으며, 보통 45° 를 표준으로 설계한다.

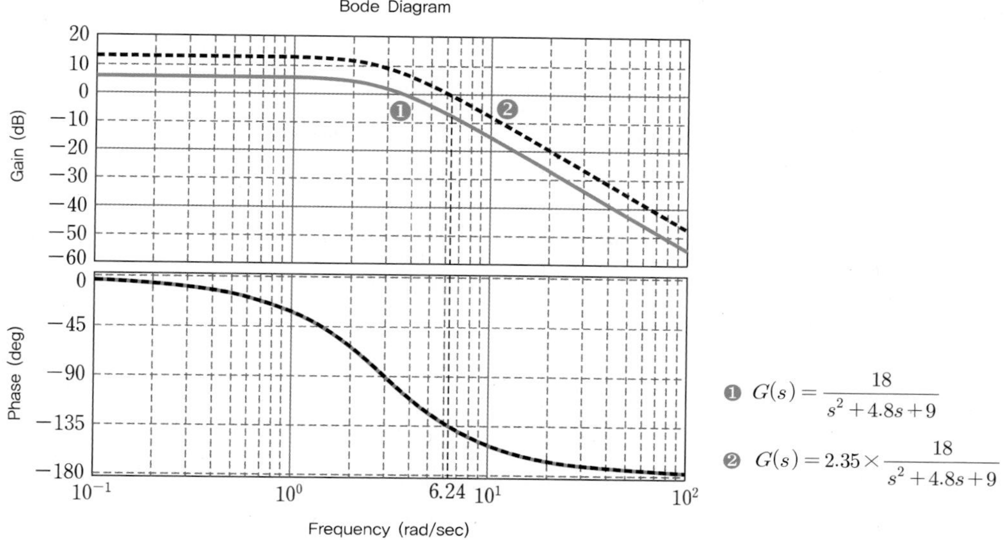

[그림 11-4] **이득조정으로 개선한 제어시스템의 보드선도**

예제 11-1 이득조정에 의한 시간응답 개선

어떤 직결귀환제어시스템의 개루프 전달함수의 보드선도가 [그림 11-5]와 같을 때, 단위계단입력에 대한 정상상태오차를 구하라. 또한 정상상태오차를 줄이기 위해 증폭기의 이득정수 K를 10배로 증폭시키는 것이 적절한지 생각해보라.

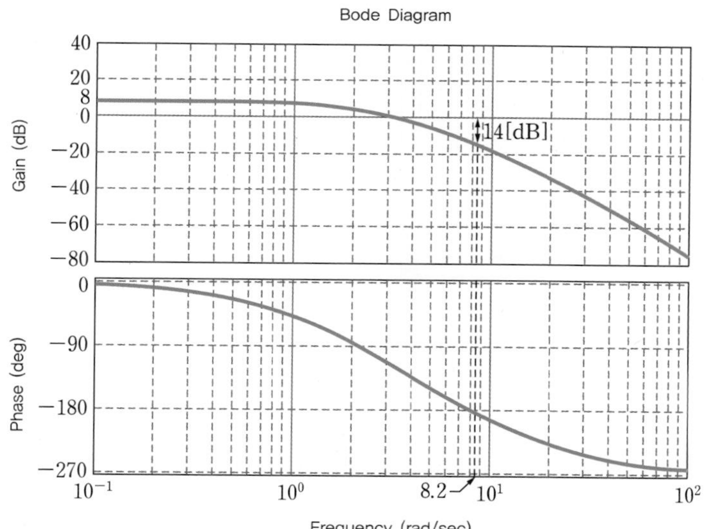

[그림 11-5] **[예제 11-1]의 개루프 전달함수의 보드선도**

풀이

단위계단입력에 대한 정상상태오차와 위치상수는 다음과 같다.

$$e_{step}(\infty) = \lim_{s \to 0} \frac{1}{1+G(s)H(s)} = \frac{1}{1+K_p} \quad \cdots ①$$

$$K_p = \lim_{s \to 0} G(s)H(s) = \lim_{\omega \to 0} |G(j\omega)H(j\omega)| \quad \cdots ②$$

[그림 11-5]에서 주파수 ω가 0에 가까워지면 이득 g는 8[dB]이므로, 위치상수 K_p는 다음과 같다.

$$8 = 20\log\left\{\lim_{\omega \to 0} |G(j\omega)H(j\omega)|\right\}$$

$$0.4 = \log\left\{\lim_{\omega \to 0} |G(j\omega)H(j\omega)|\right\} = \log K_p$$

$$\therefore\ K_p = 10^{0.4} \fallingdotseq 2.5$$

따라서 정상상태오차는 $e_{step} = \dfrac{1}{1+2.5} = 0.29$가 된다.

앞에서 구한 바와 같이 단위계단입력에 대한 정상상태오차는 29%가 된다. 증폭기의 이득정수 K를 10배로 증폭시키면 보드선도의 위상곡선에는 전혀 변화가 없고, 단지 이득곡선의 이득 g만 20[dB] 높아지는 것과 같다. 그러나 [그림 11-5]에서 이득여유주파수 $\omega_{GM} = 8.2$[rad/sec] 일 때 이득여유가 $G_M = 14$[dB]이므로, 이득정수 K를 10배(=20[dB])로 증폭시키면 이 제어시스템을 불안정하게 하므로 부적절하다.

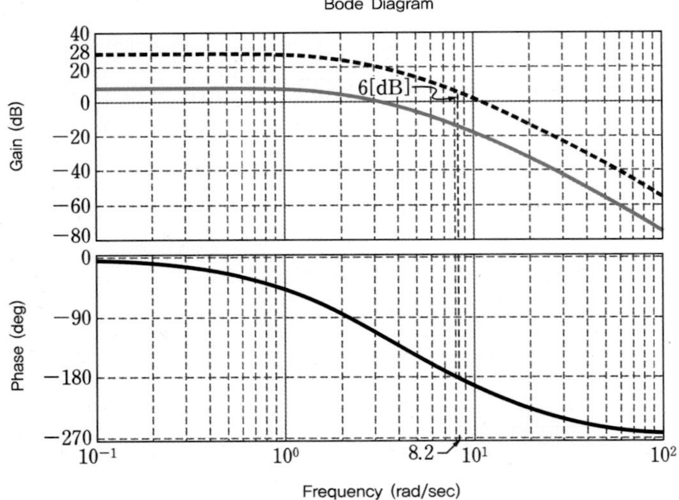

[그림 11-6] **[예제 11-1]의 이득정수를 10배 증가시킨 개루프 전달함수의 보드선도**

이득정수 K를 10배로 증폭시킨 개루프 전달함수에 대한 보드선도를 그리면 [그림 11-6]에서 점선으로 나타낸 그래프와 같다. 따라서 위상이 $\theta = -180°$ 일 때 이득 g가 0[dB]보다 6[dB]만큼 더 커져서 이득여유가 (−)로 되므로 이 제어시스템이 불안정함을 알 수 있다.

[예제 11-1]에서 살펴본 바와 같이 정상상태오차를 개선하기 위해 증폭기의 증폭도, 다시 말해서 이득정수를 증가시키는 방법은 간단하기는 하지만 일반적으로 시스템을 불안정하게 만들기 쉬우므로 잘 사용하지 않는다. 대신 다음 절에서 설명하는 지상제어기를 사용하여 정상상태오차를 개선한다.

Section

11.2 지상제어기에 의한 정상상태오차 개선

8장에서 정상상태오차를 줄이기 위해 적분제어기를 추가하여 시스템의 형을 1단계 또는 2단계 높이는 설계 방법을 공부하였다. 이 방법에서는 능동소자active element인 연산증폭기가 필요하므로 전원장치가 있어야 했다. 이 절에서는 능동소자 대신 수동소자passive element를 사용하여 정상상태오차상수static error constant를 크게 함으로써 정상상태오차를 줄이는 지상제어기를 살펴본다.

지상제어기의 전달함수는 다음과 같이 표현된다.

$$G_{lag}(s) = \frac{s+z_c}{s+p_c} \quad 단,\ z_c > p_c \tag{11.3}$$

식 (11.3)과 같이 전달함수에서 영점의 절댓값이 극점의 절댓값보다 큰, 즉 복소평면에서 영점이 극점보다 허수축으로부터 왼쪽으로 더 멀리 떨어진 제어기를 **지상제어기**lag controller라고 한다. 여기에서 이 제어기를 지상제어기라고 하는 이유는 제어기가 전향경로에 삽입되어 전체시스템의 주파수응답에서 위상각이(주파수 $p_c \sim z_c$[rad/sec]에서) 그만큼 더 늦어지기 때문이다.

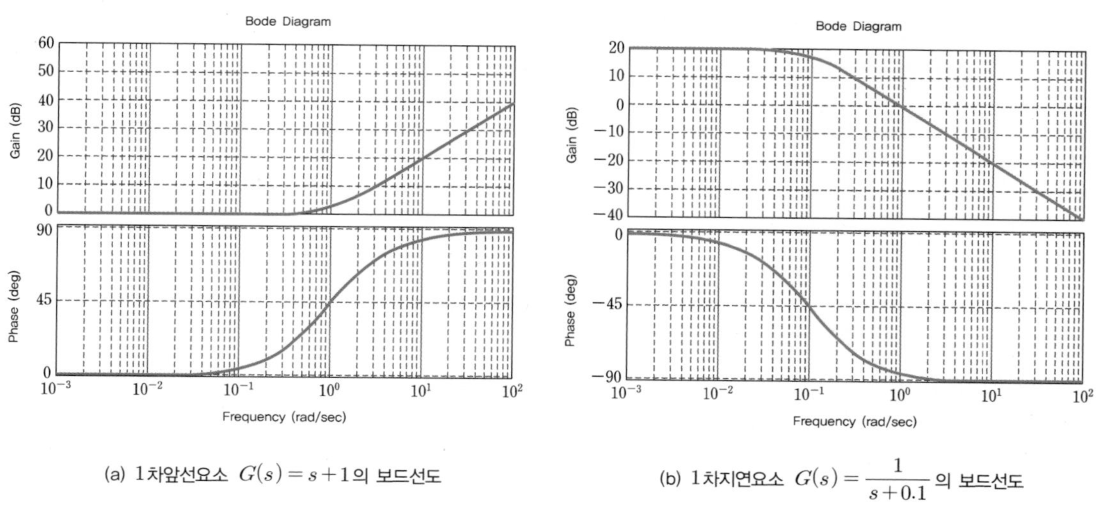

(a) 1차앞선요소 $G(s)=s+1$의 보드선도

(b) 1차지연요소 $G(s)=\dfrac{1}{s+0.1}$의 보드선도

[그림 11-7] **지상제어기를 1차앞선요소와 1차지연요소로 분리한 보드선도**

지상제어기의 보드선도는 제어기의 전달함수를 다음 식 (11.4)와 같이 1차앞선요소와 1차지연요소로 분리하여 [그림 11-7]처럼 각각의 보드선도를 그린 후, [그림 11-8]과 같이 두 보드선도를 합하면 쉽게 그릴 수 있다.

$$G_{lag}(s) = \frac{s+z_c}{s+p_c} = (s+z_c) \times \frac{1}{(s+p_c)} \tag{11.4}$$

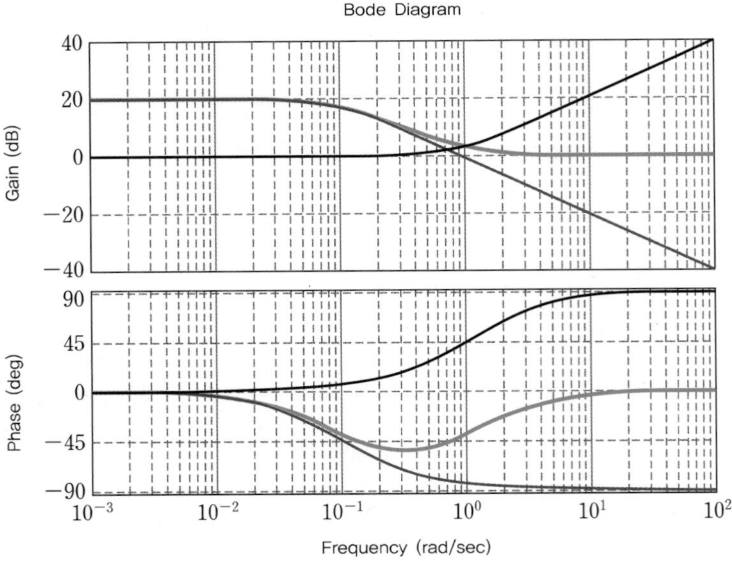

[그림 11-8] **1차앞선요소와 1차지연요소로 합하여 지상제어기의 보드선도 그리기**

[그림 11-8]과 같이 1차앞선요소와 1차지연요소로 합하여 그린 지상제어기의 보드선도는 [그림 11-9]와 같다. 어떤 시스템에 지상제어기를 추가할 때, 주파수가 작으면 지상제어기의 크기가 $\frac{z_c}{p_c}$이므로, 시스템의 전체 이득은 식 (11.5)만큼 증가한다.

$$\mathrm{g} = 20\log\frac{z_c}{p_c}\,[\mathrm{dB}] \tag{11.5}$$

그러나 지상제어기를 추가하는 것은 전체 이득이 증가하는 데 관심이 있는 것이 아니라, 정상상태오차의 개선에 관심이 있으므로 [dB] 단위의 이득보다는 크기 $|G(j\omega)|$ 를 살펴봐야 한다.

지상제어기는

$$\lim_{\omega\to 0}\frac{j\omega+z_c}{j\omega+p_c} = \frac{z_c}{p_c} \tag{11.6}$$

이므로 시스템의 오차상수, 즉 위치상수나 속도상수, 가속도상수의 값을 $\frac{z_c}{p_c}$배 만큼 상승시켜 정상

상태오차를 줄이는 효과가 있다. 그러나 주파수가 $\omega \gg 1$에서는 크기 $|G(j\omega)|$ 가 1에 가깝게 되므로 전체 주파수전달함수의 크기에 미치는 영향은 거의 없다.

$$G(j\omega) = \frac{j\omega + z_c}{j\omega + p_c}$$

$$|G(j\omega)| = \frac{\sqrt{\omega^2 + z_c^2}}{\sqrt{\omega^2 + p_c^2}}$$

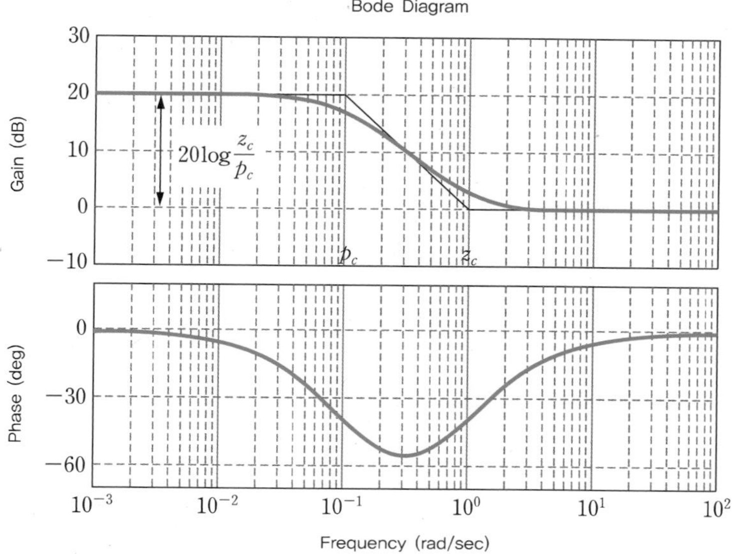

[그림 11-9] 지상제어기 $G_{lag}(s) = \frac{s+z_c}{s+p_c} = \frac{s+1}{s+0.1}$의 보드선도

예제 11-2 정상상태오차 개선을 위한 지상제어기 설계

[그림 11-10]과 같은 제어시스템의 정상상태오차를 $\frac{1}{10}$로 줄이기 위한 지상제어기를 설계하라.

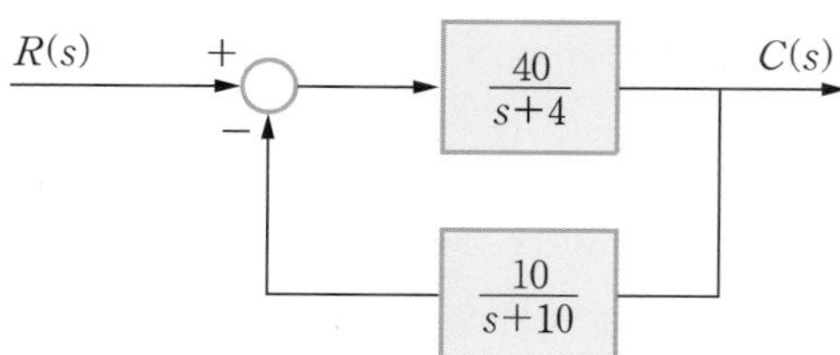

[그림 11-10] [예제 11-2]의 제어시스템

풀이

주어진 제어시스템은 위치상수가

$$K_p = \lim_{s \to 0} G(s)H(s) = \lim_{s \to 0} \frac{400}{(s+4)(s+10)} = 10 \qquad \cdots ①$$

이므로, 단위계단입력에 대한 정상상태오차는

$$e_{step} = \frac{1}{1+K_p} = \frac{1}{1+10} = 0.09$$

이다. 따라서 9%인 정상상태오차를 $\frac{1}{10}$로 줄여 0.9%로 하려면 위치상수가

$$\frac{1}{1+K_p} = 0.009 \qquad \cdots ②$$

$$1 = 0.009 + 0.009 K_p$$

$$K_p = \frac{1-0.009}{0.009} = 110.11 \qquad \cdots ③$$

이어야 하므로, 현재의 위치상수를 약 11배 증가시켜야 한다. 이를 위해서는 [그림 11-11]과 같이 이 제어시스템의 전향경로에 $z_c > p_c$인 지상제어기를 삽입해야 한다.

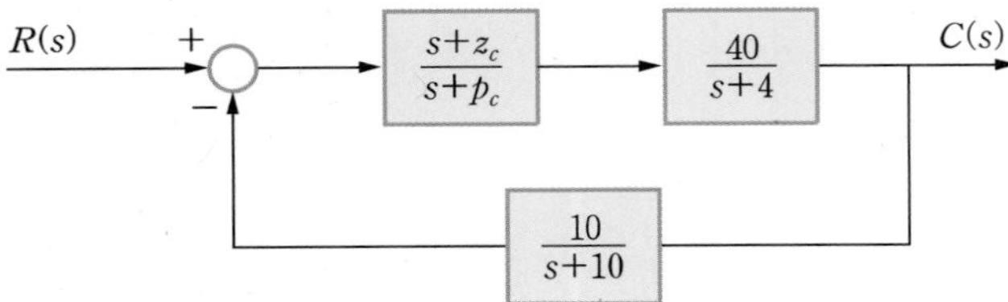

[그림 11-11] **지상제어기가 추가된 제어시스템**

따라서 위치상수가 $\frac{z_c}{p_c}$배로 증가하게 되므로 새로 삽입된 지상제어기의 영점과 극점의 비는

$$\frac{z_c}{p_c} = 11.0 \qquad \cdots ④$$

이어야 한다. 그런데 제어기의 영점 z_c와 극점 p_c의 비가 11이 되는 경우는 다음과 같이 여러 가지가 있다.

$$\frac{z_c}{p_c} = 11.0 = \frac{110}{10} = \frac{11}{1} = \frac{1.1}{0.1} = \frac{0.11}{0.01} \qquad \cdots ⑤$$

이 중에서 시스템의 정상상태오차 이외에 이득여유나 위상여유에는 전혀 영향을 미치지 않도록 설계하려면 식 ⑤에서 마지막 값을 택한다. 왜냐하면 지상제어기에서 위상이 늦어지는 경우는 주파수가 작을 때만 나타나고, 이득여유주파수나 위상여유주파수 근처에서는 나타나지 않게 하기 위해서다. 그러면 지상제어기가 삽입되어도 원래 시스템의 이득여유나 위상여유에는 전혀 영향을 미치지 않는다. [그림 11-11]의 지상제어기로 전달함수가 다음과 같은 제어기를 사용하면

$$G_{lag}(s) = \frac{s+z_c}{s+p_c} = \frac{s+0.11}{s+0.01} \qquad \cdots ⑥$$

위치상수는 다음과 같이 변하고, 단위계단입력에 대한 정상상태오차도 0.9%로 감소한다.

$$K_p = \lim_{s \to 0} \frac{(s+0.11)}{(s+0.01)} \frac{400}{(s+4)(s+10)} = 110 \quad \cdots ⑦$$

$$e_{step} = \frac{1}{1+K_p} = \frac{1}{1+110} \fallingdotseq 0.009$$

이제 지상제어기가 추가된 제어시스템의 개루프 전달함수의 보드선도를 그려보자. 지상제어기를 추가하지 않은 보드선도를 먼저 그리고, 그 다음 지상제어기의 보드선도를 그린 후에 이 둘을 합하면 [그림 11-12]와 같다. [그림 11-12]에서 알 수 있듯이 주파수가 작으면 이득이 20.8[dB]$\left(=20\log\frac{0.11}{0.01}\right)$ 정도 증가하고, 주파수가 0.01 ~ 0.11[rad/sec] 근처에서 위상이 최대 45° 이상 늦어지나, 이 시스템의 이득여유와 위상여유에는 전혀 영향을 미치지 않는다. 결론적으로 정상상태오차는 개선되었으나 다른 과도응답에는 영향을 거의 미치지 않음을 알 수 있다.

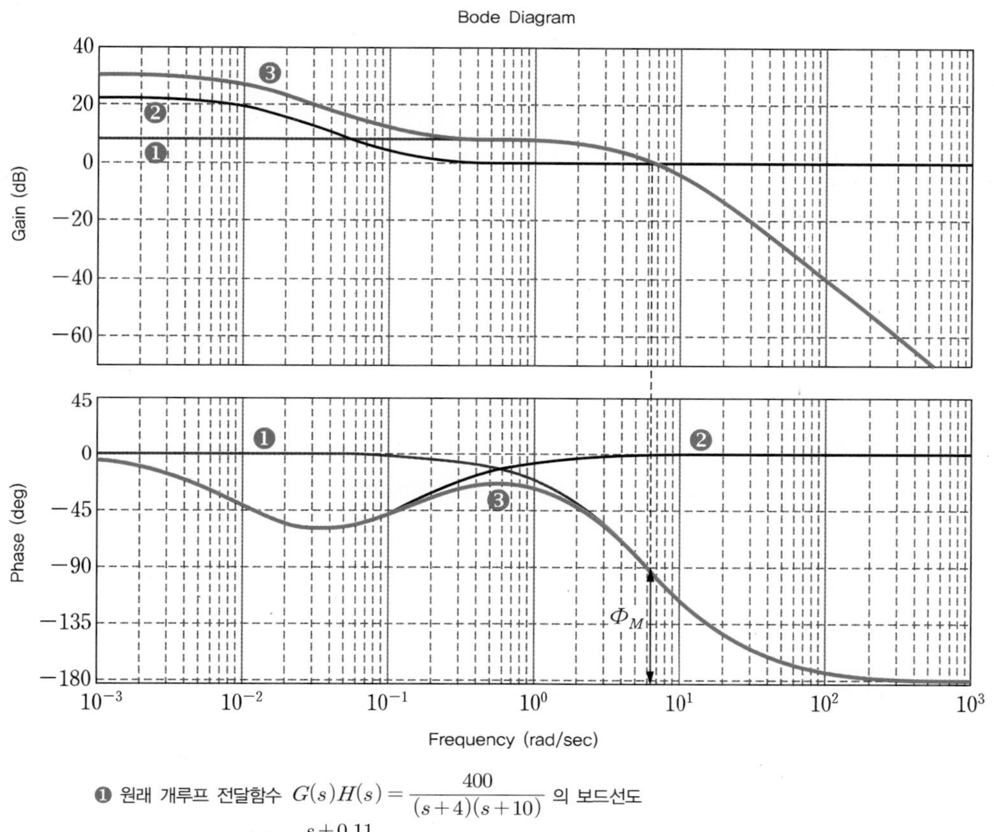

❶ 원래 개루프 전달함수 $G(s)H(s) = \frac{400}{(s+4)(s+10)}$ 의 보드선도

❷ 지상제어기 $G_{lag}(s) = \frac{s+0.11}{s+0.01}$ 의 보드선도

❸ 지상제어기가 추가된 $G_{lag}(s)G(s)H(s) = \frac{(s+0.11)}{(s+0.01)} \times \frac{400}{(s+4)(s+10)}$ 의 보드선도

[그림 11-12] **지상제어기가 추가된 제어시스템의 개루프 전달함수의 보드선도**

Section

11.3 진상제어기에 의한 과도응답 개선

8장에서 과도응답을 개선하기 위해 미분제어기를 추가하여 특성방정식의 근의 위치를 변경함으로써 원하는 시간응답을 얻는 설계 방법을 공부하였다. 이 방법에서는 능동소자인 연산증폭기가 필요하므로 전원장치가 있어야 했다. 이 절에서는 능동소자 대신 수동소자를 사용하여 과동응답특성을 개선하는 **진상제어기**lead controller를 살펴본다. 11.2절에서 배운 지상제어기는 다음과 같은 전달함수에서

$$G_{lag}(s) = \frac{s+z_c}{s+p_c} \tag{11.7}$$

$z_c > p_c$이고, z_c와 p_c의 비, 즉 $\dfrac{z_c}{p_c}$ 값은 크지만 z_c, p_c 각각의 값은 작게 선택하여 주파수가 대단히 작은 영역에서만 영향을 미치도록 하였다. 따라서 이득여유나 위상여유를 결정하는 주파수에서는 그 존재의 영향이 거의 미치지 않았다. 반면에, 전달함수가 식 (11.8)과 같은 진상제어기는

$$G_{lead}(s) = K_c\frac{s+z_c}{s+p_c} \qquad \text{단, } K_c = \frac{p_c}{z_c},\ z_c < p_c \tag{11.8}$$

$z_c < p_c$로 할 뿐만 아니라 z_c, p_c의 값을 이득여유주파수 ω_{GM}이나 위상여유주파수 $\omega_{\Phi M}$와 비슷한 값으로 정하여, 이 제어기에 의한 위상 상승과 이득 상승이 위상여유 Φ_M와 이득여유주파수 ω_{GM}에 영향을 미치도록 설계한다. 위상여유가 증가하면 백분율 오버슈트가 감소하고, 이득여유주파수가 증가하면 대역폭이 증가하고, 따라서 상승시간, 정정시간 등이 작아지므로 시간응답의 특성이 개선되기 때문이다. 식 (11.8)에서 증폭도 K_c가 없으면 제어기의 직류이득이 감소하여 정상상태오차가 커지므로, 이를 보상하여 직류이득을 1로 하기 위해 존재한다. 따라서 진상제어기에는 반드시 증폭기가 같이 있어야 한다. 진상제어기의 주파수전달함수는

$$G_{lead}(j\omega) = K_c\frac{j\omega+z_c}{j\omega+p_c} \tag{11.9}$$

이고, 이득과 위상은 다음과 같이 나타낸다.

$$\mathrm{g} = 20\log|G_{lead}(j\omega)| = 20\log\left(\frac{p_c}{z_c}\frac{\sqrt{\omega^2+z_c^2}}{\sqrt{\omega^2+p_c^2}}\right) \tag{11.10}$$

$$\theta_c = \tan^{-1}\frac{\omega}{z_c} - \tan^{-1}\frac{\omega}{p_c} \tag{11.11}$$

식 (11.10)와 식 (11.11)을 따라(앞의 11.2절에서 지상제어기의 보드선도를 그리던 방법과 같이) 진상제어기의 보드선도를 그리면 [그림 11-13]과 같다.

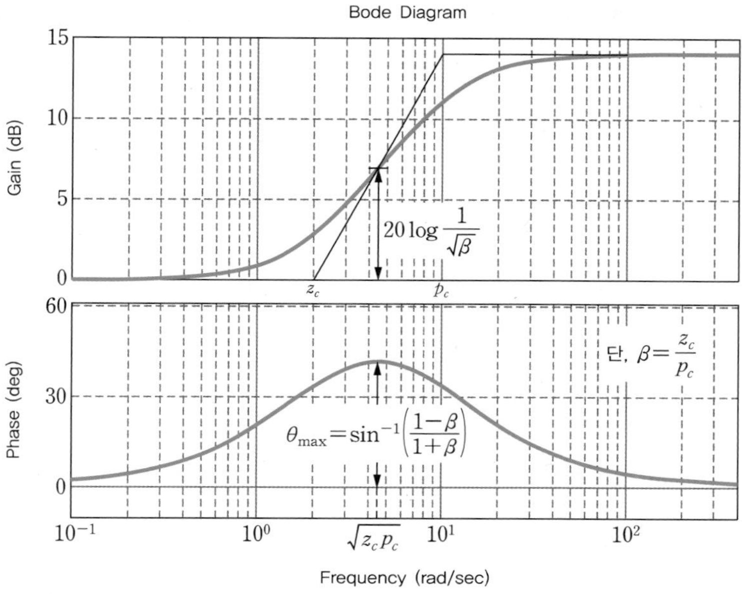

[그림 11-13] **진상제어기 $G_{lead}(s) = K_c\frac{s+z_c}{s+p_c} = 5\times\frac{s+2}{s+10}$ 의 보드선도**

이때 위상 값이 최대인 최대위상주파수 $\omega_{\max}$를 구하기 위하여 식 (11.11)을 주파수 ω로 미분하고, 그 값을 0으로 놓으면

$$\frac{d}{d\omega}\theta_c = \frac{d}{d\omega}\left(\tan^{-1}\frac{\omega}{z_c} - \tan^{-1}\frac{\omega}{p_c}\right) = \frac{z_c}{z_c^2+\omega^2} - \frac{p_c}{p_c^2+\omega^2} = 0 \tag{11.12}$$

메모

$$\frac{z_c}{z_c^2+\omega^2} = \frac{p_c}{p_c^2+\omega^2}$$
$$z_c\left(p_c^2+\omega^2\right) = p_c\left(z_c^2+\omega^2\right)$$
$$z_c p_c^2 + z_c\omega^2 = p_c z_c^2 + p_c\omega^2$$
$$\left(z_c - p_c\right)\omega^2 = z_c p_c\left(z_c - p_c\right)$$
$$\omega = \sqrt{z_c p_c}$$

이고, 최대위상주파수는 다음과 같다.

$$\omega_{\max} = \sqrt{z_c p_c} \tag{11.13}$$

이제 주파수 $\omega_{\max}$를 식 (11.11)의 ω에 대입하여 최대위상을 구하면 다음과 같다.

$$\begin{aligned}\theta_{\max} &= \tan^{-1}\frac{\sqrt{z_c p_c}}{z_c} - \tan^{-1}\frac{\sqrt{z_c p_c}}{p_c} \\ &= \sin^{-1}\left(\frac{1-\beta}{1+\beta}\right) \qquad 단,\ \beta = \frac{z_c}{p_c}\end{aligned} \tag{11.14}$$

또한 최대위상주파수일 때의 크기를 구하면

$$G_{lead}(j\omega_{\max}) = K_c \frac{j\omega_{\max} + z_c}{j\omega_{\max} + p_c} = \frac{p_c}{z_c}\frac{j\sqrt{z_c p_c} + z_c}{j\sqrt{z_c p_c} + p_c}$$

$$|G_{lmead}(j\omega_{\max})| = \frac{p_c}{z_c}\frac{\sqrt{z_c p_c + z_c^2}}{\sqrt{z_c p_c + p_c^2}} = \frac{p_c}{z_c}\frac{\sqrt{z_c(p_c + z_c)}}{\sqrt{p_c(z_c + p_c)}}$$

이므로, 정리하면 다음과 같다.

$$|G_{lead}(j\omega_{\max})| = \sqrt{\frac{p_c}{z_c}} = \frac{1}{\sqrt{\beta}} \tag{11.15}$$

예제 11-3 진상제어기에 의한 과도응답 개선

전향경로 전달함수가 다음과 같은 직결귀환제어시스템이 있다. 이 시스템의 전향경로 전달함수의 보드선도는 [그림 11-14]와 같다. 이 시스템의 위상여유를 50°로 개선하기 위한 진상제어기를 설계하라.

$$G(s) = \frac{30}{s^2 + s + 9}$$

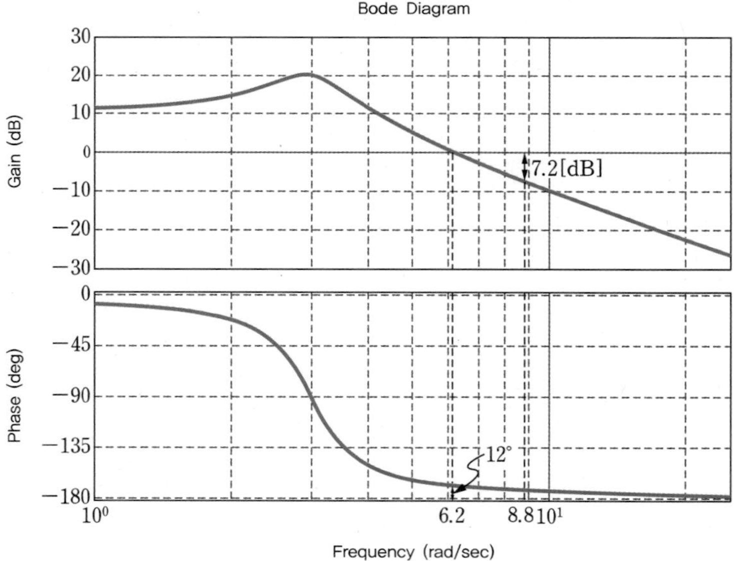

[그림 11-14] [예제 11-3]의 $G(s) = \dfrac{30}{s^2 + s + 9}$의 보드선도

풀이

현재 위상여유주파수 $\omega_{\Phi M} = 6.2\,[\text{rad/sec}]$에서 위상여유 Φ_M는 $12°$이다. 따라서 $50°$로 만들려면 $38°$만큼 증가시켜야 한다. 그러나 위상을 증가시키기 위해 진상제어기를 추가하면 위상만 증가하지 않고 이득도 증가되므로 이득교점이 변하게 되어 위상여유주파수가 증가한다. 따라서 진상제어기로 증가시켜야 하는 위상에 (이득곡선의 기울기에 따라서) 일반적으로 $5° \sim 20°$ 정도를 추가한다. 여기에서는 $38°$에 $5°$를 추가한 $43°$로 정해보자.

먼저 진상제어기의 최대위상이 $43°$가 되도록 $\beta(=\dfrac{z_c}{p_c})$의 값을 정하면 다음과 같다.

$$43° = \sin^{-1}\left(\frac{1-\beta}{1+\beta}\right) \qquad \cdots ①$$

$$\sin 43° = \frac{1-\beta}{1+\beta}$$

$$0.68 = \frac{1-\beta}{1+\beta}$$

$$\beta \fallingdotseq 0.19 \qquad \cdots ②$$

이때 크기와 이득은 식 (11.15)을 이용하여 다음과 같이 계산한다.

$$|G_{lead}(j\omega_{\max})| = \sqrt{\frac{p_c}{z_c}} = \frac{1}{\sqrt{\beta}} = \frac{1}{\sqrt{0.19}} = 2.3 \qquad \cdots ③$$

$$\text{g} = 20\log 2.3 = 7.2\,[\text{dB}] \qquad \cdots ④$$

그러므로 우리가 설계하려는 진상제어기는 최대위상이 $43°$이고, 이득이 $7.2\,[\text{dB}]$인 제어기이다. 따라서 주어진 시스템에 진상제어기를 추가하여 보드선도에서 $7.2\,[\text{dB}]$의 이득이 더해지면 수정된 이득곡선이 $0\,[\text{dB}]$이 되어야 한다. 즉 [그림 11-14]의 보드선도에서 $-7.2\,[\text{dB}]$를 나타내는 주파수 $8.8\,[\text{rad/sec}]$가 이 진상제어기의 최대위상주파수 $\omega_{\max}$가 되어야 한다.

식 (11.13)에 최대위상주파수 $\omega_{\max} = 8.8$을 대입하면

$$\omega_{\max} = \sqrt{z_c p_c} = 8.8 \qquad \cdots ⑤$$

$$z_c p_c = 8.8^2 = 77.44$$

이고, 앞에서 구한 값들

$$\beta = \frac{z_c}{p_c} = 0.19, \quad z_c p_c = 77.44$$

로부터 진상제어기의 영점과 극점들이 다음과 같이 정한다.

$$z_c = 0.19\,p_c, \quad 0.19\,p_c^2 = 77.44$$

$$p_c \fallingdotseq 20.19, \quad z_c \fallingdotseq 3.84 \qquad \cdots ⑥$$

따라서 주어진 위상여유를 만족하기 위해서는 다음과 같은 진상제어기를 전향경로에 추가해야 한다.

$$G_{lead}(s) = 5.26 \times \frac{(s+3.84)}{(s+20.19)} \qquad \cdots ⑦$$

진상제어기를 추가하면 [그림 11-14]의 보드선도가 [그림 11-15]와 같이 수정되며, 위상여유가 50° 로 개선되었음을 알 수 있다.

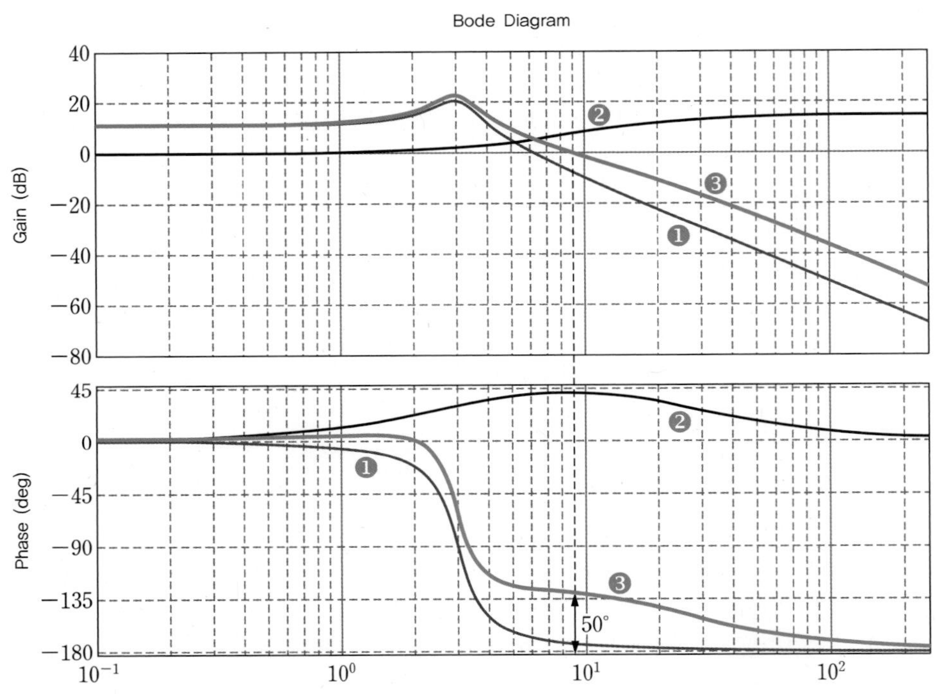

❶ $G(s) = \dfrac{30}{s^2+s+9}$ 의 보드선도

❷ 진상제어기 $G_{lead}(s) = 5.26 \times \dfrac{(s+3.84)}{(s+20.19)}$ 의 보드선도

❸ 진상제어기가 추가된 $G_{lead}(s)G(s) = 5.26 \times \dfrac{(s+3.84)}{(s+20.19)} \times \dfrac{30}{(s^2+s+9)}$ 의 보드선도

[그림 11-15] **진상제어기가 추가된 전향경로 전달함수의 보드선도**

Tip & Note

✔ 식 (11.14)의 유도 과정

$$\theta_{max} = \tan^{-1}\frac{\sqrt{z_c p_c}}{z_c} - \tan^{-1}\frac{\sqrt{z_c p_c}}{p_c} = \tan^{-1}\sqrt{\frac{p_c}{z_c}} - \tan^{-1}\sqrt{\frac{z_c}{p_c}}$$

$$\tan\theta_{max} = \tan\left(\tan^{-1}\sqrt{\frac{p_c}{z_c}} - \tan^{-1}\sqrt{\frac{z_c}{p_c}}\right) = \frac{\tan\left(\tan^{-1}\sqrt{\frac{p_c}{z_c}}\right) - \tan\left(\tan^{-1}\sqrt{\frac{z_c}{p_c}}\right)}{1+\tan\left(\tan^{-1}\sqrt{\frac{p_c}{z_c}}\right)\times\tan\left(\tan^{-1}\sqrt{\frac{z_c}{p_c}}\right)}$$

$$\leftarrow \tan(A-B) = \frac{\tan A - \tan B}{1+\tan A\times\tan B}$$

$$= \frac{\sqrt{\frac{p_c}{z_c}} - \sqrt{\frac{z_c}{p_c}}}{1+\sqrt{\frac{p_c}{z_c}}\sqrt{\frac{z_c}{p_c}}} = \frac{\left(\sqrt{\frac{p_c}{z_c}} - \sqrt{\frac{z_c}{p_c}}\right)\times\sqrt{\frac{z_c}{p_c}}}{2\times\sqrt{\frac{z_c}{p_c}}}$$

$$= \frac{1-\frac{z_c}{p_c}}{2\times\sqrt{\frac{z_c}{p_c}}} = \frac{1-\beta}{2\sqrt{\beta}} \qquad \text{단, } \beta = \frac{z_c}{p_c}$$

$$\frac{1}{\sin^2\theta} = \operatorname{cosec}^2\theta = 1+\cot^2\theta$$

$$\frac{1}{\sin^2\theta_{max}} = 1+\left(\frac{2\sqrt{\beta}}{1-\beta}\right)^2 = \frac{(1-\beta)^2+(2\sqrt{\beta})^2}{(1-\beta)^2} = \frac{1-2\beta+\beta^2+4\beta}{(1-\beta)^2}$$

$$= \frac{1+2\beta+\beta^2}{(1-\beta)^2} = \frac{(1+\beta)^2}{(1-\beta)^2}$$

$$\therefore \sin\theta_{max} = \frac{1-\beta}{1+\beta}$$

Section

11.4 진·지상제어기에 의한 시간응답 개선

앞에서 지상제어기와 진상제어기를 살펴보았다. 이 절에서는 이들의 장점을 활용한 **진·지상제어기** lead-lag controller에 대해 설명하고자 한다. 앞에서 살펴본 바와 같이 지상제어기는 정상상태오차를 줄이는 데 사용하며, 진상제어기는 과도응답을 개선하는데 사용한다. 이제 시스템의 시간응답을 개선하기 위해 진·지상제어기를 설계하는 방법을 살펴보자.

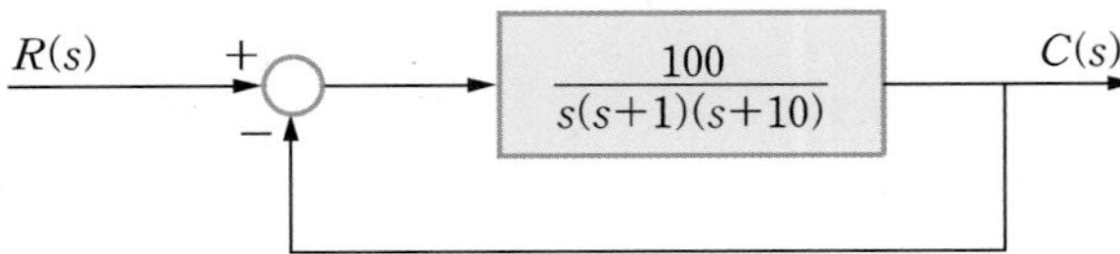

[그림 11-16] **직결귀환제어시스템의 예**

[그림 11-16]과 같은 제어시스템에서 정상상태오차를 $\frac{1}{5}$로 줄이고, 백분율 오버슈트가 25%이면서 정정시간을 1.5초 이하로 하는 진·지상제어기를 설계하고 구현해보자

❶ 먼저 [그림 11-16]의 제어시스템에 대한 단위계단응답과 단위램프응답을 그리면 각각 [그림 11-17], [그림 11-18]과 같고, 개루프 전달함수의 보드선도는 [그림 11-19]와 같다. 그리고 [그림 11-19]의 보드선도에서 이득교점, 위상교점과 변곡점 등 중요한 점에서의 주파수와 이득, 위상각은 [표 11-1]과 같다.

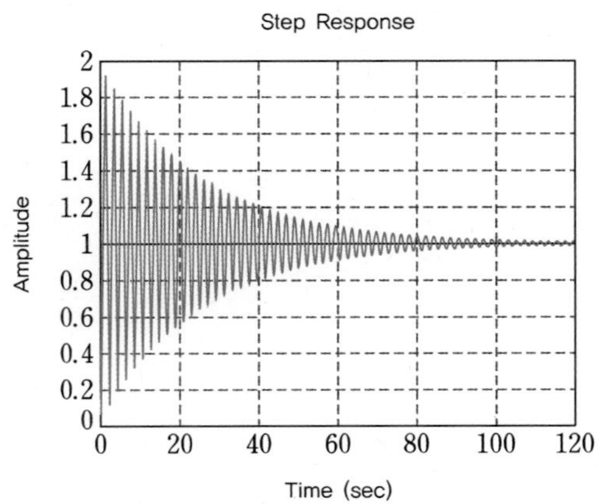

[그림 11-17] $G(s)=\frac{100}{s(s+1)(s+10)}$ **인 직결귀환제어시스템의 단위계단응답**

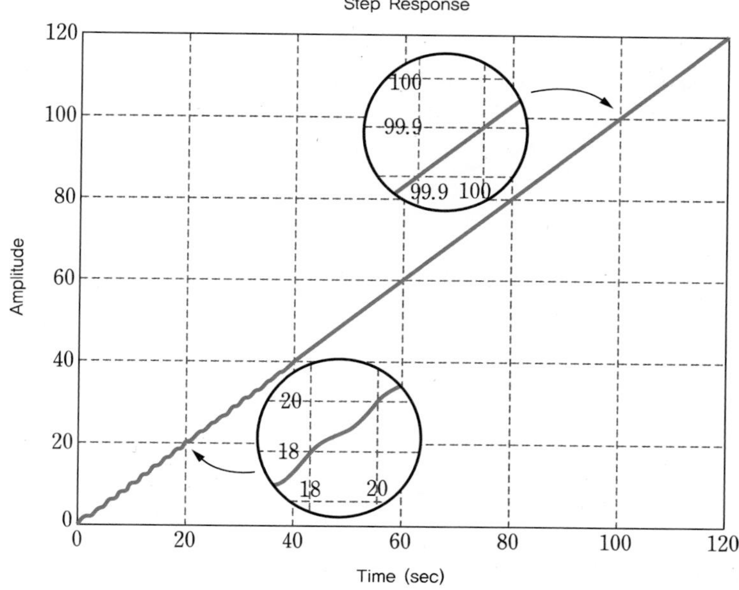

[그림 11-18] $G(s) = \dfrac{100}{s(s+1)(s+10)}$ 인 직결귀환제어시스템의 단위램프응답

주어진 시스템은 I형이므로 단위계단입력에 대해서는 정상상태오차가 당연히 0이 된다. 따라서 여기에서 정상상태오차는 단위램프입력에 대한 오차를 말한다. 현재 속도상수는

$$K_v = \lim_{s \to 0} s\, G(s)H(s) = \lim_{s \to 0} s \frac{100}{s(s+1)(s+10)} = 10 \tag{11.16}$$

이므로, 정상상태오차는 다음과 같이 10%이다.

$$e_{ramp}(\infty) = \frac{1}{K_v} = \frac{1}{10} = 0.1 \tag{11.17}$$

[표 11-1] [그림 11-19]의 주파수와 이득, 위상각

주파수 ω[rad/sec]	이득 g[dB]	위상각 θ[°]
1.0	16.91	−140.7
3.01	0	−178.4
3.16	−0.8	−180.0
4.4	−7	−190.9
10.0	23.05	−140.7

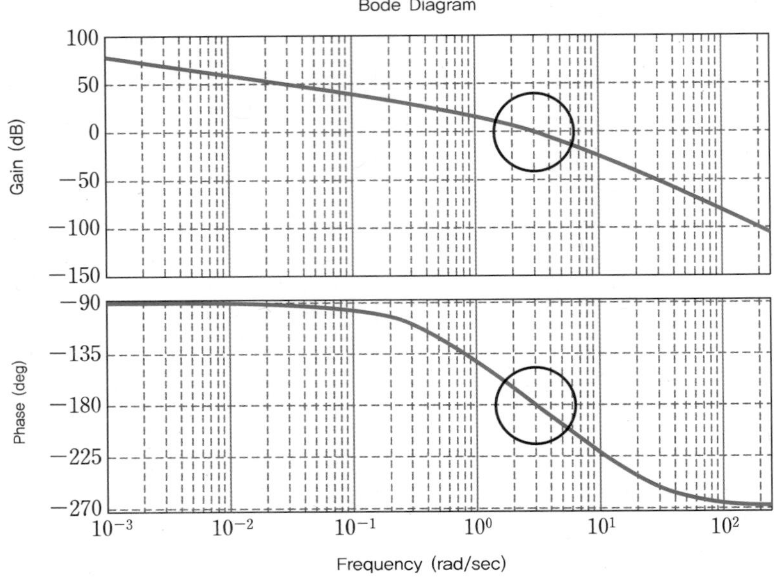

(a) $G(s)=\dfrac{100}{s(s+1)(s+10)}$ 의 보드선도

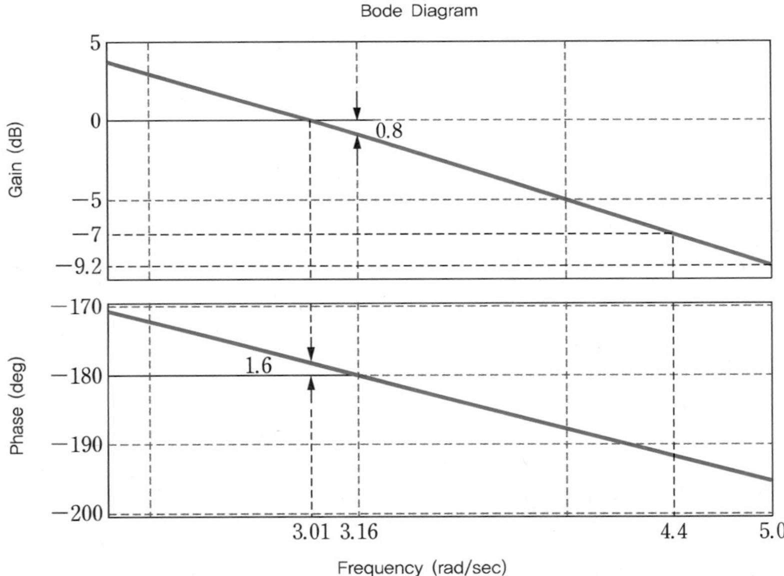

(b) 위상여유, 이득여유, 대역폭

[그림 11-19] **전향경로 전달함수의 보드선도**

단위램프응답을 나타내는 [그림 11-18]을 보면, 단위램프입력에 대해 처음엔 진동하는 과도응답을 보이나 시간이 많이 지난 정상상태에서는 오차가 0.1 임을 알 수 있다. 정상상태오차를 $\frac{1}{5}$ 로 줄여 2%로 하기 위해 증폭기의 이득정수를 5배 증가시켜 속도상수를 50으로 하고 싶으나, 이득여유주파

수 $\omega_{GM} = 3.16$ [rad/sec] 에서 이득여유가 0.8 [dB] 밖에 없으므로 14 [dB] (= 20 log 5) 를 증가시키면 이 제어시스템은 불안정해진다. 이득조정으로 정상상태오차를 개선할 수 없으므로 다음과 같은 지상제어기를 추가해야 한다.

$$G_{lag}(s) = \frac{s+0.1}{s+0.02} \tag{11.18}$$

식 (11.18)을 추가하면 전체 속도상수가

$$K_v = \lim_{s \to 0} s \times \frac{(s+0.1)}{(s+0.02)} \times \frac{100}{s(s+1)(s+10)} = 50$$

이 되므로, 램프입력에 대한 정상상태오차가 $\frac{1}{5}$ 로 감소하여 2% 가 된다.

❷ 현재 위상여유는 위상여유주파수 $\omega_{\Phi M} = 3.01$ [rad/sec] 에서 1.6° 밖에 되지 않으므로 [그림 11-17]에서 보는 바와 같이 과도응답의 오버슈트와 정정시간이 매우 크다. 백분율 오버슈트를 25% 로 낮추기 위해, 즉 시스템의 감쇠비를 $\zeta = 0.404$ 로 하려면 위상여유가 다음과 같아야 한다.

$$\begin{aligned}\Phi_M &= \tan^{-1}\frac{2\zeta}{\sqrt{-2\zeta^2 + \sqrt{4\zeta^4+1}}} \\ &= \tan^{-1}\frac{2\times 0.404}{\sqrt{-2\times 0.404^2 + \sqrt{4\times 0.404^4+1}}} \\ &= \tan^{-1}0.949 \\ &= 43.5^\circ\end{aligned} \tag{11.19}$$

이를 만족하기 위해서는 진상제어기를 추가해야 한다. 이제 진상제어기를 설계해보자. 현재 위상여유가 1.6° 이므로 41.9° 만 증가시키면 되지만, 위상여유주파수 $\omega_{\Phi M}$의 위치가 오른쪽으로 이동할 것을 고려하여 10° 를 더 추가하여, 설계하고자 하는 진상제어기의 최대위상을 51.9° 로 정하자.

먼저, 식 (11.14)로 $\beta(=\frac{z_c}{p_c})$의 값을 정하면 다음과 같다.

$$\begin{aligned}51.9^\circ &= \sin^{-1}\left(\frac{1-\beta}{1+\beta}\right) \\ \sin 51.9^\circ &= \frac{1-\beta}{1+\beta} \\ 0.79 &= \frac{1-\beta}{1+\beta} \\ \beta &= 0.12\end{aligned}$$

이때 크기와 이득은 식 (11.15)으로 다음과 같이 계산한다.

$$|G_{lead}(j\omega_{\max})| = \sqrt{\frac{p_c}{z_c}} = \frac{1}{\sqrt{\beta}} = \frac{1}{\sqrt{0.12}} = 2.9 \tag{11.20}$$

$$\mathrm{g} = 20\log\ 2.9 = 9.2\,[\mathrm{dB}]$$

그러므로 우리가 설계하려는 진상제어기는 최대위상이 51.9° 이고, 이득이 9.2[dB] 인 제어기이다. 따라서 주어진 시스템에 진상제어기를 추가하여 보드선도에 9.2[dB] 의 이득이 더해지면 수정된 이득곡선이 0[dB] 이 되어야 한다. 즉, [그림 11-19(b)]의 보드선도에서 −9.2[dB] 을 나타내는 주파수 5.0[rad/sec] 가 이 진상제어기의 최대위상주파수 $\omega_{\max}$가 되어야 한다.

식 (11.13)에 최대위상주파수 $\omega_{\max} = 5.0$을 대입하면

$$\omega_{\max} = \sqrt{z_c\, p_c} = 5.0 \tag{11.21}$$

$$z_c\, p_c = 5.0^2 = 25.0$$

이고, 앞에서 구한 값들

$$\beta = \frac{z_c}{p_c} = 0.12,\ \ z_c\, p_c = 25.0$$

로부터 진상제어기의 영점과 극점을 구하면 다음과 같다.

$$\begin{aligned} z_c &= 0.12\, p_c,\ \ 0.12\, p_c^2 = 25.0 \\ p_c &= 14.43,\ \ z_c = 1.73 \end{aligned} \tag{11.22}$$

따라서 주어진 위상여유를 만족하기 위해서는 다음과 같은 진상제어기를 전향경로에 추가해야 한다.

$$G_{lead}(s) = 8.34 \times \frac{(s+1.73)}{(s+14.43)} \tag{11.23}$$

다음과 같이 설계한 진·지상제어기

$$G_c(s) = 8.34 \times \frac{(s+1.73)}{(s+14.43)} \times \frac{(s+0.1)}{(s+0.02)} \tag{11.24}$$

가 전향경로에 추가된 [그림 11-20]의 개루프 전달함수에 대한 보드선도를 그리면 [그림 11-21]과 같다.

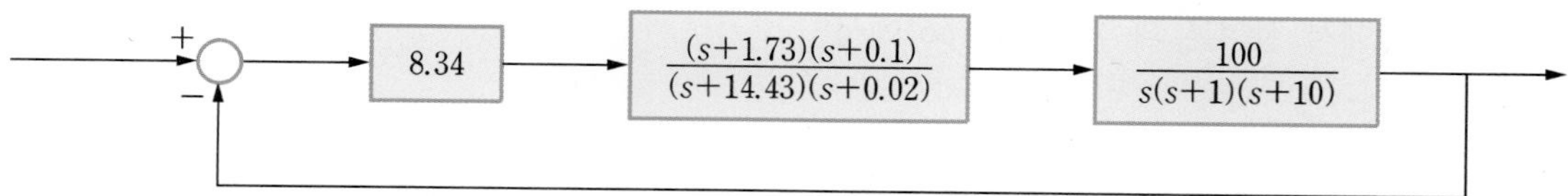

[그림 11-20] **진 · 지상제어기가 추가된 제어시스템**

[그림 11-21]의 보드선도에서 보듯이 주파수가 0에 가까이 접근할 때 이득이 14[dB] 정도 증가함으로써 속도상수를 5배 상승시켜 정상상태오차가 $\frac{1}{5}$배 줄어든다. 그러나 위상여유가 35° 밖에 안 되므로 과도응답의 백분율 오버슈트가 약 35%($\zeta = 0.32$)나 됨을 알 수 있다([그림 10-45] 참조).

이제 정정시간에 대해 살펴보자. 진 · 지상제어기를 추가하기 전의 대역폭을 측정하여, 그때의 정정시간을 알아보자. 대역폭은 전체 폐루프 제어시스템의 주파수응답의 이득이 −3[dB]이 되는 주파수를 말하는데, 일반적으로 직결귀환제어시스템의 개루프 주파수응답에서 위상이 −135° ~ −225° 범위에 있으면서 이득이 −7[dB]이 되는 주파수이다([그림 10-42] 참조).

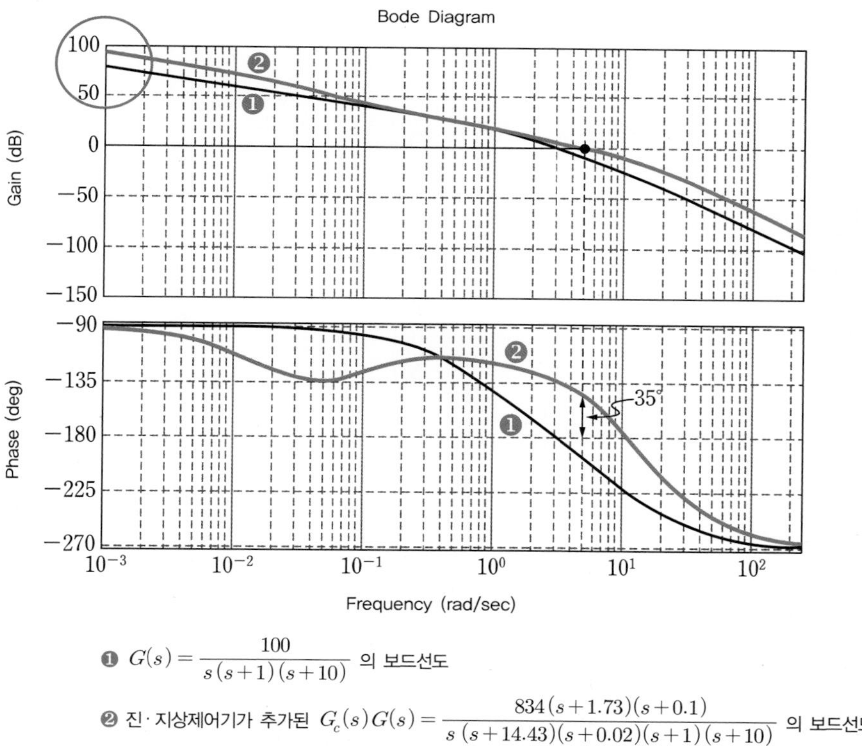

❶ $G(s) = \dfrac{100}{s(s+1)(s+10)}$ 의 보드선도

❷ 진 · 지상제어기가 추가된 $G_c(s)G(s) = \dfrac{834(s+1.73)(s+0.1)}{s(s+14.43)(s+0.02)(s+1)(s+10)}$ 의 보드선도

[그림 11-21] **진 · 지상제어기가 추가된 전향경로 전달함수의 보드선도**

진 · 지상제어기를 추가하기 전의 제어기에 대한 보드선도 [그림 11-19]에서 대역폭과 위상여유를 측정하면 $\omega_{BW} = 4.4\,[\text{rad/sec}]$, Φ_M은 1.6°이다. 따라서 감쇠비는 $\zeta \fallingdotseq 0.014$ 라고 할 수 있다.

그리고 10장에서 살펴본 다음 식 (10.66)에서

$$\omega_{BW} = \frac{4}{T_s \zeta} \sqrt{(1-2\zeta^2) + \sqrt{4\zeta^4 - 4\zeta^2 + 2}}$$

정정시간을 구하면 다음과 같다.

$$\begin{aligned} T_s &= \frac{4}{4.4 \times 0.014} \sqrt{(1-2\times 0.014^2) + \sqrt{4\times 0.014^4 - 4\times 0.014^2 + 2}} \\ &\fallingdotseq 100.88\,[\text{sec}] \end{aligned} \tag{11.25}$$

진·지상제어기를 추가하여 개선된 시스템에 대한 보드선도 [그림 11-21]에서 대역폭을 측정하면 $\omega_{BW} = 8.6\,[\text{rad/sec}]$ 이다. 이 대역폭과 감쇠비 $\zeta = 0.32$를 가지고 개선된 정정시간을 구하면 식 (11.25)에서 다음과 같이 된다.

$$\begin{aligned} T_s &= \frac{4}{8.6 \times 0.32} \sqrt{(1-2\times 0.32^2) + \sqrt{4\times 0.32^4 - 4\times 0.32^2 + 2}} \\ &\fallingdotseq 2.09\,[\text{sec}] \end{aligned} \tag{11.26}$$

이때 백분율 오버슈트와 정정시간의 조건이 만족되지 않으므로 다시 설계를 해야 한다.

❸ 앞에서 진상제어기를 설계할 때 진상제어기의 최대위상을 51.9°로 하고 설계를 했는데, 15°를 더 늘려 최대위상을 66.9°로 다시 설계해보자. 식 (11.14)로 β값을 다시 계산하면 다음과 같다.

$$\begin{aligned} 66.9^\circ &= \sin^{-1}\left(\frac{1-\beta}{1+\beta}\right) \\ \sin 66.9^\circ &= \frac{1-\beta}{1+\beta} \\ 0.92 &= \frac{1-\beta}{1+\beta} \\ \beta &\fallingdotseq 0.04 \end{aligned}$$

이때의 크기와 이득은 식 (11.15)으로 다음과 같이 계산한다.

$$\begin{aligned} |G_{lead}(j\omega_{\max})| &= \sqrt{\frac{p_c}{z_c}} = \frac{1}{\sqrt{\beta}} = \frac{1}{\sqrt{0.04}} = 5.0 \\ g &= 20\log 5 = 14\,[\text{dB}] \end{aligned} \tag{11.27}$$

따라서 다시 설계하려는 진상제어기는 최대위상이 66.9° 이고, 이득이 14[dB] 인 제어기고, 주어진 시스템에 진상제어기가 추가되어 보드선도에서 14[dB]의 이득이 더해지면 수정된 이득곡선이

0[dB]이 되어야 한다. 즉 [그림 11-19(a)]의 보드선도에서 -14[dB]을 나타내는 주파수 6.45 [rad/sec]가 이 진상제어기의 최대위상주파수 ω_{max}가 되어야 한다.

식 (11.13)에 최대위상주파수 $\omega_{max}=6.45$를 대입하면

$$\omega_{max}=\sqrt{z_c p_c}=6.45 \tag{11.28}$$
$$z_c p_c = 6.45^2 = 41.6$$

이고, 앞에서 구한 값들

$$\beta=\frac{z_c}{p_c}=0.04,\ \ z_c p_c = 41.6$$

로부터 새로운 진상제어기의 영점과 극점을 구하면 다음과 같다.

$$\begin{aligned} &z_c = 0.04\,p_c,\ \ 0.04\,p_c^2 = 41.6 \\ &p_c \fallingdotseq 32.25,\ \ z_c \fallingdotseq 1.29 \end{aligned} \tag{11.29}$$

따라서 주어진 위상여유를 만족하기 위해서는 다음과 같은 진상제어기를 새로 설계한다.

$$G_{lead}(s)=25\times\frac{(s+1.29)}{(s+32.25)} \tag{11.30}$$

다음과 같이 설계한 진·지상제어기

$$G_c(s)=25\times\frac{(s+1.29)}{(s+32.25)}\times\frac{(s+0.1)}{(s+0.02)} \tag{11.31}$$

를 전향경로에 추가한 전향경로 전달함수의 보드선도를 그리면 [그림 11-22]와 같다.

[그림 11-22]에서 이득이 0[dB]이 되는 위상여유주파수 6.44[rad/sec]에서 위상여유는 $\Phi_M=42.7^\circ$이며, 대역폭은 $\omega_{BW}=11$[rad/sec]이다. 따라서 감쇠비는 $\zeta=0.4$로 과도응답의 백분율 오버슈트가 약 28%가 되며, 정정시간은 다음과 같다.

$$11=\frac{4}{T_s\times 0.4}\sqrt{(1-2\times 0.4^2)+\sqrt{4\times 0.4^4-4\times 0.4^2+2}}$$

$$T_s=\frac{4}{11\times 0.4}\times 1.37 \fallingdotseq 1.25\,[\text{sec}]$$

그러나 이 설계는 정정시간은 조건을 만족하나, 백분율 오버슈트가 조건을 만족하지 못하므로 설계를 다시 해야 한다.

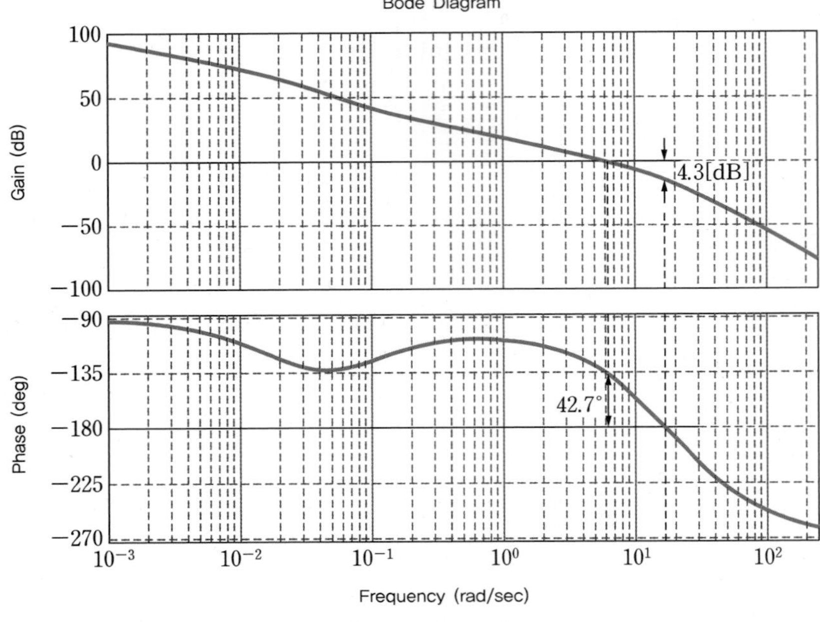

[그림 11-22] $G_c(s)G(s) = \dfrac{834(s+1.73)(s+0.1)}{s(s+14.43)(s+0.02)(s+1)(s+10)}$ 의 보드선도

❹ 앞에서 진상제어기를 설계할 때 진상제어기의 최대위상을 66.9° 로 하고 설계를 하였는데, 5° 를 더 늘려서 최대위상을 71.9° 로 하여 다시 설계해보자. 식 (11.14)로 β값을 구하면 다음과 같다.

$$71.9° = \sin^{-1}\left(\frac{1-\beta}{1+\beta}\right)$$

$$\sin 71.9° = \frac{1-\beta}{1+\beta}$$

$$0.95 = \frac{1-\beta}{1+\beta}$$

$$\beta \fallingdotseq 0.026$$

이때의 크기와 이득은 식 (11.15)으로 다음과 같이 계산한다.

$$|G_{lead}(j\omega_{\max})| = \sqrt{\frac{p_c}{z_c}} = \frac{1}{\sqrt{\beta}} = \frac{1}{\sqrt{0.026}} = 6.20 \tag{11.32}$$

$$\mathrm{g} = 20\log 6.20 = 15.85\,[\mathrm{dB}]$$

우리가 다시 설계하려는 진상제어기는 최대위상이 71.9° 이고, 이득이 15.85[dB]이 되는 제어기다. 따라서 주어진 시스템에 진상제어기를 추가하여 보드선도에서 15.85[dB]의 이득이 더해지면 수정된 이득곡선이 0[dB]이 되어야 한다. 즉, [그림 11-19(a)]의 보드선도에서 −15.85[dB]를 나타내는 주파수 7.1[rad/sec]가 이 진상제어기의 최대위상주파수 $\omega_{\max}$가 되어야 한다.

식 (11.13)에 최대위상주파수 $\omega_{\max} = 7.1$을 대입하면

$$\omega_{\max} = \sqrt{z_c p_c} = 7.1 \qquad (11.33)$$

$$z_c p_c = 7.1^2 = 50.41$$

이고, 앞에서 구한 값들 $\beta = \dfrac{z_c}{p_c} = 0.026$, $z_c p_c = 50.41$로부터 새로운 진상제어기의 영점과 극점을 구하면 다음과 같다.

$$z_c = 0.026\, p_c,\ \ 0.026\, p_c^2 = 50.41$$

$$p_c \fallingdotseq 44.03,\ \ z_c \fallingdotseq 1.14 \qquad (11.34)$$

따라서 주어진 위상여유를 만족하기 위해서는 다음과 같은 진상제어기를 새로 설계한다.

$$G_{lead}(s) = 38.63 \times \frac{(s+1.14)}{(s+44.03)} \qquad (11.35)$$

다음과 같이 설계한 진·지상제어기

$$G_c(s) = G_{lead}(s) \times G_{lag}(s) = 38.63 \times \frac{(s+1.14)}{(s+44.03)} \times \frac{(s+0.1)}{(s+0.02)} \qquad (11.36)$$

를 전향경로에 삽입해야 한다. [그림 11-23]에 지상제어기와 진상제어기의 보드선도를 각각 나타냈으며, 그들을 합하여 진·지상제어기의 보드선도를 그리면 [그림 11-24]와 같다.

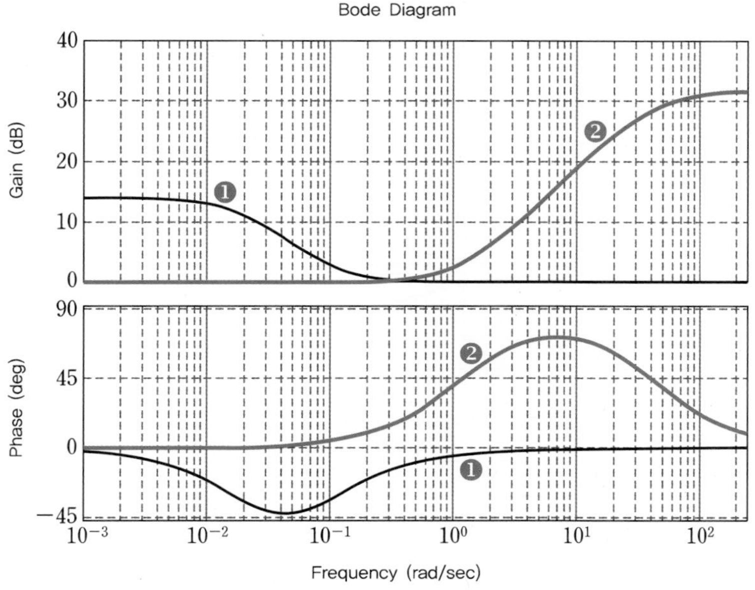

❶ 지상제어기 $G_{lag}(s) = \dfrac{s+0.1}{s+0.02}$의 보드선도

❷ 진상제어기 $G_{lead}(s) = 38.63 \times \dfrac{s+1.14}{s+44.03}$의 보드선도

[그림 11-23] **지상제어기와 진상제어기의 보드선도**

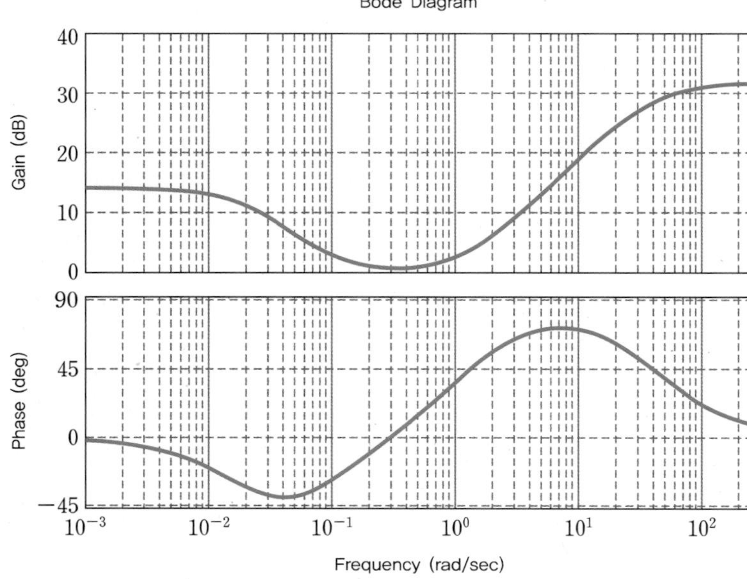

[그림 11-24] **새로 설계한** $G_c(s) = 38.63 \times \frac{(s+1.14)}{(s+44.03)} \times \frac{(s+0.1)}{(s+0.02)}$ **의 보드선도**

이때 새로 설계한 진·지상제어기를 추가한 시스템의 개루프 전달함수에 대한 보드선도를 그리면 [그림 11-25]와 같다.

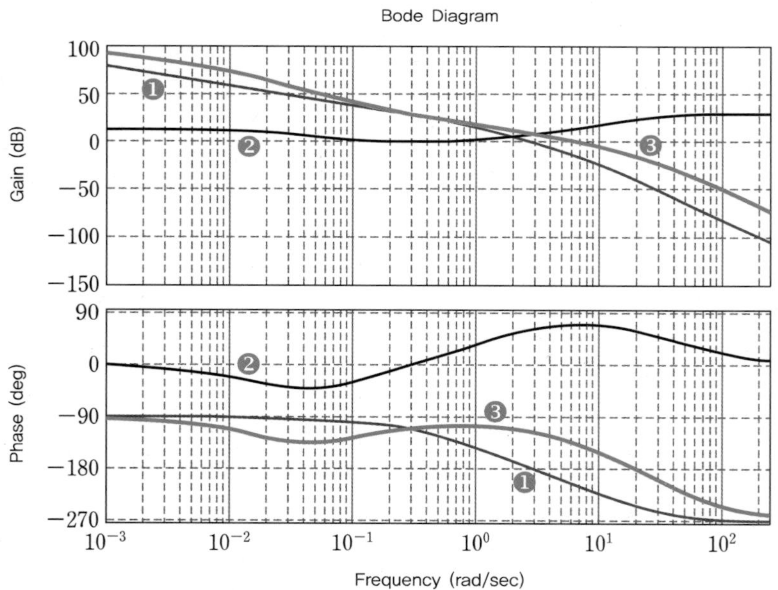

❶ 원래 제어시스템의 개루프 전달함수의 보드선도
❷ 새로 설계한 진·지상제어기의 보드선도
❸ 새로 설계한 진·지상제어기를 추가한 개루프 전달함수의 보드선도

[그림 11-25] **새로 설계한 진·지상제어기를 추가한 시스템의 개루프 전달함수의 보드선도**

진 · 지상제어기를 추가하여 개선된 시스템과 개선되기 전 시스템의 개루프 전달함수에 대한 보드선도를 비교하면 [그림 11-26]과 같다.

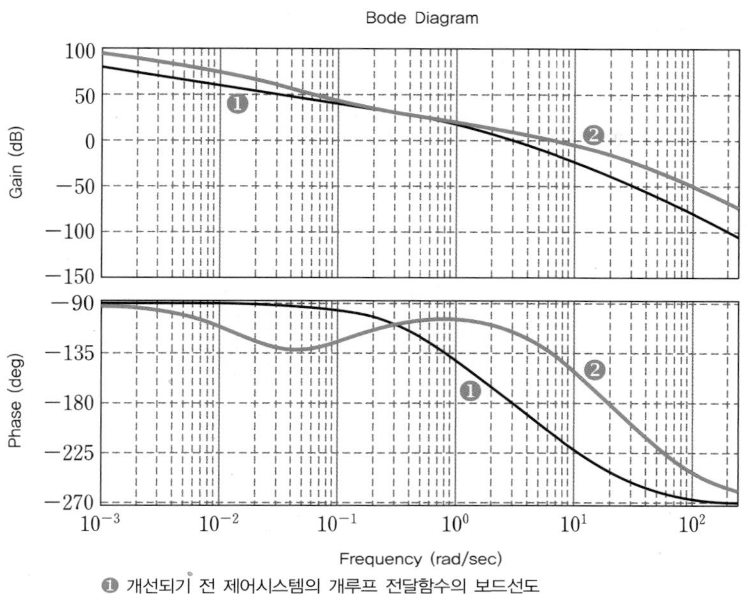

❶ 개선되기 전 제어시스템의 개루프 전달함수의 보드선도
❷ 개선된 제어시스템의 개루프 전달함수의 보드선도

[그림 11-26] **개선되기 전·후 시스템의 보드선도 비교**

이제 [그림 11-27]의 진 · 지상제어기가 추가된 시스템의 개루프 전달함수에 대한 보드선도의 주파수응답특성을 가지고 개선된 시스템이 문제의 시간응답특성들을 만족시키는지를 살펴보자.

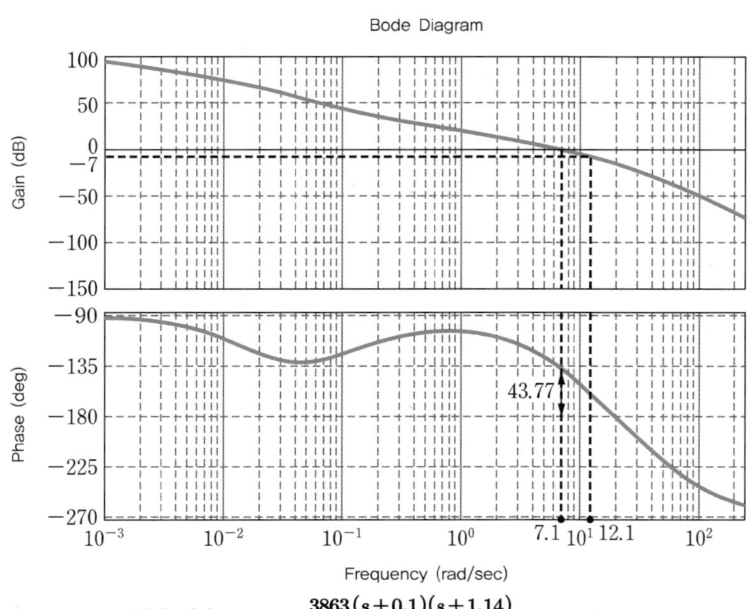

[그림 11-27] $G_c(s)G(s)=\dfrac{3863(s+0.1)(s+1.14)}{s(s+0.02)(s+44.03)(s+1)(s+10)}$ 의 보드선도

[그림 11-27]에서 이득이 0[dB]이 되는 위상여유주파수 $\omega_{\Phi M}= 7.1$[rad/sec] 에서 위상여유가 $\Phi_M= 43.77^\circ$ 이며, 이득이 -7[dB]이 되는 주파수, 즉 대역폭은 $\omega_{BW}= 12.1$[rad/sec] 이다. 따라서 감쇠비는 $\zeta = 0.405$로 과도응답의 백분율 오버슈트가 약 24.9%가 되며, 정정시간도 다음과 같이 만족스러운 결과를 얻는다.

$$12.1 = \frac{4}{T_s \times 0.405}\sqrt{(1-2\times 0.405^2)+\sqrt{4\times 0.405^4 - 4\times 0.405^2 + 2}}$$

$$T_s = \frac{4}{12.1\times 0.405}\times 1.37 \fallingdotseq 1.1\,[\text{sec}]$$

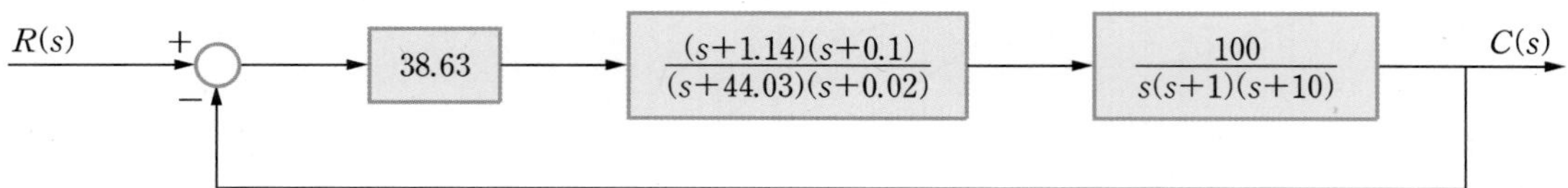

[그림 11-28] **진 · 지상제어기가 추가되어 개선된 제어시스템**

새로 개선된 [그림 11-28]의 시스템에 대한 단위계단응답과 정상상태에서의 단위램프응답을 구하면 [그림 11-29]와 [그림 11-30]과 같다.

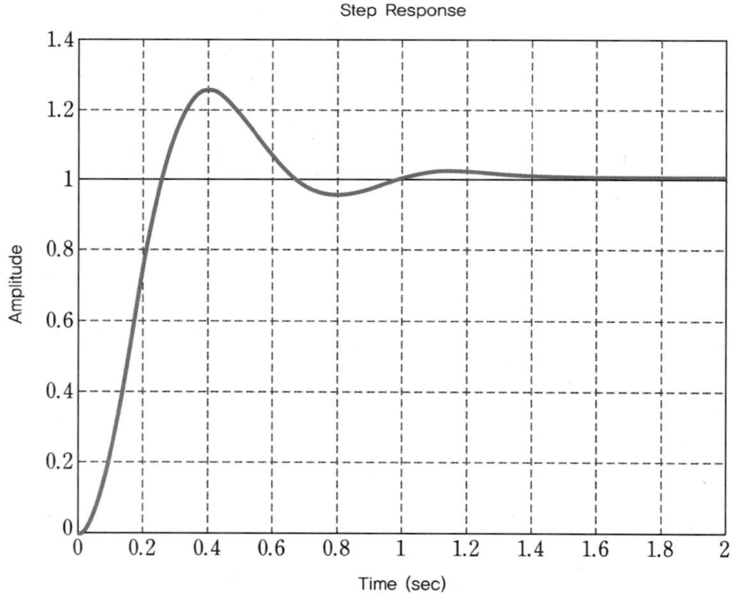

[그림 11-29] **[그림 11-28]과 같이 개선된 제어시스템의 단위계단응답**

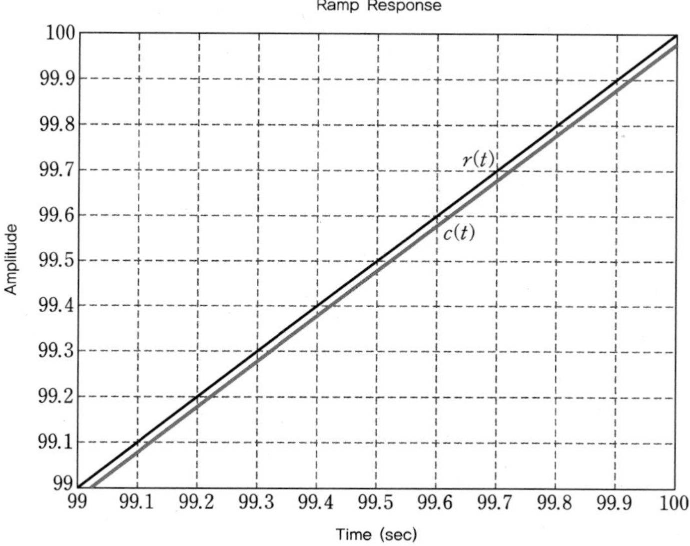

[그림 11-30] **[그림 11-28]과 같이 개선된 제어시스템의 정상상태의 단위램프응답**

개선되기 전 시스템의 단위계단응답 [그림 11-17]과 진 · 지상제어기에 의하여 개선된 시스템의 단위계단응답 [그림 11-29]를 비교해 볼 때, 진 · 지상제어기에 의하여 심한 진동과 정정시간이 현저히 개선되었음을 알 수 있다. 또한 [그림 11-30]에서 정상상태오차가 0.1에서 0.02로 개선된 것을 알 수 있다.

❺ 이제 제어기를 실제 구현하는 문제를 생각해보자. 앞에서 설계한 진 · 지상제어기는 [그림 11-31]과 같이 수동소자인 저항과 콘덴서만으로 구현할 수 있으나, 진상제어기에서 필요한 이득정수와 지상제어기를 수동소자로 구현했을 때 나타나는 이득감쇠를 보상하려면 연산증폭기가 필요하다. [그림 11-31]에 지상제어기 회로와 진상제어기 회로에 대한 전달함수를 각각 나타내었다.

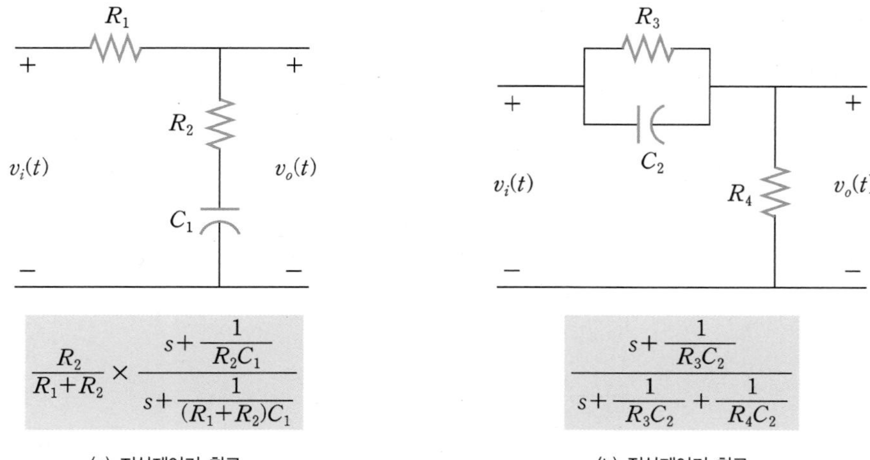

(a) 지상제어기 회로 (b) 진상제어기 회로

[그림 11-31] **지상제어기 회로와 진상제어기 회로의 전달함수**

[그림 11-31(a)]에서 보는 바와 같이 지상제어기를 수동소자로 구현하면 정상상태오차를 줄이기 위한 영점과 극점의 비를 저항소자들이 감쇄시키므로 진상제어기 설계에서 필요한 연산증폭기의 증폭도를 그만큼 더 높여주어야 한다. 또한 지상제어기 회로와 진상제어기 회로를 직접 연결하면(뒤에 연결한 수동소자가 부하와 같이 작용하여) 합성 전달함수가 제대로 나타나지 않으므로, 즉 두 전달함수의 곱이 되지 않으므로 두 회로를 서로 격리할isolate 필요가 있다. 그러기 위해서는 연산증폭기를 지상제어기 회로와 진상제어기 회로 사이에 삽입한다. 먼저 지상제어기부터 구현해보자.

$$\frac{R_2}{R_1+R_2}\times\frac{s+\dfrac{1}{R_2C_1}}{s+\dfrac{1}{(R_1+R_2)\,C_1}}=\frac{R_2}{R_1+R_2}\times\frac{s+0.1}{s+0.02} \tag{11.37}$$

이므로, 다음과 같이 된다.

$$\frac{1}{R_2C_1}=0.1 \tag{11.38}$$

$$\frac{1}{(R_1+R_2)\,C_1}=0.02 \tag{11.39}$$

식 (11.38)과 식 (11.39)의 연립방정식에는 미지수가 3개가 있는데 방정식은 2개뿐이므로 임의로 $C_1=100\,[\mu\mathrm{F}]$ 라고 하면 $R_2=100\,[\mathrm{k}\Omega]$ 이 되고, $R_1=400\,[\mathrm{k}\Omega]$ 이 된다. 이 수동 지상제어기 회로를 구현했을 때 나타나는 감쇠정수는 다음과 같다.

$$\frac{R_2}{R_1+R_2}=\frac{100}{400+100}=\frac{1}{5} \tag{11.40}$$

따라서 진상제어기를 설계할 때, 연산증폭기의 증폭도를 5만큼 증가시켜서 상쇄시켜 주어야 한다. 이제 진상제어기 회로를 구현해보자.

$$K_{lead}\times\frac{s+\dfrac{1}{R_3C_2}}{s+\dfrac{1}{R_3\,C_2}+\dfrac{1}{R_4\,C_2}}=38.63\times\frac{s+1.14}{s+44.03} \tag{11.41}$$

이므로, 다음과 같이 된다.

$$K_{lead}=38.63 \tag{11.42}$$

$$\frac{1}{R_3C_2}=1.14 \tag{11.43}$$

$$\frac{1}{R_3\,C_2}+\frac{1}{R_4\,C_2}=44.03 \tag{11.44}$$

식 (11.43)과 식 (11.44)에서 $C_2 = 10\,[\mu\mathrm{F}]$ 라고 하면 $R_3 = 87.719\,[\mathrm{k}\Omega]$, $R_4 = 2.332\,[\mathrm{k}\Omega]$ 이 된다. 그리고 지상제어기와 진상제어기 사이에 삽입할 연산증폭기의 증폭도는 지상제어기 회로에서 나타나는 감쇠분을 보완하여 다음과 같이 정한다.

$$K_c = K_{lead} \times 5 = 38.63 \times 5 = 193.15 \tag{11.45}$$

그러기 위해서는 [그림 8-26]의 반전 연산증폭기에서 $Z_1(s) = 1\,[\mathrm{k}\Omega]$ 일 때, $Z_2(s) = 193.15\,[\mathrm{k}\Omega]$ 이어야 한다. 이상에서 설명한 내용으로 진・지상제어기를 구현하면 [그림 11-32]와 같다. 반전 연산증폭기는 증폭도가 (−)값을 가지므로 제어기 말단에 증폭도 −1 인 반전연산 증폭기, 즉 버퍼[buffer]를 하나 추가해야 한다.

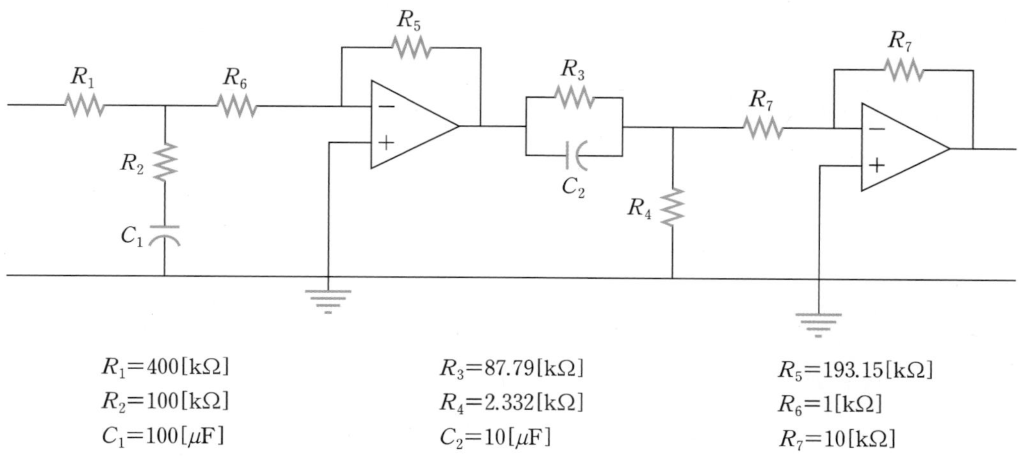

[그림 11-32] **진・지상제어기 구현**

Chapter 11 핵심요약

■ 보드선도와 시간응답의 관계

주파수응답의 이득여유는 시스템의 상대적 안정도와 밀접한 관계가 있으며, 위상여유는 과도응답 특성과 상관관계가 있다. 또한 보드선도에서 주파수가 0에 가까울 때의 이득은 정상상태오차와 밀접한 관계가 있다.

■ 이득정수와 정상상태오차

이득정수 K값을 크게 하면 정상상태오차를 줄일 수 있다. 단, 시스템이 안정한 범위 안에서만 사용 가능하다.

■ 지상제어기와 정상상태오차

정상상태오차를 줄이기 위해서는 다음과 같은 지상제어기를 사용한다.

$$G_{lag}(s) = \frac{s+z_c}{s+p_c} \qquad \text{단, } z_c > p_c$$

이때 영점과 극점의 값은 대단히 작게 취한다. 지상제어기를 삽입하면 위치상수 K_p, 속도상수 K_v, 가속도상수 K_a를 $\dfrac{z_c}{p_c}$배 만큼 증가시킬 수 있다.

■ 진상제어기와 백분율 오버슈트

위상여유를 크게 하여 백분율 오버슈트를 줄이기 위해서는 다음과 같은 진상제어기를 사용한다.

$$G_{lead}(s) = K_c \frac{s+z_c}{s+p_c} \qquad \text{단, } K_c = \frac{p_c}{z_c}, \quad z_c < p_c$$

■ 진상제어기와 상승시간 및 정정시간

대역폭 ω_{BW}이 크면 상승시간과 정정시간은 줄어진다. 이때 대역폭을 증가시켜 상승시간과 정정시간을 줄이기 위해 진상제어기를 사용한다.

■ 진·지상제어기의 설계 및 구현

진・지상제어기는 진상제어기와 지상제어기를 종속접속시킨 제어기로, 지상제어기는 정상상태응답의 특성을, 진상제어기는 과동응답의 특성을 개선하기 위해 사용한다. 진상제어기와 지상제어기는 저항과 콘덴서로 만들어 연산증폭기를 이용하여 종속접속시킨다.

Chapter 11 연습문제

11.1 어떤 직결귀환제어시스템의 개루프 전달함수의 보드선도가 다음 그림과 같을 때, 이 제어시스템의 위상여유를 45°로 하고자 한다. 종속접속되어 있는 증폭기의 증폭도를 약 몇 배로 증가시켜야 하는가?

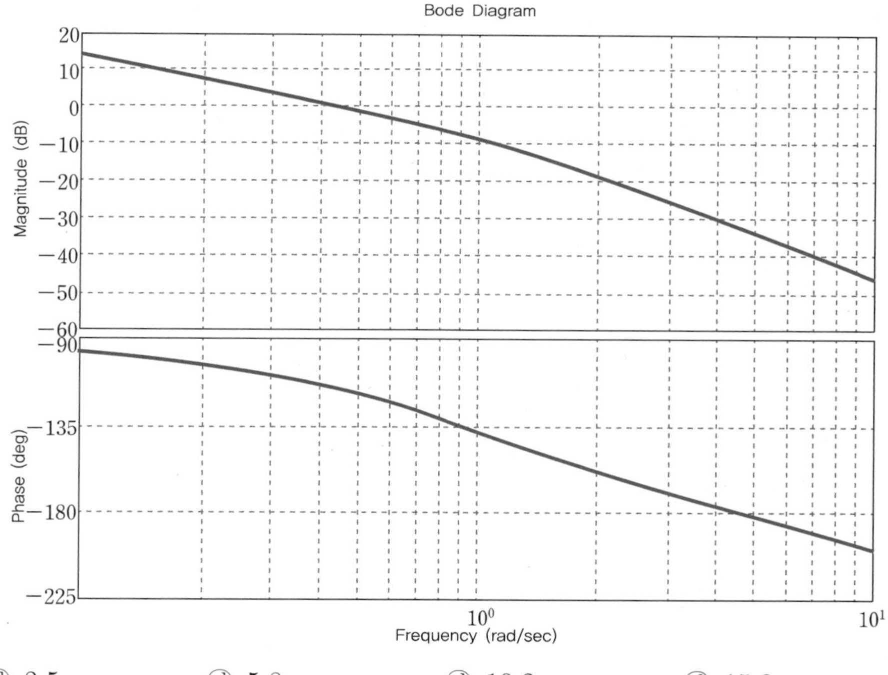

㉮ 2.5 ㉯ 5.8 ㉰ 10.2 ㉱ 15.8

11.2 다음 그림과 같은 보드선도의 이득선도를 그리는 제어요소는?

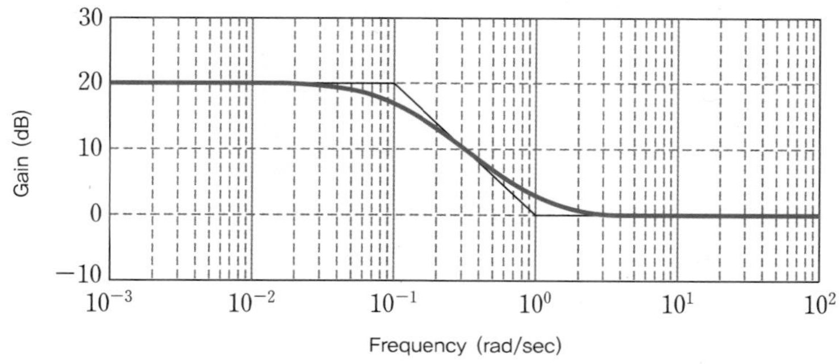

㉮ 1차앞선요소 ㉯ 1차지연요소 ㉰ 진상제어 ㉱ 지상제어기기

11.3 다음 그림과 같은 보드선도의 위상곡선을 그리는 제어요소는?

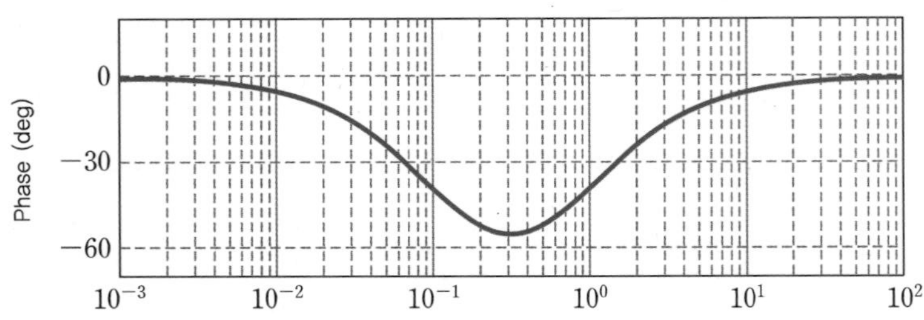

㉮ 1차앞선요소 ㉯ 1차지연요소 ㉰ 진상제어기 ㉱ 지상제어기

11.4 다음 그림과 같은 보드선도의 이득곡선을 그리는 전달함수는?

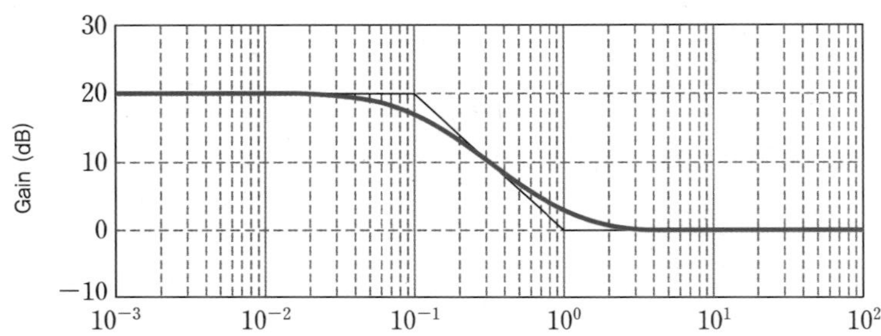

㉮ $G(s) = \dfrac{s+1}{s+0.1}$ ㉯ $G(s) = \dfrac{s+0.1}{s+1}$

㉰ $G(s) = (s+0.1)(s+1)$ ㉱ $G(s) = 10 \times \dfrac{s+0.1}{s+1}$

11.5 다음 그림과 같은 보드선도의 위상곡선을 그리는 제어요소는?

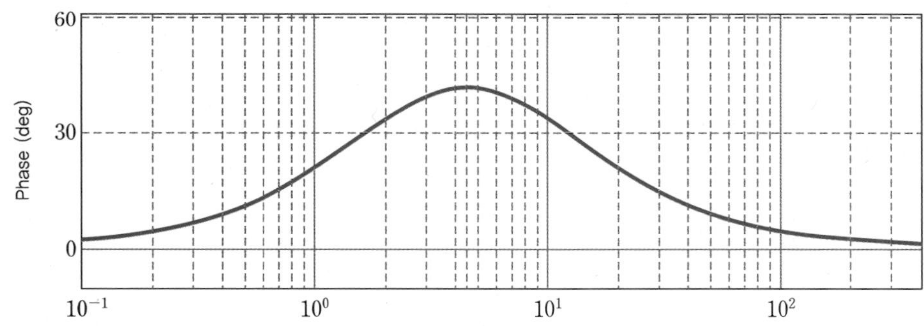

㉮ 1차앞선요소 ㉯ 1차지연요소 ㉰ 진상제어기 ㉱ 지상제어기

11.6 다음 그림과 같은 보드선도의 이득곡선을 그리는 전달함수는?

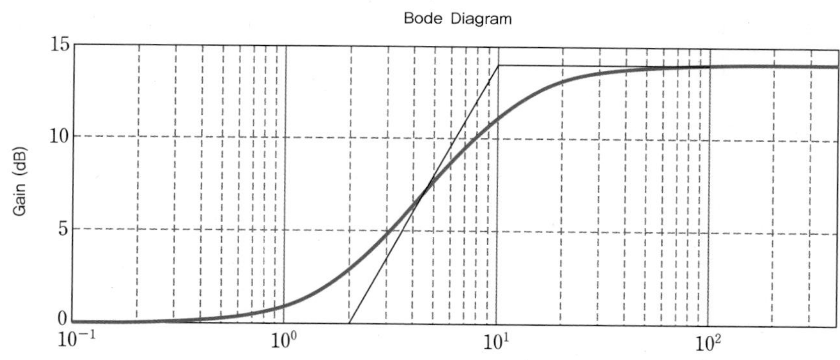

㉮ $G(s) = \dfrac{s+2}{s+10}$ ㉯ $G(s) = \dfrac{s+10}{s+2}$

㉰ $G(s) = 5 \times \dfrac{s+2}{s+10}$ ㉱ $G(s) = (s+2)(s+10)$

11.7 다음 그림과 같은 제어시스템의 정상상태오차를 $\dfrac{1}{5}$로 줄이기 위해 전향경로에 삽입하는 지상 제어기로 적당한 것은?

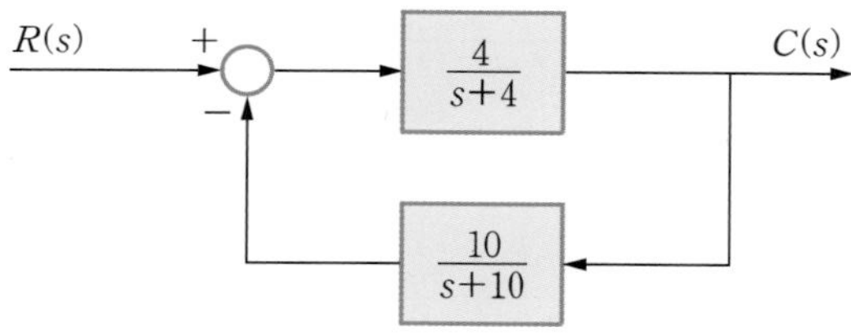

㉮ $G_c(s) = \dfrac{s+0.05}{s+0.01}$ ㉯ $G_c(s) = \dfrac{s+0.09}{s+0.01}$

㉰ $G_c(s) = \dfrac{s+5}{s+1}$ ㉱ $G_c(s) = \dfrac{s+0.1}{s+0.9}$

11.8 램프입력에 대한 정상상태오차를 줄이기 위하여 다음과 같은 전달함수를 갖는 제어기를 삽입하였다. 얼마나 감소할 수 있나?

$$G(s) = \frac{s+0.2}{s+0.05}$$

㉮ $\dfrac{1}{4}$ ㉯ $\dfrac{2}{5}$ ㉰ $\dfrac{1}{10}$ ㉱ 0

11.9 다음 그림의 ❶과 같은 보드선도를 그리는 시스템에 어떤 제어요소를 삽입했더니 보드선도가 그림의 ❷와 같이 변하였다. 그 제어요소의 전달함수로서 적당한 것은?

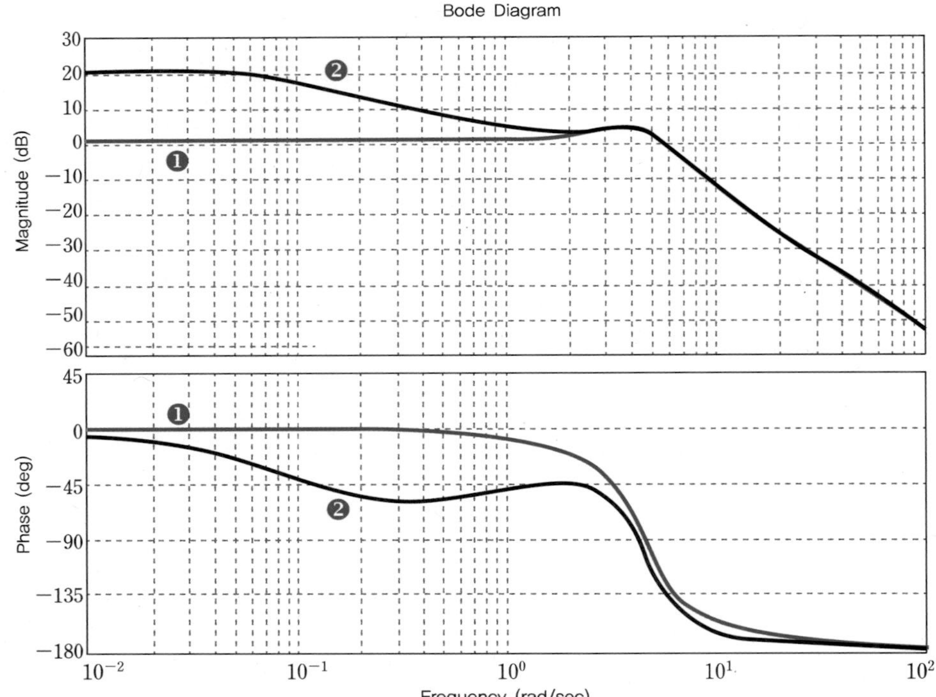

㉮ $G_c(s) = \dfrac{s+0.5}{s+1}$

㉯ $G_c(s) = \dfrac{s+0.1}{s+0.01}$

㉰ $G_c(s) = \dfrac{s+1}{s+0.1}$

㉱ $G_c(s) = \dfrac{s+0.1}{s+0.02}$

11.10 시스템의 위상여유를 증진시키려고 한다. 이를 위한 적당한 제어요소는?

㉮ 적분제어기　㉯ 진상제어기　㉰ 지상제어기　㉱ 1차지연요소

11.11 다음 그림의 ❶과 같은 보드선도를 그리는 시스템에 어떤 제어요소를 삽입하였더니 보드선도가 그림의 ❷와 같이 변하였다. 어떤 종류의 제어기가 삽입되었나?

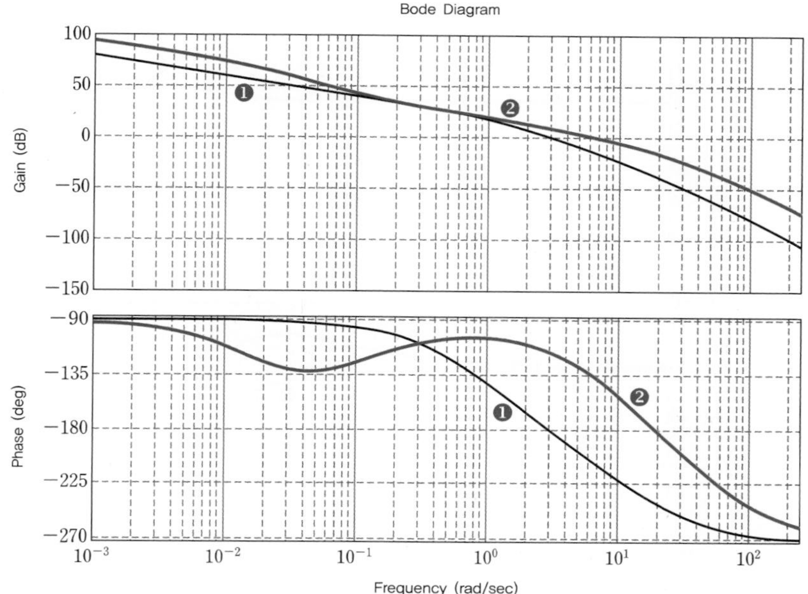

㉮ 적분제어기　㉯ 진상제어기　㉰ 지상제어기　㉱ 진・지상제어기

11.12 다음 그림과 같은 위상선도를 그리는 제어요소의 전달함수는?

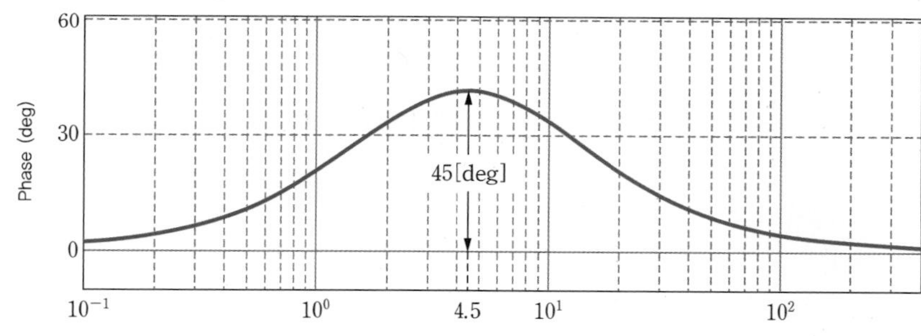

㉮ $G(s) = \dfrac{s+1.9}{s+10.9}$　㉯ $G(s) = 1.4 \times \dfrac{s+3.8}{s+5.4}$

㉰ $G(s) = \dfrac{s+4}{s+45}$　㉱ $G(s) = \dfrac{s+8.2}{s+0.5}$

11.13 그림의 ❶과 같은 보드선도를 그리는 시스템에 어떤 제어요소를 삽입했더니 보드선도가 그림의 ❷와 같이 변하였다. 그 제어요소의 전달함수로서 적당한 것은?

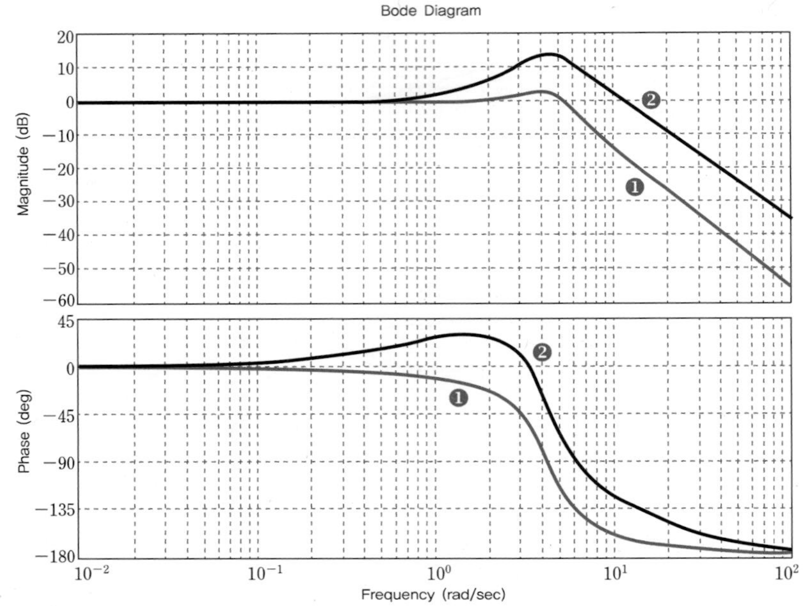

㉮ $G_c(s) = \dfrac{s+0.1}{s+1}$ ㉯ $G_c(s) = \dfrac{s+1}{s+10}$

㉰ $G_c(s) = \dfrac{10s+10}{s+10}$ ㉱ $G_c(s) = \dfrac{s+10}{s+1}$

11.14 다음 설명 중 틀린 것은?

㉮ 과도응답에 큰 변화를 주지 않으면서 정상상태오차를 개선하기 위해서는 지상제어기를 사용한다.

㉯ 시스템을 안정하게 만들면서 정상상태오차를 개선하는 데에는 간편한 증폭기를 많이 사용한다.

㉰ 정상상태오차에 큰 변화를 주지 않으면서 과도응답을 개선하기 위해서는 진상제어기를 사용한다.

㉱ 정상상태오차와 과동응답을 동시에 개선하기 위해서는 진·지상제어기를 사용한다.

11.15 이득정수 K값을 증가시켜 정상상태오차를 줄이는 방법을 설명하라.

11.16 정상상태오차를 줄이기 위한 지상제어기의 설계 방법을 설명하라.

11.17 과도응답특성을 개선하기 위한 진상제어기의 설계 방법을 설명하라.

11.18 [연습문제 11.16]과 [연습문제 11.17]의 제어기 설계에서 특별히 주의해야 할 사항을 설명하라.

11.19 전향경로 전달함수가 $G(s) = \dfrac{80}{(s+2)(s+4)(s+10)}$ 인 직결귀환제어시스템에 대해 다음 물음에 답하라.

(a) 단위계단입력에 대한 정상상태오차를 구하라.

(b) 단위계단입력에 대한 정상상태오차를 $\dfrac{1}{10}$ 로 줄이기 위한 이득정수 K값을 설계하라.

(c) 앞의 (b)번 설계에서 문제점이 무엇인가?

(d) 단위계단입력에 대한 정상상태오차를 $\dfrac{1}{10}$ 로 줄이기 위한 지상제어기를 설계하라.

11.20 다음 그림과 같은 제어시스템에 대해 $K=1$일 때의 보드선도를 그리고, 다음 물음에 답하라.

(a) 백분율 오버슈트를 30%로 하기 위한 K값을 구하라.

(b) 오버슈트가 30%일 때, 보드선도를 이용하여 정정시간을 구하라.

11.21 전향경로 전달함수가 다음과 같은 직결귀환시스템에 대해 다음 물음에 답하라.

$$G(s) = \frac{150{,}000}{s(s+35)(s+100)}$$

(a) 단위램프입력에 대한 정상상태오차를 구하라.

(b) 계단입력에 대해 25% 이하의 백분율 오버슈트를 갖도록 진상제어기를 설계하라.

(c) 앞의 (b)번 설계에서 구한 진상제어기가 시스템에 삽입되었을 때, 단위계단응답의 첨두값 시간이 얼마인가 구하라. 만일 0.1초가 넘는다면 진상제어기를 다시 설계하라.

(d) 앞의 (c)번에서 구한 진상제어기를 삽입한 직결귀환제어시스템의 시간응답을 구하고, 만족한 결과를 나타내는지 확인하라.

11.22 다음 그림과 같은 제어시스템에 대해 다음 물음에 답하라.

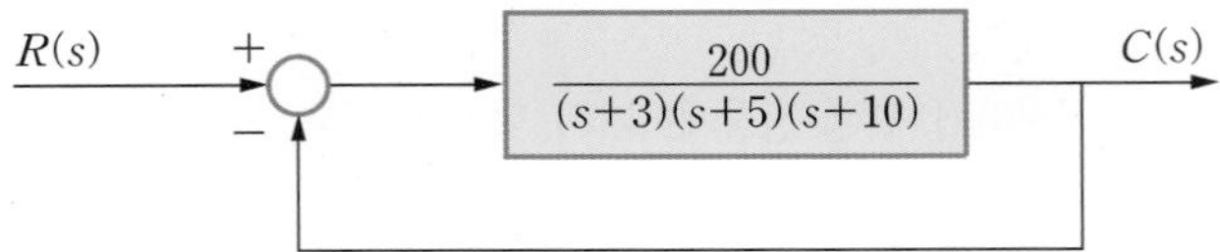

(a) 보드선도를 이용하여 정상상태오차가 5% 이고, 백분율 오버슈트가 20% 이며, 정정시간이 0.5 초인 진·지상제어기를 설계하라.

(b) 앞의 (a)번에서 설계한 제어기를 저항과 콘덴서, 연산증폭기를 이용하여 구현하라.

(c) 단위계단응답을 구하여 보드선도를 이용한 설계가 만족한 결과를 나타내는지를 확인하라.

11.23 MATLAB [연습문제 11.21(d)]를 MATLAB을 이용하여 풀어라.

11.24 MATLAB MATLAB을 이용하여 [연습문제 11.22]와 같은 시스템에 대한 보드선도를 그리고, 다음과 같은 주파수응답 사양들을 구하라.

(a) 위치상수 K_p

(b) 이득여유

(c) 위상여유

(d) 대역폭 ω_{BW}

참고
```
{sys=tf(num,den);
 w=logspace(-3,2,100);
 bode(sys,w)
 [Gm,Pm,wgm,wpm]=margin(sys);
 GmdB=20*log10(Gm);
 [GmdB Pm wgm wpm]}
```

Chapter

12

상태방정식을 이용한 제어기 설계

Design of Controller via State Equation

학습목표

- 상태귀환이 무엇인지 알 수 있다.
- 상태귀환을 이용하여 제어기를 설계할 수 있다.
- 관측기가 무엇인지 알고, 그 필요성을 파악할 수 있다.
- 상태방정식으로 모델링된 시스템이 원하는 시간응답을 갖도록 하는 상태귀환제어기를 설계할 수 있다.
- 전달함수로 모델링된 시스템이 원하는 시간응답을 갖도록 하는 상태귀환제어기를 설계할 수 있다.
- 필요한 특성을 갖는 관측기를 설계할 수 있다.
- 가제어성과 가관측성을 판단할 수 있다.
- 상사변환을 이용하여 상태부귀환 제어기와 관측기를 간편하게 설계할 수 있다.

4장에서 주파수영역 기법frequency domain technique과 시간영역 기법time domain technique에 대해 설명하였다. 그리고 8장과 11장에서 주파수영역 기법인 근궤적과 보드선도를 이용한 설계 방법, 즉 전달함수를 이용한 제어기 설계에 대해 살펴보았다. 이 장에서는 시간영역 기법인 상태방정식을 이용한 제어기 설계에 대해 살펴보고자 한다. 8장의 근궤적을 이용한 제어기 설계에서는 특성방정식의 근과 이득정수와의 관계를 이용하여 설계하며, 11장 보드선도를 이용한 제어기 설계에서는 주파수응답의 사양들과 시간응답의 사양들과의 상관관계를 이용하여 설계하는 것으로, 이 두 방법이 제어시스템의 시간응답과 특성방정식의 근들의 밀접한 관계에 기반을 두고 있다. 이 장에서는 특성방정식과 상태방정식의 관계를 이용하여 원하는 특성방정식을 갖는 제어시스템을 상태방정식을 이용하여 설계한다.

Section

12.1 상태귀환을 이용한 제어기 설계

상태방정식과 출력방정식이 식 (12.1)과 식 (12.2)로 표시되는 단일입력-단일출력SISO : Single Input Single Output 선형시불변시스템에 대해 생각해보자. 이 식들을 블록선도로 표시하면 [그림 12-1]과 같다.

$$\dot{\mathbf{x}}(t) = \mathbf{A}\,\mathbf{x}(t) + \mathbf{B}\,u(t) \quad : \text{상태방정식} \tag{12.1}$$

$$y(t) = \mathbf{C}\,\mathbf{x}(t) \quad : \text{출력방정식} \tag{12.2}$$

이때 $\mathbf{A}$는 $(n\times n)$ 행렬, $\mathbf{B}$는 $(n\times 1)$ 열벡터, $\mathbf{C}$는 $(1\times n)$ 행벡터, $\mathbf{x}$는 $(n\times 1)$ 열벡터, u와 y는 스칼라 값이다.

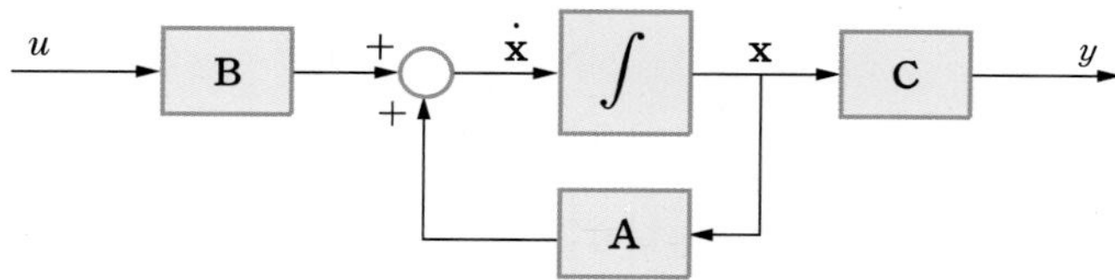

[그림 12-1] **상태공간기법으로 표시된 제어시스템의 블록선도**

[그림 12-1]에서 상태변수들에 이득정수를 곱하여 입력 측에 부귀환시키면 블록선도는 [그림 12-2]와 같이 되고, 입력은 다음과 같이 된다.

$$u(t) = -\mathbf{K}\mathbf{x}(t) + r(t) \tag{12.3}$$

단, $\mathbf{K}$는 $(1\times n)$ 행벡터

따라서 상태방정식은 다음과 같이 변경된다.

$$\begin{aligned}\dot{\mathbf{x}}(t) &= \mathbf{A}\,\mathbf{x}(t) + \mathbf{B}\,\mathbf{u}(t) \\ &= \mathbf{A}\,\mathbf{x}(t) + \mathbf{B}\,\{-\mathbf{K}\,\mathbf{x}(t) + r(t)\} \\ &= (\mathbf{A} - \mathbf{BK})\mathbf{x}(t) + \mathbf{B}\,r(t)\end{aligned} \tag{12.4}$$

$$y(t) = \mathbf{C}\mathbf{x}(t) \tag{12.5}$$

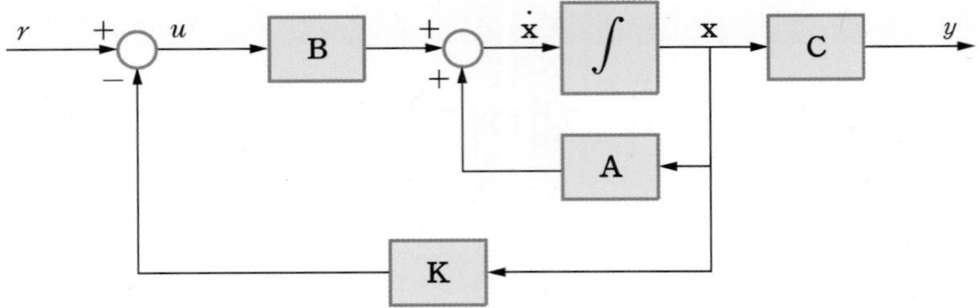

[그림 12-2] **상태귀환이 있는 제어시스템의 블록선도**

따라서 이 상태귀환이 있는 제어시스템의 특성방정식은 다음과 같이 된다.

$$\det\{s\mathbf{I}-(\mathbf{A}-\mathbf{BK})\}=0 \tag{12.6}$$

상태방정식을 이용한 제어기 설계의 가장 기본은 상태귀환에 의하여 새로 얻어지는 식 (12.6)과 같은 특성방정식이 원하는 시간응답을 갖는 특성방정식과 일치하도록 귀환이득정수 값들을 설계하는 것이다. 예를 들어 식 (12.7), 식 (12.8)의 상태방정식과 출력방정식으로 표시되는 제어시스템이 있다고 하자.

$$\begin{bmatrix}\dot{x}_1\\ \dot{x}_2\\ \dot{x}_3\end{bmatrix}=\begin{bmatrix}0 & 1 & 0\\ 0 & 0 & 1\\ -60 & -20 & -7\end{bmatrix}\begin{bmatrix}x_1\\ x_2\\ x_3\end{bmatrix}+\begin{bmatrix}0\\ 0\\ 1\end{bmatrix}u \tag{12.7}$$

$$y=\begin{bmatrix}60 & 3 & 0\end{bmatrix}\begin{bmatrix}x_1\\ x_2\\ x_3\end{bmatrix} \tag{12.8}$$

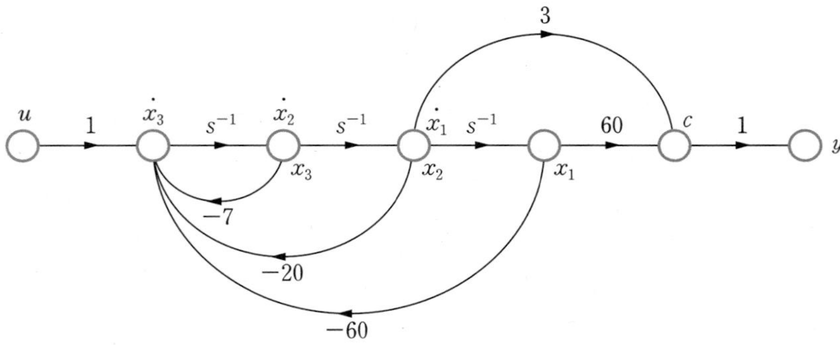

[그림 12-3] **식 (12.7)과 식 (12.8)의 동태방정식을 갖는 제어시스템의 신호흐름선도**

이 제어시스템의 신호흐름선도는 [그림 12-3]과 같으며, $u(t)$를 입력으로 $y(t)$를 출력으로 하는 전달함수는 다음과 같다.

$$M(s) = \frac{3s+60}{s^3+7s^2+20s+60} \tag{12.9}$$

이 시스템의 특성방정식의 근들은 $s_1 = -0.82 + j3.24$, $s_2 = -0.82 - j3.24$, $s_3 = -5.36$이며, 단위계단응답은 [그림 12-4]와 같다. 그림에서 알 수 있듯이 현재 이 시스템은 단위계단입력에 대해 37.5%의 백분율 오버슈트와 4.3초의 정정시간을 나타내고 있다.

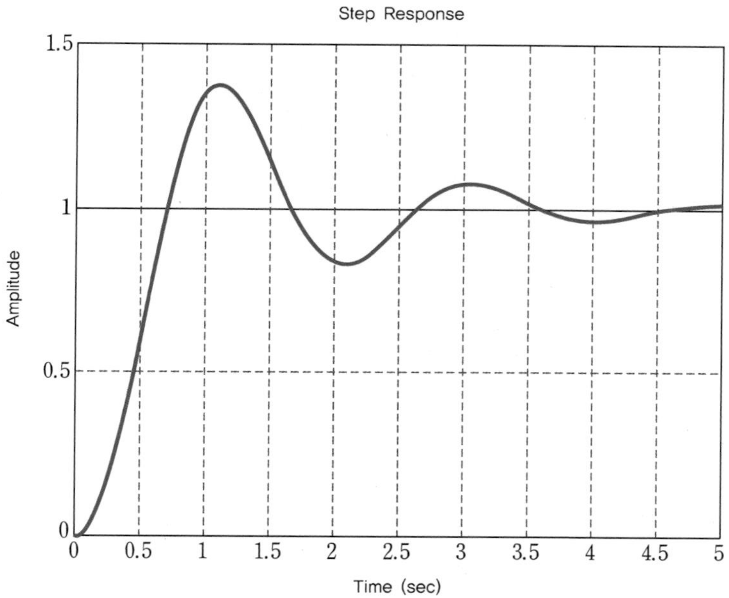

[그림 12-4] 식 (12.7)과 (12.8)의 동태방정식을 갖는 제어시스템의 단위계단응답

이제 이 제어시스템에 상태귀환을 걸어 백분율 오버슈트가 9.48%, 정정시간이 1초 이하가 되도록 설계해보자.

우선 원하는 시간응답 특성을 나타내기 위해서는 특성방정식의 우세근의 위치가 [그림 12-5]와 같이 $s_1 = -4 + j5.3$, $s_2 = -4 - j5.3$이어야 한다. 따라서 비우세근을 $s_3 = -20$이라고 가정할 때, 원하는 시간응답의 특성을 나타내기 위한 특성식은 다음과 같이 되어야 한다.

$$(s+4-j5.3)(s+4+j5.3)(s+20) = s^3 + 28s^2 + 204.4s + 888 \tag{12.10}$$

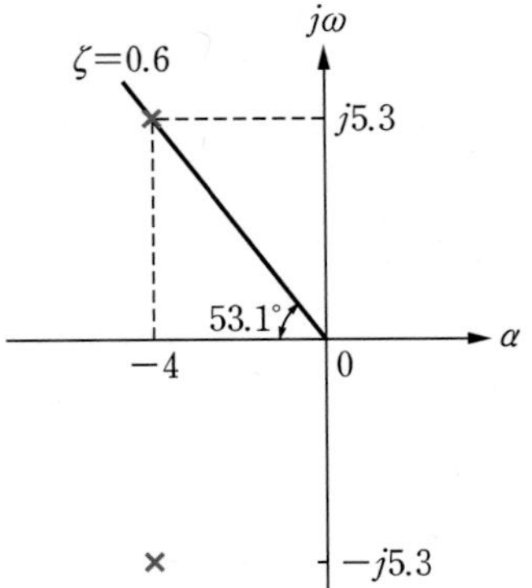

[그림 12-5] **백분율 오버슈트가 9.48%, 정정시간이 1초이기 위한 특성근의 위치**

이제 주어진 시스템이 식 (12.10)의 특성식을 갖도록 하는 상태귀환시스템을 설계해보자.

[그림 12-3]의 신호흐름선도에서 각각의 상태변수 x_1, x_2, x_3에 이득정수 k_1, k_2, k_3를 곱하여 입력 측에 부귀환시키면 [그림 12-6]과 같이 된다.

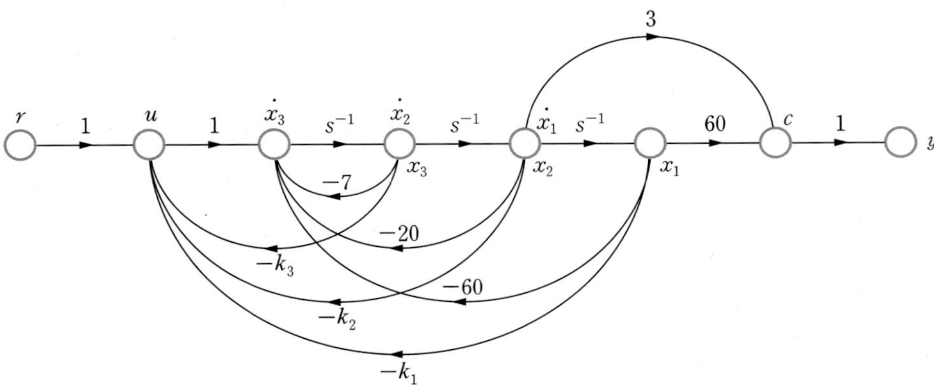

[그림 12-6] **상태부귀환을 걸은 신호흐름선도**

이 신호흐름선도에 대한 상태방정식은 다음과 같이 된다.

$$\begin{bmatrix} \dot{x}_1 \\ \dot{x}_2 \\ \dot{x}_3 \end{bmatrix} = \begin{bmatrix} 0 & 1 & 0 \\ 0 & 0 & 1 \\ -(60+k_1) & -(20+k_2) & -(7+k_3) \end{bmatrix} \begin{bmatrix} x_1 \\ x_2 \\ x_3 \end{bmatrix} + \begin{bmatrix} 0 \\ 0 \\ 1 \end{bmatrix} r \qquad (12.11)$$

$$y = [60 \quad 3 \quad 0] \begin{bmatrix} x_1 \\ x_2 \\ x_3 \end{bmatrix} \qquad (12.12)$$

그리고 식 (12.11)의 상태방정식에 대한 특성식은 다음과 같이 된다.

$$\left|\begin{bmatrix} s & 0 & 0 \\ 0 & s & 0 \\ 0 & 0 & s \end{bmatrix} - \begin{bmatrix} 0 & 1 & 0 \\ 0 & 0 & 1 \\ -(60+k_1) & -(20+k_2) & -(7+k_3) \end{bmatrix}\right|$$

$$= \begin{vmatrix} s & -1 & 0 \\ 0 & s & -1 \\ (60+k_1) & (20+k_2) & (s+7+k_3) \end{vmatrix}$$

$$= s^3 + (7+k_3)s^2 + (20+k_2)s + 60 + k_1 \tag{12.13}$$

이제 이 특성식이 앞에서 구한 식 (12.10)과 일치하도록 등식으로 놓고 k값들을 구한다.

$$s^3 + (7+k_3)s^2 + (20+k_2)s + 60 + k_1 = s^3 + 28s^2 + 204.4\,s + 888 \tag{12.14}$$

$$\therefore\ k_1 = 828,\ k_2 = 184.4,\ k_3 = 21$$

이렇게 부귀환을 걸은 상태귀환제어시스템의 상태방정식과 출력방정식은 다음 식 (12.15), 식 (12.16)과 같이 되며, 이 동태방정식에 대한 전달함수를 구하면 식 (12.17)과 같이 된다. 이 상태부귀환을 걸은 제어시스템에 대한 단위계단응답을 구하면 [그림 12-7]과 같다. [그림 12-7]에서 보는 바와 같이 백분율 오버슈트는 9.44%, 정정시간은 0.88초로 만족한 결과를 얻었으나 단위계단입력에 대한 출력의 크기가 정상상태에서 $0.068(=\frac{60}{888})$이 됨을 알 수 있다.

$$\begin{bmatrix} \dot{x}_1 \\ \dot{x}_2 \\ \dot{x}_3 \end{bmatrix} = \begin{bmatrix} 0 & 1 & 0 \\ 0 & 0 & 1 \\ -888 & -204.4 & -28 \end{bmatrix} \begin{bmatrix} x_1 \\ x_2 \\ x_3 \end{bmatrix} + \begin{bmatrix} 0 \\ 0 \\ 1 \end{bmatrix} r \tag{12.15}$$

$$y = \begin{bmatrix} 60 & 3 & 0 \end{bmatrix} \begin{bmatrix} x_1 \\ x_2 \\ x_3 \end{bmatrix} \tag{12.16}$$

$$M(s) = \frac{3s+60}{s^3 + 28s^2 + 204.4s + 888} \tag{12.17}$$

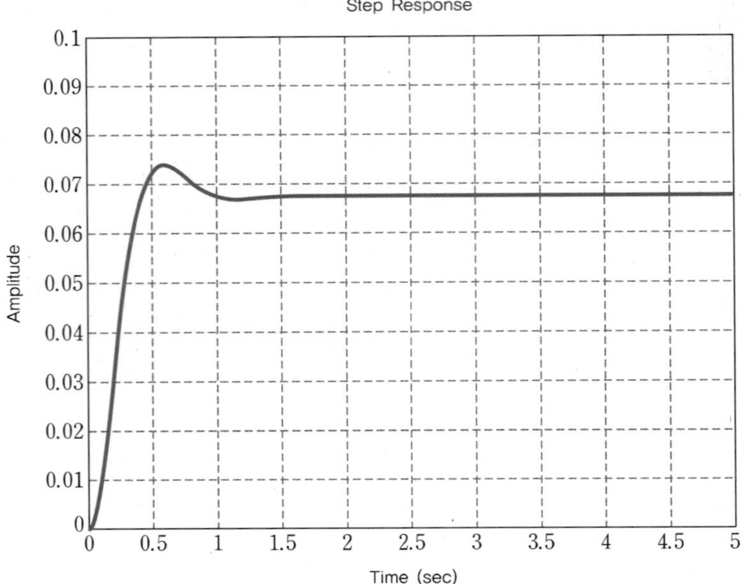

[그림 12-7] $k_1 = 828$, $k_2 = 184.4$, $k_3 = 21$의 상태부귀환을 걸은 제어시스템의 단위계단응답

부귀환에 의해 직류이득이 감소되었으므로 이를 보상하기 위해 출력 측에 증폭도 14.8의 증폭기를 추가해야 한다. 지금까지의 과정을 종합하여 부귀환제어시스템을 설계하면 [그림 12-8]의 신호흐름선도와 같고, $r(t)$를 입력으로 $y(t)$를 출력으로 하는 시스템의 전체 전달함수 $M(s)$는 다음 식 (12.18)이 된다. 또한 동태방정식은 식 (12.19), 식 (12.20)과 같이 되고, 단위계단입력에 대한 시간응답은 [그림 12-9]와 같다.

$$M(s) = 14.8 \times \frac{3s + 60}{s^3 + 28s^2 + 204.4s + 888} \tag{12.18}$$

$$\begin{bmatrix} \dot{x}_1 \\ \dot{x}_2 \\ \dot{x}_3 \end{bmatrix} = \begin{bmatrix} 0 & 1 & 0 \\ 0 & 0 & 1 \\ -888 & -204.4 & -28 \end{bmatrix} \begin{bmatrix} x_1 \\ x_2 \\ x_3 \end{bmatrix} + \begin{bmatrix} 0 \\ 0 \\ 1 \end{bmatrix} r \tag{12.19}$$

$$y = 14.8 \times [60 \quad 3 \quad 0] \begin{bmatrix} x_1 \\ x_2 \\ x_3 \end{bmatrix} \tag{12.20}$$

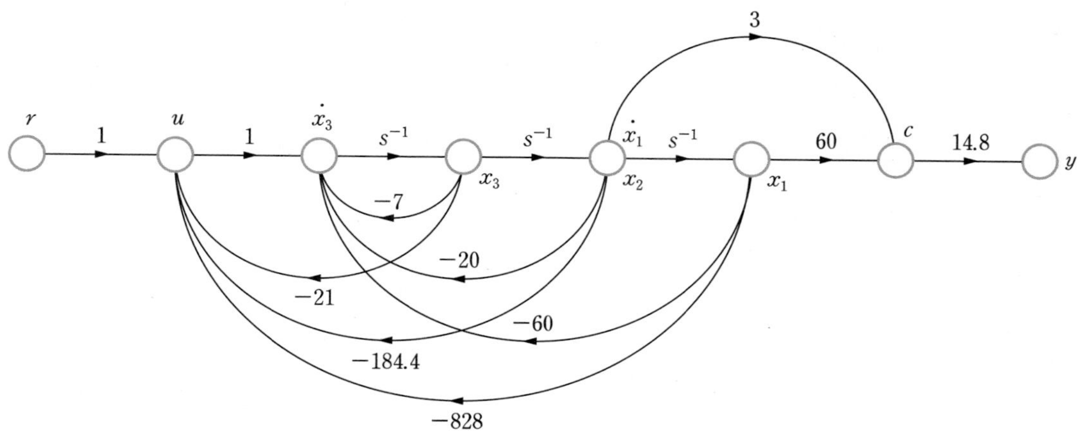

[그림 12-8] **증폭기가 추가된 부귀환제어시스템의 신호흐름선도**

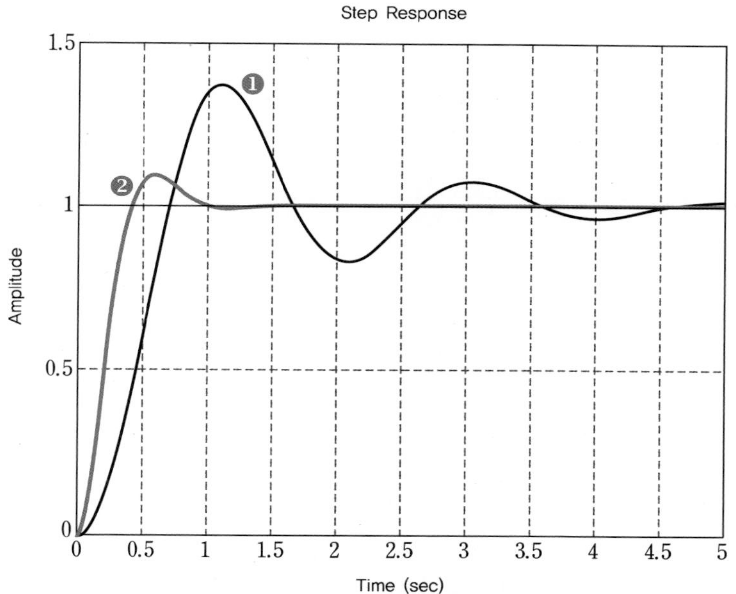

❶ 식 (12.7)의 상태방정식과 식 (12.8)의 출력방정식으로 표시되는 원 시스템의 단위계단응답

❷ 식 (12.19)의 상태방정식과 식 (12.20)의 출력방정식으로 표시되는 상태부귀환시스템의 단위계단응답

[그림 12-9] **시스템의 단위계단응답**

예제 12-1 상태귀환을 이용한 제어기 설계

상태방정식이 다음과 같은 제어시스템에 상태부귀환을 걸어 단위계단응답의 백분율 오버슈트가 4.3%, 정정 시간이 1초가 되도록 설계하라.

$$\begin{bmatrix} \dot{x}_1 \\ \dot{x}_2 \end{bmatrix} = \begin{bmatrix} -3 & 1 \\ 0 & -1 \end{bmatrix} \begin{bmatrix} x_1 \\ x_2 \end{bmatrix} + \begin{bmatrix} 0 \\ 1 \end{bmatrix} u$$

$$y = \begin{bmatrix} 1.5 & 0.5 \end{bmatrix} \begin{bmatrix} x_1 \\ x_2 \end{bmatrix}$$

풀이

주어진 상태방정식과 출력방정식으로 신호흐름선도를 그리면 [그림 12-10]과 같다.

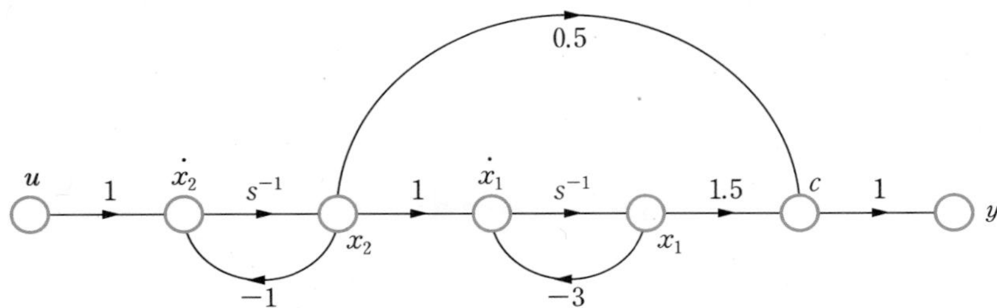

[그림 12-10] **[예제 12-1]의 출력방정식으로 표시되는 시스템의 신호흐름선도**

이 시스템의 전달함수는 식 ①과 같으며, 단위계단입력에 대한 응답은 [그림 12-11]과 같다.

$$M(s) = \frac{s+6}{2s^2+8s+6} \qquad \cdots ①$$

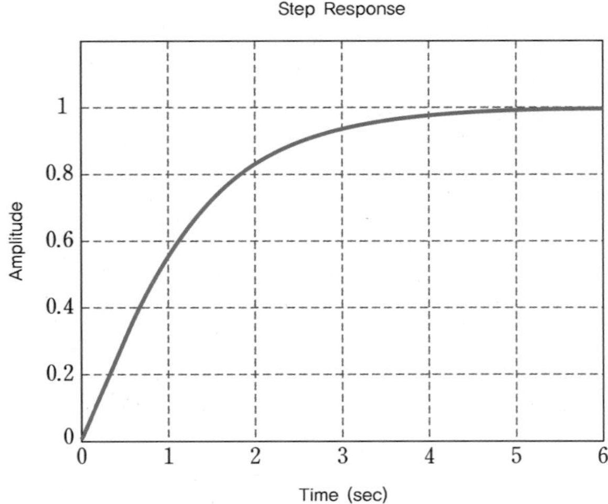

[그림 12-11] **[예제 12-1]의 단위계단응답**

이제 이 제어시스템에 상태귀환을 걸어 백분율 오버슈트가 4.3%, 정정시간이 1초 이하가 되도록 설계해보자. 이러한 시간응답의 특성을 나타내기 위해서는 특성방정식의 근의 위치가 [그림 12-12]와 같이 $s_1 = -4 + j4$, $s_2 = -4 - j4$이어야 한다. 따라서 원하는 시간응답의 특성을 나타내기 위한 특성식은 다음과 같아야 한다.

$$(s+4-j4)(s+4+j4) = s^2 + 8s + 32 \qquad \cdots ②$$

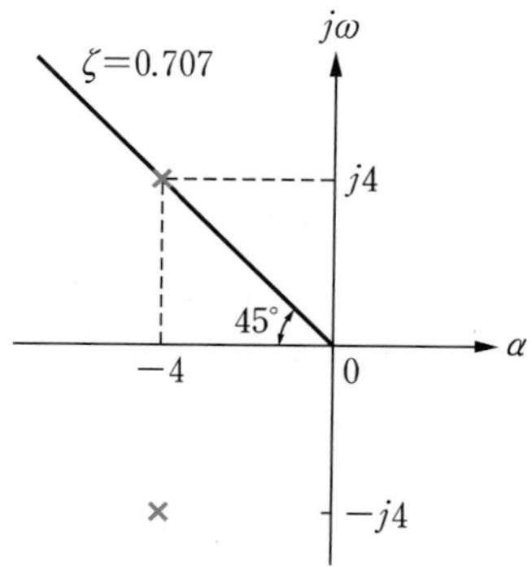

[그림 12-12] **백분율 오버슈트가 4.3%, 정정시간이 1초이기 위한 특성근의 위치**

이제 주어진 시스템이 식 ②의 특성식을 갖도록 하는 상태귀환시스템을 설계해보자. [그림 12-10]의 신호흐름선도에서 각각의 상태변수 x_1, x_2에 이득정수 k_1, k_2를 곱하여 입력측에 부귀환시키면 [그림 12-13]과 같이 되며, 이 신호흐름선도에 대한 동태방정식은 다음 식 ③, 식 ④와 같이 된다.

$$\begin{bmatrix} \dot{x}_1 \\ \dot{x}_2 \end{bmatrix} = \begin{bmatrix} -3 & 1 \\ -k_1 & -(1+k_2) \end{bmatrix} \begin{bmatrix} x_1 \\ x_2 \end{bmatrix} + \begin{bmatrix} 0 \\ 1 \end{bmatrix} r \qquad \cdots ③$$

$$y = [1.5 \quad 0.5] \begin{bmatrix} x_1 \\ x_2 \end{bmatrix} \qquad \cdots ④$$

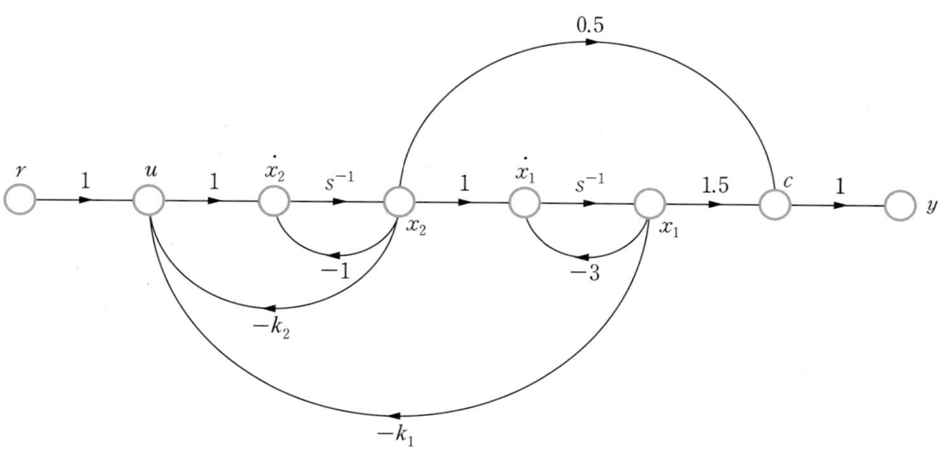

[그림 12-13] **상태부귀환을 걸은 신호흐름선도**

그리고 식 ③의 상태방정식에 대한 특성식은 다음과 같이 된다.

$$\left|\begin{bmatrix} s & 0 \\ 0 & s \end{bmatrix} - \begin{bmatrix} -3 & 1 \\ -k_1 & -(1+k_2) \end{bmatrix}\right| = \begin{vmatrix} s+3 & -1 \\ k_1 & s+1+k_2 \end{vmatrix}$$

$$= s^2 + (4+k_2)s + 3 + k_1 + 3k_2 \qquad \cdots ⑤$$

이제 이 특성식이 앞에서 구한 식 ②와 일치하도록 k 값들을 정하면 된다.

$$s^2 + (4+k_2)s + 3 + k_1 + 3k_2 = s^2 + 8s + 32 \qquad \cdots ⑥$$

$$\therefore\ k_1 = 17,\ \ k_2 = 4$$

이렇게 부귀환을 걸은 상태부귀환제어시스템의 상태방정식과 출력방정식은 다음 식 ⑦, 식 ⑧과 같이 되며, 이 동태방정식에 대한 전달함수를 구하면 식 ⑨와 같이 된다. 이 상태부귀환을 걸은 제어시스템에 대한 단위계단응답을 구하면 [그림 12-14]와 같다.

$$\begin{bmatrix} \dot{x}_1 \\ \dot{x}_2 \end{bmatrix} = \begin{bmatrix} -3 & 1 \\ -17 & -5 \end{bmatrix}\begin{bmatrix} x_1 \\ x_2 \end{bmatrix} + \begin{bmatrix} 0 \\ 1 \end{bmatrix} r \qquad \cdots ⑦$$

$$y = \begin{bmatrix} 1.5 & 0.5 \end{bmatrix}\begin{bmatrix} x_1 \\ x_2 \end{bmatrix} \qquad \cdots ⑧$$

$$M(s) = \frac{s+6}{2s^2 + 16s + 64} \qquad \cdots ⑨$$

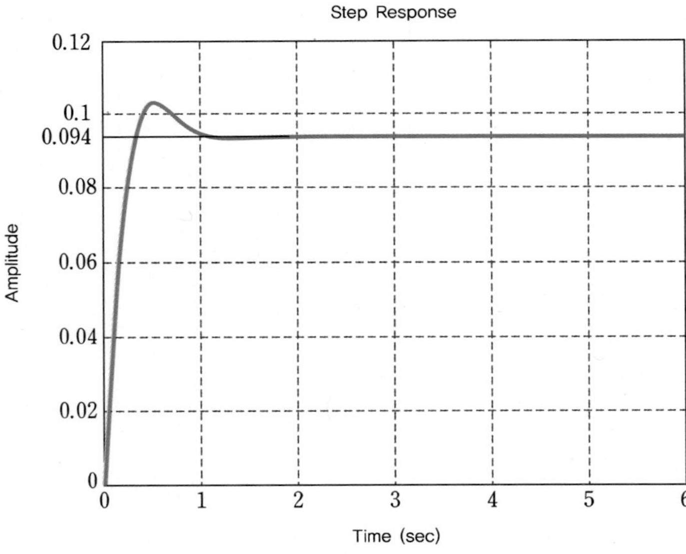

[그림 12-14] [그림 12-13]에 $k_1 = 17$, $k_2 = 4$의 상태부귀환을 걸은 제어시스템의 단위계단응답

[그림 12-14]에서 보는 바와 같이 정정시간은 0.9초로 만족한 결과를 얻었으나, 백분율 오버슈트는 9.7%가 되고, 정상상태에서 출력의 크기가 $0.094\left(=\frac{6}{64}\right)$가 된다.

정상상태의 출력이 작은 이유는 부귀환에 의해 직류이득이 감소되었기 때문으로, 이를 보상하기 위해 출력 측에 10.67의 증폭도를 갖는 증폭기를 추가해야 한다.

지금까지의 과정을 종합하여 설계한 상태귀환제어시스템의 신호흐름선도는 [그림 12-15]와 같이 되고, 전달함수와 상태방정식, 출력방정식은 각각 식 ⑩, 식 ⑪, 식 ⑫와 같이 되며, 단위계단입력에 대한 시간응답은 [그림 12-16]과 같이 된다.

$$M(s) = 10.67 \times \frac{s+6}{2s^2+16s+64} \qquad \cdots ⑩$$

$$\begin{bmatrix} \dot{x}_1 \\ \dot{x}_2 \end{bmatrix} = \begin{bmatrix} -3 & 1 \\ -17 & -5 \end{bmatrix} \begin{bmatrix} x_1 \\ x_2 \end{bmatrix} + \begin{bmatrix} 0 \\ 1 \end{bmatrix} r \qquad \cdots ⑪$$

$$y = 10.67 \times [1.5 \quad 0.5] \begin{bmatrix} x_1 \\ x_2 \end{bmatrix} \qquad \cdots ⑫$$

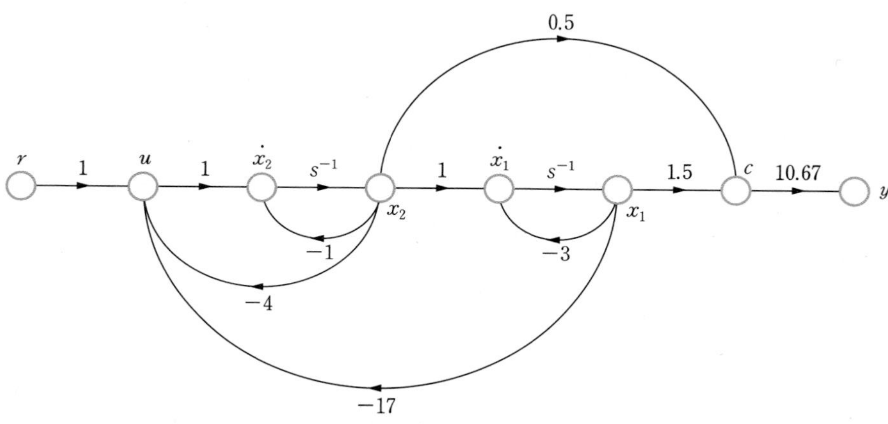

[그림 12-15] 증폭기가 추가된 상태귀환제어시스템의 신호흐름선도

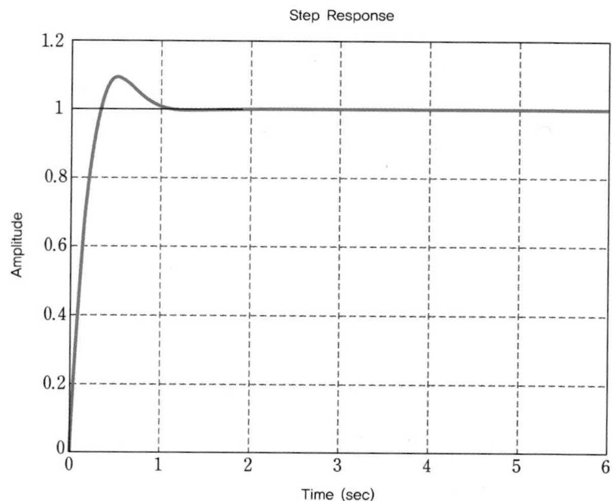

[그림 12-16] 식 ⑩의 상태방정식과 식 ⑪의 출력방정식으로 표시되는 상태귀환시스템의 단위계단응답

[그림 12-16]에서 보는 바와 같이 정정시간은 만족스러우나, 백분율 오버슈트가 9.74%나 되어 만족스럽지 못하다. 이는 주어진 시스템의 전달함수인 식 ①에 있는 영점 $s=-6$의 영향으로, 표준2차시스템에 적용하는 공식을 이용하여 설계했기 때문이다. 따라서 이제 영점 때문에 증가된 백분율 오버슈트를 줄이기 위해 감쇠비를 조금 증가시켜 $\zeta=0.8$로 하고, 우리가 설계하려는 특성근의 위치를 [그림 12-17]과 같이 $s_1=-4+j3$, $s_2=-4-j3$으로 해보자.

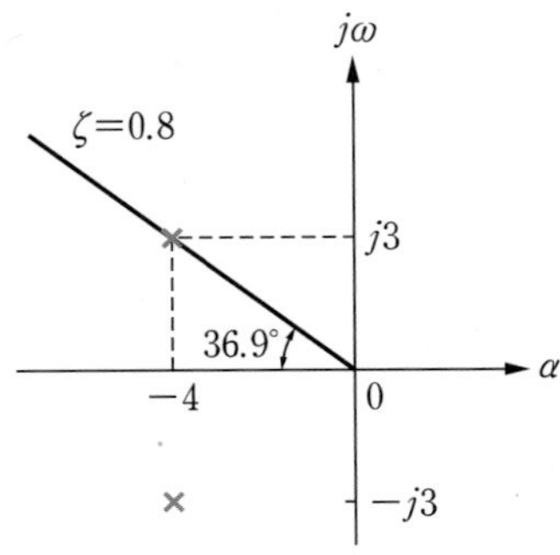

[그림 12-17] **감쇠비를 $\zeta=0.8$으로 수정한 근의 위치**

따라서 설계하고자 하는 특성식은 다음과 같아야 한다.

$$(s+4-j3)(s+4+j3)=s^2+8s+25 \quad \cdots ⑬$$

이제 주어진 시스템이 식 ⑬의 특성식을 갖도록 하는 상태귀환 이득정수들을 다시 설계해보자. 그리고 식 ③과 같은 상태방정식에 대한 특성식인 식 ⑤를 식 ⑬과 일치하도록 k값들을 정하면 다음과 같이 된다.

$$s^2+(4+k_2)s+3+k_1+3k_2=s^2+8s+25 \quad \cdots ⑭$$

$$\therefore\ k_1=10,\ \ k_2=4$$

이렇게 부귀환을 걸은 상태귀환제어시스템의 상태방정식과 출력방정식은 다음 식 ⑮, 식 ⑯과 같이 되며, 이 동태방정식에 대한 전달함수를 구하면 식 ⑰과 같이 된다.

$$\begin{bmatrix}\dot{x}_1\\ \dot{x}_2\end{bmatrix}=\begin{bmatrix}-3 & 1\\ -10 & -5\end{bmatrix}\begin{bmatrix}x_1\\ x_2\end{bmatrix}+\begin{bmatrix}0\\ 1\end{bmatrix}r \quad \cdots ⑮$$

$$y=[1.5\quad 0.5]\begin{bmatrix}x_1\\ x_2\end{bmatrix} \quad \cdots ⑯$$

$$M(s)=\frac{s+6}{2s^2+16s+50} \quad \cdots ⑰$$

식 ⑰의 전달함수에서 보는 바와 같이 직류이득이 1이 되지 못하여 단위계단입력에 대한 정상상태오차가 발생하므로 증폭도 8.33의 증폭기를 출력 측에 첨가하여 정상상태오차를 0으로 해야 한다.

모든 과정을 종합하여 상태귀환제어시스템의 신호흐름선도를 완성하면 [그림 12-18]과 같이 되며, 상태방정식과 출력방정식, 전달함수는 각각 식 ⑱, 식 ⑲, 식 ⑳과 같이 된다.

$$\begin{bmatrix} \dot{x}_1 \\ \dot{x}_2 \end{bmatrix} = \begin{bmatrix} -3 & 1 \\ -10 & -5 \end{bmatrix} \begin{bmatrix} x_1 \\ x_2 \end{bmatrix} + \begin{bmatrix} 0 \\ 1 \end{bmatrix} r \quad \cdots ⑱$$

$$y = 8.33 \times [1.5 \quad 0.5] \begin{bmatrix} x_1 \\ x_2 \end{bmatrix} \quad \cdots ⑲$$

$$M(s) = 8.33 \times \frac{s+6}{2s^2 + 16s + 50} \quad \cdots ⑳$$

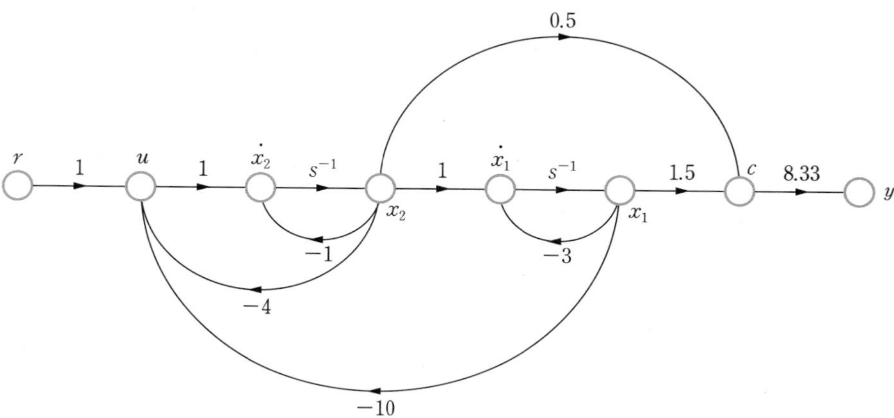

[그림 12-18] **증폭기가 추가된 상태귀환제어시스템의 신호흐름선도**

식 ⑱의 상태방정식과 식 ⑲의 출력방정식으로 표시되는 시스템의 단위계단응답을 구하면 [그림 12-19]와 같다. [그림 12-19]에서 보듯이 백분율 오버슈트는 3.38%, 정정시간은 0.96초로 만족한 결과를 얻었다.

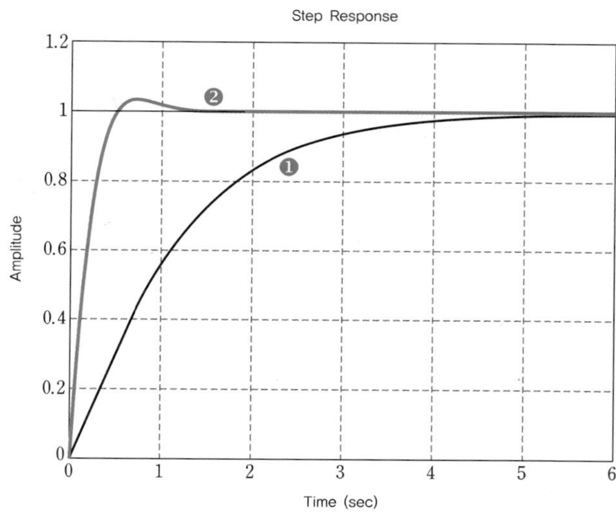

❶ 상태귀환이 추가되기 전의 시스템

❷ 식 ⑱의 상태방정식과 식 ⑲의 출력방정식으로 표시되는 시스템

[그림 12-19] **시스템의 단위계단응답**

예제 12-2 제어기표준형 시스템의 상태궤환을 이용한 제어기 설계

[예제 12-1]의 제어시스템을 제어기표준형 상태방정식으로 나타내면 다음과 같고, 신호흐름선도는 [그림 12-20]과 같다.

$$\begin{bmatrix} \dot{x}_1 \\ \dot{x}_2 \end{bmatrix} = \begin{bmatrix} -4 & -3 \\ 1 & 0 \end{bmatrix} \begin{bmatrix} x_1 \\ x_2 \end{bmatrix} + \begin{bmatrix} 1 \\ 0 \end{bmatrix} u$$

$$y = [0.5 \quad 3] \begin{bmatrix} x_1 \\ x_2 \end{bmatrix}$$

이 시스템의 특성식이 $s^2+8s+32$가 되도록 하는 상태부귀환 이득벡터 $\mathbf{K}=[k_1 \quad k_2]$를 구하라.

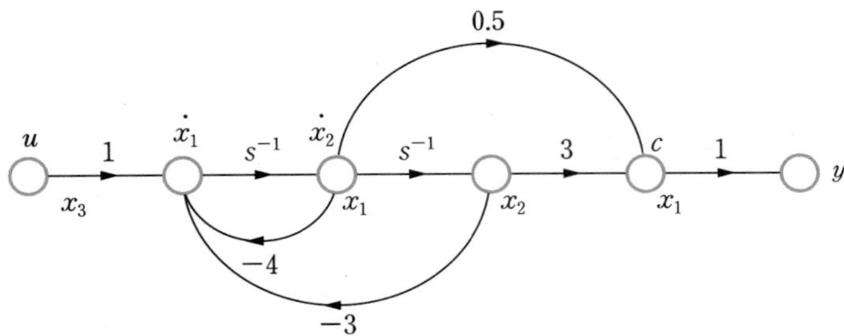

[그림 12-20] **제어기표준형 제어시스템의 신호흐름선도**

풀이

주어진 시스템에 상태부귀환을 걸은 제어시스템의 신호흐름선도는 [그림 12-21]과 같다.

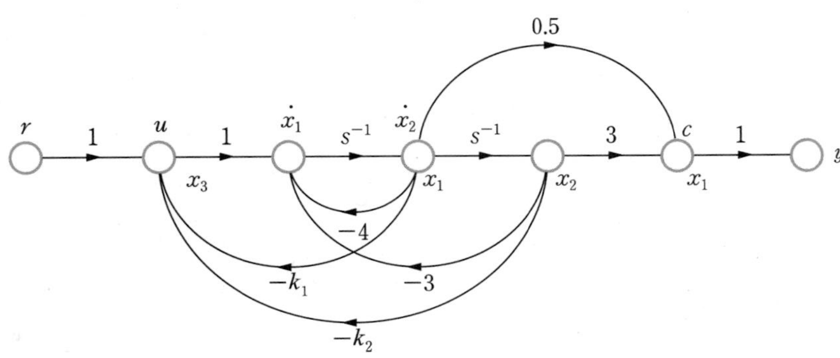

[그림 12-21] **[예제 12-2]에서 상태부귀환을 걸은 제어기표준형 제어시스템의 신호흐름선도**

이 상태부귀환제어시스템의 상태방정식은 다음과 같다.

$$\begin{bmatrix} \dot{x}_1 \\ \dot{x}_2 \end{bmatrix} = \begin{bmatrix} -(4+k_1) & -(3+k_2) \\ 1 & 0 \end{bmatrix} \begin{bmatrix} x_1 \\ x_2 \end{bmatrix} + \begin{bmatrix} 1 \\ 0 \end{bmatrix} r \qquad \cdots ①$$

이 부귀환시스템의 특성식이 주어진 특성식과 일치하게 하는 부귀환 이득정수를 구하면 다음과 같다.

$$\left|\begin{bmatrix} s & 0 \\ 0 & s \end{bmatrix} - \begin{bmatrix} -(4+k_1) & -(3+k_2) \\ 1 & 0 \end{bmatrix}\right| = s^2+8s+32 \qquad \cdots ②$$

$$\left|\begin{bmatrix} s+(4+k_1) & (3+k_2) \\ -1 & s \end{bmatrix}\right| = s^2+8s+32$$

$$s^2+(4+k_1)s+(3+k_2) = s^2+8s+32$$

$$\therefore\ k_1 = 4,\ k_2 = 29 \qquad \cdots ③$$

전달함수로 표시된 제어시스템의 상태부귀환 설계

이제 상태방정식으로 모델링된 시스템이 아닌, 즉 전달함수로 표시된 제어시스템에 대한 상태귀환설계 방법을 살펴보자.

전달함수가 식 (12.21)과 같은 제어시스템을 생각해보자. 지금 이 제어시스템은 6%의 백분율 오버슈트와 3.7초의 정정시간을 가지고 있다. 제어시스템에 상태부귀환을 걸어 10%의 백분율 오버슈트와 0.8초의 정정시간을 가지는 시스템이 되도록 상태부귀환 이득벡터 $\mathbf{K} = [k_1 \quad k_2 \quad k_3]$를 설계해보자.

$$M(s) = \frac{C(s)}{U(s)} = \frac{s^2+10s+16}{s^3+10s^2+18s+16} \qquad (12.21)$$

앞서 설명이나 [예제 12-1]과 [예제 12-2]에서 알 수 있듯이, 상태부귀환을 설계할 때 시스템의 상태방정식이 위상변수표준형이나 제어기표준형으로 표시되어 있으면 상태부귀환 이득정수를 계산하기 쉽지만, 다른 형태의 상태방정식으로 표시되어 있으면 부귀환 이득정수를 구할 때 연립방정식을 풀어야 하는 어려움이 있다. 물론 시스템의 차수가 낮을 때는 별 어려움이 없지만, 차수가 높아지면 점점 복잡해진다. 따라서 이득정수를 직관적으로 쉽게 구할 수 있는 위상변수표준형(또는 제어기표준형)을 일반적으로 선호한다.

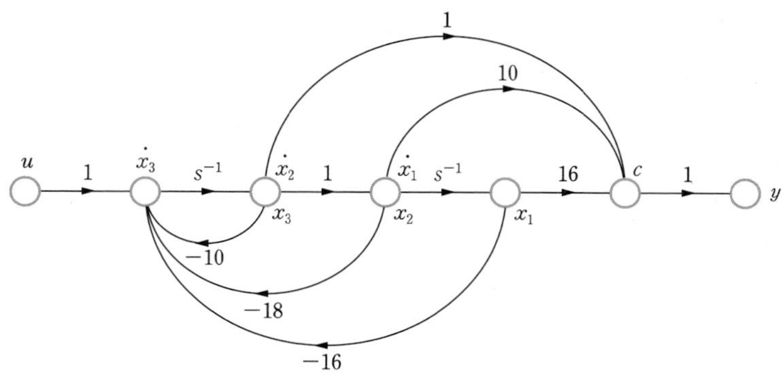

[그림 12-22] 식 (12.21)의 전달함수에 대한 신호흐름선도

먼저 식 (12.21)의 전달함수에 대한 신호흐름선도를 그리면 [그림 12-22]와 같고, 이 신호흐름선도로부터 상태방정식을 구하면 식 (12.22)와 같은 위상변수표준형을 얻을 수 있다.

$$\begin{bmatrix} \dot{x}_1 \\ \dot{x}_2 \\ \dot{x}_3 \end{bmatrix} = \begin{bmatrix} 0 & 1 & 0 \\ 0 & 0 & 1 \\ -16 & -18 & -10 \end{bmatrix} \begin{bmatrix} x_1 \\ x_2 \\ x_3 \end{bmatrix} + \begin{bmatrix} 0 \\ 0 \\ 1 \end{bmatrix} u \tag{12.22}$$

$$y = [16 \quad 10 \quad 1] \begin{bmatrix} x_1 \\ x_2 \\ x_3 \end{bmatrix} \tag{12.23}$$

주어진 시간응답의 특성을 만족하려면, 즉 10%의 오버슈트를 나타내기 위해서는 특성방정식의 우세근의 위치가 복소평면상에서 $\zeta = 0.59(=\cos 53.8^\circ)$ 선에 있어야 하며, 정정시간을 0.8초로 하기 위해서는 지수감쇠주파수 σ_d가 $-5(=-\dfrac{4}{0.8})$이어야 한다. 따라서 새로운 특성방정식의 우세근은 $s_1 = -5 + j6.8$, $s_2 = -5 - j6.8$이어야 한다. 따라서 비우세근을 $s_3 = -25$이라고 가정할 때, 원하는 시간응답의 특성을 나타내기 위한 특성식은 다음과 같아야 한다.

$$(s+5-j6.8)(s+5+j6.8)(s+25) \fallingdotseq s^3 + 35s^2 + 321s + 1781 \tag{12.24}$$

따라서 상태귀환이 있는 시스템의 특성식 $\det\{s\mathbf{I} - (\mathbf{A} - \mathbf{BK})\}$이 위의 식 (12.24)와 같도록 이득벡터 $\mathbf{K} = [k_1 \quad k_2 \quad k_3]$를 정해야 한다.

$$\begin{aligned} \mathbf{A} - \mathbf{BK} &= \begin{bmatrix} 0 & 1 & 0 \\ 0 & 0 & 1 \\ -16 & -18 & -10 \end{bmatrix} - \begin{bmatrix} 0 \\ 0 \\ 1 \end{bmatrix} [\mathrm{k}_1 \quad \mathrm{k}_2 \quad \mathrm{k}_3] \\ &= \begin{bmatrix} 0 & 1 & 0 \\ 0 & 0 & 1 \\ -16 & -18 & -10 \end{bmatrix} - \begin{bmatrix} 0 & 0 & 0 \\ 0 & 0 & 0 \\ k_1 & k_2 & k_3 \end{bmatrix} \\ &= \begin{bmatrix} 0 & 1 & 0 \\ 0 & 0 & 1 \\ -(16+k_1) & -(18+k_2) & -(10+k_3) \end{bmatrix} \end{aligned} \tag{12.25}$$

$$\det\{s\mathbf{I}-(\mathbf{A}-\mathbf{BK})\} = \left|\begin{bmatrix} s & 0 & 0 \\ 0 & s & 0 \\ 0 & 0 & s \end{bmatrix} - \begin{bmatrix} 0 & 1 & 0 \\ 0 & 0 & 1 \\ -(16+k_1) & -(18+k_2) & -(10+k_3) \end{bmatrix}\right|$$

$$= \begin{vmatrix} s & -1 & 0 \\ 0 & s & -1 \\ (16+k_1) & (18+k_2) & s+(10+k_3) \end{vmatrix}$$

$$= s^3 + (10+k_3)s^2 + (18+k_2)s + (16+k_1) \tag{12.26}$$

따라서 다음과 같이 상태부귀환 이득정수 값들을 정하면 된다.

$$s^3 + (10+k_3)s^2 + (18+k_2)s + (16+k_1) = s^3 + 35s^2 + 321s + 1781$$

$$\therefore\ k_1 = 1765,\ \ k_2 = 303, k_3 = 25$$

지금까지 우리는 상태변수들에 이득정수를 곱하여 부귀환시키는 상태귀환제어기 설계에 대해 공부하였다. 이제 관측기에 대해 살펴보자.

Section

12.2 관측기 설계

12.1절에서 상태부귀환을 이용한 제어기 설계에서는 원하는 시간응답을 얻기 위한 특성근의 위치를 정하고, 상태변수들 x_1, x_2, x_3, ⋯에 적당한 이득정수 k_1, k_2, k_3, ⋯를 곱하여 입력에 부귀환시켜 전체 시스템의 특성방정식의 근들이 원하는 특성근들과 일치하도록 하였다. 그러기 위해서는 먼저 그 시스템의 상태변수들을 직접 얻을 수 있어야, 다시 말해서 측정할 수 있어야 상태귀환이 가능하다. 그러나 모든 상태변수를 항상 측정할 수 있는 것은 아니며, 때에 따라서는 이들 상태변수들을 추정estimate하여 사용하기도 한다. 이들 상태변수를 추정해내는 장치를 관측기observer 또는 추정자estimator라고 한다. 이 관측기는 하드웨어인 전자소자로 구성하거나 컴퓨터 프로그램을 이용하여 구성한다. 이 절에서는 관측기를 설계하는 방법에 대해 설명하고자 한다.

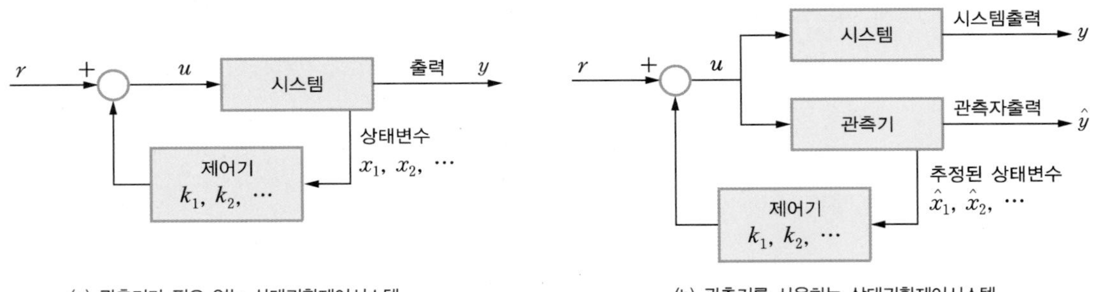

[그림 12-23] **상태귀환제어시스템의 블록선도**

[그림 12-23]에 상태귀환제어시스템의 블록선도를 나타내었다. [그림 12-23(a)]는 12.1절에서 설계한 상태귀환제어시스템을 나타낸다. 이 경우는 상태변수들을 전부 측정할 수 있을 때다. 그러나 귀환시켜야 하는 상태변수들 중 하나라도 측정할 수 없다면, 그 상태변수를 추정해야만 한다. 따라서 상태변수들을 측정할 수 없는 경우에는 [그림 12-23(b)]와 같이 관측기를 사용하여 상태변수를 추정하여 사용해야 한다. 이때 상태변수를 측정할 수 없는 경우란, 물리적으로 또는 기술적으로 측정이 불가능한 경우도 있지만 경비가 너무 많이 들어 측정하지 못하는 경우도 포함된다. [그림 12- 23(b)]에서 관측기에서 추정한 상태변수들은 $\widehat{x_1}$, $\widehat{x_2}$, $\widehat{x_3}$로 표시했으며, 실제 상태변수들을 측정할 수 없는 경우에는 실제 시스템의 상태변수 대신에 관측기에서 추정한 상태변수들을 사용하여 입력 측에 부귀환을 걸게 된다. 따라서 관측기를 통해 추정한 상태변수들이 실제 시스템의 상태변수들과 얼마나 잘 일치하느냐가 중요한 문제이고, 잘 일치하도록 설계된 관측기가 좋은 관측기라고 할 수 있다.

시스템의 상태방정식과 출력방정식을 각각 식 (12.27), 식 (12.28)이라고 하고

$$\dot{\mathbf{x}} = \mathbf{A}\mathbf{x} + \mathbf{B}u \tag{12.27}$$

$$y = \mathbf{C}\mathbf{x} \tag{12.28}$$

관측기가 실제 시스템을 정확히 시뮬레이션simulation한 것이라고 하면, 관측기의 상태방정식과 출력방정식을 식 (12.29), 식 (12.30)과 같이 표시할 수 있다.

$$\dot{\hat{\mathbf{x}}} = \mathbf{A}\hat{\mathbf{x}} + \mathbf{B}u \tag{12.29}$$

$$\hat{y} = \mathbf{C}\hat{\mathbf{x}} \tag{12.30}$$

식 (12.27)과 식 (12.28)에서 식 (12.29)와 식 (12.30)을 빼면

$$\dot{\mathbf{x}} - \dot{\hat{\mathbf{x}}} = \mathbf{A}(\mathbf{x} - \hat{\mathbf{x}}) \tag{12.31}$$

$$y - \hat{y} = \mathbf{C}(\mathbf{x} - \hat{\mathbf{x}}) \tag{12.32}$$

이고, 식 (12.31)은 실제의 상태변수들과 추정된 상태변수들의 차의 상태방정식이며, 이 방정식은 강제입력forcing input이 없는 자율미분방정식autonomous differential equation으로 이 시스템이 안정한 시스템이라면, 즉 특성방정식 $|s\mathbf{I} - \mathbf{A}| = 0$의 근이 복소평면의 좌반면에만 존재하면, 비록 초기에는 실제 상태변수와 추정상태변수 사이에 오차가 있더라도($\mathbf{x}(\mathbf{0}) - \hat{\mathbf{x}}(\mathbf{0}) \neq 0$) 시간이 지나면 그 오차는 0으로 수렴하고, 실제 상태변수와 추정된 상태변수들은 서로 일치하게 된다. 그러나 서로 일치할 때까지 걸리는 시간은 시스템행렬 $\mathbf{A}$에 의해 결정되며 일반적으로 오랜 시간이 소요된다.

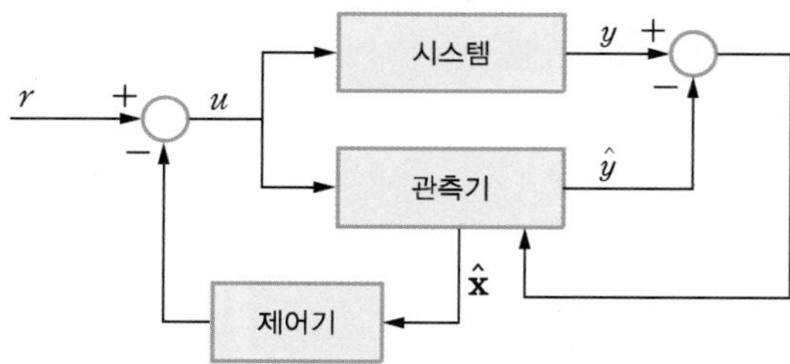

[그림 12-24] **실제 출력과 추정 출력의 차를 귀환시키는 관측기 시스템의 개념도**

Q **관측기가 실제 시스템을 정확히 시뮬레이션한 경우, 왜 실제 상태변수들과 관측기의 상태변수들 사이에 오차가 존재하는가?**

A 비록 관측기가 실제 시스템과 정확히 일치하더라도 초깃값이 얼마인지 알 수 없기 때문에, 이 초기값에 의한 오차가 존재한다. 그러나 이 오차는 시간이 지나면 점점 없어지고 관측기의 상태변수들이 실제 시스템의 상태변수들과 일치하게 된다.

추정 상태변수가 실제 상태변수와 빨리 일치하도록 하기 위한 [그림 12-24]의 시스템을 살펴보자. [그림 12-24]는 관측기의 추정 출력이 시스템의 실제 출력과 일치하는가를 비교하여 일치하지 않으면 그 차를 관측기 측에 귀환시키는 일종의 폐루프 시스템으로, 이 시스템을 좀 더 자세히 그리면 [그림 12-25]와 같다.

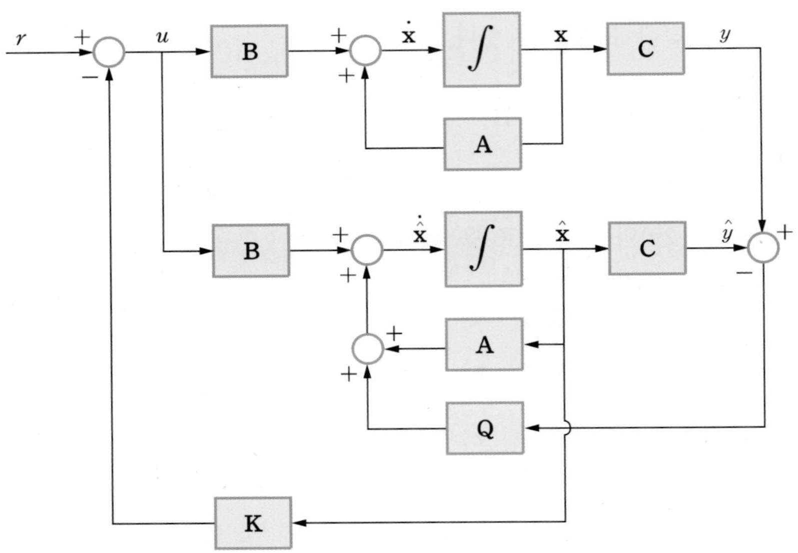

[그림 12-25] **부귀환제어기와 관측기가 있는 상태귀환제어기의 블록선도**

[그림 12-25]에서 다음 식을 얻을 수 있다.

$$\dot{\hat{\mathbf{x}}} = \mathbf{A}\hat{\mathbf{x}} + \mathbf{B}u + \mathbf{Q}(y - \hat{y}) \tag{12.33}$$

$$\hat{y} = \mathbf{C}\hat{\mathbf{x}} \tag{12.34}$$

식 (12.27)과 식 (12.28)에서 식 (12.33)과 식 (12.34)을 빼면 다음과 같다. 단, $\mathbf{Q}$는 $(n \times 1)$ 행렬이다.

$$\dot{\mathbf{x}} - \dot{\hat{\mathbf{x}}} = \mathbf{A}(\mathbf{x} - \hat{\mathbf{x}}) - \mathbf{Q}(y - \hat{y}) \tag{12.35}$$

$$y - \hat{y} = \mathbf{C}(\mathbf{x} - \hat{\mathbf{x}}) \tag{12.36}$$

식 (12.36)을 식 (12.35)에 대입하면 다음과 같이 되며

$$\dot{\mathbf{x}} - \dot{\hat{\mathbf{x}}} = \mathbf{A}(\mathbf{x} - \hat{\mathbf{x}}) - \mathbf{Q}\mathbf{C}(\mathbf{x} - \hat{\mathbf{x}}) = \{\mathbf{A} - \mathbf{Q}\mathbf{C}\}(\mathbf{x} - \hat{\mathbf{x}}) \tag{12.37}$$

여기에서 $\mathbf{e_x} = \mathbf{x} - \hat{\mathbf{x}}$ 라고 놓으면 다음과 같이 쓸 수 있다.

$$\dot{\mathbf{e}}_{\mathbf{x}} = \{\mathbf{A} - \mathbf{Q}\,\mathbf{C}\}\,\mathbf{e}_{\mathbf{x}} \tag{12.38}$$

오차의 상태방정식인 식 (12.38)의 해 $\mathbf{e}_{\mathbf{x}}(t)$는 시간함수로, 특성방정식

$$|s\mathbf{I} - (\mathbf{A} - \mathbf{QC})| = 0 \tag{12.39}$$

의 근에 따라 빠르게 0으로 수렴하기도 하고 느리게 수렴하기도 한다. 따라서 시스템의 실제 상태변수들이 추정 상태변수들과 빨리 일치하도록 하기 위해서는 위의 식 (12.39)의 근들이 복소평면의 허수축으로부터 좌측으로 멀리 떨어져 있어야 한다. 일반적으로 시스템의 우세극점의 위치보다 허수축으로부터 10배 떨어진 거리에 있도록 설계한다.

이제 한 예로 앞에서 살펴본 식 (12.7), 식 (12.8)의 동태방정식으로 표시되는 처음 제어시스템에 대한 관측기를 설계해보자.

$$\begin{bmatrix} \dot{x}_1 \\ \dot{x}_2 \\ \dot{x}_3 \end{bmatrix} = \begin{bmatrix} 0 & 1 & 0 \\ 0 & 0 & 1 \\ -60 & -20 & -7 \end{bmatrix} \begin{bmatrix} x_1 \\ x_2 \\ x_3 \end{bmatrix} + \begin{bmatrix} 0 \\ 0 \\ 1 \end{bmatrix} u$$

$$y = \begin{bmatrix} 60 & 3 & 0 \end{bmatrix} \begin{bmatrix} x_1 \\ x_2 \\ x_3 \end{bmatrix}$$

이 시스템에 대한 관측기의 신호흐름선도를 그리면 [그림 12-26]과 같다.

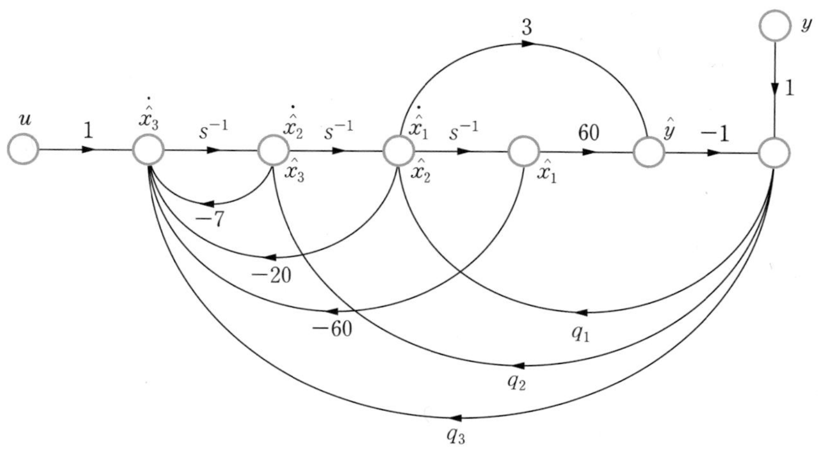

[그림 12-26] 식 (12.7)와 식 (12.8)의 동태방정식을 갖는 제어시스템에 대한 관측기의 신호흐름선도

신호흐름선도에 따라 관측기의 상태방정식과 출력방정식을 구하면 다음 식 (12.40), 식 (12.41)과 같이 된다.

$$\begin{bmatrix} \dot{\hat{x}}_1 \\ \dot{\hat{x}}_2 \\ \dot{\hat{x}}_3 \end{bmatrix} = \begin{bmatrix} 0 & 1 & 0 \\ 0 & 0 & 1 \\ -60 & -20 & -7 \end{bmatrix} \begin{bmatrix} \hat{x}_1 \\ \hat{x}_2 \\ \hat{x}_3 \end{bmatrix} + \begin{bmatrix} 0 \\ 0 \\ 1 \end{bmatrix} u + \begin{bmatrix} q_1 \\ q_2 \\ q_3 \end{bmatrix} (y - \hat{y}) \tag{12.40}$$

$$\hat{y} = [60 \quad 3 \quad 0] \begin{bmatrix} \hat{x}_1 \\ \hat{x}_2 \\ \hat{x}_3 \end{bmatrix} \tag{12.41}$$

식 (12.8)과 식 (12.41)에 의해 시스템의 실제 출력과 관측기의 추정 출력의 차는 다음과 같고

$$y - \hat{y} = [60 \quad 3 \quad 0] \begin{bmatrix} x_1 - \hat{x}_1 \\ x_2 - \hat{x}_2 \\ x_3 - \hat{x}_3 \end{bmatrix} \tag{12.42}$$

식 (12.42)을 식 (12.40)에 대입하여 정리한 후, 식 (12.7)에서 빼면 다음과 같이 된다.

$$\begin{bmatrix} \dot{x}_1 - \dot{\hat{x}}_1 \\ \dot{x}_2 - \dot{\hat{x}}_2 \\ \dot{x}_3 - \dot{\hat{x}}_3 \end{bmatrix} = \begin{bmatrix} -60q_1 & 1-3q_1 & 0 \\ -60q_2 & -3q_2 & 1 \\ -60-60q_3 & -20-3q_3 & -7 \end{bmatrix} \begin{bmatrix} x_1 - \hat{x}_1 \\ x_2 - \hat{x}_2 \\ x_3 - \hat{x}_3 \end{bmatrix} \tag{12.43}$$

식 (12.43)을 $\mathbf{e_x} = \mathbf{x} - \hat{\mathbf{x}}$로 다시 표시하면 식 (12.44)와 같다.

$$\begin{bmatrix} \dot{e}_1 \\ \dot{e}_2 \\ \dot{e}_3 \end{bmatrix} = \begin{bmatrix} -60q_1 & 1-3q_1 & 0 \\ -60q_2 & -3q_2 & 1 \\ -60-60q_3 & -20-3q_3 & -7 \end{bmatrix} \begin{bmatrix} e_1 \\ e_2 \\ e_3 \end{bmatrix} \tag{12.44}$$

식 (12.44)에 대한 특성식은 다음과 같다.

$$\left|\begin{bmatrix} s & 0 & 0 \\ 0 & s & 0 \\ 0 & 0 & s \end{bmatrix} - \begin{bmatrix} -60q_1 & 1-3q_1 & 0 \\ -60q_2 & -3q_2 & 1 \\ -60-60q_3 & -20-3q_3 & -7 \end{bmatrix}\right|$$

$$= \begin{vmatrix} s+60q_1 & -1+3q_1 & 0 \\ 60q_2 & s+3q_2 & -1 \\ 60+60q_3 & 20+3q_3 & s+7 \end{vmatrix}$$

$$= s^3 + (7+60q_1+3q_2)s^2 + (20+420q_1+81q_2+3q_3)s + (60-60q_1+420q_2+60q_3) \tag{12.45}$$

동태방정식인 식 (12.7), 식 (12.8)로 표시되는 시스템의 특성방정식의 근은 $s_1 = -0.82 + j3.24$, $s_2 = -0.82 - j3.24$, $s_3 = -5.36$이므로, 우리가 설계하려는 관측기 오차의 특성방정식의 근들은 앞의 근들보다 크기가 10배 되도록 정하면, 그 근들은 $s_{o1} = -8.2 + j32.4$, $s_{o1} = -8.2 - j32.4$, $s_{o1} = -53.6$ 이 되고, 따라서 관측기의 특성식은

$$(s+8.2-j32.4)(s+8.2+j32.4)(s+53.6) \fallingdotseq s^3 + 70s + 2000s + 60000 \tag{12.46}$$

이어야 한다. 따라서 관측기의 특성식인 식 (12.45)가 식 (12.46)과 일치해야 한다. 그러므로 다음 등식에서 귀환 이득정수들 q_1, q_2, q_3를 구하면 된다.

$$s^3 + (7+60q_1+3q_2)s^2 + (20+420q_1+81q_2+3q_3)s + (60-60q_1+420q_2+60q_3) = s^3 + 70s^2 + 2000s + 60000 \tag{12.47}$$

식 (12.47)에서 연립방정식을 만들면

$$\begin{aligned} 7+60q_1+3q_2 &= 70 \\ 20+420q_1+81q_2+3q_3 &= 2000 \\ 60-60q_1+420q_2+60q_3 &= 60000 \end{aligned} \tag{12.48}$$

$$\begin{aligned} 60q_1+3q_2 &= 63 \\ 420q_1+81q_2+3q_3 &= 1980 \\ -60q_1+420q_2+60q_3 &= 59940 \end{aligned} \tag{12.49}$$

이고, 크래머 공식에 의해 q_1, q_2, q_3를 구하면 $q_1 = 2.9$, $q_2 = -37.6$, $q_3 = 1265.2$가 되고, 관측기의 귀환이득벡터 $\mathbf{Q}$는 다음과 같이 된다.

$$\mathbf{Q} = \begin{bmatrix} 2.9 \\ -37.6 \\ 1265.2 \end{bmatrix} \tag{12.50}$$

식 (12.50)의 귀환이득정수를 넣어 관측기의 신호흐름선도를 다시 그리면 [그림 12-27]과 같이 된다.

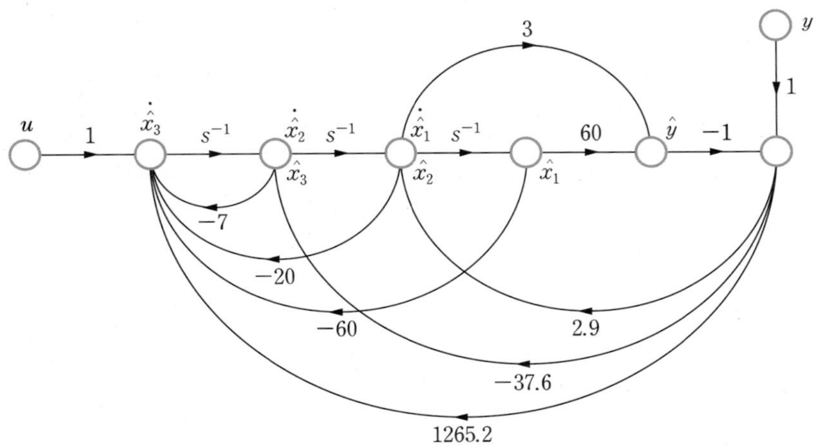

[그림 12-27] **[그림 12-26]에 식 (12.50)의 귀환이득정수를 넣은 관측기의 신호흐름선도**

예제 12-3 관측기 설계

다음과 같은 상태방정식을 갖는 제어시스템에 대한 관측기를 설계하라.

$$\begin{bmatrix} \dot{x}_1 \\ \dot{x}_2 \end{bmatrix} = \begin{bmatrix} -3 & 1 \\ 0 & -1 \end{bmatrix} \begin{bmatrix} x_1 \\ x_2 \end{bmatrix} + \begin{bmatrix} 0 \\ 1 \end{bmatrix} u$$

$$y = [1.5 \quad 0.5] \begin{bmatrix} x_1 \\ x_2 \end{bmatrix}$$

풀이

주어진 시스템의 특성근의 위치는 $s_1 = -1$, $s_2 = -3$ 이므로, 시스템의 근보다 10배 크게 관측기의 특성근을 정하면 관측기의 특성식은 다음과 같아야 한다.

$$(s+10)(s+30) = s^2 + 40s + 300 \qquad \cdots ①$$

먼저 식 (12.39)에 의해 주어진 동태방정식으로 표시된 시스템에 대한 관측기의 특성식을 구하면 다음과 같이 된다.

$$
\begin{aligned}
&|s\mathbf{I}-(\mathbf{A}-\mathbf{QC})| \\
&=\left|\begin{bmatrix} s & 0 \\ 0 & s \end{bmatrix}-\left(\begin{bmatrix} -3 & 1 \\ 0 & -1 \end{bmatrix}-\begin{bmatrix} q_1 \\ q_2 \end{bmatrix}[1.5 \quad 0.5]\right)\right| \\
&=\left|\begin{bmatrix} s & 0 \\ 0 & s \end{bmatrix}-\left(\begin{bmatrix} -3 & 1 \\ 0 & -1 \end{bmatrix}-\begin{bmatrix} 1.5q_1 & 0.5q_1 \\ 1.5q_2 & 0.5q_2 \end{bmatrix}\right)\right| \\
&=\left|\begin{bmatrix} s & 0 \\ 0 & s \end{bmatrix}-\begin{bmatrix} -(3+1.5q_1) & (1-0.5q_1) \\ -1.5q_2 & -(1+0.5q_2) \end{bmatrix}\right| \\
&=\begin{vmatrix} s+3+1.5q_1 & -1+0.5q_1 \\ 1.5q_2 & s+1+0.5q_2 \end{vmatrix} \\
&= s^2+(4+1.5q_1+0.5q_2)\,s+(3+1.5q_1+3q_2) \qquad \cdots ②
\end{aligned}
$$

따라서 식 ②와 식 ①로 다음과 같이 관측기의 귀환이득정수를 구하면

$$
\begin{aligned}
s^2+(4+1.5q_1+0.5q_2)\,s+(3+1.5q_1+3q_2) &= s^2+40\,s+300 \\
4+1.5q_1+0.5q_2 &= 40 \\
3+1.5q_1+3q_2 &= 300
\end{aligned}
$$

으로 $q_1=-10.8$, $q_2=104.4$이다. 지금까지 설계한 관측기의 신호흐름선도는 [그림 12-28]과 같다.

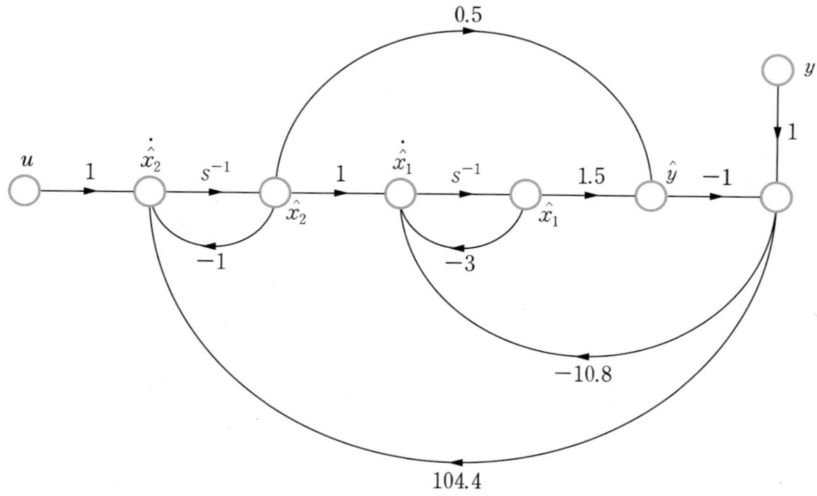

[그림 12-28] **[예제 12-3]에서 설계한 관측기의 신호흐름선도**

Section

12.3 관측기를 사용하는 상태귀환제어기 설계

12.1절에서는 상태변수를 부귀환시키는 상태제어기에 대해 설명했으며, 12.2절에서는 시스템의 실제 상태변수를 구할 수 없는 경우, 상태변수를 구하기 위한 관측기를 설계하는 방법을 설명하였다. 이 절에서는 상태방정식으로 표시되어 있는 제어시스템의 시간응답이 우리가 원하는 특성을 갖도록 설계할 때, 관측기를 통하여 상태변수를 얻어 부귀환시키는 상태귀환제어기의 설계를 그동안 설명한 내용을 종합하여 실행해보자.

새로운 문제를 풀기 전에 처음 취급했던 다음 문제(식 (12.7)과 식 (12.8))로 돌아가보자.

$$\begin{bmatrix} \dot{x}_1 \\ \dot{x}_2 \\ \dot{x}_3 \end{bmatrix} = \begin{bmatrix} 0 & 1 & 0 \\ 0 & 0 & 1 \\ -60 & -20 & -7 \end{bmatrix} \begin{bmatrix} x_1 \\ x_2 \\ x_3 \end{bmatrix} + \begin{bmatrix} 0 \\ 0 \\ 1 \end{bmatrix} u$$

$$y = \begin{bmatrix} 60 & 3 & 0 \end{bmatrix} \begin{bmatrix} x_1 \\ x_2 \\ x_3 \end{bmatrix}$$

단위계단입력에 대해 37.5% 의 백분율 오버슈트와 4.3초의 정정시간을 나타내고 있는 동태방정식인 식 (12.7)과 식 (12.8)의 제어시스템에 상태부귀환을 걸어 백분율 오버슈트가 9.48%, 정정시간이 1초 이하가 되도록 설계하였다. 그때 상태변수의 부귀환 이득벡터가

$$\mathbf{K} = [\,828 \quad 184.4 \quad 21\,] \tag{12.51}$$

이었다. 그리고 실제 상태변수 x_1, x_2, x_3를 구할 수 없는 경우로 가정하여 다시 관측기를 설계하였으며, 이때 관측기의 응답속도가 원래 시스템보다 10배 빠르도록 설계하였다. 그때 실제 출력과 추정 출력의 차를 귀환시키는 이득벡터는 다음과 같았다.

$$\mathbf{Q} = \begin{bmatrix} 2.9 \\ -37.6 \\ 1265.2 \end{bmatrix} \tag{12.52}$$

두 식을 합하여 상태귀환제어시스템에 대한 신호흐름선도를 그리면 [그림 12-29]와 같다.

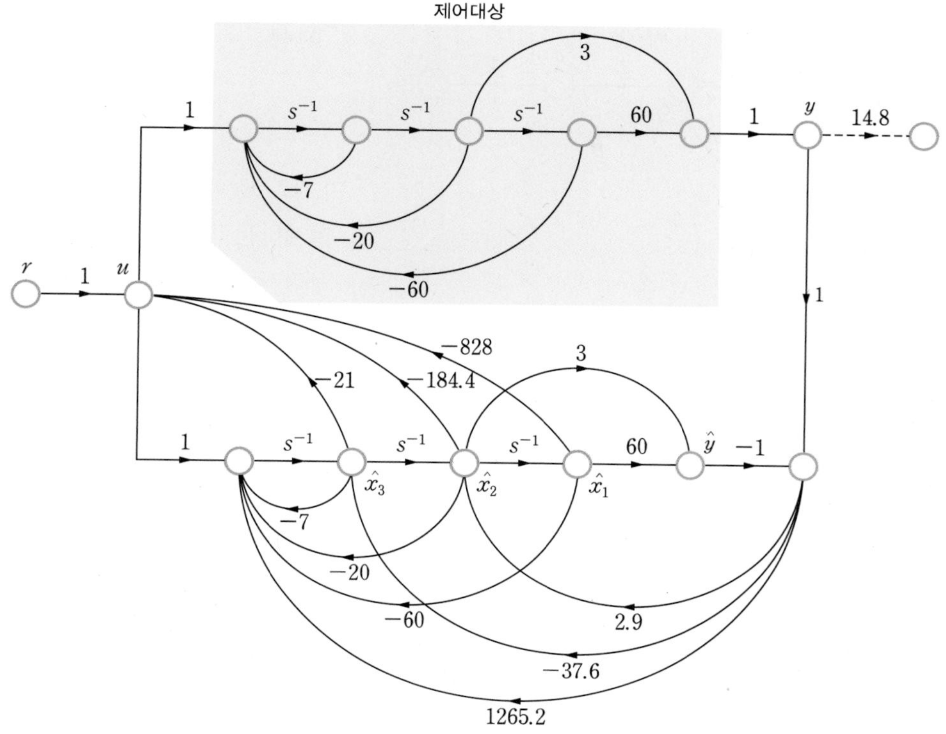

[그림 12-29] **관측기를 사용하는 상태귀환제어시스템의 예**

위의 설계 과정에서 정상상태오차는 고려하지 않았으며, 부귀환에 의하여 생기는 정상상태오차의 보정을 위해서는 별도의 증폭기(점선으로 표시)를 출력 측에 추가해야 한다. 출력 측에 이미 증폭기가 추가되어 있는 경우에는, 실제 출력과 추정 출력의 차를 귀환시킬 때 증폭기의 증폭도로 그 차(실제 출력 − 추정 출력)를 나눈 값을 귀환시켜야 한다.

예제 12-4 상태귀환을 사용하는 관측기 설계

상태방정식이 다음과 같은 제어시스템에 상태부귀환을 걸어 단위계단응답의 백분율 오버슈트가 20%, 정정시간이 2초가 되도록 상태부귀환과 관측기를 설계하라.

$$\begin{bmatrix} \dot{x}_1 \\ \dot{x}_2 \end{bmatrix} = \begin{bmatrix} 0 & 1 \\ -25 & -2 \end{bmatrix} \begin{bmatrix} x_1 \\ x_2 \end{bmatrix} + \begin{bmatrix} 0 \\ 1 \end{bmatrix} u$$

$$y = [25 \quad 0] \begin{bmatrix} x_1 \\ x_2 \end{bmatrix}$$

풀이

문제에 주어진 상태방정식과 출력방정식으로 신호흐름선도를 그리면 [그림 12-30]과 같다.

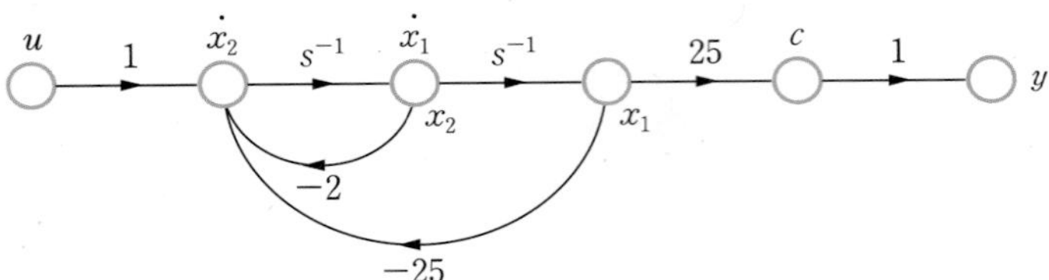

[그림 12-30] [예제 12-4]의 신호흐름선도

이 시스템의 전달함수는 식 ①과 같으며, 단위계단입력에 대한 시간응답은 [그림 12-31]과 같다.

$$M(s)=\frac{25}{s^2+2s+25} \qquad \cdots ①$$

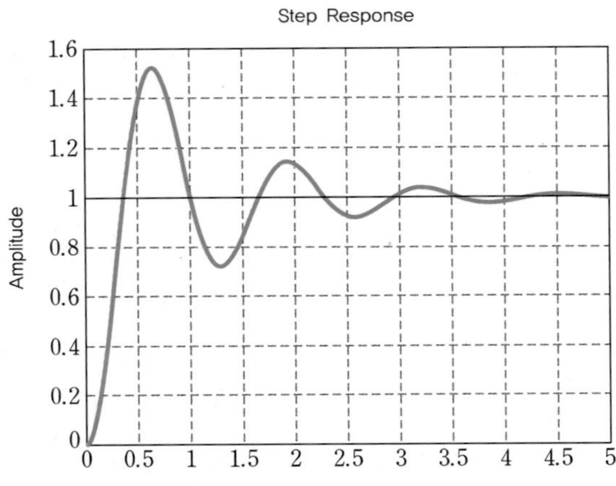

[그림 12-31] [예제 12-4]의 단위계단응답

이제 이 제어시스템에 상태귀환을 걸어 백분율 오버슈트가 20%, 정정시간이 2초 이하가 되도록 설계해보자. 이러한 시간응답의 특성을 나타내기 위해서는 특성방정식의 근의 위치가 [그림 12-32]와 같이 $s_1=-2+j3.9$, $s_2=-2-j3.9$ 이어야 한다.

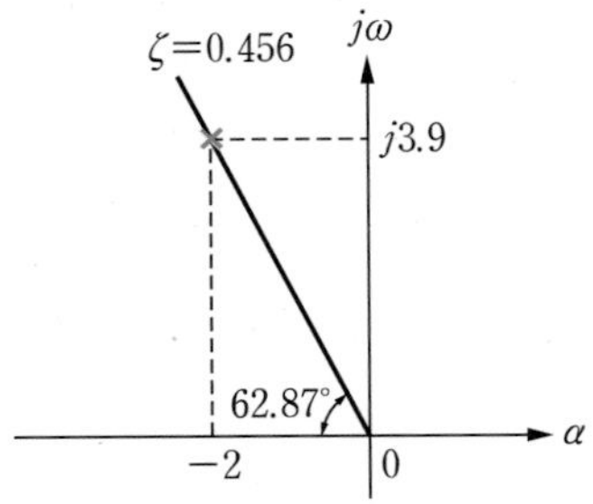

[그림 12-32] 백분율 오버슈트가 20%, 정정시간이 2초이기 위한 특성근의 위치

따라서 원하는 시간응답의 특성을 나타내기 위한 특성식은 다음과 같아야 한다.

$$(s+2-j3.9)(s+2+j3.9) \fallingdotseq s^2+4s+19.2 \qquad \cdots ②$$

이제 주어진 시스템이 식 ②의 특성식을 갖도록 하는 상태귀환시스템을 설계해보자. [그림 12-30]의 신호흐름선도에서 각각의 상태변수 x_1, x_2에 이득정수 k_1, k_2를 곱하여 입력측에 부귀환시키면 [그림 12-33]과 같이 되며, 이 신호흐름선도에 대한 상태방정식은 식 ③과 같이 된다.

$$\begin{bmatrix} \dot{x}_1 \\ \dot{x}_2 \end{bmatrix} = \begin{bmatrix} 0 & 1 \\ -(25+k_1) & -(2+k_2) \end{bmatrix} \begin{bmatrix} x_1 \\ x_2 \end{bmatrix} + \begin{bmatrix} 0 \\ 1 \end{bmatrix} r \qquad \cdots ③$$

$$y = [25 \quad 0] \begin{bmatrix} x_1 \\ x_2 \end{bmatrix} \qquad \cdots ④$$

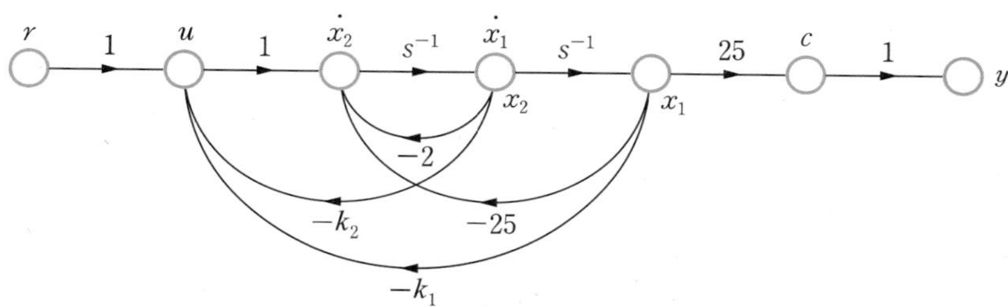

[그림 12-33] **상태부귀환을 걸은 신호흐름선도**

그리고 식 ③에 대한 특성식은 다음과 같이 된다.

$$\begin{aligned} &\left| \begin{bmatrix} s & 0 \\ 0 & s \end{bmatrix} - \begin{bmatrix} 0 & 1 \\ -(25+k_1) & -(2+k_2) \end{bmatrix} \right| \\ &= \begin{vmatrix} s & -1 \\ (25+k_1) & s+(2+k_2) \end{vmatrix} \\ &= s^2+(2+k_2)s+25+k_1 \end{aligned} \qquad \cdots ⑤$$

이 특성식이 앞에서 구한 식 ②와 일치하도록 k값들을 정하면 다음과 같이 된다.

$$\begin{aligned} s^2+(2+k_2)s+25+k_1 = s^2+4s+19.2 \\ \therefore\ k_1 = -5.8\,,\ \ k_2 = 2 \end{aligned} \qquad \cdots ⑥$$

이렇게 부귀환을 걸은 상태귀환제어시스템의 상태방정식과 출력방정식은 다음 식 ⑦, 식 ⑧과 같고, 이 동태방정식에 대한 전달함수를 구하면 식 ⑨와 같이 된다. 이 상태부귀환을 걸은 제어시스템에 대한 단위계단응답을 구하면 [그림 12-34]와 같다.

$$\begin{bmatrix} \dot{x}_1 \\ \dot{x}_2 \end{bmatrix} = \begin{bmatrix} 0 & 1 \\ -19.2 & -4 \end{bmatrix} \begin{bmatrix} x_1 \\ x_2 \end{bmatrix} + \begin{bmatrix} 0 \\ 1 \end{bmatrix} r \quad \cdots ⑦$$

$$y = [25 \quad 0] \begin{bmatrix} x_1 \\ x_2 \end{bmatrix} \quad \cdots ⑧$$

$$M(s) = \frac{25}{s^2 + 4s + 19.2} \quad \cdots ⑨$$

[그림 12-34]에서 보는 바와 같이 백분율 오버슈트는 19.5%, 정정시간은 1.94초로 만족한 결과를 얻었으나, 단위계단입력에 대한 정상상태 출력의 크기가 $1.3(=\frac{25}{19.3})$이 됨을 알 수 있다. 이는 상태변수 x_1의 부귀환 이득이 -5.8이 되어 실질적으로는 부귀환이 아니라 정귀환이 되어 일어나는 현상으로, 이를 보상하기 위하여 출력측에 증폭도 $0.77(=\frac{1}{1.3})$인 증폭기를 추가해야 한다.

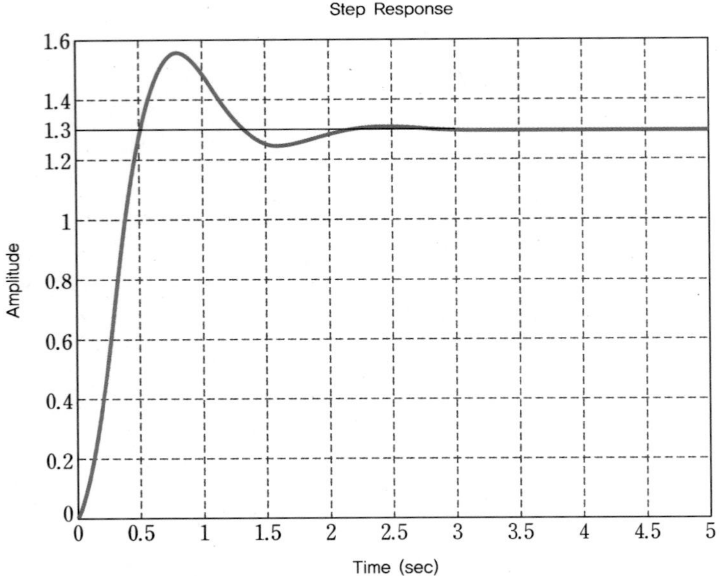

[그림 12-34] **[그림 12-33]에 $k_1 = -5.8$, $k_2 = 2$의 상태부귀환을 걸은 제어시스템의 단위계단응답**

지금까지 구한 과정을 종합하여 상태귀환제어시스템의 신호흐름선도를 완성하면 [그림 12-35]와 같이 되며, 상태방정식과 출력방정식, 전달함수는 각각 식 ⑩, 식 ⑪, 식 ⑫와 같이 된다.

$$\begin{bmatrix} \dot{x}_1 \\ \dot{x}_2 \end{bmatrix} = \begin{bmatrix} 0 & 1 \\ -19.2 & -4 \end{bmatrix} \begin{bmatrix} x_1 \\ x_2 \end{bmatrix} + \begin{bmatrix} 0 \\ 1 \end{bmatrix} r \quad \cdots ⑩$$

$$y = 0.77 \times [25 \quad 0] \begin{bmatrix} x_1 \\ x_2 \end{bmatrix} \quad \cdots ⑪$$

$$M(s) = 0.77 \times \frac{25}{s^2 + 4s + 19.2} \quad \cdots ⑫$$

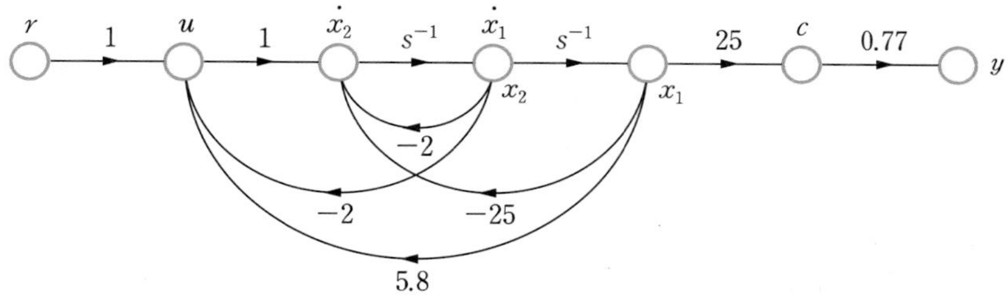

[그림 12-35] **증폭도 0.77인 증폭기가 추가된 상태귀환제어시스템의 신호흐름선도**

식 ⑩의 상태방정식과 식 ⑪의 출력방정식으로 표시되는 시스템의 단위계단응답을 구하면 [그림 12-36]과 같다. [그림 12-36]에서 보는 바와 같이 백분율 오버슈트는 20%, 정정시간은 1.88초로 만족한 결과가 얻어졌다.

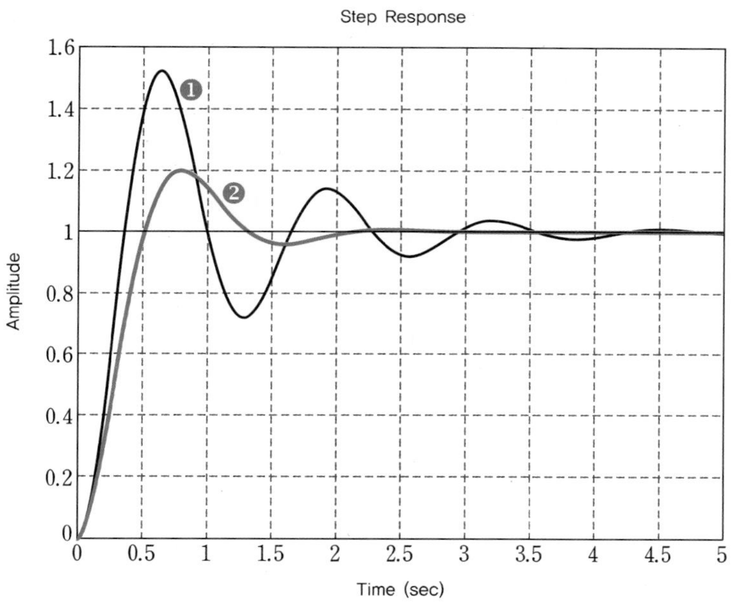

❶ 상태귀환이 추가되기 전의 시스템

❷ 식 ⑩의 상태방정식과 식 ⑪의 출력방정식으로 표시되는 상태귀환시스템

[그림 12-36] **시스템의 단위계단응답**

이제 관측기를 설계해보자. 문제에서 주어진 시스템의 특성근의 위치는 $s_1 = -1 + j4.9$, $s_2 = -1 - j4.9$이므로, 시스템의 근보다 10배 크게 관측기의 특성근을 정하면 관측기의 특성식은 다음과 같아야 한다.

$$(s + 10 - j49)(s + 10 + j49) \fallingdotseq s^2 + 20s + 2500 \qquad \cdots ⑬$$

먼저 식 (12.39)에 의해 예제에서 주어진 동태방정식으로 표시된 시스템에 대한 관측기의 특성식을 구하면 다음과 같다.

$$
\begin{aligned}
&|s\mathbf{I}-(\mathbf{A}-\mathbf{QC})| \\
&=\left|\begin{bmatrix} s & 0 \\ 0 & s \end{bmatrix}-\left(\begin{bmatrix} 0 & 1 \\ -25 & -2 \end{bmatrix}-\begin{bmatrix} q_1 \\ q_2 \end{bmatrix}\begin{bmatrix} 25 & 0 \end{bmatrix}\right)\right| \\
&=\left|\begin{bmatrix} s & 0 \\ 0 & s \end{bmatrix}-\left(\begin{bmatrix} 0 & 1 \\ -25 & -2 \end{bmatrix}-\begin{bmatrix} 25q_1 & 0 \\ 25q_2 & 0 \end{bmatrix}\right)\right| \\
&=\left|\begin{bmatrix} s & 0 \\ 0 & s \end{bmatrix}-\begin{bmatrix} -25q_1 & 1 \\ -(25+25q_2) & -2 \end{bmatrix}\right| \\
&=\begin{vmatrix} s+25q_1 & -1 \\ 25+25q_2 & s+2 \end{vmatrix} \\
&=s^2+(2+25q_1)s+(25+50q_1+25q_2) \qquad \cdots ⑭
\end{aligned}
$$

따라서 식 ⑭와 식 ⑬을 등식으로 놓고 다음과 같이 관측기의 귀환이득정수를 구하면

$$
\begin{aligned}
s^2+(2+25q_1)s+(25+50q_1+25q_2) &= s^2+20s+2500 \\
2+25q_1 &= 20 \qquad \cdots ⑮ \\
25+50q_1+25q_2 &= 2500
\end{aligned}
$$

으로 $q_1=0.72$, $q_2=97.56$이다. 지금까지 설계한 관측기의 신호흐름선도는 [그림 12-37]과 같다.

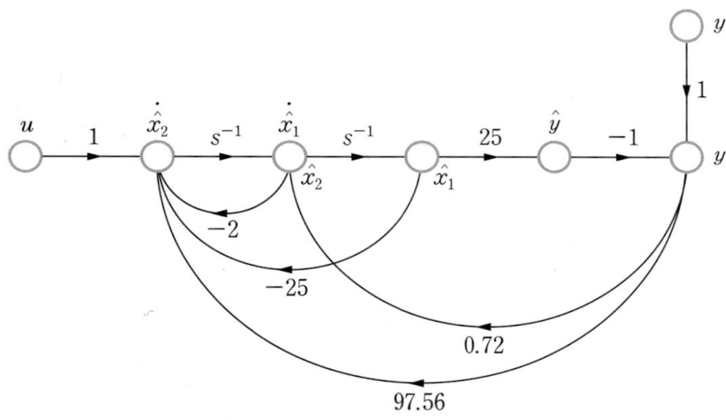

[그림 12-37] **[예제 12-4]에서 설계한 관측기의 신호흐름선도**

지금까지 단위계단입력에 대해 백분율 오버슈트가 55.7%, 정정시간이 3.92초를 나타내고 있는 [예제 12-4]의 제어시스템에 상태부귀환을 걸어 백분율 오버슈트가 20%, 정정시간이 2초 이하가 되도록 설계하였다.

그때 상태변수의 부귀환이득정수는

$$\mathbf{K} = [-5.8 \quad 2] \tag{12.53}$$

이다. 그러나 실제 상태변수 x_1, x_2를 구할 수 없는 경우로 가정하여 다시 관측기를 설계했으며, 이때 관측기의 응답속도가 원래 시스템보다 10배 빠르도록 설계하였다. 그때 실제 출력과 추정 출력의 차를 귀환시키는 이득정수는 다음과 같았다.

$$\mathbf{Q} = \begin{bmatrix} 0.72 \\ 97.56 \end{bmatrix} \tag{12.54}$$

두 식을 합하여 상태귀환제어시스템에 대한 신호흐름선도를 그리면 [그림 12-38]과 같이 된다.

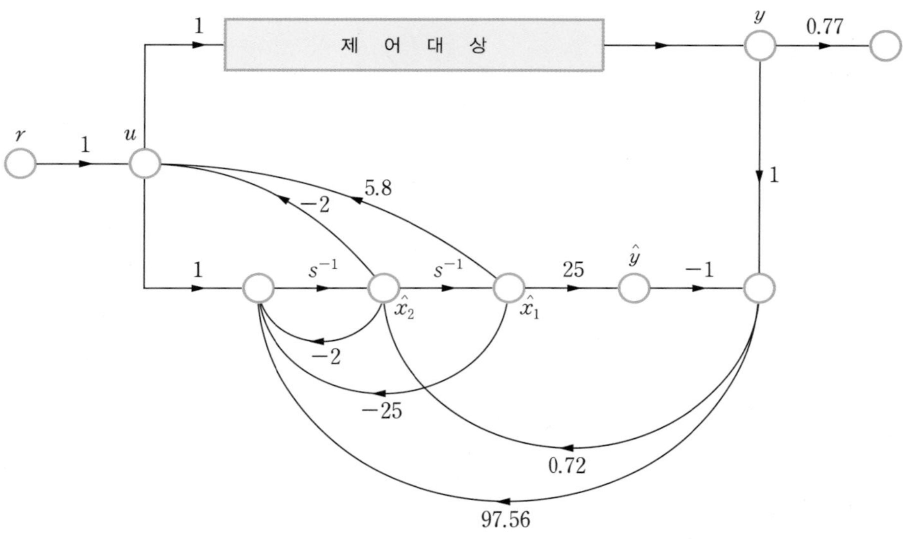

[그림 12-38] **관측기를 사용하는 상태귀환제어시스템의 예**

위의 설계 과정에서 정상상태오차는 고려하지 않았으나 [그림 12-38]에는 상태귀환에 의하여 생기는 정상상태오차를 보정하기 위하여 증폭도가 0.77인 증폭기를 출력 측에 별도로 추가하였다.

또한 위상변수표준형의 상태방정식에서 관측기의 귀환 이득정수 q_1, q_2를 구하기 위해서는 [예제 12-4]의 식 ⑮와 같은 연립방정식을 풀어야 한다. 차수가 작을 때는 큰 어려움이 없으나 차수가 큰 경우는 대단히 복잡해진다. 이 경우에는 상사변환을 이용하여 관측기표준형으로 바꾼 후에 관측기의 귀환 이득정수를 구하고 나서, 다시 역상사변환에 의해 원래의 위상변수표준형으로 되돌리는 방법을 사용할 수 있다.

Section

12.4 가제어성과 가관측성

앞에서 우리는 상태귀환을 이용하여 제어기 설계를 수행했지만, 사실 상태귀환으로 제어기를 설계할 수 없는 경우도 있다. 또한 상태변수를 직접 측정할 수 없는 경우에는 관측기를 사용하여 상태변수를 얻어 상태귀환제어를 수행하였으나, 관측기에 의하여 모든 상태변수를 다 얻을 수 없는 경우도 있다. 이러한 경우에는 관측기를 사용하는 제어기 설계가 불가능해진다. 따라서 상태귀환에 의한 제어기를 설계하기에 앞서 상태공간기법에 의해 주어진 시스템에 대해 **가제어성**controllability과 **가관측성**observability을 검토해 보아야 한다.

가제어성

입력에 아무런 제한이 없다는 가정 아래, 초기 시간 t_0에 임의의 상태변수 $\mathbf{x}(t_0)$를 가지고 있는 시스템에 유한한 시간 동안 입력을 가하여 우리가 원하는 어떤 상태변수 값 $\mathbf{x}(t_f)$를 얻을 수 있다면, 이 시스템을 **가제어**controllable하다고 한다. 다시 말하면, 다음과 같은 상태방정식

$$\dot{\mathbf{x}}(t) = \mathbf{A}\mathbf{x}(t) + \mathbf{B}u(t) \tag{12.55}$$

으로 표시되는 제어시스템에서 초기 상태를 우리가 원하는 임의의 최종 상태로 유한한 시간 안에 변화시킬 수 있다면, 이 제어시스템은 가제어하다고 한다. 그러기 위해서는 다음 $(n \times n)$ 행렬의 계수rank가 n이어야 한다(증명 생략). 행렬의 계수가 n이라는 말은 그 행렬의 행렬식의 값이 0이 아니라는 말과 같다.

$$\mathbf{M}_c = [\mathbf{B} \quad \mathbf{AB} \quad \mathbf{A}^2\boldsymbol{B} \quad \cdots \quad \boldsymbol{A}^{n-1}\boldsymbol{B} \tag{12.56}$$

또한 식 (12.56)을 **가제어성행렬**controllability matrix이라고 한다.

가관측성

어떤 시간 t_0로부터 유한한 시간 동안 시스템의 출력을 관측하여(조사하여) 초기 상태의 상태변수 값 $\mathbf{x}(t_0)$을 알아낼 수 있다면, 이 시스템을 **가관측**observable하다고 한다. 다시 말하면 다음과 같은 동태방정식

$$\dot{\mathbf{x}}(t) = \mathbf{A}\mathbf{x}(t) + \mathbf{B}u(t) \tag{12.57}$$

$$y(t) = \mathbf{C}\mathbf{x}(t) \tag{12.58}$$

으로 표시되는 제어시스템에서 유한한 시간 동안 출력 $y(t)$를 관측하여 이전의 어떤 시간의 상태변수 값 $\mathbf{x}(t_0)$를 알 수 있다면, 이 제어시스템은 가관측하다고 한다. 그러기 위해서는 다음 $(n \times n)$ 행렬의 계수가 n이어야 한다(증명 생략). 또한 식 (12.59)를 **가관측성행렬**observability matrix이라고 한다.

$$\mathbf{M}_\text{o} = \begin{bmatrix} \mathbf{C} \\ \mathbf{CA} \\ \mathbf{CA}^2 \\ \vdots \\ \mathbf{CA}^{n-1} \end{bmatrix} \tag{12.59}$$

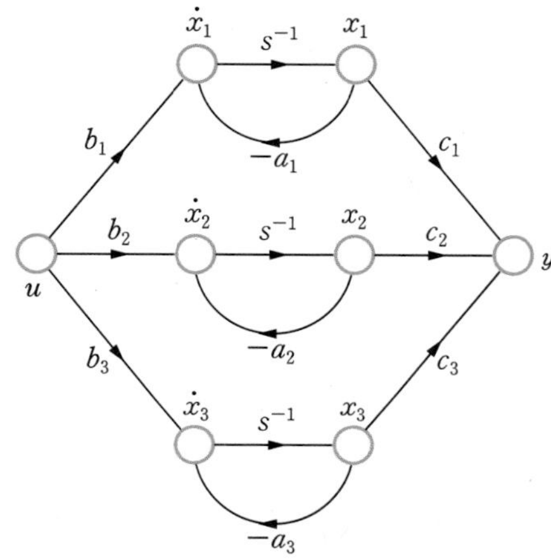

(a) 가제어 및 가관측 시스템

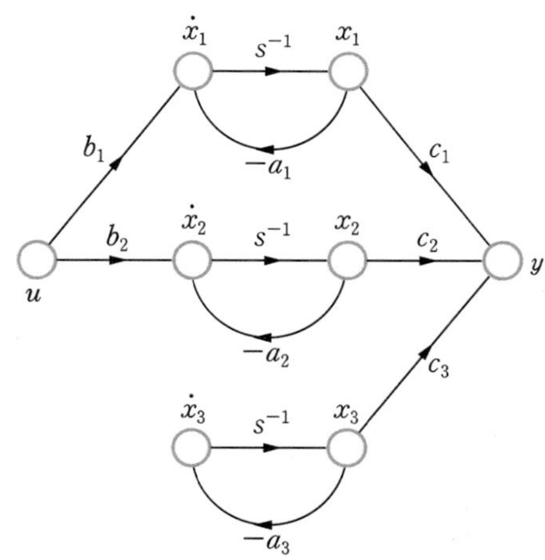

(b) 가관측이나 제어 불가능한 시스템

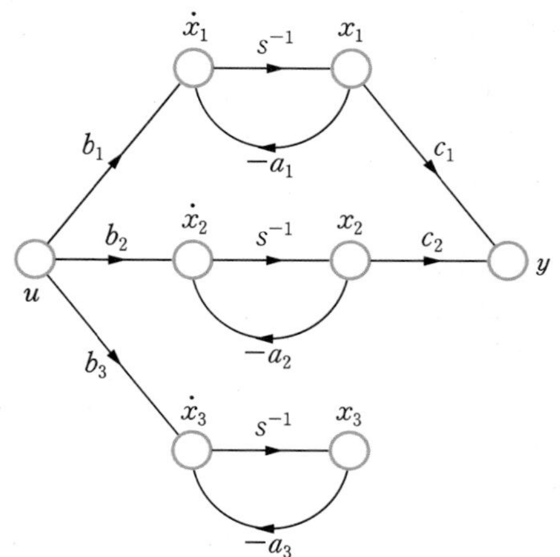

(c) 가제어이나 관측 불가능한 시스템

[그림 12-39] **시스템의 신호흐름선도**

예를 들어, 신호흐름선도 [그림 12-39(b)]에서는 상태변수 x_3가 입력의 영향을 받지 않으므로, 입력을 조절하여 상태변수 x_3을 임의의 값으로 만들 수 없다. 그리고 [그림 12-39(c)]에서는 출력에 상태변수 x_3가 영향을 미치지 못하므로 출력에서 상태변수 x_3에 대한 정보를 얻을 수 없다. 따라서

[그림 12-39(b)]와 같은 시스템은 가관측이나 가제어하지 못하고, [그림 12-39(c)]는 가제어하나 가관측하지 못함을 직관적으로 판단할 수 있다. 여기에서 주의할 점은 [그림 12-39]에서는 시스템이 병렬표준형으로 표시되어 각 상태변수들이 다른 상태변수들의 영향을 받지 않는 특별한 경우고, 상태변수들이 서로 연결이 되어 있어 직접적으로는 영향을 받지 않으나 다른 상태변수를 통하여 영향을 받는 경우에는 [그림 12-39]처럼 직관적으로 판단해서는 안 되고, 반드시 가제어성행렬 $\mathbf{M}_c$나 가관측성행렬 $\mathbf{M}_o$을 통해 결정해야 한다.

예제 12-5 가제어성 판단

[그림 12-40]의 신호흐름선도로 표시되는 시스템의 가제어성을 판단하라.

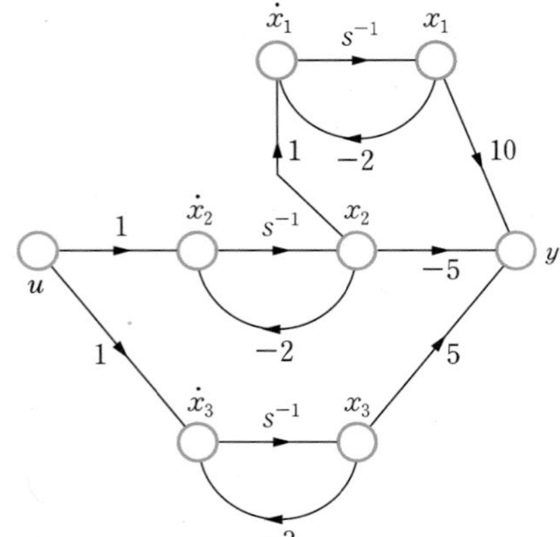

[그림 12-40] **[예제 12-5]의 신호흐름선도**

풀이

신호흐름선도를 이용하여 이 시스템의 상태방정식을 구하면 다음과 같다.

$$\begin{bmatrix} \dot{x}_1 \\ \dot{x}_2 \\ \dot{x}_3 \end{bmatrix} = \begin{bmatrix} -2 & 1 & 0 \\ 0 & -2 & 0 \\ 0 & 0 & -3 \end{bmatrix} \begin{bmatrix} x_1 \\ x_2 \\ x_3 \end{bmatrix} + \begin{bmatrix} 0 \\ 1 \\ 1 \end{bmatrix} u \qquad \cdots ①$$

식 ①의 상태방정식에 의해 가제어성행렬을 구하면 다음과 같다.

$$\mathbf{M}_c = \begin{bmatrix} 0 & 1 & -4 \\ 1 & -2 & 4 \\ 1 & -3 & 9 \end{bmatrix} \qquad \cdots ②$$

이 가제어성행렬의 계수를 구하기 위하여 행렬식의 값을 구하면

$$\det \mathbf{M}_c = \begin{vmatrix} 0 & 1 & -4 \\ 1 & -2 & 4 \\ 1 & -3 & 9 \end{vmatrix} = -1 \qquad \cdots ③$$

로 되어, 행렬식의 값이 0이 아니므로 계수가 3임을 알 수 있다. 따라서 이 시스템은 가제어성 시스템이다.

예제 12-6 가관측성 판단

[그림 12-41]의 신호흐름선도로 표시되는 시스템의 가관측성을 판단하라.

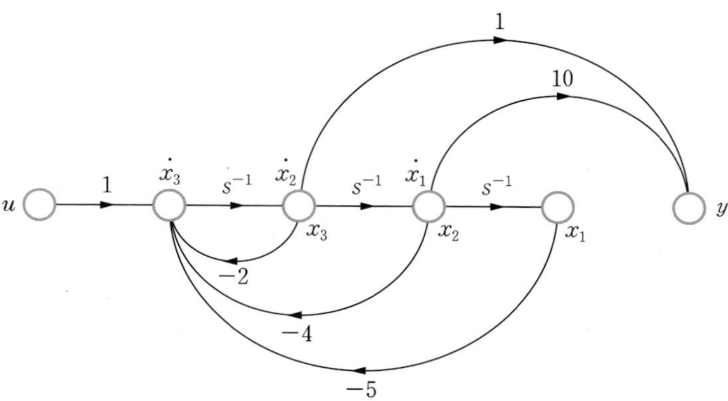

[그림 12-41] **[예제 12-6]의 신호흐름선도**

풀이

신호흐름선도를 이용하여 이 시스템의 동태방정식을 구하면 다음과 같다.

$$\begin{bmatrix} \dot{x}_1 \\ \dot{x}_2 \\ \dot{x}_3 \end{bmatrix} = \begin{bmatrix} 0 & 1 & 0 \\ 0 & 0 & 1 \\ -5 & -4 & -2 \end{bmatrix} \begin{bmatrix} x_1 \\ x_2 \\ x_3 \end{bmatrix} + \begin{bmatrix} 0 \\ 0 \\ 1 \end{bmatrix} u \qquad \cdots ①$$

$$y = [0 \quad 10 \quad 1] \begin{bmatrix} x_1 \\ x_2 \\ x_3 \end{bmatrix} \qquad \cdots ②$$

식 ①, 식 ②의 동태방정식에 의해 가관측성행렬을 구하면 다음과 같다.

$$\mathbf{M}_o = \begin{bmatrix} 0 & 10 & 1 \\ -5 & -4 & 8 \\ -40 & -37 & -20 \end{bmatrix} \qquad \cdots ③$$

이 가관측성행렬의 계수를 구하기 위하여 행렬식의 값을 구하면

$$\det \mathbf{M}_o = \begin{vmatrix} 0 & -10 & 1 \\ -5 & -4 & 8 \\ -40 & -37 & -20 \end{vmatrix} = -4175 \qquad \cdots ④$$

가 되어, 행렬식의 값이 0이 아니므로 계수가 3임을 알 수 있다. 따라서 이 시스템은 가관측성 시스템이다.

Section

12.5 상사변환을 이용한 상태부귀환 설계

그동안 살펴본 많은 예에서 알 수 있듯이 상태부귀환을 이용한 제어기 설계에서는 제어시스템의 상태방정식이 위상변수표준형(또는 제어기표준형)으로 표시되어 있으면 쉽게 제어기의 부귀환 이득벡터를 구할 수 있다. 또한 관측기 설계에서는 제어시스템의 상태방정식이 관측기표준형으로 표시되어 있으면 쉽게 관측기의 귀환이득벡터를 구할 수 있다. 따라서 차수가 큰 시스템의 상태부귀환 제어기를 설계할 때는 위상변수표준형으로 표시되지 않은 시스템을 4.3.3절에서 살펴본 상사변환을 이용하여 일단 위상변수표준형으로 변환시킨 다음 부귀환 이득정수들을 구하고, 다시 이들을 역변환시켜서 원 시스템에 대한 부귀환 이득정수를 얻는다. 관측기 설계에서도 이와 똑같이 관측기표준형으로 표시되지 않은 시스템을 상사변환에 의해 일단 관측기표준형으로 변환시킨 다음 귀환이득정수들을 구하고, 다시 역변환시켜서 원 시스템에 대한 귀환 이득정수를 얻는다.

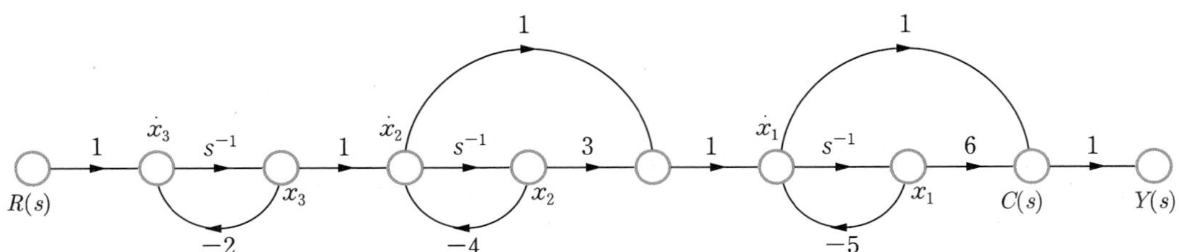

[그림 12-42] **종속표준형의 신호흐름선도**

예를 들어 상태방정식과 출력방정식이 각각 식 (12.60), 식 (12.61)로 표시되며, 신호흐름선도가 [그림 12-42]와 같은 종속표준형 제어시스템에 대해 상사변환을 이용하여 단위계단함수응답의 백분율 오버슈트가 20% 이하이고 정정시간이 1초 미만이 되도록 상태부귀환 제어기와 출력차의 귀환 관측기를 설계해보자. 단, 여기에서는 문제를 간단히 하기 위해 영점들의 위치는 고려하지 않고 설계해 본다.

$$\begin{bmatrix} \dot{x}_1 \\ \dot{x}_2 \\ \dot{x}_3 \end{bmatrix} = \begin{bmatrix} -5 & -1 & 1 \\ 0 & -4 & 1 \\ 0 & 0 & -2 \end{bmatrix} \begin{bmatrix} x_1 \\ x_2 \\ x_3 \end{bmatrix} + \begin{bmatrix} 0 \\ 0 \\ 1 \end{bmatrix} u \qquad (12.60)$$

$$y = \begin{bmatrix} 1 & -1 & 1 \end{bmatrix} \begin{bmatrix} x_1 \\ x_2 \\ x_3 \end{bmatrix} \qquad (12.61)$$

❶ 종속표준형과 위상변수표준형을 연결시켜주는, 다시 말해서 종속표준형의 상태변수들과 위상변수표준형의 상태변수들을 연관시켜 주는 변환행렬 **P**를 구해야 한다. 이를 위해 문제의 시스템의 전달함수를 구하고, 같은 전달함수를 갖는 위상변수표준형의 상태방정식을 구하면 다음과 같다.

$$G(s)=\frac{C(s)}{R(s)}=\frac{s^2+9s+18}{s^3+11s^2+38s+40} \tag{12.62}$$

$$\begin{bmatrix}\dot{z}_1\\ \dot{z}_2\\ \dot{z}_3\end{bmatrix}=\begin{bmatrix}0 & 1 & 0\\ 0 & 0 & 1\\ -40 & -38 & -11\end{bmatrix}\begin{bmatrix}z_1\\ z_2\\ z_3\end{bmatrix}+\begin{bmatrix}0\\ 0\\ 1\end{bmatrix}u \tag{12.63}$$

$$y=\begin{bmatrix}18 & 9 & 1\end{bmatrix}\begin{bmatrix}z_1\\ z_2\\ z_3\end{bmatrix} \tag{12.64}$$

종속표준형의 상태변수 x_1, x_2, x_3와 위상변수표준형의 상태변수 z_1, z_2, z_3는 다음과 같은 관계가 있다고 가정한다.

$$\mathbf{x}=\mathbf{P}\,\mathbf{z} \tag{12.65}$$

이때 변환행렬 **P**는 다음 식 (12.66)과 같다.

$$\mathbf{P}=\mathbf{M}_{xc}\mathbf{M}_{zc}^{-1} \tag{12.66}$$

단, $\mathbf{M}_{xc}$는 원 시스템의 가제어성행렬이고, $\mathbf{M}_{zc}$는 위상변수표준형 시스템의 가제어성행렬이다.

$$\mathbf{M}_{xc}=\begin{bmatrix}\mathbf{B}_x & \mathbf{A}_x\mathbf{B}_x & \mathbf{A}_x^2\mathbf{B}_x\end{bmatrix}=\begin{bmatrix}0 & 1 & -8\\ 0 & 1 & -6\\ 1 & -2 & 4\end{bmatrix} \tag{12.67}$$

$$\mathbf{M}_{zc}=\begin{bmatrix}\mathbf{B}_z & \mathbf{A}_z\mathbf{B}_z & \mathbf{A}_z^2\mathbf{B}_z\end{bmatrix}=\begin{bmatrix}0 & 0 & 1\\ 0 & 1 & -11\\ 1 & -11 & 83\end{bmatrix} \tag{12.68}$$

$$\mathbf{P}=\mathbf{M}_{xc}\mathbf{M}_{zc}^{-1}=\begin{bmatrix}0 & 1 & -8\\ 0 & 1 & -6\\ 1 & -2 & 4\end{bmatrix}\begin{bmatrix}0 & 0 & 1\\ 0 & 1 & -11\\ 1 & -11 & 83\end{bmatrix}^{-1}=\begin{bmatrix}3 & 1 & 0\\ 5 & 1 & 0\\ 20 & 9 & 1\end{bmatrix} \tag{12.69}$$

$$\mathbf{A}_z=\mathbf{P}^{-1}\mathbf{A}_x\mathbf{P}=\begin{bmatrix}3 & 1 & 0\\ 5 & 1 & 0\\ 20 & 9 & 1\end{bmatrix}^{-1}\begin{bmatrix}-5 & -1 & 1\\ 0 & -4 & 1\\ 0 & 0 & -2\end{bmatrix}\begin{bmatrix}3 & 1 & 0\\ 5 & 1 & 0\\ 20 & 9 & 1\end{bmatrix} \tag{12.70}$$

$$=-\frac{1}{2}\begin{bmatrix}1 & -1 & 0\\ -5 & 3 & 0\\ 25 & -7 & -2\end{bmatrix}\begin{bmatrix}-5 & -1 & 1\\ 0 & -4 & 1\\ 0 & 0 & -2\end{bmatrix}\begin{bmatrix}3 & 1 & 0\\ 5 & 1 & 0\\ 20 & 9 & 1\end{bmatrix}=\begin{bmatrix}0 & 1 & 0\\ 0 & 0 & 1\\ -40 & -38 & -11\end{bmatrix} \tag{12.71}$$

❷ 단위계단함수응답의 백분율 오버슈트가 20% 이하이고 정정시간이 1초 미만으로 하기 위해서는 특성방정식의 우세근의 위치가 복소평면상에서 $\zeta = 0.456 (\fallingdotseq \cos 62.9^\circ)$ 선에 있어야 하며, 정정시간을 1초로 하기 위해서는 지수감쇠주파수 σ_d가 $-4(= -\frac{4}{1})$이어야 한다. 따라서 새로운 특성방정식의 우세근은 $s_1 = -4 + j7.8$, $s_2 = -4 - j7.8$ 이어야 한다. 비우세근을 $s_3 = -20$ 이라고 가정할 때, 원하는 시간응답의 특성을 나타내기 위한 특성식은 다음과 같아야 한다.

$$(s+4-j7.8)(s+4+j7.8)(s+20) \fallingdotseq s^3 + 28s^2 + 160s + 1540 \qquad (12.72)$$

따라서 위상변수표준형에서 상태귀환에 의해 새로 얻어지는 시스템의 특성식 $\det\{s\mathbf{I} - (\mathbf{A}_z - \mathbf{B}_z\mathbf{K}_z)\}$이 식 (12.72)와 같도록 부귀환 이득벡터 $\mathbf{K_z} = [k_{z1} \quad k_{z2} \quad k_{z3}]$를 정해야 한다.

$$\mathbf{A}_z - \mathbf{B}_z\mathbf{K}_z = \begin{bmatrix} 0 & 1 & 0 \\ 0 & 0 & 1 \\ -40 & -38 & -11 \end{bmatrix} - \begin{bmatrix} 0 \\ 0 \\ 1 \end{bmatrix} [\mathrm{k}_{z1} \quad \mathrm{k}_{z2} \quad \mathrm{k}_{z3}]$$

$$= \begin{bmatrix} 0 & 1 & 0 \\ 0 & 0 & 1 \\ -40 & -38 & -11 \end{bmatrix} - \begin{bmatrix} 0 & 0 & 0 \\ 0 & 0 & 0 \\ k_{z1} & k_{z2} & k_{z3} \end{bmatrix}$$

$$= \begin{bmatrix} 0 & 1 & 0 \\ 0 & 0 & 1 \\ -(40+k_{z1}) & -(38+k_{z2}) & -(11+kz_3) \end{bmatrix} \qquad (12.73)$$

$$\det\{s\mathbf{I} - (\mathbf{A}_z - \mathbf{B}_z\mathbf{K}_z)\} = \left| \begin{bmatrix} s & 0 & 0 \\ 0 & s & 0 \\ 0 & 0 & s \end{bmatrix} - \begin{bmatrix} 0 & 1 & 0 \\ 0 & 0 & 1 \\ -(40+k_{z1}) & -(38+k_{z2}) & -(11+k_{z3}) \end{bmatrix} \right|$$

$$= \begin{vmatrix} s & -1 & 0 \\ 0 & s & -1 \\ (40+k_{z1}) & (38+k_{z2}) & s+(11+k_{z3}) \end{vmatrix}$$

$$= s^3 + (11+k_{z3})s^2 + (38+k_{z2})s + (40+k_{z1}) \qquad (12.74)$$

따라서 다음과 같이 위상변수표준형의 상태부귀환 이득정수 값들이 정해진다.

$$s^3 + (11+k_{z3})s^2 + (38+k_{z2})s + (40+k_{z1}) = s^3 + 28s^2 + 237s + 1540$$
$$\therefore\ k_{z1} = 1500,\ k_2 = 199,\ k_3 = 17$$

❸ 변환행렬 $\mathbf{P}$에 의한 위상변수표준형의 상태부귀환 이득정수들로부터 원래 종속표준형의 이득정수를 다음과 같이 구한다.

$$\mathbf{K}_x = \mathbf{K}_z \mathbf{P}^{-1} \tag{12.75}$$

$$\begin{aligned}
\mathbf{K_x} = \mathbf{K_z P}^{-1} &= [1500 \quad 199 \quad 17]\begin{bmatrix} 3 & 1 & 0 \\ 5 & 1 & 0 \\ 20 & 9 & 1 \end{bmatrix} \\
&= [1500 \quad 199 \quad 17]\left(-\frac{1}{2}\right)\begin{bmatrix} 1 & -1 & 0 \\ -5 & 3 & 0 \\ 25 & -7 & -2 \end{bmatrix} \\
&= [-465 \quad 511 \quad 17]
\end{aligned}$$

$$\therefore\ k_{x1} = -465,\ k_{x2} = 511,\ k_{x3} = 17$$

Tip & Note

✔ 식 (12.66)과 (12.75)의 유도 과정

다음 식 (12.76)과 같은 상태방정식으로 표현되는 시스템에서

$$\dot{\mathbf{x}} = \mathbf{A}\mathbf{x} + \mathbf{B}u \tag{12.76}$$

이 시스템의 상태변수들 x_1, x_2, x_3 와 상사시스템의 상태변수들 z_1, z_2, z_3 의 상사관계를 맺어주는 변환행렬 $\mathbf{P}$에 의해 식 (12.77)과 같은 관계에 있다면

$$\mathbf{x} = \mathbf{P}\mathbf{z} \tag{12.77}$$

상사시스템의 상태방정식은 식 (12.78)과 같이 표현된다.

$$\dot{\mathbf{z}} = \mathbf{P}^{-1}\mathbf{A}\,\mathbf{P}\mathbf{z} + \mathbf{P}^{-1}\mathbf{B}u \tag{12.78}$$

❶ 이 상사시스템의 가제어성행렬 $\mathbf{M}_{zc}$은 다음과 같다.

$$\begin{aligned}
\mathbf{M}_{zc} &= [(\mathbf{P}^{-1}\mathbf{B}) \quad (\mathbf{P}^{-1}\mathbf{A}\,\mathbf{P})(\mathbf{P}^{-1}\mathbf{B}) \quad (\mathbf{P}^{-1}\mathbf{A}\,\mathbf{P})^2(\mathbf{P}^{-1}\mathbf{B})] \\
&= \mathbf{P}^{-1}[\mathbf{B} \quad \mathbf{A}\mathbf{B} \quad \mathbf{A}^2\mathbf{B}] \\
&= \mathbf{P}^{-1}\mathbf{M}_{xc} \qquad \rightarrow \qquad \mathbf{P}\mathbf{M}_{zc} = \mathbf{M}_{xc} \\
\therefore\ \mathbf{P} &= \mathbf{M}_{xc}\,\mathbf{M}_{zc}^{-1}
\end{aligned} \tag{12.79}$$

❷ 이 상사시스템에 상태부귀환이 있어 제어입력 $u = -\mathbf{K}_z\mathbf{z} + r$을 식 (12.78)에 대입하면

$$\begin{aligned}
\dot{\mathbf{z}} &= \mathbf{P}^{-1}\mathbf{A}\,\mathbf{P}\mathbf{z} + \mathbf{P}^{-1}\mathbf{B}(-\mathbf{K_z}\mathbf{z} + r) \\
&= (\mathbf{P}^{-1}\mathbf{A}\,\mathbf{P} - \mathbf{P}^{-1}\mathbf{B}\mathbf{K}_z)\mathbf{z} + \mathbf{P}^{-1}\mathbf{B}\,r
\end{aligned} \tag{12.80}$$

식 (12.77)로부터 역변환 $\mathbf{z} = \mathbf{P}^{-1}\mathbf{x}$ 를 식 (12.80)에 대입하면

$$\begin{aligned} \mathbf{P}^{-1}\dot{\mathbf{x}} &= (\mathbf{P}^{-1}\mathbf{A}\mathbf{P} - \mathbf{P}^{-1}\mathbf{B}\mathbf{K}_z)\mathbf{P}^{-1}\mathbf{x} + \mathbf{P}^{-1}\mathbf{B}\,r \\ &= \mathbf{P}^{-1}(\mathbf{A} - \mathbf{B}\mathbf{K}_z\mathbf{P}^{-1})\mathbf{x} + \mathbf{P}^{-1}\mathbf{B}\,r \\ \dot{\mathbf{x}} &= (\mathbf{A} - \mathbf{B}\mathbf{K}_z\mathbf{P}^{-1})\mathbf{x} + \mathbf{B}\,r \\ &= (\mathbf{A} - \mathbf{B}\mathbf{K}_x)\mathbf{x} + \mathbf{B}\,r \\ &\therefore \mathbf{K}_x = \mathbf{K}_z\mathbf{P}^{-1} \end{aligned}$$

❹ 이제 관측기를 설계해보자. 먼저 종속표준형과 관측기표준형을 연결시켜주는, 다시 말해서 종속표준형의 상태변수들과 관측기표준형의 상태변수들을 연관시켜 주는 변환행렬 $\mathbf{P}$ 를 구해야 한다. 앞에서 구한 시스템의 전달함수로부터 같은 전달함수를 갖는 관측기표준형의 상태방정식과 출력방정식을 구하면 다음과 같다.

$$\begin{bmatrix} \dot{z}_1 \\ \dot{z}_2 \\ \dot{z}_3 \end{bmatrix} = \begin{bmatrix} -11 & 1 & 0 \\ -38 & 0 & 1 \\ -40 & 0 & 0 \end{bmatrix} \begin{bmatrix} z_1 \\ z_2 \\ z_3 \end{bmatrix} + \begin{bmatrix} 1 \\ 9 \\ 18 \end{bmatrix} u \tag{12.81}$$

$$y = \begin{bmatrix} 1 & 0 & 0 \end{bmatrix} \begin{bmatrix} z_1 \\ z_2 \\ z_3 \end{bmatrix} \tag{12.82}$$

종속표준형의 상태변수 x_1, x_2, x_3와 관측기표준형의 상태변수 z_1, z_2, z_3는 다음과 같은 관계가 있다고 가정한다.

$$\mathbf{x} = \mathbf{P}\,\mathbf{z} \tag{12.83}$$

이때 변환행렬 $\mathbf{P}$ 는 식 (12.84)과 같다.

$$\mathbf{P} = \mathbf{M}_{xo}^{-1}\mathbf{M}_{zo} \tag{12.84}$$

단, $\mathbf{M}_{x0}$는 원 시스템의 가관측성행렬이고, $\mathbf{M}_{zo}$는 관측기표준형 시스템의 가관측성행렬이다.

$$\mathbf{M}_{xo} = \begin{bmatrix} \mathbf{C}_x \\ \mathbf{C}_x\mathbf{A}_x \\ \mathbf{C}_x\mathbf{A}_x^2 \end{bmatrix} = \begin{bmatrix} 1 & -1 & 1 \\ -5 & 3 & -2 \\ 25 & -7 & 2 \end{bmatrix} \tag{12.85}$$

$$\mathbf{M}_{zo} = \begin{bmatrix} \mathbf{C}_z \\ \mathbf{C}_z\mathbf{A}_z \\ \mathbf{C}_z\mathbf{A}_z^2 \end{bmatrix} = \begin{bmatrix} 1 & 0 & 0 \\ -11 & 1 & 0 \\ 83 & -11 & 1 \end{bmatrix} \tag{12.86}$$

$$\mathbf{P}=\mathbf{M}_{xo}^{-1}\mathbf{M}_{zo}=\begin{bmatrix}1 & -1 & 1\\ -5 & 3 & -2\\ 25 & -7 & 2\end{bmatrix}^{-1}\begin{bmatrix}1 & 0 & 0\\ -11 & 1 & 0\\ 83 & -11 & 1\end{bmatrix}$$

$$=-\frac{1}{8}\begin{bmatrix}-8 & -5 & -1\\ -40 & -23 & -3\\ -40 & -18 & -2\end{bmatrix}\begin{bmatrix}1 & 0 & 0\\ -11 & 1 & 0\\ 83 & -11 & 1\end{bmatrix} \tag{12.87}$$

$$=-\frac{1}{8}\begin{bmatrix}-36 & 6 & -1\\ -36 & 10 & -3\\ -8 & 4 & -2\end{bmatrix}$$

$$\mathbf{A}_z=\mathbf{P}^{-1}\mathbf{A}_x\mathbf{P}$$

$$=\left(-\frac{1}{8}\right)^{-1}\begin{bmatrix}-36 & 6 & -1\\ -36 & 10 & -3\\ -8 & 4 & -2\end{bmatrix}^{-1}\begin{bmatrix}-5 & -1 & 1\\ 0 & -4 & 1\\ 0 & 0 & -2\end{bmatrix}\left(-\frac{1}{8}\right)\begin{bmatrix}-36 & 6 & -1\\ -36 & 10 & -3\\ -8 & 4 & -2\end{bmatrix}$$

$$=\frac{-8}{64}\begin{bmatrix}-8 & 8 & -8\\ -48 & 64 & -72\\ -64 & 96 & -144\end{bmatrix}\begin{bmatrix}-5 & -1 & 1\\ 0 & -4 & 1\\ 0 & 0 & -2\end{bmatrix}\left(-\frac{1}{8}\right)\begin{bmatrix}-36 & 6 & -1\\ -36 & 10 & -3\\ -8 & 4 & -2\end{bmatrix}$$

$$=\frac{1}{64}\begin{bmatrix}40 & -24 & 16\\ 240 & -208 & 160\\ 320 & -320 & 320\end{bmatrix}\begin{bmatrix}-36 & 6 & -1\\ -36 & 10 & -3\\ -8 & 4 & -2\end{bmatrix} \tag{12.88}$$

$$=\frac{1}{64}\begin{bmatrix}-704 & 64 & 0\\ -2432 & 0 & 64\\ -2560 & 0 & 0\end{bmatrix}=\begin{bmatrix}-11 & 1 & 0\\ -38 & 0 & 1\\ -40 & 0 & 0\end{bmatrix}$$

$$\mathbf{B}_z=\mathbf{P}^{-1}\mathbf{B}_x=-\frac{1}{8}\begin{bmatrix}-8 & 8 & -8\\ -48 & 64 & -72\\ -64 & 96 & -144\end{bmatrix}\begin{bmatrix}0\\0\\1\end{bmatrix}=\begin{bmatrix}1\\9\\18\end{bmatrix} \tag{12.89}$$

$$\mathbf{C}_z=\mathbf{C}_x\mathbf{P}=\begin{bmatrix}1 & -1 & 1\end{bmatrix}\left(-\frac{1}{8}\right)\begin{bmatrix}-36 & 6 & -1\\ -36 & 10 & -3\\ -8 & 4 & -2\end{bmatrix}=\begin{bmatrix}1 & 0 & 0\end{bmatrix} \tag{12.90}$$

❺ 주어진 시스템의 특성근의 위치가 $s_1=-2,\ s_2=-4,\ s_3=-5$이므로 시스템의 근들보다 10배 크게 관측기의 특성근들을 정하면 관측기의 특성식은 다음과 같아야 한다.

$$(s+20)(s+40)(s+50)=s^3+110s^2+3800s+40000 \tag{12.91}$$

따라서 관측기표준형에서 관측기 특성식 $\det\{s\mathbf{I}-(\mathbf{A}_z-\mathbf{Q}_z\mathbf{C}_z)\}$이 식 (12.91)과 같도록 부귀환 이득벡터 $\mathbf{K}_z=[k_{z1}\quad k_{z2}\quad k_{z3}]$를 정해야 한다.

$$|s\mathbf{I}-(\mathbf{A}_z-\mathbf{Q}_z\mathbf{C}_z)|=\left|\begin{bmatrix}s & 0 & 0\\ 0 & s & 0\\ 0 & 0 & s\end{bmatrix}-\left(\begin{bmatrix}-11 & 1 & 0\\ -38 & 0 & 1\\ -40 & 0 & 0\end{bmatrix}-\begin{bmatrix}q_{z1}\\ q_{z2}\\ q_{z3}\end{bmatrix}[1\ 0\ 0]\right)\right| \tag{12.92}$$

$$= \left| \begin{bmatrix} s & 0 & 0 \\ 0 & s & 0 \\ 0 & 0 & s \end{bmatrix} - \left(\begin{bmatrix} -11 & 1 & 0 \\ -38 & 0 & 1 \\ -40 & 0 & 0 \end{bmatrix} - \begin{bmatrix} q_{z1} & 0 & 0 \\ q_{z2} & 0 & 0 \\ q_{z3} & 0 & 0 \end{bmatrix} \right) \right|$$

$$= \left| \begin{bmatrix} s & 0 & 0 \\ 0 & s & 0 \\ 0 & 0 & s \end{bmatrix} - \begin{bmatrix} -(11+q_{z1}) & 1 & 0 \\ -(38+q_{z2}) & 0 & 1 \\ -(40+q_{z3}) & 0 & 0 \end{bmatrix} \right|$$

$$\equiv \left| \begin{bmatrix} s+(11+q_{z1}) & -1 & 0 \\ (38+q_{z2}) & s & -1 \\ (40+q_{z3}) & 0 & s \end{bmatrix} \right| \tag{12.93}$$

$$= s^3 + (11+q_{z1})s^2 + (38+q_{z2})s + (40+q_{z3})$$

따라서

$$s^3 + (11+q_{z1})s^2 + (38+q_{z2})s + (40+q_{z3}) = s^3 + 110s^2 + 3800s + 40000 \tag{12.94}$$

$$\therefore\ q_{z1} = 99,\ q_{z2} = 3762,\ q_{z3} = 39960$$

이므로, 관측기표준형 시스템의 관측기의 귀환이득벡터 $\mathbf{Q}_{\mathrm{z}}$는 다음과 같이 된다.

$$\mathbf{Q}_{\mathrm{z}} = \begin{bmatrix} 99 \\ 3762 \\ 39960 \end{bmatrix} \tag{12.95}$$

❻ 변환행렬 $\mathbf{P}$에 의한 관측기표준형의 관측기 귀환이득정수들로부터 원 시스템형의 관측기 귀환이득정수를 다음과 같이 구한다.

$$\mathbf{Q}_{\mathrm{x}} = \mathbf{P}\,\mathbf{Q}_{\mathrm{z}} \tag{12.96}$$

$$\mathbf{Q}_{\mathrm{x}} = \mathbf{P}\mathbf{Q}_{\mathrm{z}} = -\frac{1}{8}\begin{bmatrix} -36 & 6 & -1 \\ -36 & 10 & -3 \\ -8 & 4 & -2 \end{bmatrix}\begin{bmatrix} 99 \\ 3762 \\ 39960 \end{bmatrix} = \begin{bmatrix} 2619 \\ 10728 \\ 8208 \end{bmatrix} \tag{12.97}$$

$$\therefore\ q_{x1} = 2619,\ q_{x2} = 10728,\ q_{x3} = 8208 \tag{12.98}$$

이 절에서는 변환행렬을 이용하여 위상변수표준형이나 관측기표준형으로 시스템 상태방정식을 변화시켜 좀 더 쉽게 상태부귀환 제어기와 관측기를 설계하는 방법을 살펴보았다. 그러나 필요한 변환행렬을 얻기 위해서는 가제어성행렬이나 가관측성행렬의 역행렬이 필요하다. 따라서 가제어한 시스템이나 가관측한 시스템에 한하여 사용할 수 있는 방법임에 유의해야 한다.

Tip & Note

✔ **식 (12.84)와 식 (12.96)의 유도 과정**

다음과 같은 상태방정식과 출력방정식으로 표현되는 시스템에서

$$\dot{\mathbf{x}} = \mathbf{A}\,\mathbf{x} + \mathbf{B}\,u \tag{12.99}$$

$$y = \mathbf{C}\mathbf{x} + \mathbf{D}\,u \tag{12.100}$$

이 시스템의 상태변수들 x_1, x_2, x_3 와 상사시스템의 상태변수들 z_1, z_2, z_3 의 상사관계를 맺어주는 변환행렬 $\mathbf{P}$ 에 의해 식 (12.101)과 같은 관계에 있다면

$$\mathbf{x} = \mathbf{P}\mathbf{z} \tag{12.101}$$

상사시스템의 상태방정식과 출력방정식은 다음과 같이 표현된다.

$$\dot{\mathbf{z}} = \mathbf{P}^{-1}\mathbf{A}\,\mathbf{P}\mathbf{z} + \mathbf{P}^{-1}\mathbf{B}\,u \tag{12.102}$$

$$y = \mathbf{C}\mathbf{P}\mathbf{z} + \mathbf{D}u \tag{12.103}$$

이 상사시스템의 가관측성행렬 $\mathbf{M}_{zo}$ 는 다음과 같다.

$$\mathbf{M}_{zo} = \begin{bmatrix} \mathbf{CP} \\ \mathbf{CP}(\mathbf{P}^{-1}\mathbf{A}\,\mathbf{P}) \\ \mathbf{CP}(\mathbf{P}^{-1}\mathbf{A}\,\mathbf{P})(\mathbf{P}^{-1}\mathbf{A}\,\mathbf{P}) \end{bmatrix} = \begin{bmatrix} \mathbf{CP} \\ \mathbf{CA}\,\mathbf{P} \\ \mathbf{CA}^2\,\mathbf{P} \end{bmatrix} \tag{12.104}$$

$$= \mathbf{M}_{x0}\mathbf{P} \quad \rightarrow \quad \mathbf{P} = \mathbf{M}_{xo}^{-1}\mathbf{M}_{zo}$$

식 (12.38)에서 알 수 있듯이 식 (12.102), 식 (12.103)의 상사시스템에서의 오차 식은 다음과 같다.

$$\dot{\mathbf{e}}_z = \left\{(\mathbf{P}^{-1}\mathbf{A}\mathbf{P}) - \mathbf{Q}_z\mathbf{C}\mathbf{P}\right\}\mathbf{e}_z$$

여기에 $\mathbf{e}_x = \mathbf{P}\mathbf{e}_z$ 를 대입하면 다음과 같이 된다.

$$\begin{aligned} \dot{\mathbf{e}}_x &= \mathbf{P}\dot{\mathbf{e}}_z = \mathbf{P}\left\{(\mathbf{P}^{-1}\mathbf{A}\mathbf{P}) - \mathbf{Q}_z\mathbf{C}\mathbf{P}\right\}\mathbf{e}_z \\ &= \left\{\mathbf{A} - \mathbf{P}\mathbf{Q}_z\mathbf{C}\right\}\mathbf{P}\,\mathbf{e}_z \\ &= \left\{\mathbf{A} - \mathbf{P}\mathbf{Q}_z\mathbf{C}\right\}\mathbf{e}_x \\ \therefore\ \mathbf{Q}_x &= \mathbf{P}\mathbf{Q}_z \end{aligned}$$

Chapter 12 핵심요약

■ 상태귀환

상태귀환이란 다음과 같은 동태방정식으로 모델링된 시스템에서 상태변수들에 이득정수들을 곱하여 입력 측에 부귀환시키는 제어 방법이다.

$$\dot{\mathbf{x}}(t) = \mathbf{A}\,\mathbf{x}(t) + \mathbf{B}\,u(t) \quad : \text{상태방정식}$$
$$y(t) = \mathbf{C}\,\mathbf{x}(t) \quad : \text{출력방정식}$$

■ 상태귀환에 의한 시스템행렬과 특성방정식의 변화

상태귀환을 통하여 만들어지는 새로운 상태방정식의 시스템행렬은 $\mathbf{A}-\mathbf{BK}$가 되며, 그 시스템의 특성방정식은 $\det\{s\mathbf{I}-(\mathbf{A}-\mathbf{BK})\}=0$ 이다. 단, 이득벡터 $\mathbf{K}=[k_1 \;\; k_2 \;\; k_3 \;\; \cdots]$ 의 $(1\times n)$ 벡터다.

■ 부귀환 이득벡터 K를 구하는 방법

❶ 원하는 과도응답을 위한 특성근의 위치를 정하고, 그에 대한 특성방정식을 만든다.

❷ 상태귀환에 의한 특성식 $\det\{s\mathbf{I}-(\mathbf{A}-\mathbf{BK})\}$와 ❶의 특성식을 등식으로 놓는다.

❸ ❷의 방정식을 풀어서 부귀환 이득벡터 K 값을 정한다.
단, 상태변수의 부귀환에 의하여 발생하는 정상상태오차를 보완하기 위한 증폭기를 출력 측에 추가해야 한다.

■ 관측기

- 시스템과 똑같이 시스템을 시뮬레이션한 시스템을 관측기라고 한다.
- 상태귀환에 필요한 시스템의 상태변수들을 구할 수 없으면 관측기의 상태변수들, 즉 추정 상태변수들을 사용한다.

■ 관측기 설계

- 초기값의 오차나 외란에 의해 추정 상태변수들이 실제 상태변수들과 다를 때 그 차를 빨리 없애기 위하여 관측기를 설계하는데, 실제 시스템 출력과 추정 출력과의 차를 상태변수들에 귀환시킬 때 곱해지는 이득정수를 정하는 것을 관측기 설계라 한다.
- 출력 차의 귀환으로 만들어지는 관측기의 새로운 시스템행렬은 $\mathbf{A}-\mathbf{QC}$가 된다. 단, 이득벡터 $\mathbf{Q}=[q_1 \;\; q_2 \;\; q_3 \;\; \cdots]^T$는 $(n\times 1)$ 벡터다.

■ 관측기의 귀환이득벡터 Q를 구하는 방법

❶ 원래 시스템 특성근의 10배인 근을 특성근으로 하는 특성방정식을 만든다.

❷ 관측기의 특성식 $\det\{s\mathbf{I}-(\mathbf{A}-\mathbf{QC})\}$와 ❶의 특성식을 등식으로 놓는다.

❸ ❷의 방정식을 풀어서 부귀환 이득벡터 $\mathbf{Q}$ 값을 정한다.

가제어성 시스템

- 초기 시간 t_0에 임의의 상태변수 $\mathbf{x}(t_0)$를 가지고 있는 시스템에 유한한 시간 동안 입력을 가하여 원하는 어떤 상태변수 값 $\mathbf{x}(t_f)$를 얻을 수 있는 시스템이다.
- 시스템행렬 $\mathbf{A}$의 입력 행렬 $\mathbf{B}$로 만들어지는 $(n \times n)$의 가제어성행렬 $\mathbf{M}_c$의 계수가 n이면, 이 시스템을 가제어하다고 한다.

$$\mathbf{M}_c = [\mathbf{B} \quad \mathbf{AB} \quad \mathbf{A}^2\mathbf{B} \quad \cdots \quad \mathbf{A}^{n-1}\mathbf{B}]$$

가관측성 시스템

- 어떤 시간 t_0로부터 유한한 시간 동안 시스템의 출력을 관측하여 초기 상태의 상태변수 값 $\mathbf{x}(t_0)$를 알아낼 수 있는 시스템이다.
- 시스템행렬 $\mathbf{A}$의 출력 행렬 $\mathbf{C}$로 만들어지는 $(n \times n)$의 가관측성행렬 $\mathbf{M}_o$의 계수가 n이면, 이 시스템을 가관측하다고 한다.

$$\mathbf{M}_o = \begin{bmatrix} \mathbf{C} \\ \mathbf{CA} \\ \mathbf{CA}^2 \\ \vdots \\ \mathbf{CA}^{n-1} \end{bmatrix}$$

상사변환을 이용한 제어기 설계

- 제어기의 부귀환 이득정수를 쉽게 구하기 위해 시스템을 위상변수표준형으로 변환시킨다.
- 변환행렬 $\mathbf{P} = \mathbf{M}_{xc}\mathbf{M}_{zc}^{-1}$을 원 시스템의 가제어성행렬 $\mathbf{M}_{xc}$와 위상변수표준형 시스템의 가제어성역행렬 $\mathbf{M}_{zc}^{-1}$의 곱으로 만든다.
- 구한 위상변수표준형 시스템의 부귀환 이득벡터 $\mathbf{K}_z$와 변환역행렬 $\mathbf{P}^{-1}$의 곱 $\mathbf{K}_x = \mathbf{K}_z\mathbf{P}^{-1}$으로 원 시스템의 부귀환 이득벡터를 얻는다.

상사변환을 이용한 관측기 설계

- 실제 출력과 추정 출력의 차를 귀환시키는 관측기의 귀환 이득정수를 쉽게 구하기 위해 시스템을 관측기표준형으로 변환시킨다.
- 변환행렬 $\mathbf{P} = \mathbf{M}_{xo}^{-1}\mathbf{M}_{zo}$를 원 시스템의 가관측성역행렬 $\mathbf{M}_{xo}^{-1}$과 관측기표준형 시스템의 가관측성행렬 $\mathbf{M}_{zo}$의 곱으로 만든다.
- 변환행렬 $\mathbf{P}$와 구한 관측기표준형 시스템의 귀환 이득벡터 $\mathbf{Q}_z$와의 곱 $\mathbf{Q}_x = \mathbf{P}\mathbf{Q}_z$으로 원 시스템의 귀환 이득벡터를 얻는다.

Chapter 12 연습문제

12.1 다음 상태방정식으로 표시되는 시스템에 상태귀환을 걸어 특성방정식의 근을 $s_1 = -4+j5$, $s_2 = -4-j5$로 설계하려고 한다. 이때 부귀환 이득벡터 $\mathbf{K} = [\mathrm{k}_1 \quad \mathrm{k}_2]$로 옳은 것은?

$$\begin{bmatrix} \dot{x}_1 \\ \dot{x}_2 \end{bmatrix} = \begin{bmatrix} 0 & 1 \\ -25 & -2 \end{bmatrix} \begin{bmatrix} x_1 \\ x_2 \end{bmatrix} + \begin{bmatrix} 0 \\ 1 \end{bmatrix} u$$

㉮ $[20 \quad 1]$ ㉯ $[-5 \quad 10]$ ㉰ $[21 \quad -38]$ ㉱ $[16 \quad 6]$

12.2 다음 그림은 극점배치pole placement를 이용한 상태귀환시스템의 신호흐름선도이다. 상태귀환시스템의 방정식의 근을 $s_1 = -6+j8$, $s_2 = -6-j8$로 설계하려고 한다. 이때 부귀환 이득벡터 $\mathbf{K} = [\mathrm{k}_1 \quad \mathrm{k}_2]$로 옳은 것은?

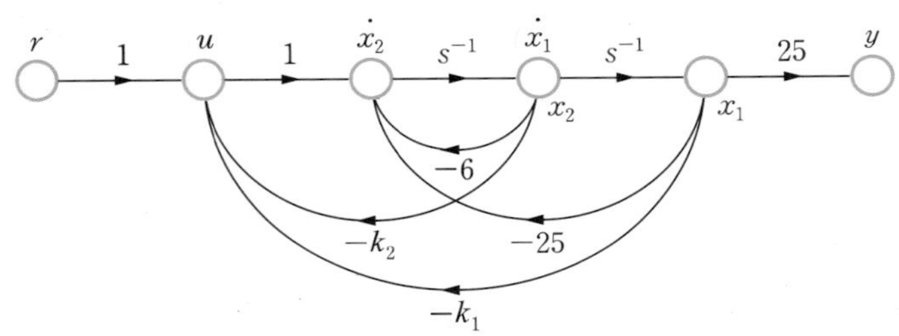

㉮ $[100 \quad 12]$ ㉯ $[75 \quad 6]$ ㉰ $[6 \quad 8]$ ㉱ $[8 \quad 6]$

12.3 다음 그림은 상태귀환시스템의 신호흐름선도이다. 이 상태귀환시스템의 특성방정식은?

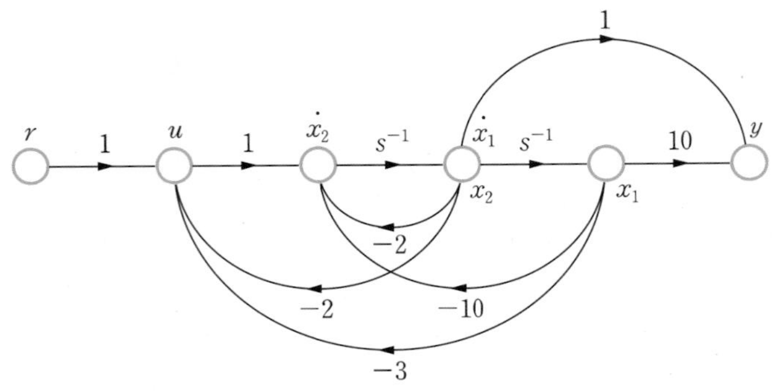

㉮ $s^2+4s+13=0$ ㉯ $s^2+4s+30=0$

㉰ $s^2+8s+20=0$ ㉱ $2s^2+6s+15=0$

12.4 다음 그림은 극점배치를 이용한 상태귀환시스템의 신호흐름선도이다. 상태귀환시스템의 방정식의 근을 $s_1 = -5 + j3$, $s_2 = -5 - j3$로 설계하려고 한다. 이때 부귀환 이득벡터 $\mathbf{K} = [k_1 \quad k_2]$로 옳은 것은?

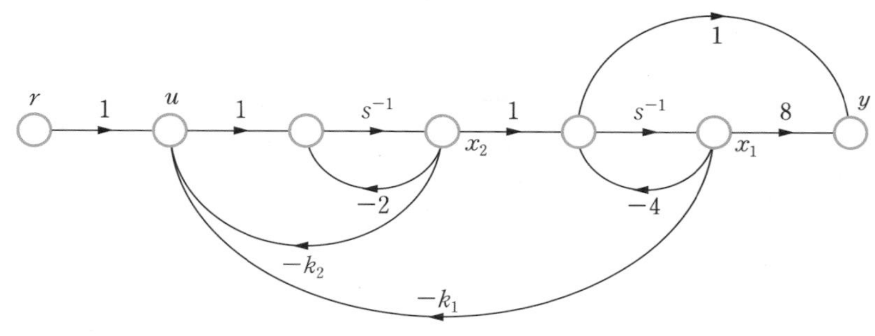

㉮ $[5 \quad 3]$ ㉯ $[-3 \quad -5]$ ㉰ $[10 \quad 4]$ ㉱ $[10 \quad 34]$

12.5 다음 상태방정식으로 표시되는 시스템에 상태귀환을 걸어 특성방정식의 근을 $s_1 = -5 + j5$, $s_2 = -5 - j5$로 설계하려고 한다. 이때 부귀환 이득벡터 $\mathbf{K} = [k_1 \quad k_2]$로 옳은 것은?

$$\begin{bmatrix} \dot{x}_1 \\ \dot{x}_2 \end{bmatrix} = \begin{bmatrix} -2 & 0 \\ 0 & -4 \end{bmatrix} \begin{bmatrix} x_1 \\ x_2 \end{bmatrix} + \begin{bmatrix} 1 \\ 1 \end{bmatrix} u$$

㉮ $[10 \quad 20]$ ㉯ $[17 \quad -13]$ ㉰ $[-15 \quad 31]$ ㉱ $[20 \quad 10]$

12.6 다음 상태방정식으로 표시되는 시스템에 상태귀환을 걸기 위하여 관측기에서 상태변수를 취하고자 한다. 관측기의 특성방정식의 근을 $s_1 = -20$, $s_2 = -40$ 으로 설계하려고 한다. 이때 실제 출력과 추정 출력의 차를 귀환시키는 이득벡터 $\mathbf{Q} = [q_1 \quad q_2]^T$ 으로 옳은 것은?

$$\begin{bmatrix} \dot{x}_1 \\ \dot{x}_2 \end{bmatrix} = \begin{bmatrix} -6 & 1 \\ -8 & 0 \end{bmatrix} \begin{bmatrix} x_1 \\ x_2 \end{bmatrix} + \begin{bmatrix} 1 \\ 0 \end{bmatrix} u$$

$$y = [1 \quad 0] \begin{bmatrix} x_1 \\ x_2 \end{bmatrix}$$

㉮ $[-14 \quad 245]$ ㉯ $[32 \quad 140]$ ㉰ $[46 \quad 3274]$ ㉱ $[54 \quad 792]$

12.7 다음 그림은 관측기의 신호흐름선도이다. 관측기의 특성방정식의 근을 $s_1 = -20 + j30$, $s_2 = -20 - j30$ 로 설계하려고 한다. 이때 귀환이득벡터 $\mathbf{Q} = [q_1 \quad q_2]^T$ 으로 옳은 것은?

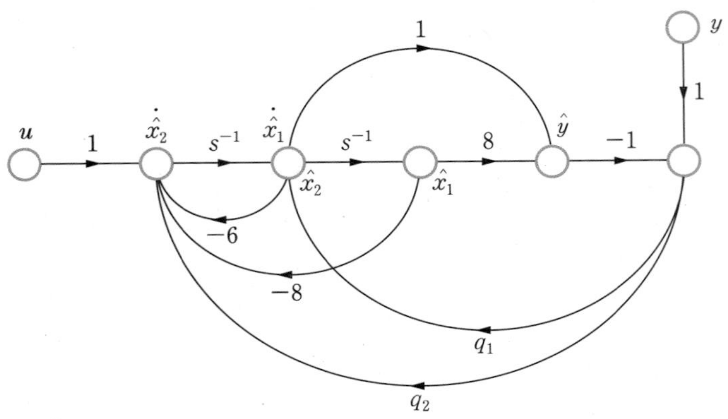

㉮ $[0.5 \quad 3.9]$ ㉯ $[18.2 \quad 48.9]$ ㉰ $[-42.5 \quad 374]$ ㉱ $[3.9 \quad 47]$

12.8 상태방정식과 출력방정식이 다음과 같은 시스템에 대한 설명 중 옳은 것은?

$$\begin{bmatrix} \dot{x}_1 \\ \dot{x}_2 \end{bmatrix} = \begin{bmatrix} -3 & 1 \\ 0 & -1 \end{bmatrix} \begin{bmatrix} x_1 \\ x_2 \end{bmatrix} + \begin{bmatrix} 0 \\ 1 \end{bmatrix} u$$

$$y = [1 \quad 2] \begin{bmatrix} x_1 \\ x_2 \end{bmatrix}$$

㉮ 가제어하고 가관측하다.
㉯ 가제어하나 가관측하지 않다.
㉰ 가제어하지 않으나 가관측하다.
㉱ 가제어하지 않고 가관측하지 않다.

12.9 상태방정식이 다음과 같은 시스템에 대한 설명 중 옳은 것은?

$$\begin{bmatrix} \dot{x}_1 \\ \dot{x}_2 \end{bmatrix} = \begin{bmatrix} -3 & 0 \\ 0 & -1 \end{bmatrix} \begin{bmatrix} x_1 \\ x_2 \end{bmatrix} + \begin{bmatrix} 0 \\ 1 \end{bmatrix} u$$

㉮ 가제어하다.
㉯ 가제어하지 않다.
㉰ 가제어한지 알 수 없다.
㉱ 정상상태에서만 가제어하다.

12.10 상태방정식이 다음과 같은 시스템에 대한 설명 중 옳은 것은?

$$\begin{bmatrix} \dot{x}_1 \\ \dot{x}_2 \end{bmatrix} = \begin{bmatrix} -2 & 1 \\ 0 & -1 \end{bmatrix} \begin{bmatrix} x_1 \\ x_2 \end{bmatrix} + \begin{bmatrix} 1 \\ 1 \end{bmatrix} u$$

㉮ 가제어하다. ㉯ 가제어하지 않다.
㉰ 가제어한지 알 수 없다. ㉱ 정상상태에서만 가제어하다.

12.11 상태방정식과 출력방정식이 다음과 같은 시스템에 대한 설명 중 옳은 것은?

$$\begin{bmatrix} \dot{x}_1 \\ \dot{x}_2 \end{bmatrix} = \begin{bmatrix} 0 & 1 \\ -5 & -1 \end{bmatrix} \begin{bmatrix} x_1 \\ x_2 \end{bmatrix} + \begin{bmatrix} 0 \\ 1 \end{bmatrix} u$$

$$y = [1 \quad 0] \begin{bmatrix} x_1 \\ x_2 \end{bmatrix}$$

㉮ 가제어하고 가관측하다. ㉯ 가제어하나 가관측하지 않다.
㉰ 가제어하지 않으나 가관측하다. ㉱ 가제어하지 않고 가관측하지 않다.

12.12 상태방정식과 출력방정식이 다음과 같은 시스템에 대한 설명 중 옳은 것은?

$$\begin{bmatrix} \dot{x}_1 \\ \dot{x}_2 \end{bmatrix} = \begin{bmatrix} -2 & 0 \\ 0 & -1 \end{bmatrix} \begin{bmatrix} x_1 \\ x_2 \end{bmatrix} + \begin{bmatrix} 1 \\ 1 \end{bmatrix} u$$

$$y = [0 \quad 1] \begin{bmatrix} x_1 \\ x_2 \end{bmatrix}$$

㉮ 가제어하고 가관측하다. ㉯ 가제어하나 가관측하지 않다.
㉰ 가제어하지 않으나 가관측하다. ㉱ 가제어하지 않고 가관측하지 않다.

12.13 상태방정식과 출력방정식이 다음과 같은 시스템에 대한 설명 중 옳은 것은?

$$\begin{bmatrix} \dot{x}_1 \\ \dot{x}_2 \end{bmatrix} = \begin{bmatrix} 0 & -2 \\ 1 & -3 \end{bmatrix} \begin{bmatrix} x_1 \\ x_2 \end{bmatrix} + \begin{bmatrix} 1 \\ 1 \end{bmatrix} u, \qquad y = [0 \quad 1] \begin{bmatrix} x_1 \\ x_2 \end{bmatrix}$$

㉮ 가제어하고 가관측하다. ㉯ 가제어하나 가관측하지 않다.
㉰ 가제어하지 않으나 가관측하다. ㉱ 가제어하지 않고 가관측하지 않다.

12.14 다음과 같은 신호흐름선도로 표시되는 시스템은?

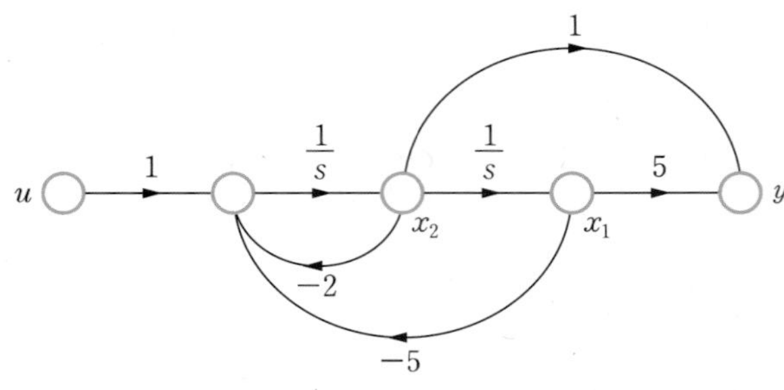

㉮ 가제어하고 가관측하다.　　㉯ 가제어하나 가관측하지 않다.
㉰ 가제어하지 않으나 가관측하다.　　㉱ 가제어하지 않고 가관측하지 않다.

12.15 다음과 같은 신호흐름선도로 표시되는 시스템은?

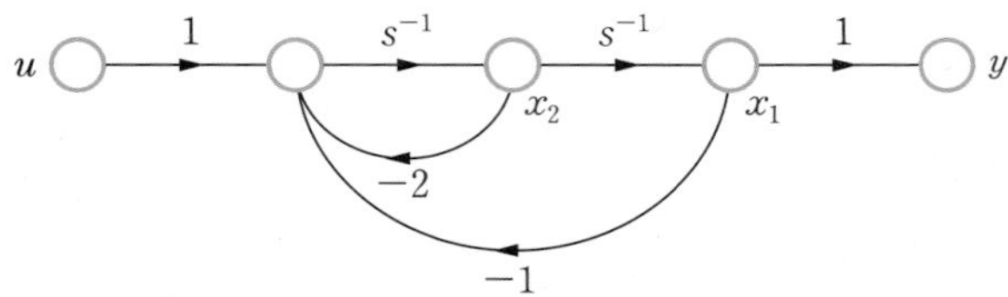

㉮ 가제어하고 가관측하다.　　㉯ 가제어하나 가관측하지 않다.
㉰ 가제어하지 않으나 가관측하다.　　㉱ 가제어하지 않고 가관측하지 않다.

12.16 다음과 같은 상태방정식으로 표시되는 시스템의 백분율 오버슈트가 4.3%, 정정시간이 1초가 되도록 상태부귀환을 걸려고 한다. 부귀환 이득벡터 $\mathbf{K} = [k_1 \quad k_2]$를 구하라.

$$\begin{bmatrix} \dot{x}_1 \\ \dot{x}_2 \end{bmatrix} = \begin{bmatrix} 0 & 1 \\ -20 & -2 \end{bmatrix} \begin{bmatrix} x_1 \\ x_2 \end{bmatrix} + \begin{bmatrix} 0 \\ 1 \end{bmatrix} u$$

12.17 제어기표준형의 상태방정식이 다음과 같은 시스템의 백분율 오버슈트가 10%, 정정시간이 1초가로 되도록 상태부귀환을 걸려고 한다. 부귀환 이득벡터 $\mathbf{K} = [k_1 \quad k_2 \quad k_3]$를 구하라.

$$\begin{bmatrix} \dot{x}_1 \\ \dot{x}_2 \\ \dot{x}_3 \end{bmatrix} = \begin{bmatrix} -5 & -20 & -80 \\ 1 & 0 & 0 \\ 0 & 1 & 0 \end{bmatrix} \begin{bmatrix} x_1 \\ x_2 \\ x_3 \end{bmatrix} + \begin{bmatrix} 1 \\ 0 \\ 0 \end{bmatrix} u$$

12.18 다음과 같은 전달함수를 갖는 시스템의 백분율 오버슈트가 20%, 정정시간이 4초가 되도록 상태 부귀환을 걸려고 한다. 부귀환 이득벡터 $\mathbf{K} = [k_1 \quad k_2 \quad k_3]$를 구하라.

$$M(s) = \frac{s+12}{s^3 + 9s^2 + 20s + 12}$$

12.19 다음과 같은 동태방정식으로 표시되는 시스템의 관측기를 설계하려고 한다. 관측기의 시간응답이 시스템보다 10배 빠르게 하려고 한다. 관측기의 귀환이득벡터 $\mathbf{Q} = [q_1 \quad q_2]^T$을 구하라.

$$\begin{bmatrix} \dot{x}_1 \\ \dot{x}_2 \end{bmatrix} = \begin{bmatrix} 0 & 1 \\ -10 & -4 \end{bmatrix} \begin{bmatrix} x_1 \\ x_2 \end{bmatrix} + \begin{bmatrix} 0 \\ 1 \end{bmatrix} u, \quad y = [10 \quad 0] \begin{bmatrix} x_1 \\ x_2 \end{bmatrix}$$

12.20 다음과 같은 관측기표준형의 동태방정식으로 표시되는 시스템의 관측기를 설계하려고 한다. 관측기의 시간응답이 시스템보다 10배 빠르게 하려고 한다. 관측기의 귀환이득벡터 $\mathbf{Q} = [q_1 \quad q_2 \quad q_3]^T$을 구하라.

$$\begin{bmatrix} \dot{x}_1 \\ \dot{x}_2 \\ \dot{x}_3 \end{bmatrix} = \begin{bmatrix} -9 & 1 & 0 \\ -20 & 0 & 1 \\ -12 & 0 & 0 \end{bmatrix} \begin{bmatrix} x_1 \\ x_2 \\ x_3 \end{bmatrix} + \begin{bmatrix} 0 \\ 1 \\ 12 \end{bmatrix} u, \quad y = [1 \quad 0 \quad 0] \begin{bmatrix} x_1 \\ x_2 \\ x_3 \end{bmatrix}$$

12.21 다음과 같은 전달함수를 갖는 시스템의 위상변수표준형의 상태방정식과 출력방정식을 구하고, 시스템보다 시간응답이 10배 빠른 관측기를 설계하라.

$$M(s) = \frac{80}{s^3 + 16s^2 + 60s + 80}$$

12.22 전달함수가 $M(s) = \dfrac{10}{s^2 + 7s + 10}$인 시스템을 위상변수표준형의 동태방정식으로 표시하고, 가제어성과 가관측성을 판단하라.

12.23 [연습문제 12.22]의 시스템을 병렬표준형의 동태방정식으로 표시하고, 가제어성과 가관측성을 판단하라.

12.24 다음과 같은 동태방정식으로 표시되는 시스템에 상태부귀환을 걸어 백분율 오버슈트가 20% 로, 정정시간이 1 초가로 되도록 하려고 한다. 실제 상태변수를 측정할 수 없다고 가정하고, 상태부귀환이득벡터 $\mathbf{K} = [k_1 \quad k_2 \quad k_3]$와 관측기 귀환 이득벡터 $\mathbf{Q} = [q_1 \quad q_2 \quad q_3]^T$을 구하라.

$$\begin{bmatrix} \dot{x}_1 \\ \dot{x}_2 \\ \dot{x}_3 \end{bmatrix} = \begin{bmatrix} 0 & 1 & 0 \\ 0 & 0 & 1 \\ -400 & -80 & -14 \end{bmatrix} \begin{bmatrix} x_1 \\ x_2 \\ x_3 \end{bmatrix} + \begin{bmatrix} 0 \\ 0 \\ 1 \end{bmatrix} u$$

$$y = [400 \quad 50 \quad 0] \begin{bmatrix} x_1 \\ x_2 \\ x_3 \end{bmatrix}$$

12.25 다음과 같은 동태방정식으로 표시되는 시스템의 가제어성과 가관측성을 판단하라.

$$\begin{bmatrix} \dot{x}_1 \\ \dot{x}_2 \\ \dot{x}_3 \end{bmatrix} = \begin{bmatrix} -1 & -2 & -3 \\ 0 & -1 & 1 \\ -5 & -4 & -3 \end{bmatrix} \begin{bmatrix} x_1 \\ x_2 \\ x_3 \end{bmatrix} + \begin{bmatrix} 2 \\ 1 \\ 1 \end{bmatrix} u, \qquad y = [1 \quad 0 \quad 1] \begin{bmatrix} x_1 \\ x_2 \\ x_3 \end{bmatrix}$$

12.26 다음과 같은 신호흐름선도로 표시되는 시스템의 가제어성과 가관측성을 판단하라.

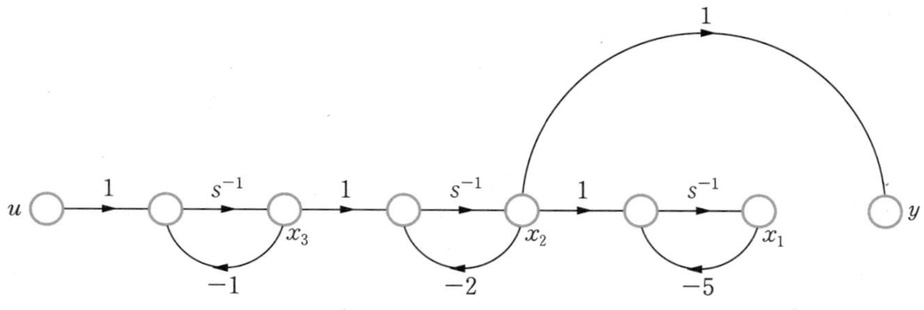

12.27 MATLAB [연습문제 12.24]를 MATLAB을 이용하여 풀어라.

참고 {K=acker(A,B,J)
K=acker(A^T,C^T,J)}

R e f e r e n c e 참고문헌

- Norman S. Nise, 『Control Systems Engineering, 5th Ed.』, John Wiley & Sons, Inc., 2008
- Benjamin C. Kuo, Farid Golnraghi, 『Automatic Control Systems, 8th Ed.』, John Wiley & Sons, Inc., 2006
- Katsuhiko Ogata, 『Matlab for Control Engineers, 1st Ed.』, Prentice Hall, 2008
- Richard C. Dorf, Robert H. Bishop, 『Modern Control Systems』, 12th Ed., Prentice Hall, 2010
- Gene F. Franklin, J. David Powell, Abbas Emami-Naeini, 『Feedback Control of Dynamic Systems』, 6th Ed., Prentice Hall, 2009
- 우재남, 『C언어 기초』, 한빛미디어, 2011
- Dennis G. Zill, Warren S. Wright, 『Advanced Engineering Mathematics』, 4th Ed., Jones & Bartlett Publishers, 2011
- 방성완, 『제대로 배우는 MATLAB』, 한빛아카데미, 2014

찾아보기 Index

숫자, 기호

가

나~라

마

바

사

아

자

차~카

타~하